学·术·经·典·译·丛

概率论

（第三版）

〔英〕哈罗德·杰弗里（Harold Jeffreys） 著

龚凤乾 译

厦门大学出版社 XIAMEN UNIVERSITY PRESS | 国家一级出版社 全国百佳图书出版单位

谨以此译著献给我的母校内蒙古师范大学

——龚凤乾

代译序

哈罗德·杰弗里(Sir Harold Jeffreys, 1891—1989 年),是英国剑桥大学已故著名物理学家兼应用数学家,他在 20 世纪 30 年代相继写出两本著作,即《科学推断》和《概率论》,它们对近几十年来贝叶斯学派的重新兴起有重要作用,值得一读。

如何看待贝叶斯分析,学术界一直存在不同观点。杰弗里独辟蹊径,将贝叶斯分析视为科学地从经验和数据进行学习的一种方法,使人有焕然一新之感。这对于我们深入了解贝叶斯分析,了解贝叶斯方法在信息时代所能发挥的重要作用具有启发性。

这本《概率论》侧重对科学方法论主要原则的阐述,旨在为读者提供一种在实践中可以应用、能根据观测数据进行推断而自洽的推理方法。为发展概率论,杰弗里在书中提出六条公理(公理 7 实为定理 9 所述乘积规则的推广)、三条约定;还为归纳推理中最重要的部分,即根据过去的经验预测未来,提出了八条管辖原则,由此深刻论证了"从经验和数据中获取知识"乃是贝叶斯分析的实质这一观点;杰弗里在本书中还发展了 K.皮尔逊的思想,强调"科学的一致性在于其方法而非其内容",在当代各种新知识、新学科层出不穷的背景下,坚持这一思想的重要性是怎么强调也不为过的。

杰弗里的这本《概率论》行文比较艰深,其《科学推断》也是如此;可喜的是,龚凤乾博士不怕困难,将杰弗里的这两本著作相继译成了汉语并交由厦门大学出版社出版。应该说,将代表贝叶斯学派重新兴起的两部重要著作译介给中国的广大读者,是一件幸事,它们可以使我们对贝叶斯分析有更多、更全面的理解,从而能更好地使用这种方法。龚凤乾博士研习经典的勤奋与刻苦、厦门大学出版社弘扬学术的精神和举措,也都是值得充分肯定的,是为序。

范剑青　于普林斯顿大学
2012 年 8 月 29 日

代译序

最新修订版序言

我对本版作了一些修正并增添了若干内容，在书末添加了一个关于调和分析及自相关的附录。

感谢林德利教授（Prof. D. V. Lindley）、丹尼尔斯教授（Prof. H. E. Daniels）和沃克博士（Dr. A. M. Walker），他们在我写作本书时和我作了很多有益的讨论。

H.杰弗里

剑桥，1966

第三版序言

本书给出作为归纳推理理论公设相容性的更为详尽的证明,包括乘法规则及逆概率原理。选择初始概率的简单化公设,即科学定律之所有可能形式的集合为一有限集或可数集,且这些定律的初始概率构成总和等于1的收敛级数的项已被证明满足概率论的一般原理。本书的论证表明,书中所提公理对任何准确陈述的科学定律均有意义(给定观测数据时这些定律都伴有很高的发生概率)。当然,科学定律收敛原理的精确表达形式尚有选择余地,我希望有人能作此尝试。我并不声称业已完成了全部工作,但我完成了比批评我的人所做的更多创建理论的任务。如果我的理论尚存不足,则其问题或者是在实际应用中无关宏旨,或者是源于任何理论都避免不了的解释似然的困难。

本版的数学证明也较前两版详尽。关于存在充分统计量的皮特曼—库普曼(Pitman-Koopman)定理的证明,也以扩展的形式给出。初始概率的胡祖尔巴扎(Huzurbazar)不变性理论也有叙述。先验概率的修正也和类型论联系在一起(作了讨论)。

一些后几章才讨论的观点移到了第一章,这是不希望被批评家误解,批评家们常因在第一章看不到这些观点就误认为全书也不会论及它们。例如,本书第2页提到的困难,曾长久地被认为不可避免,但本书一大部分篇幅都是用来以建设性的方式解决这种困难的;第89页上的问题也常被提及,其实在30年前它就已获得解答;而建立在关于科学定律无限集之上的等概率假设也仍然常被提起,但人们这样做时却从不提关于科学定律的简单化公设。

一些作者,甚至一些近代作者,常把我说成是已故凯恩斯爵士的信徒。我无意诋毁凯恩斯,但瑞恩奇(Wrinch)和我于1919及1921年发表在《哲学杂志》上的那两篇文章早于凯恩斯《论概率》一书的问世。如果说他那本书和我的这本书有什么联系,那就是伯劳德(Broad)、凯恩斯及我的合作者瑞恩奇都曾听过约翰逊(W.E.Johnson)的讲座。凯恩斯的独特贡献是提出概率只可部分排序的假设，而这一假设和我提出的公理1相矛盾。在我对凯恩斯《论概率》所作的书评以及我写的《科学推断》第一版中，我都对为什么不能接受他的这一假设作了说明。由于误认为没有必要再作这种说明，我在《科学推断》第二版中将其删除了。在凯恩斯本人撰写的关于兰姆赛(F.P.Ramsey)的传记里，他也收回了他那个假设。我自己的灵感来自皮尔逊的《科学的语法》，显然，当代许多哲学家都不知道有这本书。

另外，那些作者关于科学方法得到的主要结论，即人们在提出科学假设时一开始就应注意到数据的变异是完全随机的，而随着数据的(不断)获得，对原先所提的科学假设应逐步给予修正。这彻头彻尾就是哲学家们所能理解的归纳推理而已。遗憾的是，据我所知，到目前为止鲜有哲学家注意到这一点。

概率论频率学派的拥护者自然会反对本书提出的理论，但是他们却小心翼翼地避免提及我对概率之频率定义所作的批评，而任何有能力的数学家都会理解我所提的问题在频率学派那里无法得到解答。在频率学派眼中，我是“天下本无事，庸人自扰之”。但根据经验，我敢断言，假如学生们没花费数年工夫浸淫在频率学派的理论中以求理解，则他们在学习本书所创建的理论时就不会存在任何困难。

近年来也有些作者大搞理论折中，他们试图把认识论和仅承认本有概率(intrinsic probabilities)的概率理论融合在一起。我认为他们这种做法只是回避了问题而已。最容易创立的理论就是本书所提的概率论。

无论如何，物理学家们现已非常愿意适当地估计其工作成果中的不确定性，而且取得了很大的进步。我认为我有权分享这种进步所带来的荣誉。当然，改进的余地也还是有的。

H.杰弗里

剑桥，1960

第一版序言

本书的主要目的是提供一种在实践中可以应用，能根据观测数据进行推断而自洽的推理方法。长期以来，人们在发展科学方法时很少留意其逻辑基础，以致下述三种人士在目前鲜见发生横向联系。第一种人士是哲学家，他们只对逻辑原理产生兴趣，而对这些原理的具体运用兴趣不大；他们大都遵循贝叶斯和拉普拉斯传统，仅有的一个杰出的例外是伯劳德教授(Prof.C.D.Broad)。对于坚持传统所带来的(逻辑应用中的)具体结果，哲学家们关注的也不够。第二种人士为当代统计学家，他们业已发展出许多广泛应用数学的统计技术，但其中的大多数人拒绝关于假设的概率观点，因此就自我剥夺了准确谈论不同假设差异的机会。第三种人士则非物理学家莫属，据一位关注该问题许久的实验物理学家的描述，物理学家们对科学方法的逻辑基础分析不仅无动于衷，而且持反对态度；除少数人外，绝大多数物理学家所掌握的统计技术尚未超出拉普拉斯时代统计方法的先进程度。与统计学家的立场刚好相反，物理学家和其他领域的科学家很容易作出此种断言，即某一假设是否成立完全可以根据观测数据作出证明，这在逻辑上当然是荒谬的。大多数统计学家都把观测数据视为据以推翻(原)假设而非支持(原)假设的基础。如果系统采纳统计学家的观点，则归纳推理就弱化为一种猜测而已；而若系统采纳物理学家的观点，则不管新近得到的观测数据与所提假设多么不相吻合，也不可能对这种假设进行修正。物理学家和统计学家的立场在目前是针锋相对的，由于缺乏共同基础，所以他们双方在很大程度上都忽略了对方的观点。毫无疑问，物理学和统计学都取得了巨大的科学进步，而假如真有某种原因促使他们顽固地坚持自己的立场，就不会有这些进步了。

在本书中我拒绝将归纳推理转化为演绎推理，而作这种转化正是物理学家和统计学家共同的特征，我坚持认为，如能为人们的常识找到合适的表达方式，常识本身就足以精准而无矛盾地表示概率的概念。这样，人们提出的科学假设，其成立与否的概率是高还是低，当获得观测数据后即可得知，从而可使人们采取一种介于物理学家和统计学家之间的立场而与常识相符合。从根本上说,这种立场即源自贝叶斯和拉普拉斯,尽管有必要对他们所提的假设作些修正以便对贝叶斯和拉普拉斯未能考虑的情形予以处理,而在这样做时也需要引入一些新方法。例如,拉普拉斯在其《决疑数学》开头的几页里写道,如何估计概率可根据定理 7 来进行,而逆概率的估计则根据定理 10 进行。总的说来,在统计实践中人们已经对拉普拉斯的那些定理作了相当多的明智处理;与其说我对当代统计理论的不满在于统计学的使用方式,不如说是在于(经典)统计学一开始就局限住自己的视野,不能用它自己的语言恰切地陈述问题,或提供问题的解答,因而,它或者必须求助于日常语言(但它已宣称这样做没有意义),或者是用自己的语言(但它那种语言经不起推敲)。

我对本书所抱的希望是,它能最大限度地引起人们对(有关问题中所涉及的)科学假设准确陈述的关注。问题的解答不仅依赖于观测数据,也依赖于问题本身的提法,有时人们会认为这是自相矛盾的,但这应该是显而易见的。

本书的理论可以用来解决统计学中的许多重大问题,一些具体应用的例子也在书中给出了,而入选的例子首先必须要引起我的兴趣才行。因为我的目的是提供一种普遍性的方法,所以我从广泛的学科领域汲取了事例,尽管物理学的例子较生物学的为多,地球物理学的例子也较原子物理学的为多。事实上,正是主要着眼于在地球物理学中应用概率统计,本书的理论才得以发展起来。不过,人们很难提出一种只限单一用途的统计方法;例如,尽管类内相关性的发现是生物学中很有价值的事情,但在物理学中通常这种相关性却不是人们愿意看到的。人们可能觉得统计学的应用带来了许多问题,这是不可避免的。通常,只有把一组问题解决之后,另一组更深入的问题才能以某种可以获解的形式被人们提出来。

我必须向费舍教授(Prof.R.A.Fisher)及维希特博士(Dr.J.Wishart)表示最诚挚的感谢,他们回答了我这个不太听话的学生提出的许多问题,我还要感谢布雷斯韦特先生(Mr.R.B.Braithwaite),他审阅了我的书稿并提出了一系列的改进意见,最后,我要感谢牛津克拉伦敦出版社,他们在本书准备出版的各个阶段都给了我极优的待遇。

H.杰弗里

圣约翰学院,剑桥

目　录

第一章　基本概念

有人说知性必须借助于理性规则才能发挥作用，而这些理性规则通常包含在或应该包含在逻辑学之中；但实际上目前逻辑学只对全然肯定和全然不可能的事物（即遭到人们彻底怀疑的事物）具备完全的知识，幸运的是，这两种极端情形都不构成我们推理的基础。因此，对我们这个世界而言，真正可靠的推理是关于各种概率的计算，由于这种推理考虑了概率的大小，所以它便成为或应该成为理性思维中不可或缺的组成部分。

麦克斯韦(J.Clerk Maxwell)

1.0　如何从经验中进行学习，是科学发展乃至日常生活中人们所面临的一个基本问题。以这种方式获取的知识，一部分是对观察到的事物所作的描述，另一部分则是由利用过去的经验对未来所作的预测构成。这种预测可称为过去经验的概括或归纳，它极为重要，因为假如仅仅描写事物而未指出它们之间的关系，则人们就很容易忘掉它们，而事实通常也正是如此。一般而言，学习理论乃是认识论(epistemology)的一个分支。下面的几个例子说明了什么是归纳推理。例如，植物学家会根据经验，对一粒芥菜籽最终会长成开黄花并具有四条长雄蕊、两条短雄蕊，以及四个花瓣、四个萼片的植物充满信心。（天文学家）根据《航海天文历》对太阳系行星未来天体位置的预测，工程师对发电机发电量的预期，以及农业统计学家为农民提供的化肥使用建议，也都是利用过去经验进行归纳推断的例子。当作曲家谱写一小节音乐时，他会预想演奏它的乐队演奏出这一小节确定的乐音。在所有这些例子中，推断的作出都依赖于过去的经验，即事物之间已被人们认为成立的那些关系；而这些关系又被用于新的、并非原始的事例之上。这种推理也适用于我自己对下一顿饭口味的预期。这种推理过程是如此习惯成自然，以致很少引起注意，而人们几乎每时每刻都在使用着它。即便偶尔被人提起，它也被人们归为常识一类，仅此而已。

然而，根据人们对逻辑一词的通常理解，上述这种推理并未包含在逻辑之中。传统逻辑即演绎推理对任何命题只秉持三种看法：命题或者得到确证或者否证，或者人们对其一无所知。就上一段的几个例子而言，是找不到这样一个规则的，即它能提供演绎证明以确保关于未来可能发生的新事件，该规则依然能够成立。例外总是可能出现的。

演绎推理及与之联系紧密的纯数学，以一种（事实上是多种）系统方式获得了深刻发展。相形之下，科学方法的发展就不那么有系统，尽管为解决新问题也发展出若干新方法，但人们对这些方法的条理性却关注不够，只有一个例外，即科学方法的理论分析大都离不开纯数学，而这方面的教学又要求人们对（某种形式）证明的性质予以关注。遗憾的是，数学证明乃演绎推理，在从事纯数学（研究）的人士看来，科学意义下的归纳法不易理解——尽管在私底下数学家们也能很好地使用归纳法。因此，归纳法的性质长期无人问津，除了实际应用中的数学技巧以外，科学与数学的关系为何，这种关系对形成科学推理方式的特点能作出何种连贯性说明，人们也知之甚少。现在有不少著作声称能够提供这种说明，也确有一些很有效的应对观测数据的方法，它们在过去已被证明行之有效，在将来可能会继续有效。一旦试图讨论支持这些方法的基本原理，则这些著作均不能免除被当代纯粹数学家一直想要竭力去掉的那些弊端：如自相矛盾、循环论证、使用假设但未及言明、已经言明的假设被弃之不用，等等。总之，现在有这样一种倾向，即认为科学方法可以转化成某种形式的演绎逻辑，这当然大谬不然：因为这种转化仅当摒弃科学方法的主要特征及归纳推理时，方可实施。

纯粹数学是演绎逻辑的主要应用领域，对此，纯粹数学家们坦率承认，而在处理由数学规则所导致的各种结果时，他们对现实世界中是否存在满足这些规则的事物并不关心。数学规则常取“若 p 真则 q 亦真”的形式，与人们能否实际找到 p 确实为真（从而 q 亦真）的案例无关。该数学命题乃是一个普遍的命题，“若 p 真则 q 亦真”，即使 p 事实上不真，这命题亦可能成立。在数学的应用中——就像人们通常接受的教育那样——普通数学规则被说成是可以应用于数学之外的大千世界的，由此所引出的各种推演均可借由纯数学技巧加以完成。若究其机理，则通常的回答就是经验使然。但“经验”一词的使用会导致混淆。根据过去经验推出（某些）普通规则是一回事，把这些规则应用于未来则是另外一回事。没有任何一种演绎逻辑能够确保某一先前对所有（有关）案例都成立的规则，对未来出现的新案例也能成立。事实上存在着无穷多的规则，它们能对先前所有（有关）案例成立，但不能确保对未来出现的新案例也能全部成立。试考虑自由落体的例子。我们断言，经过时间 t，落体自某一高度下落的距离由下式决定

$$s=a+ut+\frac{1}{2}gt^2 \tag{1}$$

通过对处于 $t_1, t_2, \cdots, t_n$ 诸时刻落体下落距离 s 的观测，这公式就可以得到。换言之，给定 a, u, g，则根据先前的经验我们断言

$$s_r=a+ut_r+\frac{1}{2}gt_r{}^2 \tag{2}$$

对所有的 r 值（r 从 1 到 n）均成立。但（1）式却断言它对所有的 t 值成立。现考虑定律

$$s=a+ut+\frac{1}{2}gt^2+f(t)(t-t_1)(t-t_2)\cdots(t-t_n) \tag{3}$$

其中，$f(t)$ 可以是 $t_1, t_2, \cdots, t_n$ 的任何有限函数，a, u, g 的取值同（1）式。满足这种条件的函数有无穷多，每个形如（3）式的定律都满足（2）确定的关系，从而都对先前所有（有关）案例成立。但如果考虑任一其他时刻 t_{n+1}（它可以超出，也可以不超出原始最初及最后观测时刻形成的时间跨距），就有可能选取这样的 $f(t+1)$ 以给出任何满足（3）式、相应于 t_{n+1} 的 s 值。此外，形如 $f(t)$ 而在时刻 t_{n+1} 能够给出相同函数值的 $f(t+1)$ 有无穷多，而能够给出不同函数值的 $f(t+1)$ 也有无穷多。若在时刻 t_{n+1} 观测 s，则可选与 s 不相矛盾的函数 $f(t+1)$，但形如 $f(t)$ 的这种函数，在时刻 t_{n+2} 也能与任何此一时刻的 s 值保持一致。这就是说，即使所有观测值都和（1）式精确吻合，对在其他时刻 s 的取值演绎逻辑也作不出任何断言。既存在无数与先前经验事实相符合的定律，也存在无数这种定律，它们不可避免地和最新观测到的事实相矛盾。应用数学家实际所做的，就是从这无数多种定律中挑出一种（合用的）形式，其动机与演绎推理绝对扯不上关系。然而这并没有把问题说透，因为一般而言，s 的观测值不会精确吻合（1）式，虽然可以找到一个具有 n 项的多项式，其在 $t_1, \cdots, t_n$ 诸时刻的值将与 s 的观测值精确吻合，但人们还是选择（1）式来陈述定律。这种做法可以推广到对任何数量定律的选择上去，其重要性留待本书后面讨论假设检验时再作详述。此时只需注意，选取形式最简单的定律乃是数学应用中最为关键的一个方面，而这

一点得不到任何演绎逻辑的证明。遗憾的是，此事鲜有论述，即使偶然提起，论述者也常常羞羞答答，不愿承认。这使我们想起布鲁托斯(Brutus)的话[①]：

> "就这么回事，
> 卑贱是年青人野心的云梯，
> 高扬起脸顺梯爬攀：
> 顶端一到即转身俯瞰，
> 我已高入云端，底层何其低劣，
> 而卑微恰是他的本源。"

例如，有人断言，最简单形式的定律之所以被选中，纯粹出于人们试图经济地描述思维的需要，而和他们是否最终相信这种定律无关。不言而喻，演绎逻辑对此不能加以证明，但问题是，演绎逻辑能够包括全部推理吗？对于过去的经验，演绎逻辑确实能够作出简明精当的描述，而对于未来的经验(future experience)，它还能作出合理的描述吗？人们对未来作预测仅仅是因为作这种预测最省气力吗？难道航海天文局根据一大堆数表和过去的经验，费力地计算出太阳系行星未来的天体位置，仅仅是出于方便的考虑吗(实际猜出这些位置也许更为省事)？难道水手们出于同样的原因，对关于其船舶安全航行的预测也笃信不移吗？难道某城为修建有轨电车路线(这需要昂贵的厂房及不菲的先期工程咨询开销)，就没有其他理由设想实施轨道交通的好处吗？我一向认为没有人能肯定地回答这些问题；但一种肯定的回答已被选择形式最简单定律的断言——即这样做乃是出于方便——所暗示了。与此恰好相反，我的断言是，人们之所以选择这些形式最简单的定律，是因为它们最有可能作出正确的断言；它建立在人们关于理性信念的相信程度之上；演绎逻辑对人们的这种选择作不出任何解释，恰好是这种逻辑涵盖不了科学与实际需要的一个铁证。有时还能听到这样的论调，即人们之所以相信形式最简单的定律，盖因心理因素使然。我看不出在此刻讨论人类大脑功能有什么意义，大脑不是一个完美无缺的思维器官，但却是我们唯一的思维器官。没有它，演绎逻辑本身也不可能被理解。任何人排斥大

① 引自莎士比亚《裘力斯·恺撒》之第二幕第一场——译注。

脑的思维功能而奢望建立自己的理论都会自相矛盾;任何人认为只有他自己的大脑可用而他人的皆不可用,从而试图说服他人接受这种观点,也会自相矛盾。就是批评家本人,当他希望别人能够听懂他的话时(正如别人的话也能被批评家听懂),所使用的也是归纳推理,因为词语的意义只有通过其所指与其发音建立联系时,才能被人们所习得,而这种联系建立起来以后,词语方可用于交流。从表面上看,一个普遍的陈述——如某事物被大多数人所接受本质上并无意义——要得到支持,就需要有比仅仅能作出这种陈述更多的证据才行。

已有不少人做出了努力,他们一方面接受归纳推理,一方面又宣称可以把归纳推理以某种方式化为演绎推理。罗素(Bertrand Russell)曾经说过,归纳推理或者是乔装的演绎推理,或者是人们作出猜想的一个合理方法而已[①]。就罗素这句话的前半部分而言,人们首先必须找出(一两个)普遍原理并据此推出一组可能的结论,接着就要利用观测数据以证实这组结论中只有一个正确,其余的均不正确,从而使这幸存的正确结论得到演绎的证明。这种看法曾被广泛地宣扬过。为对此作出评论,我引述伯劳德(C.D.Broad)教授的下述观点[②]:

通常的逻辑教科书都认为,归纳论证实际上就是传统的三段论,小前提是自观测数据中提炼出的一个命题,大前提则是一个关于客观世界的普遍命题。假如这种看法成立,找到缺失的大前提就应该很容易,这样,关于归纳论证的殊异模糊不清之处就变得不可理喻了。逻辑学家们曾虔诚地认为,归纳论证归为三段论体现了大自然的一致性,然而,这一点或者未被清晰地陈述过,或者虽有陈述但却对它强加了其不能胜任的要求。因此,大自然的一致性就成了甘普夫人(Mrs.Gamp)神秘朋友的代名词,我们不妨就

① 见 *Principles of Mathematics*,p.360.罗素在1938年亚里士多德学会夏季会议上指出,他的这句话曾被人们反复援引过,我很抱歉在这里要再次援引这句话。罗素在这次会议上还指出,先前的中非哲学家们由于使用了归纳推理而推出所有人皆为黑人的结论。但我的观点是使用演绎推理——即使存在这种推理——也推不出世界上存在黑色人种、白色人种及黄色人种这样的结论。

② 见 *Mind*,29,1920,11.

把他称作“大前提哈里斯先生”(Major Harris)[1]。

事实上很容易证明这种关于归纳论证的看法是错误的。因为根据这种看法,所有的归纳论证均为具有相同大前提的三段论,而其小前提则是得自观测数据的各种命题。如果观测数据得以仔细获取,则从中提炼出的小前提实际上就是确定的。因而,假如这种看法成立,全部归纳论证的结论都将会以相同的概率被人们得到(其观测数据都经过仔细的获取)。但是什么东西可能引起这些概率的变化呢?不是那个大前提,因为它对所有归纳论证都一样;不是那些小前提,因为根据假设它们都是确定的;也不是推理方式,因为在各种归纳推理中采用的都是三段论。然而所得结论却荒唐透顶,仅此一点就足以驳斥归纳论证可化为三段论的谬误。

当代有些物理学家已作出努力,试图找到那个缺失的推理大前提,这其中尤其引人注意的是爱丁顿爵士(Sir Arthur Eddington)及米尔纳教授(E. A.Milne)的工作。但他们二人各自提出的一般原理及根据这些原理所得到的结果,即使限制在他们二人都熟悉的知识领域也存在差异,普通人又怎么能对他们的工作做出评判——假定这二人中确有一人立论正确?唯一的办法就是比较他们的结果和观测数据是否吻合,吻合程度较高者则认为它也能对未来的观测数据有较好的吻合表现,而这种推理正是归纳论证。我这样说并非否定爱丁顿和米尔纳的工作,但我拒绝接受下述观点,即无论他们二人的哪种理论都可以用演绎逻辑来证明其正确性,而与经验无关;因此,我强烈质疑,假如爱丁顿和米尔纳无视前人业已取得的成果(正是这些成果指引他们采取归纳法提出各自的理论),他们是否还能利用自己的理论去解释有关的科学定律。当代这些物理学家所做的努力,尽管他们都试图避免遭受伯劳德式的批评,最终却都未能幸免,只不过批评的范围缩小了而已。所以,如果归纳推理可以应用于全部科学领域而无需假定特殊规则仅对某些特例才能成立,则费力地去建立至多只能取得部分成功的逻辑理论是否值得,就大可怀疑了。

---

① 甘普夫人(Mrs.Gamp)是英国作家狄更斯在其长篇小说 *Martin Chuzzlewit* 中创作的人物。该女士是个特殊的护士,她既负责接生,也负责料理垂危的病人,遗憾的是她对自己的关心超过了对病人的关心。她经常喝酒,还凭空捏造了哈里斯太太(Mrs. Harris)这个神秘朋友,并利用这个神秘朋友的豁达睿智来标榜自己的人格。本书作者借用狄更斯小说人物的言行,虚构出“大前提哈里斯先生”(Major Harris)颇具讽刺意味——译注。

我必须坚持这样的观点，在此我和坎贝尔（N.R.Campbell）的立场一致，坎贝尔曾经指出[1]，物理学家更愿意交换罗素表述中“演绎”及“归纳”两术语的位置，即许多被归结为演绎推理的论证，实际上都是乔装的归纳论证，即使是罗素《数学原理》中的某些假设，也是基于归纳论证而提出的（顺便指出，这样的假设是不能成立的）。

卡尔·皮尔逊（Karl Pearson）写道：

时下科学方法的一大奇异之处在于，人们一旦习惯于应用此法，就会把无论什么样的事实都一股脑地转化成所谓的科学。由于科学领域没有疆界，科学事实也数不胜数，每一类自然现象，每一种社会生活阶段（过去及现在发展的每一阶段），均可构成科学研究的对象，**但科学的一致性在于其方法而非内容**。无论何人，对事实进行分类也好，寻找及描述事实间的联系也好，只要他采用科学的方法，他就是科学家。至于事实，可以是人类历史，可以是大城市的社会统计材料，可以是最遥远行星的大气层，也可以是变形虫的消化器官，还可以是几乎肉眼看不见的杆菌，等等。构成科学的要素不是各类事实，而是对待这些事实的方法。

皮尔逊只用几句话就廓清了我们的问题。引文中的黑体字是他本人加的，他把科学方法及其对象作了清楚的区分。无论各门科学的对象为何，其基本方法都必须相同。科学假设正当性的标准——无论涉及哪门学科——必须统一。学科不同，其所应用的定律虽会不同，但检验定律的标准必须相同；否则，依定律导出的结论是否一定得到观测数据的支持将无从保证，所作分析是否充分也无从保证（有可能我们只希望相信我们愿意相信的东西）。一个令人满意的归纳推理理论必须满足两个条件：第一，它应该提供一般方法；第二，说明一般方法的诸原理本身，不能再对客观世界作任何论断。如果它提供的方法不具一般性，则对于不同研究专题所提假设之正当性的标准就会各异，亦即各人有各人的标准，各不相干。又，如果它提供的方法对客观世界妄下论断，则这些断语将独立于观测事实，限制人们从观测数据中去挖掘更多的信息。假如这些限制确实存在，这些方法就必定能从观测数据中推出，从而无法先期提出。

我们必须从一开始就注意到，归纳论证是比演绎论证更为普遍的推理方法。演绎论证所能提供的答案仅为“是”、“不是”与“无法推出”三种。而

---

① 见 *Physics, The Elements*, 1920, p.9.

归纳论证则要把“无法推出”分解为若干可选结论(演绎论证对此毫无兴趣),并指出根据观测证据哪种选项更为可信。完全的证明和彻底的否证只是两个极端情形。任何归纳推断与生俱来都具有这样的潜在性,即被人们认为最有可能发生的选项事实上可以不会发生。因各个选项均有可能发生,某推理理论若不能提供这些选项就会被说成是演绎推理(其实不该如此)。有鉴于此,归纳论证必须要包含演绎论证所没有的一些假设。本书就是要去陈述这些假设,重要的是应注意到这些假设不能由演绎逻辑来加以证明。如果它们能被证明,则归纳逻辑必将化为演绎推理,而这是不可能的。同样,这些假设也不是经验的概括;因为对经验作概括必须使用归纳论证,从而形成循环论证。事实上,对归纳推理和经验事实必须作出区分。归纳推理的一般方法是先验地提出的,与经验无关,也不对经验作任何表述。应用这些一般方法于各种观测事实就是作归纳论证。

简言之,本书的目的不是去证明归纳推理,而是把它条理化。因为即使是统计学家,他们对同一问题的处理也存在很大的差异;而且在我看来,所有统计学家对某些物理分支中物理学家们所惯用的方法都会拒之门外。问题是能否提出一个一般化的方法,接受该法将会避免出现上述差异,或者至少能减少一些差异。

1.1 对归纳论证一般方法作考察并非对它们作证明。这倒不是缘于我们反对证明,而是因为即便是关于演绎论证的原始命题,也是不可证明的。我们所能做的只是提出一些尽可能合理的假设,并考察由此可以得到什么结论。演绎逻辑和基础数学在这方面的最新发展可以参见《数学原理》。这本书一开始就提出一组原始命题,若由此推出的结论被接受,则是因为人们愿意接受先前所提出的原始命题,而并非那组原始命题得到了证明。对欧几里得(几何)而言,这一说法也经常能够适用。如果原始命题出现在数学中,人们也不能指望去证明它们。但如何陈述原始命题还是有规则可循的,逻辑学家和数学家在这方面建树良多。

(1)所有假设必须清晰表述,相应结论必须能根据这些假设推出。

(2)所提理论必须自洽(self-consistent),亦即,根据所提假设及给定的观测数据,绝不应推出相互矛盾的结论。

(3)所提规则必须能在实践中加以运用。被定义的事物只有当根据定义它一出现即能被识别才有意义。判断某一事物是否存在,或对某一数量之大小进行估计,均不应再涉及一项不可能实施的实验。

(4)所提理论应该清晰说明在利用它做推断时可能出现差错的各种情况。例如,某定律可能含有若干可调参数而这些参数有可能被错误估算,或者,该定律本身需要进一步的修改。事实上,为能利用新信息而修改科学定律很是常见,也很有必要。相对论和量子论就是这方面引人注目的例子,所以没有理由假设现行的科学定律均为终极定律而不可更改。但在某种意义上,我们必须接受归纳推断的结论;我们有相当的自信认为这种归纳推断在任何场合都能成立,尽管这种自信尚未达到逻辑肯定的程度。

(5)所提理论不应先验地否定经验命题。任何经过准确陈述的经验命题,根据上一条规则,一俟得到相当多证据的支持,均应正式予以接受。

这五条规则非常基本。前两条是对归纳推理所提的要求,而在纯数学中早就提出了这些要求。第三条及第五条旨在强化先验命题及经验命题之间的差异;若某事物之存在依赖一个不能采用的定义,则我们或者去寻找另一个可用定义(把该事物之存在视为有待检验的经验命题),或者干脆弃之不用。第四条表述了归纳论证与演绎论证之间的区别。第五条对科学的对象及科学方法作了皮尔逊式的清楚区分,包括明确拒绝从与经验无关的一般推理原则去推导可验证经验命题的任何企图。

以下三条规则也能为我们提供有用的指导。

(6)原始假设的数量应该降至最低。这一点在《数学原理》中对演绎逻辑已经做到了,虽然《数学原理》所证明的许多定理看上去和出于直觉的假设相去并不远。其他那些看似显然的命题之所以未被用作(原始)假设,部分的原因乃是出自美学方面的考虑。然而,就科学方法的理论而言,这种做法更具重要性,因为采用最少量的假设去涵盖所论专题,显然可使我们减少选择假设的随意性。大多数讨论逻辑推理的著作,其假设的数目都比我的要多,而且它们在展开叙述时所用到的(隐含)假设更多,因而它们就无法触及许多重要的问题。本书的目的就是要去除一切无关的推理假设。

(7)虽然我们不能把人类大脑视为完美无缺的推理机器,但必须承认大脑乃是我们唯一可用的思维器官。逻辑推理自然无须描述思维活动的过程,但应大体上与之协调一致。我们并不局限于仅仅考虑人们向我们所描绘的思维活动过程。常有这种情况发生,即有些人虽然口头上不愿承认,但他们实际上采用的却正是归纳推理那一套程序。如果断言某结论是通过不正确的前提得到的,由此并不能推出该结论就注定错误,因为可能作结论的人利用了其不愿或不必承认的归纳论证(在他们看来仅演绎推理唯一可靠)。我完全不同意当前主要统计学流派提出的观点,但我的分析结论和他们的结论却鲜有严重不同;他们的实际做法远比他们鼓吹的行事准则更合乎情理。应该指出,尽管在数学教育方面存在一些缺陷,但常识发挥了很好的作用,使我们所得到的结论相去并不那么远。逻辑推理理论必须提供检验科学家所提出或断言的科学定律之主要类型的标准。任何科学定律,若能得到相当多证据的支持,就应该严肃对待。由此观之,简单定律常常受人青睐这一事实,就是要求我们去说明为何在任何情况下形式简单的定律反而最有可能成立的道理。

(8)考虑到归纳推理的复杂性,我们是无法把它发展到比演绎推理更为详尽的地步的。因此,一种关于归纳推理的反对意见,如果与它类似的意见会破坏业已被普遍接受的某些纯数学规则,就被认为是无足轻重的,无须理会。我在此无意坚持非要对纯数学规则作出证明不可,因为即使是数学权威,他们对数学基础的看法也远未取得一致。在《数学原理》中,高等数学的大部分,包括关于连续变量的理论,都依赖于无穷公理和可划归公理,而希尔伯特(Hilbert)则反对这两条公理。兰姆赛(F.P.Ramsey)也拒绝可划归公理但却宣称如果表述适当,乘法公理①就是可划归公理的同语反复,尽管怀特海(Whitehead)与罗素在处理乘法公理时有很大的保留,但他们对依赖于这条公理的命题和无须这条公埋即可得证的命题作了仔细的区分。我将走得更远,我要指出,根据《数学原理》有关数的定义,数的存在性之证明依赖于假定所有个体均可长久存在,但这并不真,从而不该成为演绎逻辑的一部分。我们这里不需要这种证明。纯数学应该是自洽的,这一要求已经足矣。如果所作假设能在某一世界成立,哪怕它并非是现实世界,则能建立起相应的无矛盾性也已足矣。在这种情况下,根据《数学原理》所提的假设而把普通数学推演出来,即可认为《数学原理》的无矛盾性得到了证明。但关于所有证明的证明,似乎最终将导致推出纯数学,因而我假定纯数学的有效性和任何有关它的证明无关。

许多读者对上述规则之平淡无奇会感到惊讶,若果真如此,我也没有异

---

① 乘法公理又称选择公理,它是德国数学家(Ernst Zermelo)1904年为证明整序定理而提出来的,这对近代数学理论的发展和逻辑上的严密性起到了大为推进一步的作用。但也有数学家反对这一公理——译注。

议。然而，正是这些平凡规则要求我们拒绝接受被其他一些理论视为基本原则的那些东西。首先，它们排除了任何以(可能的)观测数据之无穷集合定义概率的企图，因为在实践中无人能够作出无穷无尽的观测。文恩(Venn)的概率极限理论，费舍(Fisher)的概率之前提就内含无限总体的假设，吉布斯(Willard Jibbs)关于封闭空腔内气体热力学过程由非平衡态向平衡态转化不可逆性的整体原则[①]，根据我们的规则(3)，都是毫无用处的。虽然有不少被人们接受的结论似乎建立在这些概率定义之上，但深入的分析表明在得到这些结论之前，人们需要作出更多的假设才行，但它们却并未及言明。事实上，没有任何一种关于概率的"客观"定义(根据实际的或可能的观测数据、根据现实世界的性质等作出)可以被我们采纳。因为，如果我们提出的基本规则依赖观测数据或现实世界的结构，我们就必须断言，或者(1)我们所作的观测及现实世界的结构最初均不为人知，故据此所提出的那些基本原则也不为人知，因而我们可能连立论的起点都丧失了；或者(2)我们先验地知晓所观测的对象或现实世界的结构，而这违反了规则(5)。如果我们想利用规则(5)，则这就会与我们先前关于整个理论体系之客观性的先入之见雷同，而如果客观性有其意义，我们就必须根据实际观测去发现它。试图从一开始就对客观性下定义只会导致循环论证，也可能导致矛盾，无论如何，这样做都会使整个理论体系避免不了主观性。我们绝不能先验地拒绝任何经验命题；我们必须提供一种系统方法，据此可对经验命题进行检验，而这就需要发展一种全面而正式的推理理论。

我们还必须拒绝任何诸如"相似前提将导致相似结论"这类所谓的因果律(因果律又称决定论、大自然的一致性论)。不存在完全一样的两个前提：它们至少在时间和方位上有所不同。即使我们决意视时间和方位无关(这

---

① 该原则是不考虑一个系统而是考虑相同封闭空腔条件下之无穷多个系统，各系统粒子数目相同，但通常排列的方式是随机的。它关心具有相同总能量的各个系统平均性能指标和平均波动指标(均方)，麦克斯韦速度分布律则作为一种近似予以推出。杰弗里指出，吉布斯的方法遭到两方面的反对：其一，对一无限集求平均会导致关于无穷数的比例问题，这种比例根本无法确定。对有限集求算术平均数的方法不能扩展到无限数，任何这种扩展的企图都会导致矛盾；其二，与给定粒子数目和能量有关的粒子随机性排列问题最大，因为在这种意义上新进入封闭空腔的气体其分子运动并不具有随机性，故此法并未解释(进入空腔的气体)尔后的分子运动之随机性为何能够达到——译注。

可能为真但无纯逻辑证明)，所谓相似的前提也从不会完全相同。对此，决定论者在口头上通常也是承认的，但他们却试图以重新叙述因果律的方式拯救决定论："在完全相同的条件下非常相像的事物有可能被观察到，亦即此时非常相像的事物通常是能被观察到的。[①]"如果"完全相同"指的是某种绝对真理，则人们将不会获得这种真理。天文学通常被认为是一门科学，然而自它创立之日起，太阳系九大行星就从未发生过哪怕是近似地重复其各自位置的运行情况。因此，决定论不能为我们提供(哪怕一次)关于太阳系行星加速运动的推理，所以它毫无用处。更进一步说，如果决定论能派上用场，则人们就必须在任何应用它的场合确保整个世界的状况现在和过去一样，丝毫没有变化。即便是在控制条件最为精细的实验室环境下，这种情况也从未出现过。我们所能做的只是控制实验条件，使之与我们认为的"条件不变"尽量相关，"条件完全不变"在实践中仅仅意味着就我们的所知而言条件没有变化，仅此而已。于是就提出一个问题，即我们如何知道被忽略的变量是无关紧要的？这只有令被忽略的变量发生变动，并且能够证明在最终结果中不存在与之有关联的变化才行；但这需要采用显著性检验，而关于显著性检验的理论要先于因果论而被提出，但如此一来因果论就没有存在的必要了，根据规则(6)，它可以被略掉。可以想象，决定论在某种意义上可能是成立的，但迄今尚无人能清楚地阐明这某种意义到底为何。有一点倒是没有疑问的，即决定论毫无用处。

应用数学中所采用的因果关系，常具有更一般的形式，如"物理定律可用数学方程式表示——在给定一组有限参数的条件下，把若干连续型变量用方程式联系起来，使在其中出现的一个或一组变量都能被其余变量唯一地表出"。这里并不要求相关的参数值，事实上它们必须重复不可；由电气工程师去预测一台发电机性能的优劣是完全可能的，他不必非得等到了解完其他同型号发电机性能之后，才能作出这种预测。被称为物理定律的数学方程式，是根据先前的有关事例创建的，尔后又被应用于新的(有关)事例之上。这种形式的定律使得天文预测成为可能。然而，"我们如何知道定律中所含的参数就是那么多而不会再增加呢"，"我们如何知道定律中的变量都是相关变量且得到清晰表达而无须再考虑其他变量呢"，"我们为什么相信这些定律呢"，等等问题尚未得到解答。只有当这些问题全都得到解答

---

① 见 W.H.George, *The Scientist in Action*, 1936, p.48.

后,我们才能实际应用因果关系,而若这些认识论问题不能解决,因果关系也就派不上用场。更进一步说,因果关系对于数量型的观测值恰恰是不能成立的。观测结果精确吻合物理定律的预言数值并不真确。物理定律所能做到的,至多是作出一种预言,它可以说明大部分观测数据的变化原因,但绝不会对全部数据的变化原因作出说明。这其间的差异称为"误差",但在物理学文献中,"误差"或被遗忘,或遭人漠视,误差的存在迫使我们不得不说,应用数学方程表示的物理定律没有将全部有关的数据变差表示出来。物理定律合理性的证明,不在于数学方程式精准且无矛盾,而在于在多大程度上(定律中)一变量部分观测值的变差,可由其他变量的观测值变差予以解释。有人建议用更精细的测量消除误差现象,但这无助于解决问题。精确的数量预测永远作不出来。即便这种建议说得过去,除非我们在各种情况下都能知道更为精细的测量数值,否则还是无法消除误差。在实际应用中,物理定律绝不能表述成一种精确的预测;如果作这种表述则肯定不对,因为在下一次试验中这种预测就会站不住脚。数量化预测必定带有一定程度的不确定性;不同情况下这种不确定性程度各有不同,一个定律若要实际可用,就必须把这种不确定性的程度明确表示出来。就实际应用定律而言,尚待处理的变差和定律预言的变差同等重要,不可或缺,故对定律作合乎情理的陈述时必须将这一点明确表出。我们对任何个别案例中这种待处理的变差并无确切了解,所知道的只是它们可能的取值范围而非它们的确切数值。**因此,物理定律不是精确的预言而是关于不同变差相对出现概率的陈述。只有依靠这种形式的表述,才能避免全然拒绝因果律或避免(根据 1.1 中的规则(3))把物理定律视为不可应用。现在,忽略个别误差来表述定律已成为一种基本方式,因而我们必须认识到,任何物理定律若要派上用场,就必定免除不了认识论的内容。**

海森堡的测不准原理迫使物理学家们注意到精确测量的不可能。考虑到拉普拉斯和高斯都曾讨论过观测误差,而现今仍有一些物理学家认为观测误差皆可精确预测,这非常引人注目。这说明避谈测不准原理的企图确实存在。测不准原理其实并不新鲜,海森堡所作的只是去考虑被当代物理学家认为可能的、最为精细的观测(误差)类型,并试图得到测不准的一个下界。海森堡测不准原理所涉及的不确定性,比原先人们所知的不确定性在程度上要轻微许多,除非乐观派物理学家有意忽略,这么大的不确定性是绝不会逃出人们的视野的。许多讨论测不准原理的哲学家,似乎都未能注意到观测误差的存在，这可能与他们通常只从科普读物而非专论观测误差的著作中获取物理学知识有关。他们对流行物理学的批评，大部分还说得过去，但如果他们能注意到海森堡之前就已为人知的误差概念，则其批评就一定会更加有力[①]。

Error（"误差"）一词容易被人从伦理学角度予以解读，然而其科学含义却只和其词源紧密相连。拉丁文动词 errare 意即"徘徊""不犯罪""不犯错误"，这种词义在"knight-errant"（"游侠骑士"）一词中即有体现。误差仅意味着当我们试图尽全力去解释全部变差时，尚有一些未得到解释的部分（它本无褒贬之意）。

坎贝尔博士鼓吹的关于科学定律的一致同意论，丁格尔教授（H.Dingle）在其《科学与人类经验》一书中也持同样观点，但他在其另一本著作《从科学到哲学》中不再坚持这一观点，而根据 1.1 中的规则（3），这一观点必须予以拒绝。因为这种论调要求一项原理在其被采纳之前即为人们所普遍接受。显然，不可能在询问过每个人之后我们才能相信什么；若把"每个人"换成"每个有能力作判断的人"，我们依然不能应用一致同意论，除非我们知道谁有能力进行判断。即便如此，也容易出现这种情形，即能够读到科学论文并有能力发表见解的人士为数并不多，而最终真能发表见解的人士则更为稀少。坎贝尔很强调物理学家的直觉[②]，而他自己依靠直觉也常能猜出正确答案。然而，如果确实存在这种直觉，就没必要考虑一致同意论或其他类似的论调了。需要某种一般原则的理由是，即使是在有判断力的人士那里，他们对同一事实所作的解释也常会很不相同。我们需要一种不受个人感情影响的判断准则，有了它，任何人都既能知晓就某一事物而言，其判断准则

---

① L.S.Stebbing 教授认为（《哲学与物理学》，1938，p.198）："毫无疑问，关于宏观物体运动情况的预测是可以精确作出的，也能在观测误差的范围内得到证实。"如果这句话没有后半句，则它是可以理解的但并不真确；而若加上这后半句，它又变得没有意义。L.S.Stebbing 教授在他这本书中对当代物理学所作的大部分严厉批评，在我看来都是很能站住脚的，但因其未能注意到观测误差问题，使他的批评逊色了许多。不过，一些哲学家现已对观测误差有了清楚的理解。例如，J.H.Muirhead 教授的阐述如下（《伦理学基础》，1910，pp.37—38）："被称为自然定律的东西，与其说是关于某种事实的表述，毋宁说是一种标准或类型，据此，观测事实服从该定律的近似程度方可被观察到。这就是真理。这一点即使在无机界也是对的。"感谢 John Bradley 先生为我指出这一引文的出处。

② 见 *Aristot.Soc.Suppl*.Vol.17，1938，122.

是否和他人所遵从的判断准则相一致，也能知晓在判断其他事物时，他自己的判断准则是否会保持不变。

1.2 最有建设性的规则是 1.1 中的规则(4)，它宣称存在可靠的原始信念，据此可将人们关于一命题所持理性信念的相信程度表述出来，尽管对这一点不能作出演绎的证明或否证。在极端情形该规则仅仅是表述人们的无知而已。我们需要该规则(在使用中)的具体表示，其应用既依赖所考虑的命题，也依赖与命题有关的数据，而这一点常被人忽略。假设我知道史密斯是英国人，除此我对他一无所知。就史密斯是英国人而言，他很可能右眼是蓝眼睛。但假如有人告诉我他的左眼是棕黄色，则我关于他右眼为蓝色的信念就会全然改变。此例虽小，但其原理却构成了本书的主旨。事实上，人们在对某命题获得新观测数据或新证据之后，其关于该命题之相信程度通常会发生变化，而这构成了所有从经验中进行学习过程的本质特征。故这种本质特征有必要给予明确表示。命题 p 出现的概率不是我们要表达的基本思想，给定数据 q 时 p 出现的概率才是。忽略这一关键之点常会导致许多错误，尽管在某些情况下这样做也能得到正确结果，但其代价却是把观测数据及所考虑的命题均可随时改变这一非常困难的问题虚假地简单化了。谈论一命题的概率而不提及和它有关的数据，就像谈论给定 x 之值而不涉及 y 之值去求 $x+y$ 的值一样不可置信。

现讨论 1.1 中的规则(7)。一般认为，概率可以排序，亦即若 p,q,r 为三个命题，则陈述“给定 p,q 发生的概率大于 r”是有意义的。在现实中人们对哪个事件最可能发生或许没有一致意见，故人们有时就说“某事最有可能发生”这一陈述没有意义。但是，人们对某一事件发生之可能性持有不同看法，也可从下述三方面予以解释：①最普通的情形是人们对一事件所占有的信息各不相同，某人所占有的(关于该事件的)信息其他人并不占有，而我们业已明确指出事件的概率永远依赖于和它有关的一组数据。于是得到结论即若争辩双方不明确告知对方其所占有的、关于辩题的相关信息，则他们的辩论就是虚耗时间。②人们对一事件之概率的估计可能出错。即使在纯数学中也完全可能得到错误的答案，所以，根据 1.1 中的规则(8)，这一点也不存在异议。在这种情形下人们对事件概率的估计常常只是一个猜测，我们当然不能期望这种猜测永远真确，尽管它可能是、而常常也就是一个相当好的(事件概率的)近似结果。③愿望是思想之源。这在纯数学中也有类比，试想自化圆为方问题和费马猜想提出以来[①]，人们曾搞出多少经不起推敲的虚假证明，而这种东西的滥觞无一不是源于人们的愿望：人们太希望π是代数数或有理数、太希望费马猜想能够成立了。无论在哪种情况下（化圆为方或费马猜想）人们所提出的不同证法都会面临同样的异议。一方面，这是因为提出其证明的人士希冀根据他自己的愿望，发展出一种完全的演绎推理体系，从而避免明确宣称科学推断并非确定不变这一事实；另一方面，宣称存在一种最有可能成立的假说，会限制人们在找到更合理的假说之后作相应改变的自由。我认为，以上这三方面仅提供了人们对某一事件之概率持不同看法的浅表原因，而非实质性原因。即使人们对哪一事件为最有可能发生的事件没有共识，他们也会同意对事件发生的概率进行比较还是有意义的这一点。我们认为这是对的。事件的意义不在于其对外部世界作出陈述，而在于它们在归纳推理体系中的相互关系。因此，对这种关系我们的看法可表为，"p 一经给定，q 比 r 更有可能发生"，此处 p，q 及 r 为三个命题。若在某一具体事例中这种关系成立，即可断言给定 p 时，r 发生的可能性不及 q；这就是某事发生的概率较另一事为小的定义。若给定 p 时，q 发生的可能性既不大于 r 也不小于 r，则它们发生的可能性就相等。于是，我们有

[公理 1]给定 p，q 发生的可能性或者大于 r，或者等于 r，或者小于 r，此三种关系只能有一种成立。

这个公理可称为概率的比较公理。在拙著《科学推断》[②]第一版中，曾假定建立在不同数据上的命题，其成立的可能性之大小也可以比较，从而将此公理作了更一般的表述。但这样做似乎没有必要，因为业已发现建立在不同数据上有关命题成立的概率，其大小的比较在实际工作中是可以自动完成的，不需要一条特殊的公理。这种关系可以传递，我们可以把它以公理的形式表述如下

---

① "当 n 是一个大于 2 的正整数时，不定方程 $x^n+y^n=z^n$ 没有正整数解"，这就是著名的费马猜想（又称费马大定理），是法国数学家费马于 1637 年提出的。三个半世纪以来，一代代数学家们前赴后继却壮志未酬。当代英国数学家安德鲁·怀尔斯（Andrew Wiles）经过 8 年的艰苦努力，于 1995 年以 130 页长的篇幅证明了费马猜想——译注。

② 参见杰弗里所著《科学推断》，该书中文本（龚凤乾译）已由厦门大学出版社于 2011 年出版——译注。

[公理 2]若 p,q,r,s 是四个命题,且 p 一经给定,若 q 发生的可能性大于 r,r 发生的可能性大于 s,则 q 发生的可能性大于 s。

概率的两个极端情形为完全肯定及全然不可能。这导致下面的

[公理 3]所有自命题 p 推出的命题其概率皆相等(关于数据 p);并且,所有与命题 p 不相容的命题其概率也皆相等(关于数据 p)。

引入这一公理旨在保证若演绎逻辑可以采用,则由该公理得到的结论与演绎逻辑推出的结论不会发生矛盾。我们试图建立一种扩张的逻辑而使演绎推理成为其中的一部分,从而使在利用演绎逻辑已能得到明确答案的情况下,不至于再带来任何歧义。今后我会时常说起"关于数据 p 完全肯定"及"关于数据 p 全然不可能"这两种极端情形。这样说指的不是我对某事的发生与否有确定的想法,而是指"q 由 p 推出"及"$\sim q$ 由 p 推出"这两种演绎推理关系。采用摩尔的术语(G.E.Moore),我们可将前者说成"由 p 推演 q"。根据我们前面的规则(5),永远不会有"由 p 推演 q",若 p 只是关于所提理论的一般规则,而 q 却是一个经验命题。

事实上,我将把"推演"的意义稍作推广,在某些用法中,p 不能由 p 推出,或 p 不能由 p 与 q 推出可以成立。如果人们同意将"由 p 推演 q"定义成"q 可由 p 推出",或者"q 与 p 恒等",或者"q 与由 p 断言的命题恒等",则可以采取简写形式以避免每次遇到这些情形都要予以说明的麻烦。

我们还需要如下一条公理。

公理 4.给定 p,若 q 与 q' 互斥,r,r' 也互斥,且若给定 p,q 与 r 发生的可能性相同、q' 与 r' 发生的可能性也相同,则给定 p,"q 或 q'",及"r 或 r'"发生的可能性也相同。

行文至此,为了清晰起见,我们将采用主要源自《数学原理》的一些符号及术语。

$\sim p$ 意为"非 p";亦即 p 假。

$p\cdot q$ 意为"p 与 q";亦即,p 与 q 皆真。

$p\vee q$ 意为"p 或 q";亦即,p 或 q 至少有一真。

这些符号可以联合使用,而冒号(:)可以用作括号。因此,$\sim:p\cdot q$ 意为"p 与 q 不真";亦即,p,q 至少有一为假,这等价于 $\sim p\vee\sim q$。但 $\sim p\cdot q$ 意为"p 假而 q 真",这不同于 $\sim:p\cdot q$。使用冒号的规则是,或者(从开头起)至冒号处为止,或者(自冒号起)至某表达式的结尾处为止。若不致引起歧义,冒号也可以省略。

命题 p,q 的联合断定即命题 p,q 的合取(conjunction)$p \cdot q$;命题 $p,q,r,s,\cdots$的联合断定联合断定即命题 $p,q,r,s,\cdots$的合取 $p \cdot q \cdot r \cdot s\cdots$;亦即 $p,q,r,s,\cdots$皆真。命题的联合断定又称命题的逻辑积。

命题 p,q 的析取(disjunction)即 $p \vee q$;命题 p,q,r,s 的析取即 $p \vee q \vee r \vee s$,亦即 p,q,r,s 至少有一真。命题的析取又称命题的逻辑和。

称一组命题 $q_i(i=1,2,\cdots,n)$关于数据 p 互斥(exclusive),若给定 p,诸 q_i不能同真;亦即,该组命题 $q_i(i=1,2,\cdots,n)$互斥,若由 p 可推出全部的析取式$\sim q_i \vee \sim q_k(i \neq k)$。

称一组命题 q_i关于数据 p 可穷举(exhaustive),若给定数据 p 这组命题中至少必有一真;亦即,若由 p 可推出析取式 $q_1 \vee q_2 \vee \cdots \vee q_n$。

一组命题既互斥又可穷举,这种情形也是可能的。例如,一有限(命题)集谅必含有某数 n;于是 $n=1,2,3,\cdots$之诸命题中必有一真命题而不能含有一个以上的真命题。

因而,公理 4 也就意味着:

给定数据 p,若 q 与 q'互斥,r 与 r'也互斥,且给定 p 时,q,r 发生的可能性相同,q',r'发生的可能性也相同,则给定 p 时,$q \vee q',r \vee r'$发生的可能性亦相同。

连续应用这一公理可以得到下面的定理:

[定理 1]给定数据 p,若 $q_1,q_2,\cdots,q_n$ 互斥,$r_1,r_2,\cdots,r_n$ 也互斥,且给定 p,命题 q_1 与 r_1,q_2 与 r_2,$\cdots$,q_n 与 r_n 成对发生的可能性均相同,则 $q_1 \vee q_2 \vee \cdots \vee q_n$ 及 $r_1 \vee r_2 \vee \cdots \vee r_n$ 发生的可能性也相同。

注意,我们迄今尚未假定概率可用数字表示。我认为引入数字表示概率对于概率论的发展并非必不可少;但如果引入数字就能使我们利用数学技巧从而获得极大便利。如若不然,尽管我们也能得到一组具有相同概率定义的命题,但其表示却会麻烦许多。实际上引入数字表示概率乃是出于人们的约定,它本质上体现的是语言学的特点。

[约定 1]就给定的数据而言,发生之可能性大的命题将被指派较大的数字(发生之可能性相同的命题将被指派相同的数字)。

[约定 2]给定 p,若 q 与 q'互斥,则关于数据 p,命题"q 或 q'"发生的概率,等于指派给 q,q'诸命题之数字的和。

注意到约定的确切含义很重要。约定既不是公理也不是定理,它只是为了方便引进的规约,而且还具有这样的性质,即若干约定可以导致相同的结果。约翰逊(W.E.Johnson)认为,用祈使语气来表述约定十分合适。例如,在欧氏几何中既可采取直角坐标系,也可以采用极坐标系。两点间的距离是欧氏几何的基本概念,凡用直角坐标表述的欧氏几何命题,均可用极坐标予以转写,反之亦然;而若把这些命题转写成关于距离的命题,即可得到有关的相同结果。采用约定纯粹是为了方便,对某一单位的选取常常就是如此。但引入约定时要多加小心,因为一些关于基本概念不应相互矛盾的假定经常秘而不宣。定义一个平面等边直角三角形不用费什么气力,但实际在平面上并非总能作出这种图形。上文中的约定 1 规定了指派数字的顺序。既然数字可以按大小排序,则根据上面的约定 1 和 2,概率也可以按大小排序。数字之间的"大于"关系可以传递,关于同一数据诸命题之间的"更可能发生"关系也可以传递。因而,根据约定 1 和 2,就可以指派数字使人们对相关命题相信程度增加的量级,等于指派数字所增加的量级。到目前为止我们不需要任何新公理,但如果所供指派的数字足够多,就需要有如下的一条公理。

[公理 5]根据"更可能发生"关系排序的、关于给定数据的一组可能的概率值,可以和一个按升序排列的实数集一一对应。

一位美国评论家在对《科学推断》进行评论后指出,我们需要这样一条公理。他指出,若对一列数偶 $u_n=(a_n,b_n)$,根据 $a_r>a_s$ 而将 u_s 排在 u_r 之前,而若 $a_r=a_s$,但 $b_r>b_s$,则 u_s 依然排在 u_r 之前。这样,关于数偶 u_n 可以排序的公理就能成立,但若 a_n 和 b_n 均可连续取值,如果不作重新排序,就不可能在这些数偶和单一一个连续取值的一列数之间建立一一对应关系。

约定 2 和公理 4 意味着,如果关于相同数据的两对互斥命题概率相同,则所选相应于它们析取项的数(字)也会相同。定理 1 保证了这一性质可以推广至若干互斥的命题。今后,凡是由给定数据而推出的(那些)命题或由此推出的矛盾命题,都将被赋予相同的数(字);这已由公理 3 得到了保证。因此,这样的数字指派和我们所提出的公理即可协调一致。现引入正式记号

$$P(q|p)$$

作为给定数据 p 时命题 q 的概率,并将它和相应的数(字)联系起来;只要记得与 $P(q|p)$ 相联系的数(字)事实上并非概率,而只是根据前述两个约定对它的一个方便表示,则 $P(q|p)$ 就可以读作"给定 p 时 q 的概率"。严

格地说，所谓概率乃是关于信念的相信程度，和表示它的数字不存在对等关系。两者的关系恰如史密斯先生和他的名字“史密斯先生”一样。包含“史密斯先生”的语句可以对应于从而等同于一个关于史密斯先生的事实。但史密斯先生本人并未在该语句中出现①。借助这个记号，数的性质即可用来取代公理1；而公理2可重述为“若 $P(q|p)>P(r|p)$，且 $P(r|p)>P(s|p)$，则 $P(q|p)>P(s|p)$”。这只是数学的推演而已，因为所有关于信念相信程度的表述都被数字化了。公理3要求我们决定用什么数(字)联系肯定命题和不可能命题。我们有

[定理2]若 p 与前述五条普遍规则无矛盾，且由 p 可以推出 $\sim q$，则 $P(q|p)=0$。

若令 q，r，以及 $q\vee r$ 均为关于数据 p 的不可能命题，则根据公理3，对它们必须指派相同的数(譬如 a)

$$P(q|p)=P(r|p)=P(q\vee r|p)=a$$

因 q，r，以及 $q\vee r$ 均为关于数据 p 的不可能命题，所以必须被赋予相同的数。但 qr 也是关于数据 p 的不可能命题，因此，根据定义，qr 为关于数据 p 的互斥命题。根据约定2，有

$$P(q\vee r|p)=P(q|p)+P(r|p)=2a$$

从而 $a=0$，而根据约定1，所有对命题成立之可能性(概率)指派的数均应 $\geqslant 0$。

迄今并未假定建立在不同数据集上命题成立之可能性(概率)间的可比性，因此有必要留意关于数据 p 的命题 q，r 之各种可能的替换形式。若 p 为一纯粹的先验命题，那么根据它就永远也不会推出一个经验命题。因此，假如 p 代表前述的普遍规则，则为 q，r 指派的、可容许的数(字)，肯定先验地代表假命题，如 $2=1$，$3=2$ 之类。因为诸如此类的命题可用下述定理予以表述，即若 p 为一经验命题，则 $\sim p$ 对于 q 及 r 均为可容许的数值指派。或者确切些说，因为我们自始至终遵守自己提出的普遍规则，所以会记起在实践中若 p 为一经验命题，而 h 用来指代我们自己提出的那些普遍规则，则任何实际出现的数据集以及由此产生的经验命题，都具有 ph 这样的形式。尽管我们依然可以先验地以假命题替换 q 及 r，但关于数据 ph 这是不

---

① 见 R.Carnap. *The Logical Syntax of Language*.

可能的。我们所可能做的，是为 q 及 r 指派相应的数字以满足定理证明中所需要的条件。

[约定 3]若由 p 可推出 q，则 $P(q|p)=1$。

这是一个普遍采用的规定。然而有时也会出现这种情形，即我们希望对某一数量的无穷取值范围表示漠视，而以∞表示该数量必然会在这一范围取值（从而保证在有限范围取值的数量的比是确定的数），这会给我们带来一些方便。到目前为止，本书所提出的公理并未要求我们对建立在不同数据集上的肯定命题用同一个数（字）作出表示；只要求我们对建立在同一数据集上的肯定命题用同一个数（字）给予表示，但此处是例外——我们可以用∞表示建立在不同数据集上的肯定命题。

定理 2 的逆告诉我们，"若 $P(q|p)=0$，则由 p 即可推出 $\sim q$"。如果采用约定 3，这个逆就不成立。例如，一连续变量可在 0 和 1 之间等可能地取到任意数值，因而它恰好取到 1/2 的概率为 0，但 1/2 并非是不可能值。此时，令肯定事件的概率等于无穷没有意义，因为这会使任意有限区间上这样的事件的概率都是无穷。这表明我们没有理由采用定理 2 的逆。

[公理 6]若由 pq 可推出 r，则 $P(qr|p)=P(q|p)$。

换言之，在 p 自始至终给定的情况下，可以考虑 q 之真伪（所导致的结果）。若 q 假，qr 亦假；若 q 真，则因 pq 可推出 r，r 亦真，从而 qr 也真。类似地，若 qr 真，则可推出 q 真；而若 qr 假，则 q 关于 p 必假，因为若 q 真，则 qr 亦必真。因此，给定 p 时，q 或 qr 之真确性不可能在它们各自不考虑对方的情况下得以成立。这是公理 3 的扩展，由此我们即可能进一步采用演绎逻辑所提供的规则，从而作出所有关于一给定数据集等价的命题其概率均为相等的断言。

[定理 3]若在可以相互推出的意义下 q 与 r 等价，则由 q 或 r 均可推出 qr，因而 q 与 r 关于任何数据的概率必相等。类似地，若由 pq 推出 r，又由 pr 推出 q，则 $P(q|p)=P(r|p)$，因为这二者都等于 $P(qr|p)$。

由此立刻得到一个推论如下

[定理 4]$P(q|p)=P(qr|p)+P(q\cdot\sim r|p)$。

因 qr 与 $q\cdot\sim r$ 互斥，故关于任何数据，这两个互斥命题和的概率必等于 $qr\vee(q\cdot\sim r)$ 的概率（约定 2），但由 q 可推出该命题，而且若 q，r 皆真，或 q 真而 r 假，则 q 无论在任何情况下皆真。因此，命题 q 与命题 $qr\vee(q$

$\cdot \sim r)$等价[①]，根据定理3，此推论即告成立。

我们还可以有$P(q|p) \geqslant P(qr|p)$，因为$P(q \cdot \sim r|p)$不可能取负。同样，若以$q \vee r$代替q，就有

$$P(q \vee r|p) = P((q \vee r) \cdot r|p) + P((q \vee r) \cdot \sim r|p)) \quad \text{(定理 4)}$$

且$(q \vee r) \cdot r$等价于r，$(q \vee r) \cdot \sim r$等价于$q \cdot \sim r$。于是

$$P(q \vee r|p) \geqslant P(r|p)$$

[定理5]若q，r是两个命题，而关于数据p它们不一定互斥，则$P(q|p) + P(r|p) = P(q \vee r|p) + P(qr|p)$。

因为qr，$q \cdot \sim r$，$\sim q \cdot r$，$\sim q \cdot \sim r$诸命题互斥，且q等价于qr和$q \cdot \sim r$的析取，r等价于qr和$\sim q \cdot r$的析取，故定理5等式的左边等价于

$$2P(qr|p) + P(q \cdot \sim r|p) + P(\sim q \cdot r|p) \quad \text{(定理 4)}$$

同样，$q \vee r$等价于qr，$q \cdot \sim r$及$\sim q \cdot r$的析取，因而

$$P(q \vee r|p) = P(qr|p) + P(q \cdot \sim r|p) + P(\sim q \cdot r|p) \quad \text{(定理 4)}$$

于是，定理5得证。

无论q与r是否互斥，都有

$$P(q \vee r|p) \leqslant P(q|p) + P(r|p)$$

因为$P(qr|p)$不可能取负。定理4、定理5合起来即表示$P(q \vee r|p)$之可能取值的上下界，和q与r是否互斥无关。$P(q \vee r|p)$既不会小于$P(q|p)$或$P(r|p)$，也不会大于$P(q|p) + P(r|p)$。

[定理6]若q_1，q_2，…为关于数据p的、有相同信念的等可能、互斥命题集，而Q，R为该集合的两个不交子集、分别含有m及n个命题，则$P(Q|p)/P(R|p) = m/n$。

若a代表相同的一列数$P(q_1|p)$，$P(q_2|p)$，…中的任一数，则根据约定2，有

$$P(Q|p) = ma; \quad P(R|p) = na;$$

---

① 原书把$qr \vee (q \cdot \sim r)$写作$qr : \vee : q \cdot \sim r$，为方便计，译文以目前流行的表示方式作了转写——译注。

如此，定理 6 得证。

[定理 7]在定理 6 成立的条件下，若 $q_1, q_2, \cdots, q_n$ 关于数据 p 为一列穷尽命题，且 R 用来指代其析取项，则 R 可由 p 推出，而且 $P(R|p)=1$（约定 3）。由此，就有 $P(Q|p)=m/n$。

这实际就是拉普拉斯在其《分析概率论》第一章开篇所表述的事件概率的古典定义。由 R 自然可以推出 R，而 R 也是 p 的一个可能值，所以 $P(Q|R)=m/n$。该式可解释为：给定一包含等可能、互斥且穷尽的命题集，任一子集（若存在）出现的概率，等于该子集所含命题数与该命题集所含全部可能命题数的比。这种形式的概率依赖于约定 3，它只能在约定 3 被采纳时方可使用。然而，定理 6 却和约定 3 无关。如果我们决定用 2 而不用 1 表示关于数据 p 全然肯定事件的概率，则由此带来的唯一改变就是所有指派给相关概率（关于数据 p）的数都要乘以 2，如此，定理 6 依然成立。在命题无穷多时（即 $q_1, q_2, \cdots, q_n \cdots$），定理 6 也没有矛盾，因为它仅要求 Q，R 为有穷的命题集。

定理 6 和定理 7 告诉我们如何去估计概率的比，而有了约定 3，这两个定理还告诉我们如何去估计概率的值，条件是关于给定的数据，所考虑的诸命题属于有限、互斥的命题集，对定理 7 而言，对这个命题集还要加上一条关于数据穷尽性的要求。如此估计出来的数字总会是有理分数，可称为R-概率。关于 m，n 不超过某给定值的陈述必为一个先验断定的经验命题，所以根据规则 5（见第 9 页），它就是不容许的。因此，正规形式下诸可能之R-概率值，即构成有理分式的一个有序集。

若所有的概率都是 R-概率，则公理 5 就没有存在的必要，而定理 2 的逆也告成立了。但是，许多我们必须考虑的命题都具有这样的形式，即在其中存在一个位于可连续取值的、某数值区间内的量，因此，根据定理 6 和定理 7 要求的概率表示形式，我们就可能表示不出这些命题。不过，此处根据定理 6 和定理 7 表示不出的命题，由公理 1 知，依然可以和某一表示理性信念相信程度的量相联系，而根据公理 2，这将通过"大于"或"小于"的关系把全部的 R-概率值分成两部分。根据公理 5 并应用戴德金分割，这些 R-概率值必被唯一的一个实数分成两部分。对任一个不能由定理 6 和定理 7 表示的命题之概率，我们都会为其指派这样一个实数。于是就有

[定理 8]任何概率均可由一实数表之。

若 x 为一个可连续取值的变量，即可以考虑关于数据 p 的、x 小于 x_0

的概率问题。例如

$$P(x<x_0|p)=f(x_0)$$

若 $f(x_0)$可微,上式就可以改写成

$$P(x_0<x<x_0+dx_0|p)=f'(x_0)dx_0+o(dx_0)$$

此式常被简化为 $P(dx|p)=f'(x)dx$,式中等号左边的 dx 是一个命题,意为"x 位于某区间 dx 内"。$f'(x)$称为概率密度。

[定理 9]若 Q 是一列关于数据 p 互斥命题的析取(disjunction),R,S 均为 Q 的子集(可能有重叠),且若 Q 中的命题关于数据 p 及 R_p 均为等可能命题,则

$$P(RS|p)=P(R|p)P(S|Rp)/P(R|Rp)$$

设 Q 中含有 n 个命题,其子集 R 含有 m 个命题,而 Q 与 R 都包含的命题数为 l。记

$$P(Q|p)=a$$

则根据定理 6,

$$P(R|p)=ma/n;\quad P(RS|p)=la/n$$

$P(S|Rp)$是真确命题位于子集 S 中的概率(子集 R 与数据 p 皆给定),因而它就等于$(l/m)P(R|Rp)$。同样地,由 RSp 能推出 R,于是就有

$$P(S|Rp)=P(SR|Rp)\qquad\text{(根据公理 6)}$$

以及

$$P(RS|p)=(l/m)(ma/n)P(R|p)P(S|Rp)/P(R|Rp)$$

此式是我们首次遇到的关于对不同数据集之命题求概率的例子,其中有两个分式以 p 为分母,两个以 Rp 为分母。Q 并未出现在该式中,故它是无关的。把这种情形引入定理 9,仅在于避免使用前述的约定 3。Q 可以等价于任何包含子集 R 及 S 的有限集。

定理 9 假定所有关于数据 p 及 Rp 的命题都有相同的概率,而若不用这一假定该定理就无法证明。但是,进一步发展理论以使概率和不同数据集发生联系是很有必要的,定理 9 所表明的只是有关这种联系最简单的一种情形。因而我们需要如下一条更一般的公理

[公理 7]对任何命题 p,q,r,有

$$P(qr|p)=P(q|p)P(r|qp)/P(q|qp)$$

若对数据 pq 应用约定 3(不一定只对数据 p 应用之),则 $P(q|qp)=1$,于是就得到约翰逊(W.E.Johnson)形式的概率乘法规则,它可以理解为关于数据 p 之两命题的联合概率,等于一命题关于 p 的概率与另一命题关于前一命题及 p 的概率的乘积。

我们已经注意到,概率加法服从逻辑加法规则(需加小心)[①],概率乘法服从逻辑乘法规则。但这种源自《数学原理》的有关概念与概率术语之间的平行比照(关系),当人们把关于两命题联合概率的断言也称为概率加法时就不复存在了,而这种情况在某些著作中已经出现了。从某种意义上说,概率可视为一种逻辑商,例如在定理 7 中,给定 R 时 Q 的概率就等于(关于数据 p 的)Q 与 R 之概率的商。根据凯恩斯的研究,这种符号表示的历史可以上溯至麦克考尔(H.McColl)[②]。麦克考尔把 a 的、关于先验前提 h(the *a priori* premise)的概率写作 a/ε,把关于 bh 的概率写成 a/b。约翰逊(W.E.Johnson)将它们改写为 a/h 及 a/bh,凯恩斯、伯劳德、兰姆赛也都采用了约翰逊的写法。瑞恩奇和我觉得,如在同一个方程式中有斜线(/)按其数学常义使用,则表示概率的这种斜线会给使用者带来不便,因此我们引入 $P(p:q)$来表示这种概率,而我在拙著《科学推断》一书中,最终将其改写为 $P(p|q)$,我没使用冒号(:)是因为在《数学原理》中,冒号是当成括号使用的。

在《数学原理》中,类 α 与类 β 之和等于类 γ,即每个 α 或 β 中的成员均在 γ 中,反之也成立。类 α 与类 β 之积等于类 δ,即 δ 中的成员既属于 α 也属于 β。于是上节的定理 5 就有了一个关于类 α 与类 β、类 γ 与类 δ 成员数目的简单类推。类 α 与类 β 的乘积等于这样一个类,其中每一乘积的两个因子都是一个来自 α,另一个来自 β;正是此种类(而非乘积类)才能为类 α 及类 β 乘积中成员的数目提供一种解释。

---

① 在逻辑学中,人们常预先给定一组公设,以后所有命题都根据这组公设进行推理,这组公设不必每次都重述一遍;但在概率论中,因观测数据及所考虑的命题皆可随时改变,故有必要将有关数据清楚表示出来——译注。

② 在其《论概率》(*Treatise on Probability*,1921,p.155)一书中,凯恩斯搜集了许多关于概率的有趣历史并作了不少重要评论。但由于他不愿意推广该书中有关概率的公理,故未能进一步获得若干重要结果。

把定理 9 中的乘积规则推广成公理 7,这种做法也被视为不证自明。这是《数学原理》中反复使用的手法。若需在两个公理中进行选择,则我们就应该选择能够推出最多结果的那一个公理。这种推广不是归纳(推理)。我们所要做的,乃是寻找一组有助于创立归纳推理理论的公理,而这组公理本身即为最原始的一组公设。作这种选择受 1.1 中规则(6)的制约,选出的公理应降至最少,而根据 1.1 中的规则(2),这些选出的公理概括性是否强即可予以检验,若一种归纳推理理论导致了相互矛盾的结论,则该理论就应被拒绝。试考虑下述概率规则

$$P(qr|p)=P(q|p)P(r|qp)$$

能否成立。首先,设由 p 可推出 $\sim(qr)$,则或者由 p 可推出 $\sim q$,或者 p 及 q 二者一道可推出 $\sim r$。无论哪种情况,等式两边都是零,原概率等式成立。其次,设由 p 可推出 qr,则 p 可推出 q,pq 可推出 r,此时等式两边都等于 1。同样,在由 p 推出 $\sim q$,或者由 pq 推出 $\sim r$,或者由 p 推出 q 且 pq 推出 r,这种求逆(命题之概率)运算的自洽性也是没有问题的。这也涵盖了极端情形。

若存在 $P(qr|p)=P(q|p)P(r|qp)$ 不真的情形,我们即可指出此时 $P(qr|p)$ 除依赖 $P(q|p)$ 及 $P(r|p)$ 外,还依赖其他条件,因而这就需要一个应对此类情形的新假设。根据 1.1 中的规则(6),除非有理由证明我们的确需要这样做,否则就不能引进任何这种新假设。我们将会看到(第 35 页),自洽性在广泛一类集合中均可得到证明。

1.21 概率乘法规则常被误解成“两命题之联合概率等于其各自概率的乘积”。这是毫无意义的,因为和这些概率有关的数据根本没有被提及。在实际应用中对概率乘法作这种表述也并不罕见,即关于某给定数据集两命题的联合概率,等于其各自概率(关于这同一数据集)的乘积。通过考察若干极端的例子,我们即可发现这种表述不成立。概率乘法规则的正确表述(对数据集 pr 利用约定 3)可以写成

$$P(pq|r)=P(p|r)P(q|pr) \tag{1}$$

或者写成

$$P(pq|r)=P(p|r)P(q|r) \tag{2}$$

若给定 r 时 p 不可能真，则 p,q 不可能同真，则(1)，(2)两式均可化为 $0=0$。若给定 r 时 p 为真，则(1)，(2)两式可化为

$$P(q|r)=P(q|r) \tag{3}$$

因为这时在(1)式中，加进 p 后并未提供关于 q 的任何信息(除 r 业已提供的关于 q 的信息外)。若给定 r 时，q 为不可能命题，则(1)，(2)两式又可化为 $0=0$。若给定 r 时，q 为真，则(1)，(2)两式均可化为

$$P(p|r)=P(p|r) \tag{4}$$

到目前为止所有结论都令人满意。但假设给定 pr 时 q 为不可能命题，此时，pq 不可能真，故(1)式正确地化为 $0=0$，但(2)式却化为

$$0=P(p|r)P(q|r)$$

而这是不能成立的，因为完全有可能 p,q 关于 r 相容，但 pq 关于 r 不相容。令 r 由下述信息组成：某人群其每个成员之双眼的颜色都相同；该人群中有一半人是蓝眼睛，另一半人是黑眼睛；现随机抽取一人而每人被抽中的机会皆相等。用 p 表示命题“被抽中的人左眼为蓝色”，q 表示命题“被抽中的人右眼为黑色”。问基于 r，被抽中的这个人左眼为蓝色、右眼为黑色的概率为何？因 $P(p|r)$ 及 $P(q|r)$ 都等于 $1/2$，故根据(2)式，$P(pq|r)=1/4$。但根据(1)式，在估计此人右眼为黑色概率之大小时，必须首先考虑其左眼颜色为何以及其双眼颜色应为同色这一点。因此，由(1)式，有 $P(pq|r)=0$。很清楚，(1)式给出的答案是正确的；如果进一步应用(2)式去考虑 $\sim p$(左眼为黑色)，$\sim q$(右眼为蓝色)所导致的结果，我们就会看到令人吃惊的结论，即在该人群之全体成员其双眼的颜色都相同的断言下，他们之中的任何人都有可能双眼的颜色不一样。

仅这个不起眼的例子就足以使我们弃用(2)式，然而(很遗憾)，(2)式却在许多场合一直被广泛地使用，由此常会得到错误的结果，甚至是非常错误的结果。波尔茨曼(Boltzmann)关于气体动力学创建的 H-定理，就源于错误地运用了(2)式。因为 H-定理考虑分子的集合(集合内分子的密度可能处处不同)，并且认为两气体分子处于相邻区域的概率，就等于这两个气体分子单独出现的概率之乘积。若密度不同，且某一个气体分子出现在一随机抽取的区域之中，这就提供了一定的证据，表明该区域分子的密度较大；此时，在该区域出现第二个气体分子的概率就会来得更大些。对波尔茨曼

关于气体分子速度的处理,也可以作类似的考虑。在本例,对(2)式的错误应用并未妨碍波尔茨曼得到正确结果,尽管根据他的假设是得不到这种正确结果的。

不过,如果

$$P(q|pr)=P(q|r)$$

即(给定 r 时)p 与 q 无关,则(2)式在不少场合还是正确的。

1.22 [定理 10]若 $q_1,q_2,\cdots,q_n$ 为一列命题,H 为已知初始信息,p 为追加信息,则比

$$\frac{P(q_r|pH)P(q_r|q_rH)}{P(q_r|H)P(p|q_rH)}$$

对全部 q_r 均相同。

根据公理 7

$$P(pq_r|H)=P(p|H)P(q_r|pH)/P(p|pH) \tag{1}$$

$$=P(q_r|H)P(p|q_rH)/P(q_r|q_rH) \tag{2}$$

由此

$$\frac{P(q_r|pH)P(q_r|q_rH)}{P(q_r|H)P(p|q_rH)}=\frac{P(p|pH)}{P(p|H)} \tag{3}$$

它和 q_r 无关。

若用单位 1 表示建立在数据 q_rH 上所有全然肯定命题 q_r 的概率,则对任何变化的命题 q_r,(3)式变为

$$P(q_r|pH)\propto P(q_r|H)P(p|q_rH) \tag{4}$$

这就是逆概率原理,最初由贝叶斯于 1763 年提出。它是从经验中进行学习所涉及的最主要的规则。借助于概率乘法规则,逆概原理也可表述为

$$P(q_r|pH)\propto P(pq_r|H) \tag{5}$$

此即拉普拉斯式的逆概原理,其表述是关于诸原因的后验概率,与关于这些原因的先验概率成比例。在(4)式中,若 p 是对一列观测值的描述,q_r 是一列命题,则因子 $P(q_r|H)$ 即可称为先验概率,$P(q_r|pH)$ 为后验概率,而 $P(p|q_rH)$ 为似然。似然这一术语是由费舍教授(R.A.Fisher)引入的,虽

然在他的用法中有时在似然前面要乘一个常数因子。似然是关于追加数据及其有关命题的概率。先天性[①]概率(a priori probability)有时被用来指代先验概率,但因 a priori 用法的多义性,我们最好还是不采用它。对拉普拉斯而言,先天性概率(a priori probability)意即 $P(pq_r|H)$,但有时也用它指代似然(likelihood)。a priori 在逻辑中有特定的含义,它描述的是一类可以独立于经验而被人们接受的命题,而我们经常需要用到的正是这种含义。现在我们可以重新表述逆概原理如下:关于(某些)命题的逆概率与关于这些命题的先验概率及其似然成比例。通常,常数因子可以根据命题 $q_1, q_2, \cdots, q_n$ 中必有一真且诸后验概率加总等于 1 而得以确定。(若不可以用 1 代指建立在数据 pH 上的肯定命题,则不会有包含有限概率分式的有限命题集,故上述逆概原理具有普适性。)

逆概原理很容易作出推广。若无理由相信某一命题集比另一命题集更有可能成立,则它们的先验概率就都相等。若有证据出现,则最有可能成立的命题集一定是最有可能导致那些证据出现的命题集。我们肯定会接受那样一个命题,即导致观测到它成立的事实绝非是偶然事件。换言之,若干个命题成立的可能性彼此相同,则这种信息不能带给我们任何新意,所以我们就保持对那些命题原有的看法,而不管它们的实际内容为何。逆概原理也可应对更为复杂的情况(后面将会提到);现在可以立刻指出的是,它确实提供了我们想要的东西,即一个与常识相一致的正式规则,它能指引我们利用经验来在不同的命题之间进行取舍。

1.23　我们尚未说明约定 2 只是一个方便的约定而非一个公设。要作这种说明必须一并考虑其他那些约定,并理解借助它们所能得到的种种结果。任何其他那些约定均不得与公理 4 相矛盾。例如,若根据规则指派给某一概率的数值为 x,则不用 x 而采用 e^x 也应无碍。这样,若 x, x' 是关于命题 q, q' 以及 r, r' 成立之概率的估值,则关于 $q \vee q'$, $r \vee r'$ 之成立的概率估值均等于 $e^{x+x'}$,从而使公理 4 得到证实。除此概率加法规则之外,还应有概率乘法规则。任何能用一种概率规则(如加法规则)表述的命题,都应该能用另一种概率规则(如乘法规则)予以转述;如果由目前采用的概率规

① 参见厦门大学出版社 2011 年出版的杰弗里著《科学推断》中文本(龚凤乾译)p33 注①——译注。

则(如加法规则)导致如下结果,即在一个装有 99 个白球、1 个黑球的袋中,若随机抽取一球而该球为白球的假设成立,则换用另一种规则(如乘法规则)这一假设也应能成立。关键性的概念是关于理性信念相信程度的比较,而若利用不同的概率规则以同样的排序排列这些(关于理性信念的)相信程度时,所带来的差别仅仅是反映了实用上的便利,如此而已。这一点通过令 $f(x)$而非 x 作为一命题的概率指派即可得证,即 x 和 $f(x)$互为增函数,致二者之中任何一个的值已知时,另一个的值也能随之确定。根据约定 1 及公理 1,这是必然的,而所有形如 $f(x)$的表达式若要和公理 4 相容,都将导致关于互斥命题概率指派值的不同规则。因此,概率的加法规则就是一种约定。当然这是一种使用起来最方便的约定。若弃用约定 1 而又不与公理 1 矛盾,则将导致和原先顺序反向的、重新排列的概率指派值,同样,若此时换用概率规则(如用乘法规则而非加法规则),也会得到和不更换概率规则时相同的结果。概率数值指派只是为了满足我们的表达需要所采用的一种语言上的方便而已。

1.3 贝叶斯定理获得了不同方向的发展①。前面的叙述全是根据关于理性信念相信程度的规则作出的,而贝叶斯本人则把期望效用作为一个基本的概念。从某种程度上说,人们常常需要获得效用,这与关于理性信念相信程度的考虑很不一样;所以我认为(此时)最好还是只考虑后者为好。但在实践中,人们作决策时不仅会涉及理性信念,还会涉及对由不同决策行动可能带来的效果的权衡。当我们为一个注重实效的人士提供建议时,我们每一方都会对理性信念及行动的后果进行权衡。在决定采取某一行动时,决策者必须保证由该行动所致的结果,其发生的可能性为最大。这方面最重要的发展归功于兰姆赛②。我无意重述兰姆赛的全部思想,只想指出在他及贝叶斯的工作中所涉及的一些主要观点,其中最基本的观点就是期

---

① 见 *Phil.Trans*.53,1763,376—98.近来 G.A.Barnard,A.Fletcher 及 R.T.Plackett 发现,在 1731 年(甚至更早)至 1752 年这一时期,贝叶斯在 Tunbridge Wells 担任长老会牧师,而于 1761 年去世。先前的研究对贝叶斯个人身世的披露甚少。见 *Biometrika* 45,1958,293—315.

② 见 *The Foundations of Mathematics*,1931,pp.157—211.该文和贝叶斯那篇著名文章一样,也是在作者死后发表的;该文存在某些不足,而如果 Ramsey 能再仔细些,这些不足原本是有可能避免的。

望效用可以排序；而人们对收益很大但发生的可能性小及收益很小但发生的可能性大的两事件进行比较也不乏合理性。这种理念必然会比前文所述的公理 1 更为复杂；另一方面，商界人士还必须作这种比较，无论他是否愿意，也无论作这种比较是否具有充分理由。这里的决策规则很简单，它只是声言在任何给定的条件下，人们总能找到一种最好的行动方案，而进行有关的概率比较也就顺理成章了。假设两事件无论何者发生其效用皆相同，但若在我们眼中其期望效用有别，则原因就是它们发生的概率不一样。发生概率大的事件其(期望)效用也大。现考虑对期望效用进行综合。我认为就这一点而言，贝叶斯忽略了被拉普拉斯称为“数学”期望(mathematical expectation)和“道义”期望(moral expectation)之间的区别。贝叶斯以货币赌注作为说明，他断言有 1/100 的机会赢得 100 英镑和肯定得到 1 英镑的价值相同。赌徒也许会认为前者的价值更大些，但大多数人则不这么认为。事实上，贝叶斯所定义的概率乃是赢得 100 英镑这一机遇的价值与肯定得到 1 英镑的价值相同的概率。既然有可能对不同的价值进行比较，则为保证如此定义的概率之唯一性，就要求人们假定价值的期望值、有关的命题及其数据都应保持不变，而当命题成立时，价值的期望值还会和人们所得到的价值成比例。在贝叶斯看来这当然如此，兰姆赛(Ramsey)也曾作出类似的结论(参见他的书 179 页上的脚注)。然而，困难在于 1 英镑所值几何取决于我们拥有财富的多寡。这一点最早是由丹尼尔・贝努利(Daniel Bernoulli)在破解彼得堡悖论时提出的。两个赌徒依下述规则博弈：投掷一枚硬币直至出现正面朝上时游戏结束。若首次投掷即有正面朝上的结果，赌徒甲付赌徒乙 1 英镑；若第二次投掷才得到正面朝上，赌徒甲付赌徒乙 2 英镑；若第三次投掷才得到正面朝上，赌徒甲付赌徒乙 4 英镑；如此类推。对赌徒乙而言，他应准备多少赌资和赌徒甲玩这场游戏才算公平？以英镑计所需赌资的数学期望等于

$$\frac{1}{2}\times1+\frac{1}{4}\times2+\frac{1}{8}\times4+\cdots=\infty$$

因此，赌徒乙要准备无穷多赌资才能和赌徒甲一赌输赢。若考虑只赌一大笔钱，譬如 2^{20} 英镑，则只要在前 20 次掷币中无论哪一次掷出硬币正面朝上，赌徒乙就输了；仅当第 21 次或更靠后些才首次掷出硬币正面朝上，赌徒乙才会赢得这一大笔钱。问题是有没有人甘愿冒如此大的风险博取成功机

会非常渺茫的那一大笔钱？即便是18世纪的赌徒似乎也对此充满疑虑。丹尼尔·贝努利对此悖论的破解是，2^{20}英镑之价值，相对于赌博伊始对财富的占有程度并不相等的人而言，各不相同。对任何恰有2^{20}英镑财富的那个人，输掉这笔钱的价值绝不会等于赢得这笔钱的价值。由此，丹尼尔·贝努利提出一个把赌赢一笔钱的价值和赌徒已有财富联系起来的定律，当然他的这个定律不会阻止人们继续深入研究彼得堡悖论①；重要的是他注意到了期望效用并不必然具有可加性这一点。拉普拉斯所谓的"道义期望"指的是人们从一事件中所获得的满足感，这种满足感和以货币价值计算出的数学期望之间的关系，可能非常微渺。在丹尼尔·贝努利之后但在拉普拉斯之前，贝叶斯也研究过彼得堡悖论，但他在其工作中并未提及丹尼尔·贝努利。不过，数学期望和道义期望的区分并未终止人们对期望效用的研究兴趣。尽管我们不能把由同类收益所带来的效用视为相互无关，但考虑到这种现象所涉及的心理上的满足感，在现实中确实存在着许多效用互不相干的例子。譬如，对我而言，一连两个晚上都吃大餐带给我的乐趣是近乎独立的；而一个晚上连吃两顿大餐带给我的乐趣，绝不是互不相干的。一笔原本无望归还的借出款得到偿还，一篇论文被接受而准备发表，午后去游泳，晚上去看电影等等，这些事件带给人的快乐和满足感，其间确实谈不上有什么关联。若事实上存在足够多这样的快乐和满足（或者它们只存在于想象的世界中，这无关紧要，因为人们对快乐和满足的追求是不会改变的），则关于效用价值的测度就可以建立起来，它将满足加法交换律，从而，根据贝叶斯的观点，它也会满足概率的加法规则。于是，概率的加法规则就能写成一个定理。贝叶斯对乘法规则的处理如下：记$E(a,p|q)$为给定q且p为真确时a的期望效用，根据$P(q|p)$的定义，有

$$E(a,p|q)=aP(p|q)$$

我们业已指出，给定p,q，$E(a,p|q)$和a成比例是一个假定。现考虑给定r且p,q皆真确时a的期望效用。此期望效用等于$aP(pq|r)$。对此，我们可以先检验p再检验q。若经检验p为真确，则a的期望效用就是$aP(q|pr)$，因p现已并入已知数据之中；若经检验p不真确，则我们将一无所

① 在某人占有的财富量为x的条件下，一项收益的价值dx将和dx/x成比例；在一些关于生物学的应用研究中，这一规律被称为Webor-Fenchner定律。

获。现回到第一种情形。假设 p 为真确，我们将得到一个效用期望值，它等于 $aP(q|pr)$，否则（即 p 不真）效用为零。因此，我们最初的期望值即为 $aP(q|pr)P(q|r)$，从而有

$$P(pq|r)=P(p|r)P(q|pr)$$

兰姆赛的结果比这更为精致，但所依据的基本思想并无不同。逆概率原理的证明也是很简单的。化复杂命题为等可能、互斥的基本命题的困难，在这里被回避了，但却被关于期望的加法规则能否成立的困难所取代。无论哪种情形，它们在实践中都不太可能发生，因为没有一个注重实际的人，会因不清楚何者为最佳的决策理论基础而拒绝采取决策行动。注重实际的人常会假设他所采取的行动为最佳行动；贝叶斯和兰姆赛只是把这假设弱化为现实中存在某种最佳决策而已。在我的方法中，期望将以价值和概率进行定义；而在贝叶斯和兰姆赛那里，概率则是以价值和期望进行定义的。自然，根据所有这些定义提出的命题实际上是等价的。

1.4　在探求知识的任何阶段，我们都有理由对一个已被接受的假设提问“为什么它会这样”。通常该问题的答案将依赖于观测数据。若再问“得到数据之前该假设会是什么样子”，我们就会被告之它还有一些不那么能说服人的证据；若追问到底，则总会得到下述回答，即“该假设值得考虑，但它是否真确就不得而知了”。其实，关于该假设成立的概率是什么我们已经有了答案。如果没有哪一个假设比其他假设更令人信服，则它们成立的概率就相等。根据归纳推理的基本性质，我们可以说这些假设成立的概率相等，乃是人们没有理由在它们中间作出取舍这一精准断言的一种表示。所有明确表述的、可以预言不同结果发生概率的假设，都能根据所获数据利用逆概率原理进行比较；如果我们不认为这些假设的先验概率相等，那无异于是说在数据获得之前我们已经有所选择，但这样做必须要有明确的理由才行。在数据获得之前就把（各假设的）先验概率取作不等，所表达的只不过是一种偏见而已。对各种假设取相等的先验概率，既不是反映人们关于现实世界构成方式的信念，也不是根据先前经验所作出的什么推断；它表达的只是人们对所论事物一无所知这种情形。有时它被说成是不完全推理原则（拉

普拉斯)或同等无知原则。贝叶斯在他那篇有名的文章中曾反复指出[①],同等无知原则仅当人们对各种假设确实一无所知时方可使用。就当代概率论而言,同等无知原则并无新意,它只是前文所述的约定 1 的一个直接应用而已。但由于误解以及试图用频率定义概率的方式对它进行解释,一大堆的混淆不清还是浮现出来了。我的观点是,除非重新引进关于理性信念相信程度的概念,否则概率的频率定义不会导致我们想要的结果,而概率频率定义的根本目的就在于回避(理性信念相信程度)这一概念,所以它不会达到其所宣称的目标。一旦把理性信念的相信程度视为基本概念,同等无知原则就会立告成立。对所论各种假设,我们从一开始就对它们一视同仁,然后才是利用数据对它们作出比较。

设某人(某甲)提出一个假设,另一些人(某乙、某丙等等)提出另一个假设,这两个假设有何不同吗(一个假设由一人提出,另一个由多人提出)? 回答是没有不同,它只是意味着我们需要面对两个问题而非一个。首先,p 或 q 是否真确? 其次,这两个假设间的差别是源于甲及乙、丙等人心理认知上的不同吗? 在此利用投票决定假设的取舍不能令人信服,因为大多数人犯同一个错误是完全可能的。至于第二个问题,其答案只有在第一个问题得到解答以后方可做出,而第一个问题的答案必须根据其自身特点做出,不能和第二个问题有任何牵连。

1.5 现在我们就能考虑 1.1 中所提的那些条件能否得到满足了。我认为第(1)条是满足的,尽管在概率和演绎推理的发展中都经历过在提出假设时出现未经定义而引入公理这种事情[②]。

(1.2 节的)公理 1 假定了相容性,但它本身并不能保证一个给定系统具有相容性。通过使不同方法下所得概率相等这样的方式,我们可以推出一些定理,但若无论如何都做不到这一点,则根据 1.2 的公理 1,就不能再谈论相容性。所以,我们对关于相容性一般性质的证明不应抱有太多的奢望。

---

① 指 1764 年发表于伦敦皇家学会刊物 *Philosophical Transactions* 上的 *An essay towards solving a problem in the doctrine of chances*(“机遇理论中一个问题的解”);该文是在贝叶斯死后三年由另一位英国学者 Richard Price 代为发表的——译注。

② 此段就是和下述 2,…,7 等各段讨论并列的第 1 段——译注。

在某种意义上说，许多逻辑系统都被证明了具有相容性。我认为这应归功于亚里士多德的一条定理，即若一逻辑系统包含两个相互矛盾的命题，则该系统中任一命题均可在此系统中得到证明。亦即

p 推演出 $p \vee q$

$\sim p \cdot p$ 推演出 $\sim p \cdot p \vee q$

$\sim p \cdot p \vee q$ 推演出 q

所以由 $\sim p \cdot p$ 而推出了 q。同样地，由 $\sim p \cdot p$ 也可以推出 $\sim q$。反之，若在该系统中可以找到这样一个命题，它在这系统中既不能被证明又不能被否证，则该系统就是相容的。不过，找到这样的命题非常困难，而(即使能找到)要证明其不能证明就更为困难。哥德尔(K.Gödol)证明了如果任何一个包含算术的逻辑系统，其自身的相容性可以证明，则其中任一命题的获证即意味着(从外部审视这一系统)该系统不具备相容性；从而，如果算术是相容的，则包含它的系统之相容性，其可证或不可证都是可能的[①]。奎恩(Quine)曾发现一个更简单的逻辑系统，它甚至不具备类的成员的概念，而其中依然存在既不能证明也不能否证的命题。

事实上，不用附加更多条件就会推出矛盾。从上文已经看到，$\sim p \cdot p$ 可以推出 q，也可以推出 $\sim q$。借用概率的语言，就有

$$P(q \mid p \cdot \sim p)=1; \qquad P(\sim q \mid p \cdot \sim p)=1$$

由于 q 和 $\sim q$ 互斥，根据公理 4，得到

$$P(q \vee \sim q \mid p \cdot \sim p)=2$$

它和约定 3 矛盾。于是我们得到关于相容性的一个必要条件，即概率不能建立在相互矛盾的数据之上。

充分条件也可以找到。设 H 为关于所有待考虑命题的某种普遍知识，它可以就是(有关)理论的一般原理。再设 1.2 节的公理 1、2、3、4、5、6 关于建立在 H 上的概率均告成立。利用约定 1、2(均建立在 H 上)并设约定 3 关于 H 也可以应用，则 1.2 节的定理 1～8 亦告成立。

若 p 为任何致 $P(p \mid H)>0$ 的追加信息，q_i 为一列关于 H 的互斥命题，其析取为 Q，则我们有

---

① 见 Gödol 定理证明纲要，*Scientific Inference*，pp.18－20，中译本 20－22 页——译注。

$$P(q_i|pH)=\frac{P(pq_i|H)}{P(p|H)} \tag{1}$$

此式提供了在 H 已知时利用其他新信息计算概率的方法。不言而喻，如此算出的诸概率值是唯一的，于是，1.2 中的约定 1 就成了在给定数据下为诸命题指派概率(从而使之可以排序)的规则。

因为 $P(pq_i|H)$ 满足 1.2 中的公理 1，而 $P(p|H)$ 又独立于 q_i，故推出 $P(q_i|pH)$ 也满足 1.2 中的公理 1。同样可以推出 $P(q_i|pH)$ 满足 1.2 中的公理 2、公理 4 及公理 5，也满足约定 2(因若 q_i，q_j 关于 H 互斥，则它们关于 pH 也互斥；且若 q_i，q_j 关于 pH 互斥，则 pq_i，pq_j 关于 H 亦互斥)。

对于 1.2 中的公理 6，若由 pq_i 可推出 r_k 并应用公理 6 于 H，我们有

$$P(q_ir_k|pH)=\frac{P(pq_ir_k|H)}{P(p|H)}=\frac{P(pq_i|H)}{P(p|H)}=P(q_i|pH) \tag{2}$$

从而知公理 6 关于 pH 也成立。

下一步，若由 pH 可推出 q_i，根据公理 6，$P(pq_i|H)=P(p|H)$，故 $P(q_i|pH)=1$。约定 3 现在成了定理，而公理 3 的前半部分也告成立。若由 pH 可推出 $\sim q$，而给定 H 时 pq_i 为不可能命题，则 $P(pq_i|H)=0$，$P(q_i|pH)=0$，从而公理 3 的后半部分也告成立了。

关于公理 7，试考虑两组关于 H 互斥的命题 q_i，r_k，此时公理 7 可变为

$$P(q_ir_k|pH)=P(q_i|pH)P(r_k|q_ipH)/P(p|q_ipH)$$

由上面的公式(1)，它等价于

$$\frac{P(pq_ir_k|H)}{P(p|H)}=\frac{P(pq_i|H)P(pq_ir_k|H)}{P(p|H)P(pq_i|H)}/\frac{P(pq_ip|H)}{P(pq_i|H)} \tag{3}$$

此乃一个等式，故公理 7 成立。

在以上的推演中，我们假定 1.2 中建立在数据 H 上的公理和约定均为自洽，从而提供了一种在包含更多数据时有关概率的计算方法，这无疑是可以办到的，由此又推出了公理成立的事实。这意味着存在满足公理的、自洽的(多种)概率指派方法，特别地，在使用逆概率原理时作这种指派也没有矛盾。但限制条件还是有的，那就是用作数据的所有命题关于 H 均须有正概率。相对于要求这些命题不能自相矛盾的限制条件，这一条件还不算太严格，但它们的本质十分相似。表面看来，要求关于数据 H 的所有命题均有

正概率似乎很难满足，因为我们已经见过这样的例子，即在 0-1 区间上均匀分布的(关于某命题 p 的)一个可测量的量，当此量恰为 1/2 时命题 p 的概率为何这种困惑[①]。然而我们将会看到，这一限制条件的提出绝非偶然，命题概率为 0 的困难是可以克服的[②]。

应用逆概率原理对先验概率作任何估计，都将得到唯一的后验概率。如此得到的后验概率又可以作为综合了新获信息的先验概率，故它总能兼顾新获信息的作用。但是，在获得观测数据之前，先验概率如何选取是需要深思的。我们将会看到存在数种选取先验概率的(指导)原则。有时，应用这些原则可以得到唯一的先验概率，但据我们所知，目前在许多问题上，人们对先验概率作出自己的选择也是允许的。在个人(及不同团体)关于先验概率作出不同选择时，选择的唯一性问题可能要依靠某个国际性研究机构来作裁决。与此同时，我们只需指出在实践中人们选择的先验概率(在其允许的选取范围内)不会导致结果的重大不同即可。

以上的讨论均可由逆概率原理的定义予以说明。

迄今为止，我们避开了与 1.1 之规则(5)相矛盾的情形，但在后面我们会看到该规则的进一步应用将导致多种多样的情形都会出现。

我们的主要假设是存在唯一的关于理性信念的相信程度，而这种相信程度还可以排序；公理 4 是关于概率析取项的自洽性质的；而概率乘积规则的公理化扩展、关于期望的概率理论等(都是关于理性信念的相信程度的例子)。不破坏概率必须满足的基本要求就能减少这些涉及概率演算规则的数目，这种情形尚未出现。

前面(1.23 节)所举的简单例子表明逆概率原理是如何与普通学习过程相一致的，而随着讨论的深入，我们会看到更多这方面的事例。不同个人对概率的估计与概率论所要求的结果不相符合，这可以作为心理学深入探讨的一个问题。这种现象的存在可以接受，但概率唯一性的重要意义不能因为它而被削弱。有人说仅当存在实验证据时概率论方可被接受；也有人说心理学应该发明能够对(人们)理性信念相信程度作实际测量的方法，并

---

① 显然这一概率为 0，但 1/2 并非不可能取值——译注。

② 波普教授(Prof.K.R.Popper)在其所著《科学发现的逻辑》一书中认为(见该书附录 8)，这种困难不能克服。但我认为，他没能充分考虑我这本书 §1.62 中有关收敛原则的讨论。

能据以根据概率论对这些不同的理性信念相信程度作出比较,等等。我的回答是,对观测数据展开分析以及据此进行推断,不可能摆脱人的主观影响,而在这种情况下对观测数据作出客观分析是不可能的。这种思考对于算术来说也能适用。儒尔丹(P.E.B.Jourdain)曾经说过这样一段话[1]:

> 有时我很想采用历史学家的方法研究乘法表。我想在学龄前儿童的幼嫩心智未被老师有偏向的教育误导之前做一项统计调查。我要向学生提问 6 乘以 9 等于几并记下他们得出的各种答案,接着我将对它们进行平均而把结果精确到小数点后六位数。这样。我就能得出结论,即在人类智力发展的这一阶段,如此算出的答案之平均值就是 6 乘以 9 的结果。

我要指出的是,如果没有乘法表,我们甚至没有能力计算学生所得结果的平均数。无人断言计算出错将会导致全部算术的失效,同样,人们也不能因为个别人关于概率估计的结果不同,就将概率论视为全然无效。很清楚,概率论的确表达了人类普通思维的主要特征。(概率的)一个正式表述形式的优点在于,当我们面对实际问题考察普通概率运算规则是否得到遵守时,它会给我们带来更多便利。

这一特点表明,从理论上说任何一个概率总可以计算出来。同样,在这里我们可以再次援引纯数学的例子。无人知道 e 的第 10 000 位数是几,但这并不等于说 c 的第 10 000 位数是 5 的概率为 0.1。根据有关的纯数学规则,我们能够获得关于这一位数字到底为何的确定结果,它或者是从所用数学规则中作出的肯定推断,或者是一个(推出的)矛盾;用概率的语言来说,建立在纯数学规则之上的命题,或者是一个全然肯定的陈述,或者是一个根本不可能的陈述[2]。同样,猜测也不等于概率。概率论远比演绎逻辑复杂,即使在纯数学中我们也常常不得不满足于近似结果。各种数学用表所包含的全部都是近似结果,因此,我们一定要预料到在实践中人们关于概率的数值估计,也常常就是近似值而已。事实上,概率论就是一个理想人步入茫然无知的世界时的一整套思维方式,他总是根据概率论作出他对那个世界的全部推断,就像纯数学是一个理想人的思维方式一样(该理想人总能得到正

---

① 见 *The Philosophy of Mr.Bertrand Russell*,1918,p.88.

② 遗憾的是,纯数学家们常把质数的概率分布说成是一个平滑的密度分布。植物学家和动物学家在使用其专业术语方面,反而比数学家和物理学家来得更精确些。

确的计算结果)[①]。普通人也完全有理由尽其全力来获取问题的近似答案。

1.51 无穷重复引入变元(The infinite regress argument)。在任一数学系统中,通常人们都先给出一组(概念的)定义和假设,然后考察据此能够推出什么样的结果。常听有人说所有的概念都应该被定义,而所有的假设都应该被证明。值得指出的是,如果我们接受这种说法,则无论什么样的变元都会变得无效。设某一系统以概念 $A_1, A_2, \cdots$ 及假设 $p_1, p_2, \cdots$ 开始,并设 A_1 需要定义。此时,(1)我们或者利用 $A_2, A_3, \cdots$ 定义 A_1,(2)或者利用未包含在 $A_2, A_3, \cdots$ 中的 A_1' 定义 A_1。如果(1)可行,原系统中概念的数目就会减少;而若对 A_2 重复这一过程,则原系统中概念的数目还会减少。如此往复下去,原系统中所有的概念都将被去除,从而使问题失去意义。

又设我们得到另一组概念 $B_1, B_2, \cdots$,其中的每一个(概念)均不能由其余的概念来定义,而 B_1 需要定义。此时,对 B_1 的定义需要引入一个新概念 C_1,而定义 C_1 又要引入另一个新概念 D_1,如此往复下去,根本就无法用该系统做任何事情。

同样,为证 p_1 就要先证 $p_2, p_3, \cdots$,或者引入一新假设来完成证明,如此下去,就需要引入更多的新假设才能证明 p_1。

一个变元,如果在应用时总会导致引入另一个新概念或假设,则称该过程为无穷重复引入过程。

一个著名的例子来自刘易斯·卡莱尔(Lewis Carroll)《乌龟对阿喀琉斯说了什么》一书[②]。如果我们接受命题 p 且由 p 可推出 q,则可以断言"所以 q",q 被断定后又可在后续的推理中作为前提使用。在路易斯·卡莱尔的这本书中,乌龟指出作这种推理需要一个更新更一般的原则,即"如果 p 且如果 p 可推出 q,则 q 就可以分离出来并得以断定"。姑且将此过程称作 A,但在这一过程中 q 并未被分离出来,q 依然是一个更长命题的一部分。因此乌龟指出这时人们需要一个更长些的推理原则:"如果 p 且如果 p 可推出 q,且有 A,则 q 庶几可被分离出来并得以断定。"这过程比 A 长,但

---

① 计算专家不经核查是不会轻信该理想人的计算结果的,若核查无误则意味着该理想人的计算正确,否则就意味着错误。如此,归纳推理即成了检查演绎推理是否正确的手段。两个计算错误能够相互抵消的概率微乎其微,故可以不予考虑。

② 见 *Complete Works*, pp.1225—30; *Mind*, 4, 1895, 278—80.

q 依然不能分离出来。如此,假如我们意在找到作出这种断言的推理原则,我们就会被坚决反对这种做法的人逼入卡莱尔的乌龟悖论。我们知道要做什么,也采取了行动,但却不能用同样的语言把它正式表述出来。怀特海与罗素(Whitehead and Russell)利用在被断言命题前放置符号"⊢"来应对这种困难。令人奇怪的是,他们二位的这种做法在我以后所读到的任何符号逻辑的书中都再也没有被人提起过。

一种等价的做法是利用数字 1 表示肯定的命题,0 表示否定的命题。于是,关于 $\vdash q$ 及 $\vdash \sim q$,我们有

$$P(q|H)=1; \quad P(\sim q|H)=0$$

这即断言 q 真而 $\sim q$ 假;这种表示还允许在等式右边取分数值,从而把介于 0 和 1 之间种种命题取值的情形也包括进来。因此,概率的一个数值可视为命题(断言)表示符号的一般化。

1.52 类型论。这种理论旨在处理某些逻辑矛盾,它主要归功于罗素。显然,所有狗的集合并不是狗,但所有集合的集合还是集合。由此看来,有些集合可以作为其自身的分子,而有些则不能。现考虑自身不属于自己的集合的集合,它是否属于它自己?假设它属于自己,就可以推出它不属于自己。假设它不属于自己,又可推出它属于自己。在这两种假设下都推出了矛盾。罗素就此指出,声言一集合为其自身之一分子,这种陈述既非真又非假,而是毫无意义。一命题指涉它自己是没有意义的,这被罗素视为一条规则。由于集合通常利用其分子的性质(专业术语是命题函项)予以定义,所以这条规则可以翻译成若 φ 表示某一性质,则 $\varphi(\varphi)$ 是没有意义的。于是,命题函项就被分为各种类型;一命题函项可将任何低级类型的命题函项作为变元,但不能以其自身的命题函项为变元。后来有逻辑学家对类型论的这种限制作了一些放宽,但是类型论关于变元的限制在所有形式的类型论中都是不可或缺的。

这种逻辑方面的考虑对于纯数学具有重要意义。如果个体的诸性质属于类型 1,则每个性质都能定义一个集合。因此,数是集合的一个性质,类型 2 可仿此讨论。有理分数表示数对之间的关系,例如,2/3 和 4/6 即视为相等,因有理数对的性质可用有理分数表示,故有理分数即表示类型 3 的性质。(实)无理数不能表为两个整数之比,故可作为类型 4 的性质。在每种

类型中,定义和公理都要这样来陈述以使加法及乘法规则在其中能得到保持,但它们的这些陈述却不能直接针对所有逻辑类型;它们必须对每种逻辑类型都重述一遍,有时关于不同类型其意义也有不同。

既然概率论是逻辑学的扩展,它就必须包含所有的逻辑规则,特别地,应该有:(1)结论的分离不可能被形式化;(2)谈论一概率取某一数值的可能性是合法的,但若谈论类型 n 的概率,则其所描述的诸概率必须属于类型 $n-1$或更低级的类型。

在其《人类知识》一书中,罗素本人似乎没有首先注意到这一点。他对"在前提 p 下 q 出现的概率是 0.99"这样的陈述形式并不满意,因为这种陈述仅仅表示了(事件之间的)某种逻辑关系,而对将要发生什么并未言明。他为此提出了许多特殊规则,例如,他规定(在一长试验序列中)在前提 p 下,q 出现的可能性将约为 0.99。罗素的这些做法不会成功,因为:(1)这种陈述破坏了抽样论,根据抽样论,大偏差是可能存在的,尽管这种情形出现的可能性极低;(2)这种陈述抛弃了人们希望在实际应用中概率应该有意义的原则;(3)在实际应用中,人们总会为"大约"(about)附上一个数量。但这还不是全部理由。我们可以理解"若 p 发生,q 将以 0.99 的概率发生"的含义,据此安排我们的行动,但任何把这种过程形式化的企图都将导致卡莱尔的乌龟悖论。

卡尔纳普提出过一种形式上与此类似的理论。具有认识论性质的概率被他称为概率 1,这可以指本有概率(intrinsic probability),而本有概率被他称为概率 2。考虑到逻辑类型论中的关系,卡尔纳普此处的概率编号最好颠倒过来。很遗憾,卡尔纳普利用频率的极限来定义概率 2,我们将会看到这是不可能的,即使可能,这样做也没有意义。我们或许可以利用抛硬币的例子来做说明。在通常的抛掷条件下,在抛掷前就可以断言硬币正面朝上的概率为 1/2。不过,这种断言不会令我们十分满意。如果抛掷的次数足够多,我们可能会发现正面朝上的可能性稍大些,因此我们可能会重新估计硬币正面朝上的概率。在给定硬币及其抛掷条件的情况下,我们依然可以假设有一个确定数值 x 代表硬币正面朝上的概率,但若根据抛掷结果对这一概率进行估计,则它应被视为(在某一数值区间上)具有未知先验概率分布的量。如此,x 表示了本有概率,可以把它视作属于概率 1。对 x 进行估计就是对取不同数值的、具有认识论性质的概率作比较,而这些概率属于概率 2。这两种概率施用同样的规则当无异议。在任何一种概率之下,我

们均可计算给定 x 时抛掷 n 次硬币而出现 m 次正面朝上的概率，但根据 x 是事先已知还是需要依据先前结果作出估计，情况就会有所不同。若 x 已知，则我们的计算全部在概率 1 下进行。若 x 需要估计，则估出的结果属于概率 2，它将给 x 带来不确定性，而这对于求（抛掷硬币）出现 m 次正面朝上概率是可以允许的。

利用独立于试验的物理方法，大部分本有概率都能被事先估计出来。例如，可以设计一台硬币抛掷机，它能精准地重复抛掷动作致使每次抛掷都能使硬币的正面朝上。通常的概率估计（即抛掷硬币时其正面朝上的可能性为 1/2）乃是根据人工抛掷不能每次都精确重复其抛掷动作的事实而作出的。

决定论的信奉者认为这种情况不会改变，而且那些明显的本有概率总是人们对所论问题之条件不具有完全知识时的结果。如果是这样，这其中就含有认识论的因素，但这种因素被人为地模糊了。然而，当代量子力学暗示，在探索至原子量级时，无论人们怎样作出努力去重现（有关）粒子的出现条件，变差的痕迹总会存在。若确有其事而且又找不到反例，则量子论中的概率就纯粹是本有的了。

类型论与当代符号逻辑的“语言层次说”有关。一个熟知的例子是一个人在说“我在撒谎”。很明显，若此陈述真它就假，若假它就真。但该陈述本身为何？只有在我们对它作出判断以后，我们才能知道说该陈述为假意味着什么，而当代符号逻辑指出该陈述没有任何意味(it means nothing)。

克里特人说“所有的克里特人都撒谎”是另一个类似的例子。对该例的分析是“说真话”乃某种语言如语言 A 中的陈述的性质，而关于该陈述的陈述则来自另一更高级语言如语言 B。因此，语言 B 中关于克里特人讲语言 A 时都撒谎的陈述就可能是真的，这没有任何矛盾。

通常为归纳推理做辩护的一个理由是“该种推理在历史上总能大行其道，故将来它也会如此”。这遭到了反对，因为这种推理本身就是归纳推理，所以不能再被用来证明归纳推理。但是，关于归纳推理的归纳推理将属于更高级别的概率类型，因而不是循环论证。归纳推理的困难不在于此。哲学家们所理解的归纳推理，常以“因为往昔在 p 存在时 q 总会出现，所以将来在 p 存在时 q 也会出现”的形式示人。在这个意义上，归纳推理迄今也并非总能成功；事实上，人们很难找到没有例外的、建立在抽样论之上并伴有众多事例支持的普通定律。我曾在做过许多研究后提出“所有长羽毛的动物都有嘴"这一论断，目前看来，它是能够站住脚的，但霍尔丹教授(J.B.S. Haldane)向我指出该论断用于侏罗纪就很可能是错的。我可以重述自己的论断使之能派上更大用场，但这种改进的作出肯定是要被延后的。

1.6　归纳推理可以非常接近(尽管不能完全到达)推出全然肯定的结论，这一点现在即可利用普通概率语言作出说明。设 q 为一命题，H 为初始知识，p_1 为一试验结果，由约定 3 并两次使用乘法规则，

$$P(q|p_1H)=\frac{P(q|H)P(p_1|qH)}{P(p_1|H)} \tag{1}$$

这是因为式(1)两边都等于 $P(p_1q|H)/P(p_1|H)$。又设 p_1 为由 q 推出的结果，则 $P(p_1|qH)=1$；于是，式(1)可写成

$$P(q|p_1H)=\frac{P(q|H)}{P(p_1|H)} \tag{2}$$

若 $p_1,p_2,\cdots$ 皆可由 q 推出，且皆为真确，就可以得到下述一系列概率

$$P(q|p_2p_1H)=\frac{P(q|H)}{P(p_1|H)P(p_2|p_1H)},\cdots,$$

$$P(q|p_1p_2\cdots p_nH)=\frac{P(q|H)}{P(p_1|H)P(p_2|p_1H)\cdots P(p_n|p_1\cdots p_{n-1}H)} \tag{3}$$

因此，给定初始知识，诸 $p_i(1=1,2,\cdots,n)$ 被证明为真确的概率，即被当作分母去除 q 的概率。于是，在 n 充分大的条件下，必会出现下述三种情况之一：(1)给定初始知识，q 的概率大于 1；(2)给定初始知识，q 的概率等于 0；(3)$P(p_n|p_1p_2\cdots p_{n-1}H)$趋于 1。(1)是不可能的，因为表示全然肯定事件的概率最大才是 1。(2)意味着无论如何 q 永远不会有正概率。而若(3)被采纳，则随着关于 q 为真确的证明次数的增加，下一次再证明其为真确的概率将趋近于 1，这就说明了为什么我们在实际应用归纳推理时总是充满信心。

事实更是如此，正如胡祖巴扎尔(V.S，Huzubazar)所指出的那样[①]。若式(3)的极限为 $\alpha>0$，则可以选取 n 致式(3)$>\alpha-\varepsilon$，其中 ε 为任意小的正数，于是，对任何 $m>n-1$，都有下式成立

---

① 见 *Proc.Camb.Phil.Soc.*51，1955，761－2.

$$P(p_n p_{n+1} \cdots p_m \mid p_1 \cdots p_{n-1} H) > \frac{\alpha - \varepsilon}{\alpha}$$

它可以任意接近于1。故所有未来将被证明为真确的一列(归纳)推理的概率趋近于1。

这一命题(proposition)也为我们提供了解决各种“由 p 可推出 q,但由 q 不一定可推出 p”逻辑难题的办法。p 可能只是推出 q 的一个(可选的)命题。就最低项而言(lowest terms),若 q 为一列命题 $q_1, q_2, \cdots, q_m$ 的析取,则该列命题中的任何一个均可推出 q,但 q 却不能推出该列命题中任何一个特定命题。现在,人们在科学中遇到的一个困难是,可以考虑的有关命题并非总是互相排斥,而一个未被考虑的命题却可能数百年来都不曾引起人们的注意。刚刚提到的(就最低项而言)的关于 q 的命题告诉我们,这种长久未被人们考虑的命题没有什么重要性。它断言,若 $p_1, p_2, \cdots, p_n$ 是关于 q 的被证明为真确的一列相继命题,则

$$P(p_n \mid p_1 p_2 \cdots p_{n-1} H)$$

将是一个趋于全然肯定的事件(其中并不含有 q);因此,无论 q 真确与否,它总能成立。未被人们考虑的命题,若在过去确曾引起过关注,则必将导致(1)出现 $p_1, p_2, \cdots$ 之结果,或者(2)出现与此不同的结果(在某些阶段)。在场合(2),有关的数据一定很多,足以处置这种情形,而此时该未被人们考虑的命题不会带来任何危害。而在场合(1),被人们考虑的及未被人们考虑的命题将会导致同样的结果,而且人们认为在未来这种状况也能继续下去。仅当未被人们考虑的命题能被清晰表述、并且能得到某种(有关)观测数据而该命题的预言确实与旧有命题的预言不同时,它才具有重要意义。广义相对论成为重要的科学理论就是这方面的例子。我们知道欧氏几何和牛顿力学都需要做一些修正,但除非我们知道要作什么样的修正,否则我们还是要依靠它们进行科学推理,而通常这又是很合理的。概率论使我们有可能对我们站在其肩上的科学巨人的工作给予充分的尊重。

不言而喻,之所以有这种可能性,是因为存在着许多和科学定律预言相符合的观测事实。在给定某些数据而对一科学定律之成立的概率进行估计,仅有当这些数据真实可靠时,人们才会产生很大兴趣。事实上,对该定律仅仅作出表述(而无试验数据支持),很可能遭到贬低。在本章开始时所提到的匀加速运动中,如果把自由落体运动定律表述成,于任何时刻 t,观

察到的落体下落距离将处于 $a+ut+\frac{1}{2}gt^2\pm\varepsilon$ 之间（ε 远小于落体下落距离 s），则在得到该定律在具有距离变动幅度情况下的实验验证之后，它依然可以是一个合理推断。这加深了我们对形式简单科学定律的理解，尽管利用数学表出的这种科学定律，其所预言的事实并不能和观测数据精确吻合。

1.61　若将带来结果不可区分的所有假设视为一个假设，则其总的概率将趋于1，这是可以证明的。设存在一列命题 $q_1,\cdots,q_m$，它们全都断言某测量值 x 将会介于"一数值 $\pm\varepsilon$"之间，我们用 q 表示这些命题的析取，从而 q 的断言和这一列命题 $q_1,\cdots,q_m$ 的断言完全一样。再设 $\sim q$ 表示该测量值 x 介于"一数值 $\pm E$"之间，E 远大于 ε。进一步，假设 x 可以测量，其测量值介于 q 所示的数值区间内。故若用 p 表示这一命题而 $P(p|qh)=1$，$P(p|\sim qh)$ 的阶为 E/ε，于是，我们有

$$\frac{P(q|ph)}{P(\sim q|ph)}=O\left(\frac{E}{\varepsilon}\right)\frac{P(q|h)}{P(\sim q|h)}$$

如果 E/ε 很大且 q 为一值得认真考虑的命题，则得到一次（真确性）证明就能使其概率接近于1。把带来结果不可区分的所有假设视为一个假设，并把其析取看成是与这些假设所作断言等价的一个单独假设，这样做可以带来好处。只要观测数据涉关全部结果，则它们对于那些假设就没有区分的作用；而后验概率依然会与先验概率成比例。所以，根据这一规则，经过一些验证，我们可以排除掉那些表述模糊而又要求观测结果异常巧合的假设；而未预见的假设则不会带来任何问题，因为任何阶段在可验证的范围内，其所带来的结果均已由 q 涵盖。当任一假设均被清晰表述，则所有未含 x 实际取值区间范围的诸假设，其概率均可忽略不计，我们所要做的就是在条件具备时分离出此处的析取 q。因此，尽量把结果不可区分的假设当作一个假设来处理是可取的做法，这样就能避免有关验证的数学上的复杂性。

1.62　上节的结果本质上都依赖科学定律具有正的先验概率这一点。若此先验概率为0，则相应的概率之比或者等于0，或者不确定。在1.5中我们看到，为使先验概率无矛盾地得到，一个充分条件就是所考虑的命题关于初始信息 H 均有正概率；如此，由上节中的 $\frac{P(q|ph)}{P(\sim q|ph)}=O\left(\frac{E}{\varepsilon}\right)\frac{P(q|h)}{P(\sim q|h)}$ 即可

导致相似的结果。然而,在获取观测数据之前我们需要考虑的互斥命题实为无穷多,而其概率的总和不能超过1。可以证明(见书末附录A.1),若一含有正的量(positive quantities)之集合,其每个确定子集的和都不超过一固定常数,则该集合一定或者是有限集,或者是可列集;换言之,这些确定子集的和构成了收敛级数的项。这具有深刻含义。若一定律含有在一连续集上取值的可调参数,则这集合就不是可列的。但我们可以将此连续集分割成具有有限或可列区间的集合,而定律要求的条件还能得到满足;更进一步,若如此分割区间之最大者的长度趋于0,就可以考虑使用相应的极限定理,同样,若一定律含有在一连续集上取值的量,我们也可以把这一连续区间简化为一可数集或可列集。于是,重复使用这一手法,即可得(某定律所含)可调参数正确取值于某一区间内的概率很接近于1这一结论,而这区间可以任意小。

这一论证涵盖了绝大多数的估计问题,但不是全部问题。试回忆本章开头(1.0)所讨论的自由落体问题。在那里决定经过时间 t,落体自某一高度下落距离的规律采用

$$s=a+ut+\frac{1}{2}gt^2 \tag{1}$$

的形式予以表示,其中,a,u,g 为参数(它们对每次观测都保持不变)。而 a,u,g 也可以调整,亦即最初它们取何值不为人知,于是其取值就需要确定,而随着观测次数的增多确定它们的取值也是可以做到的。如果这是问题的全部,则这里的论证就能作出(关于该问题的)定性说明,虽然我们需要把这说明叙述得更细致些。这就构成了一个估计问题。

但是,我们也可以考虑这样的关于落体自某一高度下落距离的假设

$$s=a+ut+\frac{1}{2}gt^2+a_3t^3+\cdots+a_nt^n \tag{2}$$

其中的 n 大于观测次数而所有的参数均可调。对任何观测数据集而言,该方程的解都不能确定,也根本不能提供于观测时间以外的任何 s 取值的信息。即使 n 等于或小于观测次数,式(2)的每一项所带来的不确定性都要比 s 的全部变差来得大。当式(2)右边的前三项(采用合适的 a,u,g 后)已能实际上解释在观测时点上关于 s 的几乎全部的变化情况,此时再断言观测数据未能提供(诸如 t_1,t_2 等观测时间之间的)关于 s 的信息就没有道理。这样就有式(2)包含的项越多,预测的准确性就越差的结论。于是我们面临

一个问题,即给定观测数据,式(2)右边应保留几个可调参数才能得到最准确的预测结果？我们肯定要保留一些(而非全部)可调参数;式(1)将 a_3,a_4,…,a_n 都视为0,而若它们之中有非0者,则整个式子将被认为表示了另外一个物理定律。此时我们的任务就是去估计这些不同物理定律出现的概率。这些定律(若 n 可以任意变大)即构成一可列集,而受辖于有关的收敛条件[①],其中任一定律为真确的先验概率均可以视为大于0。对其中任一定律而言,其可调参数均可具有连续的概率分布。于是,这将导致我们要为这些定律寻找其各自的后验概率。这种做法就构成了所谓的显著性检验。

受辖于有关收敛条件[②]的、关于科学定律之先验概率的精确陈述,要求将这些先验概率以降序进行排列。这需对应于现实的科学实践才能完成。物理学家肯定要首先检验(相对于存在线性趋势来说)定律预言所致的变差是否随机;其次检验线性定律(相对于二次形式的定律)是否成立;先简后繁,如此等等。我们所要指出的是,形式越简单的定律致使其成立的先验概率就越大。这就是瑞恩奇和我所谓的简单化假设(the simplicity postulate)。但确定这种排序需要一个估计科学定律复杂性的数字规则。在利用微分方程表述的物理定律中,这种排序非常容易。不计微分方程的根,也不计分数微分,一微分方程的复杂性可以定义为其所含的阶、次(之数值)及其所含系数绝对值的和。因此,$s=a$ 可写成 $\mathrm{d}s/\mathrm{d}t=0$,其复杂度为 $1+1+1=3$;而 $s=a+ut+\frac{1}{2}gt^2$ 可写成 $\mathrm{d}^2s/\mathrm{d}t^2=0$,其复杂度为 $2+1+1=4$;依此类推。可将先验概率 2^{-m} 或 $6/\pi^2m^2$ 指派给复杂度为 m 的所有科学定律的析取,且它在所有这些定律中均匀分布。这并未涵盖所有情形,但我们没有理由设想无解的一般问题。有关更具重要性的统计学问题的解将在第五、六两章展开讨论。

经典物理学中所有的定律均可用微分方程表示,而量子物理学中的定律则可通过某些规范的方式从经典物理学中推出。这一做法能对物理定律科学性的不断提高提供说明,例如,古希腊人认为速度与力成比例而伽利略则认为加速度与力成比例,就是这方面的例子。

---

① “科学定律之所有可能形式的集合是一有限集或可列集,且这些定律的初始概率构成总和等于1的收敛级数的项”,此收敛条件是作者在其《科学推断》一书中提出的——译注。

② 见注①——译注。

我并不认为我们提出的简单化假设(在各方面)都令人满意,它的目标太宏大。无人能根据简单化假设定义说出复杂度为 m 的微分方程到底有多少,尽管有能力的数学家能够对此给出一个上界。麻烦在于,若用一整数乘以某微分方程两边,则该方程的复杂度将明显变大,虽然这两个方程的解精确相等。因此,我们需要一条消除所有微分方程公共因子的规则。此外,许多微分方程都可以进行因子分解,而消掉每一个因子就得到一个不同的微分方程,它们的复杂性将会降低。我们不知道复杂度已定的微分方程中有多少是等价的或冗余的,从而可将它们消去。

另一方面,简单化假设也不能应用于投掷硬币及基因学所涉及的机遇问题,因为这时并不存在相应的微分方程。简单化假设也需要拓展以涵盖现实中的实验误差,而误差律中每个追加的参数都暗示复杂性的增加。实验误差在本书中具有基本的重要性。我认为下述说法是公允的,即生物学家对实验误差还是理解很透彻的,而哲学家或物理学家对实验误差则几乎不能理解。

简单化假设的一个特征,是指出 n 阶微分方程的解含有 n 个可调参数,当利用该微分方程(的计算结果)与观测数据作比较时,它可以使所需考虑的可调参数之多少成为这种比较的一个重要部分。这一特征在任何情况下都应予以保留。若为某一定律指派一个很大的概率而无须就每个新获观测值改变定律的形式,则对全部(有关)定律之(随可调参数增多的)初始概率以降序进行排列就非常关键了。

简单化假设的另一个特征可用下面形式的定律予以说明

$$y=ax^n$$

式中的 n 限定取某些整数。消去 a,得微分方程

$$x\frac{\mathrm{d}y}{\mathrm{d}x}=ny$$

该微分方程的复杂度是 $n+4$。另一方面,若 n 为任意整数且已被消去,则相应的微分方程是

$$xy\frac{\mathrm{d}^2y}{\mathrm{d}x^2}+y\frac{\mathrm{d}y}{\mathrm{d}x}=x\left(\frac{\mathrm{d}y}{\mathrm{d}x}\right)^2$$

其复杂度是 8。若 n 是 5 或更大而相应具准确 n 值的定律,其复杂度就被认为比 n 为任意整数的定律来得大。对此当无异议。首先,作为观测结

果，若 $n=5$ 意味着 $n=0,1,2,3,4$ 已经得到检验且与观测结果不符合，而 $n=5$ 就是一个可选值；在第 6 章我们将会看到为避免出现荒唐结果，允许对 n 作一定的选择是必要的，这可以通过适当调整相应的先验概率来达到。其次，若 n 可以表示属于一连续数值集合的且不可在这些数值中作出抉择的一个数，则简单化假设也不能给这样的 n 指派一个大概率，所能做的至多是为 n 位于两指定极限值之间的命题指派一个大概率而已。但因前面业已假定 n 为整数且已获得合适的观测数据，故对 $n=5$(n 不能取别的整数或连续实数)这一假设赋予一大概率还是可以做到的。

在此我也必须对一个认识上的混淆之源作出评论。我不知道简单化假设能否为所有科学定律之先验概率给出足够准确的表达形式；但我确实知道简单化假设从未如此自吹自擂过。简单化假设所表示的，无外乎是一个有完全理智的人当其步入一未知世界而尚未获得观测数据时，他具备的有关初始知识而已。科学定律的收敛条件[①]仅对业已存在的定理有用；它也并未提供各种数字答案。然而，我作为应用科学家是需要这样的数字答案的，即使未来对这答案进行修改也可以接受。在第 5 及第 6 章，我将给出许多显著性检验的例子。这些检验讨论是否根据原假设 q 某一参数具有准确的假定数值，而根据备择假设 q'，该参数可取某一连续集合中的任何数值。若 θ 为观测数据，则检验结果通常由下式给出

$$K=\frac{\dfrac{P(q\mid\theta H)}{P(q'\mid\theta H)}}{\dfrac{P(q\mid H)}{P(q'\mid H)}}$$

根据实际问题，K 可大可小；若 K 大且 $P(q\mid H)$ 也不小，则 $P(q\mid\theta H)$ 也大。这就是我对那些坚持认为关于连续集合没有基于概率论的方法可为一确定的数值指派一大概率(甚至一非零概率)的哲学家们的回答，而这距首次发现有关的反例已时隔 25 年。在上式中，K 与 $P(q\mid H)$ 独立，但为计算方便，我通常取 $P(q\mid H)=1/2$，这就是说新可调参数常常是需要的。若 q'' 为另一新参数，它使关于 q' 固定的参数变为可调，而其先验概率与 q' 的先验概率相同，如此重复下去，我们即可得到具有相同零先验概率的一列无穷命题。不言而喻，借助于构成一可列集的定律所受辖的有关收敛条件，这种情

① 见 47 页注①——译注。

况可以避免;例如,若令

$$P(q|H)/P(q'|H)=2,\quad P(q'|H)/P(q''|H)=2$$

并据此类推,就可以达到我们的目的;另一方面,许多我们要考察的定律已经包含了一大批可调参数,如果有关这些定律的先验概率的级数收敛很慢(例如 $\sum n^{-2}$),则 $P(q|H)/P(q'|H)$就不会比 1 大多少。在 K 大于 10 或小于 0.1 的情况下,显著性检验就得到了反对或支持零假设的力证,而若有关先验概率(之级数)收敛的具体方式不能精确表出,则也无伤这里所得到的结论。若其收敛的方式能被精确表出,则对定律的修正就变得非常容易。

伯劳德(Broad)评论了拙著《科学推断》,他认为,根据我提出的简单化假设,既然薛定谔方程的复杂性很高,所以其初始概率一定很低,如此一来,薛定谔方程永远都是一小概率事件,从而其成立的可能性很低。这种观点忽略了我对薛定谔方程展开讨论的最主要部分,我在《科学推断》中证明,通过依次考虑不同的数据类型以及不断修正相应的力学定律,薛定谔方程最终是能够成立的。此外,我在推导薛定谔方程时,也把许多对后验概率无实质性影响的因素都排除掉了,考虑到所有这一切,说薛定谔方程是新量子论中最简单的基本方程,应该不成问题。

伯劳德的这个忽略事实上可以被简单化假设所弥补。因为简单化假设的一部分就是"科学定律之所有可能的集合为一可列集"。简单化假设的这一部分为何容易被人们忽略,其原因是不难理解的。

1.7 [定理 11]若 $q_1,q_2,\cdots,q_n$ 为关于数据 r 的一列互斥命题,且若

$$P(p|q_1r)=P(p|q_2r)=\cdots=P(p|q_nr)$$

则它们之中的每一个$=P(p|q_1\vee q_2\cdots\vee q_n:r)$。

若以 q 表示 $q_1\vee q_2\vee\cdots\vee q_n$ 的析取,就有

$$P(pq|r)=P(pq_1|r)+P(pq_2|r)+\cdots \tag{1}$$

原因在于这些命题互斥;从而有

$$P(pq|r)=P(p|q_1r)P(q_1|r)+\cdots \tag{2}$$

式(2)中各项的第一个因子都相等,第二个因子的和等于 $P(q|r)$。于是

$$P(pq|r)=P(p|q_1r)P(q|r) \tag{3}$$

但

$$P(pq|r)=P(p|qr)P(q|r) \tag{4}$$

上式给出了与式(3)相比时该定理的形式。

如此一来，就导致了所谓的压缩无关命题原则。若 $q_1 \vee q_2 \vee \cdots \vee q_n$ 可由 r 推出，则

$$P(p|qr)=P(pq|r)=P(p|r)$$

这是因为 $P(q|pr)=1$；从而使得每个形如 $P(q|p_ir)$ 的表达式都等于 $P(p|r)$。用文字叙述就是，某命题成立的概率，若与关于给定数据(并与之相容)的全部其他命题成立的概率相同，则它也等于该命题关于这给定数据成立的概率。

就坎贝尔及巴特莱(M.S.Bartlett)给出的专门意义而言，定理 11 的主要旨趣在于它和所谓的“机遇”(chances)有关。我们已经看到命题成立的概率一般和所给数据有关。然而，若无论命题能否成立都必须予以考虑，而其相应的概率在相当广泛的数据范围内都保持不变，则我们就说此时并非由这些数据共有的部分为无关信息(对相应的命题概率不起作用)。因而由上文即可断言，给定 r，$q_1 \vee q_2 \vee \cdots \vee q_n$ 是关于 p 的无关命题。此外，

$$P(pq_i|r)=P(q_i|r)P(p|q_ir)=P(q_i|r)P(p|r)$$

所以，此式中的乘法公式可以合法地用 17 页上的公式(2)来代替。因此我将把机遇定义如下：若 $q_1, q_2, \cdots, q_n$ 为一列各自互斥而关于数据 r 也互斥的命题，且在给定这些命题及数据 r 的情况下，关于命题 p 的诸概率皆相同，则称这些概率为命题 p 的关于数据 r 的机遇。它等于 $P(p|r)$[①]。

当 r 包含某定律中所有参数的具体信息，且先前的试验结果都与下一次试验无关时，某次试验结果的出现概率即为它关于数据 r 的机遇。因为在那次试验之前的有用信息都被 r 及相应的先期试验结果所包含。若考虑先前所有可能得到的试验结果的各种情况，则它们就构成一列互斥穷尽的命题，而其中又必有一个关于 r 的命题。下一次试验中某事件的出现概率，

① 贝叶斯和拉普拉斯对“概率”及“机遇”都有使用，据我所知，他们都未对这两个术语作出区分。但在他们的著述中已有暗示——他们交叉使用了“概率”与“机遇”的现代意义。

若命其等于先前无论哪次试验结果的出现概率，则这一概率必定是该事件关于 r 的机遇。于是，几个关于数据 r 单独试验结果的联合概率，就等于这些关于数据 r 的单独机遇的乘积。这一点很容易直接证明。因为若 p_1，$p_2, \cdots, p_m$ 为这些单独试验的各个结果(已排序)，则通过反复使用乘法公式，就有

$$P(p_1 p_2 \cdots p_m | r) = P(p_1 | r) P(p_2 | p_1 r) P(p_3 | p_1 p_2 r) \cdots P(p_m | p_1 \cdots p_{m-1} r)$$

利用无关性条件，上式等于

$$P(p_1 | r) P(p_2 | r) P(p_3 | r) \cdots P(p_m | r)$$

对于给定的科学定律，若其相应的概率就等于机遇，则这些概率就自动满足乘法规则。因此，我们关于逆概率原理相容性的证明，在其似然均源自相应机遇的所有情况下，就是一个完全的证明。这涵盖了本书几乎全部的应用问题。

定理 12　若 $p_1, p_2, \cdots, p_m, q_1, q_2, \cdots, q_n$ 是关于数据 r 穷尽且互斥的两列命题，且若

$$P(p_s q_t | r) = f(p_s) g(q_t)$$

对所有 σ, τ 的值皆成立，其中 $f(p_s)$ 只依赖于 p_s 及 r，$g(q_t)$ 只依赖于 q_t 及 r，则

$$P(p_s | r) \propto f(p_s); \qquad P(q_t | r) \propto g(q_t)$$

若 p_s 及 q_t 的析取用 p 及 q 代替，我们有

$$P(p_s q \mid r) = \sum_t P(p_s q_t \mid r) = f(p_s) \sum_t g(q_t) \tag{1}$$

它和 $f(p_s)$ 成比例。但

$$P(p_s q | r) = P(p_s | r) P(q | p_s r) \tag{2}$$

且其中最后一个因子等于 1(因 q 可由 r 推出)。于是有

$$P(p_s | r) \propto f(p_s) \tag{3}$$

类似地，有

$$P(q_t | r) \propto g(q_t) \tag{4}$$

注意到

$$P(pq \mid r) = \sum_s \sum_t f(p_s) g(q_t) = \sum_s f(p_s) \sum_t g(q_t) \tag{5}$$

而此式等于1,因为 p 及 q 均可有 r 推出。对 $f(p_s)$及 $g(q_t)$分别乘以因子使其加总值都等于1,这是能办到的;这些因子必为互逆因子;若完成这一步,则因 p 及 q 均可有 r 单独推出,就得到

$$P(p_s|r)=f(p_s); \qquad P(q_t|r)=g(q_t)$$

同样地有

$$P(p_s|q_t r)=P(p_s q_t|r)/P(q_t|r)=f(p_s) \tag{6}$$

且 q_t 与 p_s 无关。

当联合概率分布可分解为若干(概率)因子的乘积时,定理12即可派上用场。

1.8　在贝叶斯—兰姆赛理论中(the Bayesian-Ramsey theory),"期望效用"被视为一个基本概念。本书中把函数 $f(x)$的期望定义为

$$E\{f(x) \mid p\} = \sum f(x) P(x \mid p)$$

加总对全部 x 的取值进行。对于期望效用,若诸效用相互交织(interfere),计算其期望值也不会有什么困难。例如,若 x 为一货币收益,则我们只需区分不同的 x 即可,其期望将等于 $\sum xP(x \mid p)$ 而不必与 x 成比例。若被平均的效用是 $f(x)$,则其期望效用就是

$$\sum f(x) P(x \mid p)$$

尽管我们对期望效用不会作太多评论,但却经常需要计算关于某变量的函数的期望。需要立即引起注意的是,若某变量的期望为 a,这并非意味着我们期望该变量(取值)接近于 a。试考虑下例。设有两个盒子 A 及 B,每个都装有 n 个球。现投掷一硬币;若硬币落地时正面朝上,则 A 中所有的球都要移至 B 中;若反面朝上,则 B 中所有的球都要移至 A 中。试问这一过程结束后 A 中球的期望值为何?实际上此时 A 中或有50%可能装有 $2n$ 个球,或有50%可能装有零个球。(按公式可算出)A 中球的期望值为

n,但它却不是此时的任一可能取值。人们常将期望值视为某实际数值的预测值,从而导致错误的结果;仅当实际诸数值与其期望值相当靠近时,才可将期望值视为相应的预测值。很有可能这些数值仅在两个(或多个)数周围聚集,而这些数却没有一个靠近真正的期望值。

1.9 读者或许已经注意到本书未使用"唯心论"(idealism)及"唯实论"(realism)这种词语。应该指出的是,在日常语言及哲学语言中。这两个词的用法是不一样的。在日常语言中,"唯心论"认为他人并没有想象中的那样坏;而"唯实论"则认为他人并没有想象中的那样好。前者是赞扬,后者是贬损。一般认为,无人会以他人的方式环视自己;因此每人都知道其他每一个人都既不是唯实论者也不是唯心论者。在哲学那里唯心论乃是一种关于外部世界的信仰,即使人们尚不能对该世界进行观测它也依然存在,人们笃信科学方法的作用就在于它可以查明该世界的种种性质。唯心论认为除了观察者的思维以外,外部世界并不存在,它只是人们为了方便描述自己的经验而构想出来的。唯心论的极端形式是唯我论(solipsism),唯我论者断言只有他自己的思想和感觉才存在,他人的思想不过是他自己(唯我论着)的想象物而已。本书发展的方法和某些形式的唯心论及唯实论并无矛盾,但与唯我论却格格不入;本书的这些方法虽不能解决唯心论与唯实论的冲突,但却能明确拒绝这二者所描述的一些情形。无疑,我个人是哲学意义上的唯实论者,所以我常会以唯实论的语言发表自己的看法,而这种语言也为绝大多数人所使用。实际上,目前唯心论的语言十分贫乏,不足以迎合人们的需要,但如果有人愿意构建一种完善的唯心论语言(也许有可能),则本书讨论的任何问题都可以翻译成那种语言。效仿《爱丽丝穿镜奇幻记》里的角色独角兽(Unicorn)——它曾因爱丽丝不相信它是活物而诘问爱丽丝——"只要你相信我，我就相信你”[1]，我也要和唯心论者作这样的讨价还价。

据我所知，尚无人积极鼓吹唯我论（可能的例外当属行为心理学家）。唯我论最大的困难在于没有两个唯我论者会达成一致意见。如果 A，B 是两个唯我论者，A 会认为 B 是他的发明物，而 B 对 A 也会作如是观。A，B 之间的关系恰如爱丽丝和红国王的关系；尽管爱丽丝愿意相信红国王乃出于她的想象，但她认为红国王也能把她想象出来是不可以接受的。叮当哥和叮当弟（Tweedledum and Tweedledee）对此的解决办法是，接受红国王的说法而拒绝爱丽丝的想象；但每一个唯我论者都会固执己见，从而在他们之间永远存在不可调和的矛盾。虽然如此，卡尔·皮尔逊还是认识到唯我论中包含一个重要原则，即每个人（所获）的信息都源自他自己的亲身经历，因而他的观念就是他自己对这些经历思考的结果。任何形式的唯实论，如果拒绝唯我论的这一重要原则，都是无法立足的。一项假说仅当有人把它想出来才成其为假说；一项推理仅当有人把它作出来才成其为推理。事实上，我们必须并且一定要从每一个个体出发（来考虑问题）。在生命早期，个体能辨认出许多习惯性出现的感受，特别地，他能注意到被成年人所称的“自我”及“他人”之间的相似之处。在学说话的过程中，他已察觉到某些声音和某些可视、可触事物之间存在习惯性联系，因而就推出言语及其所指之间的对应规律；而在使用语言时他自己就能推广这种规律，并预期这种规律

---

① 《爱丽丝穿镜奇幻记》（1871 年出版）是《爱丽丝梦游仙境》（1865 年出版）的续篇，均为英国作家刘易斯·卡罗尔（Lewis Carroll）所著。作者原名 Charles Lutwidge Dodgson，身兼作家、数学家、牧师及摄影师于一身。《爱丽丝穿镜奇幻记》讲述的是小姑娘爱丽丝刚下完一盘国际象棋，又对镜子里的东西很好奇以致穿镜而入，来到镜中的象棋世界。在那里，整个世界就是一个大棋盘，爱丽丝本人也不过是这个棋盘中的一个小卒而已。她从自己所处的棋格开始，一步一步向前走，每一步棋都有奇妙的遭遇。例如，爱丽丝会脚不沾地地飞快行走，那里的花朵和昆虫都会说话，白王后变成了绵羊女店主，她手中的编织针变成划船的桨，等等。镜中的故事大多取材于英国传统童谣，作者通过自己的想象加以展开，并详细叙述，童谣里的人和物活灵活现地呈现在读者面前：为一丁点儿小事打架的叮当哥、叮当弟，行止傲慢的憨蛋和为争夺王冠而战的狮子与独角兽。只有发明家兼废品收藏家白骑士无法归类，但他恰好是作者本人的化身。等到爱丽丝终于走到第八格并当上王后时，她为所有这些人准备了一次盛大的宴会，宴会上的烤羊腿会鞠躬，布丁会说话，盛宴最终变成了一片混乱，忍无可忍的爱丽丝紧紧捉住摇晃的红王后，而后者竟变成一只小黑猫，爱丽丝也在摇晃中醒来，她开始追问，这到底是自己的梦，还是红国王的梦？——译注。

未来也可以奏效。

所以,语言的使用就依靠儿童通过语言实践去总结规律并加以推广(这可以办到);而这种总结推广行为在孩提时期绝非唯一。如果我们接受这样的总结推广行为,就没有理由拒绝其他的类似行为。一个人会察觉到他自己和他人之长相与行为的相似性,既然他已经意识到自己的存在,自然就会推想他人也同样能意识到他们个体的存在。因此,承认人有这种总结推广能力就和唯我论划清了界限。现在,两个人相互理解并进而达成共识就能够做到,而在两个唯我论者那里这绝对办不到。然而,我们也不必等到人人都相信某事以后,才去信奉它。实际情况是先有一人作一次观测或推论,这完全是个人行为。若他将此事报告给他人,则收到报告的人必须就此作出接受或拒绝的决定。第一个人所能盼望的,只是根据他本人和其他人所被观测到的相似性,指望收到报告的人会接受他(第一个人)的观点。建立人类有组织社会的可能性以及不同科学观点(在信息交换及新数据不断累积情况下)的逐渐融合,反映的就是人们总结推广(来自实践的)一般规律的事实。考虑到这一点,对个体间的相似之处进行归纳就具有合理性,而先行要求人们必须就某一观点达成一致即显多余。

无论是唯心论者或唯实论者,都将会遇到作出超越直接由感官所获信息进行推理的问题,因此,我们需要这样一种归纳推理理论。一些唯心论者及唯实论者对此持否定立场,他们认为,根据人们对世界或对由感官所获信息的直觉,这种推理可以依靠演绎逻辑予以完成;而如果经验能够发挥作用,充其量也只不过是提供某些细节而已。根据 1.1 的规则(5),这种立场必须坚决摒弃。我将用“朴素的”(naïve)一词形容那种认为超越原始信息进行推理具备确定性的理论,无论它来自唯心论或唯实论;而用“批判性的”(critical)一词形容任何一种认为这种推理不具备确定性但具备有效性的理论。随着证据或论据的增多而改变观点的人决非天真的唯实论者,尽管在某些讨论中人们认为不存在其他类型的唯实论版本。可以肯定,我们正在探索现实世界的种种性质,我们无需认为迄今所获的知识不能再予以改进了。

必须注意,有些哲学家以“所谓外部世界就是我们对它的感觉”来定义朴素唯实论,并为其辩护。罗素曾评论说,“我不明白怎么会得出这种想法”,我要把罗素的这句话援引在此。(事物)二维印象的演替和三维科学世界的可视观测绝不可同日而语,我认为这些哲学家的看法对严肃的讨论也没有任何好处。问题的根源在于许多哲学家(像大部分科学家那样)都欣赏把观测事实与描述观测对象最简单的概念连接起来的冗长推理链条,而许多引人注目的问题或者立即就有解答,或者(一旦细究其归纳推理过程)即知其不可解。

第二章 直接概率

“这位深谋远虑高官思想的曝光，难道不使任何其他人想在兵书战策上有所突破的努力，都显得那样乏力且幼稚吗？”

厄内斯特·布拉玛：《凯龙讲故事》[①]

2.0 我们已经看到逆概率原理可表为

后验概率 $\propto$ 先验概率×似然，

式中的“似然”理解成给定假设(hypothesis)及初始知识时，使(目前的)观测值最有可能出现的概率。关于给定假设的先验概率与(目前的)观测值并无直接联系，尽管它可能依赖于先前的观测值。因此，目前观测值包含的、与后验概率有关的全部信息都被总括在似然之中了。此外，若目前观测值能给我们带来新知识，则有关的似然一定对不同的假设有很大不同(先验概率则没有这么大变化)。因而，给定假设时观测值最有可能出现的概率为何，就需要特别讨论。

另一个能引起我们兴趣的问题就是似然本身。例如，关于机遇的博弈就存在许多这样的问题，在这种博弈中人们对机遇的假设是如此深信不疑，以致观测数据的容量要非常巨大(在任何试验中这都无法办到)才能使我们对它进行修正。但我们可能需要对这种博弈的结果进行预测；再如，一位桥牌玩家及其搭档在他们手中已握有九张将牌的情况下，可能会对余下的四张将牌是否在他们二人之间平分感兴趣。这是一个根据对不同事件出现概率的假设进行纯粹推理的问题。这种问题已被人们充分讨论过了，不作重

---

① 厄内斯特·布拉玛(Ernest Bramah，原名 Ernest Brammah Smith，1868—1942)，英国作家，布拉玛笔下第一个受读者喜爱的人物就是“凯龙”(Kai Lung)，此角是个讲话幽默逗趣虚构的中国人，他能把一个个令人拍案叫绝的故事细说从头，让读者看着像煞有其事，甚至信以为真；很多人则是乐在其中，《凯龙讲故事》书一上手就欲罢不能——译注。

复，我在此仅是指出这类问题在概率论中的一般地位。

第1章主要讨论自洽的归纳推理所应遵循的一般规则。这些规则并未对哪些定律实际上要和观测数据发生联系作出断言；它们只提供在可能应用的若干定律中进行选择的方法，而在获得观测数据后这些定律出现的概率也就随之确定了。在利用归纳推理的一般规则及分析所获新观测值之前，(待考察的)定律本身必须先行提出。定律的提出无一例外要依赖想象力或直觉，没有普适的规则可言。我们不能断定人们提出的任何科学假设一定是对或一定是错；有可能在这些假设中只有一个可行，而其余的和它相比都至少存在一个矛盾。对似然的估计要求我们把所提的假设视为待考虑的命题，而不是得到确认的命题；无论 q 是真是假，我们总可以为 $P(p|q)$ 指派一个确定的数值。这一区别是必要的，因为在断言假设不成立之前，我们必须考虑不真假设所致的后果①。仅仅考虑某一假设不真的后果并展示出一些这样的后果也能和观测数据相吻合，对断言该假设的成立并没有什么证明力，因为若引进更多一些假设，则它们也可能和那些观测数据吻合得同样好。为了获得支持该假设的力证，必须细查所有那些和它相矛盾的假设，并表明它们确实与观测数据不符。这一基本原理在一些所谓的科学著作中常被忽略，在那些书里作者通常先陈述一个假设，其次是援引大量支持该假设(也可能支持其他一些与之相矛盾的若干假设)的观测结果，但忽略掉所有那些不能建立在这些观测结果之上的假设，再其次就是宣称观测结果支持作者最先提出的那个假设。当前大多数关于相对论的理论(其关键部分均得到观测结果的支持)都属于此类；而大陆漂移理论的讨论也是如此(若对大陆漂移理论之诸假说进行检验，其结果常互相矛盾)。若做不到对全部假设实施检验，也做不到把检验结果与全部有关观测数据进行比较，一个假设充其量也不过就是一个待考虑的命题而已。

一般地，一经验命题(成立)之概率受辖于某个待定的假设，而该假设中常包含一些数量化参数。此外，概率论一般原理及纯数学规则也构成初始信息的一部分。以一个符号来表示某项研究中贯穿始终且为人们普遍接受

---

① 这就是我们在此处拒绝《数学原理》关于“蕴含”(implication)定义的原因，根据《数学原理》的蕴含定义，“若 q 假，则 q 蕴含 p”。因此，任何观测结果 p 都可被视作对假命题 q 的确认。而从“推演”的角度来看，“若 q 假，则由 q 推演 p”在不考虑 p 之真伪时是不能成立的。

的一组命题，会带来不少方便；对此，我将以 H 表之。H 中包括一项观测应满足的各种条件，而 q 常用来指观测数据。

2.1 抽样。设一个由两类成员 f 及 $\sim f$ 组成的总体，其各自成员的数目已知。现以这样的方式抽取容量一定的一个样本，即在这总体中任何容量的样本被抽中的可能性都一样。问题是就这样的数据而言，这两类成员的数目具有指定对数的概率为何？

令该总体之 f 类成员有 r 个，$\sim f$ 类成员有 s 个，m 及 l 为样本中的该二类成员数目。根据上一段提出的抽样方式，可能抽到的样本数为从 $r+s$ 个事物中选取 $m+l$ 个事物的组合数，可用符号 $\binom{r+s}{m+l}$ 表之。全部恰有 l 个 f 类成员、m 个 $\sim f$ 类成员的样本数为 $\binom{r}{l}\binom{s}{m}$。关于 H 任何这样的两个样本都（表示）等概的互斥命题；而且必有一些样本要从 $m+l$ 中抽出。因此，任一样本被抽中的概率是 $1/\binom{r+s}{l+m}$；而根据概率加法规则，含有 l 个 f 类成员、m 个 $\sim f$ 类成员样本被抽中的概率，等于用样本总数乘以任一样本被抽中的概率，即

$$P(l,m\mid H)=\frac{\binom{r}{l}\binom{s}{m}}{\binom{r+s}{l+m}} \tag{1}$$

容易证明，关于不同 l（$l+m$ 保持不变）的全部这种表达式的加总值等于 1。

我们需要对 H 作出明确陈述，因为在某些情况下，所有样本都有可能出现但它们出现的概率并不相等。在这种情况下，应用此处的抽样规则可能导致非常错误的结果。事实上，要得到一个真正随机的样本是颇费周折的。尤尔和肯德尔（Yule and Kendall）举过简单假设，假设某样本为随机样本所致危险的例子。他们的例子都比这里的要复杂许多。下例或许可以帮助我们窥视其中的要点。假设我们想调查普通成年英国人对某项政治议题的看法，最保险的办法是就该议题对所有选民作一次全民公决（referendum）。然而某家报社却试图从其读者群中，以考察有多少人对该议题投赞成票的方式来达到这一调查目的。该读者群中既有常年订户，也有偶尔买

报的人。很有可能在某一天每人都想购买这家报纸——尽管其原因是其他各报都卖光了。于是，H 中的条件都得到了满足，但随机性除外；因为该报的常年订户及偶尔构买该报的人，关于得到那一天那家报纸的可能性并不相同(那天该报载有此次民意调查问卷)。于是问卷的结果就会形成一个有严重偏误的样本：可以预料该报常规订户赞同该报政策的人数，将远远高于来自英国成年人总体但只是偶尔购买该报的人数。

2.11 另一种在文献中广泛讨论的抽样方法是有放回抽样。在这种抽样下，每一个被抽中的成员在其被抽中并作过考察后，还要被放回以便再次抽取。每个成员在每一抽样阶段，无论其先前是否被抽中过，再次被抽中的可能性都相等。这在简单随机抽样中不真，因为在简单随机抽样中一成员被抽中后是不能再放回的。若 r 与 s 同前，分别代表总体中两类不同成员的数目，在先前所有抽样结果已经给定的情况下，r 中任一成员被抽中的可能性总会是 $r/(r+s)$，而 s 中任一成员被抽中的可能性则是 $s/(r+s)$。此即概率简化为机遇的例子。

在实际中有许多类似的情况。例如，投掷一枚硬币出现正面朝上的概率或投掷一颗骰子出现 6 点的概率，就我们目前的理解而言，它们都应被认为是机遇才对。然而，这并非总能严格成立，因为无论哪种情形，随着投掷次数逐渐变大，硬币或骰子都会出现磨损，所以，下次投掷硬币出现正面朝上或骰子出现 6 点的概率将部分地依赖于其磨损程度，这种磨损程度可以通过考虑先前的投掷次数作出估计。因此，这种投掷结果的概率就不能再被称为机遇了。因为在这两种情形下，所谓"机遇"的存在并不能断言投掷一枚硬币出现正面朝上的概率总是 1/2，或骰子出现 6 点的概率总是 1/6；事实上，对投骰子而言，六个面总能被等可能地投出并不真确，尽管在大多数实际情况下能近似认为如此。

若在简单随机抽样下，出现总体中第一类成员之事件的机遇记为 x(称为"成功")，出现第二类成员之事件的机遇记为 $1-x=y$(称为"失败")，则在任何预先指定(试验)顺序的情况下，$l+m$ 试验产生 l 次"成功"、m 次"失败"的联合概率都等于 $x^l y^m$。但在整个事件序列中，共有 $\binom{l+m}{l}$ 种方式指派 l 次"成功"的位置，而它们处于何种位置是等概率的，所以有

$$P(l,m\mid H)=\frac{(l+m)!}{l!\ m!}x^l y^m \tag{2}$$

它恰是$(x+y)^{l+m}$按二项式展开的通项。因此该分布律通常以二项分布为人所知。在有放回抽样的情形下，二项分布变为

$$P(l,m|H)=\frac{(l+m)!}{l!\ m!}\left(\frac{r}{r+s}\right)^{l}\left(\frac{s}{r+s}\right)^{m} \tag{3}$$

容易证明，无论是简单随机抽样还是有放回抽样，l 的最可能值均不会超过 $r(l+m)/(r+s)$，所以，在样本中这两类成员数目之比，就近似等于它们在抽样总体中的比。换言之，在简单随机抽样或有放回抽样的情况下，最可能的样本乃是公允样本。同样可以证明，若随着抽样总体的变大而所抽样本的容量保持不变，r 及 s 将随 r/s 趋于一固定值 x/y 而趋于无穷，则简单随机抽样的公式就变成了二项分布。这意味着如果和样本相比抽样总体足够大，则样本的抽取对于下一次试验中“成功”出现的概率几乎没有影响，因而人们即可有相当大的把握将此概率视为机遇。

2.12 现考虑在 m 及 l 变大而 x 固定时，二项分布律的变化情况。设

$$\frac{1}{f(l)}=\frac{(l+m)!}{l!\ m!}x^{l}y^{m} \tag{4}$$

$$l+m=n;\quad l=nx+n^{1/2}\alpha;\quad m=ny-n^{1/2}\alpha \tag{5}$$

并设 α 相当小。于是

$$\ln f(l)=\ln l!+\ln m!-\ln n!-l\ln x-m\ln y \tag{6}$$

阶乘的对数之渐进展开式（亦称斯特林级数）是①

$$\ln n!=(n+\frac{1}{2})\ln n-n+\frac{1}{2}\ln 2\pi+\frac{1}{12n}-O\left(\frac{1}{n^{3}}\right) \tag{7}$$

进行代换并忽略量级为 $1/l$ 及 $1/m$ 的这两项，我们有

$$\ln f(l)=\frac{1}{2}\ln\frac{2\pi lm}{n}+l\ln\frac{l}{nx}+m\ln\frac{m}{ny} \tag{8}$$

---

① 即使忽略1/(12n)这一项，利用斯特林公式得到的近似解也是相当精确的。例如，对于 $n=1,2$，由斯特林公式可得 1！＝0.9221；2！＝1.9190；而若加入 $1/(12n)$ 这一项，则有 1！＝1.0022；2！＝2.0006。考虑到它们都是作为“1 及 2 为大数假设”的（利用斯特林公式的）近似结果，这种近似还是很令人信服的。而此时应用斯特林级数来作近似就会导致较大误差。有关公式的证明及阶乘函数性质的深入讨论，可在 H.杰弗里与 B.S.杰弗里合著的《数学物理方法》第 15 章中找到。

现对 l 及 m 作代换并将斯特林级数展开至包含量级为 α^2 的项，于是有

$$\ln f(l)=\frac{1}{2}\ln(2\pi nxy)+\frac{\alpha^2}{2xy}+O(\alpha^3 l^{-1/2},\alpha^3 m^{-1/2}) \tag{9}$$

$$\frac{1}{f(l)}\approx\frac{1}{(2\pi nxy)^{1/2}}\exp\left[-\frac{(l-nx)^2}{2nxy}\right] \tag{10}$$

(10)式的得出归功于棣莫弗[①]。审视被略去的项可以看出，如果 l 及 m 大而 α 与 $l^{1/6}$ 或 $m^{1/6}$ 相比不大，则这种近似会相当不错。同样，如果 nxy 大，则 l 相邻取值变动的可能性也微不足道，而且在一定范围内对这函数下的面积（以这函数图形为曲边的一个曲边梯形）求和可用一个积分来很好地代替，只要 $l-nx$ 不超过 $(nxy)^{1/2}$，这种近似就有效。但被积函数随 $l-nx$ 的接近会迅速变小，以致(10)式在这一范围内的积分实际上就等于 1，从而把全部的可能性都包括进去了。但所有 l 取值的全部概率加总等于 1。于是可知几乎 l 的全部取值都集中在使(10)式能很好近似(4)式的某个范围之内了。

进一步可知，若取两正数 β 及 γ 并考虑 l 位于 $n(x+\beta)$ 及 $n(x-\beta)$ 之间的概率，则它将近似等于

$$\left(\frac{n}{2\pi xy}\right)^{1/2}\int_{-\gamma}^{\beta}\exp\left(-\frac{nz^2}{2xy}\right)\mathrm{d}z, \tag{11}$$

若 β 及 γ 保持不变，则此式将随 n 趋于无穷而趋于 1。这就是说，$(l-nx)/n$ 位于无论如何接近的积分限内的概率，只要这些积分限符号相反，就等于一个全然肯定事件的概率。

2.13　詹姆斯·贝努利(James Bernoulli)在其《推测术》(1713)中给出了上述定理，它有时也被称为平均数定律或大数定律。这是一个重要定理，尽管它时常遭到错误解释。必须注意，该定理不是证明随着 n 的增大 l/n 这一比率将趋于 x 的极限。它证明的是，若在每次试验中"成功"事件出现的概率保持不变，则无论再作多少次试验，也无论先前实验的结果为何，当 n 足够大时，就有理由期望 $l/n-x$ 会落入以 0 为中心的一个随意小的范围内。n 越大，这种概率越接近必然，将以 1 为极限。l/n 极限的存在，要求

---

① *Miscellanea Analytica*, 1733.

有一个依赖于 n 的正数序列 α_n，它将随 $n \to \infty$ 而趋于 0，即只要 n 大于某个固定的 n_0，$l/n-x$ 就会落入 $\pm\alpha_n$ 的范围之内。但数学上不能证明在随机抽样条件下这样一列正数的存在性。事实上我们能够做到的，只是当这样的序列不存在时，生成随机抽样的各种可能结果。设 $x=1/2$。随机性概念的基本点在于先前实验的结果和下一次试验无关。因此，在任何试验阶段我们都无法断言下一次试验结果为何。于是，若以 1 记事件出现，以 0 记事件不出现，则下述任一序列均有可能发生：

1 0 0 1 1 0 0 1 0 1 0 0 1 0 0 1 1 1 0 1 0…

1 0 0 1 0 0 1 0 0 1 0 0 1 0 0 1 0 0 1 0 0…

0 0 0 0 0 0 0 0 0 0 0 0 0 0 0 0 0 0 0 0 0…

1 1 1 1 1 1 1 1 1 1 1 1 1 1 1 1 1 1 1 1 1…

1 0 1 1 0 0 0 0 1 1 1 1 1 1 1 1 0 0 0 0 0 0 0 0 0 0…

序列 1 由投掷一枚硬币得到，其他各序列均以系统设计的方式获得，但无论如何在逻辑上也不能断言它们没有出现的可能性。它们都是(事件发生)机遇为 1/2 的随机抽样之所有可能的结果。但序列 2 的极限为 1/3；序列 3 与序列 4 的极限分别为 0 和 1；而序列 5 则没有极限，此时的 l/n 在 1/3 及 2/3 之间振荡不止(计算序列 5 之极限的规则是，全“0”数字段或全“1”数字段各自所含数字的个数，等于各该数字段开始前“0”及“1”数目字的总和)。选择无穷多个序列也不无可能，因为它们均可作为随机抽选的可能结果出现，假定条件是存在无穷多种随机选择，而序列的极限可能等于 1/2，也可能根本没有极限。

瑞恩奇和我[①]证明了(巴特莱[②]对此也给出另一种证明)，若取一个与 n 无关的固定的 α，则 n_0 总可以这样选取使得对任何的 n 大过 n_0，取值超过 α 的概率接近于 1。但由于 α 趋于 0 时所要求的 n_0 趋于无穷大，所以序列收敛速度无限放缓现象在这里出现了，因此有必要引入一致收敛的概念。为证明(该)序列收敛，必须证明 α_n 之趋于 0 不能独立于 n，否则 l/n 将无穷振荡而不能趋于一个定值。

在进一步讨论之前需要考虑下述不完全阶乘函数的上下界，

---

① 见 *Phil.Mag*.38，1919，718－19.

② 见 *Proc.Roy.Soc*.A，141，1933，520－1.

$$I = \int_x^{\infty} u^n e^{-tu} du \tag{1}$$

其中,积分限 x 取大值。于是

$$1 > x^n \int_x^{\infty} e^{-tu} du = x^n e^{-tx}/t \tag{2}$$

同样,若 $u=x+v$,

$u/x < \exp v/x$,

则

$$1 < x^n e^{-tx} \int_0^{\infty} \exp\left(-t+\frac{n}{x}\right) v dv = \frac{x^n e^{-tx}}{t-n/x} \tag{3}$$

因此,若 x/n 很大,就有

$$I = \frac{x^n e^{-tx}}{t}\left[1+O\left(\frac{n}{x}\right)\right] \tag{4}$$

令 $P(n)$ 为 n 次试验中在 $x\pm\alpha$ 范围之外某比(率)的出现机遇,通过设 $\alpha^2=u$ 并应用(4)式,近似地有

$$\begin{aligned} P(n) &\sim 2\int_{\alpha}^{\infty} \left[\frac{n}{2\pi x(1-x)}\right]^{1/2} \exp\left[-\frac{n\alpha^2}{2x(1-x)}\right] d\alpha \\ &= \left[\frac{2x(1-x)}{\pi n}\right]^{1/2} \frac{1}{\alpha} \exp\left[-\frac{n\alpha^2}{2x(1-x)}\right] [1+O(n^{-1/2}] \end{aligned} \tag{5}$$

取

$$\alpha_n = n^{-1/4} \tag{6}$$

就某些 $n>n_0$ 而言,取值大于 α_n 的全部机遇,小于对单个 n 加总的机遇之和,因为取值大于 α_n 的各个事件并非互斥。所以,关于这种机遇,有

$$\begin{aligned} Q(n_0) &< \sum_{n=n0}^{\infty} \left[\frac{2x(1-x)}{\pi}\right]^{1/2} n^{-1/4} \exp\left[-\frac{n^{1/2}}{2x(1-x)}\right] \\ &\sim \int_{n0}^{\infty} \left[\frac{2x(1-x)}{\pi}\right]^{1/2} n^{-1/4} \exp\left[-\frac{n^{1/2}}{2x(1-x)}\right] dn \end{aligned} \tag{7}$$

令 $n=u^2$,则[①]

$$Q(n_0) < \int_{\sqrt{n0}}^{\infty} 2\left[\frac{2x(1-x)}{\pi}\right]^{1/2} u^{1/2}\exp\left[-\frac{u}{2x(1-x)}\right]\mathrm{d}u$$
$$< 2\frac{[2x(1-x)]^{3/2}}{\pi^{1/2}} n_0{}^{1/4}\exp\left[-\frac{n_0^{1/2}}{2x(1-x)}\right] \quad (8)$$

最后一式有一个小于前一式中(相对较大的)n_0之校正项。设各比(率)l/n不收敛于 x 且有正概率 $\varepsilon>0$。如果它们确实不收敛于 x,则无论 n_0 有多大,总存在 $n>n_0$ 致随着 $\alpha_n\to 0$,l/n 与 x 之差将超过 α_n 但 n_0 总可以这样选取使得 $Q(n_0)<\varepsilon/2$,于是就推出了矛盾。因此必有 $\varepsilon=0$。因可盼 $\varepsilon=0$,故在随机抽样的条件下几乎可以肯定序列中的 l/n 将趋于极限 x[②]。

但是,上述论证所证明的只是概率定理而非数学定理;在这里数学定理不能成立,因为数学定理要求无论在任何情况下极限都必须存在,但在随机抽样的场合各种例外情形的发生总是有可能的。

实际情况是命题"l/n 不趋于极限 x"具有随机试验所陈述的零概率。我们已经看到(1)l/n 有可能不趋于极限 x,(2)虽然建立在有关数据上的某一不可能命题必有(关于这些数据的)零概率,但其逆不真;如果我们坚持1.2 中的公理 5,即关于给定数据的诸概率可构成一个(序数类型)不高于连续统序数类型的集合,则一命题可以具有零概率而据以提出该命题的数据不必互相矛盾。若某一个量(它仅限于在大于零的连续数值集合中取值)小于任何指定的正数,它就是零。然而这并不构成矛盾,因为 1.2 中定理 2 的逆不真。我们只需区分两类命题即可,一类建立在相互矛盾的数据集上,由此提出的命题其不可能性可采用演绎逻辑予以证明,另一类则是可能命题但其概率为零,例如,服从均匀分布的随机变量其在 0~1 区间恰好取值1/2的概率即为零(而 1/2 并非是不可能取值)。

这结论并无太多现实意义,因为我们根本不能实际去计数一个无穷序列,尽管有时可能要对这种序列作些推断,但此时我们必须牢记贝努利定理所要求的条件,即无论先前进行过多少次试验,下一次试验其结果是"成功"还是"失败"都无法预知。在反复投掷硬币的过程中,硬币因物理磨损有可

① 原书在(8)式的积分中漏掉了积分上限——译注。

② 另一种证明由 F.P.Cantelli 给出,见 *Rend.D.Matem.*,*Palermo*,41,1916,191—201;*Rend.d.Lincei*,26,1917,39—45.及 E.C.Fieller,*J.R.Stat.Soc.*99,1936,717.

能使贝努利定理的条件遭到破坏，而在理想条件下贝努利定理所要求的条件能够得到保证。更进一步，讨论一个无穷随机序列的有关抽样比也存在逻辑上的困难。在数学上讨论无限序列时，有关(对该序列相关项求和)的计算规则总要先行给出，而对该序列的若干项实施求和，利用已经给出的法则就能完成任务。如果不能提供这样的规则——这对于随机过程具有根本的重要性——相应的计算就没有任何意义。这种逻辑困难和所谓的乘法公理有关；乘法公理断言这样的规则永远存在，但这一点并不能从其他数学公理中推出，尽管近来哥德尔证明了乘法公理与其他数学公理没有矛盾。利特伍德(Littlewood)认为，"通过认真思考会使人们对乘法公理的可信性产生怀疑，根据有限序列的例子对乘法公理进行分析会产生偏颇，而去掉这种直觉又不能对乘法公理进行任何有益的探讨。[①]"在有限次试验的场合，都会因物理磨损而导致(有关试验中的"机遇")发生变化，所以更有理由假设即使乘法公理成立，在任何情况下这种因物理磨损而导致的"机遇"出现变化也都是有可能的。事实上在我看来，"机遇"只是一个概念而已，我们对它有完全的取舍自由。该概念的用处不在于它肯定了机遇的存在，而在于对它作出足够精确的陈述以后，人们能对(有关的)推理作出意义明确的检验，而且在出现差错时能够据以判明差错的程度。

2.14 在 $l,m,r-l,s-m$ 都很大的情况下，可利用 2.12 中的(10)式作为简单抽样所用公式的近似。考虑下述表达式

$$F=\binom{r}{l}x^{l}y^{r-l}\times\binom{s}{m}x^{m}y^{s-m} \tag{1}$$

其中，x,y 是满足 $x+y=1$ 的两个任意数，r,s 及 $l+m$ 均为固定数。选取 x 使上式右端两表达式(皆取最大值)相乘的结果，均为在同一个 l 值下之所得，称此 l 值为 l_0，相应地，称这样的一个 m 值为 m_0。因此

$$l_0=rx\ ;\quad r-l_0=ry\ ;\quad m_0=sx\ ;\quad s-m_0=sy \tag{2}$$

所以

$$(r+s)x=l_0+m_0=l+m \tag{3}$$

---

① 见 *Elements of the Theory of Real Functions*，1926，p.25

于是,利用 2.12 之(10)式,有

$$F \approx (2\pi rxy)^{-1/2} \exp\left[-\frac{(l-l_0)^2}{2rxy}\right](2\pi sxy)^{-1/2} \exp\left[-\frac{(m-m_0)^2}{2sxy}\right]$$

$$= (2\pi xy)^{-1/2}(rs)^{-1/2} \exp\left[-\frac{(l-l_0)^2(r+s)}{2rsxy}\right] \tag{4}$$

同样地

$$G = \binom{r+s}{l+m} x^{l+m} y^{r+s-l-m} \approx [2\pi(r+s)xy]^{-1/2} \tag{5}$$

作除法,就有

$$P(l,m|H) = \frac{\binom{r}{l}\binom{s}{m}}{\binom{r+s}{l+m}} \approx \left(\frac{r+s}{2\pi rsxy}\right)^{1/2} \exp\left[-\frac{(l-l_0)^2(r+s)}{2rsxy}\right] \tag{6}$$

但

$$(r+s)^2 xy = (l+m)(r+s-l-m) \tag{7}$$

因此

$$P(l,m|H) \approx \left[\frac{(r+s)^3}{2\pi rs(l+m)(r+s-l-m)}\right]^{1/2} \exp\left[\frac{(l-l_0)(r+s)^3}{2rs(l+m)(r+s-l-m)}\right], \tag{8}$$

其中,

$$l_0 = \frac{r(l+m)}{r+s} \tag{9}$$

与 2.12 节(10)式作比较,可见它们有类似的形式,对分布尾部处理的思路也相同。若与 l,m 相比,r,s 很大,则 r,s 可表为

$$r = (r+s)p, \qquad s = (r+s)q \tag{10}$$

式中的 p,q 现相当于二项分布中的 x,y;其结果近似于

$$\left[\frac{1}{2\pi(l+m)pq}\right]^{1/2} \exp\left\{-\frac{[l-p(l+m)]^2}{2(l+m)pq}\right\} \tag{11}$$

这与 2.12 节(10)式等价。由这种表达式可知,样本中不同成员的组成概率,仅依赖于样本自身及样本中不同成员数目的比;在抽样总体远大于所抽

样本的情况下，关于样本的更多信息实际上是无关的。一般地，考虑到指数幂中含有因子$(r+s)/(r+s-l-m)$，与相应的二项分布相比，由(8)式计算的概率将更集中在其最大概率处。这反映了所抽取的第一部分样本(非以首次被抽中的概率而是以其后被抽出的概率处理)，具有校正早先抽样偏离公允抽样的效果。

2.15　多重抽样与多项分布。这二者纯粹是简单随机抽样及二项分布的推广。对实施多重抽样的总体而言，它含有$r_1,r_2,\cdots,r_p$这p个(而非2个)不同类别的成员；在相应的样本中这些不同类别的成员分别有$n_1,n_2,\cdots,n_p$个(其总和数预先给定)。和先前的假设一样，多重抽样之样本容量确定后，所有可能的样本都有相同的抽中概率，因而

$$P(n_1,n_2,\cdots,n_p \mid H)=\frac{\binom{r_1}{n_1}\binom{r_2}{n_2}\cdots\binom{r_p}{n_p}}{\binom{\sum r}{\sum n}} \tag{1}$$

在多项分布中，各不同类别在任一试验中出现的机遇分别为$x_1,x_2,\cdots,x_p$(其总和等于1)，而实验的次数$\sum n$事先给定，于是

$$P(n_1,n_2,\cdots,n_p \mid H)=\frac{(\sum n)!}{n_1!\ n_2!\ \cdots n_p!}x_1^{n1}x_2^{n2}\cdots x_p^{np} \tag{2}$$

容易证明，(1)式中的$n_1/\sum n,n_2/\sum n,\cdots,n_p/\sum n$，分别近似地等于$r_1/\sum r,r_2/\sum r,\cdots,r_p/\sum r$，且出现这种情形的可能性最大；(2)式中的$n_1/\sum n,n_2/\sum n,\cdots,n_p/\sum n$，最有可能分别近似等于$x_1/\sum x$，$x_2/\sum x,\cdots,x_p/\sum x$。因此，在这两种情况下都可以谈论相应的期望值或计算值；若N为多重抽样中事先指定的样本容量，则n_1的期望值为$Nr_1/\sum r$，而n_1在多项分布中的期望值为Nx_1。由(1)、(2)两式计算的概率，会在$n_1,n_2,\cdots,n_p$最可能取值的某一范围内展布开来，但以后我们有必要注意能使这种命题成立从而是可容忍的诸$n_i(i=1,2,\cdots,n)$取值的范围到底有多大这样的问题。

2.16 泊松分布①。我们已经看到，利用斯特林公式去近似二项分布时，量级为 $1/l$ 和 $1/m$ 的项被忽略了，但计算结果表明 l 与 nx 之差达到 $(nxy)^{1/2}$ 这种量级的可能性还是很大的。如果 $(nxy)^{1/2}>nx$，则近似结果显示 $l=0$ 即为一个非常可能的取值，所以这种近似结果肯定没有任何用处。但若 n 很大，这意味着 x 足够小致使 nx 小于 1。因此，我们需要对 n 很大但 nx 不太大的情形予以特别注意。我们将二项分布写成如下形式

$$P(l|H)=\frac{n!}{l!\ (n-l)!}x^{l}\ (1-x)^{n-l} \tag{1}$$

取 $nx=r$，固定 l 及 r 并令 $n\to\infty$，就有

$$P(l|H)=\frac{n!}{l!\ (n-l)!}\left(\frac{r}{n}\right)^{l}\left(1-\frac{r}{n}\right)^{n-l}\to\frac{r^{l}}{l!}\mathrm{e}^{-r} \tag{2}$$

(2)式中箭头所指的分布就是泊松分布，$\frac{r^{l}}{l!}\mathrm{e}^{-r}$ 关于 l 求和等于 1，一事件发生 l 次的概率等于 e^{-r} 乘以 e^{r} 展开式中的各个项。(2)式实为 n 趋于无穷大，x 趋于 0 但 nx 趋于一定值的二项分布的极限。若 nx^{2} 很小但 nx 很大，则用泊松分布近似二项分布就是有效的。

泊松分布要求在任一次试验中一事件出现的几率很低，但实验的次数很多，以致在这些试验中该事件的发生总有可使人觉察到的概率。一个为人熟知的例子由冯·伯特基维茨(Von Bortkiewicz)提供，他研究的是普鲁士军队的士兵在 20 年中被战马踢死的人数。若以每支普鲁士军队每年(战马踢死士兵)事件之发生为计量单位，则下表给出了普鲁士 14 支军队 20 年死于战马蹄下士兵的汇总资料②。

被战马踢死士兵人数	观察到的该事件数	该事件的期望发生数
0	144	139.0
1	91	97.3
2	32	34.1
3	11	8.0
4	2	1.4
5 或更多	0	0.2

① 见 S.D.Poisson, *Recherches sur la probabilité des judgements*, 1837, pp.205—7.

② 见 Von Bortkiewicz, *Das Gesetz d.kleinen Zahlen*, 1898.Quoted by Keynes, p.402.

由此表看出，普鲁士士兵在一年之中被战马踢死的概率很小，但就一支军队而言，每年死于战马蹄下士兵人数的概率还是相当大的，可以被人们察觉到。因此，借助泊松分布即可给出一支普鲁士军队于一年之中被战马踢死0,1,2,…个士兵人数的概率；利用多项分布，就一个包含280个（观察到战马踢死士兵的）事件的样本进行计算，也可预期这些观察到的事件之出现概率，将近似等于多项分布所预言的相应总体的（有关）比率。表中最后一列“该事件的期望发生数”，提供了在 $r=0.70$ 假设下事件发生的期望数。这些数字都经过重新计算，它们是利用若干叠加的泊松分布而得到的。

另一个例子来自放射性物质的裂变。放射性元素的原子在一定时间间隔内裂变的概率微乎其微；但一块放射性物质可以含有数量级高达 10^{20} 个原子的程度，所以其中的一些原子发生裂变的可能性还是能被人们觉察到。下表是卢瑟福和盖革给出的[①]，表中列出的是在1/8分钟内他们所观察到及期望看到的一放射性物质样本释放0,1,2,…个 α-粒子的个数的具体数据（表中“No.”的含义为“次数”，“Obs.” 的含义为”观测值，“Exp.” 的含义为“理论期望值”，“O-E” 的含义为“观测值与理论期望值的差”）。

No.	0	1	2	3	4	5	6	7	8	9	10	11	12	13	14
Obs.	57	203	383	525	532	408	273	139	45	27	10	4	0	1	1
Exp.	54	211	407	525	508	393	254	140	68	29	11	4	1	0	0
O-E	3	−8	−24	0	24	15	19	−1	−23	−2	−1	0	−1	1	1

r 是放射出的 α-粒子总数10 097被间隔总数2 608相除的结果，它等于3.87（此即相应的泊松分布参数）。很清楚，泊松分布和卢瑟福等人提供的数据吻合得很好，观测值与理论期望值之间最大的差别也不超过1/20；本书后面的有关章节还要对该表作进一步考察。

艾特肯的（Aitken）尘埃计数器提供了来自气象学方面的例子[②]。此处的问题是要估计空气中尘埃核的多少。在一含有水分及被滤过的空气的腔体中充入一定体积的空气，空气进入腔体后随即进行扩散，于是空气中的尘埃就发生了凝结而形成尘埃核。腔体中落在某一小块体积底部的尘埃核可以一一计数。在本例中，腔体中尘埃核的数目很大，而一尘埃核粒子落在腔

---

① 见 Rutherford, H.Geiger, and H.Bateman, *Phil.Mag*.20, 1910, 698—707.

② 见 John Aitken, *Proc.Roy.Soc.Edin*.16, 1888, 135—72; F.J.Scrase, *Q.J.R.Met.Soc*.61, 1935, 368—78.

体内某一小块体积底部的概率在抽样计数时却很小。斯科雷斯(Scrase)给出本例的数据如下(表中“No.”的含义为“次数”,“Obs.” 的含义为“观测值”,“Exp.” 的含义为“理论期望值”,“O-E” 的含义为“观测值与理论期望值的差”):

No.	0	1	2	3	4	5	6	7	8
Obs.	23	56	88	95	73	40	17	5	3
Exp.	25	65	88	82	61	38	21	10	4
O-E	−2	−9	0	+13	+2	+2	−4	−5	−1

该表的观测数据是在 20 天中得到的,在这个意义上它们不具备同质性;r(即相应的泊松分布参数)之估计是分别作出的,各理论期望值也是分别计算并相加的。看上去泊松分布对于该例观测到的尘埃核数目有着不错的代表性,尽管在观测值与理论期望值之间存在系统性偏离。斯科雷斯认为,在某些情况下由于人们以为腔体中的尘埃运动未能进行,从而错误地对“0”观测值未予计数。这会使某些天 r 值的估计偏高,由此导致高估尘埃核数目较多情形下的有关理论期望值,并进一步导致表中右端连续出现 O-E 为负值的现象。戴安纳达先生(Mr. Diananda)指出,该表的观测数据和 $r=2.925$的泊松分布有很好的吻合。

2.2 正态误差律。设一待测量等于 l,但却有 n 种可能的测量干扰源,其中的每一种在任何一次实际测量中,都有相同的可能性(概率为 1/2)产生$\pm e$ 那样大的干扰,且这些干扰的分布相互独立。这是二项分布的例子。若在一次观测中有 l 种可能带来正向干扰,$n-l$ 种可能带来负向干扰,则待测量的测量值应为

$$x=\lambda+l\varepsilon-(n-l)\varepsilon=\lambda+(2l-n)\varepsilon \tag{1}$$

于是,可能的测量值将会与 $\lambda-n\varepsilon$ 有所不同(差 ε 的偶数倍)。假设 n 很大,则关于不同 l 值的概率将根据 2.12 节(10)式所述的规律分布(须令 $x=y=1/2$),即

$$P(l\mid H)=\left(\frac{2}{n\pi}\right)^{\frac{1}{2}}\exp\left[-\frac{2}{n}\left(l-\frac{1}{2}n\right)^{2}\right] \tag{2}$$

l 等于 $l_1,l_2(>l_1)$或其他介于 l_1,l_2 之间数值的概率为

$$P(l_2 \geqslant l \geqslant l_1 \mid H) = \sum_{l=l1}^{l2} \left(\frac{2}{n\pi}\right)^{\frac{1}{2}} \exp\left[-\frac{2\left(l-\frac{1}{2}n\right)^2}{n}\right] \tag{3}$$

但该概率乃是 x 位于 $l+(2l_1-n)\varepsilon$－与 $l+(2l_2-n)\varepsilon$ 之间的全部概率值。若我们考虑 x_1 及 x_2 之间一个足够长的、包含许多 l 可能值的区间，则(3)式的求和即可用积分代替，作转写

$$l-n/2=(x-\lambda l)/2\varepsilon \tag{4}$$

就有

$$P(x_2 \geqslant x \geqslant x_1 \mid H) = \sum_{x=x1}^{x2} \left(\frac{2}{n\pi}\right)^{\frac{1}{2}} \exp\left[-\frac{(x-\lambda)^2}{2n\varepsilon^2}\right] \tag{5}$$

这一关于 x 的区间将包含 $(x_2-x_1)/2\varepsilon+1$ 个 x 的可容许值。假设 x_2-x_1 远大于 ε 且远小于 $\varepsilon\sqrt{n}$，则(5)式将近似于

$$\int_{x1}^{x2} \left(\frac{2}{n\pi}\right)^{1/2} \exp\left[-\frac{(x-\lambda)^2}{2n\varepsilon^2}\right] \frac{\mathrm{d}x}{2\varepsilon} \tag{6}$$

现令 n 变得很大而 ε 变得很小，致使 $\varepsilon\sqrt{n}$ 成为有限数。因此，所有 x 的可能值将无限紧密地挤压在一起，若此时考虑自 x_1 至 $x_1+\delta x$ 的一个小区间，则 x 落入其中的概率就约等于

$$P(x_1<x<x_1+\delta x \mid H)=\frac{1}{(2n\pi)^{1/2}\varepsilon}\exp\left[-\frac{(x_1-\lambda)^2}{2n\varepsilon^2}\right]\delta x \tag{7}$$

这正是正态分布的例子，我们可将其写成如下的一般形式

$$P(x_1<x<x_1+\mathrm{d}x \mid H)=\frac{1}{\sqrt{2\pi}\sigma}\exp\left[-\frac{(x_1-\lambda)^2}{2\sigma^2}\right]\mathrm{d}x \tag{8}$$

或更简洁地

$$P(\mathrm{d}x \mid H)=\frac{1}{\sqrt{2\pi}\sigma}\exp\left[-\frac{(x-\lambda)^2}{2\sigma^2}\right]\mathrm{d}x$$

其含义是当 $\mathrm{d}x$ 趋于 0 时，该式两端所形成的比趋于 1。因为在实践中人们总是关心各种有限区间，所以严格说来，人们总将要求关于这些表达式在有限区间上的积分能够进行，并要求把 δx 变为 $\mathrm{d}x$ 时只需一步即可完成，唯如此才能利用(8)式进行计算。

注意到(1)式中有三个参数 λ, n, ε，而(8)式中只剩两个参数 λ 及 $\varepsilon\sqrt{n}$（后者可用 σ 代替）。这类似于抽样的情形——抽样总体的大小随被抽取单元的增多而变得无关紧要。应用于误差分析的正态分布最早是由拉普拉斯于 1783 年提出的，尽管它通常归功于高斯①。

正态误差律也可表为

$$P(x_1<x<x_1+\mathrm{d}x \mid H)=\frac{h}{\sqrt{\pi}}\exp\{-h^2(x-\lambda)^2\}\,\mathrm{d}x \tag{9}$$

其中

$$2h^2\sigma^2=1 \tag{10}$$

σ 通常称作标准误差(the standard error)，虽然有时也称作均方误差(the mean square error)或就简单称作平均误差(the mean error)。h 称作精度常数。若引入误差函数

$$\mathrm{erf}x=\frac{2}{\sqrt{\pi}}\int_0^x \mathrm{e}^{-t^2}\,\mathrm{d}t, \tag{11}$$

则 x 取值小于 x_1 的概率即为 $\{1+\mathrm{erf}h(x_1-\lambda)\}/2$。谢泼德(Sheppard)及后来的一些作者给出了 $x-\lambda$ 小于给定若干倍 σ 值的概率用表。误差函数（它在热传导与热扩散中也有应用）也有表可查，该表由米尔纳—汤姆森(Milne-Thomson)及康利(Comrie)提供。在统计应用中，(8)式比(11)式来得便利些，因为通常 σ 比 h 更为常见。曲线 $y\propto\exp\{-(x-\lambda)^2/2\sigma^2\}$ 在 $\lambda\pm\sigma$ 处发生折拐。一观测值落入 $\lambda\pm\sigma$ 范围内的概率是 0.683，而它落入 $\lambda\pm0.6745\sigma$ 范围内的概率为 1/2。在这个意义上，0.6745σ 常被称作“或然性误差”(the probable error)，在天文学及物理学著作中，它常被用于指代不确定性。这种用法最好废除，因为在应用（一般的）显著性检验或 χ^2-检验、t-检验时，正是 σ 会经常出现，而若采用或然误差表示不确定性，就要根据其表达式先做乘法，又因为存在舍入误差，所以这样做既麻烦又降低准确性。

人们常可作一个粗线条的证明，说明正态误差律所要求条件能够满足。在许多情况下都有充分理由认为，我们试图观测的量存在“真实值”，尽管我

---

① 见 Pearson, *Biometrika*, 13, 1920, 25.

们必须保留关于该真实值与测量学一般理论关系的进一步讨论。然而，在任何一次实际观测中，观测者注意力的逐渐减弱，观测者之必须对观测结果进行舍入处理，以及因大地振动或风力吹动而使观测仪器发生微扰等事实，都会对观测量的“真实值”产生干扰。这些微扰常可视为相互独立。一般地，人们不能保证它们只有两类，且大小相等，符号相反；大多数微扰都可在某一连续区间上取值，而且，一般也没有什么理由假设所有微扰的幅度都一样大。所以，对于正态误差律所要求的条件必须予以关注。正态误差律只宜视为是一种表示(indication)，即存在误差的分布遵循正态分布的情形，在这里关于(待观测量)可能变化的全部信息都受控于 λ 和 σ 这两个参数。λ 也常被称为总体均值，而 σ 称为总体标准差。“总体标准差”这一术语用起来不太方便，且若“总体”一词被省略掉，“总体标准差”还容易和样本标准差相混淆，而这二者并非是一回事。

一旦我们面临下述形式的分布律(正态分布是其特例)

$$P(\mathrm{d}x \mid H)=f\left(\frac{x-\lambda}{\sigma}\right)\frac{\mathrm{d}x}{\sigma}$$

采用费舍的术语，我们就可以说 λ 为位置参数，σ 为尺度参数。费舍的术语比“真实值”及“标准差”多了一层认识论方面的考虑，当然会好些，但他的这两个术语(用起来)不那么方便；我们只需记住对“真实值”的理解不应绝对化，任何关于测量的定律若要有用，都必须用概率的术语作清晰表述，而一种可能的改进方式(显然是唯一方式)，就是在给定若干参数及一个随机误差的精确陈述后，将变差视为测量结果中可以精确预测的部分。这种以其最简朴形式表示的定律所能处理的，只是测量结果中可以精确预测的部分，这一部分中的参数可称作参数的真实值，它们可以经由观测值计算出来，条件是随机误差部分可以忽略。事实上，观测值必然会有所不同。根据逆概率原理，我们可以利用观测值估计参数的真实值，虽然这些(参数的真实)值不是完全的决定因素，但它们能够反映相应于观测值中各个随机误差不确定性的范围。

事实上，在有些情况下正态误差律可以很好地发挥作用，我们也能据此对变差作出预测；但也存在得到足够多观测值(有 500 个之多)以后，正态误差律不能正确发生作用的情形，尽管由它作出的预测尚不至于导致严重错误。还存在由正态误差律作出的断言大错特错的情形，此时唯一合适的做法就是去获取足够多的观测值，以期从中发现关于相应概率分布的一些信息。因此,我们必须考虑一系列重要的、更一般的误差分布律。

2.3　皮尔逊分布族[①]。若将正态误差律写成如下形式

$$P(\mathrm{d}x|\lambda,\sigma,H)=\frac{1}{\sqrt{2\pi}}\exp\left[-\frac{(x-\lambda)^2}{2\sigma^2}\right]\frac{\mathrm{d}x}{\sigma},\tag{1}$$

式中的参数 λ 及 σ 已经明确(先前它们含于 H 中),则我们看到该式即为

$$P(\mathrm{d}x|H)=y\mathrm{d}x\tag{2}$$

这种一般形式的特例,且(2)式中的 $y\geqslant 0$,而关于全体 y 之可能值的积分必然等于 1。此时容易发现

$$\frac{1}{y}\frac{\mathrm{d}y}{\mathrm{d}x}=-\frac{x-\lambda}{\sigma^2}\tag{3}$$

因此,当 y 趋于 0 时 $\mathrm{d}y/\mathrm{d}x$ 将消失于其极限,而当 x 取值 l 时,$\mathrm{d}y/\mathrm{d}x$ 也将等于 0,这就是(3)式(所示误差律)的性质。若考虑更一般的误差律形式

$$\frac{1}{y}\frac{\mathrm{d}y}{\mathrm{d}x}=-\frac{x-\lambda}{b_0+b_1x+b_2x^2}\tag{4}$$

则(3)式的性质通常也能由(4)式保持,但因此时多出两个参数,故(4)式可以用来表示更宽泛的误差分布律。必存在这样的一点,使 y 为驻点;若 x 的区间为无穷区间,则 y 与 $\mathrm{d}y/\mathrm{d}x$ 将在该区间的一端或两端趋于 0;而若 x 的区间在其一端或两端为有穷区间,则依然存在使这种性质成立的情形。(4)式的积分可一般地写成下述形式

$$y=A\ (x-c_1)^{m_1}(c_2-x)^{m_2}\tag{5}$$

式中的 A 由关于 y 的积分等于 1 这一条件加以确定,而 c_1,c_2 在(4)式的分母中皆等于 0。(5)式的解通常由三种主要类型以及一些过渡及退化的类型组成。

(1)若 c_1,c_2 为复数,则它们必为共轭复数,对取实数的 y 而言,m_1,m_2 也必为共轭复数。而对任何实数 x 来说,y 都不会变为 0 或无穷;对介于 $-\infty$ 和 $+\infty$ 之间的 x 的可容许值,y 将于其中的某一个 x 处达到极大值。

---

① 关于该主题的详细讨论由 W. P. Elderton 提供,详见 *Frequency Curves and Correlation*, C. and E. Layton, 1927.

具有一个最大 y 值的那些函数，被皮尔逊命名为“钟形”分布(bell-shaped)。我们可将这些函数写成如下形式[①]

$$
\begin{aligned}
y &= A(x-\lambda-i\beta)^{-m+iq}(x-\lambda+i\beta)^{-m-iq} \\
&= (2\beta)^{2m-1}\frac{(m-1+iq)!\ (m-1-iq)!}{2\pi(2m-2)!}\{(x-\lambda)^2+\beta^2\}^{-m}\times \\
&\quad \exp\left(-2q\tan^{-1}\frac{x-\lambda}{\beta}\right)
\end{aligned} \tag{6}
$$

它属于皮尔逊Ⅳ型分布族。一般地，这些函数为非对称或有偏斜，但若 $q=0$，它们就可化为对称函数的形式：

$$
y = (2\beta)^{2m-1}\frac{(m-1)!\ (m-1)!}{2\pi(2m-2)!}[(x-\lambda)^2+\beta^2]^{-m} \tag{7}
$$

$$
= \beta^{2m-1}\frac{(m-1)!}{\pi^{1/2}\left(m-\frac{3}{2}\right)!}[(x-\lambda)^2+\beta^2]^{-m} \tag{8}
$$

这属于皮尔逊Ⅶ型分布族。在上述两种情况下，为保证收敛性 m 必须大于 1/2。这些误差律与正态误差律相像，都具有关于 x 的向左右无限延伸的区间(皮尔逊分布族的其他函数则没有这种相像性)，但 y 值的下降不像正态时那样剧烈。对于正态误差律，x 的期望值(不论其幂次如何)均有穷，而对于皮尔逊分布族Ⅶ型而言，任何关于等于或大于 x 的 $2m-1$ 偶次幂的期望值均为无穷(m 不必为整数)。对于皮尔逊分布族Ⅳ型，大于 x 的 $2m-1$ 奇次幂的期望值也为无穷。这是表示测量误差的一个有用而普遍的性质，因为当观测值足够多时，常可发现离群的误差值往往大于正态误差律的预期。像正态误差律那样，无论对于多么大的误差，这些误差律也都给出了它们的非零概率，显然这是一个不足，因为我们总可以指出，无论观测值有多么不理想，误差的界总还是存在的；为了在这种观念与实际观测所得误差分布之间作出协调，我们需要突破皮尔逊分布族，而只要可以获得观测数据，这种突破就能为我们带来满意的结果。

若 c_1, c_2 为实数($c_2>c_1$)，就必须区分三种不同情形。(4)式在 c_1, c_2 处存在奇点，故微分方程的解只在不含奇点的区间内可以求得。因此，x 的

① 常数因子可借助于含有实轴 x、实轴上的半圆以及关于 $l+ib$ 的一个回路围道积分方便地得到。这结果最初是由 Forsyth 以另一种不同的且更为困难的方法所获得的。

可容许值小于 c_1，介于 c_1,c_2 之间以及大于 c_2 的情形，需要单独予以讨论。第一及第三种情形之间的差别，通过逆反观测方向就可以方便地去除。

(2) x 的可容许值介于 c_1,c_2 之间。此时，可将所考虑的误差律表为

$$y=\frac{(m_1+m_2+1)!}{m_1!\ m_2!\ (c_2-c_1)^{m_1+m_2+1}}(x-c_1)^{m_1}(c_2-x)^{m_2} \tag{9}$$

如果 m_1,m_2 均大于 -1，(9)式就可能成立。若 m_1,m_2 均为正数，则函数曲线将呈钟形。如果 $0>m_1>-1$，则 y 在 c_1 处为无穷大。若与此同时 m_2 为正数，dy/dx 在整个区间上为负，则函数曲线将呈 J 形(J-shaped)。在这种情况下，a 不会落入 c_1,c_2 之间，故它不是 x 的一个可容许值。若 m_1,m_2 均为负数，则 y 在两个极限点处都是无穷大，且 a 落入 m_1,m_2 之间，这时函数曲线呈 U 形(U-shaped)。这些函数涵盖了皮尔逊Ⅰ型分布族，我们将会看到，由于可能形成 U 形和 J 形曲线，故皮尔逊Ⅰ型分布族比它最初被研究时扩大了范围。

以下是(9)式的几个特例：

$m_1=m_2$，此时(9)式为对称误差律的表示，也就是皮尔逊Ⅱ型分布。

若(9)式进一步退化，例如，$m_1=m_2=0$，这使 y 在 c_1,c_2 之间恒取一定值，而在这区间外恒取零值。此乃均匀分布的例子，皮尔逊分布族对此未予编号。

$m_1=m_2=1$，这时尺度和原点都有改变，致使 $y\propto 1-x^2$，形成所谓的抛物分布(the parabolic distribution)。

$m_1=0$，这时(9)式的函数图形呈 J 形曲线，而对介于 c_1,c_2 之间的 x 来说，y 与 $(c_2-x)^{m_2}$ 成比例。若 $m_2>0$，(9)式变为皮尔逊Ⅸ型分布，若 $m_2<0$，则变为皮尔逊Ⅷ型分布，它始于相应于 c_1 的一有限纵坐标处。

$m_1=-m_2$，此时在 $-1<m<1$ 的范围内，y 与 $\left(\frac{x-c_1}{c_2-x}\right)^m$ 成比例，此乃皮尔逊Ⅻ型分布，其函数图形恒为 J 形。

(3) 关于 $x\geqslant c_2$ 的所有可允许值。此时，误差分布律可取形式

$$y=\frac{(m_1-1)!}{m_2!\ (-m_1-m_2-2)!\ (c_2-c_1)^{m_1+m_2+1}}(x-c_1)^{m_1}(c_2-x)^{m_2} \tag{10}$$

为保证收敛性，必须 $m_2>-1,m_1+m_2<-1$。由此得到的误差分布律属于皮尔逊Ⅵ型分布。若 $m_2>0$，这些皮尔逊曲线将呈钟形；若 $m_2<0$，则呈

J形,但绝不会呈U形。这些分布律可用一列火车到站时间的分布来作说明;y 在大于 c_2 的点处取值有些聚集,在小于 c_2 的点处则没有取值;而罕见情形是 y 之取大值者众多,但这种情形鲜有发生,其一旦发生就应引起我们的关注。

在 $m_2=0$ 时有一个特例发生。这时,大于 c_2 的 x 值使 y 与 $(x-c_1)^{m_1}$ 成比例;显然,这里的 $m_1<-1$。这给出了皮尔逊Ⅺ型分布。在这种情况下,y 也是在相应于 c_2 的点处开始取值的。

皮尔逊Ⅳ型、Ⅰ型及Ⅵ型分布(在我看来应如此排序更显自然些),是仅有的包含全部4个参数的分布族。在它们之间也有三种过渡形式。

(4)通过令皮尔逊Ⅰ型分布中的参数 c_2 趋于 $+\infty$,或令皮尔逊Ⅵ型分布中的参数 c_1 趋于 $-\infty$,可实现从皮尔逊Ⅰ型分布到Ⅵ型分布的过渡。在这两种情况下函数的极限形式都是

$$y\propto(x-c)^m e^{-\alpha x}\ (m>-1,\alpha>0)$$

这正是皮尔逊Ⅲ型分布。它看上去和皮尔逊Ⅵ型分布相像,但却更集中分布在和 c 有小幅偏离的变量周围。一个特例是 $m=0$,此乃皮尔逊分布Ⅹ型分布,是一个指数分布,也可以将其视为皮尔逊Ⅸ型和Ⅺ型分布之间的过渡。

(5)从皮尔逊Ⅵ型分布向Ⅳ型分布的过渡,构成了(方程的)根相等即(4)式右端分母的平方根为相等且有限实根的例子。因此,(4)式可写成

$$\frac{1}{y}\frac{dy}{dx}=-\frac{\alpha}{x-c}+\frac{\beta}{(x-c)^2}$$

从而

$$y=A\ (x-c)^{-\alpha}\exp\left(-\frac{\beta}{x-c}\right)$$

这是皮尔逊Ⅴ型分布,为使其在 ∞ 处收敛,必须 $\alpha>1$;而为使其在 c 处收敛,对任何的 $\alpha>1$,必须 $\beta>0$。此分布总呈钟形分布,因 y 必须在 $x=c$ 处等于0。否则,它将与皮尔逊Ⅵ型分布相像。皮尔逊Ⅴ型分布和Ⅲ型分布的区别在于它们在极端点处收敛性的互换。事实上,从 $(x-c)$ 变为 $(x-c)^{-1}$ 即可将皮尔逊Ⅴ型变为皮尔逊Ⅲ型分布。

(6)实现皮尔逊Ⅳ型分布向皮尔逊Ⅰ型分布的过渡,要求方程的解为 $\pm\infty$;这时 b_1,b_2 均为0,这就回到了正态分布。

以上的分析涵盖了皮尔逊分布族的全部情形,而且我认为它比先前的有

关分析来得简洁,也更有条理性。我本人对皮尔逊分布族的使用经验很有限,我仅对皮尔逊Ⅱ型、Ⅲ型、Ⅶ型及Ⅺ型分布有些体验。为了清晰展示皮尔逊分布族,我认为如果对该分布族有丰富经验的人能达成共识,采用更加条理化的分布编号以代替皮尔逊凌乱的编号,将会带来许多方便。皮尔逊Ⅲ型分布,是其Ⅰ型及Ⅵ型分布的过渡形式;皮尔逊Ⅱ型分布,是其Ⅰ型分布的对称形式;皮尔逊Ⅳ型分布与其他分布类型都不一样;皮尔逊Ⅵ型分布为一主要分布类型,它是皮尔逊的Ⅴ型分布(过渡形式)及Ⅶ型分布(Ⅳ型分布的退化)之间的过渡形式。所以,我建议应对皮尔逊分布族重新予以编号(见下表)。

主要分布类型	皮尔逊的编号	特例	皮尔逊的编号	本书建议的编号
1	Ⅳ	$q=0$	Ⅶ	$1a$
2	Ⅰ	$m_1=m_2$	Ⅱ	$2a$
		$m_1=m_2=0$	均匀分布	$2b$
		$m_1=m_2=1$	抛物分布	$2c$
		$m_1=0, m_2<0$	Ⅷ	$2d$
		$m_1=0, m_2>0$	Ⅸ	$2e$
		$m_1=-m_2$	Ⅻ	$2f$
3	Ⅵ	$m_2=0$	Ⅺ	$3a$
过渡分布				
从 2 至 3	Ⅲ	$m=0$	Ⅹ	$23a$
从 3 至 1	Ⅴ			
从 1 至 2	正态分布			

我认为,均匀分布和抛物分布的编号值得关注,它们在实践中的重要性至少不低于皮尔逊Ⅻ型分布,而均匀分布在理论上也有重大价值。均匀分布、抛物分布和正态分布一样,只涉及一个尺度参数与一个位置参数,而上表的主要分布类型还要涉及(除此以外的)另两个参数。

值得注意的是,皮尔逊最初区分其分布族Ⅰ型和Ⅵ型的依据,是关于这些曲线的方程是否存在异号或同号的实根。这样的区分会使其结果依赖于对坐标原点的人为选择,而关键在于 x 的容许值是否会落在这些实根之间。事实上,皮尔逊最终就是根据这后一标准对以他的名字命名的分布族作出区分的。

2.4 负二项分布。设一概率分布遵循泊松律

$$P(l|rH)=\frac{r^l}{l!}e^{-r} \tag{1}$$

但 r 未知,其分布由皮尔逊分布Ⅲ型给定

$$P(\mathrm{d}r|H)=\beta^{\alpha+1}\frac{r^\alpha}{\alpha!}e^{-\beta r}\mathrm{d}r \tag{2}$$

(因其中的 α 可取分数值,故 $\alpha!$ 应理解为 $\alpha!=\int_0^\infty t^{-\alpha}e^{-\alpha t}\mathrm{d}t$,于是

$$P(l,\mathrm{d}r|H)=\beta^{\alpha+1}\frac{r^{l+\alpha}}{l!\ \alpha!}e^{-(1+\beta)r}\mathrm{d}r \tag{3}$$

为得到 l 取任意值的全部概率,必须加入 r 的全部可能取值;这意味着此时必须实施积分运算。因此

$$P(l\mid H)=\int_0^\infty\frac{\beta^{\alpha+1}r^{l+\alpha}}{l!\ \alpha!}e^{-(1+\beta)r}\mathrm{d}r=\frac{\beta^{\alpha+1}(l+\alpha)!}{(1+\beta)^{l+\alpha+1}l!\ \alpha!} \tag{4}$$

不计因子$\left(\frac{\beta}{\beta+1}\right)^{\alpha+1}$,(4)式表示的正是$\left(1-\frac{x}{\beta+1}\right)^{-\alpha-1}$展开式中关于 x^l 的系数。所以,关于 l 全部取值的积分等于1(因存在互斥性条件)。若记

$$\frac{\beta}{\beta+1}=1-a$$

就有

$$P(l|H)=(1-a)^{\alpha+1}\frac{(\alpha+l)!}{\alpha!\ l!}a^l \tag{5}$$

此式使负二项分布作如是表达的理由更加清晰。这一结果归功于格林伍德及约尔(M.Greenwood and G.U.Yule)①。负二项分布的一个直接应用是用来考察工厂出工伤的情况。一定时期内某工厂出一次工伤的全部概率,应等于大数次(相应的)小概率之和,就这一点而言,泊松分布的条件得到了满足。但是否每位工人出工伤的概率都一样就不得而知了。例如,某时期某天一位工人出工伤的概率,可类比于泊松分布(关于变量)x 的出现概率,而

① 见 *J.R.Stat.Soc.*83,1920,255—279.

在这一时期中的工作天数,可类比于泊松分布中的 n。因此,对每位工人而言,在该时期中出 1,2,…次工伤的概率,将服从泊松分布,条件是他出一次工伤不会刺激他再出第二次工伤,而且,若关于不同工人的 $r=nx$ 之诸值(几乎对任一有限数都对)的分布服从皮尔逊分布Ⅲ型,则负二项分布就将和全体工人出工伤的次数相吻合。

后来的研究表明,要求同一个工人多次出工伤的概率必须独立这个条件,不是严格必需的,它可被其他条件取代。假如所有工伤都被记录在案,但有些工伤是"复合型"的,亦即一次工伤与两个或更多事故有联系。这些复合型工伤的每一个都是独立事件,但在计数工伤总数时,需将其中含两个或多个事故的情形一一数清。令 $r_1, r_2, \cdots$ 为所考察时期出一次、两次……工伤的次数(总工伤次数为 r)。每种工伤的次数单独来看都满足泊松分布,故出 m_1 次,m_2 次等工伤的概率为

$$P(m_1, m_2, \cdots | r_1, r_2, \cdots, H)=\frac{r_1^{m1}}{m_1!}\frac{r_2^{m2}}{m_2!}\cdots\exp[-(r_1+r_2+\cdots)] \tag{6}$$

全体工伤事件的概率,等于(6)式所示概率的加总值,它需满足条件

$$m_1+m_2+m_3+\cdots=m \tag{7}$$

但这一概率加总值乃是 x^m 在下述展开式

$$f(x)=\exp(r_1x+r_2x^2+\cdots-r_1-r_2-\cdots) \tag{8}$$

中的系数。

在实践中,若缺乏对每一次事故的单独记录,则出一次、二次……各种工伤其各自的总次数就无法确定。若我们想要找到一个能考虑更复杂情况的分布律,就必须至少引入一个新参数,尽管无更多理由引入更多的参数。我们取

$$r_s=r_1a^{s-1}/s \tag{9}$$

则

$$\begin{aligned}\ln f(x)&=r_1x(1+\frac{1}{2}ax+\frac{1}{3}a^2x^2+\cdots)-r_1(1+\frac{1}{2}a+\cdots)\\&=(r_1/a)[-\ln(1-ax)+\ln(1-a)]\end{aligned} \tag{10}$$

$$f(x)=\left(\frac{1-a}{1-ax}\right)^{r1/a} \tag{11}$$

这里 x^m 的系数为

$$P(m|r_1,a,H)=(1-a)^{r1/a}\frac{r_1}{a}\left(\frac{r_1}{a}+1\right)\cdots\left(\frac{r_1}{a}+m-1\right)\frac{a^m}{m!} \tag{12}$$

这依然是负二项分布，只是用 r_1/a 代替了格林伍德及约尔形式负二项分布中的 $a+1$[①]。

将负二项分布写成下述形式

$$P(m|r,n,H)=\left(\frac{n}{n+r}\right)^n\frac{n(n+1)\cdots(n+m-1)}{m!}\left(\frac{r}{n+r}\right)^m \tag{13}$$

若 $n\to\infty$，则上式就是参数为 r 的泊松分布。我们将会看到，(13)式的这种表达式还有其他一些好处。对于正自然数 n，数列收敛。m 及 $m(m-1)$ 的期望分别为 r 及 $(1+1/n)r^2$，而 $(m-r)^2$ 的期望为 $r+r^2/n$。若 $n\to 0$，则全部非零 m 的(出现)概率就趋于 0，而 m 等于 0 的概率则趋于 1。在后一种情形中，若保持 r 固定不变，则愈接近这一概率极限，m 取值愈加分散的可能性愈大，而且，为保证总的期望值等于 r，还必须使 m 的取值集中在 0 处。于是，对于较小的 n，这时的负二项分布就很能代表一流板球或桌球选手的得分情况。这些选手最常得到的分数为 0 分，尽管其平均得分约为 60 分。根据泊松分布，最常见得分与平均得分必须大致协调一致，亦即得 1 分的概率将大约 60 倍于得 0 分的概率。

现在的这个例子具有这样的特点，即从泊松分布派生出的两种不同类型的分布，最终却具有相同的表现形式，而且对泊松分布的限制也在同一方向上。但是，若泊松分布与事实相吻合，则拒绝从它派生出的那两种不同类型的分布就合乎情理。因此，普鲁士军队中每年被战马踢死的士兵人数若能和泊松分布吻合很好，那就意味着：(1)没有士兵能被战马踢死两次；(2)一士兵被战马踢死，并不预示在他的连队中其他士兵更容易死在战马蹄下。放射性物质释放 α-粒子的个数若和泊松分布相吻合，则意味着：(1)同一种放射性物质的不同原子的裂变概率大致相等；(2)一原子发生裂变并不会立即导致另一个原子的裂变。

2.5 相关。对相关的讨论可比照由二项分布导出正态分布的方式进

---

① 此式由 R.Lüders 给出，见 *Biometrika*，26，1934，108—28.

行。设 x,y 为需要同时测量的两个量，且它们之间的独立变差(component variations)共有 $m+n$ 个；每一变差对 x 的贡献均为 $\pm\alpha$，对 y 为 $\pm\beta$，m 个这种变差对 x 和 y 保持同样符号，n 个保持相反符号。现有一例，其中使 x 之诸变差为正的符号有 p 个，为负的符号有 q 个。于是

$$x=p\alpha-(m-p)\alpha+q\alpha-(n-q)\alpha=(2p-m)\alpha+(2q-n)\alpha \tag{1}$$

$$y=p\beta-(m-p)\beta-q\beta+(n-q)\beta=(2p-m)\beta-(2q-n)\beta \tag{2}$$

若视 x 的每次测量都有正偏差，则根据前面的论证就有

$$\begin{aligned}P(p,q\mid m,n,\alpha,\beta,H)&=2^{-m-n}\binom{m}{p}\binom{n}{q}\\&=\frac{2}{\pi\sqrt{(mn)}}\exp\left[-\frac{2}{m}\left(p-\frac{1}{2}m\right)^2-\frac{2}{n}\left(q-\frac{1}{2}n\right)^2\right]\end{aligned} \tag{3}$$

我们需将(3)式变形以显示 x,y 的各个观测值。因

$$\frac{\partial(x,y)}{\partial(p,q)}=8\alpha\beta;\quad 2p-m=\frac{1}{2}\left(\frac{x}{\alpha}+\frac{y}{\beta}\right);\quad 2q-n=\frac{1}{2}\left(\frac{x}{\alpha}-\frac{y}{\beta}\right) \tag{4}$$

读者若记得 p 和 q 只能取整数且无论以 p,q 或 x,y 表示测量结果，在任何测量范围内其总机遇均不会改变，则将不难理解我们为何要用关于 $\mathrm{d}x\mathrm{d}y/8\alpha\beta$ 的积分代替关于 p,q 的求和了。因此

$$P(\mathrm{d}x\mathrm{d}y\mid m,n,\alpha,\beta,H)=\frac{\mathrm{d}x\mathrm{d}y}{4\pi\alpha\beta\sqrt{(mn)}}\exp\left\{-\frac{1}{8m}\left(\frac{x}{\alpha}+\frac{y}{\beta}\right)^2-\frac{1}{8n}\left(\frac{x}{\alpha}-\frac{y}{\beta}\right)^2\right\} \tag{5}$$

令

$$(m+n)\alpha^2=\sigma^2;\quad (m+n)\beta^2=\tau^2;\quad (m-n)\alpha\beta=\rho\sigma\tau \tag{6}$$

可有

$$P(\mathrm{d}x\mathrm{d}y\mid m,n,\alpha,\beta,H)=\frac{\mathrm{d}x\mathrm{d}y}{2\pi\sigma\tau\sqrt{(1-\rho^2)}}\exp\left\{-\frac{1}{2(1-\rho^2)}\left(\frac{x^2}{\sigma^2}-\frac{2\rho xy}{\sigma\tau}+\frac{y^2}{\tau^2}\right)\right\} \tag{7}$$

如此，(5)式中原有的四个参数现只剩下三个，我们还可断言(7)式就等于 $P(\mathrm{d}x\mathrm{d}y\mid\sigma,\tau,\rho,H)$。不言而喻，对一元正态误差律所作的全部讨论，可以对二元正态误差律重述一遍(是一元情形的推广)。但另一方面，正态误差

律乃至所有接近真理的定律，在应用中唯格外小心才能使其深刻意涵得到正确展现，而我们对正态相关更需保持这种观点。(7)式中新引入的参数就是相关系数(the correlation coefficient)。

(7)式最早是由弗朗西斯·高尔顿爵士(Sir Francis Galton)在研究亲代与子代身高数据时提出的[①]。皮尔逊就此评论道："我认为高尔顿仅从对观测数据的纯分析中，就发展出这个表达式，它是全部科学发现中最引人注目的发现之一。[②]"然而，在这一时期高尔顿未能注意到负相关的存在，这有他本人的评论为证："两变量被认为具有相关性，仅当一变量的变动，在平均的意义上与另一变量的变动发生联系，且变动的方向一致时才成立。[③]"他还认为相关的存在是由于受到若干原因的影响，其中有些是共同原因，有些则是独立原因。本书上面的分析允许负相关的存在。但条件更严格些的讨论通常会更合理些，也能导致考虑组内相关的情形(intra-class correlation)。

利用积分可得

$$P(\mathrm{d}x \mid \sigma,\tau,\rho,H)=\frac{1}{\sqrt{2\pi}\sigma}\exp\left(-\frac{x^2}{2\sigma^2}\right)\mathrm{d}x \tag{8}$$

从而有

$$\begin{aligned}P(\mathrm{d}y \mid \sigma,\tau,\rho,x,H)&=\frac{P(\mathrm{d}x\,\mathrm{d}y \mid \sigma,\tau,\rho,H)}{P(\mathrm{d}x \mid \sigma,\tau,\rho,H)}\\&=\frac{1}{\sqrt{2\pi}\tau\sqrt{1-\rho^2}}\exp\left[-\frac{1}{2\tau^2(1-\rho^2)}\left(y-\frac{\rho\tau x}{\sigma}\right)^2\right]\mathrm{d}x\end{aligned} \tag{9}$$

这就是说，x 的概率分布是标准差为 σ 的正态分布，给定 x 时，y 的概率分布也是围绕 $\rho\tau x/\sigma$，标准差为 $\tau\sqrt{1-\rho^2}$ 的正态分布。直线 $y=\rho\tau x/\sigma$ 是 y 关于 x 的回归直线(the regression line)。类似地，y 的概率分布是标准差为 τ 的正态分布，给定 y 时，x 的概率分布是围绕 $x=\rho\sigma y/\tau$ 的正态分布，相应的回归直线是 x 关于 y 的回归直线。若 $\rho=\pm1$，这两条回归直线即合二为一。

给定 σ,ρ,τ,H 时，x^2，y^2 及 xy 的期望值分别为 σ^2，τ^2，$\rho\sigma\tau$。

---

① 见 *B.A.Report*，Aberdeen，1885.

② 见 *Biometrika*，13，1920，25－45.这是一份最令人感兴趣的历史资料。

③ 见 *Proc.Roy.Soc.*45，1889，135.

2.6 分布函数。设服从某概率分布的随机变量,其取值小于 x 的概率为 $F(x)$,则 $F(x)$ 就称为该随机变量的分布函数[①]。$F(x)$ 有下列三个性质:(1)它是 x 的非降函数;(2)x 趋于 $-\infty$ 时它趋于 0;(3)x 趋于 $+\infty$ 时它趋于 1。反之,任何具有这三条性质的函数都能确定一个分布函数,因而也被称为分布函数,通常用缩写 d.f.表示(在一定的上下文中,d.f.是表示"分布函数"还是"自由度"非常清楚,不会混淆)[②]。

若 x 只取一些离散值,相应的随机变量取到这些离散值的概率亦为有限值,则 $F(x)$ 就是离散型分布函数。它有下述性质:所有离散型分布函数都是简单函数,即若函数在 $x=c$ 处发生跳断,则 $F(c+h)$ 及 $F(c-h)$ 在 h 趋于 0 时(h 为正数)均有确定的极限存在。我们用 $F(c+)$,$F(c-)$ 表示这些极限。离散型分布函数可构成一有限集或可数集(见 *MMP*[③],§1.093)。若 $x_2>x_1$,则 $F(x_2)>F(x_1)$。它几乎处处可导。

2.601 若 $\{F_n(x)\}$ 为一个以 $F(x)$ 为极限的分布函数列,除 $F(x)$ 的一些可能不连续点外,$F(x)$ 为一非降函数;对任何 ε 及 δ,总可找到 m,使对全部 $n\geqslant m$ 及全部的 x,除在某一有限集上所有区间的长度都 $\leqslant\delta$ 外,致 $|F_n(x)-F(x)|\leqslant\varepsilon$。

$F(x)$ 必为一非降函数;$0\leqslant F(x)\leqslant 1$。称其极限为 $F(-\infty)$,$F(\infty)$。对任何正数 ω,都存在 X 致

$$F(-X)<F(-\infty)+\omega, \qquad F(X)>F(\infty)-\omega$$

在 $(-X,X)$ 上,函数的不连续跳断不可能大于 $1/\omega$,而其跃度则 $\geqslant\omega$。将这些区间置于全部区间长度 $\leqslant\delta$ 的一个有限集内。称这些区间及 $(-\infty,X)$,(X,∞) 为 B 区间。根据海因—波莱尔定理(the Heine-Borel theorem),这些关于 x 的区间(不包括 B 区间)可被分割成一有限集,而函数关于这些区间中的每一个不连续跳断都 $<\omega$。称这样的区间为 A 区间,并令其中的一个为 (x_r,x_{r+1})。选取 m,使对所有的 r 及 $n\geqslant m$,有

---

① 分布函数是关于 x 的概率的分布而非关于 x 的分布。但后一种用法在通常的统计学文献中很常见,引起了混淆。

② 现在,分布函数常用 c.d.f.表示——译注。

③ *MMP* 指 H.and B.S.Jeffreys 合著的 *Methods of Mathematical Physics*(《数学物理方法》),第三版。

$$|F_n(x_r)-F(x_r)|<\omega$$

因而,对于 $x_r\leqslant x\leqslant x_{r+1}$,就有

$$0\leqslant F(x_{r+1})-F(x_r)\leqslant\omega$$
$$F_n(x_r)\leqslant F_n(x)\leqslant F_n(x_{r+1})$$
$$F(x_r)\leqslant F(x)\leqslant F(x_{r+1})$$

于是

$$F_n(x)-F(x)\leqslant F_n(x_{r+1})-F(x_r)\leqslant F(x_{r+1})+\omega-F(x_r)<2\omega$$

同样,可得 $F_n(x)-F(x)>-2\omega$。故对全部 A 区间,有

$$|F_n(x)-F(x)|\leqslant 2\omega$$

此即 $|F_n(x)-F(x)|<\varepsilon$(取 $w=\varepsilon/2$)。

注意到在 B 区间上作不出这种函数之差;取

$$F_n(x)=\frac{1}{2}+\frac{1}{2}\tanh nx$$

对于 $x<0$,随着 n 趋于∞,有 $F_n(x)$趋于 0。而对于 $x>0$,则有 $F_n(x)$趋于 1。但对于任何 n,都存在接近于 0 的 x 诸值,使$\frac{1}{4}<F_n(x)<\frac{3}{4}$,函数的收敛均非一致收敛。

同理,由 $x\to\infty$或$-\infty$致 $F(x)\to 1$ 或 0,也推不出 $F_n(x)\to F(x)$。取

$$F_n(x)=0(x<-n);\quad F_n(x)=\frac{1}{2}+\frac{x}{2n}(-n<x<n);\quad F_n(x)=1(x>n)$$

对任何给定的 x,当 $n\to\infty$时,有 $F_n(x)\to 1/2$。因此,分布函数列的极限即使存在也不必是一分布函数。但如果它存在且能证明它在$-\infty$及$+\infty$处分别等于 0 或 1,则它必是一个分布函数。

2.602　若 $F(x)$为一分布函数,则积分

$$\int_{-\infty}^{\infty}[F(x_2+\tau)-F(x_1+\tau)]\,d\tau$$

收敛。

对该积分,有

$$\lim_{X1\to-\infty, X2\to\infty}\int_{X1}^{X2}[F(x_2+\tau)-F(x_1+\tau)]\,d\tau$$

$$=\lim\left[\int_{X1+x2}^{X2+x2}-\int_{X1+x1}^{X2+x1}F(\tau)d\tau\right]$$

$$=\lim\left[\int_{X2+x1}^{X2+x2}-\int_{X1+x1}^{X1+x2}F(\tau)d\tau\right]$$

取 $x_2>x_1$;取 X_1 致 $F(X_1+x_2)<\omega$,并取 X_2 致

$$1-F(X_1+x_2)<\omega$$

则有

$$\int_{X2+x1}^{X2+x2}F(\tau)d\tau=(x_2-x_1)(1-\theta_1\omega)$$

$$\int_{X1+x1}^{X1+x2}F(\tau)d\tau=(x_2-x_1)\theta_2\omega$$

其中 $0\leqslant\theta_1\leqslant1, 0\leqslant\theta_2\leqslant1$。因此,若 $X_1\to-\infty, X_2\to+\infty$,则该积分将趋于 x_2-x_1。而且,由于该积分$\geqslant0$,故它绝对收敛。

2.61 特征函数。若 $f(x)$为任一连续函数,$F(x)$为一分布函数,则 $f(x)$的期望就等于

$$\int_{x=-\infty}^{\infty}f(x)dF(x) \tag{1}$$

特别地,若 $f(x)=e^{itx}$,则其特征函数为

$$\varphi(t)=\int_{x=-\infty}^{\infty}e^{itx}\,dF(x) \tag{2}$$

显然,$|\varphi(t)|\leqslant1$,而在 $t=0$ 时等号成立。

可用 κ 代替 i 并将 κ 理解为纯虚数;取

$$\Omega(\kappa)=\int_{x=-\infty}^{\infty}e^{\kappa x}\,dF(x) \tag{3}$$

同样显然，

$$\Omega(\kappa)=\varphi(-i\kappa);\varphi(t)=\Omega(it) \tag{4}$$

这两种形式的特征函数都要用到，它们各有其方便应用的场合。指数中的 i 能清楚表示何种形式的特征函数被采用了。

特征函数有几条重要性质。首先，两独立（随机）变量和的特征函数，等于它们各自特征函数的乘积。令 x,y 的分布函数依次为 $F(x),G(y)$，则 $e^{k(x+y)}$ 的期望等于

$$\int_{x=-\infty}^{\infty}\int_{y=-\infty}^{\infty} e^{\kappa(x+y)}\,dF(x)\,dG(y)=\int_{x=-\infty}^{\infty} e^{\kappa x}\,dF(x)\int_{y=-\infty}^{\infty} e^{\kappa y}\,dG(y) \tag{5}$$

（因二重积分绝对收敛，故可将其化为二次积分）（*MMP*，§§ 1.111），此即这一重要性质的具体表示。

2.62 特征函数最初是与求（随机变量）x 的幂之期望相联系的，如果这些 x 的幂的期望存在。若记

$$\mu_m=\int x^m\,dF(x) \tag{6}$$

就称 μ_m 为随机变量 x（分布为 $F(x)$）的 m 阶原点矩。若存在直至 m 阶的各阶绝对矩，(3)式即可在积分号下关于 κ 微分 m 次，而对 $\kappa=0$，有

$$\frac{d^m}{d\kappa^m}\Omega(\kappa)=\mu_m \tag{7}$$

于是，根据泰勒展开式，有

$$\Omega(\kappa)=1+\mu_1\kappa+\mu_2\frac{\kappa^2}{2!}+\cdots+\mu_m\frac{\kappa^m}{m!}+o(\kappa^m) \tag{8}$$

尽管完全的泰勒级数展开式可能不存在。有鉴于此，$\Omega(\kappa)$ 又被称为矩母函数（the moment-generating function）。若置随机变量 x 的原点于其期望值处，m_1 将等于 0。由(3)式可知，将所有 x 的值都减去 m_1，就相当于用 $e^{-\kappa\mu_1}$ 去乘 $\Omega(\kappa)$，故 $\Omega_0(\kappa)$ 就是 $x-m_1$ 的特征函数，

$$\Omega_0(\kappa)=e^{-\kappa\mu_1}\Omega(\kappa) \tag{9}$$

$\ln\Omega(\kappa)$ 展开式中 $\kappa^n/n!$ 的系数，称作半不变量或累积量，如果它们存在，因

二阶及高于二阶的半不变量均独立于原点，故独立随机变量和的半不变量就具有可加性。同样，若 y 有分布函数 $G(y)$，且 $G(y)=F(x)$，如果 $y=ax$，a 为常数，则 y 的特征函数就是

$$E(e^{\kappa y}) = \int e^{\kappa y} dG(y) = \Omega(a\kappa) \tag{10}$$

y 的 m 阶矩和 m 阶半不变量，等于 a^m 乘以 x 的 m 阶矩和 m 阶半不变量。

若 $\Omega(\kappa)$ 可按 κ 的幂展开，则可以证明其所展开的级数表示 $\kappa=0$ 近旁的一解析函数。但若随机变量之各阶矩中有发散者出现，则由(3)式定义的 $\Omega(\kappa)$ 将至少在虚轴一侧不存在，无论其多么靠近该轴，因为被积函数中含有因子 e^{cx}，其中的 c 为不等于0的实数。$\Omega(\kappa)$ 可能是半平面上某些解析函数在虚轴上相应的值，但这种解析函数，如果它存在，也不会由(3)式定义的积分在虚轴以外得到。皮尔逊Ⅳ型、Ⅶ型及Ⅵ型分布就属于这种情形。

(3)式定义的积分对全体实数 κ 可能存在；这对分布律有确定范围者成立，如二项分布及皮尔逊Ⅰ型分布，对正态分布而言，这也成立。在正态分布情形下，(3)式定义的积分对全体 κ 值均成立，且在 κ 平面上任何有界区域内都会一致收敛。因此，积分号下关于 κ 平面内任何围道的积分都可以进行，且积分结果为0，因为 $\int_C e^{\kappa x} d\kappa = 0$。又因为根据莫雷拉定理(Morera's theorem)①，$\Omega(\kappa)$ 在 κ 平面任一围道内均为解析函数，故必为可积函数②。如此，$\Omega(\kappa)$ 可在全平面上依 κ 的幂进行展开。

(3)式定义的积分当 κ 取一些复值时也可以存在；例如，中位数律就是这样

$$df = \frac{1}{2}\exp(-|x|/a)\,dx/a \tag{11}$$

在 $-1/a < R(\kappa) < 1/a$ 这个带形域内，(3)式将定义一个解析函数。在此区域之外，此积分发散。

如此，我们得到两种主要的函数类型。首先，若关于(服从所论分布函数的)随机变量之任意阶矩全部存在，且 $e^{\pm cx}$ 之全部期望也存在(其中 c 为

---

① 见 E.C.Titchmarsh, *Theory of Functions*, 1932, p.82; *MMP*, § 11.20.

② 利特伍德教授(Professor Littlewood)在回答一个问题时，提醒我应注意到这一点，对此我深表感激。

非零实数)，则 $\Omega(\kappa)$ 在 0 的近旁永远解析，而且对于全部 n，κ^n 的系数将等于 $\mathrm{m}_n/n!$。其次，若(服从所论分布函数的)随机变量的直至 m 阶的矩都收敛，而高于 m 阶的矩都发散，则(3)式的积分除关于 κ 的纯虚数外，不再能定义解析函数。对取虚数的 κ，其全部导数在 $\kappa=0$ 处可以正确给出随机变量的直至 m 阶的各种矩；但更高阶的导数，如果它们存在，也不会给出相应阶数的矩。我们将会看到，这些更高阶的矩并不一定非存在不可。

2.63　特征函数在计算某些随机变量的各阶矩时很有用处。试考虑二项分布，根据这一分布抽样数小于 l 的概率为

$$f(l)=\sum_{0}^{l-1}\binom{n}{l}x^l(1-x)^{n-l} \tag{1}$$

因此，

$$\Omega(\kappa)=\sum_{l=0}^{n}\binom{n}{l}x^l(1-x)^{n-l}\mathrm{e}^{\kappa l}=(\mathrm{x}\mathrm{e}^{\kappa}+1-x)^n \tag{2}$$

κ 的系数为 nx，它正是 l 的期望。nx 的各阶矩可由下式推出

$$\begin{aligned}\Omega_0(\kappa)&=(1-x+x\mathrm{e}^{\kappa})^n\mathrm{e}^{-nx\kappa}\\&=\exp\left\{\frac{1}{2!}n\kappa^2xy+\frac{n\kappa^3}{3!}xy(y-x)+\frac{n\kappa^4}{4!}xy(1-6xy)+\cdots\right\}\\&=1+\frac{n\kappa^2}{2!}xy+\frac{n\kappa^3}{3!}xy(y-x)+\frac{\kappa^4}{4!}\{3n^2x^2y^2+nxy(1-6xy)\}+\cdots\end{aligned} \tag{3}$$

其中，$y=1-x$；故在该例中关于均值的直至 4 阶的各种矩是

$$\mu_2=nxy;\quad \mu_3=nxy(y-x);\quad \mu_4=3n^2x^2y^2+nxy(1-6xy) \tag{4}$$

皮尔逊所用的系数 $\sqrt{\beta_1}$，β_2 由

$$\sqrt{\beta_1}=\frac{\mu_3}{\mu_2^{3/2}}=\frac{y-x}{(nxy)^{1/2}};\qquad \beta_2=\frac{\mu_4}{\mu_2^2}=3+\frac{1-6xy}{nxy} \tag{5}$$

给出，它们是皮尔逊在拟合(以他名字命名的)分布及其他一些分布时采用的(有别于位置参数和尺度参数的)、具有特殊形式的两个参数。一般地，它们在表示某些分布的特征时比较有用。若 $x<1/2$，取正号的 $\sqrt{\beta_1}$ 表示分布的偏斜是由均值右侧之较大区间造成的。如果 $x=1/2$，分布呈对称形状且 $\beta_2=3-2/n$。在 n 很大从而取极限且分布趋于正态时，相应的 4 阶矩将会

三倍于二阶矩的平方。关于对称的二项分布，$\beta_2<3$，这表明(相应随机变量的)取值区间有限。与具有相同 μ_2 的正态分布相比，对称二项分布在中间和两尾部都要显得更低矮些。

在(1)式中令 $x=r/n$，并令 n 趋于无穷，该分布趋于正态分布，而 $\Omega(\kappa)\to\exp[r(e^{\kappa}-1)]$。此时泊松分布的均值为 r；将原点移至均值处，有

$$\Omega_0(\kappa)=\exp\{r(e^{\kappa}-1-\kappa)\}=\exp\left(\frac{\kappa^2}{2!}+\frac{\kappa^3}{3!}+\cdots\right) \tag{6}$$

$$=1+\frac{r\kappa^2}{2!}+\frac{r\kappa^3}{3!}+(3r^2+r)\frac{\kappa^4}{4!}+\cdots \tag{7}$$

由此，

$$\mu_2=r,\quad \mu_3=r,\quad \mu_4=3r^2+r \tag{8}$$

根据(6)式，这里的全部半不变量都等于 r。

关于负二项分布，有

$$\Omega(\kappa)=\left(\frac{n}{n+r}\right)^n\sum\frac{n(n+1)\cdots(n+m-1)}{m!}\left(\frac{r}{n+r}\right)^m e^{m\kappa} \tag{9}$$

$$=\left(\frac{n}{n+r}\right)^n\left(1-\frac{r}{n+r}e^{\kappa}\right)^{-n}=\left[1-\frac{r(e^{\kappa}-1)}{n}\right]^{-n} \tag{10}$$

κ 的展开式系数是 r，它就是 m 的期望值；而且

$$\Omega_0(\kappa)=\left[1-\frac{r(e^{\kappa}-1)}{n}\right]^{-n}e^{-r\kappa} \tag{11}$$

$$\ln\Omega_0(\kappa)=\kappa^2\left(\frac{r}{2}+\frac{r^2}{2n}\right)+\kappa^3\left(\frac{r}{6}+\frac{r^2}{2n}+\frac{r^3}{3n^2}\right)+\kappa^4\left(\frac{r}{24}+\frac{7r^2}{24n}+\frac{r^3}{2n^2}+\frac{r^4}{4n^3}\right)+\cdots \tag{12}$$

这里的二阶矩是 $r+r^2/n$，恰为我们在 2.4 中所看到的那样；三阶及四阶矩是

$$\mu_3=r+\frac{3r^2}{n}+\frac{2r^3}{n^2};\quad \mu_4=r+r^2\left(3+\frac{7}{n}\right)+r^3\left(\frac{6}{n}+\frac{12}{n^2}\right)+r^4\left(\frac{3}{n^2}+\frac{6}{n^3}\right)$$

关于正态分布

$$f(x)=\frac{1}{\sqrt{2\pi}\sigma}\int_{-\infty}^{\infty}\exp\left(-\frac{x^2}{2\sigma^2}\right)dx$$

容易看出

$$\Omega(\kappa)=\exp(\frac{1}{2}\sigma^2\kappa^2) \tag{13}$$

对正态分布而言，随机变量的各阶矩均收敛，从而有

$$\mu_{2m}=\frac{(2m)!}{2^m m!}\sigma^{2m}; \qquad \mu_{2m+1}=0 \tag{14}$$

对于中位数律(the median law)

$$\mathrm{d}f=\frac{1}{2}\exp\left(-\frac{|x|}{a}\right)\frac{\mathrm{d}x}{a} \tag{15}$$

有

$$\Omega(\kappa)=\frac{1}{1-a^2\kappa^2} \tag{16}$$

服从此分布之随机变量的二阶矩为 $2a^2$，这一点常可立即看出。

对服从二项分布、泊松分布及正态分布的随机变量而言，它们的各阶矩都存在，且这三个分布的特征函数都是整函数。对服从负二项分布、中位数分布的随机变量而言，它们的各阶矩也存在，但其特征函数存在极点，也不能按 2.61 节(3)式在整个 κ 平面有定义。

2.64　考虑随机变量二阶矩发散的例子，这就是柯西分布(即具有指数 1 的皮尔逊Ⅶ型分布)(the Type Ⅶ law with index 1)

$$\frac{\mathrm{d}f}{\mathrm{d}x}=\frac{1}{\pi(1+x^2)} \tag{1}$$

此处的 $\Omega(\kappa)$之积分须通过围道积分才能得到。若 $I(k)$取正号，则(积分区域)无限半圆必在 x 轴之正半轴上选取，且围道在极点 $x=i$ 处封闭。另一方面，若 $I(k)$取负号，则围道于极点 $-i$ 处封闭。于是，柯西分布的特征函数 $\Omega(\kappa)$，根据 $I(k)$符号的不同而取不同的分析式，即

$$\Omega(\kappa)=\begin{cases} \mathrm{e}^{i\kappa} & \{I(\kappa)>0\} \quad (2) \\ \mathrm{e}^{-i\kappa} & \{I(\kappa)<0\} \quad (3) \end{cases}$$

$\Omega(\kappa)$的一阶导数在 $\kappa=0$ 处不存在，且在 $\kappa=0$ 近旁不存在能够表示 $\Omega(\kappa)$的解析函数。

对于具有指数 2 的皮尔逊Ⅶ型分布，

$$\frac{\mathrm{d}f}{\mathrm{d}x}=\frac{2}{\pi\,(1+x^{2})^{2}} \tag{4}$$

同样可以发现

$$\Omega(\kappa)=\begin{cases}(1-i\kappa)\mathrm{e}^{i\kappa} & \{I(\kappa)>0\} \quad (5)\\ (1+i\kappa)\mathrm{e}^{-i\kappa} & \{I(\kappa)<0\} \quad (6)\end{cases}$$

该分布在 $\kappa=0$ 处其直至二阶的导数均为连续导数，这对应于存在（相应随机变量的）二阶矩。但其三阶导数在 $\kappa=0$ 的两侧却具有不同的值，而在 $\kappa=0$ 的近旁，$\Omega(\kappa)$ 也不能以解析函数的形式予以表示。

2.65　逆转公式。给定一分布的特征函数，根据类似于傅里叶积分变换的定理，可以推出相应随机变量的分布函数。直接利用随机变量的分布函数时，需要积分在 $-\infty$ 至 $+\infty$ 区间上存在，但并非所有分布函数都能满足这一要求。定理“随机变量的分布和它的特征函数相互唯一决定”的证明，最初是列维（P.Levy）给出的[①]。下面的证明比 P.Levy 的要简单些。

若 $F(x)$ 为分布函数，且

$$\varphi(t)=\int_{\xi=-\infty}^{\infty}\mathrm{e}^{it\xi}\,\mathrm{d}F(\xi)$$

则在所有连续点 x_1, x_2 上，有

$$F(x_2)-F(x_1)=\frac{1}{2\pi}P\int_{-\infty}^{\infty}\varphi(t)\,\frac{\mathrm{e}^{-ix_1t}-\mathrm{e}^{-ix_2t}}{it}\,\mathrm{d}t$$

其中 P 为积分主值。

由于

$$\begin{aligned}\varphi(t)(\mathrm{e}^{-ix_1t}-\mathrm{e}^{-ix_2t}) &= \lim_{x1\to-\infty,\,x2\to\infty}\int_{\xi=X1}^{X2}\mathrm{e}^{it\xi}(\mathrm{e}^{-itx1}-\mathrm{e}^{-itx2})\,\mathrm{d}F(\xi)\\ &=\lim\int_{X_1-x_1}^{X_2-x_1}\mathrm{e}^{it\tau}\,\mathrm{d}F(\tau+x_1)-\lim\int_{X_1-x_2}^{X_2-x_2}\mathrm{e}^{it\tau}\,\mathrm{d}F(\tau+x_2)\end{aligned}$$

① 见 *Calcul des probabilités*，1925，pp.166－7.

因该式中的两个极限都存在，从而它

$$=\int_{-\infty}^{\infty} e^{it\tau} d\{F(\tau+x_1)-F(\tau+x_2)\} \tag{1}$$

由分部积分知，上式中存在随 $x_1 \to -\infty, x_2 \to \infty$ 而趋于 0 的项，故由(1)式可得下述结果

$$\int_{-\infty}^{\infty} \{F(\tau+x_2)-F(\tau+x_1)\} it e^{it\tau} d\tau \tag{2}$$

据此，可以先对有限的 t 求极限；于是

$$I=\int_{T1}^{T2} dt \int_{\tau=-\infty}^{\infty} \{F(\tau+x_2)-F(\tau+x_1)\} e^{it\tau} d\tau \tag{3}$$

根据 2.602，它绝对收敛，故积分顺序可以改变；因而

$$I=\int_{\tau=-\infty}^{\infty} \{F(\tau+x_2)-F(\tau+x_1)\} \frac{e^{iT_2\tau}-e^{iT_1\tau}}{i\tau} d\tau \tag{4}$$

现对固定的 δ 考虑关于 τ 的 $(-\delta,\delta)$ 区间。此时，根据黎曼引理[①]，随着 $T_1 \to -\infty, T_2 \to \infty$，在区间 $(-\delta,\delta)$ 及 (δ,∞) 上必存在两个均趋于 0 的积分，从而

$$\lim I=\lim \int_{-\delta}^{\delta} [F(\tau+x_2)-F(\tau+x_1)] \frac{e^{iT_2\tau}-e^{iT_1\tau}}{i\tau} d\tau = I_1+I_2 \tag{5}$$

其中，

$$I_1=\lim \int_{0}^{\delta} [F(x_2+\tau)+F(x_2-\tau)-F(x_1+\tau)-F(x_1-\tau)] \times \frac{\sin T_2\tau-\cos T_1\tau}{\tau} d\tau \tag{6}$$

---

① 在数学分析中，黎曼—勒贝格定理（或黎曼—勒贝格引理、黎曼—勒贝格积分引理）是一个傅里叶分析方面的结果。这个定理有两种形式，分别是关于周期函数（傅里叶理论中关于傅里叶级数的方面）和关于在一般实数域 R 上定义的函数（傅里叶变换的方面）。在任一种形式下，定理都说明了可积函数在傅里叶变换后的结果在无穷远处趋于 0——译注。

$$I_2=\lim\int_0^{\delta}[F(x_2+\tau)-F(x_2-\tau)-F(x_1+\tau)+F(x_1-\tau)]\times \frac{\cos T_2\tau-\cos T_1\tau}{i\tau}d\tau \tag{7}$$

随着 $T_1\to-\infty, T_2\to\infty$，有

$$I_1\to\pi\,[F(x_2+)+F(x_2-)-F(x_1+)-F(x_1-)]=2\pi\,[F(x_2)-F(x_1)] \tag{8}$$

在所有连续点成立，正如傅里叶定理中所证明的那样。

若 $T_1=-T_2, I_2=0$，(8)式依然成立。

当 T_1, T_2 可以任何方式趋于它们的极限时，以上的结论对常无穷积分(ordinary infinite integral)是否仍成立引起了人们的兴趣。若令 I_1 不变，可以有

$$I_2=\lim_{T1\to-\infty, T2\to\infty}\int_0^{\delta}\frac{f(\tau)}{\tau}(\sin^2\frac{1}{2}T_1\tau-\sin^2\frac{1}{2}T_2\tau)d\tau, \tag{9}$$

其中，

$$f(\tau)=\frac{2}{i}[F(x_2+\tau)-F(x_2-\tau)-F(x_1+\tau)+F(x_1-\tau)] \tag{10}$$

因 $f(t)$ 为有界函数，故 I_2 是两个收敛积分的差。$I_2\to0$ 的一个充分条件是 $\int_0^{\delta}\frac{f(\tau)}{\tau}d\tau$ 须绝对收敛，这时可取 d，使

$$\int_0^{\delta}\left|\frac{f(\tau)}{\tau}\right|d\tau<\varepsilon \tag{11}$$

故 $|I_2|<\varepsilon$，而对所有的 T_1, T_2，通过适当选取 d 就可使 $|I_2|$ 任意地小。

容易证明，若

$$\int_0^{\delta}\{F(x_1+\tau)-F(x_1-\tau)\}d\tau/\tau \tag{12}$$

收敛，但

$$\int_0^{\delta}\{F(x_2+\tau)-F(x_2-\tau)\}d\tau/\tau \tag{13}$$

发散，则相应的二重积分不存在，积分主值也不能由常义无穷积分所代替。

因有界变差函数几乎处处可微，故对几乎所有的 x_1，x_2，积分收敛的充分条件都能满足，又因为有界变差函数是渐升的，故缺失的数值可借助极限过程予以补足。因此，(相应的)积分主值总可以被一无穷积分所取代。

注意到随 $x \to \pm\infty$ 时而有 $F(x) \to 0$ 或 1 这一结论，先前只能通过2.602节中的定理予以使用，而现在它对两个分布函数的差也能成立。若 F，G 是两个分布函数，其相应的特征函数分别为 $f(t)$，$y(t)$，则 $f-y$ 将满足条件，且由 $f=y$ 可推出 $F-G=0$。因此，两个分布函数具有同样一个特征函数是不可能的。

采用 W 函数表述该定理，即为

$$F(x_2)-F(x_1)=\frac{1}{2\pi}P\int_{-i\infty}^{i\infty}\Omega(\kappa)\frac{e^{-\kappa x_1}-e^{-\kappa x_2}}{\kappa}d\kappa \tag{14}$$

2.66　极限定理。

2.661　设 $\{F_n(x)\}$ 为一分布函数列，以 $F(x)$ 为极限。$F_n(x)$ 的特征函数是 $\varphi_n(t)$，$F(x)$ 的特征函数是 $\varphi(t)$，则于任一有穷区间 $(-T,T)$ 都有 $\varphi_n(t)$ 一致收敛于 $\varphi(t)$。

由
$$\varphi_n(t)-\varphi(t)=\int_{x=-\infty}^{\infty}e^{itx}\,d\{F_n(x)-F(x)\} \tag{1}$$

取 $-X$，X 为 $F(x)$ 的两连续点，致

$$F(-X)+1-F(X)<\omega \tag{2}$$

选取 m_1 使对任何的 $n \geqslant m$，有

$$|F_n(X)-F(X)|<\omega,\quad |F_n(-X)-F(-X)|<\omega \tag{3}$$

此时，对任何 $n \geqslant m$ 及 $x<-X$，

$$F_n(x) \leqslant F_n(-X) \leqslant F(-X)+\omega<2\omega, \tag{4}$$

且对 $x>X$，有

$$1-F_n(x)<2\omega \tag{5}$$

于是

$$\left| \int_{-\infty}^{-X} + \int_{X}^{\infty} e^{itx} d\{F_n(x) - F(x)\} \right| < 6\omega \tag{6}$$

将$(-X,X)$进一步分成多个小区间(x_r,x_{r+1})，使全部x_r均为$F(x)$的连续点，且$x_{r+1}-x_r$均不超过h。定义

$$D_rF = F(x_{r+1}) - F(x_r) \tag{7}$$

于是，当$h\to 0$且$x_r\leqslant x_r\leqslant x_{r+1}$时，有

$$\int_{-X}^{X} e^{itx} d\{F_n(x) - F(x)\} = \lim \sum e^{it\xi r} D_r(F_n - F) \tag{8}$$

若令$x_r=x_r$，可得到有限和式

$$\sum e^{itxr} D_r(F_n - F) \tag{9}$$

而随$n\to\infty$该和式中的每一加项均趋于0。因此，可取$m_2\geqslant m_1$致对所有的$n\geqslant m_2$，该和式的模都$\leqslant w$。

同样地，

$$|e^{it\xi r} - e^{itxr}| \leqslant |t|(\xi_r - x_r) \leqslant \eta|t| \leqslant \eta T \tag{10}$$

以及

$$\sum |(e^{it\xi r} - e^{itxr}|D_r\{F_n(x) - F(x)\} \leqslant \sum \eta T|D_r(F_n - F)| \leqslant 2\eta T \tag{11}$$

因此，

$$|\varphi_n(t) - \varphi(t)| \leqslant 7\omega + 2\eta T \tag{12}$$

可取这样的w，致$7\omega<\frac{1}{2}\varepsilon$；取$\eta$致$2\eta T<\frac{1}{2}\varepsilon$；于是对任何$n>m_2$且$-T\leqslant t\leqslant T$，有

$$|\varphi_n(t) - \varphi(t)| < \varepsilon \tag{13}$$

2.662　光滑分布函数。定义

$$G(x) = \frac{1}{h} \int_{x}^{x+h} F(u) du \tag{1}$$

其中，F 为一分布函数，$G(x)$为一连续、非降且满足李普西斯定理 1 的函数：$G(-\infty)=0$，$G(\infty)=1$（见 *MMP*，§ 1.15）。由此，$G(x)$也是一分布函数。同样地

$$G'(x)=\frac{1}{h}\left[F(x+h)-F(x)\right] \tag{2}$$

在 F 的所有连续点都成立。

G 的特征函数是

$$\begin{aligned}\psi(t) &= \int_{x=-\infty}^{\infty} \mathrm{e}^{itx}\,\mathrm{d}G = \frac{1}{h}\int_{-\infty}^{\infty} \mathrm{e}^{itx}\{F(x+h)-F(x)\}\,\mathrm{d}x \\ &= \frac{1}{h}\left[\frac{F(x+h)-F(x)}{it}\right]_{-\infty}^{\infty} - \frac{1}{ith}\int_{x=-\infty}^{\infty} \mathrm{e}^{itx}\,\mathrm{d}\{F(x+h)-F(x)\} \\ &= \frac{1}{ith}\int_{x=-\infty}^{\infty}\{\mathrm{e}^{itx}\,\mathrm{d}F(x)-\mathrm{e}^{it(x-h)}\,\mathrm{d}F(x)\} = \varphi(t)\,\frac{1-\mathrm{e}^{-ith}}{ith}\end{aligned} \tag{3}$$

从而

$$\begin{aligned}G(x)-G(x-h) &= \frac{1}{2\pi}\int_{-\infty}^{\infty}\psi(t)\,\frac{\mathrm{e}^{-itx}-\mathrm{e}^{it(x-h)}}{it}\,\mathrm{d}t \\ &= \frac{1}{2\pi h}\int_{-\infty}^{\infty}\varphi(t)\left(\frac{1-\mathrm{e}^{-ith}}{it}\right)^2\mathrm{e}^{-it(x-h)}\,\mathrm{d}t \\ &= \frac{1}{2\pi h}\int_{-\infty}^{\infty}\varphi(t)\,\frac{4\sin^2\frac{1}{2}th}{t^2}\,\mathrm{e}^{-itx}\,\mathrm{d}t \\ &= \frac{1}{\pi}\int_{-\infty}^{\infty}\left(\frac{\sin\tau}{\tau}\right)^2\mathrm{e}^{-2i\tau x/h}\,\varphi\left(\frac{2\tau}{h}\right)\mathrm{d}\tau\end{aligned} \tag{4}$$

2.663　若$\{\varphi_n(t)\}$为一特征函数列，在$-T\leqslant t\leqslant T$ 上一致收敛于 $\varphi(t)$，则相应的分布函数列$\{F_n(x)\}$以 $F(x)$为极限，而 $F(x)$的特征函数就是$f(t)$。

对给定的分布函数列$\{F_n(x)\}$，总可以从中选出一非降且以分布函数 $F(x)$为其极限的子列$\{F_{n'}(x)\}$（证明见附录 A.2）。取定相应的 $G_{n'}(x)$，并令 $x=0$，于是

$$G_{n'}(0)-G_{n'}(-h)=\frac{1}{h}\int_0^h F_{n'}(u)\,\mathrm{d}u-\frac{1}{h}\int_{-h}^0 F_{n'}(u)\,\mathrm{d}u$$

$$= \frac{1}{\pi} \int_{-\frac{1}{2}Th}^{\frac{1}{2}Th} \left(\frac{\sin\tau}{\tau}\right)^2 \varphi_{n'}\left(\frac{2\tau}{h}\right) \mathrm{d}\tau + O\left(\frac{1}{Th}\right) \tag{1}$$

因 $\varphi_{n'}(t)$ 为有界函数。由于在 $(-T,T)$ 上 $\varphi_n(t)$ 一致收敛于 $\varphi(t)$，$\varphi_{n'}(t)$ 也一致收敛于 $\varphi(t)$。故选取足够大的 n'，就有

$$\frac{1}{h}\int_0^h F(u)\mathrm{d}u - \frac{1}{h}\int_{-h}^0 F(u)\mathrm{d}u = 1 + O\left(\frac{1}{h}\right) \tag{2}$$

令 $h \to \infty$，有

$$F(\infty) - F(-\infty) = 1 \tag{3}$$

因此，$F(x)$ 为分布函数；又因为 $F_{n'}(x) \to F(x)$，必有 $\varphi_{n'}(t) \to \varphi(t)$，从而 $\varphi(t)$ 就是 $F(x)$ 的特征函数。

若 $F_n(x)$ 在 $F(x)$ 的所有连续点均不趋于 $F(x)$，则可从中选取另一子列 $\{F_{n''}(x)\}$，它趋于另一极限函数如 $K(x)$。但 $K(x)$ 也是一分布函数且它的特征函数 $\psi(x) \neq \varphi(x)$；因此推出存在一特征函数的子列 $\varphi_n(t)$，它不以 $\varphi(t)$ 为极限，与假设矛盾。

2.664 中心极限定理。人们对各种逆转公式的兴趣，主要是在它们和若干独立干扰源所致结果的关系上面。在许多情况下，如果试验次数足够多，由这些独立干扰源所致结果的分布将近似服从正态分布。

首先我们注意到，若两个随机变量均服从正态分布，它们各自的标准差分别为 σ 和 τ，则其相应的特征函数就是 $\mathrm{e}^{\frac{1}{2}\kappa^2\sigma^2}$ 及 $\mathrm{e}^{\frac{1}{2}\kappa^2\tau^2}$；根据 2.61，它们和的特征函数为

$$\exp \frac{1}{2}\kappa^2(\sigma^2 + \tau^2)$$

于是，这两个随机变量和的分布就是标准差为 $(\sigma^2+\tau^2)^{1/2}$ 的正态分布。这一性质称为正态分布的再生性。

若某个随机干扰 ε_r 不服从正态分布，但它们都服从标准差为 1 的同一个（某特定）分布，则对于取小值的 $|\kappa|$，有

$$\Omega_r(\kappa) = 1 + \frac{1}{2}\kappa^2 + \kappa^2 g(\kappa) \tag{1}$$

其中，$g(\kappa)\to 0$（随 $\kappa\to 0$），因其二阶导数在原点存在。若取 $\varepsilon_r/n^{1/2}$，二阶矩用 n 去除，则

$$\Omega_r(\kappa/\sqrt{n})=1+\frac{\kappa^2}{2n}+\frac{\kappa^2}{n}g\left(\frac{\kappa}{\sqrt{n}}\right) \tag{2}$$

于是，$\sum\varepsilon_r/\sqrt{n}$ 的特征函数即为

$$\Omega(\kappa)=\left\{1+\frac{\kappa^2}{2n}+\frac{\kappa^2}{n}g\left(\frac{\kappa}{\sqrt{n}}\right)\right\}^n \tag{3}$$

对任何 $-T\leqslant\kappa/i\leqslant T$ 的区间，都可以选取 n 致 $\left|g(\kappa/\sqrt{n})\right|<\varepsilon$，而 ε 为任意小的正数。因此，在这样的一个区间内，$\ln\Omega(\kappa)$ 一致收敛于 $\kappa^2/2$，$\Omega(\kappa)$ 则一致收敛于 $\exp\kappa^2/2$。于是，

$$x=\sum_{r=1}^{n}\varepsilon_r/\sqrt{n} \tag{4}$$

的特征函数将趋于

$$\frac{1}{\sqrt{2\pi}}\int_{-\infty}^{x}\mathrm{e}^{-\frac{1}{2}u^2}\,\mathrm{d}u \tag{5}$$

如此，若各随机干扰均服从同一个概率分布，且此分布存在二阶矩，则数量充分大的这些随机干扰之和的分布也近似服从正态分布。

即使不同的随机干扰服从不同的分布，上述结果（及它们和的分布近似于正态分布）也可能成立。

即使各不同的随机干扰服从不同的分布，上述结果（即它们的和的分布近似于正态分布）也仍有可能成立。注意到，如果各随机干扰均服从正态分布，尽管它们的二阶矩不同，其和的分布仍然精确服从正态分布。而这个和的分布与正态分布的任何差别，都是由其组成成分即各随机扰动与正态分布的差别所致。

令随机干扰的二阶矩为 σ_r^2，均值为 0，并令

$$\sigma^2=\sum\sigma_r^2 \tag{6}$$

假设现在出现了一个 $<\sigma$ 的不太大的偏差，它的出现可能是源于具有不同正负号随机干扰组合方式的多样性；但一个大偏差的出现，只有当众随机干扰中有一个和正态分布偏离很大时才有可能，其余的则微不足道。故可盼

随机干扰之和与正态分布发生很大偏离的情形，一定与其组成成分中存在和正态分布偏离较大者（这一事实）相对应。这一点曾被多个作者以精确的数学式子予以表述；林德伯格（Lindeberg）对此给出了一个充分条件，而克拉美（Cramér）则作了改进，即随机干扰项和的分布函数趋于正态分布的条件是，对任何 $\varepsilon>0$，

$$\lim_{n\to\infty}\frac{1}{\sigma^2}\sum_{r=1}^{n}\int_{|x|>\varepsilon\sigma}x^2\mathrm{d}F_r=0 \tag{7}$$

此式仅当 $\sigma^2\to\infty$ 且 σ_r^2/σ^2 之最大者趋于 0 时，才能成立。若 σ^2 不趋于无穷而等于若干正项（数值）的和，则它必趋于一极限，$\varepsilon\sigma$ 也将有界。因此，(7)式中的积分对某些 $\varepsilon>0$ 将得到正值。同样，若最大的 σ_r^2/σ^2 不趋于 0，设存在 r 的一个取值序列致 $\sigma_r>k\sigma$，$k>0$，取 $\varepsilon=k/2$，则

$$\int_{|x|>\frac{1}{2}k\sigma}x^2\mathrm{d}F_r>\sigma_r^2-\frac{1}{4}k^2\sigma^2>\frac{3}{4}k^2\sigma^2 \tag{8}$$

而(7)式对这样的 r 必大于 $\frac{3}{4}k^2$。但是，尽管这些条件即使当全部随机干扰项都服从正态分布时也能满足，我们依然需要限制它们偏离正态分布的幅度，而不用考虑其二阶矩的值。

考虑积分

$$\Omega_r(\kappa/\sigma)=\int_{x=-\infty}^{\infty}\mathrm{e}^{\kappa x/\sigma}\mathrm{d}F_r \tag{9}$$

$$=\int_{|x|>\varepsilon\sigma}+\int_{|x|\leqslant\varepsilon\sigma}\mathrm{e}^{\kappa x/\sigma}\mathrm{d}F_r \tag{10}$$

利用拉格朗日余项公式，在上述积分区间对（被积函数的）指数函数部分进行展开。我们将采用 θ 代指任何其模 <1 的量，而它们不必总是同一个相等的量。于是

$$\Omega_r(\kappa/\sigma)=\int_{|x|>\varepsilon\sigma}\left(1+\frac{\kappa x}{\sigma}+\theta\frac{\kappa^2x^2}{2\sigma^2}\right)\mathrm{d}F_r+\int_{|x|\leqslant\varepsilon\sigma}\left(1+\frac{\kappa x}{\sigma}+\frac{\kappa^2x^2}{2\sigma^2}+\theta\frac{\kappa^3x^3}{6\sigma^3}\right)\mathrm{d}F_r \tag{11}$$

因 $E(x)=0$，此即

$$1+\frac{\kappa^2\sigma_r^2}{2\sigma^2}-\int_{|x|>\varepsilon\sigma}(1-\theta)\frac{\kappa^2x^2}{2\sigma^2}\mathrm{d}F_r+\int_{|x|\leqslant\varepsilon\sigma}\theta\frac{\kappa^3x^3}{6\sigma^3}\mathrm{d}F_r \tag{12}$$

但

$$\left|\int_{|x|\leqslant\varepsilon\sigma}x^3\mathrm{d}F_r\right|\leqslant\varepsilon\sigma\quad\int_{|x|\leqslant\varepsilon\sigma}x^2\mathrm{d}F_r\leqslant\varepsilon\sigma\sigma_r^2 \tag{13}$$

因此，对某些 K 及 $|\kappa|\leqslant K$，

$$\Omega_r(\kappa/\sigma)=1+\frac{\kappa^2\sigma_r^2}{2\sigma^2}+\theta\frac{K^2}{2\sigma^2}\int_{|x|>\varepsilon\sigma}x^2\mathrm{d}F_r+\theta K^3\frac{\varepsilon\sigma_r^2}{6\sigma^2} \tag{14}$$

总之，我们得到如下结果

$$\ln\Omega(\kappa/\sigma)=\sum\ln\Omega_r(\kappa/\sigma) \tag{15}$$

根据(7)式的条件，积分的贡献为 0；ε 是个任意小的正数，故所有的 σ_r^2/σ^2 都趋于 0，而

$$\ln\Omega(\kappa/\sigma)\rightarrow\frac{1}{2}\kappa^2 \tag{16}$$

在 $-K<k/i<K$ 范围内一致收敛，这就给出了所要的结果。

克拉美也证明了若 $\sigma^2\rightarrow\infty$，$\sigma_r^2/\sigma^2\rightarrow0$，则(7)式的条件即为一个极限定理服从正态分布的必要条件①。

2.67　如果一个或多个随机变量具有无穷 m 阶矩($m>2$)，而随机变量的个数有穷，则正态分布仅在特殊意义下才近似成立，因为正态分布将使所有阶矩为有穷，在这种情况下 m 阶矩对这一组合却是无穷(m 阶)矩。有必要对这种特殊情形作专项研究，以便了解其确切含义。但更方便的做法是先考察 2.64 中介绍过的柯西分布。

关于具有 κ 个随机变量的组合

$$\Omega(\kappa)=\begin{cases}\mathrm{e}^{ki\kappa} & \{I(\kappa)>0\} \quad (1)\\ \mathrm{e}^{-ki\kappa} & \{I(\kappa)<0\} \quad (2)\end{cases}$$

---

①　见 *Random Variables and Probability Distributions*, 1937, p. 57. Camb. Univ. Press.

其概率密度为

$$\frac{1}{2\pi i}\int_{-i\infty}^{i\infty} \mathrm{e}^{-\kappa x}\,\Omega(\kappa)\,\mathrm{d}\kappa = \frac{k}{\pi(k^2+x^2)} \tag{3}$$

它是单(随机)变量柯西分布的密度,但其尺度参数乘上了 k。k 个这种随机变量的均值(像单个随机变量那样)也严格遵从柯西分布,这一事实曾被费舍强调指出过。在这种场合,若有大量观测值则它们的变异程度将会变大,以致极端值会迅速出现,从而使(k 个随机变量的)均值以数量级 1 产生波动。

对满足柯西分布的随机变量 x_r

$$P(\mathrm{d}x_r \mid H)=\frac{a_r}{\pi\,[a_r^2+(x_r-b_r)^2]}\mathrm{d}x_r \tag{4}$$

有

$$\Omega_r(\kappa)=\begin{cases}\mathrm{e}^{(b_r+ia_r)\kappa} & \{I(\kappa)>0\}\\ \mathrm{e}^{(b_r-ia_r)\kappa} & \{I(\kappa)<0\}\end{cases} \tag{5}$$

对满足柯西分布的 κ 个随机变量的和,有

$$\Omega(\kappa)=\begin{cases}\mathrm{e}^{(\Sigma b_r+i\Sigma a_r)\kappa} & \{I(\kappa)>0\}\\ \mathrm{e}^{(\Sigma b_r-i\Sigma a_r)\kappa} & \{I(\kappa)<0\}\end{cases} \tag{6}$$

故这个和的概率分布为

$$P(\mathrm{d}\Sigma x_r \mid H)=\frac{\Sigma a_r}{\pi\,[(\Sigma a_r)^2+(\Sigma x_r-\Sigma b_r)^2]}\mathrm{d}\Sigma x_r \tag{7}$$

因此,a_r 及 b_r 均为可加量。这一事实也可通过对两随机变量组合作直接积分并利用数学归纳法予以推广而得到证明。

对具有指示数 2 的皮尔逊分布Ⅶ型而言,若以比 $k^{-1/2}$ 来化简其中的尺度参数,并将 k 个随机变量组合进去,就有

$$\Omega(\kappa)=\begin{cases}(1-i\kappa/)^k\,\mathrm{e}^{i\kappa\sqrt{k}} & \{I(\kappa)>0\}\\ (1+i\kappa/)^k\,\mathrm{e}^{-i\kappa\sqrt{k}} & \{I(\kappa)<0\}\end{cases} \tag{8}$$

其概率密度为

$$\frac{\mathrm{d}F}{\mathrm{d}x} = G = \frac{1}{2\pi i}\int_{0}^{i\infty} \mathrm{e}^{-\kappa x(1-i\kappa/\sqrt{k})k}\,\mathrm{e}^{i\kappa\sqrt{k}}\,\mathrm{d}\kappa + \frac{1}{2\pi i}\int_{-i\infty}^{0} \mathrm{e}^{-\kappa x(1+i\kappa/\sqrt{k})k}\,\mathrm{e}^{-i\kappa\sqrt{k}}\,\mathrm{d}\kappa \tag{9}$$

除关于 x 的因子外，上式中的两个被积函数均为取正值的实函数，且在原点近旁以量级 $k^{-1/2}$ 作指数衰减。对被积函数中关于 $k^{-1/2}$ 的各次幂的对数作逼近，便有

$$G=\frac{1}{2\pi i}\int_{-i\infty}^{i\infty}\exp\left\{-\kappa x+\frac{1}{2}\kappa^2+O\left(\frac{\kappa^3}{\sqrt{k}}\right)\right\}\mathrm{d}\kappa \tag{10}$$

其中的 κ^3 可以忽略。于是

$$G\approx\frac{1}{\sqrt{2\pi}}\exp\left(-\frac{1}{2}x^2\right) \tag{11}$$

只要 x 和 $k^{1/2}$ 不可比，(11)式就告成立。若量级为 $\kappa^{1/2}$ 或更高，则 κx 和被忽略的 κ^3 中的诸项将变得可比。因而，关于取大值的 κ，便可得到与二项分布性质相同的表述；亦即正态分布在这种情况下也是一个很好的近似。

若 x 与 $k^{1/2}$（或更大些）可比，就需要一种不同形式的概率近似表示。最速下降法也不宜采用，因为在原点处存在一个分枝点，且始自原点的最速下降法诸路径也并不靠近各自的鞍点。但存在这样的两条路径使(9)右端的两个被积函数可在第一及第四象限内迅速下降，因此，利用沃森引理(Watson's lemma)[①]，(9)右端的两个积分即可被沿实轴的积分所代替。从而

$$G=\frac{1}{2\pi i}\int_0^{\infty}\mathrm{e}^{-\kappa x}\left[(1-i\kappa/\sqrt{k})^k\mathrm{e}^{i\kappa\sqrt{k}}-(1+i\kappa/\sqrt{k})^k\mathrm{e}^{-i\kappa\sqrt{k}}\right]\mathrm{d}\kappa \tag{12}$$

我们希望此积分关于取大值的 x 存在，这在 κ 取小值时就能达到。因而积分中第一个非零项即为

$$\frac{1}{3\pi}\int_0^{\infty}\frac{\kappa^3}{k^{1/2}}\mathrm{e}^{-\kappa x}\,\mathrm{d}\kappa=\frac{2}{\pi k^{1/2}x^4} \tag{13}$$

这和 2.64 节(4)式（x 取大值）成比例，但它被 $\sqrt{k}$ 所除；（积分中）高阶的非零项包含 $k^{-1/2}$ 的高次幂。所以对若干随机变量进行组合，就给出了一种向正态分布近似的方法（正态分布标准差之倍数增加不作限定）；超过这一倍数，除全部纵坐标均以近似相同的比率变小以外，正态分布仍将维持原样不变。

---

① 见 H.and B.S.Jeffreys, *Methods of Mathematical Physics*, pp.471, 668.

此时，高阶矩确乎变为无穷，但（正态）分布的尾部面积却大大减少了。

2.68 考虑有穷的四阶矩可以使这里的讨论更深入些。我们有

$$\Omega(\kappa)=1+\frac{1}{2}\kappa^2+\frac{1}{6}\mu_3\kappa^3+\frac{1}{24}\mu_4\kappa^4+o(\kappa^4) \tag{1}$$

若以比 $k^{-1/2}$ 压缩尺度参数，并对 κ 个随机变量进行组合，

$$G\approx\frac{1}{2\pi i}\int_{-i\infty}^{i\infty}\left[1+\frac{\kappa^2}{2k}+\frac{\mu_3\kappa^3}{6k^{3/2}}+\frac{\mu_4\kappa^4}{24k^2}+o\left(\frac{\kappa^4}{k^2}\right)\right]^k \mathrm{e}^{-\kappa x}\,\mathrm{d}\kappa \tag{2}$$

若存在无穷的更高阶矩，则在 $\kappa=0$ 处，$\Omega(\kappa)$ 相应的导数将不存在，故不能对(2)式采用最速下降法，因为该式中的函数不解析。但对于 $k=O(k^{1/2})$，(2)式乃是一个有效近似，而对于取大值的 κ，式中的被积函数会变小。因此，若去掉该式中的最末一项，误差即可忽略不计，此时就可应用最速下降法求导数，因为去掉最末一项后被积函数变为解析。于是，对于取大值的 κ，

$$G\sim\frac{1}{2\pi i}\int\exp\left\{-\kappa x+\frac{\kappa^2}{2}+\frac{\mu_3\kappa^3}{6k^{1/2}}+\frac{(\mu_4-3)\kappa^4}{24k}\right\}\mathrm{d}\kappa \tag{3}$$

若取过 x 的路径，近似地就有

$$G=\frac{1}{\sqrt{2\pi}}\exp(-\frac{1}{2}x^2)\exp\left\{\frac{\mu_3x^3}{6k^{1/2}}+\frac{(\mu_4-3)x^4}{24k}\right\} \tag{4}$$

如果 x 的量级取 $\kappa^{1/6}(6/m_3)^{1/3}$ 或 $\{24\kappa/(m_4-3)\}^{1/4}$ 中的较低者，则校正因子就具有重要性。如此，单个随机变量（分布）之对称性及近似正态性就有助于随机变量组合采用速降法达到正态近似。有证据表明，一些观测误差遵从指示数等于 4 的皮尔逊分布Ⅶ型[①]，这时，若 $m_2=1,m_3=0,m_4=5$，对于不太大的 x 而言，(4)中的校正因子就是 $\exp(x^4/12k)$。

在某些情况下，特别是当观测值为原始读数的均值时，正态分布的条件可以很好地满足。于是，在采用标准方法测定磁倾角时（the magnetic dip），测量仪指针两端所指的度数都要读取。随着测量仪的旋转，指针转向，磁性逆反，从而消除掉系统误差。读数均值的误差即含有 16 种成分，假设这些组成成分都有相同的有限二阶矩，此时正态分布在大约 $(12\times16)^{1/4}$

---

① 见本书 109—110 页。

=3.8 倍标准差范围内均应能够成立。在布拉德(Bullard)所做的关于东非洲重力的观测工作中[①],两支在大地上单独放置的摆的振幅,被用于和同一时刻观测的、放置在英国剑桥的两支摆的振幅作比较;于是(读数均值的)误差就包含了四种成分,如果每支摆的观测误差遵从指示数等于 4 的皮尔逊分布Ⅶ型,则相应的正态分布在大约 2.6 倍标准差范围内均告成立。但若这四种误差成分主要由其中的一种主导,则其均值的分布就将与正态分布产生很大偏离。

所以,正态误差律并不能从理论上得到证明。采用它的理由在于当对许多数据进行描述时,它既极为方便又不会出大错,虽然别的一些分布律可能比它具备更好的描述能力。历史上曾有许多人为证明它而作出努力,特别是高斯证明了若(观测值的)均值是最可能值,则正态分布律就能成立。但他的证明也同时意味着,因为我们知道在许多情况下正态分布并不成立,所以观测值的均值就不是(这批观测值代表性的)最佳估计。事实上,在柯西分布中,其均值的代表性还不如单独一个观测值;然而,采用另外一种方法,即使是利用柯西分布,我们也能利用多个(而非一个)观测值作出精确得多的观测值代表性的估计。惠特塔克和罗宾逊(Whittaker and Robinson)对选择算术均值的原理作了论证(见他们的书 215 页),但他们的论证不能成立。因为他们不清楚使用同一个单位测量两个不同的量,与使用两个不同的单位测量同一个量,不是一回事;从而不清楚始于同一个原点的两个不同的量,与始于两个不同原点的同一个量,也不是一回事。测量单位与原点的无关性可以成为一个合法的公理,但惠特塔克和罗宾逊却在其证明中用他们自己的混淆观点把它替换掉了[②]。

2.69　在一有限区间内若将几个遵从同一个对称型分布的随机变量加以组合,则该组合将很快趋于正态分布。因此,可能存在这样一种基础分布(an elementary law),它在每个±1 处都有概率 1/2。若将三个这种随机变量组合起来,该组合的二阶矩就等于 3,而其可能的取值即为−3,−1,+1,+3。将 8 个这样的观测值之期望值与具有同样二阶矩的相应正态分布作比较,并舍入到最邻近的奇整数,有

---

① 见 *Phil. Trans.* A,235,1936,445−531.

② 见 *Calculus of Observations*, pp.215−17.

	<−4	−3	−1	+1	+3	>+4
二项分布	0	1	3	3	1	0
正态分布	0.084	0.908	3.008	3.008	0.908	0.084

类似地,对 4 个这样的随机变量组合及 16 个观测值作比较(舍入到最邻近的偶整数),则有

	<−5	−4	−2	0	+2	+4	>+5
二项分布	0	1	4	6	4	1	0
正态分布	0.10	0.97	3.86	6.13	3.86	0.97	0.10

无论是哪种情况,一观测值落入某区间的概率与它落入另一区间的概率之差都不超过 0.012。可以证明,若事实上那些观测数值来自服从二项分布的三个随机变量(的组合),而我们手中仅有它们落入不同区间加总值的数据,则采用皮尔逊的 χ^2 检验以考察其差异是否显著(假设那些数据来自正态总体),就需要大约 500 样本观测值才能达到目的①。

若基础分布是−1 至+1 的均匀分布,我们有

$$P(\mathrm{d}x \mid H)=\frac{1}{2}\mathrm{d}x \quad (-1<x<1) \tag{1}$$

及

$$\Omega(\kappa)=\frac{1}{2}\int_{-1}^{1}\mathrm{e}^{\kappa x}\,\mathrm{d}x=\frac{1}{2\kappa}(\mathrm{e}^{\kappa}-\mathrm{e}^{-\kappa}) \tag{2}$$

对于两个服从均匀分布随机变量的组合,有

$$P(\mathrm{d}x \mid H)/\mathrm{d}x=\frac{1}{8\pi i}\int_L \frac{1}{\kappa^2}(\mathrm{e}^{2\kappa}-2+\mathrm{e}^{-2\kappa})\mathrm{e}^{-\kappa x}\,\mathrm{d}\kappa$$

$$=\begin{cases}\dfrac{1}{2}-\dfrac{1}{4}x & (0<x<2)\\[2ex] \dfrac{1}{2}+\dfrac{1}{4}x & (-2<x<0)\end{cases} \tag{3}$$

这正是熟知的三角形分布。

对于三个服从均匀分布随机变量的组合,我们也有

---

① 见 *Phil. Trans.* A,237,1938,235.

$$P(\mathrm{d}x|H)/\mathrm{d}x=\begin{cases}\frac{1}{16}(3+x)^2 & (-3<x<-1)\\ \frac{1}{16}(6-2x^2) & (-1<x<1)\\ \frac{1}{16}(3-x)^2 & (1<x<3)\end{cases} \tag{4}$$

(1)、(3)、(4)式的二阶矩分别为1/3,2/3,1。将随机变量作标准化处理后,(1)式及(4)式的单位二阶矩即为

$$P(\mathrm{d}x|H)=\frac{1}{2\sqrt{3}}\mathrm{d}x \quad (-\sqrt{3}<x\sqrt{3}), \tag{5}$$

$$\frac{P(\mathrm{d}x|H)}{\mathrm{d}x}=\begin{cases}\frac{1}{\sqrt{6}}\left(1-\frac{x}{\sqrt{6}}\right) & (0<x<\sqrt{6})\\ \frac{1}{\sqrt{6}}\left(1+\frac{x}{\sqrt{6}}\right) & (-\sqrt{6}<x<0)\end{cases} \tag{6}$$

(4)式则无须改变。

考察图1可见,(6)式尽管只是两个服从均匀分布随机变量的组合,但它们能相当好地近似于正态总体;而(4)式则更接近正态总体,连尾部都跟它接近。

若随机变量的基础分布非对称,其组合的正态近似将变得极其缓慢。因此,如果有三个这种随机变量,每个均在−1/3处有概率2/3,在+2/3处

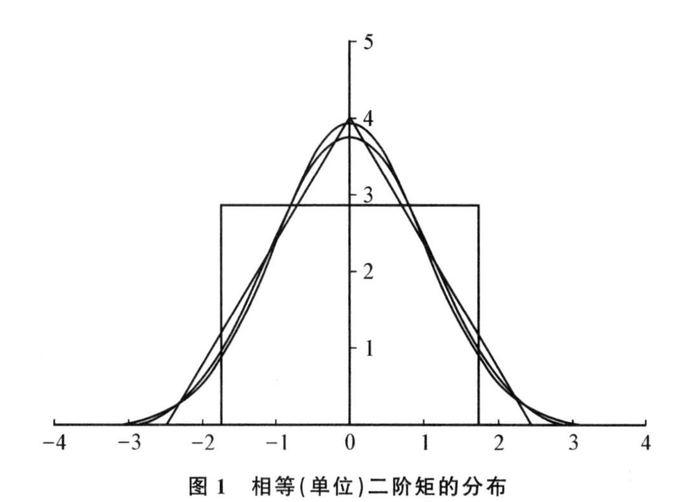

图1　相等(单位)二阶矩的分布

(这些二阶矩源自1个、2个、3个及无穷多个服从均匀分布随机变量的组合)

有概率 1/3，则 27 个这样的观测值的期望值与这三个随机变量组合的可能取值就有如下的对应关系：

−1	0	+1	+2
8	12	6	1

显然，在误差小于 0.04 时，没有哪一条正态密度曲线能对这些点作出很好的拟合。

2.7 χ^2 分布。设有 n 个服从均值为 0 的正态分布的随机变量，于是可以写出

$$P(\mathrm{d}x_1\mathrm{d}x_2\cdots\mathrm{d}x_n\,|\,H)=\frac{1}{(2\pi)^{n/2}\sigma_1\sigma_2\cdots\sigma_n}\exp\left\{-\frac{1}{2}\left(\frac{x_1^2}{\sigma_1^2}+\frac{x_2^2}{\sigma_2^2}+\cdots+\frac{x_n^2}{\sigma_n^2}\right)\right\}\mathrm{d}x_1\mathrm{d}x_2\cdots\mathrm{d}x_n \tag{1}$$

现考虑函数

$$\chi^2=\frac{x_1^2}{\sigma_1^2}+\frac{x_2^2}{\sigma_2^2}+\cdots+\frac{x_n^2}{\sigma_n^2} \tag{2}$$

落入某一区间的全部概率。通过对在这一区间相应于 χ^2 的诸值 $x_1,x_2,\cdots,x_n$ 作积分，所求的概率即可得到。为此，先作变换

$x_1=\sigma_1 y_1,\quad x_2=\sigma_2 y_2$，等等

从而有

$$\chi^2=\sum y^2 \tag{3}$$

及

$$P(\mathrm{d}\chi^2\ |\ H)=(2\pi)^{-n/2}\iint\cdots\int\exp\left(-\frac{1}{2}\chi^2\right)\mathrm{d}y_1\cdots\mathrm{d}y_n \tag{4}$$

我们可将这些 y 视为 n 维笛卡尔坐标系中的坐标，而将关于它们的积分视为求相应的体积。但在任何情况下，处于两相邻 χ 值之间的 χ 的变动均可忽略不计，而所有的 y 与 χ 成比例。若忽略因子 $\exp(-\chi^2/2)$，则从 0 至某一给定 χ 值的积分，即和 χ^n 成比例；因此，由 χ 的变化所致的积分区间的变化，就和 χ^{n-1} 成比例，因略掉 $\exp(-\chi^2/2)$ 之后，有

$$P(\mathrm{d}\chi^2|H)\propto\chi^{n-1}\exp\left(-\frac{1}{2}\chi^2\right)\mathrm{d}\chi \tag{5}$$

χ^2 一定落入 0 至∞的区间，据此，上式中的常数因子即可确定（利用狄里赫来积分也可确定此常数因子）。于是

$$P(\mathrm{d}\chi^2|H)=\frac{1}{2^{(n-2)/2}(\frac{1}{2}n-1)!}\chi^{n-1}\exp(-\frac{1}{2}\chi^2)\mathrm{d}\chi \tag{6}$$

容易证明，χ^2 的期望值为 n，这从其定义来看是显然的。被积函数的最大值在靠近 $\chi^2=n$ 处获得。若不计因子 χ^{-1} 并取对数，则

$$\frac{\mathrm{d}^2}{\mathrm{d}\chi^2}(n\log\chi-\frac{1}{2}\chi^2)=-2 \tag{7}$$

将接近其最大值。因此，若 n 很大，$P(\mathrm{d}\chi^2|H)$将近似地与 $\exp\{-(\chi-\sqrt{n})^2\}\mathrm{d}\chi$ 或 $\exp\{-(\chi^2-n)^2/4n\}\mathrm{d}\chi^2$ 成比例。所以，粗略地说，可用

$$\chi^2=n\pm\sqrt{2n} \tag{8}$$

作为 χ^2 变量取值规律的一个总括式表示。数表 $P(\chi^2)$给出了 χ^2 超过某一给定值的概率，皮尔逊、费舍、尤尔及肯德尔（Yule and Kendall）都曾计算过这张表。

对 χ^2 分布的兴趣在于，它常使我们很容易检验一组数据是否和某一假设协调一致。通常的做法是，根据某一假设（它已给出待考察标准差的一组估计量），可以得到一组相应的标准差的估计量，接下来要做的就是去比较这两组估计量。一般地，观测值和理论预测值之间的差异会以（相关）标准差的量级形式作出表示，但若构造 χ^2，则可以得到这样一个统计量，即它的变大或者源自未预见的系统变差之改变（随机变差依然未变），或者源自实际随机变差超过了其期望值，或者源自当（相关）均值的变化大于其预期而使生成误差的某些内部相关性不断发生重复。如果 χ^2 不超过 $n+\sqrt{2n}$，通常我们即可断定这一结果（观测值与理论值吻合很好）正是我们所应期盼的，而若 χ^2 不超过 $n+2\sqrt{2n}$，也无须立即拒绝原假设。关于 χ^2 分布，本书在后面还要详细讨论，但此处关于这一分布的简单考虑却涵盖了所有重要的问题，因此有必要先行简述。

2.71　常会出现这样的情形，即待检验的假设包含一些可调参数，而这

些参数的决定又依赖于 χ^2 取值的最小化。如果参数的数目少于观测值 x 的数目,则仍将存在一个未知变差(an outstanding variation),但自然我们希望这个未知变差比数据变换前来得小些。现在不假设所有的观测值 x 均为独立,只假设关于它们有表达式

$$x_r = l_r\alpha \pm \sigma_r, \tag{9}$$

其中的 l_r 已知但 α 未知,而 $x_r - l_r\alpha$ 可认为是随机的。于是,根据下述假设

$$P(\mathrm{d}x_1\cdots\mathrm{d}x_n \mid \alpha H) = \frac{(2\pi)^{-n/2}}{\sigma_1\sigma_2\cdots\sigma_n}\exp\left\{-\sum\frac{(x_r - l_r\alpha)^2}{2\sigma_r^2}\right\}\mathrm{d}x_1\cdots\mathrm{d}x_n \tag{10}$$

现这样设 α 的值,令它等于 a 且使 $\sum(x_r - l_r\alpha)^2/\sigma_r^2$ 最小化,因而有

$$\sum\frac{l_r(x_r - l_r a)}{\sigma_r^2} = 0 \tag{11}$$

及

$$\sum\frac{(x_r - l_r\alpha)^2}{2\sigma_r^2} = \sum\frac{(x_r - l_r a)^2}{2\sigma_r^2} + (\alpha - a)^2\sum\frac{l_r^2}{2\sigma_r^2} \tag{12}$$

上式右端第一项就是 $\frac{1}{2}\chi^2$ 值,通过比较 x_r 与 $l_r a$(而非比较 x_r 与 0 或 $l_r\alpha$)可得到它。因此

$$P(\mathrm{d}x_1\cdots\mathrm{d}x_n \mid \alpha H) = \frac{(2\pi)^{-n/2}}{\sigma_1\sigma_2\cdots\sigma_n}\exp\left\{-\frac{1}{2}\chi^2 - (\alpha - a)^2\sum\frac{l_r^2}{2\sigma_r^2}\right\}\mathrm{d}x_1\cdots\mathrm{d}x_n \tag{13}$$

这样的式子表明,关于 x_r 的信息可以视为由三个独立部分组成。它们全被 a, χ 及 $n-2$ 个形如 $m_r = (x_r - l_r a)/\sigma_r\chi$ 的方向参数决定。若将 a, χ 及 m_r 视为三个新变量,则相应于它们的(发生)概率就会全部独立,利用 1.7 中的定理 12,有

$$P(\mathrm{d}\chi \mid \alpha, a, m_r, H) \propto \exp\left(-\frac{1}{2}\chi^2\right)\frac{\partial(x_1, x_2, \cdots, x_n)}{\partial(a, \chi, m_1, \cdots, m_{n-2})}\mathrm{d}\chi \propto \chi^{n-2}\exp\left(-\frac{1}{2}\chi^2\right)\mathrm{d}\chi \tag{14}$$

如此,每个可调常数的确定及其消去,均可使关于未知变差 χ 的指数减 1。独立观测值的数目与允许的参数数目之差,通常称为自由度(degrees of freedom)。如果自由度等于(6)式中的 n,则上式即(14)式就可改为等式。

注意到(14)式左边的 $d\chi$ 表示命题“χ 位于区间 $d\chi$”;而 $d\chi^2$ 则表示命题“χ^2 位于相应区间 $d\chi^2$”。这两种命题等价,可以利用 1.7 中的定理 3 相互转换。

2.72 若在观测值中存在线性约束,致

$$\sum m_r x_r = 0,$$

这也会使相应的积分减少一个变量,从而使相应的分布减少一个自由度。

2.73 χ^2 最初是由皮尔逊在研究抽样问题时得到的[①]。有了上一节的叙述,χ^2 的推出就很容易了。设抽样针对包含数种不同成员类型的总体进行而该总体成员数目庞大,又设抽样时间及抽样比例给定时,各抽中样本的期望值为 $m_1, m_2, \cdots, m_p$,如果样本容量适中而各类成员出现的次数相互独立,则各类型成员将相互独立且服从泊松分布,而各类型成员的期望值可表为 $m_r \pm \sqrt{m_r}$。若抽到的成员数目为 n_r,就有

$$\chi^2 = \sum (n_r - m_r)^2 / m_r$$

求和对所有成员类型进行。此处的自由度为 p,这种情形于下述场合就可能出现,即人们在一有限时间内(连续)观测某一现象,以致全部事件的发生数(除与总体中各类型成员的数目变动有关外)均受辖于抽样的(随机)波动。

2.74 若从总体中任意抽取容量一定的一个样本,样本的总数就是 $N = \sum n_r$。如果(先前)以一定比例对样本均值进行估计,而现在这些均值都受辖于 n_r 的加总值 N,这就引进了一个线性约束,故自由度的数目就成了 $p-1$。由皮尔逊开创的处理类似数据分析的做法如下(此时必须提及多项分布)。若 N 给定,而由此所致的各个被抽中样本的均值为 $m_1, \cdots, m_p$,则样本 $n_1, \cdots, n_p$ 被抽中的概率即为

$$P(n_1, n_2, \cdots, n_p \mid NH) = \frac{N!}{n_1!\ n_2!\ \cdots n_p!} \left(\frac{m_1}{N}\right)^{n1} \left(\frac{m_2}{N}\right)^{n2} \cdots \left(\frac{m_p}{N}\right)^{np} \tag{1}$$

令

① 见 *Phil.Mag.*50,1900,157—75.

$$n_r = m_r + \alpha_r N^{1/2} \tag{2}$$

其中$\sum\alpha_r = 0$。于是

$$\log\Pi(n_r!) \approx \frac{1}{2}p\log 2\pi - \sum n_r + \sum(n_r + \frac{1}{2})\log n_r, \tag{3}$$

$$\log N! \approx \frac{1}{2}\log 2\pi - N + \sum(N + \frac{1}{2})\log N, \tag{4}$$

$$P(n_1, n_2, \cdots, n_p \mid NH) \approx \frac{N^{N+\frac{1}{2}}}{(2\pi)^{(p-1)/2}\Pi(n_r^{1/2})}\frac{\Pi m_r^{nr}}{N^N}$$

$$= \frac{N^{1/2}}{(2\pi)^{(p-1)/2}\Pi(n_r^{1/2})\Pi(1+\alpha_r N^{1/2}/m_r)^{mr+\alpha r N1/2}}, \tag{5}$$

此式给出(近似至量级α_r^2),

$$\frac{N^{1/2}}{(2\pi)^{(p-1)/2}\Pi(m_r^{1/2})}\exp\left(-\frac{1}{2}\sum\frac{N\alpha_r^2}{m_r}\right) \tag{6}$$

及

$$\sum\frac{N\alpha_r^2}{m_r} = \sum\frac{(n_r - m_r)^2}{m_r} = \chi^2 \tag{7}$$

现在,给定m_r,χ的概率分布即可通过积分得到。但能独立变动的n_r只有$p-1$,因此有如下结果

$$P(\mathrm{d}\chi \mid m_1 \cdots m_p H) \propto \chi^{p-2}\exp(-\frac{1}{2}\chi^2)\mathrm{d}\chi \tag{8}$$

2.75 若分析列联表并希望检验表中不同行处元素出现的概率是否成比例,自由度是否会发生变化,则此时各行、各列的总比例最初并非固定不变,而是要根据所获数据进行估计。若列联表有m行、n列,可以根据行数先确定m个参数,再根据列数确定$n-1$个参数。于是,行、列数给定且各行、列的期望频数成比例时,列联表检验所用的χ^2统计量的自由度即为

$$mn - m - (n-1) = (m-1)(n-1)$$

若$m = n = 2$,则自由度数目就减少到1。

2.76 χ^2分析有许多用途。它应用容易,通常也足以回答人们提出的

问题。这意味着有关的假设常能被正确设定,从而使相应的预测能够成功。不过,这种分析并不总能深入到足够多的细节。本书将在第五章、第六章“假设检验”中对此作更详细的讨论。困难在于作 χ^2 分析时需将全部自由度一并进行考虑,似乎它们都和同一个问题有关,而实际上可能仅有一部分自由度(所含信息)才和问题有关。例如,若有含 32 个自由度的一组数据,而检验下述假设即“这些数据为完全随机化的数据”所用的 χ^2 的期望值,将以较大概率落入 32 ± 8 范围内,这意味着一般而言此 χ^2 值将介于 24 与 40 之间,即使超出此范围也是由随机误差引起的。如果一系统性偏误事实上已达 4 倍于其标准差水平,则它对 χ^2 值的贡献将为 16;若余下的自由度对 χ^2 值的贡献刚好为 24,则 χ^2 的加总值仍然为 40,这就使“这些数据为完全随机化的数据之假设”通过检验。如果直接作检验,一系统性偏误若 4 倍于其标准差,则无论采用何种假设检验,也一定会被断定为非随机误差。然而,困难在于当面对大批数据时人们常希望据此提出多个问题。对其中的一些问题而言,答案是肯定的,而对另一些问题来说,答案则是否定的。但当人们试图用一个数字总括这批数据中的全部信息时,又常搞不清业已回答过的问题是些什么。如果人们需要同时回答几个问题,最好先对这些问题作出区分,以便有针对性地作出回答。如果采取这种做法,则 χ^2 值还是可用的,但针对不同问题的 χ^2 值所传递的信息也会各不相同。

在 2.7 节中,由(5)式到(6)式略去了有关的三次方项。皮尔逊在其早期的工作中忽略了由此产生的误差,而当期望频数明显小于 1 时,他才考虑这种误差。后来皮尔逊建议将期望频数小的那些分组合并,以使合并后各组的期望频数都将大于 5。这样做存在缺陷,例如,在一项有关正态误差律的假设检验中,若处于某区间的一观测值在正态分布下其出现的概率仅有 0.001,则这会被视为正态分布不能成立的力证,除非该观测值与别的观测值作了合并,否则它不会被考虑,故将数据合并会使假设检验的敏感性大为降低。上述皮尔逊的这两种做法,在面对期望频数小的分组时都存在不足之处。但若各组的期望频数都大于 1,则采用忽略三次方项所致误差的方法,还是比较好的;若有些分组其期望频数都不大于 1,唯一的解决办法就是明确引入一个新参数并对它作出估计。此时相应的 χ^2 值就等于此新参数对其标准差之比的平方。

2.8 t 分布与正态分布。设有源自数学期望为 x，标准差为 s 的正态分布的 n 个观测值，其联合概率为

$$P(\mathrm{d}x_1\cdots\mathrm{d}x_n\mid x,\sigma,H)=\frac{1}{(2\pi)^{n/2}\sigma^n}\exp\left\{-\frac{1}{2\sigma^2}\sum(x_r-x)^2\right\}\mathrm{d}x_1\cdots\mathrm{d}x_n \tag{1}$$

令

$$n\bar{x}=\sum x_r;\quad (n-1)s^2=ns'^2=\sum(x_r-\bar{x})^2 \tag{2}$$

则$\bar{x}$就是(r 个这种观测值的)算术平均值，而 s 是通常所定义的(样本)标准差。一般地，称 s'为相应的均方差(the mean square deviation)。$\bar{x}$，s，s'均为样本观测值的函数。此处采用 s'而不采用 s 会使表达式简单些，但在讨论最小二乘法时采用 s 将会更方便些。同样地，有

$$\begin{aligned}\sum(x_r-x)^2&=\sum\{(x_r-\bar{x})+(\bar{x}-x)\}^2\\&=\sum(x_r-\bar{x})^2+2(\bar{x}-x)\sum(x_r-\bar{x})+n(\bar{x}-x)^2\end{aligned} \tag{3}$$

由$\bar{x}$的定义可知，上式右端第二项为 0，故有结果

$$\sum(x_r-x)^2=ns'^2+n\ (\bar{x}-x)^2$$

因此，

$$P(\mathrm{d}x_1\cdots\mathrm{d}x_n\mid x,\sigma,H)-\frac{1}{(2\pi)^{n/2}\sigma^n}\exp\left\{-\frac{1}{2\sigma^2}[(\bar{x}-x)^2+s'^2]\right\}\mathrm{d}x_1\cdots\mathrm{d}x_n \tag{4}$$

为了多种目的，我们需要知道给定 x 及 s 时，$\bar{x}$与 s'的联合概率分布。因此，必须考虑$\bar{x}$与 s'的取值范围，并须构造(4)式关于全部观测值 x_r的积分，而这些 x_r决定$\bar{x}$与 s'在其各自取值范围内的值。这一点由于费舍的工作而变得非常容易，我们只需把这里的问题用解析几何的语言进行转述即可。可以将 x_r视为 n 维空间中一点的诸坐标值，而将$\sum(x_r-x)^2$ 视为点 x_r到点 x 的距离平方和。这种关系在对坐标轴进行旋转时也能成立。用分析的语言来说，我们可以用下述方式构造关于 x_r的 n 个线性函数，使新函数 x_i' 为

$$x_i'=\sum_r a_{ir}x_r \tag{5}$$

其中，

$$\sum_i a_{ir}^2=1,\quad \sum_r a_{ir}^2=1,\quad \sum_r a_{ir}a_{jr}=0\quad (i\neq j) \tag{6}$$

达到这种目标的方式有无穷多[1]。我们从 x_i' 中选出这样的一个使之满足

$$x_1' = \sum_r x_r / \sqrt{n} = \bar{x}\sqrt{n} \tag{7}$$

将这样选出的 x_1' 应用于点$(x,x,x,\cdots)$，有$(x\sqrt{n},0,0,\cdots)$。于是，积分

$$\begin{aligned} &\iiint\cdots\int \exp\left\{-\frac{1}{2\sigma^2}\sum (x_r - x)^2\right\} \mathrm{d}x_1\cdots\mathrm{d}x_n \\ &= \iiint\cdots\int \exp\left\{-\frac{1}{2\sigma^2}(x_1' - x\sqrt{n})^2 - \frac{1}{2\sigma^2}\sum{}' x_i'^2\right\} \mathrm{d}x_1'\cdots\mathrm{d}x_n' \end{aligned} \tag{8}$$

可对任何区域进行，其中的$\sum'$表示对全部 i 求和($i=1$ 除外)。

同样地，我们有

$$\sum{}' x_i'^2 = \sum (x_r - \bar{x})^2 = ns'^2 \tag{9}$$

因此，若考虑介于 x_1' 及 s'之各自两固定值之间的一个区域，(8)式的积分就可以分解成下述两个积分的乘积

$$I_1 = \int_{x_1'}^{x_1'+\mathrm{d}x_1'} \exp\left\{-\frac{1}{2\sigma^2}(x_1' - x\sqrt{n})^2\right\} \mathrm{d}x_1' \tag{10}$$

$$I_2 = \iint\cdots\int \exp\left(-\frac{ns'^2}{2\sigma^2}\right) \mathrm{d}x_2'\cdots\mathrm{d}x_n' \tag{11}$$

I_2 的积分区间应这样选取致

$$ns'^2 \leqslant \sum{}' x_i'^2 \leqslant n(s' + \mathrm{d}s')^2 \tag{12}$$

因此，在 x_1' 及 s 的较小区间内，就有(8)式的积分

$$\propto \exp\left\{-\frac{1}{2\sigma^2}(x_1' - x\sqrt{n})^2\right\} \mathrm{d}x_1'.s'^{n-2} \exp\left(-\frac{ns'^2}{2\sigma^2}\right) \mathrm{d}s' \tag{13}$$

$$\propto \exp\left\{-\frac{n}{2\sigma^2}(\bar{x} - x)^2\right\} \mathrm{d}\bar{x}.s'^{n-2} \exp\left(-\frac{ns'^2}{2\sigma^2}\right) \mathrm{d}s' \tag{14}$$

积分常数可由$\bar{x}$介于$\pm\infty$及 s'介于 0 至 ∞的条件确定。因此

$$P(\mathrm{d}\bar{x}\mathrm{d}s' \mid x, \sigma, H)$$

---

[1] 维希特(J.Wishart)给出了一组满足这些条件的线性函数，参见 *Inst.of Actuaries Students' Society*, 7, 1947, 98－103.

$$=\sqrt{\frac{n}{2\pi}}\frac{1}{\sigma}\exp\left\{-\frac{n}{2\sigma^2}(\bar{x}-x)^2\right\}\mathrm{d}\bar{x}.\frac{n^{\frac{n}{2}-\frac{1}{2}}s'^{n-2}}{2^{\frac{n-3}{2}}(\frac{n}{2}-\frac{3}{2})!\ \sigma^{n-1}}\exp\left(-\frac{ns'^2}{2\sigma^2}\right)\mathrm{d}s' \tag{15}$$

如果 $n=1$,这一结论就不能成立,因此时 s'为 0 从而积分 I_2 不复存在。

令

$$\bar{x}-x=s'z \tag{16}$$

并据此写出 s'及 z,于是有

$$P(\mathrm{d}z\,\mathrm{d}s'|x,\sigma,H)=\frac{n^{n/2}}{\sqrt{\pi}\,2^{\frac{n}{2}-1}(\frac{n}{2}-\frac{3}{2})!}\frac{s'^{n-1}}{\sigma^n}\exp\left\{-\frac{ns'^2}{2\sigma^2}(1+z^2)\right\}\mathrm{d}s'\mathrm{d}z \tag{17}$$

最后,对上式作关于 s'的积分,得到

$$P(\mathrm{d}z|x,\sigma,H)=\frac{(\frac{n}{2}-1)!}{\sqrt{\pi}(\frac{n}{2}-\frac{3}{2})!}(1+z^2)^{-n/2}\mathrm{d}z \tag{18}$$

这结果最早是由笔名为“学生”(student)的著名统计学家哥塞特(W.S.Gosset)得到的[①],其显著特点是 x 与 s 相互独立,而这并非一眼就能看出来的;x 与 s 的实际取值与 z 无关,它们的存在由 H 所暗示,II 中包括就该问题而言正态分布成立这样的知识。引入变量

$$\overline{s_x}=\frac{s'}{(n-1)^{1/2}}=\frac{s}{n^{1/2}}=\left\{\frac{\sum(x_r-\bar{x})^2}{n(n-1)}\right\}^{1/2} \tag{19}$$

及

$$t=\frac{\bar{x}-x}{\overline{s_x}}=(n-1)^{1/2}z \tag{20}$$

可使表达式变形。于是,$\overline{s_x}$ 即为通常关于某一均值的标准差的估计[②],而 t 则为关于这一均值的实际误差与其估计标准误差之比。由此得到

---

① 见 *Biometrika*,6,1908,1—25.

② $\overline{S_x}$ 没有唯一的标准误(差),因为给定样本均值及标准差时,其真实值的后验分布不是正态分布。

$$P(\mathrm{d}t|x,\sigma,H)=P(\mathrm{d}t|H)$$

$$=\frac{(\frac{n}{2}-1)!}{\sqrt{\pi}.(n-1)^{1/2}(\frac{n}{2}-\frac{3}{2})!}\left(1+\frac{t^2}{n-1}\right)^{-n/2}\mathrm{d}t \tag{21}$$

这就是人们通常采用的、被称为 t 分布的(函数)形式。若 n 很大,则 t 分布将趋于标准差等于 1 的正态分布,但对于不太大的 n,它将散布于一更大范围(此时 t 的取值较大)。这显示出这样的事实,即给定 x 及 σ,关于 $\bar{x}$ 与 s' 的取值概率相互独立。由此可知,尽管那些 $\bar{x}$(之取值)遵从标准差为 $\sigma/\sqrt{n}$ 的正态分布,但在任何情况下关于 x 的误差均可与大于或者小于 σ 的 s' 发生联系,而依据 s 算出的 $\overline{s_x}$ 也可以大于或者小于 $\sigma/\sqrt{n}$。结果,超过 $\sigma/\sqrt{n}$ 的 x 的误差有较大概率和不超过 $\sigma/\sqrt{n}$ 的 $\overline{s_x}$ 值有关,从而导致与遵从正态分布的 x/σ 相比,取大值的 t 的出现概率来得要更大些。

2.81 设有取自同一正态分布(总体)的两个样本 n_1,n_2,并设它们的均值和均方差分别为 $\bar{x}_1$,$\bar{x}_2$,s_1',s_2'。给定正态总体的期望 x 及标准差 σ,这四个量落入指定区间的联合概率为何?因给定 x 及 σ 后,样本均值及样本均方差均不能提供各自对方的任何信息;因此,根据乘法规则,有

$$P(\mathrm{d}\bar{x}_1\mathrm{d}\bar{x}_2\mathrm{d}s_1'\mathrm{d}s_2'|x,\sigma,H)$$

$$=\frac{(n_1n_2)^{1/2}}{2\pi\sigma^2}\exp\left\{-\frac{n_1}{2\sigma^2}(\bar{x}_1-x)^2\right\}\mathrm{d}\bar{x}_1\exp\left\{-\frac{n_2}{2\sigma^2}(\bar{x}_2-x)^2\right\}\mathrm{d}\bar{x}_2\times$$

$$\frac{n_1^{\frac{n1}{2}-\frac{1}{2}}s_1'^{n1-2}}{2^{\frac{n1-3}{2}}\left(\frac{n_1}{2}-\frac{3}{2}\right)!\ \sigma^{n1-1}}\exp\left(-\frac{n_1s_1'^2}{2\sigma^2}\right)\mathrm{d}s_1'\times$$

$$\frac{n_2^{\frac{n2}{2}-\frac{1}{2}}s_1'^{n2-2}}{2^{\frac{n1-3}{2}}\left(\frac{n_1}{2}-\frac{3}{2}\right)!\ \sigma^{n2-1}}\exp\left(-\frac{n_2s_2'^2}{2\sigma^2}\right)\mathrm{d}s_2' \tag{22}$$

它是四个独立因子的连乘积。现考虑 s_1' 落入 $s_2'y$ 及 $s_2'(y+\mathrm{d}y)$ 之间的概率。对于全部的 $\bar{x}_1$,$\bar{x}_2$ 而言,根据 1.7 节的定理 12,有

$$P(\mathrm{d}y\mathrm{d}s_2'|\bar{x}_1,\bar{x}_2,x,\sigma,H)$$

$$=\frac{n_1^{\frac{n1-1}{2}}n_2^{\frac{n2-1}{2}}s_2'^{n1+n2-3}y^{n1-2}}{2^{\frac{1}{2}(n1+n2-6)}(\frac{n_1}{2}-\frac{3}{2})!\ (\frac{n_2}{2}-\frac{3}{2})!\ \sigma^{n1+n2-2}}\exp\left(-\frac{n_2+n_1y^2}{2\sigma^2}s_2'^2\right)\mathrm{d}y\mathrm{d}s_2'^2$$

$$\tag{23}$$

进一步,对 s'_2 作积分,

$$P(\mathrm{d}y|\overline{x}_1,\overline{x}_2,x,\sigma,H)=\frac{2n_1^{\frac{n_1-1}{2}}n_2^{\frac{n_2-1}{2}}(\frac{1}{2}n_1+\frac{1}{2}n_2-2)!\ y^{n_1-2}}{(\frac{n_1}{2}-\frac{3}{2})!\ (\frac{n_2}{2}-\frac{3}{2})!\ (n_2+n_1y^2)^{(n_1+n_2-2)/2}}\mathrm{d}y \tag{24}$$

令 $y=\mathrm{e}^Z$,

$$P(\mathrm{d}Z|\overline{x}_1,\overline{x}_2,x,\sigma,H)=\frac{2n_1^{\frac{n_1-1}{2}}n_2^{\frac{n_2-1}{2}}(\frac{1}{2}n_1+\frac{1}{2}n_2-2)!}{(\frac{n_1}{2}-\frac{3}{2})!\ (\frac{n_2}{2}-\frac{3}{2})!}\frac{\mathrm{e}^{(n_1-1)Z}\mathrm{d}Z}{(n_2+n_1\mathrm{e}^{2Z})^{(n_1+n_2-2)/2}} \tag{25}$$

将(25)式的变量作一改变,就得到费舍的 z 分布[①]。若令 $\nu_1=n_1-1$,$\nu_2=n_2-1$(采用尤尔及肯德尔的写法),可得 $\nu_1s_1^2=n_1s_1'^2$,$\nu_2s_2^2=n_2s_2'^2$,$\ln(s_1/s_2)=z$,

$$P(\mathrm{d}z|\overline{x}_1,\overline{x}_2,x,\sigma,H)=\frac{2\nu_1^{\frac{\nu_1}{2}}\nu_2^{\frac{\nu_2}{2}}(\frac{1}{2}\nu_1+\frac{1}{2}\nu_2-1)!}{(\frac{\nu_1}{2}-1)!\ (\frac{\nu_2}{2}-1)!}\frac{\mathrm{e}^{\nu_1z}\mathrm{d}z}{(\nu_2+\nu_1\mathrm{e}^{2z})^{(\nu_1+\nu_2)/2}} \tag{26}$$

这就是费舍的表达式。令人惊讶的是,在变量替换过程中出现的那些变量,在最终结果中竟然消失得无影无踪。在实践中,将哪个均方差称作为 s_1 具有任意性;一般取其中的较大者,这样可使实际应用中的 z 永远取正值。容易证明,将 s_1 与 n_1,s_2 与 n_2 互换并改变 z 的符号,(26)式不会发生任何变化。此外,z 的取值区间可以是 $-\infty$ 至 $+\infty$,而 y 则只能在 0 至 ∞ 取值,所以 z 的分布之对称性更强些。事实上,对于和 0 偏离不太远的 z 值来说,z 的分布几近正态分布,故可方便地由下式表示

$$z=0\pm\left[\frac{1}{2}\left(\frac{1}{\nu_1}+\frac{1}{\nu_2}\right)\right]^{1/2}$$

关于检验 z 之随机性假设的、显著性水平为 0.1%,1%,5%的临界值表,已由费舍给出[②]。

---

① 见 *Proc.Roy.Soc.*A.121,1928,669.

② 见 *Statistical Methods for Research Workers*,table vi.

2.82　费舍的 z 分布可以视为 χ^2 分布的推广。χ^2 分布假定观测值或者来自标准差已知的正态分布，或者来自标准差可利用频数算出的近似正态分布，这样，观测数据的散布状况即可与标准差已知的正态分布作比较。采用 z 分布时，一组估计量的散布状况要和另一组估计量的散布状况进行对比，且每组估计量都用其标准差(the standard deviation)而非标准误(the standard error)进行度量，因而在度量结果中都会包含自由度数目。人们常假定两组估计量中相应的那两个估计量有相同的标准误。利用所谓"平衡试验"(a balanced design)技术，这种假定在生物试验中可告成立；而关于物理量的估计，由于通常总是采用不同方法进行，故所得估计量的标准误也不会相同。因此，在这种情况下就需要一种转换 z 分布的方法；此时人们只能希望得到近似答案，而这样的(一些)答案却是必不可少的。

若已得到一些关于 x_r 的自由度为 v_r 的估计量，其估计标准误 c_r 已知，就可以作和

$$\sum \frac{x_r^2}{c_r^2} = \sum t_r^2 \tag{1}$$

从而形成对每个 x_r 的加权平均。这是关于 χ^2 估计量的最简单的类比。若所有 v_r 都很大，则作这种类比会相当令人满意。如果有 n 个估计量，则相应自由度之数目即为 $n-1$。但是，如果 v_r 不大，则(1)定义的函数就不再遵从 χ^2 分布。对于 $v_r>2$ 而言，(1)式中 t_r^2 的期望不会等于 1，而是等于 $v_r/(v_r-2)$；而对于 $v_r\leqslant 2$，t_r^2 的期望又变为无穷大。因此，如果通过形如(1)式的方法与利用(根据样本算出的有关)估计标准误估计 χ^2，则估计的结果将会是

$$\sum \frac{\nu_r}{\nu_r-2} - 1 \tag{2}$$

而非 $n-1$。这可能会招致严重后果。设我们已得到 10 组数据系列，每组各含 5 个观测值，又设我们利用上述方法构造 χ^2。此时，算出的 χ^2 的期望值等于 19 而非等于 9。但是，自由度等于 9 时，$\chi^2=19$ 几乎等于 2%右尾拒绝域的临界值[①]，故可断定即使相关变差完全是随机性的，这种均值系列也缺乏一致性。

---

①　该临界值的精确值为 19.023(精确至 10^{-3})——译注。

利用中心极限定理，可以得到另一种较好的估计。设 E 代表期望，我们有

$$E(t^2-Et^2)^2=Et^4-(Et^2)^2=\frac{2\nu^2(\nu-1)}{(\nu-2)^2(\nu-4)} \tag{3}$$

如果

$$t'^2=t^2\ \frac{\nu-2}{\nu}\sqrt{\frac{\nu-4}{\nu-1}} \tag{4}$$

则对于 $\nu>4$，$(t'^2-Et'^2)^2$ 的期望永远等于 2，而对于 n 大于 3 或 4，$\sum(t'^2-Et'^2)$将几乎具有正态概率分布。因此，若期望的真实值为 0，就有

$$Et'^2_r=\sqrt{\frac{\nu_r-4}{\nu_r-1}},\qquad \sum t'^2_r=\sum\sqrt{\frac{\nu_r-4}{\nu_r-1}}\pm\sqrt{2n} \tag{5}$$

如果一个加权平均值已被决定，则近似地可用$(n-1)/n$ 乘以 $\sum t'^2_r=\sum\sqrt{\frac{\nu_r-4}{\nu_r-1}}\pm\sqrt{2n}$ 右端之第一项，用$\sqrt{2n-2}$代替$\sqrt{2n}$作相应的计算。对于自由度小于 4 的有关估计量而言，这种检验不可行，对于自由度大于 4 的情形，如果各被平均项相互协调，就可将它们合并在一起进行检验，而对于自由度小于等于 4 的各被平均项的有关检验，即可和业已合并（自由度大于 4）且相互协调的各被平均项作逐一比较来完成。

上面介绍的方法肯定很粗糙，但正如 χ^2 检验那样，它也可被用于对有关情况进行初步探测。与 χ^2 及 z 检验一样，它也不是总能使问题获得最终解决，而是对是否值得作进一步探究提供线索。

2.9 关于随机噪声的说明。如果关于自变量 t 的、在相等区间取值的（因变量）x 之一有限集（共 n 个元素），其中的诸 x 有独立的正态误差且标准差相同，则容易证明这个 n 个可决傅立叶系数也有相等且独立的正态误差。

有很多仪器可以用来对噪声进行连续记录。我们取记录时间有限的情形进行考察。在这种情况下，根据帕斯瓦尔定理（Parseval's theorem，见 *MMP*，§14.09），相应的傅立叶系数不可能有标准差相同的独立误差，因为这将涉及无穷数的确定而相关均方位移也会变成无穷的问题。若存在下述解析式

$$f(t)=\sum(a_n\cos nt+b_n\sin nt) \tag{1}$$

且$\{f(t)\}^2$ 的均值有穷，则$\sum(a_n^2+b_n^2)$必收敛，因此

$$a_n^2+b_n^2=o(n^{-1}) \tag{2}$$

但这只是 $f^2(t)$为勒贝格积分的必要条件，虽然它对 $f(t)$的许多不规则变化均能适用。一个更合理些的条件是要求 $f(t)$为连续函数。然而连续性并不是傅立叶级数收敛的充分条件。$f(t)$收敛最简单的充分条件是要求它应为有界变差函数（见 *MMP*，§14.04）。这样，a_n 和 b_n 的量级同为 $O(1/n)$。但 $f(t)$仍有可能间断；而当 a_n和b_n的量级为$O(1/n^2)$，$f(t)$又为有界变差函数时，$f(t)$的连续性就能得到保证。这相当于要求傅立叶系数的加总值要处处相等，且就等于 $f(t)$，亦即要求 $f(t)$必为连续函数，因级数$\sum 1/n^2$收敛，故傅立叶级数也将一致收敛。

本书作者看过一些关于随机噪声（即白噪声）的论著，在这些论著中 n 常被限制在一有限区间内。但我们以上叙述的条件就没有这么强的限制，而且还可以作如下进一步修改

$$P(\prod \mathrm{d}a_n\mathrm{d}b_n \mid \tau H)=\prod \frac{n^4}{2\pi\tau^2}\exp\left(-\frac{n^4}{2\tau^2}(a_n^2+b_n^2)\right)\mathrm{d}a_n\mathrm{d}b_n, \tag{3}$$

使得每个傅立叶系数均服从标准差为 t/n^2 的正态分布，且每个傅立叶分量的相位都是随机变化的。

考察 $\sigma^2=\sum(a_n^2+b_n^2)$的期望让人很感兴趣。显然，该期望近似等于

$$\sum_1^\infty 2\frac{\tau^2}{n^4}=2\frac{\pi^4\tau^2}{90}=2.2\tau^2 \tag{4}$$

为了对其作更细致的考察，我们使用特征函数

$$\Omega(\kappa)=E\mathrm{e}^{\kappa\sum(a_n^2+b_n^2)}=\prod\frac{1}{1-2\kappa\tau^2/n^4} \tag{5}$$

但

$$\prod_{n=1}^\infty\left(1-\frac{x^4}{n^4}\right)=\frac{\sinh\pi x\sin\pi x}{\pi^2x^2} \tag{6}$$

从而

$$\Omega(\kappa)=\frac{\pi^2(2\kappa\tau^2)^{1/2}}{\sinh\{\pi(2\kappa\tau^2)^{1/4}\}\sin\{\pi(2\kappa\tau^2)^{1/4}\}} \tag{7}$$

于是

$$\sigma^2 = \sum (a_n^2 + b_n^2) \tag{8}$$

的概率密度就是

$$\frac{1}{2\pi i}\int_{-i\infty}^{i\infty} e^{-\kappa\sigma^2}\Omega(\kappa)d\kappa \tag{9}$$

若令

$$\kappa = x^4/2\tau^2 \tag{10}$$

并对正实轴采用一回路，可使(3)式简化为

$$P(d\sigma^2 \mid \tau H) = \frac{2\pi}{\tau^2}\sum_{r=1}^{\infty}(-1)^{r-1}\frac{e^{-r^2\sigma^2/2\tau^2}r^5}{\sinh r\pi}d\sigma^2 \tag{11}$$

对它作关于 σ^2 的积分(此积分应该等于 1)，得到

$$4\pi\sum\frac{(-1)^{r-1}r^3}{\sinh r\pi} \tag{12}$$

顺便求解 σ^2 的期望(该期望应等于 $p^4t^2/45$)，得到

$$8\pi\tau^2\sum\frac{(-1)^{r-1}r^3}{\sinh r\pi} \tag{13}$$

因 $\sinh\pi = 11.55$，显然上两式中绝大部分的加总值由其第一项所贡献，正如级数$\sum 1/n^4$的加总值主要由该级数的第一项所贡献那样；所不同的是，$\sum 1/n^4$给出的为级数的不足估计值，而(12)、(13)两式给出的则是相应级数的过剩估计值。

本例旨在说明特征函数的用处。用特征函数定义随机噪声并不令人十分满意，虽然它能避免在某一频率之上完全删除所有频率的缺陷。利用特征函数定义随机噪声的不足在于，大部分随机变差都会集中在最低频率处。事实上，若随机噪声的各种振幅刚好达到其(各自的)期望值，而第一项噪声的期望值为 $\tau\sqrt{2}$，且所有其余各项噪声的期望值加起来也只能达到

$$\sum_2^n \sqrt{2}\,\frac{\tau}{n^2} = \sqrt{2}\,\tau\left(\frac{1}{6}\pi^2 - 1\right) = 0.64\sqrt{2}\,\tau$$

如此，表达随机噪声期望值之级数的第一项，就贡献了这种数值的绝大部

分，这也是很显然的。

为了使用的方便，随机噪声的定义如要令人满意，就必须保留这样的性质，即对于大 n，它能使随机噪声振幅的减小维持速率 n^{-2}，而对于小 n，它也能捕捉到较小些的随机噪声振幅并予以表示。看来要达到这种要求至少需要考虑再添加一个新参数。

以上分析阐明了使用 $\Omega(\kappa)$ 而非 $f(t)$ 的好处，从(9)式可清楚看到，对于取较大正值的 $\Omega(\kappa)$，被积函数会很小，所要求的路径修正也能围住正实轴。若 κ 被 it 所取代，相应的奇点将位于负虚轴上，从而使这些奇点为仅有的相关奇点这一事实变得不太明显。

第三章　估计问题

我们必须学会思考，智人皆应如此。

R.奥斯汀·弗里曼：《红拇指印》[①]

3.0　上一章考虑的是给定随机变量的分布及这些分布所含参数（数值已知）时各种可观测事件发生的概率问题。由此得到的结果通常可用于决定所给分布中各参数出现可能性之大小；还可以用于在将观测值视为给定后利用逆概率原理去估计那些参数出现的概率。估计问题是具有这种性质的问题，即随机变量的分布已知（其中的某些参数可视为未知，它们取何值无需作特殊考虑），而获得相应的观测值以后，我们的目的就是在这些条件下求出这些参数的概率分布。

3.1　首先，我们需要找到一种在无需对参数可能取值作特殊考虑时，判断该参数大小的方法。有两条规则可以应用于这种场合之最简单的两种情形。若该参数在一有限区间取值，或自$-\infty$至$+\infty$之间取值，则其先验概率应取作均匀分布。若该参数可预见的取值在0与∞之间，则其取对数后的先验概率应取作均匀分布。常常发生这样的情况，即某（随机变量的）概率分布可用几组不同的参数做出很好的估计，我们自然希望能找到这样一种规则，由它可以导致同一个结果而无论最先选择的是哪一组参数。否则，我们仍然会陷入随意选用不同规则的窘境。现在已知，这种具有（与先验分布有关的）不变性的方法不仅存在，而且应用还相当广泛，尽管尚未达到放之四海而皆准的地步。

这些规则的核心作用是，提供对在允许区间取值的某特定参数予以忽略的形式化表示，这些规则并不声称该参数（或其他类似参数）在不同区间

---

①　R.奥斯汀·弗里曼(R.Austin Freeman,1862—1943)，英国侦探小说家，以桑代克医生(Dr.Thorndyke)系列侦探小说闻名于世——译注。

取值可能性之大小,而只是提供尽可能不受个人主观影响的正式规则,以使整个估计理论得以启动。借助于先验分布并利用逆概率原理考察相继获得的几批数据,我们就能在知识发展的任何阶段对所关注的参数的后验分布提供合理的解释。在这种推理过程中间不存在任何逻辑困难,但在其开始时却存在一个困难:除上面提到的非常一般的选择先验分布的规则外,当人们对待估的参数一无所知时,其先验分布到底作何指派?只要承认概率无非就是关于理性信念相信程度的一个形式化的数值表述,则此处的任何逻辑困难都能被克服。如果对某个参数的实际取值情况一无所知,我们为它所选的先验分布就应体现出我们的这种无知性。除明显的事实以外——如该参数由其性质使然只可能限定在某确定区间取值,我们都不应对它取什么值做出断言。

为(模型)参数的先验分布选取均匀分布的方法,是贝叶斯和拉普拉斯在研究抽样问题时采用的,拉普拉斯还在研究某些测量问题时采用过它。给定样本容量,抽样所要解决的可以是估计总体中不同性质的元素各自所占比例为何的问题。若在开始时我们对这个总体一无所知,我们就要对该总体中性质不同元素所占比例的各种可能性一视同仁。因此,决定先验分布的选取规则必须对此予以明示;贝叶斯和拉普拉斯就是这样做的,他们认为总体中性质不同元素所占比例的各种可能性均相等,而真实情况如何则依赖抽样定夺。

遗憾的是,贝叶斯和拉普拉斯行进至此就停步不前了,而此二人在学术界的巨大权威性又导致了这样一种观念,即无论对于什么问题,选择先验分布为均匀分布既是一成不变的定论,也是利用逆概率原理必不可少的环节。关于后者的偏执性,我们在此只需指出一点即可攻破它——烤过牛肉的烤炉当然可以再用来烤制别的食物。把选择先验概率的均匀分布推广至一切场合,将带来一个使任何假设检验都无法进行的致命伤。对于一个待估计的新参数而言,假定其先验概率分布为均匀分布,实际上几乎总是导致其最可能取值异于零的结论——例外只是源于数字上的高度巧合而已。如此,任何以有限参数表述的(概率)分布,只要(样本)观测值数目大于待定的参数数目,都将会遭到拒绝。事实上,简单定律得以保留而追加进来的新参数遭到了拒绝,除非它能数倍于其标准误。我认为简单定律之所以总能得到保留的唯一可能理由在于它十之八九是正确的,而据此说明有关事物的(主要)变化规律时,其他的有关变化均可认为是随机性的。因此,用这种简单定律作预测就会更准确些。我们并非是去断言简单定律一定会成立，而是要去认真考虑其能够成立的情形——换言之，我们要考虑它具有非零先验概率的情况，此时，它使作为一个新函数系数而追加考虑的(那个)新参数的先验概率为0。但这等于承认至少对假设检验来说，(相应的)先验概率分布取作均匀分布是行不通的。

高斯把先验概率分布取作均匀分布这一做法应用于误差分析，但他发现这样做并不能令人满意。此时存在一个明显的困难。若取

$$P(d\sigma \mid H) \propto d\sigma \tag{1}$$

为 σ 取值介于 0 及 ∞ 之间的表述，并希望比较 σ 在有限区间取不同值概率的大小，我们就必须使用 ∞ 而不是 1 来表述建立在数据 H 上的肯定性。这样做不存在困难，因为赋何值来表达肯定性完全是出于方便而已。人们通常用 1 代表全然肯定，但这不等于断言在任何场合都必须这么做不可。若取 σ 的任何有限值为 α，则赋予 $\sigma<\alpha$ 之概率的数值也将为有限，而赋予 $\sigma>\alpha$ 之概率的数值将为无限。如此，这就相当于断言无论我们选择什么样的有限数值 α，若引入 1.2 节的约定 3，$\sigma<\alpha$ 的概率就等于 0。这与我们关于对 σ 一无所知的陈述相矛盾。

我认为这就是参数估计问题中采用均匀分布作为先验概率的困难所在。均匀分布不能用于解决在半无限区间取值的参数估计问题。其他在不同时期提出的反对将均匀分布作为先验概率的理由，概括说来可归于一点，即人们如对某一参数一无所知，则对该参数的任何幂次的函数也应该一无所知；但假设这样的一个参数为 v，又假设它介于 v_1 及 v_1+dv 之间，则根据我们上面提出的规则，应该有

$$P\{v_1^n<v^n<(v_1+dv)^n \mid H\} \propto v_1^{n-1}dv, \tag{2}$$

假如我们又将此规则应用于 v^n，还应该有

$$P\{v_1^n<v^n<(v_1+dv)^n \mid H\} \propto dv^n \propto v_1^{n-1}dv \tag{3}$$

(2)、(3)两式左边相等，但右边的概率估计由于因子 v_1^{n-1} 而有所不同。这种情况有时便会发生。例如，联系物质质量与密度关系的物理定律，就能等价地以质量为陈述对象或以比容(specific volume)为陈述对象进行表述，而物质的密度和比容成反比，所以如果对其中的一个(密度或比容)采用均匀分布作为其先验概率，则对另一个也这么做就会出错。对(一个)电子电

量的测量，有人采用 e，有人采用 e^2；但 $\mathrm{d}e$ 和 $\mathrm{d}e^2$ 不成比例。事实上，在讨论测量误差之大小时通常我们是以相关的标准差为根据的；但这并不等于说我们不能采用精度常数 $h=1/\sigma\sqrt{2}$ 作为讨论误差的依据，也不等于说 $\mathrm{d}\sigma$ 不能和 $\mathrm{d}h$ 成比例。虽然许多人注意到了采用均匀分布作为先验概率估计的困难，但他们全都认为既然这种做法由贝叶斯和拉普拉斯所奠定，那么它就是不可或缺的，而且在任何场合——无论问题的性质如何——都应该如法炮制。长期如此发展已到这样的境地，乃至探索是否还存在更令人满意的先验概率表述形式的努力依然缺乏，更有不少作者已经断定先验概率本身毫无意义，因而依据它进行推理的逆概率原理也是毫无意义的。

解决这一问题的办法其实非常简单。若 vr 是常数，则有

$$\frac{\mathrm{d}v}{v}+\frac{\mathrm{d}\rho}{\rho}=0 \tag{4}$$

若 v 可取 0 与∞之间的任何值，且其先验概率分布取作与 $\mathrm{d}v/v$ 成比例，则 r 的取值亦介于 0 与∞之间，此时，若将 r 的先验概率分布取作与 $\mathrm{d}r/r$ 成比例，我们便得到形式相同的、两个完全一致的陈述。同样，无论幂次如何，$\mathrm{d}v/v$ 与 $\mathrm{d}v^n/v^n$ 也总是成比例，而相应的常数比可被调整因子吸收。如果必须把我们先前关于在一无穷区间取值的量的无知性表述出来，我们已经看到为了避免分子分母均为无穷小这种比式的出现，就必须采用无穷大而不采用 1 来表示全然肯定；因此，$\int_0^\infty \mathrm{d}v/v$ 在两个积分限处发散恰为一个令人满意的性质。这一结论对介于 v_1, v_2 之间的 v 也成立；因为

$$\frac{\mathrm{d}v}{v\ln(v_2/v_1)}=\frac{\mathrm{d}v^n}{v^n\ln(v_2^n/v_1^n)} \tag{5}$$

这种性质和下述事实有关，即许多实际问题我们在着手处理它们时，对有关的标准差我们并非全然无知：我们所选用的测量工具就能为我们提供一些暗示，如我们应能读取小于特定标准差的读数，也应能观察到超越观测数据的一些数值范围。因此，我们通常具备一些关于特定标准差上下界的初步知识。然而，$\mathrm{d}v/v$ 依然是唯一的关于不同幂次的不变量。若由一实际观测值序列算出的标准差既远大于其相应总体标准差 σ 的最小可容许值，又远小于(其相应总体标准差 σ 的)最大可容许值，则对该序列的分布进行截断处理时，最终结果的改变将微乎其微。

这一点也可以用另一种方式予以说明。若 v 是维幅度参数(a dimentional magnitude)而非某一数值,我们要估计 $P(\mathrm{d}v|H)$,而 H 中除了 v 是正数外不再含有任何关于 v 的信息,这就只能取 $Av^n\mathrm{d}v$ 的形式而 A 及 n 为常数。因为两个概率的比是一个数,故作为分子的那个概率取为 $\sin v$ 就没有意义(长度的正弦毫无意义);它取作 $\mathrm{e}^{-v/a}$ 也无意义,此式中的 a 是和 v 维度一样的某个常数。此时我们要为两个概率的比指派一个有限数,使 v 小于或大于 a。若 a 已知,这就和前面的条件相矛盾(我们只知道 v 的存在及它的取值介于 0 与 $+\infty$ 之间);若 a 未知,我们就需提供一个估计它的规则或者明确说明我们对它一无所知——无论是何种情形我们都在原地踏步,毫无进展。$\mathrm{d}v$ 的系数只应含有 v 的信息,而若 v 是维度,则这一要求只能被 v 的某次幂所满足。如果我们考虑 a 的一个固定值,v 小于或大于 a 的概率就等于

$$\int_0^a v^n\,\mathrm{d}v\Big/\int_a^\infty v^n\,\mathrm{d}v \tag{6}$$

若 $n>-1$,(6)式中分子的积分为有限值而分母为无限值。采用 1.2 中的约定 3,可以断言 v 小于任何有限值的概率等于 0;而若 $n<-1$,则(6)式中分子的积分为无限值而分母为有限值,根据同一约定又可以断言 v 大于任何有限值的概率等于 0。无论是哪种情形,都与我们关于 v 一无所知的声言相矛盾。但若 $n=-1$,(6)式的两个积分都将发散,从而它们的比就形成一个未定式。此时就不能采用 1.2 节中的约定 3。因此,对 v 大于或小于 a 的概率不去指派任何数值,就是人们关于 v 一无所知的表述(除知道 v 取值于 0 与 ∞ 之间外)。如此一来,形如

$$P(\mathrm{d}v|H)\propto \mathrm{d}v/v \tag{7}$$

的表达式就成了能满足我们要求的唯一形式。

我对这种观点持反对意见,因为如果固定两个数值 a,b,由(7)式将导致陈述"v 取值介于 0 与 ∞ 之间的概率为 0";由此即可推出 v 或者是 0 或者是 ∞,除此以外不可能取有限的数值。对于前者我的解答是,如果我们对 v 一无所知(只知其可能在一无限区间取值)而竟然又发现它也会在某有限区间内取值,则这只能视为纯属偶然的巧合。若 a,b 并非任意数而是可由先前(有关)知识加以确定的两个数,则最初我们对 v 就不是全然无知,先前的这种知识就应该加以利用。对于后者,我应该指出(7)式所断言的,无非就是用

∞作为全体有限数(取值)概率加总值;但对取值为无穷或取值为 0 的概率为何,却只字未提。构造处处有限但其积分却发散的函数非常容易,例如

$$f(x)=1/x \quad (x\neq 0)$$

$$f(x)=1 \qquad (x=0)$$

就能满足要求。从根本上说,这种观点之所以站不住脚,是因为它假定了 1.2 节中定理 2 的逆之存在,而在那条定理中概率为 0 并非表示全然不可能(之命题)。

我认为一个更严重的反对意见是,若抛弃 1.2 节中的约定 3 而取无穷大作为全然肯定(命题)的表示,则所有据此约定得到的非零概率将变为无限,从而使由这种概率所形成的比毫无意义。因此很明显,如果我们考虑一个未知的标准差,就需忘掉我们已知的一切直至我们能把它实际估计出来。根据这一点,我就认为 1.2 节中的约定 3 不能抛弃。此时,支持 dv/v 规则的论点可以建立在关于(v 的)幂次之不变性上;而 1.2 中的约定 3 要求将这一点表为(所关心的未知变量)位于两个给定值之间——就像本节(5)式那样。然而这样做并没有带来任何进展,因为:(1)对绝大部分积分值有所贡献的是在(积分)区间之内取值的积分变量,而在端点处(即积分上下限)的取值对积分结果几乎没有影响;(2)数学上对无限积分的定义,通常是先计算其在有限区间上的积分结果,然后令该区间趋向无穷而作出的。因此,在这里使用无穷积分,等价于令本节之(5)式的 v_1 趋于 0,v_2 趋于无穷而得到的计算结果。

这一规则(即 $P(dv|H)\propto dv/v$)似乎涵盖了所有可以想象出的维幅度(dimensional magnitudes),它们的取值范围是从 0 至∞;也涵盖了这些维幅度所带的、作为估计对象的有关数量或幂次。这一规则利用 1.1 节的规则(6),可以推广至当我们对某一数量一无所知而只能断言它介于 0 与∞之间的一般情形,亦即我们必须引入最少量的独立假设(postulates)。如果使用其他规则,就要再多引入一条假设才行。

若 $P(dv|H)\propto dv/v$,则还应有 $P(dv|H)\propto d\log v$,而 $\log v$ 可取$-\infty$与$+\infty$之间的任何值。所以,这一规则与对限制在实数范围取值的某数量之先验概率采用均匀分布,也是一致的。乍看起来,它与为在有限区间取值的某数量指派均匀分布并不一致。若这一数量为 x 且必须介于 0 与 1 之间,则 $x/(1-x)$ 即为限制在 0 与∞之间取值的量;由霍尔丹(Haldane)提出的表达式可知,这意味着

$$P(\mathrm{d}x \mid H) \propto \frac{1-x}{x}\mathrm{d}\frac{x}{1-x} \propto \frac{\mathrm{d}x}{x(1-x)} \tag{8}$$

拉普拉斯和贝叶斯在抽样问题中为总体中性质不同元素所占比例的各种可能性指派了均匀分布(即 $P(\mathrm{d}x \mid H) \propto \mathrm{d}x$)。霍尔丹的表达式给出了 x 在区间端点时(其分布)的无限密度。除有明显的不一致之处外,我(还是)认为 $\mathrm{d}v/v$ 规则是对的;有理由认为它比贝叶斯—拉普拉斯的均匀分布假定更为合理,因为它表达了所应表达的、关于(某事物)一无所知的观念。我并不认为(8)式表明它对于其所论的问题正确无误。其他变换也能带来与(8)式同样的性质,但若将其推广至一切场合,也不能避免它们相互之间产生矛盾。

我认为人类大脑的某种不完善性是造成此类理论困难的原因:人类的记忆力并非完美无缺。如果曾经引起人们注意的事物或者被完全记住或者被完全忘掉,则对它们发展理论就相当容易,所以构建相应理论的需求就不那么迫切。对于完全忘掉的信息(data),人们十分清楚地将其彻底忽略;而完全被记住的信息则将在有关理论中得到运用。但是,大脑中还存有许多模糊记忆以及建立在业已被忘却信息之上的推理,这一切都不可能嵌入到某种正式的理论中去,因为它们本身就未曾得到足够清晰的表述。在实践中,如果某种这样的模糊信息或推理暗示我们应去深究某一问题,则我们所能做的一切只能是从头开始研究该问题——大脑中原有的模糊信息(或推理)派不上用场。如果有人对某项完成得很好的实验得出结论,说“其结果人所共知”,但他人对此的反应却是“是的,人们都知道该结果但没人知道它是如何让人信服的”。我尚不清楚贝叶斯和拉普拉斯关于先验概率选择的困难是否也有此类性质。贝、拉二氏的做法代表了什么——是对某事物的完全无知,还是对归属尚不清楚的观测数据与(以往)总体中不同性质成员所占比例出现频率的某种综合?艾奇沃斯和皮尔逊(Edgeworth and Pearson)认为,贝、拉二氏的做法建立在观测事实之上,即关于(总体中不同性质成员的)样本比例大体上服从均匀分布。这种观点对于研究气候现象相关性的气象学家可能很具吸引力,因为在一定时期内气候现象大体呈均匀分布状态,但这种观点对于孟德尔学派生物学家就很难具有吸引力了。贝叶斯和拉普拉斯的做法难道对极端情形没有影响吗?毫无疑问,如果采用贝、拉二氏选择先验概率的做法于(和所论问题有关的)极端值,就会得到与普通人思维相左的结论。而若选取 $\mathrm{d}x/x(1-x)$,又会走到另一个极端即若总体中某类成员具有某种性质,则该总体中所有成员也必有这种性质。

显然，我们至少需要一个有关取值介于 0 和 1 之间的量的假设，因为即使我们试图通过变形 $\mathrm{d}v/v$ 来获得关于选择先验概率的规则，这种变形也不是唯一的。关于一总体的某个机遇或比率若视为未知，它遂成为一个可调参数。根据已有的知识，通常我们要对可调参数假设它能通过显著性检验以排除某些(可能)取值。这种做法也适用于此吗？看来情况确实是这样。朴素因果论(naïve notions of causality)会使全部(关于)总体的比率非 0 或 1。根据我们的分析，虽然朴素因果论所作的这种设想缺乏肯定性，但分析伊始我们必须为它提供一个有限的先验概率。如果不这样做，就会走向另一个极端。更进一步说，虽然在许多情况下朴素因果论被弃之不顾，但即使以我们目前的知识水平，也存在不少场合使它得以成立；苹果和橘子不会在同一棵树上结果。在基因学中人们通常假设某一机会出现的概率在 0 与 1 之间取值，如 1/2，1/4，3/8 等；而在检验骰子是否均匀时，则常假设这样的值为 1/6 或 1/3。实际中某机会出现概率的大小取作何值依具体问题而定，除常识外我们无法给出一个普适的选取法则。任何人若不知晓其所假设的(某机会出现概率大小的)数值为何，甚至不清楚是否存在这样的数值，此人必不清楚他的问题是什么，因此也就不能理解问题解答的意义。但抽样问题——作为一个纯粹的估计问题——有所不同，它受限于这样的场合，即不存在人们假设的某类成员所占抽样比的数字，其先验分布(假定为均匀分布)也无任何奇异之处，所以，此时(人们)对假设先验分布为均匀分布就无反对意见，代替均匀分布的先验概率也尚无人经过深思熟虑而提出，尽管曾有人提出过下式作为选取先验概率的规则

$$P(\mathrm{d}x \mid H)=\frac{1}{\pi}\frac{\mathrm{d}x}{\sqrt{x(1-x)}}$$

虽然使用均匀分布作为选取先验概率的规则有局限性，但它还是可以采用的，即使依据我们目前的知识水平，除某些特殊情形外，抽样比率也能在很大程度上服从均匀分布。这并不是说选择均匀分布作为先验分布可以一劳永逸，也不是说如果作此选择后(相应分析)结果令人满意，均匀分布就是万应灵药。我们所要做的，是检验作这种假设会把我们导向何处，依我们目前的知识水平，可以认为这种选择有其合理性，不妨在此基础上继续探索。

3.2 抽样。首先，本书要将贝叶斯和拉普拉斯的理论推广至有限总体

抽样。设我们感兴趣的有限总体的容量为 N，它等于从该总体随机抽取的 $r+s$ 个总体单位之和。现在的任务是在 N 及样本容量(分别为 l 及 m)给定后，对 r 作出某些推断。因此 N 要被视为已知而 s 则须用 $N-r$ 代替，所以，给定 N 与 r，观测到的总体单位的出现概率即为

$$P(l,m|NrH)=\binom{r}{l}\binom{N-r}{m}\Big/\binom{N}{l+m} \tag{1}$$

最初，在只有给定 N 的情况下，我们并不具备能够断言 r 的某种可能取值比其他取值更有可能性的任何信息。因此，r 之取何值的先验概率必须全都相等才行，即

$$P(r|NH)=1/(N+1) \tag{2}$$

根据逆概率原理，有

$$P(r|l,m,N,H)\propto\binom{r}{l}\binom{N-r}{m} \tag{3}$$

上式中与 r 无关的因子都被省略了，但无论任何，r 的取值总会介于 0 与 N 之间，因此有

$$\sum_{r=0}^{N}P(r\mid l,m,N,H)=1 \tag{4}$$

及

$$P(r\mid l,m,N,H)=\binom{r}{l}\binom{N-r}{m}\Big/\sum_{r=0}^{N}\binom{r}{l}\binom{N-r}{m} \tag{5}$$

第一版的《科学推断》[①]给出了用代数方法计算的(5)式分母的加总值。威普尔博士(Dr.F.J.W.Whipple)向我建议了另一种简单算法：设有 $N+1$ 个成员组成的集合，我们希望从中选出 $l+m+1$ 个成员。完成这一任务的方法总数为 $\binom{N+1}{l+m+1}$，可按这样的方式进行。首先从该集合中随意选出一个成员并假定它处于第 $r+1$ 个位置上，再选出位于此成员左侧的 l 个成

① 杰弗里的《科学推断》第一版于 1931 年问世，由英国剑桥大学出版社出版；该书第二版中文本(龚凤乾译)2011 年由厦门大学出版社出版——译注。

员、位于此成员右侧的 m 个成员，这共有 $\binom{r}{l}\binom{N-r}{m}$ 种选法。由于 r 的取值任意，不同 r 值选定后相应的（后续）选法总数也会各不相同，因该集合之第 $(r+1)$ 个成员必处在第 $(l+1)$ 个样本中，所以就有

$$\sum_{r=0}^{N}\binom{r}{l}\binom{N-r}{m}=\binom{N+1}{n+m+1} \tag{6}$$

若被抽取的样本很大而 N 也很大，利用斯特林公式即可得关于 r 的概率之近似值

$$P(r\mid l,m,N,H)=\left\{\frac{n}{2\pi p(1-p)N(N-n)}\right\}^{1/2}\exp\left\{-\frac{nN\theta^2}{2(N-n)p(1-p)}\right\} \tag{7}$$

其中

$$n=l+m,\quad p=l/n,\quad \theta=\frac{r}{N}-\frac{l}{n} \tag{8}$$

q 测量 r 偏离比例性的幅度，其概率分布以 0 为中心而标准差为 $\{(N-n)p(1-p)/nN\}^{1/2}$，若有限总体的容量远大于所抽样本的容量，此标准差就近似等于 $\{p(1-p)/n\}^{1/2}$。由问题的性质得到这种结果并不出人意料。而且若 N/n 很大，l/n 的概率也已给定，则 r/N 就近似独立于 N。因此，这种样本就不能提供总体容量的信息，而当 N 很大时，该总体也和 r/N 无关。但如果 $N-n$ 与 N 之间的差别不容忽视，则 q 之标准差就会来得小些（相比于 N 很大时）；这一结论对有放回抽样或估计问题也适用。它所反映的只是这样的事实，即我们把样本视为总体的一部分，而我们关于样本的明确知识减少了有限总体之某类成员所占比例的相应标准差。

考察下一个被抽中样品（specimen）属于第一类成员的概率，这一点就可以看清楚。设有限总体之容量为 N，其中的 n 个已被移动过，又，设属于第一类的成员共有 r 个，而其中的 l 个被移动过，于是，给定 r，N 及样本容量，命题“下一个被抽中样品属于第一类成员”的概率即为

$$P(p\mid l,m,N,r,H)=\frac{r-l}{N-n} \tag{9}$$

利用乘法规则将(9)、(5)两式结合起来，有

$$P(r,p\mid l,m,N,H)=\frac{r-l}{N-n}\binom{r}{l}\binom{N-r}{m}\Big/\binom{N+1}{n+1} \tag{10}$$

在这种情况下，命题“下一个被抽中样品属于第一类成员”的全部概率，可通过对所有(r 之取不同值的)概率求和来得到。但

$$\frac{r-l}{N-n}\frac{r!}{l!\,(r-l)!}=\frac{(l+1)r!}{(N-n)(l+1)!\,(r-l-1)!}=\frac{l+1}{N-n}\binom{r}{l+1} \tag{11}$$

而

$$\sum_{r=0}^{N}\binom{r}{l+1}\binom{N-r}{m}=\binom{N+1}{n+2} \tag{12}$$

因此，

$$P(p\mid l,m,N,H)=\frac{l+1}{N-n}\frac{\binom{N+1}{n+2}}{\binom{N+1}{n+1}}=\frac{l+1}{n+2}=\frac{l+1}{l+m+2} \tag{13}$$

它独立于 N，此即人们通常熟知的拉普拉斯演替规则(Laplace's rule of succession)[①]。然而，贝叶斯和拉普拉斯均未曾考虑有限总体(容量为 N)的情形。他们二人的做法一致，即首先考虑一个相应于 r/N 的机遇 x，然后将 x 的先验概率指派为 0～1 区间上的均匀分布，最后再利用二项分布作为似然而求得结果。由此，贝叶斯和拉普拉斯得到的结果在形式上就和(13)式无异；但我认为，最先发现此结果独立于(有限总体容量)N 的人是伯劳德教授(Professor C.D.Broad)[②]。至此我们已经看到，样本一经给定，则另取一容量为 n' 的(新)样本，其含有 l' 个属于第一类成员、$n'-l'$ 个属于第二类成员的概率也独立于 N。仿此，在给定样本及第($n+1$)个总体单位时，下一个被抽中样品属于第一类成员的概率；给定样本及第($n+1$)个及第($n+2$)个总体单位时，下下一个被抽中样品属于第一类成员的概率，如此等等以至无穷，都可以依次求出。所有这些概率都独立于 N，任何事先指定顺序之 l 及 m 个数据的、以这种方式求得的概率，通过将其各自的概率相乘即可得到，它等于

$$\frac{(l+1)(l+2)\cdots(l+l')(m+1)(m+2)\cdots(m+m')}{(l+m+2)(l+m+3)\cdots(l+m+l'+m'+1)} \tag{14}$$

---

① 见 *Mém.De l'Acad.R.d.Sci.*，Paris，6，1774，621；*Oeuvres complètes*，8，30.奇怪的是，在其 1812 年出版的《分析概率论》一书中，拉普拉斯再未提及这一规则。

② 见 *Mind*，27，1918，389－404.

与乘积的顺序无关；所有可能的顺序为$\binom{l'+m'}{l'}$种。因此，给定某一样本后，另抽取容量为$l'+m'$的（新）样本、其中恰含l'个属于第一类成员总体单位的概率（无论如何排序），都等于

$$P(l',m'|l,m,N,H)=\frac{(l'+m')}{l'!\ m'!}\frac{(l+1)\cdots(l+l')(m+1)\cdots(m+m')}{(l+m+2)\cdots(l+m+l'+m'+1)} \quad (15)$$

由(15)式可得到许多有趣结果。设$m=0$，则所抽样本全体成员均属同一类型。若样本给定，则下一个被抽中成员之概率必为$(l+1)/(l+2)$，且随样本变大此概率也将变大。下l'个成员被抽中的概率（$m'=0$时）将等于$(l+1)/(l+l'+1)$。于是，假如所有待考察的成员都属同种类型，则将有1/2的概率使下$l+1$个成员也属于这种类型；皮尔逊给出了拉普拉斯分析的拓展版本。但若$l'=N-l$，则所求（事件）的概率将为$(l+1)/(N+1)$。这结果也可采用其他方法得到。因$l'=N-l$是全部（有限）总体成员均属一种类型的表示，这等价于$r=N$。但

$$P(r=N|l,m,N,H)=\binom{N}{l}\binom{0}{0}\bigg/\binom{N+1}{l+1}=\frac{l+1}{N+1} \quad (16)$$

由此可知，在把均匀分布选作先验概率分布时，会有(1)一个容量很大的同类型样本，使下次被抽到的成员也属于该种类型的概率变大，且另抽一样本（其容量与第一次抽到的样本相差无几）其成员与第一次抽中样本成员类型相同的概率也相当大，(2)除非所抽样本占了（有限）总体的大部分，否则不会出现由样本导致总体全体成员皆同型的概率变大这种现象。

3.21　上一节的(16)式是伯劳德在其刚被提到的论文中给出的，我认为，他在该文中首次清楚地认识到，如果将均匀分布作为实际归纳过程的对应产物，这种做法就需要进行修正。伯劳德这篇论文影响深远，它导致了瑞恩奇和我在此基础上发表的几篇专论[①]。我们在那些文章中指出，伯劳德对他自己的发现阐述得不够深刻，所以我们有必要对它作进一步的阐发。演替规则(the rule of succession)作为归纳推理的证明曾经很具吸引力；而伯劳德所指出的是，对于某个一般性规律而言，即使符合该规律的案例远比

① 见 *Phil.Mag*.42,1921,369—90;45,1923,368—74.

业已查实的(符合该规律的)案例为多,利用演替规则也不能证明该规律能以某种(甚至并不大的)概率成立。如果我们根据手中实际掌握的证据,要为某个一般性规律赋以很高的发生概率,必要条件就是该规律成立的概率本身必须相当高才行。因此,我可能以 1∶1000 的可能性在英国见过“长羽毛的动物”;根据拉普拉斯的理论,命题“所有长羽毛动物都有喙”成立的概率即为 1/1000,但这与我或其他任何人的理性信念之表述均无从对应。见证的引入或许可使我们摆脱这里的困难,因为如果存在长羽毛的动物没有长喙,则必有某些人见过这种动物,而我也早该听说过这样的传闻,故“所有长羽毛动物都有喙”即可证明为不真。然而这样做也存在问题,它只是转移了困难而未解决困难:它带来了这样的命题即“我和所有其他人利用言语表示的意思完全一样”,而根据拉普拉斯的理论,该命题本身就是一个归纳概括,难以被人接受,正如“所有长羽毛动物都有喙”很难被接受那样。困难的本质在于,根据拉普拉斯理论 $1/(N+1)$ 作为先验概率要被赋予极端值,而这种概率是如此之小以致相当于断言,人们无需任何证据即可事实上肯定所关心的总体(相对于某项标志)并非同质;也近乎肯定任何可以想象的观测证据都无法明显改变这一结论。如果涉及数量定律情况会更糟,就像瑞恩奇和我已经指出的那样;演替规则若推广至连续量,将导致“所考虑的某新参数等于 0”的概率变为无穷小,而本书 127 页指出的困难也无法解决。由于这一原因,现在我可以说对于包含极端值的区间,将(有关的)先验分布指派为均匀分布是必须禁止的。一个科学理论必须对能作出清晰表述的假说(无论其所指为何)持开放立场,而这种假说若要得到人们的承认就必须得到相当多证据的支持才行。它当然不能排除譬如“某集合由同类成员组成”这样清晰表述的假说,除非业已存在明确的不支持该假说的证据。同样,科学理论也不能排除利用若干有限参数表出的数量定律(假说)。这实际上是宣扬一种原则即“任何清晰表出的定律都具有正的先验概率,因而也具有可观的后验概率,除非存在明确的不支持这种表述的证据”。这是关于简单化假设最本质的陈述。事实上,最令人惊讶的是拉普拉斯本人并未意识到这一点,而在其他许多场合,拉普拉斯都被说成是关于极端因果律(extreme causality)的主要鼓吹者。如果拉普拉斯应用他自己的抽样理论于有限总体组成部分(有关比例)的估计,则几乎可以肯定他应该意识到,对任一单独的一般性规律而言,这样做都不会导致一个可观且足够大的概率,所以这种做法不能令人满意。

若承认无论有限总体的容量有多大，都会有关于不趋于 0 的极端值的概率存在，立即就能得到令人满意的结果。若取

$$P(r=0|NH)=P(r=N|NH)=k \tag{17}$$

而令 $1-2k$ 在 r 不取 $0,N$ 处均匀分布，则有

$$P(r|NH)=\frac{1-2k}{N-1}(r\neq 0,N) \tag{18}$$

对于 $k=1/(N+1)$，上式就是拉普拉斯的演替规则。如果样本非同质，且 N 的可能极端值在该样本中出现的概率为 0 因而被排除；与此同时，为比较处于居间的诸非极端值，则新引入的先验概率所能提供的只是一个无关的常数因子而已，我们依然踏步不前。如此，由一混合样本导出的各种结果就无需作任何改变。

现假设抽中的样本其成员全部属于同一类，因而有 $l=n$。该样本排除了 $r=0$ 的情形，而我们想得到 $r=N$ 时修正的后验概率。导出这个后验概率并不困难，因为此处的似然因子保持不变，且对 $r\neq N$ 而言先验概率的比也不改变。所以，把先前（得到的）各后验概率乘进来（后验概率之比同先验概率之比），此时我们只需考虑 $r=N$ 及 $r\neq 0,N$ 这两种情况即可。$r=N$ 时后验概率的比是 $(n+1)/(N+1)$，$r\neq 0,N$ 时后验概率的比是 $(N-n)/(N+1)$；先验概率的比则分别是 $1/(N+1)$ 及 $(N-1)/(N+1)$；新引入的先验概率为 k 及 $1-2k$，故有

$$\frac{P(r=N|l=n,N,H)}{P(r\neq N|l=n,N,H)}=\frac{n+1}{N-n}\frac{k}{1-2k}\frac{N-1}{1} \tag{19}$$

因此，若 n 很大，则无论 N 取何值，(19)式都将大于 $(n+1)k/(1-2k)$，$r=N$ 时的后验概率将随样本变大而趋于 1，几乎与 N 无关（只要 n 达到 $1/k$）。我们或许能注意到，若 $n=1$，则(19)式即为 $2k/(1-2k)$，它独立于 N（当 k 可适当取值时）[①]。

k 取何值为最佳尚不清楚，无论如何下述这些考虑应予注意。若 $k=1/2$，此即断言我们已知 $r=0$ 或 N；故这种 k 值过大了。若 $k=1/(N+1)$，我们再次得到先验概率指派为均匀分布的结果，故这种 k

---

① 此句原文是“We may notice that if $n=1$, the ratio is $2k/(1-2k)$, which is independent of N if k is”，疑有误，根据前后文姑作此翻译——译注。

值又太小。$k=1/4$时,(19)式等于$\frac{1}{2}(n+1)\frac{N-1}{N-n}$[①],当 $n=1$ 时,该比式等于1;这相当于断定就一种情形推广(演替规则)的概率为 1/2,这样做并非不合理。此处的问题在于就均匀分布而论,若 $N=2$ 且 k 已知为 1/3,则 $k=1/4$对于该例就太小了。如果我们需要一个独立于 N 的一般规则,就应将 k 的取值限制在 1/3 至 1/2 之间。k 的一个可能的取值公式可为

$$k=\frac{1}{4}+\frac{1}{2(N+1)} \tag{20}$$

该式把一半的先验概率赋予总体成员中的极端值,另一半则在其余总体成员的取值中(包括极端值)均匀分布。这种概率指派是如下各种可能情形的一种分类:(1)根据某些一般规则,总体成员均属同一类。(2)不存在(这样的)一般规则,但总体成员中取极端值者将与其他总体成员的取值一并处理。在情形(1)中,总体各成员取值的分布将在(20)式所述的两种可能性中均匀散布,在情形(2)中,则在 $n+1$ 种可能的取值中均匀分布。这和本书将在第五章、第六章中讨论的假设检验的原理相符。$N=2$ 时,由(20)式可知$k=5/12$,而为总体中两成员不属于同一类留下 1/6 作为(该事件的)先验概率。对于大 N,(20)式给出的有关后验概率比为$\frac{n+1}{2}\frac{N+3}{N-n}$,这看上去尚令人满意。因而,给出所需的先验概率以避免伯劳德指出的困难还是可能的。问题的解将适合这样一种情形,即(所关心有限总体的)全体成员均属于同一类,但我们不知道它们到底属于哪一类。

皮尔逊已对此给出了部分解答[②]。"假设固态氢已经制备出来……重复同样的固化过程,固化氢再次被成功制备出来的概率为何? 拉普拉斯已经断言,若一事件迄今已重复出现 p 次而无一次失败,则该事件未来也同样会出现,出现的概率可表为$(p+1)/(p+2)$。所以,对固化氢而言,固态氢在此重复制备成功的概率为 2/3,或采用人们惯常的说法,固态氢重复出现的优比(the odds)是 2∶1。另一方面,若太阳之升起已重复过 100 万次而无一次失败,则明天太阳再次升起的优比将为 1 000 001∶1。很清楚,就

---

① 此式原文误为$\frac{1}{2}(n+1)\frac{N-n}{N-n}$——译注。

② 见 *The Grammar of Science*,1911,p.141.Everyman edition,p.122.

太阳升起的假设而言，事实上可以肯定太阳明天一定会再次升起，然而对于氢的固化，人们对于下一次能否把它成功制备出来却只有部分把握。上述两种现象所涉及的重复数字，丝毫不能代表科学家对于氢之固化及太阳之升起所持的信念。毋宁这样来看问题：一现象已被人们感知 p 次，且无论哪一次被感知它都将遵守同一模式而无一例外，人们想知道的是该现象 $p+1$次被人们感知的概率为何。拉普拉斯定理表明，该现象再发生的优比为$(p+1):1$(从而有利于它再次发生)。换言之，因为此处的 p 代表(某个或某些)现象之重复发生的林林总总性，而人们由过去的经验得知若原因相同则结果也必相同，所以根据这种因果律，就有极大把握将新观察到的(有关现象的)重复表现予以归类认定。鉴于某些现象重复发生的可能性是如此之大，人们遂有充分理由认为，若将因果律应用于观察某现象而它竟未能重复出现，就几乎可以断定能导致所盼结果的原因压根就不存在。"皮尔逊在这里对伯劳德指出的困难作了预期，但他走得太远，他几乎是断言严格的因果律业已通过归纳推理而建立起来了。无论如何，通过把拉普拉斯关于简单事件的推理转变为(相关的)定理，皮尔逊为我们指出了一个基本观点，如果关于某现象的惯例(routines)已经建立，而被考察过的、一半数量的该现象之表现均符合其惯例，则将先验概率 1/2 赋予遵此惯例而尚待考察的该现象之新表现，就十分合适。如果已经发现所有待检的纯净物都有固定冰点，则此时应用$(p+1):1$ 这种优比(作相应的推断)就不成问题，p 在这里代表经过检验的纯净物之数量。这种论点的不足之处在于，先前案例中的例行推理都涉及从有限观测值出发直至推出一般性规律的演变，如果开始推理时采用拉普拉斯的方法，我们根本无望给哪怕是一个一般性规律赋予很大的概率。作过修正的皮尔逊的论点与这里的讨论有重要联系，但(20)式所示的先验概率的估计方法从一开始就需要修正。

哲学家们一般认为，由于利用归纳推理进行论证在历史上曾屡次出错，所以采用拉普拉斯的方法为某个一般性定律赋予一个概率，其赋值过高；然而本书却认为，从科学的需要来看问题，拉普拉斯为一般性定律所赋的概率又嫌太小。例如，哲学家们常会对发现例外的规律，诸如"所有天鹅都是白的"及"天下乌鸦一般黑"而津津乐道。在他们看来，如果采用拉普拉斯指派先验概率的方法，样本是由 m 个同一类型成员组成的单纯样本，则第 $m+1$ 个该样本的新成员也具备此种性质的概率就是 1/2。若将这种做法应用于多种不同的归纳推理，所得到的(有关)概率就将近乎独立，故贝努利定理能告成立;因此,人们大约有50%的机会要遇到建立在单纯样本上的归纳推理问题,而要发现例外,样本量应近乎扩大一倍才行。这显然是站不住脚的。"所有天鹅都是白的"这一规律的最早鼓吹者,其推理的依据只是容量为数百只至数千只的白天鹅样本;而澳大利亚黑天鹅的发现是在人们考察过以百万计的天鹅样本后才作出的。根据本节(20)式的修正,新样本所含样本点的量级,在不会发现黑天鹅的概率降至1/2时,变成了m^2。这与人们的经验很是符合,但这种论证是基于概率类型3的,而概率类型2的有关估计需要先行考虑才行[①]。

3.22 本节将多次使用狄里赫来积分(Dirichlet integrals)。虽然狄里赫来积分常用伽马函数表示,但我发现这种积分用阶乘函数表示更为方便(英国数学用表协会也采用阶乘函数表示狄里赫来积分),下面这些积分就采用阶乘函数予以表示。

$$\int_0^1 x^l (1-x)^m \mathrm{d}x = \frac{l!\ m!}{(l+m+1)!} \tag{1}$$

对w个介于0—1之间的变量,有

$$\iiint\cdots\int x_1^{l1} x_2^{l2} \cdots x_w^{lw} \mathrm{d}x_1 \cdots \mathrm{d}x_w \qquad (0 \leqslant \sum x \leqslant 1)$$

$$= \frac{l_1!\ l_2!\ \cdots l_w!}{(l_1 + l_2 + \cdots + l_w + w)!} \tag{2}$$

$$\iiint\cdots\int x_1^{l1} x_2^{l2} \cdots x_w^{lw} \mathrm{d}x_1 \cdots \mathrm{d}x_w \qquad (0 \leqslant \sum x^p \leqslant 1)$$

$$= \frac{1}{p^w} \frac{\left(\frac{l_1+1}{p} - 1\right)!\ \left(\frac{l_2+1}{p} - 1\right)!\ \cdots \left(\frac{l_w+1}{p} - 1\right)!}{\left(\frac{l_1 + l_2 + \cdots + l_w + w}{p}\right)!} \tag{3}$$

$$\iint\cdots\int f(\sum x^2) \mathrm{d}x_1 \cdots \mathrm{d}x_w \qquad (0 \leqslant \sum x^2 \leqslant 1)$$

$$= \frac{\pi^{\frac{1}{2}w}}{(\frac{1}{2}w - 1)!} \int_0^1 f(u) u^{\frac{1}{2}w-1} \mathrm{d}u \tag{4}$$

对于$l_1 = l_2 = \cdots = l_w = 0$,(2)式简化为$1/w!$

---

① 参阅杰弗里《科学推断》第1章注释D——译注。

对于 $l_1=l_2=\cdots=l_w=0,p=2$,(3)式变为

$$\frac{\left\{\left(-\frac{1}{2}\right)!\right\}^w}{2^w\left(\frac{1}{2}w\right)!}$$

如果诸 x 可取负值,可将上式乘以 2^w。这就给出常被称为半径为 1 的 w 维球的体积。所以半径为 c 的 w 维球的体积为

$$\frac{\pi^{\frac{1}{2}w}}{\left(\frac{1}{2}w\right)!}c^w \tag{5}$$

对于 $w=2$,(5)式简化为 πc^2,而对于 $w=3$,则(5)式简化为 $\frac{4}{3}\pi c^3$,读者不妨自行验证之。

3.23　多重抽样。当被抽取的集合含有 r 个子类时,我们可在满足与二重抽样相似的条件下推广拉普拉斯指派先验概率的做法。设样本容量为 n,子类数为 r,各子类所含成员数分别为 $m_1,m_2,\cdots,m_r$,于是我们就可以断言所有组合均为等可能。将 n 个事物分成 r 个子类共有 $(n+r-1)!/n!(r-1)!$ 种方式;当其余 $r-1$ 个子类所含成员数都确定后,第 r 个子类的成员数 m_r 也就随之确定了,可以略去(根据 1.2 节的公理 6)。因而有

$$P(m_1,m_2,\cdots,m_{r-1}\mid nH)=n!(r-1)!/(n+r-1)! \tag{1}$$

就这些分法来说,若将 m_1 固定,则分 $n-m_1$ 个事物为 $r-1$ 个子类就将共有 $(n-m_1+r-2)!/(n-m_1)!(r-2)!$ 种方式。因此,就 m_1 而言,有

$$P(m_1\mid nH)=\frac{(r-1)n!(n-m_1+r-2)!}{(n+r-1)!(n-m_1)!} \tag{2}$$

若 n 很大,可令 $m_1=np_1$,等等。命题"m_1 取某定值"转化为命题"p_1 取值于长度为 $1/n$ 的定区间 dp_1"。于是

$$\begin{aligned}P(dp_1dp_2\cdots dp_{r-1}\mid nH)&=n^{r-1}dp_1\cdots dp_{r-1}\frac{n!(r-1)!}{(n+r-1)!}\\&\to(r-1)!\,dp_1\cdots dp_{r-1}\end{aligned} \tag{3}$$

在上式中,n 消失了,无须再作考虑。此式给出在固定 m_1 时,其余 $r-1$ 个

子类位于特定区域上(机遇的)联合先验概率分布。若单独考虑 p_1,在 $n-m_1$ 远比 r 大时,它的先验概率将近似于(2)式,或对(3)式积分,也可以得到 p_1 的先验概率。故有

$$P(\mathrm{d}p_1|H)=(r-1)(1-p_1)^{r-2}\mathrm{d}p_1 \tag{4}$$

在(4)式中,p_1 的先验概率分布已不再是拉普拉斯所指派的均匀分布。这表明了下述事实,即全部 p 的平均值现在变为 $1/r$,而非二重抽样时的 $1/2$;不可能再有多于 2 个的 p 取值大于 $1/3$。但是,若除两个子类外其余子类的 p 皆已给定,则这两个未给定子类的 p 的联合先验概率分布就服从均匀分布。

设已抽得一样本,其中分属不同子类的成员数为 $x_1,x_2,\cdots,x_r$。在给定诸 p 及抽样实际发生顺序的情况下,该样本被抽中的概率即为 $p_1^{x_1}\cdots p_r^{x_r}$;因此,根据(3)式,有

$$P(\mathrm{d}p_1\cdots\mathrm{d}p_{r-1}|\theta H)\propto p_1^{x_1}\cdots p_r^{x_r}\mathrm{d}p_1\cdots\mathrm{d}p_{r-1}, \tag{5}$$

与 p 无关的因子都省略了。对除 p_1 外所有的 p 作积分,而此受限的积分和小于$(1-p_1)$,因而有(用 q 表示观测值)

$$\begin{aligned}P(\mathrm{d}p_1|\theta H)&\propto\frac{x_1!\ \cdots x_r!}{(x_1+\cdots+x_r+r-2)!}p_1^{x_1}(1-p_1)^{x_2+\cdots+x_r+r-2}\mathrm{d}p_1\\&\propto p_1^{x_1}(1-p_1)^{x_2+\cdots+x_r+r-2}\mathrm{d}p_1\end{aligned} \tag{6}$$

但在只给定 p_1 时,抽到 x_1 个属于第一子类的成员、$\sum x-x_1$ 个属于其他子类成员样本的概率为 $p_1^{x_1}(1-p_1)^{\sum x-x_1}$;把它和(4)式结合起来,可以再次得到(6)式,而因子 $r-1$ 独立于 p_1。由此,若仅需考虑某集合的一个特殊子类,则只要关心该子类的成员数及其余子类的成员总数就够了。其余子类的概率分布是无关的。

根据类似于对简单抽样所作的分析可知,给定样本,下次抽样所得样品属于第一子类的概率是

$$\int_0^1 p_1^{x_1+1}(1-p_1)^{\sum x-x_1+r-2}\mathrm{d}p_1\Big/\int_0^1 p_1^{x_1}(1-p_1)^{\sum x-x_1+r-2}\mathrm{d}p_1=\frac{x_1+1}{\sum x+1} \tag{7}$$

在假设(除第一子类外的)其余子类的联合分布与 p_1 的概率无关并深入研究了相应的后验概率之后,约翰逊(W.E.Johnson)独创性地证明,下次抽样

所得样品属于第一子类的概率关于 x_1 具有线性性。采用本书此处的表示方法，约翰逊的公式即为 $(wx_1+1)/(w\sum x+r)$。虽然 w 尚未给出估计，但由(7)式的条件可知，这里的 $w=1$。

根据多重抽样所假定的条件，所抽样本中某子类成员的占比信息与其他子类成员的占比信息无关。关于普通远志科植物(Polygala vulgaris)不同颜色花朵蓝、白、紫的占比估计，也可以应用这种假定。可将这种假定称为关于多重抽样的简单命题陈述。若根据一组有关性质，所抽样本可划分为几个子类，而每一子类根据另外一组性质又可进一步分作亚子类划分，且某一子类的成员占比信息与另一子类的成员占比信息无关，则此时的有关结论需要做些改变，我们将在§5.11讨论列联表时予以详述。在那里可用拉普拉斯准则估计子类数目，而各子类内部成员的占比分布也可以进行相应的估计。差别的产生源于这样一种事实，即某子类的若干亚子类非常稀少以致很难被发现，这会使人根据归纳推理假定该子类的其他亚子类也非常稀少：除全部机遇之和必等于1外，完全的独立性已不复存在。

3.3 泊松分布。泊松分布的推导让人联想到它与(二项式)抽样的相似性，但差别是泊松分布仅含一个可取任何正数的参数。若在一次试验中某机遇出现的可能性很小，而试验的次数又很大，则二项分布就变成泊松分布。例如，物质的放射性问题就可视为一种(特殊的)二项式抽样进行讨论，在这里，要估计的是放射性物质标本在规定时间内放射出 α 粒子的个数。但径直这样做实验不合理，因为放射性物质标本的大小以及试验时间本身都经过人为选择，为的是使 α 粒子数观测值的期望变大；我们已经知道，放射性物质放射 α 粒子的数量很少，但不是 0。这一事实应由(相应的)先验概率集中于少量放射性粒子这一点来作表述。将先验分布指派为均匀分布或令其在 0 处取一有限定值，都不能解决问题。研究放射性物质的根本目的，乃是估计公式 $e^{-\alpha t}$ 中的参数 α，此公式表示的就是在时刻 t 后，放射性物质所残余的放射性物质的量。参数 α 并非一般机遇，而是关于单位时间的一个机遇，因此是个有量纲的量；于是，给定 α 位于 0 与 ∞ 之间且其取值通常未知的条件，参数 α 的恰当的先验概率分布就是 $d\alpha/\alpha$。同样，在灰尘微粒的计数问题中，最基本的参数是单位体积内的灰尘微粒数，它也是一个有量纲的量；但如采用单位灰尘微粒平均体积来研究问题，看来也同样合理，dr/r 的规则依然成立，虽然可能要做些修改以说明空气中不可能全部充满灰尘微粒这一事实。在战马踢死士兵的案例中①,时间因子也是要出现的。所以,在可以应用泊松分布的场合,最好将所需的先验概率取为

$$P(dr|H) \propto dr/r \tag{1}$$

同样,给定 r,一事件在任一时间间隔必发生 m 次的概率为

$$P(m|rH) = r^m e^{-r}/m! \tag{2}$$

而相应若干事件的联合发生概率则为

$$P(m_1, m_2, \cdots, m_n|rH) = \frac{r^{Sm} e^{-nr}}{m_1!\ m_2!\ \cdots m_n!} \tag{3}$$

去掉与 r 无关的因子,就有②

$$P(dr|m_1, m_2, \cdots, m_n, H) \propto r^{Sm-1} e^{-nr} dr = \frac{n^{Sm}}{(Sm-1)!} r^{Sm-1} e^{-nr} dr \tag{4}$$

在得到观测值以后,r 落入任一指定区间的概率可由不完全 G 函数给出③。注意到在后验概率中,观测值的函数只有 Sm 一个,因而它就是 r 的充分统计量。关于诸 m 之追加信息的作用是,它们可以用来检验泊松分布是否成立,或者,用来检验负二项分布的方向是否出现偏离。在获得观测值后,r 的期望值即为 $\overline{m} = (Sm)/n$;其最大概率密度在比 $\overline{m}$ 稍小些的某值上取得,而在 Sm 很大时,r 的标准差为 $(\overline{m}/n)^{1/2}$。

3.4 正态误差律。我们首先考虑标准差已知,但 x 在一很大区间取值未知的情形。这时,s 成为已知事实 H 的一部分,且有

$$P(dx|H) \propto dx \tag{1}$$

---

① 泊松分布的经典案例由波兰裔俄罗斯统计学家伯特基维茨(Von. L. Bortkiewicz,1868—1931)给出,他关心普鲁士军队中每年被战马踢死的士兵人数问题。虽然每年普鲁士士兵死于战马铁蹄下的可能性很小,但其死亡人数还是能被觉察到的——译注。

② 作为一条规则,我们用 $\sum$ 表示对参数的求和,用 S 表示对观测值的求和。

③ 见霍尔丹(J.B.S. Haldane),*Proc. Camb. Phil. Soc.* 28,1932,58. 在霍尔丹这篇文章中,dv/v 也被用来表示这些先验概率,而那时我仅考虑将它与标准差联系起来;我还考虑了将先验概率在(随机变量的)某一实现值处取一给定值的情形——这在后来成为我所作的假设检验的基础。

而所有观测值的联合概率为

$$P(\mathrm{d}x_1\cdots\mathrm{d}x_n|x,H)=\frac{1}{(2\pi)^{\frac{n}{2}}\sigma^n}\exp\left[-\frac{n}{2\sigma^2}\{(\bar{x}-x)^2+s'^2\}\right]\mathrm{d}x_1\mathrm{d}x_2\cdots\mathrm{d}x_n \quad (2)$$

由此，省略与 x 无关的那些因子，有①

$$P(\mathrm{d}x|x_1,x_2,\cdots,x_n,H)\propto\exp\left\{-\frac{n}{2\sigma^2}(x-\bar{x})^2\right\}\mathrm{d}x$$

$$=\sqrt{\frac{n}{2\pi}}\frac{1}{\sigma}\exp\left\{-\frac{n}{2\sigma^2}(x-\bar{x})^2\right\}\mathrm{d}x \quad (3)$$

所以，x 的后验概率为关于 $\bar{x}$ 的、标准差为 $\sigma/\sqrt{n}$ 的正态分布。

在实际工作中，通常会有一些和 x 有关的先期知识。新星(nova)的发现就是这方面的例子。最初人们对新星只作非量化观测，完全依靠肉眼去观察它，然而，通过与邻星(neighbouring stars)的比较，人们便得到足够多的信息，从而当新星再次出现时可以识别它。在 1°之内确定新星的位置精度似已足够，而后续的不断观测可使(关于新星位置的)标准误差达到 1″ 的量级。因此，严格说来，(1)式应由下式取代

$$P(\mathrm{d}x|H)=f(x)\mathrm{d}x,$$

其中，当 x 并未出现在某区间内时(量级为 1°)，$f(x)$ 会很小，而当 x 出现在该区间内时，$f(x)$ 的变化会非常缓慢。但这时有

$$P(\mathrm{d}x|x_1,\cdots,x_n,H)\propto f(x)\exp\left\{-\frac{n}{2\sigma^2}(x-\bar{x})^2\right\}\mathrm{d}x$$

据此可知，$\bar{x}$ 位于 $f(x)$ 可被觉察到的区间内(如若不然，人们将观测不到应被观测到的新星)，而只要 $|x-\bar{\mathrm{x}}|$ 不超过约 3″，则指数的幂次因子即可忽

① 一般认为，符号 $P(\mathrm{d}x|\cdots)$ 中的 $\mathrm{d}x$ 是命题“位于 x 及 $x+\mathrm{d}x$ 之间的某量 x 的概率分布”的缩写。(2)式的已知事实是 x,H，其中的 x 同样也是此类命题的缩写形式；然而，根据不同场合——它出现在命题中或已知事实中——对这一同样命题采用不同缩写能带来方便。其原因是，在(1)及(3)式中，$P(\mathrm{d}x|\cdots)$ 是分布的一部分，其中的微分会提示人们清楚地注意到出现在公式左端的这一事实；而在(2)式中，x 在一任意小区间内的变动对此式右端几乎没有影响，注意到 x 的值就足够了。这种缩写立刻使人想到应该采用下述积分：

$$\int_{x=x1}^{x2} P(\mathrm{d}x\mid q)=P(x_1<x<x_2\mid q)$$

略。在这一范围内,可以忽略 $f(x)$ 的变化,且通过调整常数因子,人们可以再次很准确地得到(3)式。在这种情况下,关于新星的先期知识与新得到的观测数据并不矛盾,它只是被这些新观测数据取代了而已,亦即,若新的观测数据可以得到,则对于最终结果而言,先期的那些关于新星的知识即可忽略。这种思想在本章及下一章会经常出现,故不再予以特别强调。

3.41 若标准差未知,其先验概率必与 $d\sigma/\sigma$ 成比例,这部分地是由于标准差通常是有量纲的量且其数值可能很大或很小,部分地是由于人们常把标准差作为考察精度的一种水准(事实上,最近也有作者使用被称为方差的 σ^2 作此水准)。同样,这里也无须假定有关 x 的先期知识能直接地使我们对 σ 有所了解。于是便有

$$P(dx\,d\sigma \mid H) \propto dx\,d\sigma/\sigma \tag{1}$$

似然因子同前,因此

$$P(dx\,d\sigma \mid x_1, x_2, \cdots, x_n, H) \propto \sigma^{-n-1} \exp\left[-\frac{n}{2\sigma^2}\{(x-\bar{x})^2+s'^2\}\right] dx\,d\sigma \tag{2}$$

常数因子为

$$\frac{n^{n/2} s'^{n-1}}{2^{\frac{n}{2}-1}\sqrt{\pi}\left(\frac{1}{2}n-\frac{3}{2}\right)!}$$

在此,我们注意到由充分统计量 $\bar{x}$ 及 s' 直接表示的后验概率的特点。其他所有依赖观测值的因子对 x 及 s 都保持不变,所以那些因子都在后验概率中抵消掉了。

为获得 x 自身的后验概率,只需在(2)式中对 s 积分即可。故此

$$P(dx \mid x_1, x_2, \cdots, x_n, H) \propto dx \int_0^\infty \sigma^{-n-1} \exp\left[-\frac{n}{2\sigma^2}\{(x-\bar{x})^2+s'^2\}\right] d\sigma \tag{3}$$

令

$$u = \frac{n}{2\sigma^2}\{(x-\bar{x})^2+s'^2\} \tag{4}$$

(3)式变为

$$P(\mathrm{d}x \mid x_1, x_2, \cdots, x_n, H) \propto \left(\frac{2}{n}\right)^{n/2} \int_0^{\infty} u^{n/2} \mathrm{e}^{-u} \frac{\mathrm{d}u}{u} \cdot \{s'^2 + (x - \bar{x})^2\}^{-n/2} \mathrm{d}x \tag{5}$$

该式仅最后一项因子中含有 x。根据条件 $-\infty < x < +\infty$ 可以确定该式所需的常数，故有

$$P(\mathrm{d}x \mid x_1, x_2, \cdots, x_n, H) = \frac{1}{\sqrt{\pi}} \frac{(\frac{1}{2}n - 1)!}{(\frac{1}{2}n - \frac{3}{2})!} \frac{s'^{n-1}}{\{s'^2 + (x - \bar{x})^2\}^{n/2}} \mathrm{d}x \tag{6}$$

(6)式右端就是“学生”分布的形式。

对(2)式关于 x 积分，得到

$$P(\mathrm{d}\sigma \mid x_1, \cdots, x_n, H) \propto \sigma^{-n} \exp\left(-\frac{ns'^2}{2\sigma^2}\right) \mathrm{d}\sigma \tag{7}$$

若 $n=2, x_2 > x_1$，且令 $x - \bar{x} = s' \tan\varphi$，可有

$$P(\mathrm{d}\varphi \mid x_1, x_2, H) = \frac{1}{\pi} \mathrm{d}\varphi \tag{8}$$

但此时 s' 只表示 x_1, x_2 偏离 $\bar{x}$ 的距离，而由 $\varphi = \pm\frac{1}{4}\pi$ 可分别得到 $x = x_1, x = x_2$ 的值，从而

$$P(x_1 < x < x_2 \mid x_1, x_2, H) = \frac{1}{2} \tag{9}$$

这就是说，在只有两个观测值时，x 的真实值常位于这两个观测值之间。这是个对任何只涉及未知尺度参数和位置参数的概率分布都成立的一般性结论。尺度参数未知是一个必要条件。假如 H 中含有标准差的信息，且前两个观测值相差 $4s$，当这两个观测值给定时，相应真实值位于这两个观测值之间的概率会变得很大，大到超过 1/2。另一方面，若前两个观测值相差 $s/2$（这种一致性应解释为具有偶然性），给定这两个观测值后，相应真实值位于它们之间的概率将小于 1/2。仅当这两个观测值中包含全部可用的 s 之信息时，它们给定后相应真实值位于它们之间的概率，才和位于全部观测值的任意两个观测值之间的概率相等。

若 $n=1$，则 $\bar{x} = x_1, s' = 0$。回到(2)式，即有

$$P(\mathrm{d}x\mathrm{d}\sigma|x_1,H)\propto\sigma^{-2}\exp\left\{-\frac{(x-\overline{x})^2}{\sigma^2}\right\}\mathrm{d}x\mathrm{d}\sigma \tag{10}$$

将此式对 s 积分,得到

$$P(\mathrm{d}x|x_1,H)\propto\frac{\mathrm{d}x}{|x-x_1|} \tag{11}$$

这就是说,x 的最可能取值是 x_1,而关于这种取值的精度尚无任何信息。对于 s,由(7)式知

$$P(\mathrm{d}\sigma|x_1,H)\propto\mathrm{d}\sigma/\sigma \tag{12}$$

亦即,我们对 s 仍然一无所知。这些结果均在预料之中,但常需注意解的退化情形,以保证解是通过正确途径退化的。

易证,给定(6)式所示的概率分布,对于 $n>3$,$(x-\overline{x})^2$ 的期望是

$$\frac{s'^2}{n-3}=\frac{S\,(x_r-\overline{x})^2}{n(n-3)} \tag{13}$$

若 $n<4$,$(x-\overline{x})^2$ 的期望变为无穷。观测值数目不多时,相应后验概率与正态分布的差别会变大。

但是,若具有不同标准差 σ,τ 的两组观测值均与 x 有关,就会出现下述这种特性。此时应有

$$P(\mathrm{d}x\mathrm{d}\sigma\mathrm{d}\tau|H)\propto\mathrm{d}x\mathrm{d}\sigma\mathrm{d}\tau/\sigma\tau$$

$$P(\theta|x,\sigma,\tau,H)\propto\sigma^{-m}\tau^{-n}\exp\left[-\frac{m}{2\sigma^2}\{s'^2+(x-\overline{x})^2\}-\frac{n}{2\tau^2}\{t'^2+(x-\overline{y})^2\}\right]$$

把这两式结合起来并对 σ,τ 积分,有

$$P(\mathrm{d}x|\theta H)\propto\{s'^2+(x-\overline{x})^2\}^{-m/2}\{t'^2+(x-\overline{y})^2\}^{-n/2}\mathrm{d}x \tag{14}$$

即使 $m=n=2$,x^2 的期望值也收敛。若 m,n 均为奇数,则对 σ 及 τ 的积分须用复杂的椭圆函数才能表示,而且,一般也得不到紧凑的表示形式。若 $m=1,n=2$,我们将看到相应的后验概率在 $\overline{x}$ 处存在极点,但 $(x-\overline{x})^2$ 的期望却是无穷;这意味着很小或很大的 s 值尚未被观测数据有效地排除在外。

若一估计值有标准差 s,s^{-2} 或其他(与 s 有关的比例数字)就称为 s 的权(重)。若 $x_1,x_2,\cdots$ 是 x 的一组估计值,它们的权重为 $w_1,w_2,\cdots$,则 x 的最可能值将由下式给出

$$xSw_r = Sw_r x_r \tag{15}$$

而且,若单位权(重)相当于标准差 1,则估计值的标准差即是$(Sw_r)^{-1/2}$。在对多个这样的标准差进行加减运算时,权(重)的这种加法性质能带来一些方便。标准差本身也具备加法性质。如果 x_1 及 x_2 分别有相互独立的标准差 s_1, s_2,则 x_1+x_2 或 x_1-x_2 的标准差就是$(s_1+s_2)^{1/2}$,相应的权(重)为 $w_1w_2/(w_1+w_2)$。

通常,在天文学及物理学的研究工作中,常将(有关的)估计标准误(the estimated standard error)乘以 0.6745,并称此乘积为"或然性误差"(the "probable error")。但这种乘积——即便所考虑的概率服从正态分布——也没有意义,而当不确定性盖由观测值进行估计时,这种乘积会大错特错。试以下述形式表述通常的估计标准误

$$\overline{S_x} = \left\{ S \frac{(x-\bar{x})^2}{n(n-1)} \right\}^{1/2} \tag{16}$$

且

$$t = (x-\bar{x})/\overline{S_x} \tag{17}$$

正如我们在第二章之 2.8 节(21)式所看到的那样,这时

$$P(\mathrm{d}t \mid \theta H) \propto \left(1+\frac{t^2}{n-1}\right)^{-n/2} \mathrm{d}t \tag{18}$$

并不具备正态性。我们已经知道,$n=2$ 时 x 位于$\bar{x} \pm \overline{S_x}$范围内的概率是 1/2,所以,在正态误差律意义下的概率误差就等于标准差。误差越大,差错所致的风险越大。若用 P 表示大 t 值所相应的概率(无论正、负误差),我们可以算出下表(该表节取自费舍的数表)。

n \ p	0.5	0.1	0.05	0.01
2	1.000	6.314	12.706	63.657
5	0.727	2.132	2.776	4.604
10	0.703	1.833	2.262	3.250
20	0.688	1.729	2.093	2.861
∞	0.674	1.645	1.960	2.576

表中的数值谈不上具有比例性,所以,除非给出观测值数目,否则,仅用根据若干观测值做出的有关不确定性的陈述作为出现大偏误的解释是毫无用处

的。

许多物理实验结果的陈述报告除未能明确提供观测值数目外，关于不确定性（的数量）度量，也舍入到仅保留一位数而已；我就看到过一个等于0.1的“或然性误差”，此值可指0.05至0.15之间的任何值。假如有两个都等于0.1的估计标准误，但其中的一个实为0.05，是根据20个观测值计算的，另一个则实为0.15，是仅根据2个观测值计算的；如果结果在很大程度上依赖于这种答案，即我们有99%的把握使（标准误差的）真实值落在0.05与0.15之间，我们一定会明确指出这样的数字界限。在某一案例中这个数字界限可以是0.14，在另一个中则可以是9.5。事实上，任何人想将观测值降到无用的地步，他只需将表示不确定性的数量度量舍入到一位数，并且不公布观测值数目就足够了。

一般地，用两位数表示估计标准误已经足矣。皮尔逊（Karl Pearson）常用六位数表之，许多统计学家也常用四位数表之，而我则认为用两位数表示已经很好了，用多了是浪费时间。结果的重要性依赖于标准差等于0.95或1.05，这种情况并不多见。

3.42 下面的问题在实践中经常出现。给定一组来自正态分布的观测值，例如，$x_1,\cdots,x_n$，而关于 x 及 s 再无其他信息，另一组（来自同一分布的）n_2 个观测值于某指定区间给出均值或标准差的概率为何？根据2.8节的(15)式，有

$$P(\mathrm{d}\bar{x}_2\mathrm{d}s_2'\mid x,\sigma,H)$$

$$=\sqrt{\frac{n_2}{2\pi}}\frac{1}{\sigma}\exp\left\{-\frac{n_2}{2\sigma^2}(\bar{x}_2-x)^2\right\}\mathrm{d}\bar{x}_2\ \frac{n^{\frac{n2}{2}-\frac{1}{2}}s_2'^{\,n2-2}}{2^{\frac{n2-3}{2}}(\frac{n_2}{2}-\frac{3}{2})!\ \sigma^{n2-1}}\exp\left(-\frac{n_2s_2'^2}{2\sigma^2}\right)\mathrm{d}s_2' \tag{1}$$

由3.41节的(2)式，知

$$P(\mathrm{d}x\mathrm{d}\sigma\mid x_1,x_2,\cdots,x_n,H)=\frac{n_1^{\frac{n1}{2}}}{2^{\frac{n1-1}{2}}\sqrt{\pi}(\frac{n_1}{2}-\frac{3}{2})!}\frac{s_1'^{\,n1-1}}{\sigma^{n1+1}}\times$$

$$\exp\left[-\frac{n_1}{2\sigma^2}\{(x-\bar{x}_1)^2+s_1'^2\}\right]\mathrm{d}x\mathrm{d}\sigma, \tag{2}$$

从而有

$$P(\mathrm{d}x\mathrm{d}\sigma\mathrm{d}\bar{x}_2\mathrm{d}s_2'|x_1,\cdots,x_n,H)=\frac{n_1^{\frac{n1}{2}}n_2^{\frac{n2}{2}}s_1'^{n1-1}s_2'^{n2-2}}{2^{\frac{n1+n2}{2}-2}\pi(\frac{n_1}{2}-\frac{3}{2})!\ (\frac{n_2}{2}-\frac{3}{2})!\ \sigma^{n1+n2+1}}\times$$

$$\exp\left[-\frac{n_1}{2\sigma^2}\{(x-\bar{x}_1)^2+s_1'^2\}-\frac{n_2}{2\sigma^2}\{(x-\bar{x}_2)^2+s_2'^2\}\right]\mathrm{d}x\mathrm{d}\sigma\mathrm{d}\bar{x}_2\mathrm{d}s_2' \tag{3}$$

但

$$n_1\ (x-\bar{x}_1)^2+n_2\ (x-\bar{x}_2)^2=(n_1+n_2)\left(x-\frac{n_1\bar{x}_1+n_2\bar{x}_2}{n_1+n_2}\right)^2+\frac{n_1n_2}{n_1+n_2}(\bar{x}_1-\bar{x}_2)^2 \tag{4}$$

对(3)式作关于 x 的积分,得到

$$P(\mathrm{d}\sigma\mathrm{d}\bar{x}_2\mathrm{d}s_2'|x_1,\cdots,x_n,H)=\frac{n_1^{\frac{n1}{2}}n_2^{\frac{n2}{2}}s_1'^{n1-1}s_2'^{n2-2}}{2^{\frac{n1+n2-6}{2}}\sqrt{\pi}(\frac{n_1}{2}-\frac{3}{2})!(\frac{n_2}{2}-\frac{3}{2})!\sigma^{n1+n2}(n_1+n_2)^{1/2}}\times$$

$$\exp\left\{-\frac{n_1n_2}{2(n_1+n_2)\sigma^2}(\bar{x}_2-\bar{x}_1)^2\right\}\exp\left\{-\frac{1}{2\sigma^2}(n_1s_1'^2+n_2s_2'^2)\right\}\mathrm{d}\sigma\mathrm{d}\bar{x}_2\mathrm{d}s_2' \tag{5}$$

现在,若对上式作关于 s 的积分,就会出现下面这个因子

$$\left\{n_1s_1'^2+n_2s_2'^2+\frac{n_1n_2}{n_1+n_2}(\bar{x}_2-\bar{x}_1)^2\right\}^{-(n1+n2-1)/2} \tag{6}$$

该因子不能再分解成几个因子连乘积的形式。因此,给定 $\bar{x}_1$ 及 s_1',$\bar{x}_2$ 及 s_2' 的概率分布不再相互独立;尽管在给定 x 及 s 时它们是相互独立的。这意味着,若 s_1' 和 s 相比异同寻常地大,则尺度参数就会被高估,这将影响关于 $\bar{x}_2$ 及 s_2' 的区间估计。但是,若人们只对 $\bar{x}_2$ 或 s_2' 感兴趣,就可以只作关于 s_2' 或 $\bar{x}_2$ 的积分。于是

$$P(\mathrm{d}\sigma\mathrm{d}\bar{x}_2|x_1,\cdots,x_n,H)=\frac{n_1^{\frac{n1}{2}}n_2^{\frac{n2}{2}}s_1'^{n1-1}}{2^{\frac{n1-1}{2}}\sqrt{\pi}(\frac{n_1}{2}-\frac{3}{2})!\ (n_1+n_2)^{1/2}\sigma^{n1+1}}\times$$

$$\exp\left\{-\frac{n_1n_2\ (\bar{x}_2-\bar{x}_1)^2}{2\ (n_1+n)_2\sigma^2}-\frac{n_1s_2'^2}{2\sigma^2}\right\}\mathrm{d}\sigma\mathrm{d}\bar{x}_2 \tag{7}$$

从而

$$P(\mathrm{d}\bar{x}_2|x_1,\cdots,x_n,H)=\frac{n_2^{1/2}}{(n_1+n_2)^{1/2}}\frac{(\frac{n_1}{2}-1)!}{\sqrt{\pi}(\frac{n_1}{2}-\frac{3}{2})!}$$

$$\left\{1+\frac{n_2(\bar{x}_2-\bar{x}_1)^2}{(n_1+n_2)s_1'^2}\right\}^{-n1/2}\frac{\mathrm{d}\bar{x}_2}{s_1'} \tag{8}$$

同样地

$$P(\mathrm{d}\sigma \mathrm{d}s_2'|x_1,\cdots,x_n,H)=\frac{n_1^{\frac{n1-1}{2}}n_2^{\frac{n2-1}{2}}s_1'^{n1-1}s_2'^{n2-2}}{2^{\frac{n1+n2}{2}-3}(\frac{n_1}{2}-\frac{3}{2})!\ (\frac{n_2}{2}-\frac{3}{2})!\ \sigma^{n1+n2-1}}\times$$

$$\exp\left(\frac{-n_1s_1'^2+n_2s_2'^2}{2\sigma^2}\right)\mathrm{d}\sigma \mathrm{d}s_2' \tag{9}$$

从而

$$P(\mathrm{d}s_2'|x_1,\cdots,x_n,H)=\frac{2n_1^{\frac{n1-1}{2}}n_2^{\frac{n2-1}{2}}(\frac{n_1}{2}+\frac{n_2}{2}-2)!\ s_1'^{n1-1}s_2'^{n2-2}}{(\frac{n_1}{2}-\frac{3}{2})!\ (\frac{n_2}{2}-\frac{3}{2})!\ (n_1s_1'^2+n_2s_2'^2)^{\frac{n1+n2}{2}-1}}\mathrm{d}s_2 \tag{10}$$

令

$$s_2'=s_1'/y \tag{11}$$

则 2.81 节的(24)式将再次得到，而 z 分布亦告成立。

3.43 若$\bar{x}_2,\cdots,\bar{x}_{r+1}$为(来自同一正态分布、每组各含 n_2 个观测值的) r 个均值，相应的均方差(mean square deviations)为 $s_2',\cdots,s_{r+1}'$，则对每一组这样的独立观测值而言，上节所述的规律成立。因此

$$P(\mathrm{d}\bar{x}_2\cdots \mathrm{d}\bar{x}_{r+1}|x,\sigma,H)=\left(\frac{n_2}{2\pi}\right)^{r/2}\frac{1}{\sigma^r}\exp\left\{-\frac{n_2}{2\sigma^2}\mathrm{S}(\bar{x}_m-x)^2\right\}\mathrm{d}\bar{x}_2\cdots \mathrm{d}\bar{x}_{r+1} \tag{12}$$

令

$$\mathrm{S}\bar{x}_m=rX,\qquad \mathrm{S}(\bar{x}_m-\bar{x})^2=rT^2 \tag{13}$$

则 exp 的指数幂变为

$$-\frac{rn_2}{2\sigma^2}\{(X-x)^2+T^2\} \tag{14}$$

从而使(12)式与 2.8 节的(4)式形式完全一样，只是此处用 r 代替了 n，用

$\sigma/\sqrt{n_2}$代替了 s。于是,给定 $x_1,\cdots,x_{n1}$,只消用 r 代替 n_2,用 n_2T^2 代替 s_2',由(10)式及 z 分布即可得 T 的概率分布。

这种概率分布形式与农业试验中所用的 z 分布很有可比性。在农业试验中,同一处理下不同地块的(产量)均值将被算出,不同处理下的产量均值与总产量均值差的平方和等于 rT^2;$n_2r\ T^2$ 称为处理的平方和。不能由处理或其他系统效应明确表示的差别,将统由 s_1' 表之。由此,给定 s_1' 并假设不同处理所致的产量差别完全由随机性所致,就可以得到 T 的概率分布。若给定 s_1' 且在此假设下(样本)观测值发生的可能性非常小,则该假设即遭拒绝,而产量差别源于不同处理的假设即得到断定。在费舍的表示法中,s_2 对应于随机变差,s_1 则对应于可能的部分或主要的系统变差,故若 $s_1>s_2$,则原假设即遭拒绝。容易证明,若分别用 n_1,s_1 代替 n_2,s_2,同时改变 z 的正负号,2.81 节的(26)式不会发生改变。

上述结果是由斯托雷先生(Mr.W.O.Storer)在其未发表的一篇论文中得到的,根据我的猜想即导致“学生氏”分布与我在 2.8 节所得结果的条件之相似性,在费舍对其 z 分布的推导过程中也应得到满足,斯托雷(在其未发表的那篇论文中)证明了这一点。由此,我猜测当给定一组观测值时,$\ln(s_2/s_1)$的概率分布也应与费舍推导出的这种分布有相同形式;斯托雷后来对此也给出了肯定的证明。

3.44 一个可用于介绍最小二乘法的、与此有关的问题是,我们需要估计 m 个未知量 $x_r(r=1,\cdots,m)$,关于每个未知量都有 x_{ri} 个观测值($i=1,\cdots,n_r$)。假设一次观测的标准误差在全部这些数据系列中保持不变。令 S 表示对 i 求和,$\sum$表示对 r 求和,

$$n_r\bar{x}_r=Sx_{ri},\qquad n_rs_r'^2=S(x_{ri}-\bar{x}_r)^2 \tag{1}$$

又,用 q 表示全部数据,

$$P(\mathrm{d}x_1\cdots\mathrm{d}x_m\mathrm{d}\sigma\,|\,H)\propto\mathrm{d}x_1\cdots\mathrm{d}x_m\mathrm{d}\sigma/\sigma \tag{2}$$

$$P(\theta\mid x_1,\cdots,x_m,\sigma H)\propto\sigma^{-\sum nr}\prod_r\exp\left[-\frac{n_r}{2\sigma^2}\{(x_r-\bar{x}_r)^2+s_r'^2\}\right] \tag{3}$$

$$P(\mathrm{d}x_1\cdots\mathrm{d}x_m\mathrm{d}\sigma\mid\theta H)\propto\sigma^{-\sum nr-1}\prod_r\exp\left[-\sum\frac{n_r}{2\sigma^2}\{(x_r-\bar{x}_r)^2+s_r'^2\}\right]\prod\mathrm{d}x_r\mathrm{d}\sigma \tag{4}$$

对诸 x_r 积分,有

$$P(\mathrm{d}\sigma \mid \theta H) \propto \sigma^{-\sum n_r+m-1} \exp\left\{-\sum\left(\frac{n_r s_r'^2}{2\sigma^2}\right)\right\} \mathrm{d}\sigma \tag{5}$$

现令

$$\sum(n_r s_r'^2)=(\sum n_r-m)s^2 \tag{6}$$

$$P(\mathrm{d}\sigma|\theta H)\propto\sigma^{-(\sum n_r-m+1)}\exp\left\{-\frac{(\sum n_r-m)s^2}{2\sigma^2}\right\}\mathrm{d}\sigma \tag{7}$$

若用 $(n-1)s^2$ 代替 ns'^2,用 n_r-m 代替 $n-1$,上式就变为 3.41 节的(7)式。在 3.41 节的有关问题中,$n-1$ 是全部观测值与一个待估量的数量差,而在这里的问题中,n_r-m 是全部观测值与 m 个待估量的数量差。因此,一个方便的做法是将这样的数量差称为自由度,并用 n 表之,而将这两种情况下的 s 均称作标准差。这样一来,无论需要估计多少个未知量,总有

$$P(\mathrm{d}\sigma|\theta H)\propto\sigma^{-(\nu+1)}\exp(-\nu s^2/2\sigma^2)\mathrm{d}\sigma \tag{8}$$

而 σ/s 的后验概率分布通过简单地查表即可得到。

(4)式现可改写为

$$P(\mathrm{d}x_1\cdots\mathrm{d}x_m\mathrm{d}\sigma \mid \theta H) \propto \sigma^{-\sum n_r-1}\prod_r \exp\left\{-\sum\frac{n_r}{2\sigma^2}(x_r-\bar{x}_r)^2-\frac{\nu s^2}{2\sigma^2}\right\}\prod \mathrm{d}x_r\mathrm{d}\sigma \tag{9}$$

对上式作关于 $x_2,\cdots,x_m$ 的积分,得到

$$P(\mathrm{d}x_1\mathrm{d}\sigma \mid \theta H) \propto \sigma^{-\sum n_r+m-2}\exp\left\{-\sum\frac{n_1}{2\sigma^2}(x_1-\bar{x}_1)^2-\frac{\nu s^2}{2\sigma^2}\right\}\mathrm{d}x_1\mathrm{d}\sigma, \tag{10}$$

$$P(\mathrm{d}x_1|\theta H)\propto\{\nu s^2+n_1(x_1-\bar{x}_1)^2\}^{-(\nu+1)/2}\mathrm{d}x_1 \tag{11}$$

令

$$s_{x1}=s/\sqrt{n_1} \tag{12}$$

则有

$$P(\mathrm{d}x_1|\theta H)\propto\left\{1+\frac{(x_1-\bar{x}_1)^2}{\nu s_{x1}^2}\right\}^{-(\nu+1)/2}\mathrm{d}x_1 \tag{13}$$

于是,x_1 的后验概率服从 ν 个自由度的 t 分布,其中

$$t=(x_1-\bar{x}_1)/s_{x1} \tag{14}$$

$s_{\bar{x}1}$ 与 s 的关系和 $\bar{x}_1$ 的标准误差与一个观测值的标准误差（若已确知）的关系一样。由此，就可以方便地用 $s_{\bar{x}1}$ 表示 x_1 的标准误差；$\bar{x}_1$，$s_{\bar{x}1}$，ν 这三者可以完全确定 x_1 的后验概率，而 s 及 ν 这两者就可以完全确定 σ 的后验概率。

以上所讨论的情况在实践中经常会遇到。我们常需对一大批未知量作出估计，而直接和这些未知量有关的观测数据却很少。因此，在这种情况下对任何这种未知量作出的估计，由于观测值的自由度太小而使其估计精度总是受到质疑。但若假定（有关未知量的）标准误差在全部各组数据中保持不变，则所需的自由度数目就会得到很大提高，从而就可能提高估计量的估计精度。

现以布拉德（Bullard）在东非（East Africa）对重力所作的测量为例进行说明。布拉德在东非的重力观测（地）点很多，他在其中的七个观测点对重力做过两次或更多次测量，而在其余观测点则仅做过一次测量。下表是他在那七个观测点上的重力测量记录：

	重力 g（cm/s^2）	均　值	残差（10^{-4} cm/s^2）
Nakuru	977.4810 .4800	977.4805	+5 −5
Kisumu	977.6056 .6045	977.6050	+6 −5
Equator	977.2608 .2602	977.2605	+3 −3
Mombasa	977.0212 .0242	977.0227	−15 +15
Jinja	977.7186 .7176 .7183	977.7182	+4 −6 +1
Nairobi	977.5289 .5307 .5281	977.5292	−3 +15 −11
Naivasha	977.4663 .4695	977.4679	−16 +16

表中的残差平方和等于 1 499，$\nu=16-7=9$，从而

$$10^4 s=(1499/9)^{1/2}=12.9$$

故

$$s_{xr}=0.00129\left(1,\frac{1}{\sqrt{2}},\frac{1}{\sqrt{3}}\right)\text{cm/s}^2$$
$$=(0.0013,0.00091,0.00074)\text{cm/s}^2$$

s_{xr} 取这三个数值中的哪一个,根据在每个观测点对重力作 1 次、2 次、3 次测量而定;无论是这三种情况的哪一种,自由度都等于 9。

因(8)式为仅有一个极大值的函数,而 v 常又很大,因此人们对它能否近似地用正态分布表示很感兴趣;略去因子 σ^{-1},可以写出

$$\varphi(\sigma)=\log\left\{\sigma^{-\nu}\exp\left(-\frac{\nu s^2}{2\sigma^2}\right)\right\}$$
$$=-\nu\log\sigma-\frac{\nu s^2}{2\sigma^2} \tag{15}$$

因此

$$\varphi'(\sigma)=-\frac{\nu}{\sigma}+\frac{\nu s^2}{\sigma^3} \tag{16}$$

当 $\sigma=s$ 时,上式等于 0,而($\sigma=s$ 时)

$$\varphi''(\sigma)-2\nu/s^2,\qquad \varphi'''(\sigma)=10\nu/s^2 \tag{17}$$

对于接近于 s 的 σ,有

$$\varphi(\sigma)=\text{常数}-\frac{\nu\,(\sigma-s)^2}{s^2}+\frac{5}{3}\frac{\nu\,(\sigma-s)^3}{s^3}-\cdots \tag{18}$$

对于大 v,可有

$$\sigma=s\pm s/\sqrt{(2\nu)} \tag{19}$$

若 $\sigma-s=s/\sqrt{(2\nu)}$,(18)式右端的三次项即为$\frac{5}{3.2^{3/2}\nu^{1/2}}$。

同样,令

$$\sigma=se^{\zeta};\qquad \varphi(\sigma)=\psi(\zeta) \tag{20}$$

有

$$\psi(\zeta)=\text{常数}-\nu\zeta^2+\frac{2}{3}\nu\zeta^3 \tag{21}$$

$$\zeta=0\pm1/\sqrt{2\nu} \tag{22}$$

若 $\zeta=1/\sqrt{2\nu}$,(18)式右端的三次项就是$\frac{2}{3}\frac{1}{2^{3/2}\nu^{1/2}}$,它等于原先(18)式右端相应三次项的 2/5。所以,利用 ζ 而非 σ,可以得到更为对称的分布,故最好用下式而非(19)式表示 σ

$$\sigma=s\exp\left\{\pm\frac{1}{(2\nu)^{1/2}}\right\} \tag{23}$$

3.5 最小二乘法。 该法用于在误差服从正态分布时,对若干个随机变量的均值进行估计(可视为单个随机变量点估计问题的推广),通常,样本均值的标准差也需估计。如果待估的量为 x_i(有 m 个),且如果又有一测度 c_r,则在没有随机误差的条件下,将存在一组形如下式的关系式

$$c_r=f_r(x_1,x_2,\cdots,x_m) \tag{1}$$

若考虑随机误差,此式将被下式取代

$$P(\mathrm{d}c_r\,|\,x_i,\sigma,H)=\frac{1}{\sqrt{(2\pi)}\,\sigma}\exp\left\{-\frac{1}{2\sigma^2}(c_r-f_r)^2\right\}\mathrm{d}c_r \tag{2}$$

如果已经得到 n 个观测值且其误差相互独立,即可用 θ 统一表示这一点,从而有

$$P(\theta\,|\,x_i,\sigma,H)=\frac{1}{(2\pi)^{n/2}\sigma^n}\exp\left\{-\frac{1}{2\sigma^2}S\,(c_r-f_r)^2\right\}\mathrm{d}c_1\cdots\mathrm{d}c_n \tag{3}$$

S 表示对观测值求和。通常,f_r 或者都是线性函数,或者我们可以找到 x_i 的一组近似值,例如 x_{i0},从而将实际的 x_i 作为 x_{i0} 与一小偏离 x_i' 的和来对待。在后一种情况下,可将 x_i' 视为一组新的待估量,使得在允许的范围内,$\partial f_r/\partial x_i'$ 能够当作常数看待。无论在何种情况下,都有

$$W=\frac{1}{2}S\,(c_r-f_r)^2 \tag{4}$$

它是 x_i 或 x_i' 的二次函数。现在可以去掉撇号,同样有

$$f_r=\sum a_{ir}x_i \tag{5}$$

$\sum$ 表示对全体待估量求和;但我们可以利用求和算法的方便约定简化表达,即若下标 i 重复出现两次,其意义就是对 i 的所有取值(从 1 至 m)求和,并将结果全部加起来。为避免某个下标重复出现两次以上,我们现将 W 改写

如下

$$W=\frac{1}{2}S(a_{ir}x_i-c_r)(a_{jr}x_j-c_r) \tag{6}$$

$$=\frac{1}{2}S(a_{ir}a_{jr}x_ix_j-2a_{ir}c_rx_i+c_r^2) \tag{7}$$

$$=\frac{1}{2}b_{ij}x_ix_j-\mathrm{d}_ix_i+\frac{1}{2}Sc_r^2 \tag{8}$$

在第一个求和式中,每对不相等的下标都出现两次,将哪一个称为 i 或 j 都无所谓。因为是平方和,所以求和的结果一般为有限正数。因此,必有一组 x_i 使 W 得到最小值。若对 x_i 求微商,便得到 m 个求极值(最小值)的方程。若以 y_i 表示这些最小值,则有

$$b_{ij}y_j-\mathrm{d}_i=0 \tag{9}$$

这组方程称为正则方程(the normal equations)。当 $m\leqslant n$ 时,这组方程具有唯一解;由 b_{ij} 组成的行列式不为 0。令

$$x_i=y_i+z_i,\qquad c_r-a_{ir}y_i=c'_r \tag{10}$$

于是,W 成为 z_i 的二次函数,当 z_i 全为 0 时,W 关于 z_i 的一阶导数均为 0。此时 W 将等于$\frac{1}{2}Sc'^2_r$。因此

$$W=\frac{1}{2}b_{ij}z_iz_j+\frac{1}{2}Sc'^2_r \tag{11}$$

由于 $b_{ij}z_iz_j$ 也是有限正数,故可以数种方式简化为 m 个线性函数的平方和。最方便的做法是以三个待估量为例,对最小二乘法原理进行说明。设

$$F=b_{11}z_1^2+2b_{12}z_1z_2+b_{22}z_2^2+2b_{13}z_1z_3+2b_{23}z_2z_3+b_{33}z_3^2 \tag{12}$$

令

$$\zeta_1=z_1+\frac{b_{12}}{b_{11}}z_2+\frac{b_{13}}{b_{11}}z_3 \tag{13}$$

则

$$F-b_{11}\zeta_1^2=\left(b_{22}-\frac{b_{12}^2}{b_{11}}\right)z_2^2+2\left(b_{23}-\frac{b_{12}b_{13}}{b_{11}}\right)z_2z_3+\left(b_{33}-\frac{b_{13}^2}{b_{11}}\right)z_3^2$$

$$=b'_{22}z_2^2+2b'_{23}z_2z_3+b'_{33}z_3^2 \tag{14}$$

现令

$$\zeta_2 = z_2 + \frac{b'_{23}}{b'_{22}} z_3 \tag{15}$$

于是

$$F - b_{11}\zeta_1^2 - b'_{22}\zeta_2^2 = \left(b'_{33} - \frac{b'_{23}}{b'_{22}}\right) z_3^2 = b''_{33} z_3^2 \tag{16}$$

显然,这一估计过程可作推广。

首先假定 s 已知,并取 $x_1,\cdots,x_m$ 的先验分布为均匀分布。我们有

$$P(\mathrm{d}x_1 \mathrm{d}x_2 \cdots \mathrm{d}x_m \mid \sigma, H) \propto \mathrm{d}x_1 \cdots \mathrm{d}x_m \tag{17}$$

$$\begin{aligned} P(\mathrm{d}x_1 \cdots \mathrm{d}x_m \mid \theta, \sigma, H) &\propto \sigma^{-n} \exp\left(-\frac{W}{\sigma^2}\right) \mathrm{d}x_1 \cdots \mathrm{d}x_m \\ &\propto \sigma^{-n} \exp\left\{-\frac{1}{2\sigma^2}(b_{ij} z_i z_j + Sc_r'^2)\right\} \mathrm{d}x_1 \cdots \mathrm{d}x_m \end{aligned} \tag{18}$$

由 ζ_i 的构成方式可知,在雅可比行列式$\frac{\partial(\zeta_1,\cdots,\zeta_m)}{\partial(z_1,\cdots,z_m)}$中,所有主对角线上的项都等于 1,而所有主对角线以外(一侧上)的项都是 0。因此,该雅可比行列式等于 1,所以有

$$P(\mathrm{d}x_1 \cdots \mathrm{d}x_m \mid \theta, \sigma, H) \propto \sigma^{-n} \exp\left\{-\frac{1}{2\sigma^2}(\Sigma b_i \zeta_i^2 + Sc_r'^2)\right\} \mathrm{d}\zeta_1 \cdots \mathrm{d}\zeta_m \tag{19}$$

它可以写成几个因子连乘积的形式,而对单个的 ζ_i 可有

$$P(\mathrm{d}\zeta_i \mid \theta, \sigma, H) \propto \frac{1}{\sqrt{2\pi / b_i}\,\sigma} \exp\left(-\frac{b_i \zeta_i^2}{2\sigma^2}\right) \mathrm{d}\zeta_i \tag{20}$$

特别地,因 $\zeta_m = z_m$,故可有

$$x_m = y_m + z_m = y_m \pm \sigma / \sqrt{b_m} \tag{21}$$

确定 b_m 并不难,若记

$$D = \| b_{ij} \| \tag{22}$$

对于包含所有 b_{ij} 的行列式,以及其中的 B_{mm} 子式,这种变换既不会改变 D,也不会改变 B_{mm},因

$$\frac{\partial(\zeta_1,\cdots,\zeta_m)}{\partial(z_1,\cdots,z_m)} = 1, \qquad \frac{\partial(\zeta_1,\cdots,\zeta_{m-1})}{\partial(z_1,\cdots,z_{m-1})} = 1 \tag{23}$$

从而有

$$b_m = D/B_{mm} \tag{24}$$

关于 x_i 的任何函数均可采用下面的方式予以估计。令

$$\xi = l_i x_i = l_i y_i + l_i z_i \tag{25}$$

其中，l_i 已经给定。可用 ζ_i 的代替 z_i，于是

$$\xi = l_i x_i = l_i y_i + \lambda_i \zeta_i \tag{26}$$

式中 ζ_i 的概率分布是以 0 为中心，标准差为 $\sigma/\sqrt{b_i}$ 的正态分布。所以，ξ 的概率分布就是以 $l_i y_i$ 为中心，标准差为 $s(\xi)$ 的正态分布，$s(\xi)$ 由下式决定

$$\sigma^2(\xi) = \sigma^2 \sum(\lambda_i^2/b_i) \tag{27}$$

若 σ 未知，则须用(28)式代替(17)式

$$P(\mathrm{d}x_1 \cdots \mathrm{d}x_m \mathrm{d}\sigma \mid H) \propto \mathrm{d}x_1 \cdots \mathrm{d}x_m \mathrm{d}\sigma/\sigma \tag{28}$$

用下式代替(19)式

$$P(\mathrm{d}x_1 \cdots \mathrm{d}x_m \mathrm{d}\sigma \mid \theta H) \propto \sigma^{-n-1} \exp\left\{-\frac{1}{2\sigma^2}(\sum b_i \zeta_i^2 + Sc_r'^2)\right\} \mathrm{d}\zeta_1 \cdots \mathrm{d}\zeta_m \mathrm{d}\sigma \tag{29}$$

对除 ζ_m 以外的所有 ζ_i 作积分，得到

$$P(\mathrm{d}\zeta_m \mathrm{d}\sigma \mid \theta H) \propto \sigma^{-n+m-2} \exp\left\{-\frac{1}{2\sigma^2}(b_m \zeta_m^2 + Sc_r'^2)\right\} \mathrm{d}\zeta_m \mathrm{d}\sigma, \tag{30}$$

再对 σ 作积分，有

$$P(\mathrm{d}\zeta_m \mid c_1 \cdots c_n H) \propto (Sc_r'^2 + b_m \zeta_m^2)^{-(n-m+1)/2} \mathrm{d}\zeta_m \tag{31}$$

$$= \left(\frac{b_m}{\pi Sc_r'^2}\right)^{1/2} \frac{\left\{\frac{1}{2}(n-m-1)\right\}!}{\left\{\frac{1}{2}(n-m-2)\right\}!} \left(1 + \frac{b_m \zeta_m^2}{Sc_r'^2}\right)^{-(n-m+1)/2} \mathrm{d}\zeta_m \tag{32}$$

所以，ζ_m 的后验分布就如同 $n-m$ 个自由度的 t 分布。容易看出，对于 ζ_i 的任何线性函数也有这样的结论。如果 $n-m$ 很大，t 分布就近似标准差为 $s(\xi_m)$ 的正态分布，$s(\xi_m)$ 由下式决定

$$\sigma^2(\zeta_m) = Sc_r'^2/(n-m)b_m = B_{mm} Sc_r'^2/(n-m)D$$

若 σ^2 由 $Sc'^2_r/(n-m)$ 代替，上式就是(24)式[①]。

实际的解法如下。我们由被称为条件方程的 n 个形如

$$a_{ir}x_i = c_r \tag{33}$$

的方程出发。一般地，没有任何一组 x_i 的值可以精确地满足这组方程。但若用 a_{jr} 去乘每个方程的两边，并将结果对 r 求和，即可得方程(根据 b_{ij} 与 d_i 的定义)

$$b_{ij}x_i = \mathrm{d}_j \tag{34}$$

由该式知，j 从 1 跑到 m 可产生关于 x_i 的 m 个方程。它们就是所谓的正则方程。其联立方程的解为

$$x_i = y_i \tag{35}$$

最方便的解法等价于寻找 z_i 的解。若用 b_{11} 去除第一个正则方程，该方程的左端即变为

$$x_1 + \frac{b_{12}}{b_{11}}x_2 + \cdots + \frac{b_{1m}}{b_{11}}x_m = \left(y_1 + \frac{b_{12}}{b_{11}}y_2 + \cdots + \frac{b_{1m}}{b_{11}}y_m\right) + \zeta_1 \tag{36}$$

再从第二个、第三个…正则方程减去用 $b_{12}, b_{13}, \cdots$ 依次去乘此式所得的乘积，就可将 x_1 从这些方程中消掉。于是就剩下了 $m-1$ 个方程，它们依然具有这样的性质，即在关于 x_j 的方程中 x_i 的系数等于关于 x_i 的方程中 x_j 的系数；二者都等于

$$b_{ij} - b_{1i}b_{1j}/b_{11}$$

如此消下去，最终就只剩下 x_m，其系数自动成为 b_m。任何其他 b_i 系数即为第一个正则方程中 x_i 的系数(若 $x_1, \cdots, x_{i-1}$ 已从该方程中消掉)。采用这种方法即可得到全部的 b_i。若 σ 未知，所需要做的只是以"$\mathrm{d}_1/b_1 \pm \sigma/\sqrt{b_1} + (y_2, \cdots, y_m$ 及 $\zeta_2, \cdots, \zeta_m$ 的线性函数)"的方式，表出未知量如 x_1 即可；这时，借助一常数 $\pm\sigma/\sqrt{b_2}$ 以及 $y_3, \cdots, y_m$ 和 $\zeta_3, \cdots, \zeta_m$ 的函数，就可用第二个方程代替 y_2，如此类推。最终可以得到 y_1 的值，它也是 x_1 的最可能值，还可以得到关于 x_1 的一组独立未知量，它们很容易经由组合得出。

若 σ 未知，估计 y_i 的方法同前；通过对条件方程作相应代换，可以得到

---

① 原文误为(21)式——译注。

称为残差的一组差值 $c_r - a_{ij}y_i$(the residuals),它们等同于 c'_r。这样,就能通过下式

$$(n-m)s^2 = Sc'^2_r \tag{37}$$

定义一次观测的标准差,而将 z_m 的标准差定义为

$$s_{zm} = s/\sqrt{b_m} \tag{38}$$

令 $t = z_m/s_{zm}$,有

$$P(\mathrm{d}z_m \mid c_1 \cdots c_n H) \propto \left\{1 + \frac{b_m s_{zm}^2 t^2}{(n-m)s^2}\right\}^{-(n-m+1)/2} \mathrm{d}t = \left(1 + \frac{t^2}{n-m}\right)^{-(n-m+1)/2} \mathrm{d}t$$

完全等同于 3.44 节的(13)式。若 $n-m=\nu$,ν 为自由度数目,则这种简单情形下,可查 t 表计算此分布。

以上方法(本质上属于高斯代换法)比常见的几种解方程组的方法具有优越性,采用那些方法求 y_i 将会涉及求解 $m+1$ 个 m 阶行列式的值,以及估计 D 之主对角线上所有一阶子式的值(以计算 y_i 的标准差)这样一些复杂的计算。就我个人而言,正确算出三阶以上行列式的值常会力不从心,而采用上面的方法却总能得到正确答案。正则方程组的对称性在求解的每一阶段都能用来检查计算是否正确,而方程组最终解的正确性可通过回代过程予以检查。

一种源于拉普拉斯的方法常被说成是独立于正态分布的;根据这种说法,观测值的"最佳"估计乃是一个线性函数,若只需估计一个未知参数,则由对称性暗示此参数非算数平均值莫属,这又暗示了正态分布。还是根据这种说法,观测值误差的估计采用其均方误差,这样做的正当性虽有正态分布予以保证,但尚需一个单独的(从而是错误的)假设才行;此外,还须求助于贝努利定理,而这又并非是必要的[①]。

3.51 试用下例说明上节介绍的求解方法,此处的这组正则方程含有(1)、(2)、(3)三个方程;一次观测的标准差为 s。

---

① 见 *phil.Mag*.22,1936,337—59.

$12x-5y+4z=2$	(1)	$x-0.42y+0.33z=+0.17\ \pm0.29s$	(4)
$-5x+8y+2z=1$	(2)	$5x-2.1y+1.7z=+0.8$	(5)
$4x+2y+6z=5$	(3)	$4x-1.7y+1.3z=+0.7$	(6)
$5.9y+3.7z=+1.8$	(7)	$y+0.63z=+0.31\ \pm0.41s$	(9)
$3.7y+4.7z=+4.3$	(8)	$3.7y+2.3z=+1.1$	(10)
$2.4z=+3.2$	(11)	$z=+1.33\ \pm0.64s$	(12)
$y=+0.31-0.63\times1.33=-0.53$			(13)
$x=+0.17-0.42\times0.53-0.33\times1.33=-0.49$			(14)

(4)式是由(1)式除以 12 得到的;(5)、(6)两式是用 5、4 分别乘以(4)式得到的。(7)式由(2)、(5)两式相加获得,(8)式由(3)、(6)两式相减获得,等等。第一行的标准误 $0.29s(=s/\sqrt{12})$,其他各行的标准误也由类似方法算出。关于 s_y,我们有

$$s_y=\pm0.41s\pm0.63\times0.64s=(\pm0.41\pm0.41)s=\pm0.58s \tag{15}$$

关于 s_x,有

$$x=(x-0.42y+0.33z)+0.42(y+0.63z)-0.60z \tag{16}$$

$$s_x=(\pm0.20\pm0.42\times0.41\pm0.60\times0.64)s \tag{17}$$

$$s_x^2=0.26s^2,\qquad s_x=0.51s \tag{18}$$

因此

$$x=-0.49\pm0.51s;\quad y=-0.53\pm0.58s;\quad z=+1.33\pm0.64s \tag{19}$$

3.52 不等权重条件方程;分组。在 3.5 节对最小二乘法的讨论中,我们假定了每个待估量都有相同标准差。如果每个待估量的标准差各不相同,则 3.5 节的(3)式将被下式取代

$$P(\theta\mid x_i,\sigma_r,H)=\frac{1}{(2\pi)^{n/2}\prod\sigma_r}\exp\left\{-S\,\frac{1}{2\sigma_r^2}(c_r-f_r)^2\right\}\prod \mathrm{d}c_r \tag{1}$$

其中 exp 的幂指数仍具二次函数形式。它和 W 的不同在于,exp 幂指数中的求和项在加总前都必须被 σ_r^2 除之。因此,σ_r^{-2} 这个量或其(为方便计)与一常数的乘积,就称为条件方程的权(重)。注意到如果诸方程

$$f_r = c_r \pm \sigma_r \tag{2}$$

被

$$\frac{\sigma f_r}{\sigma_r} = \frac{\sigma c_r}{\sigma_r} \pm \sigma_r \tag{3}$$

所取代，且每一次观测都被视为具有相同不确定性 σ 之 $\sigma f_r \sigma_r$ 的一次实现，则(1)式不会改变。若 σ_r 已知，σ 也已选定，则相应正则方程的形成及其解的过程都会一如从前，不会变化。显然，具有随意性的 σ 在整个方程(组)的求解过程中会消失掉。只需在开始时作一些微小改变，最小二乘法即可照用不误(这里讨论的方法有助于了解这一点)，这种方法有时也被推荐为方程组解法的一部分；亦即，全部条件方程只有在先乘以各自的 σ/σ_r 后，才能形成所需的正则方程。但这样做有个缺点即权重常为整数且(条件方程)乘以 σ/σ_r 后，会导致求解平方根以及随之而来的舍入误差问题。较好的做法如下：

若

$$W = \frac{1}{2} S\left\{\frac{\sigma}{\sigma_r}(a_{ir}x_i - c_r)\frac{\sigma}{\sigma_r}(a_{jr}x_j - c_r)\right\} \tag{4}$$

则 W 亦等于

$$= \frac{1}{2} S(a_{ir}x_i - c_r)\left\{\frac{\sigma^2}{\sigma_r^2}(a_{jr}x_j - c_r)\right\} \tag{5}$$

从而有

$$\frac{\partial W}{\partial x_i} = S a_{ir}\left\{\frac{\sigma^2}{\sigma_r^2}(a_{jr}x_j - c_r)\right\} \tag{6}$$

因此，如果首先用 σ/σ_r 乘每一条件方程，再用 a_{ir} 继续乘之并将它们相加以形成正则方程，就能得到同样的(正则)方程而使计算上的麻烦减少，精确性增加。

如果 σ_r 未知且若干 σ 又相互无关，我们将会遇到与 3.41 节(14)式相类似的复杂问题。在实施一项观测计划时，常发生一些观测值的观测条件特别有利，另一些不那么有利，还有一些特别糟糕的情况。我们通常是以权重的形式表达对(观测值)相对精度的看法，以对付这种情况，但这样做有随意性，尽管如果相应的残差能被归类而使观测值的观测精度得以确定时(程度不同)，也是如此。我们的问题是(如果接受相对精度的概念)，寻找当 σ_r 未知而它们的比例已知时观测精度的某种估计。我们将 σ 视为相对于单位权重的标准差，并按刚刚叙述过的方法作关于观测精度的估计。若 $w_r=\sigma^2/\sigma_r^2$ 是赋予第 r 次观测值的权，则 3.5 节(29)式中的 $Sc_r'^2$ 将被 $Sw_rc_r'^2$ 所取代。所以，对 σ 估计的唯一改变仅涉及 3.5 节(37)式中 s^2 的形成：应该用观测值的权去乘每个 $c_r'^2$。

观测值常会落入不同的组，而在每一组内其 a_{ir} 也常会近似相等。极端的例子见于 3.44 节，在那里若对重力的测量是在第 r 个观测点进行的，则 $a_{ir}=1$，若是在其他观测点进行的，则 $a_{ir}=0$。根据不同观测地点地震波达到时刻的数据（由其相位表示）而对地震中心进行测定时，这些观测地点会落入不同的地理区域，使在任一区域内地震波到达时刻的改变，时长都大致相同，而这种改变是由所采用的地震计时方法与震中位置造成的。这就在很大程度上简化了为某区域不同观测地点之中心位置（用 c_r 表示）建立相应条件方程的工作。c_r 的标准差为 $\sigma/\sqrt{n_r}$，n_r 为该区域内不同观测地点之数目，故它提供了权重为 n_r 的一个条件方程；而正则方程几乎与之完全一样，宛如全部观测地点都已被用来形成可分离的条件方程。所有相应的残差现仍可用来估计 σ，自由度为 $n-m$，如同未分组的情形。若采用上一段所述方法，我们可以得到相同的最小二乘解，但仅有（分组情况下）均值的残差可用来估计不确定性的精度，其自由度当然会减少很多。

3.53 最小二乘法：逐次逼近。常会发生正则方程组中许多变量的系数都很小或等于 0 这种情况。在所有非主对角线上的系数均为 0 的极端情况下，就称正则方程组为正交的。在另一种极端情况下，即（正则方程组）之系数行列式等于 0，最小二乘解是不确定的，因为我们至少可为一个未知量任意赋值。在介于这两种极端情况之间的种种场合，（正则方程组）的系数行列式都小于该行列式主对角元的连乘积；若是远远小于，就说最小二乘解非常不好（badly determined）。从理论上说，最小二乘解在 3.5 节的意义下总可得到，但实际上，未知量往往太多，因而逐渐求解的方法依然需要。有两种关于最小二乘解的合适的逐次逼近法。

试考虑下述形式的方程

$$2W=b_{11}x_1^2+2b_{12}x_1x_2+b_{22}x_2^2+\cdots-2\mathrm{d}_1x_1-2\mathrm{d}_2x_2-\cdots+e \tag{1}$$

及下面的正则方程

$$b_{11}x_1+b_{12}x_2+\cdots=d_1 \tag{2}$$

$$b_{12}x_1+b_{22}x_2+\cdots=d_2 \tag{3}$$

……

以下我们根据冯·塞德尔(von Seidel)的方法解这些方程。先忽略(2)式中的 $x_2,\cdots$,再令 $x_1=d_1/b_{11}$。此时,若全体 x 均为 0,则 $2W=e$。在 $x_1=d_1/b_11$,其余的 x 均为 0 的情况下,

$$2W=\frac{d_1^2}{b_{11}}-\frac{2d_1^2}{b_{11}}+e \tag{4}$$

故这种代换总可使 W 变小。现对(3)式照此办理,忽略 $x_3,x_4,\cdots$,可得近似式

$$b_{22}x_2=d_2-b_{12}d_1/b_{11} \tag{5}$$

于是,W 被下面的量进一步变小

$$\frac{1}{b_{22}}\left(d_2-\frac{b_{12}d_1}{b_{11}}\right)^2 \tag{6}$$

如此,即可逐次利用计算出的新值代替旧值。当各个分量都经过(迭代)计算后,就用第一次迭代所得数值代替 $x_2,\cdots,x_n$,从而再次由第一个方程开始进行下一次迭代。因 $W>0$ 且随迭代的进行它逐次递减,故必定收敛,而且敛速通常很快。和塞德尔迭代法类似的,是一种源自索斯韦尔及布莱克的(R.V.Southwell and A.N.Black)、被命名为"逐次放松约束"的线性方程组解法,此法是他们受电子学中有关问题的启发而提出的①。

下面的方法很便捷,但不一定收敛。其具体做法是,将正则方程中所有的项(对角线上的除外),全部移至等号的右边,从而有

$$b_{11}x_1=d_1-b_{12}x_2-b_{13}x_3-\cdots \tag{7}$$

$$b_{22}x_2=d_2-b_{12}x_1-b_{23}x_3-\cdots \tag{8}$$

……

第一次算出的近似值为 $x_1=d_1/b_{11}$,$x_2=d_2/b_{22}$,等等。将第一次算出的近似值代入上述方程的右端,作第二次求近似值的计算,如此迭代计算下去。

---

① 见 *Proc.Roy.Soc*.A.184,1938,447－67;Southwell,*Relaxation Methods in Engineering Science*,1940;*Relaxation Methods in Theoretical Physics*,1946.

经若干次迭代计算后如果所得近似值不能趋限，则停止迭代。这两类方法都无须先行保留全部 $b_{12}/b_{11}, b_{12}/b_{22}, \cdots$ 这样的比例，因而能够立刻对由其他未知分量引起的、某一未知分量的变化作出修正。

显然，无论上述哪种迭代方法，其收敛速度都取决于迭代矩阵。作为例子，考虑下面一组方程

$$\left.\begin{aligned} x_1 &= 1 - kx_2 - kx_3 \\ x_2 &= -kx_1 - kx_3 \\ x_3 &= -kx_1 - kx_2 \end{aligned}\right\} \tag{9}$$

采用索斯韦尔及布莱克迭代法，将得到该方程组第一次近似解为(1,0,0)，第二次近似解为 $(1, -k, -k)$，第三次近似解为 $(1+2k^2, -k+k^2, -k+k^2)$，等等。此法的第二次近似解总能使 W 变小，第三次近似解在 $-0.39<k<0.64$ 时使 W 变小，在此范围之外则使 W 变大。

利用塞德尔迭代法解方程组(9)，依次得到

$$x_1 = 1, x_2 = -k, x_3 = -k + k^2$$
$$x_1 = 1 + 2k^2 - k^3, x_2 = -k + k^2 - k^3 + k^4 \cdots$$

而精确到 k^3 的解为

$$x_1 = 1 + 2k^2 - 2k^3, \quad x_2 = x_3 = -k + k^2 - 3k^3 \tag{10}$$

这些迭代解法主要用于当某些待估的未知量在相应条件方程中出现的次数不多，而待估的未知量又很多，需要对所有这些待估的未知量进行估计的场合。例如，索斯韦尔及布莱克迭代法已被英国地图出版社(Ordnance Survey)用于不同地点的地图绘制之中①。对每个测绘点，均可建立联系该点与其他各点的条件方程(从该点观测其他各点及从其他各点观测该点)，每个被确定的测绘点的任何位移在两个(或多个)测绘点的距离之外都不会出现在有关的条件方程之中。所以，在正则方程中，大部分这样的测绘点(未知量)前的系数都是0。因此，各测绘点的位置都可以参考基线(the base-line)依次进行调整。索斯韦尔及布莱克迭代法的改进型，在由布伦(Bullen)和我在建立 P 型地震波达到时刻的线性方程组中得到了运用②，

---

① 见 *The Observatory*, 62, 1930, 43.

② 见 *Bur. Centr. Séism.*, *Trav. Sci.*, Fasc. 11, 1935.

在我们的工作中，观测到的每个地震波都用三个参数即震中纬度、经度、地震发生时刻予以表示，而其他参数仅作为对插值计算有所帮助的一组校正值加以使用。我们所做的，是利用试算表(trial tables)确定每次地震的引致因素(假定这些试算表正确无误)。于是，相应的残差将根据距离归类，以提供对试算表的校正。整个过程以正确的试算表为基准而不断重复。这些迭代算法的一个优点是可以自行验证；另一个优点是可将繁复的线性方程组化成几个部分分别处理，从而避免了求解这种大型方程组的麻烦。例如，在我们工作中，如不采用迭代算法，就需建立并求解含有 150 个未知量的正则方程组。由此可见，这些迭代算法可以一次完成两个或三个未知量的调整，而非一次只能调整一个。

对不确定性的估计可按下述方式进行。读者应谨记，x_1 的标准误差是 $\sigma(B_{11}/D)^{1/2}$，而 B_{11}/D 是令关于 x_1 的正则方程中的 x_1 等于 1，其余的 x 都等于 0 时所得的数值，我们只需做这样一个替换，利用迭代算法即可求出每个所需的参数，这些参数的标准误差也可顺便写出。

3.54 布拉德和乔利(E.C.Bullard and H.L.P.Joolly)提供了应用迭代算法求解线性方程组的一个更复杂的算例[①]。在他们的例子中，未知量是不同地点上重力的数值。通常，重力的测量不是绝对的，但在不同地点同一只摆来回摆动时周期上的差别是可以测量到的，据此就可以估计不同地点重力的差异。波茨丹(Potsdam)处的重力值被视为标准值，因而可据以对重力作绝对测量。所以，在下面这组条件方程中，不同地点重力的绝对测量值都是直接与波茨丹处的重力值相比较而得到的；其余的则为不同地点重力测量值的差值。布拉德和乔利将德·比尔特(De Bilt)处的重力值视为给定值，但该处重力值与波茨丹处重力值的差明显大于英国其他(重力)观测点的重力值与波茨丹处重力值的差，因此最好将其当作另一个重力未知的地点看待。布拉德和乔利需要确定重力值的地点如下：

g_0：德·比尔特(De Bilt)，

g_1：格林尼治，记录室(Greenwich，Record Room)，

g_2：格林尼治，国家重力站(Greenwich，National Gravity Station)，

g_3：基尤皇家植物园(Kew)，

---

① 见 *M.N.R.A.S.*，Geophys.Suppl.3，1936，470.

g_4:剑桥,摆楼(Cambridge,Pendulum House),

g_5:南安普敦(Southampton)。

有关的条件方程为:

观 测 者	日期		
普特南(Putnam)	1900	$g_1=981\ 188$	(1)
普特南(Putnam)	1900	$g_3=981\ 200$	(2)
列诺克斯—康宁汉姆(Lenox-Conyngham)	1903	$g_3-g_1=+14$	(3)
麦奈兹(Meinesz)	1925	$g_4-g_0=-3$	(4)
列诺克斯一康宁汉姆一曼利(Lenox-Conyngham and Manley)	1925	$g_4-g_3=+64.7$	(5)
乔利及麦考(Jolly and McCaw)	1927	$g_2-g_1=-0.3$	(6)
米勒(Miller)	1928	$g_2=981\ 188.8$	(7)
乔利及威利斯(Jolly and Willis)	1930	$g_4-g_2=+74.2$	(8)
威利斯及布拉德(Willis and Bullard)	1931	$g_2-g_5=+65.3$	(9)
乔利及布拉德(Jolly and Bullard)	1933	$g_4-g_5=+143.1$	(10)
布拉德(Bullard)	1935	$g_4-g_5=+139.0$	(11)
麦奈兹(Meinesz)	1921	$g_0=981\ 267$	(12)
麦奈兹(Meinesz)	1925	$g_0=981\ 269$	(13)

单位:1 豪迦=0.001 厘米/秒^2

误差主要源自重力摆在来回摆动时机械性质的变化。故除条件方程(6)外,其余的条件方程其权重都取作相等。因为在(6)式的情形下,两个观测站仅相隔 300 米的距离,而且观测高度几乎相等,所以,这两处观测点重力值的差可以精确算出。我将这两处重力值的差取作

$$g_2-g_1=+0.0001$$

上述若干地点重力值与国家物理实验室(所在地)重力值之间的差别可采用静态重力仪进行测量,在距离不太远时,这样做能得到比观测重力摆(计算重力)精确许多的结果。作为说明,我们将以 g_T 代表国家物理实验室处的重力值,并且有下述关系

$$g_1=g_T-5.9$$

$$g_2=g_T-5.8$$

$$g_3 = g_T + 0.67$$

接下去可以同时去掉 g_1, g_2, g_3，得到如下表所示的方程。

		计算值 1		计算值 2	$O-C$	$(O-C)^2$
(1)	$g_T = 981\,193.9$	981 193.0	$g'_T = +0.9$	+1.1	−0.2	0.0
(2)	$g_T = 981\,193.3$	981 193.0	$g'_T = +0.3$	+1.1	−0.8	0.6
(3)	$+12.6 = +12.0$	+12.6	$0 = -0.6$	0.0	−0.6	0.4
(4)	$g_4 - g_0 = -3.0$	−3.0	$g'_4 - g'_0 = 0.0$	−0.5	+0.5	0.2
(5)	$g_4 - g_T = +71.4$	+72.0	$g'_4 - g'_T = -0.6$	−1.9	+1.3	1.7
(7)	$g_T = 981\,194.6$	981 193.0	$g'_T = +1.6$	+1.1	+0.5	0.2
(8)	$g_4 - g_T = +68.4$	+72.0	$g'_4 - g'_T = -3.6$	−1.9	−1.7	2.9
(9)	$g_T - g_5 = +71.1$	+69.0	$g'_T - g'_5 = +2.1$	+2.0	+0.1	0.0
(10)	$g_4 - g_5 = +143.1$	+141.0	$g'_4 - g'_5 = +2.1$	+0.1	+2.0	4.0
(11)	$g_4 - g_5 = +139.0$	+141.0	$g'_4 - g'_5 = -2.0$	+0.1	−2.1	4.4
(12)	$g_0 = 981\,267.0$	981 268.0	$g'_0 = -1.0$	−0.3	−0.7	0.5
(13)	$g_0 = 981\,269.0$	981 268.0	$g'_0 = +1.0$	−0.3	+1.3	1.7
						16.6

这暗示可取下述数值启动迭代过程

$$g_0 = 981\,268.0 \tag{14}$$

$$g_T = 981\,193.0 \tag{15}$$

$$g_4 = 981\,265.0 \tag{16}$$

$$g_5 = 981\,124.0 \tag{17}$$

据此算出的数值见上表“计算值 1”那一列，在该列右侧紧挨着的是关于校正数值的列。有关的正则方程按下面的方式形成。在此可以暂时去掉 g 上的撇号“$'$”。

$g_T = +0.9$		
$g_T = +0.3$		
	$g_0 - g_4 = 0.0$	$g_4 - g_0 = 0.0$

续表

$g_T-g_4=+0.6$		$g_4-g_T=-0.6$	
$g_T=+1.6$			
$g_T-g_4=+3.6$		$g_4-g_T=-3.6$	
$g_T-g_5=+2.1$			$g_5-g_T=-2.1$
		$g_4-g_5=+2.1$	$g_5-g_4=-2.1$
		$g_4-g_5=-2.0$	$g_5-g_4=+2.0$
	$g_0=-1.0$		
	$g_0=+1.0$		

$6g_T-2g_4-g_5=+9.1$	(18)	$g_T-0.33g_4-0.17g_5=+1.52\ \pm0.61$	(22)
$3g_0-g_4=0.0$	(19)		
$-2g_T-g_0+5g_4-2g_5=-4.1$	(20)	$2g_T-0.67g_4-0.33g_5=+3.0$	
$-g_T-2g_4+3g_5=-2.2$	(21)		

为了求解,先用 6 去除(18)式,再将所除结果的两倍加到(20)式,所除结果的一倍加到(21)式,从而消掉 g_T。于是

$3g_0-g_4=0.0$	(23)	$g_0-0.33g_4=0.0\pm0.87$	(26)
$-g_0+4.33g_4-2.33g_5=-1.1$	(24)		
$-2.33g_4+2.83g_5=-0.7$	(25)		
$4.00g_4-2.33g_5=-1.1$	(27)	$g_4-0.58g_5=-0.28\ \pm0.75$	(29)
$-2.33g_4+2.83g_5=-0.7$	(28)	$2.33g_4-1.35g_5=-0.7$	
$1.48g_5=-1.4$	(30)	$g_5=-0.94\pm1.23$	(31)

因此,就得到解

$$g_5=-0.94,g_4=-0.81,g_0=-0.27,g_T=+1.10 \tag{32}$$

据此计算的有关数值可见上面的"计算值 2",紧挨着"计算值 2"的是"$O-C$"("观测值－计算值")。最后一列则是"观测值－计算值"的平方和"$(O-C)^2$"。12 个方程的"观测值－计算值"的平方和为 16.6,待估的参数是 4 个;因此

$$s^2=16.6/(12-4)=2.1;\quad s=1.5 \tag{33}$$

由此，根据正则方程(18)～(21)得到的线性函数的估计标准误为

$$s_5=\pm 1.23 \tag{34}$$

$$s_4=\pm 0.75\ \pm 0.58\times 1.23=\pm 1.03 \tag{35}$$

$$s_0=\pm 0.87\ \pm 0.33\times 1.03=\pm 0.94 \tag{36}$$

$$\begin{aligned}\delta g_T&=\pm 0.61+(\delta g_4-0.58\delta g_5)+0.19\delta g_5+0.17\delta g_5\\&=\pm 0.61\ \pm 0.25\ \pm 0.44=\pm 0.79\end{aligned} \tag{37}$$

最后得到

$$\left.\begin{aligned}g_T&=981\ 194.10\pm 0.79\\g_0&=981\ 267.73\ \pm 0.94\\g_4&=981\ 264.19\ \pm 1.03\\g_5&=981\ 123.06\ \pm 1.23\end{aligned}\right\} \tag{38}$$

正则方程(18)～(21)也可用松弛变量法求解。我们在此一次只松弛一个变量，则第一次近似的结果为(在正则方程的右端减去最大的两项)$g_T=+1$，$g_4=-1$。而正则方程左端则变为“计算值 1”(Calc.1)，由它可计算出“观测值－计算值”($O-C$)，见下表。

	$O-C$		$O-C$		$O-C$	$O-C$	$O-C$
计算值 1	(1)		(2)		(3)	(4)	(5)
6+2=8	+1.1	+1	+0.1	−0.4	+0.5	−0.1	0.0
+1=+1	−1.0		−1.0	−0.9−0.2=−1.1	+0.1	+0.1	+0.1
−2−5=−7	+2.0	+2	+0.9	+0.3+1.0=+1.3	−0.4	−0.2	0.0
−1+2=+1	−3.2	−3	−0.2	−0.4	+0.2	+0.3	0.0

在求第二次近似解时，若 $g_5=-1$，则最大的两个残差即可大致除去，剩余部分可见表中的 $O-C(2)$。若将 g_0 增加 -0.3，g_4 增加 $+0.2$，可继续得到 $O-C(3)$(这一列)的结果。仿此，可依次再取 $g_T=+0.1$，$g_5=+0.1$ 作相应的计算。最后，残差可被基本除掉(见表中最后一列)，而将有关的计算结果相加，可得

$$g_T=+1.1,g_0=-0.3,g_4=-0.8,g_5=-0.9$$

这些结果在 0.1(误差范围内)均告正确。

为得到相应不确定性的估计，首先要像通常那样求出 s。再令第一个正则方程的右端等于 1，其余正则方程的右端皆等于 0，用同上的迭代法即可求出 $g_T=0.27$；从而

$$s_T=1.5/\sqrt{0.27}=0.78$$

仿此，可依次求出其余三个估计量的标准差。切记不应忘记最终结果要取平方根！

用松弛法求解线性方程组比用简单迭代法复杂些。每种迭代近似解都能使残差减小，这种（逐次逼近）算法也可以减少许多计算量。

3.55 下面的问题及由它延伸出的课题在天文学中经常会出现。天文学家常假定一组恒星有相同的视差（parallax）；由这组恒星之任一恒星为据，单独估计这种视差，其估计结果（借助于每个估计的标准差）是可比的，但全体视差估计值的均值，却远比其标准差来得大。此处物理条件限制是视差不能为负，且它远小于对一颗恒星所作观测时得到的标准误差，所以，可为一切取正值的视差选择均匀分布作为其先验概率分布。若 α 为这组恒星的视差，a_r，s_r 为单独对这组恒星之任一颗进行观测时所得的视差及其标准差，而每次观测的恒星数量又很大，就有

$$P(\mathrm{d}a_1\cdots\mathrm{d}a_n \mid \alpha H)\propto \exp\left\{-\sum\frac{(\alpha-a_r)^2}{2s_r^2}\right\}\mathrm{d}a_1\cdots\mathrm{d}a_n$$

以及

$$P(\mathrm{d}\alpha|H)\propto\mathrm{d}\alpha\quad(\alpha>0);\quad =0\quad(\alpha<0)$$

因此

$$P(\mathrm{d}\alpha \mid a_1\cdots a_n H)\propto \exp\left\{-\sum\frac{(\alpha-a_r)^2}{2s_r^2}\right\}\mathrm{d}\alpha\quad(\alpha>0);\quad =0\quad(\alpha<0)$$

可见 α 的后验概率是关于均值为 a_r 的（已加权）正态分布，在 $\alpha=0$ 时分布有截尾。

对这一问题的处理导致了一些讨论。在该问题的条件下，a_r 的一些估计值通常取负值，这有时被认为是不可能的而遭到拒绝，故这种情况下 a_r 的均值是由那些取正值的 a_r 计算的。因而，拒绝大量取负值的 a_r 所算出 a_r

的均值就是有偏的,其有偏的幅度可与对一颗恒星所作观测时所得标准误差进行比较。对于取负值的 a_r,当然可以在计算 a_r 的均值时将它们排除在外,但这样做仅当我们先为视差指派先验概率以后方可实行。即便只有一颗恒星需要考虑,我们也仍需先行指派视差的先验概率才对。无论如何,我们都不能单独根据(相应的)似然去拒绝取负值的 a_r。这里的问题有些类似相关系数组合时出现的问题(见本书 195 页),在那里,$\zeta-\zeta$ 因子中有一常数项,其所受影响部分地源于先验概率、部分地源于似然。但当几个估计量合并时,(有关的)先验概率只能发挥一次作用,而似然却会屡次发挥作用。在估计浅表层地震震中深度时也会发生类似的情形。在这种估计中,震中深度 h 通过 h^2 进入公式;采用最小二乘法常会导致取负值的 h^2 出现。解决此问题有两种方法:一种是在估计其他参数特别是速度参数时,令 h 等于 0,故可将 h 的全体估计值视为不具有显著性;另一种是从全部解中去掉 h 而将关于速度的方程合并起来。这两种方法对取负值 h^2 的拒绝,以及由此而来的仅依据余下的部分 h^2 来决定速度参数的做法,是不能令人满意的;这将导致有偏的速度估计。

3.6 均匀分布。该分布的理论兴趣在于这样的事实:根据所有观测值算出的(样本)均值,其对均匀分布中心的估计精度尚不如仅根据两个极端值作出的同样估计来得好。设均匀分布的中心为 a,随机变量(观测值)取值的区间长度为 2σ。一观测值位于 $\mathrm{d}x$ 区间内的概率为

$$P(\mathrm{d}x\mid\alpha,\sigma,H)=\begin{cases}\mathrm{d}x/2\sigma & (\alpha-\sigma<x<\alpha+\sigma), & (1)\\ 0 & (x<\alpha-\sigma,x>\alpha+\sigma) & (2)\end{cases}$$

n 个观测值位于给定区间的概率为

$$P(\mathrm{d}x_1\cdots\mathrm{d}x_n\mid\alpha,\sigma,H)=\prod(\mathrm{d}x)/(2\sigma)^n, \tag{3}$$

只要全部 x_r 满足条件

$$\alpha-\sigma<x_r<\alpha+\sigma, \tag{4}$$

即可,因而也可假定其中的两个极端观测值同样满足(4)式的要求。称这两个极端观测值为 x_1 和 x_2。若 α 及 σ 未知,则有

$$P(\mathrm{d}\alpha\mathrm{d}\sigma\mid H)\propto\mathrm{d}\alpha\mathrm{d}\sigma/\sigma \tag{5}$$

以及

$$P(\mathrm{d}\alpha\mathrm{d}\sigma \mid x_1\cdots x_nH)\propto\sigma^{-n-1}\mathrm{d}\alpha\mathrm{d}\sigma, \tag{6}$$

只要

$$\alpha-\sigma<x_1;\quad \alpha+\sigma>x_2 \tag{7}$$

由这些条件可以确定 α 与 σ 的联合(取值)区间,如果给定观测值且除去关于观测值取值区间的限制,则在(6)式中它们就不会出现。故对于均匀分布,这两个极端观测值就是 α 与 σ 的充分统计量。

因而

$$P(\mathrm{d}\alpha \mid x_1\cdots x_nH)\propto \mathrm{d}\alpha\int\sigma^{-n-1}\mathrm{d}\sigma \tag{8}$$

在观测值的允许取值区间内成立。但在给定 α 时,σ 一定会比 $\alpha-x_1$ 及 $x_2-\alpha$ 中的较大者来得大。因此,σ 的下限即为 $\alpha-x_1$,若 $\alpha>(x_1+x_2)/2$;或为 $x_2-\alpha$,若 $\alpha<(x_1+x_2)/2$。从而

$$P(\mathrm{d}\alpha \mid x_1\cdots x_nH)\propto\begin{cases}(\alpha-x_1)^{-n}\mathrm{d}\alpha & (\alpha>\frac{1}{2}(x_1+x_2)), & (9)\\ (x_2-\alpha)^{-n}\mathrm{d}\alpha & (\alpha<\frac{1}{2}(x_1+x_2)), & (10)\end{cases}$$

此二式的常数项相同。所以,α 的后验概率在这两个极端值的均值处有一个尖峰。常数项也容易求出,它等于 $2^{-n}(n-1)(x_2-x_1)^{n-1}$。若 $n=2$,我们有

$$\begin{aligned}&P(x_1<\alpha<x_2 \mid x_1,x_2,H)\\ &=2^{-n}(n-1)(x_2-x_1)^{n-1}\left\{\int_{x1}^{(x1+x2)/2}(x_2-\alpha)^{-n}\mathrm{d}\alpha+\int_{(x1+x2)/2}^{x2}(\alpha-x_1)^{-n}\mathrm{d}\alpha\right\}\\ &=\frac{1}{2}\end{aligned} \tag{11}$$

如此,若仅有两个观测值,且 α 及 σ 也未知,则 α 位于这两个观测值之间的后验概率就是 1/2。对任何连续的概率误差律而言,此论断都能成立,是一个普遍规律;我们在讨论正态误差律时已看到这一点。

给定 σ,若 $x_1+\sigma$ 比 $x_2-\sigma$ 大,则 α 的可能取值将介于 $x_2-\sigma$ 及 $x_1+\sigma$ 之间。因而

$$P(\mathrm{d}\sigma \mid x_1\cdots x_nH)\propto\frac{x_1-x_2+2\sigma}{\sigma^{n+1}}\mathrm{d}\sigma \tag{12}$$

对 $\sigma>(x_2-x_1)$成立。这时的常数因子为 $2^{-n}n(n-1)(x_2-x_1)^{n-1}$。若 $n=1$,且 α 的取值范围是从 $x_2-\sigma$ 至 $x_1+\sigma$,则由(6)式可得

$$P(\mathrm{d}\sigma|x_1,H)\propto \mathrm{d}\sigma/\sigma, \tag{13}$$

正如正态分布那样,该式也表达了仅一个观测值不能提供关于其精度的任何说明的事实。读者或许注意到 σ 的概率密度在 $\sigma=\frac{1}{2}(x_2-x_1)$时为 0,而在 $\sigma=\frac{1}{2}(1+1/n)(x_2-x_1)$时达到极大。这是由于极端值要求 x_1 与 x_2 都要落在使(均匀分布)密度函数取得极大值的点上,这会使人感到不解,但若要求 x_1 与 x_2 落在使该密度函数取得极大值的点的附近,就不那么出人意料了。

由极限条件的形式可知,α 与 σ 的后验概率远非相互独立;所以,任何既涉及 α 也涉及 σ 的推断都应该直接从(6)式出发。若我们想得到关于界值 $\alpha_1=\alpha-\sigma$ 及 $\alpha_2=\alpha+\sigma$ 的概率,则(6)式就变形为

$$P(\mathrm{d}\alpha_1\mathrm{d}\alpha_2|x_1\cdots x_nH)\propto \mathrm{d}\alpha_1\mathrm{d}\alpha_2/(\alpha_2-\alpha_1)^{n+1}\quad(\alpha_1<x_1,\alpha_2>x_2); \tag{14}$$

于是,对于 $\alpha_2>x_2$,有

$$P(\mathrm{d}\alpha_2|x_1\cdots x_nH)=(n-1)(x_2-x_1)^{n-1}(\alpha_2-x_1)^{-n}\mathrm{d}\alpha_2 \tag{15}$$

若固定(x 取值的)上、下限致 α,α_1,或 α_2位于此界限内的概率可取任何确定值,则随观测值数目的增加,此上、下限之间的距离将以 $1/n$ 的速率变小,而对于正态误差律,此种距离变小的速率是 $1/\sqrt{n}$。这种结果对于某些概率误差律(尤其是 U 形或 J 形)经常发生,这种概率误差律一般具有有限的(误差)取值区间,且在极值点处其概率密度曲线不会下降到 0。均匀分布就是从钟形分布向 U 形分布转变的结果。

在这种情况下,将均值和二阶矩作为(分布的)位置参数及尺度参数会损失许多信息。对于均匀分布而言,该分布的二阶矩为 $\sigma^2/3$,而在给定 σ 时,n 个观测值的均值的标准差将为 $\sigma/\sqrt{3n}$,因而将会以 $1/\sqrt{n}$ 的速率递减,但若使用最精确的拟合方法,则具有有限概率的任一区间(α 位于该区间内)也会以 $1/n$ 的速率变小。

3.61 概率分布尺度参数的改变。因为有许多分布并不能像正态分布

及均匀分布那样可以导致充分统计量，所以曾有人建议对随机变量进行变换，使变换后的随机变量服从正态分布或均匀分布。因而，若概率分布为

$$P(\mathrm{d}x \mid \alpha, \sigma, H) = f\left(\frac{x-\alpha}{\sigma}\right)\frac{\mathrm{d}x}{\sigma}$$

可定义

$$\frac{y-\alpha}{\sigma} = \int_{-\infty}^{x} f\left(\frac{x-\alpha}{\sigma}\right)\frac{\mathrm{d}x}{\sigma}$$

于是

$$P(\mathrm{d}y \mid \alpha, \sigma, H) = \mathrm{d}y/\sigma \quad (\alpha < y < \alpha + \sigma)$$

同样，也可定义 z 致

$$\frac{1}{\sqrt{2\pi}\sigma}\int_{-\infty}^{z} \exp\left\{-\frac{(z-\beta)^2}{2\sigma^2}\right\}\mathrm{d}z = \int_{-\infty}^{x} f\left(\frac{x-\alpha}{\sigma}\right)\frac{\mathrm{d}x}{\sigma}$$

由此可知，z 服从均值为 β，标准差为 σ 的正态分布。

有人认为这种变量替换可用来简化估计方法，然而事实上却并非如此。首先，在 x 给定后，除非人们已经知道 α 及 σ，否则相应 y 或 z 的取值依然不为人知；但估计问题的缘起就是因为人们并不知晓 α 及 σ。其次，若可对 x 进行变换致

$$\int_{-\infty}^{x} f(x)\mathrm{d}x = \int_{-\infty}^{y} g(y)\mathrm{d}y,$$

则

$$P(\mathrm{d}y \mid \alpha, \sigma, H) = g(y)\mathrm{d}y = f(x)\frac{\mathrm{d}x}{\mathrm{d}y}\mathrm{d}y$$

其中的 $\mathrm{d}x/\mathrm{d}y$ 依然依赖于 α 及 σ。若 x 的值可以观测到，则相应的似然因子即为 $\prod f(x_r)$。反之，若换成 y，则似然因子就成了 $\prod g(y_r)$。如此一来，这两个似然就相差一个因子 $\prod (\mathrm{d}y/\mathrm{d}x)_{x=x_r}$；而对每个观测值来说，函数都要依赖于 α 及 σ。令人惊讶的是，这种关于似然的不当处理方法（据我所知这种方法并未推广，因为它不可行）竟得到一些反对先验概率的统计学家的欢迎，尽管先验概率在任何给定问题的解决中只出现一次即可。

3.62 标尺数值的读取。最常见的(观测)误差不满足正态误差律的例子源自使用标尺对物体长度所作的测量,虽然人们在测量时会尽量把标尺上(相应物体长度)的读数读取得更准一些。设物体的长度为 L 个单位长度。有两种测量方法。第一种是将待测物体的一端对齐标尺的某一刻度,如第 m 个,然后将物体另一端(对齐标尺)的位置读取到最接近该处的标尺刻度。显然,这样做总会得到待测物体的长度为 k 个单位长度的结果,而 k 为最接近 L 的整数。因此,对任意的 k,就有

$$P(k|LH)=1 \quad \left(-\frac{1}{2}<L-k<\frac{1}{2}\right), \quad P(k|LH)=0 \quad \left(|L-k|\geqslant\frac{1}{2}\right)$$

若进行了 n 次测量且 $P(\mathrm{d}L|H)\propto \mathrm{d}L$,则

$$P(\mathrm{d}L|\theta H)=\mathrm{d}L \qquad \left(-\frac{1}{2}<L-k<\frac{1}{2}\right)$$

$$P(\mathrm{d}L|\theta H)=0 \qquad \left(|L-k|>\frac{1}{2}\right)$$

由这个简单的例子可知,增加测量次数并不能提高测量精度。用这种方法得到的(关于待测物体长度的)后验概率分布服从均匀分布。

第二种测量方法是,将待测物体置于标尺的任意位置,如将其首端置于标尺的 $m+y$ 处,$-\frac{1}{2}<y<\frac{1}{2}$;如果物体的长度为 $L=k+x$ 个单位长度,$0<x<1$,则其末端最接近的刻度,当 $|x+y|<\frac{1}{2}$,亦即,若 $-\frac{1}{2}<y<\frac{1}{2}-x$ 时,必处于第$(m+k)$个刻度处;而若 $\frac{1}{2}-x<y<\frac{1}{2}$ 时,该待测物体的末端就将处在于第$(m+k+1)$个刻度处。但

$$P(\mathrm{d}y|H)=\mathrm{d}y \quad \left(|y|<\frac{1}{2}\right), \quad P(\mathrm{d}y|H)=0 \quad \left(|y|>\frac{1}{2}\right)$$

因此

$$P(k|LH)=1-x; \qquad P(k+1|LH)=x$$

若由 r 次测量可读取数值 k,由 s 次测量可读取数值 $k+1$,即有

$$P(\theta|LH)=(1-x)^r x^s;$$

$$P(\mathrm{d}L|\theta H)\propto(1-x)^r x^s \mathrm{d}x=\frac{(r+s+1)!}{r!\ s!}(1-x)^r x^s \mathrm{d}x$$

dx 的系数可取得最大值如果

$$x=\frac{r}{r+s}=x_0$$

所以，最可能的取值就是测量值的均值。对于较大的 r,s，测量值的标准差近似等于$\left\{\frac{rs}{(r+s)^3}\right\}^{1/2}$，它并不独立于 x_0。

这里的问题还是有一些理论意义的。在实践中，计算待测物体长度的后验概率分布时会遇到不少困难。利用诸如千分尺一类的工具可以把测量做得更精确些，从而使读数误差不再构成主要的误差来源。

3.7 充分统计量。在到目前为止我们所考虑的问题中，如果待估参数共有 m 个，则关于这些参数不同数值的似然比，以及由此计算的后验概率，全都仅仅依赖 m 个观测值的函数与观测值发生联系。事实上，并非全部概率分布都具有这种性质。用费舍的术语来说，任何可用作估计量的观测值的函数都称为统计量，而对具有这种性质的概率分布来说，观测值的函数将称为充分统计量。因此，对于正态分布，$\bar{x}$及 s 均为充分统计量；对于泊松分布及关于一次试验的结果可能有两个或多个的概率分布（the law for measurement by difference），均值就是充分统计量。观测值的数目称作辅助统计量（ancillary statistic）；一般而言，辅助统计量虽然不会直接提供关于待估参数的信息，但却能对这些待估参数的估计精度提供一些线索。

费舍关于充分统计量的定义有其特点；他认为，给定分布的参数及（相应的）一组统计量，若观测值的任何其他函数独立于这些参数，则那组统计量就称为是充分的。这可以证明如下：设 α 代表给定分布的全部参数，a 为充分统计量，θ 为全体观测值；并设 b 为另一个观测值的函数。于是

$$P(\alpha\,|\,\theta H)=P(\alpha\,|\,aH)=P(\alpha\,|\,abH)$$

最后一个等式的成立乃是依据这样的事实，即在已有 n 个观测值、m 个参数的情况下，ab 共有 $m+1$ 个观测数据，其余 $n-m-1$ 个观测数据就是所余观测值的数目，从而再次得到 $P(\alpha\,|\,\theta H)$。但这些所余数据是无关的，因为结果永远是 $P(\alpha\,|\,aH)$，因而根据 1.7 节的定理 11（50 页），这些无关数据均可略去，从而有 $P(\alpha\,|\,abH)$。于是

$$P(\alpha\,|\,aH)=AP(\alpha\,|\,H)P(a\,|\,\alpha H)$$

$$P(\alpha|abH)=BP(\alpha|H)P(ab|\alpha H)$$

其中,A,B 独立于α。因此

$$P(ab|\alpha H)=(A/B)P(a|\alpha H)$$

但

$$P(ab|\alpha H)=P(b|\alpha a H)P(a|\alpha H)$$

从而有

$$P(b|\alpha a H)=(A/B)$$

它与α独立(当然它依赖a及b)。

高斯证明了(采用现代语言),若算术均值是充分统计量而使正态分布成立,只需假定相对于算术均值的某一离差的概率仅为该离差的函数即可。若它还是参数的函数,则正态分布将不再成立;一般情况下的证明是由凯恩斯作出的①。

若

$$P(\mathrm{d}x|\alpha H)=f(x,\alpha)\mathrm{d}x \tag{1}$$

则

$$S_r\frac{1}{f}\frac{\partial f}{\partial \alpha}=0 \tag{2}$$

等价于

$$S(x_r-\alpha)=0 \tag{3}$$

对全部x_r成立,当且仅当存在这样的l致

$$\left(\frac{1}{f}\frac{\partial f}{\partial \alpha}\right)_r-\lambda(x_r-\alpha)=0, \tag{4}$$

成立。但由于上式第一项中仅含有r的一个值,故λ不可能涉及x_r的任何其他值,如$x_{r'}$;同样,把r记作r'后,也可知λ不会涉及x_r。所以λ必只是α的函数,例如

$$\frac{1}{f}\frac{\partial f}{\partial \alpha}=\varphi'(\alpha)(x-\alpha) \tag{5}$$

---

① 见 *Treatise on Probability*, 1921, p.197. Macmillan.

对上式积分,可得

$$\log f = x\varphi(\alpha) - \alpha\varphi(\alpha) + \int\varphi(\alpha)\mathrm{d}\alpha + \psi(x) \tag{6}$$

而此式可写为

$$\log f = (x-\alpha)\mu'(\alpha) + \mu(\alpha) + \psi(x) \tag{7}$$

对正态分布(σ 已知),

$$\log f = -\frac{1}{2}\ln 2\pi - \log\sigma - \frac{1}{2}\frac{(x-\alpha)^2}{\sigma^2}$$

$$\psi(x) = -\frac{1}{2}\frac{x^2}{\sigma^2} - \frac{1}{2}\log 2\pi - \log\sigma$$

$$\mu(\alpha) = \frac{1}{2}\frac{\alpha^2}{\sigma^2}$$

对泊松分布,

$$P(m|rH) = \frac{r^m}{m!}\mathrm{e}^{-r}$$

由此可知

$$\mu(r) = r\log r - r;\qquad \psi(m) = -\log m!$$

对关于一次试验的结果可能有两个或多个的概率分布,以二项分布为例,

$$P(m|nxH) = \frac{n!}{m!(n-m)!}x^m(1-x)^{n-m}$$

有

$$\log P = \log\binom{n}{m} + n\left(\frac{m}{n} - x\right)\log\frac{x}{1-x} + nx\log x + n(1-x)\log(1-x)$$

$$\mu'(x) = n\log\frac{x}{1-x};\mu(x) = nx\log x + n(1-x)\log(1-x) - n;\psi(m) = \log\binom{n}{m}$$

这种公式转化是巴特莱(M.S.Bartlett)作出的[①]。他在这样做时假定概率分布关于参数具有可微性,而前述(1)式包含 $\mathrm{d}x$,这就暗示随机变量的分布

① 见 *Proc.Roy.Soc.*A,141,1933,524—5.

具有连续性。对于仅取离散值的随机变量的分布,如泊松分布和二项分布,可以很容易地参照连续型分布写出所需的公式。对于仅取离散值(概率分布的)参数而言,就无法再假定分布的连续性了,因为在出现 0 导数的点上,极大似然一般不存在。

3.71 皮特曼—库普曼定理(the Pitman-Koopman theorem)。一个更一般的定理由皮特曼①和库普曼②几乎同时提出,该定理是说概率分布具有充分统计量的必要充分条件是它可用下述形式表出

$$f(x,\alpha_1,\cdots,\alpha_m)=\varphi(\alpha_1,\cdots,\alpha_m)\psi(x)\exp\sum u_s(\alpha)v_s(x) \tag{1}$$

φ 自然由对 x 求和等于 1 这一条件决定。皮特曼和库普曼皆假定 x 及参数可微;皮特曼虽只对 f 含一个参数的情形予以考虑,但对诸参数给定、而 f 在 x 的某区间内不存在的情形作了详细讨论。库普曼则对 f 含多个参数的情形作了讨论。皮特曼－库普曼定理的充分条件是容易证明的。对于 n 个观测值而言,

$$\prod f_r = \varphi^n \prod \psi(x_r)\exp\{\sum u_s(\alpha)Sv_s(x_r)\} \tag{2}$$

比较这些关于取不同 α 值的似然函数,可以消去因子 $\psi(x_r)$,而指数幂因子中的观测值只以 m 个加总式 $Sv_s(x_r)$ 的形式出现。就这一点来说,没有必要假定观测值或参数的可微性。

为在更一般的条件下证明该定理的必要性,我们有

$$\begin{aligned}\log L &= Sg(x_r,\alpha_1,\alpha_2,\cdots,\alpha_m)\\ &=\Phi(a_1,a_2,\cdots,a_m,\alpha_1,\alpha_2,\cdots,\alpha_m)+\chi(x_1,x_2,\cdots,x_n)\end{aligned} \tag{3}$$

为了让写法简洁,可用 α 表示 $\alpha_1,\alpha_2,\cdots,\alpha_m$,用 a 表示 $a_1,a_2,\cdots,a_m$,其中的 a_s 均为观测值的函数。同理,可用 Δ_s 表示 α_s 的变化,用 D_r 表示给定的 x_r 的变化。

注意到现在我们假定 $n>m$,并假定充分统计量 a_s(观测值的函数)存在;还假定诸统计量之间不存在任何函数关系。于是,任何一组 m 个 a_s 的函数也必为充分统计量,因为它们皆可由观测值算出,自然,a_s 也可由观测值算出。

---

① 见 *Proc.Camb.Phil.Soc*.32,1936,567－79.

② 见 *Trans.Amer.Math.Soc*.39,1936,399－509.

为 α_s 取定一组值 α_{s0}，并令 α_s 的可容许变化一次只变动(其中的)一个(若 α_s 只能取离散值，则这些离散值均不得小于 α_s 之诸可容许值差的最小值)。因此，若对 α_s 至 $\alpha_s+\lambda_s$ 的全部变化，$\Delta_s \log L$ 已经给定(对给定的 x 而言)，则可获得关于 a_s 的 m 个方程，其解形如

$$a_s=\psi_s\{\Delta_t Sg(x_r,\alpha),\alpha_0,\lambda\} \quad (t=0,1,\cdots,m) \tag{4}$$

我们要求至少存在一组解，即关于指定 a_s 值的方程组有解，但也可能存在依赖 α_0 及 λ 的解。于是，我们可以改写解的形式如下

$$a_s=\{\Delta_s Sg(x_r,\alpha)\}_{\alpha 0,\lambda 0}=Sv_s(x_r) \tag{5}$$

我们保留(2)式的形式。于是，可有

$$\begin{aligned}\log L-\log L_0&=Sg(x_r,\alpha)-Sg(x_r,\alpha_0)\\&=\Phi(a,\alpha)-\Phi(a,\alpha_0)\\&=\Phi\{Sv_s(x_r),\alpha\}-\Phi\{Sv_s(x_r),\alpha_0\}\\&=\Psi\{Sv_s(x_r),\alpha\}\end{aligned} \tag{6}$$

现作一可容许变化，使 x_r 变为 x_r+h_r；

$$D_r g(x_r,\alpha)-D_r g(x_r,\alpha_0)=D_r\Psi\{\mathop{S}_{k=1}^{n} v_s(x_k)\} \tag{7}$$

对任何 $r'\neq r$，该式左端都不依赖 $x_{r'}$ 或由 $x_{r'}$ 所致的变动。其右端也如此。该式只依赖 $v_s(x_k)$ 的变化，变动 $x_{r'}$ 将导致 Sv_s 同样的变化，故除非(对于给定的 α)Ψ 关于 Sv_s 具有线性性，否则将导致两个不相等的 Ψ 的变化值。这些变化不能相互抵消，因为在相应的那两个 Sv_s 之间不存在任何函数关系。因此

$$\Phi(a,\alpha)-\Phi(a,\alpha_0)=\sum u_s(\alpha)Sv_s(x_r)+p(\alpha) \tag{8}$$

又因该式等价于 $Sg(x_r,\alpha)-Sg(x_r,\alpha_0)$，故必有

$$g(x_r,\alpha)=\sum u_s(\alpha)v_s(x_r)+q(\alpha)+g(x_r,\alpha_0) \tag{9}$$

将(9)式改写为指数形式即得到(1)式。

对某些概率分布的某一参数而言，x 的一些数值不可能被取到，但对其他参数，x 的取值并无此限制。对于不可能的 x 值，$\log L$ 将变为 $-\infty$，从而(4)式的解变为不定解。对于只有一个参数 α 且有界的概率分布，有

$$P(x|\alpha H)=\begin{cases}f(x,\alpha)>0 & (x\geqslant\alpha)\\0 & (x<\alpha)\end{cases} \tag{10}$$

假定已有两个观测值 x_1,x_2，且 $x_2\geqslant x_1$，则

$$L=f(x_1,\alpha)f(x_2,\alpha) \tag{11}$$

该式在 $x_1<\alpha$ 时等于 0，在 $x_1\geqslant\alpha$ 时取正值。如此，变动 x_2 不能改变这种性质，而若存在充分统计量，它一定是 x_1，因为通过 x_1 增大 α，会使 L 产生离散变化。比较两个 α 值，有

$$\frac{L(x_1,x_2,\alpha_1)}{L(x_1,x_2,\alpha_2)}=\frac{f(x_1,\alpha_1)f(x_2,\alpha_1)}{f(x_1,\alpha_2)f(x_2,\alpha_2)} \tag{12}$$

此式一定独立于 x_2。故 $f(x_2,\alpha_1)/f(x_2,\alpha_2)$ 必只为 α_1,α_2 的函数，因此必取 $h(\alpha_1)/h(\alpha_2)$ 的形式，从而有

$$f(x_2,\alpha)=h(\alpha)g(x_2) \tag{13}$$

但 x_2 只受限于 $x_2\geqslant x_1\geqslant\alpha$，而这对全部 $x_2\geqslant\alpha$ 均必成立，所以

$$f(x,\alpha)=h(\alpha)g(x)=\frac{g(x)}{\sum g(x)} \quad (x\geqslant\alpha) \tag{14}$$

求和对 x 的所有可允许值进行。

该结果属于皮特曼。已有人将其推广至含多个参数的情形。

3.8 真实数值即第三次观测所得数值位于前两次观测所得数值之间的后验概率。设一概率误差律为 $h\,f\{h(x-\alpha)\}\mathrm{d}x$，其中，$f$ 可取任何形式而 h 为精度常数即尺度参数的倒数。令

$$\int_{-\infty}^{z} f(z)\mathrm{d}z = F(z),F(\infty) = 1 \tag{1}$$

若 α 及 h 未知，则有

$$P(\mathrm{d}\alpha \mathrm{d}h|H)\propto \mathrm{d}\alpha \mathrm{d}h/h, \tag{2}$$

$$P(\mathrm{d}x_1\mathrm{d}x_2|\alpha,h,H)=h^2 f\{h(x_1-\alpha)\}f\{h(x_2-\alpha)\}\mathrm{d}x_1\mathrm{d}x_2 \tag{3}$$

以及

$$P(\mathrm{d}\alpha \mathrm{d}h|x_1,x_2,H)\propto h\,f\{h(x_1-\alpha)\}f\{h(x_2-\alpha)\}\mathrm{d}\alpha \mathrm{d}h \tag{4}$$

给定 $x_1, x_2 (x_2 > x_1)$，第三次观测所得数值位于任一区间 dx_3 的概率就是

$$P(dx_3 \mid x_1, x_2, H) = \iint P(dx_3 d\alpha dh \mid x_1, x_2, H) \tag{5}$$

将上式对 α 及 h 的全部可能取值作积分，它会

$$\propto dx_3 \iint h^2 f\{h(x_1 - \alpha)\} f\{h(x_2 - \alpha)\} f\{h(x_3 - \alpha)\} d\alpha dh \tag{6}$$

做变量替换

$$\theta = h(x_1 - \alpha), \varphi = h(x_2 - \alpha) \tag{7}$$

给定 x_1, x_2 后，α 位于 x_1, x_2 之间的概率即为 I_1/I_2，而 I_1, I_2 可分别根据(4)式(注意到 $x_2 > x_1$)对 h 从 0 至 ∞ 作积分、对 α 从 $-\infty$ 至 ∞ 作积分得到。于是

$$(x_2 - x_1) I_1 \propto \int_{-\infty}^{0} \int_{0}^{\infty} f(\theta) f(\varphi) d\theta d\varphi = F(0)\{1 - F(0)\} \tag{8}$$

$$\begin{aligned}(x_2 - x_1) I_2 \propto \int_{-\infty}^{\infty} \int_{0}^{\infty} f(\theta) f(\varphi) d\theta d\varphi &= \int_{-\infty}^{\infty} f(\theta)\{1 - F(\theta)\} d\theta \\ &= 1 - \frac{1}{2} = \frac{1}{2}\end{aligned} \tag{9}$$

所以

$$I_1/I_2 = 2F(0)\{1 - F(0)\} \tag{10}$$

若 $F(0) = 1/2$，则 I_1/I_2 就等于 1/2，而在其他情况下(即 $F(0) \neq 1/2$)该比率均小于 1/2。回忆(1)式可知，$F(0) = 1/2$ 表示这样一种陈述即对 α 及 h 的任何给定值，一观测值大于 α 与小于 α 的可能性相等。对于任何连续型概率分布，这样的一个数值总可以找到。因此，若定义中位数为代表某分布(之分布)中心的真确值，则前两次观测所得数值给定以后(无论相差有多大)，该真确值位于它们中间的概率就等于 1/2。若选择其他位置参数而非中位数代表某分布(之分布)中心的真确值而该分布又不对称，则 I_1/I_2 就必小于 1/2。这就是当分布形式未知时，总要选择中位数作为其位置参数的确切原因。在正态分布及均匀分布的特殊情形下，这一结果已经得到了。

给定 x_1, x_2 后，x_3 位于 x_1, x_2 之间的概率是 I_3/I_4，其中

$$I_3 = \int_{-\infty}^{\infty}\int_{0}^{\infty}\int_{x1}^{x2} h^2 f\{h(x_1-\alpha)\}f\{h(x_2-\alpha)\}f\{h(x_3-\alpha)\}\mathrm{d}\alpha\mathrm{d}h\mathrm{d}x_3 \tag{11}$$

$$= \int_{-\infty}^{\infty}\int_{0}^{\infty} hf\{h(x_1-\alpha)\}f\{h(x_2-\alpha)\}[F\{h(x_2-\alpha)\}-F\{h(x_1-\alpha)\}]\mathrm{d}\alpha\mathrm{d}h$$

$$= \frac{1}{x_2-x_1}\int_{-\infty}^{\infty}\int_{0}^{\infty} f(\theta)f(\varphi)\{F(\varphi)-F(\theta)\}\mathrm{d}\theta\mathrm{d}\varphi$$

$$= \frac{1}{x_2-x_1}\int_{-\infty}^{\infty}[\frac{1}{2}f(\theta)\{1-F^2(\theta)\}-f(\theta)F(\theta)\{1-F(\theta)\}]\mathrm{d}\theta$$

$$= \frac{1}{x_2-x_1}(\frac{1}{2}-\frac{1}{6}-\frac{1}{2}+\frac{1}{3})$$

$$= \frac{1}{6(x_2-x_1)} \tag{12}$$

$$I_4 = \int_{-\infty}^{\infty}\int_{0}^{\infty}\int_{-\infty}^{\infty} h^2 f\{h(x_1-\alpha)\}f\{h(x_2-\alpha)\}f\{h(x_3-\alpha)\}\mathrm{d}\alpha\mathrm{d}h\mathrm{d}x_3 \tag{13}$$

$$= \int_{-\infty}^{\infty}\int_{0}^{\infty} hf\{h(x_1-\alpha)\}f\{h(x_2-\alpha)\}\mathrm{d}\alpha\mathrm{d}h$$

$$= \int_{-\infty}^{\infty}\int_{\theta}^{\infty} f(\theta)f(\varphi)\mathrm{d}\theta\mathrm{d}\varphi$$

$$= \int_{-\infty}^{\infty} f(\theta)\{1-F(\theta)\}\mathrm{d}\theta$$

$$= \frac{1}{2(x_2-x_1)} \tag{14}$$

所以

$$I_3/I_4 = \frac{1}{3} \tag{15}$$

如此,若位置参数和尺度参数均未知,则前两次观测所得数值给定以后(无论相差有多大),第三次观测所得数值位于它们中间的概率即等于 1/3。

关于(10)式的收敛定理是,若某概率分布的中位数位于前两次观测所得数值(设它们已给定且无论其相差多大)之间的后验概率为 1/2,则 h 的先验概率必为 $\mathrm{d}h/h$。若 h 的先验概率为 $\lambda(bh)\mathrm{d}h/h$,其中,b 为关于维度 α 或 $1/h$ 的一个数量,比率 I_1/I_2 将包含 $b/(x_2-x_1)$,对于 x_2-x_1 的全部数值,该比率将不会一成不变。因此,所能做的唯一改进将是使

$$P(\mathrm{d}\alpha\mathrm{d}h \mid H) \propto h^{\gamma-1}\mathrm{d}\alpha\mathrm{d}h \tag{16}$$

问题在于 g 是否对 $f(z)$的所有可允许形式必须为0。若令

$$h\{\frac{1}{2}(x_2+x_1)-\alpha\}=t \tag{17}$$

$$\frac{1}{2}h(x_2-x_1)=s \tag{18}$$

可得

$$hf\{h(x_1-\alpha)\}fh(x_2-\alpha)\}\mathrm{d}\alpha=-f(t-s)f(t+s)\mathrm{d}t, \tag{19}$$

用(16)式代替(2)式,将有

$$I_1-\frac{1}{2}I_2 \propto \int_0^{\infty}\left(2\int_{-s}^{s}-\int_{-\infty}^{\infty}\right)h^{\gamma}f(t-s)f(t+s)\mathrm{d}t\,\mathrm{d}h \tag{20}$$

令

$$\left(2\int_{-s}^{s}-\int_{-\infty}^{\infty}\right)f(t-s)f(t+s)\mathrm{d}t=G(s) \tag{21}$$

则上面的假设就可简化为

$$\int_0^{\infty}s^{\gamma}G(s)\mathrm{d}s=0 \tag{22}$$

而由(10)式知,若 $\gamma=0$,则对于全部的 x_1,x_2 而言,(22)式可以得到满足。不存在任何其他解的一个充分条件是,对 s 的某个确定值,$G(s)$必会改变符号;若 s 的这个确定值是 s_0,就有

$$\int_0^{\infty}s_0^{\gamma}G(s)\mathrm{d}s=0 \tag{23}$$

对于取正值的 γ,当 $s>s_0$ 时,(22)式的积分在数值上会大于(23)式的积分值,而当 $s<s_0$ 时,结论则相反。因此,(22)式并不能对任何取正值的 γ 成立,同样,它也不能对任何取负值的 g 成立。一般地,$G(s)$是否具有这种性质尚未得到证明,但在下述情形即 $f(z)\propto\exp(-\frac{1}{2}z^2)$;$f(z)=-\frac{1}{2}\exp\{-|z|\}$;$f(z)=\frac{1}{2}$,若 $-1<z<1$,否则 $f(z)=0$,$G(s)$的这种性质则得到了证明。欧弗德博士(Dr.A.C.Offord)告诉我还有一种引人注意的情形也能使

$G(s)$的这种性质成立,此种情形为

$$f(z)=\frac{1}{2}z^2 \quad (|z|>1), \qquad f(z)=0 \quad (|z|<1)$$

$G(s)$的这种性质,在第二章中有一个有趣的类比。我们从(3)式开始,令 $x_1+x_2=2a$,$x_2-x_1=2b$,可以得到

$$P(\mathrm{d}a \mid b\alpha hH)=\frac{h^2 f\{h(a-b-\alpha)\} f\{h(a+b-\alpha)\}\mathrm{d}a}{\int_{-\infty}^{\infty} h^2 f\{h(a-b-\alpha)\} f\{h(a+b-\alpha)\}\mathrm{d}a} \tag{24}$$

$x_1-\alpha$ 及 $x_2-\alpha$ 符号相反的条件就是$|a-\alpha|<b$。因此,对任何 b,均可算出两个相差 $2b$ 的观测值其取不同或相同符号时概率的差,此差等于下式被某个正数相乘所得的积

$$\left(2\int_{-b}^{b}-\int_{-\infty}^{\infty}\right) hf\{h(a-b-\alpha)\} f\{h(a+b-\alpha)\} d(a-\alpha)=G(hb) \tag{25}$$

$G(hb)$对全体 b 作积分等于 0,这事实只是表明,概率分布一经给定,前两次观测所得数值位于中位数一侧或两侧的概率就会相同。b 若较大,前两次观测所得数值位于中位数两侧的概率也会较大,b 若较小,则它们位于中位数一侧的概率就会较大,而对于连续的 $f(z)$,总存在这样的一个 b,它使前两次观测所得数值位于中位数一侧或两侧的概率相同。这结果要求存在唯一的这种 b;这要求看上去很合理,但(如上所述)它并未得到肯定的证明。利特伍德教授(Professor Littlewood)曾给出过 $G(s)$任意多次改变符号的反例。因此,该问题依然有待解决。

3.9 相关。设两随机变量 x,y 的联合概率是

$$P(\mathrm{d}x\mathrm{d}y|\sigma,\tau,\rho,H)=\frac{1}{2\pi\sigma\tau\,(1-\rho^2)^{1/2}}\exp\left\{\frac{-1}{2(1-\rho^2)}\left(\frac{x^2}{\sigma^2}+\frac{y^2}{\tau^2}-\frac{2\rho xy}{\sigma\tau}\right)\right\}\mathrm{d}x\mathrm{d}y \tag{1}$$

则(x_1,y_1),(x_2,y_2),…,(x_n,y_n)(共 n 对)的联合概率即为

$$P(\theta|\sigma,\tau,\rho,H)$$
$$=\frac{1}{(2\pi\sigma\tau)^n\,(1-\rho^2)^{n/2}}\exp\left\{\frac{-1}{2(1-\rho^2)}\left(\frac{Sx^2}{\sigma^2}+\frac{Sy^2}{\tau^2}-\frac{2\rho Sxy}{\sigma\tau}\right)\right\}\mathrm{d}x_1\mathrm{d}y_1\cdots\mathrm{d}x_n\mathrm{d}y_n \tag{2}$$

记 $Sx^2=ns^2$，$Sy^2=nt^2$，$Sxy=nrst$，则 s，t，r 就是 σ，τ，ρ 的充分统计量。

最初，我们视 σ，τ 为未知。为与相关系数的解释协调一致，可将 $(1+\rho)/2$ 视为反映具有相同符号的 x，y 与全部 x，y 的抽样比（率）。于是，在最自然的意义下，ρ 的先验概率可认为具有均匀分布的形式，故

$$P(\mathrm{d}\sigma\ \mathrm{d}\tau\mathrm{d}\rho\,|\,H)\propto \mathrm{d}\sigma\ \mathrm{d}\tau\mathrm{d}\rho/\sigma\tau \tag{3}$$

若 ρ 接近于 $+1$ 或 -1，上式将不复成立（与抽样时的情形类似）。但是，两个随机变量中的一个对全部变差起主要决定作用的情况常会发生，由此导致正常的相关曲面（the normal correlation surface）也不复存在了。对付这种情况的最好办法是采用最小二乘法。不过在可以使用相关分析的场合，还是应该采用(3)式。于是，将(2)式与(3)式结合起来，有

$$P(\mathrm{d}\sigma\mathrm{d}\tau\mathrm{d}\rho\,|\,\theta H)\propto\frac{1}{(\sigma\tau)^n\ (1-\rho^2)^{n/2}}\exp\left\{\frac{-n}{2(1-\rho^2)}\left(\frac{s^2}{\sigma^2}+\frac{t^2}{\tau^2}-\frac{2\rho rst}{\sigma\tau}\right)\right\}\frac{\mathrm{d}\sigma\mathrm{d}\tau\mathrm{d}\rho}{\sigma\tau} \tag{4}$$

根据费舍所作的变量替换，

$$\frac{st}{\sigma\tau}=\alpha,\ \frac{s\tau}{\sigma t}=\mathrm{e}^{\beta} \tag{5}$$

可有

$$\frac{s^2}{\sigma^2}=\alpha\mathrm{e}^{\beta},\quad \frac{t^2}{\tau^2}=\alpha\mathrm{e}^{-\beta},\quad \frac{\partial(\sigma,\tau)}{\partial(\alpha,\beta)}=\frac{st}{2\alpha^2} \tag{6}$$

故 ρ 的后验概率分布为

$$\begin{aligned}P(\mathrm{d}\rho\ |\ \theta H)&\propto \mathrm{d}\rho\int_0^{\infty}\int_{-\infty}^{\infty}\frac{\alpha^{n-1}}{(1-\rho^2)^{n/2}}\exp\left\{-\frac{n\alpha}{1-\rho^2}(\cosh\beta-r\rho)\right\}\mathrm{d}\alpha\,\mathrm{d}\beta\\&\propto \mathrm{d}\rho\int_0^{\infty}\frac{(1-\rho^2)^{n/2}}{(\cosh\beta-\rho r)^n}\mathrm{d}\beta\end{aligned} \tag{7}$$

这是由于被积函数是关于 β 的偶函数的缘故。此时涉及的关于观测值的函数只有 r，所以 r 就是 ρ 的充分统计量。现令

$$\cosh\beta-\rho r=\frac{1-\rho r}{1-u} \tag{8}$$

则(7)式的积分就变为

$$\frac{(1-\rho^2)^{n/2}}{(1-\rho r)^{n-\frac{1}{2}}}\int_0^1\frac{(1-u)^{n-1}}{\sqrt{2u}}\ \left\{1-\frac{1}{2}(1+r\rho)u\right\}^{-1/2}\mathrm{d}u \tag{9}$$

因 r 和 ρ 所能取的最大值就是 1,所以,上式中积分号内的因子可按 u 的幂展开,然后作相应的分项积分即可,而各项的系数都是贝塔函数。于是,去掉无关因子后,ρ 的后验概率分布即为

$$P(\mathrm{d}\rho|\theta H)\propto\frac{(1-\rho^2)^{\frac{n}{2}}}{(1-\rho r)^{n-\frac{1}{2}}}S_n(\rho r)\mathrm{d}\rho \tag{10}$$

其中

$$S_n(\rho r)=1+\frac{1}{n+\frac{1}{2}}\frac{1+r\rho}{8}+\frac{1^2\cdot 3^2}{2!\ (n+\frac{1}{2})(n+\frac{3}{2})}\left(\frac{1+r\rho}{8}\right)^2+\cdots \tag{11}$$

是一个超几何级数。通常 n 都很大,所以仅取该级数的首项而略去其余各项所带来的误差不足为虑。但(10)式非常不对称,我们知道其密度函数当 $\rho=r$ 时达到最大值,但因 ρ 必介于 -1 及 $+1$ 之间,故在 r 不等于 0 时(该密度函数)就会出现很大的不对称性。此种不对称性也可通过费舍提出的变量替换在很大程度上予以消除,这些变换是

$$\tanh\zeta=\rho,\quad \tanh z=r,\quad \zeta=z+x \tag{12}$$

由此,可使 ζ 及 z 的值介于 $-\infty$ 与 $+\infty$ 之间。这样就有

$$\begin{aligned}P(\mathrm{d}\zeta|\theta H)&\propto\frac{\mathrm{d}\zeta}{\cosh^{n+2}\zeta\cosh^{n-\frac{1}{2}}z\ (1-\tanh z\tanh\zeta)^{n-\frac{1}{2}}}\\&\propto\frac{\mathrm{d}\zeta}{\cosh^{\frac{5}{2}}\zeta\cosh^{-\frac{5}{2}}z\cosh^{n-\frac{1}{2}}x}\end{aligned} \tag{13}$$

上式对 $\cosh z$ 引入了幂函数形式,以使当 $x=0$ 时,相应的纵坐标等于 1。此处的纵坐标在

$$-\frac{\mathrm{d}}{\mathrm{d}x}\left[\frac{5}{2}\log\cosh\zeta+(n-\frac{1}{2})\log\cosh x\right]=0 \tag{14}$$

或

$$-\frac{5}{2}\tanh\zeta-(n-\frac{1}{2})\tanh x=0 \tag{15}$$

的情况下,达到最大值。若 n 大而 x 小,可近似地有

$$x=-\frac{5r}{2n} \tag{16}$$

而相应的二阶导数则近似等于

$$-\frac{5}{2}\operatorname{sech}^2\zeta-(n-\frac{1}{2})\operatorname{sech}^2 x=-n \tag{17}$$

ζ 的取值区间可以是从 0 至 1，所以，上述二阶导数值可介于 $-(n-\frac{1}{2})$ 至 $(n+2)$ 之间。因此，对于大 n，可以得到

$$\zeta=z-\frac{5r}{2n}\pm\frac{1}{\sqrt{n}} \tag{18}$$

(13)式所示的分布几乎呈对称状，这是由 $\operatorname{sh}x$ 的较高幂次造成的，故该分布可近似看作正态分布。现再考察超几何级数 $S_n(\rho r)$，可以发现它关于 ρ 的导数具有量级 $1/n$，且若(误差舍入)允许，则该级数的最大值将被一个具有量级 $1/n^2$ 的量所取代。但无论如何，该级数中的不确定性(以 $1/\sqrt{n}$ 表示)都不能用于考虑量级为 $1/n$ 那些项的精确度，而略去具有量级 $1/n^2$ 的那些项就更没问题了。

在二维随机变量存在相关系数的情况下——这种情形最为常见，二维随机变量的分布常不以(0,0)为中心，而是以 (a,b) 为中心，这一点也不难从观测值中看出来。故应取

$$P(\mathrm{d}a\ \mathrm{d}b\ \mathrm{d}\sigma\mathrm{d}\tau\ \mathrm{d}\rho\,|\,H)\propto\mathrm{d}a\ \mathrm{d}b\ \mathrm{d}\sigma\mathrm{d}\tau\ \mathrm{d}\rho/\sigma\tau \tag{19}$$

并以 $x-a$，$y-b$ 代替 x，y。于是

$$\begin{aligned}&S\,\frac{(x-a)^2}{\sigma^2}+S\,\frac{(y-b)^2}{\tau^2}-2\rho S\,\frac{(x-a)(y-b)}{\sigma\tau}\\&=n\left\{\frac{(a-\bar{x})^2}{\sigma^2}+\frac{(b-\bar{y})^2}{\tau^2}-2\rho\,\frac{(a-\bar{x})(b-\bar{y})}{\sigma\tau}\right\}+n\left(\frac{s^2}{\sigma^2}+\frac{t^2}{\tau^2}-\frac{2\rho rst}{\sigma\tau}\right)\end{aligned} \tag{20}$$

其中，

$$\begin{aligned}&n\bar{x}=Sx,\quad n\bar{y}=Sy,\quad ns^2=S\,(x-\bar{x})^2,\quad nt^2=S\,(y-\bar{y})^2\\&nrst=S(x-\bar{x})(y-\bar{y})\end{aligned} \tag{21}$$

因此有

$$\begin{aligned}&P(\mathrm{d}a\,\mathrm{d}b\,\mathrm{d}\sigma\,\mathrm{d}\tau\,\mathrm{d}\rho\,|\,\theta H)\\&\propto\frac{1}{(\sigma\tau)^{n+1}(1-\rho^2)^{n/2}}\exp\left\{\frac{-n}{2(1-\rho^2)}\left[\frac{(a-\bar{x})^2}{\sigma^2}+\frac{(b-\bar{y})^2}{\tau^2}-\frac{2\rho(a-\bar{x})(b-\bar{y})}{\sigma\tau}\right]-\right.\end{aligned}$$

$$\frac{n}{2(1-\rho^2)}\left(\frac{s^2}{\sigma^2}+\frac{t^2}{\tau^2}-\frac{2\rho st}{\sigma\tau}\right)\bigg\}\mathrm{d}a\,\mathrm{d}b\,\mathrm{d}\sigma\,\mathrm{d}\tau\,\mathrm{d}\rho \tag{22}$$

将上式对 a 及 b 作积分，有

$$P(\mathrm{d}\sigma\mathrm{d}\tau\mathrm{d}\rho\,|\,\theta H)\propto\frac{1}{(\sigma\tau)^n(1-\rho^2)^{(n-1)/2}}\exp\left\{-\frac{n}{2(1-\rho^2)}\left(\frac{s^2}{\sigma^2}+\frac{t^2}{\tau^2}-\frac{2\rho st}{\sigma\tau}\right)\right\}\mathrm{d}\sigma\mathrm{d}\tau\mathrm{d}\rho \tag{23}$$

利用(5)式作变量替换并将上式对 α 及 β 作积分，就可得到一个作为因子的、与 n 无关的函数，再用 $n-1$ 代替(10)式中的 n。这样就得

$$P(\mathrm{d}\rho\,|\,\theta H)\propto\frac{(1-\rho^2)^{\frac{n-1}{2}}}{(1-\rho r)^{n-\frac{3}{2}}}S_{n-1}(\rho r)\mathrm{d}\rho \tag{24}$$

在关于 ρ 的量级不变的情况下，ζ 仍可由(18)式决定。无论对(10)式或(24)式，稍作一个改变都会带来好处。对于(10)式，若 $n=1$，则无论 ρ 取何值，r 必为 ±1；而对于(24)式，$n=2$ 时才可使这一点得到保持(即 r 必等于 ±1)。令 ζ 的不确定性为无穷大，即可作出所需要的改变。因此，对于(10)式的情形，我们有

$$\zeta=z-\frac{5r}{2n}\pm\frac{1}{\sqrt{n-1}} \tag{25}$$

而对于(24)式的情形，我们则有

$$\zeta=z-\frac{5r}{2n}\pm\frac{1}{\sqrt{n-2}} \tag{26}$$

费舍处理相关系数的方法有其独特之处①，其中的一些要点已在上面的分析中有所涉及。费舍得到的结果是(我宁愿将其作如下表示)

$$P(\mathrm{d}r\,|\,a,b,\sigma,\tau,\rho,H)\propto\frac{(1-\rho^2)^{(n-1)/2}(1-r^2)^{(n-4)/2}}{(1-\rho r)^{n-\frac{3}{2}}}S_{n-1}(\rho r)\mathrm{d}r \tag{27}$$

因其与 a,b,σ,τ 均独立，故可将后者(即 a,b,σ,τ)去掉而将其左端表成 $P(\mathrm{d}r\,|\,\rho H)$。同样，若视 ρ 的先验概率服从均匀分布，又因对给定的样本 r 与 $\mathrm{d}r$ 均为固定，则将导致

---

① 见 *Biometrika*, 10, 1915, 509－21; *Metron*, 1, 1921, part 4, pp.3－32.

$$P(\mathrm{d}\rho \mid rH) \propto \frac{(1-\rho^2)^{(n-1)/2}}{(1-\rho r)^{n-\frac{3}{2}}} S_{n-1}(\rho r)\mathrm{d}\rho \tag{28}$$

此式与(24)式相等,只是(24)式中的完全信息 θ 被 r 取代了。这也构成 r 为 ρ 的充分统计量的一种证明;观测值中所含与 ρ 有关的信息全被囊括在 r 中了①。

由(25)、(26)两式之第二项造成的偏误通常可以忽略,但若需要将相关性相差无几的若干随机变量数列组合起来,以做出(关于 ρ 的)一个更好的估计时,这种偏误就应引起注意,因为这种偏误总会取相同的符号。于是,问题就变成"在多大程度上可假定这些随机变量数列相互有关?"对于相关系数不同的几个随机变量数列,当然不能将它们组合在一起;但即使相同,也依然需要考虑下述三种不同的情形。

1.a,b,σ,τ 在所有这些随机变量数列中都相同。此时,最好的做法是将这些随机变量数列所含信息总括起来,进而从中为 r 找到一个加总值。(25)、(26)两式之第二项现在变为 $-5r/2\sum n$,当然可以全部忽略。

2.a,b 在所有这些随机变量数列中都不相同而 σ,τ 则相同。此时,每一对(a,b)都必须单独去除,从而得到

$$P(\mathrm{d}\sigma\mathrm{d}\tau\mathrm{d}\rho \mid \theta H) \propto \frac{1}{(\sigma\tau)^{\sum(n-1)+1}(1-\rho^2)^{\sum(n-1)/2}} \times \exp\left\{-\frac{1}{2(1-\rho^2)}\left(\frac{\sum ns^2}{\sigma^2}+\frac{\sum nt^2}{\tau^2}-\frac{2\rho\sum nrst}{\sigma\tau}\right)\right\}\mathrm{d}\sigma\mathrm{d}\tau\mathrm{d}\rho \tag{29}$$

因此,根据这些信息可以得到一个总括性的相关系数

$$R=\frac{\sum nrst}{(\sum ns^2)^{1/2}(\sum nt^2)^{1/2}} \tag{30}$$

其余的处理同 1;(25)、(26)两式之第二项现在是 $-5R/2\sum(n-1)$。

3.a,b,σ,τ 在所有这些随机变量数列中都不相同。这时,对每个随机变量数列而言,σ 及 τ 均须单独予以略去,然后方可对 ρ 进行处理。这可以通过下面的式子完成

$$P(\mathrm{d}\rho \mid \theta H) \propto \frac{(1-\rho^2)^{\sum(n-1)/2}}{\prod(1-\rho r)^{(n-\frac{3}{2})}}\mathrm{d}\rho \tag{31}$$

---

① 见 *Proc.Roy.Soc.*A,167,1938,464-75.

$$P(\mathrm{d}\zeta \mid \theta H) \propto \frac{\mathrm{d}\zeta}{\cosh^{\frac{p}{2}+2}\zeta \prod \cosh^{n-\frac{3}{2}}(\zeta - z)} \tag{32}$$

其中，p 为随机变量数列个数。所以，(32)式的解近似等于

$$\sum\left(n-\frac{3}{2}\right)\zeta=\sum\left(n-\frac{3}{2}\right)z-\left(\frac{1}{2}p+2\right)\tanh\zeta \tag{33}$$

或者，取 Z 作为 z 的加权平均值并令 $Z=R$，则有

$$\zeta=Z-\frac{\frac{p}{2}+2}{\sum n}R\pm\frac{1}{\sqrt{\{\sum(n-2)\}}} \tag{34}$$

该式的精确性与(18)式相近。(25)、(26)两式之第二项所示的偏误在这里也存在，因此，若需要将一些随机变量数列组合起来，这种偏误也应引起注意，因为这种偏误的量级不会改变而其标准差却会逐渐变小(以至为0)。费舍已注意到这一点。(34)式第二项分子中的 2，起源于这样的事实即如果 $P(\mathrm{d}\rho|H)\propto \mathrm{d}\rho$，则 $P(\mathrm{d}\zeta|H)\propto \mathrm{sh}^2\zeta \mathrm{d}\zeta$。因此，它只出现一次，其影响随着那些随机变量数列被组合起来而无限变小，但(26)式第二项中的 1/2 却起源于似然，而在(34)式第二项中被每个随机变量数列所重复。

若 σ 及 τ 在表达相关性的概率公式中均为已知，则(4)式将被下式取代

$$P(\mathrm{d}\rho|\theta H)\propto\frac{1}{(1-\rho^2)^{n/2}}\exp\left\{-\frac{n}{2(1-\rho^2)}\left(\frac{s^2}{\sigma^2}+\frac{t^2}{\tau^2}-\frac{2\rho rst}{\sigma\tau}\right)\right\}\mathrm{d}\rho \tag{35}$$

于是，r 将不再是 ρ 的充分估计量；s 和 t 也不再无关。最大后验概率则由

$$\rho^3-\rho^2\frac{rst}{\sigma\tau}+\rho\left(\frac{s^2}{\sigma^2}+\frac{t^2}{\tau^2}-1\right)-\frac{rst}{\sigma\tau}=0 \tag{36}$$

给出。若 r 是正数，上式在 $\rho=0$ 时即为负；且当 $\rho=+1$ 时它(取正值)等于

$$\frac{s^2}{\sigma^2}+\frac{t^2}{\tau^2}-\frac{2rst}{\sigma\tau} \tag{37}$$

而对于 $\rho=r$，它等于

$$r\left(\frac{s^2}{\sigma^2}+\frac{t^2}{\tau^2}-2\right)+(r+r^3)\left(1-\frac{st}{\sigma\tau}\right) \tag{38}$$

若 $s=\sigma, t=\tau$，则(38)式变为 0。如此，如 σ,τ 接近它们各自的期望值，r 就仍然是 ρ 的最佳估计。但当 $s/\sigma, t/\tau$ 都很小时，(38)式取负值，而当 $s/\sigma, t/$

τ 都很大时，(38)式取正值，在前一种情况下，ρ 的最佳估计会变得比 r 大，在后一种情况下，则会变得比 r 小。原因在于，若数据的散布程度超乎寻常地大，这就表明存在太多的大偏差；若 x，y 两随机变量间存在正相关，则最有可能使这种情况出现的条件为 x，y 两随机变量符号相同时出现了大偏差，因而样本相关系数会比 ρ 来得更大些。

仅靠已知的 σ，τ 去了解 ρ 之附加信息的做法，在实践中并不常见，也无多大用处。

3.10　不变性理论。若我们已经得到两个概率分布，据此，随机变量 x 小于某给定值的概率分别为 P 和 P'，则

$$I_m = \int |(\mathrm{d}P')^{1/m} - (\mathrm{d}P)^{1/m}|^m, J = \int \log \frac{\mathrm{d}P'}{\mathrm{d}P}\mathrm{d}(P'-P) \tag{1}$$

这两个量的每一个都有引人注意的性质。令 $\mathrm{d}P$，$\mathrm{d}P'$表同一个 x 区间上的概率并加总求和（近似值），且令诸 x 的区间都趋于 0，则这两个量皆可依斯蒂尔吉斯积分（Stieltjes）来定义，即使 P 和 P'取离散值，这两个量也可以存在。对于业已得到的那两个概率分布而言，I_m及 J 均为关于 x 及有关参数的非退化变换下的不变量；而且 I_m及 J 两者均为有限正数。I_m及 J 的这种性质也可推广至几个随机变量的联合分布中去。所以，可将 I_m及 J 视为对两个概率分布之间的不一致性所提供的度量。若 $\delta P'$变化时，δP 在全部 x 区间上为 0，则它们（即 I_m及 J）达到最大值，反过来也对（即若 δP 变化时，$\delta P'$在全部 x 区间上为 0）；此时有 $I_m=2$，$J=\infty$。同样，若 P 随 x 连续变化，且 P'只在 x 的离散点上变化，则 I_m及 J 也可达到这两个极端值。I_2及 J 这两个量特别令人感兴趣。记 $p_r=\delta P_r$，$p'_r=\delta P'_r$为区间 δx_r上的概率。令 p_r依赖于一组参数 $\alpha_i(i=1,\cdots,m)$；并令 p'_r为自 α_i变至 $\alpha_i+\Delta\alpha_i$时概率的改变结果，此处的 $\Delta\alpha_i$很小。在这种情况下，若 p_r关于 α_i 二阶可微，则利用关于 i，k 求和的方便约定，有

$$J = \lim \sum_r \frac{1}{p_r}\left(\frac{\partial p_r}{\partial \alpha_i}\Delta\alpha_i\right)\left(\frac{\partial p_r}{\partial \alpha_k}\Delta\alpha_k\right) \tag{2}$$

$$= g_{ik}\Delta\alpha_i\Delta\alpha_k \tag{3}$$

其中

$$g_{ik} = \lim_{\delta x r \to 0} \sum \frac{1}{p_r}\frac{\partial p_r}{\partial \alpha_i}\frac{\partial p_r}{\partial \alpha_k} \tag{4}$$

同样有

$$I_2=\frac{1}{4}g_{ik}\Delta\alpha_i\Delta\alpha_k \tag{5}$$

它和 J 有相同的计算精度。如此，在曲线坐标下，J 及 $4I_2$ 就有距离平方的形式。若换成另一组参数 α_i'，J 及 $4I_2$ 均不会改变，故

$$J=g_{jl}'\Delta\alpha_j'\Delta\alpha_l' \tag{6}$$

其中

$$g_{jl}'=g_{ik}\frac{\partial\alpha_i}{\partial\alpha_j'}\frac{\partial\alpha_k}{\partial\alpha_l'} \tag{7}$$

于是

$$\| g_{jl}' \| = \| g_{ik} \| \left\| \frac{\partial\alpha_i}{\partial\alpha_j'} \right\| \left\| \frac{\partial\alpha_k}{\partial\alpha_l'} \right\| \tag{8}$$

但在（多重积分的）积分变换中，

$$\mathrm{d}\alpha_1\mathrm{d}\alpha_2\cdots\mathrm{d}\alpha_m = \left\| \frac{\partial\alpha_i}{\partial\alpha_j'} \right\| \mathrm{d}\alpha_1'\cdots\mathrm{d}\alpha_m' \tag{9}$$

$$=\left(\frac{\| g_{jl}' \|}{\| g_{ik} \|}\right)^{1/2}\mathrm{d}\alpha_1'\cdots\mathrm{d}\alpha_m' \tag{10}$$

因而

$$\| g_{ik} \|^{1/2}\mathrm{d}\alpha_1\cdots\mathrm{d}\alpha_m = \| g_{jl}' \|^{1/2}\mathrm{d}\alpha_1'\cdots\mathrm{d}\alpha_m' \tag{11}$$

这种表示对于任何参数的非退化变换都具有不变性。类似于这样的不变性形式能否从 I_m 推出（$m\neq 2$ 时），尚不为人所知；通常，I_m 的形式是很复杂的。

作为这种结果的推论是，若取参数的先验概率密度与 $\| g_{ik} \|^{1/2}$ 成比例，则对于任何概率分布都可以说，只要这些分布关于其所涉及的全部参数均可微，则它们就具有这样的性质，即任何 α_i 区间内的概率加总值，都会等于相应 α_i' 区间内的概率加总值；换言之，它们满足相同比例具有相同概率的规则。因此，（有关概率计算的）最终结果并不因参数选取的任意性而改变，业已证明，为这种内容广泛的分布类建立一种相容性的概率论是可能的。于是，这种分布类就能满足 1.1 节所述的规则（2）（第 8 页）；但它能否满足 1.1 节所述的规则（7）（第 9 页）——该规则虽既显粗糙又并非基本、但却为合乎情理的推理所必需——尚有待研究。

对正态误差律

$$p_r \approx \frac{1}{\sqrt{2\pi}\sigma} \exp\left\{-\frac{(x_r-\lambda)^2}{2\sigma^2}\right\} \delta x_r \tag{12}$$

若

$$\sigma=\sigma_0 e^{-\zeta/2}, \sigma'=\sigma_0 e^{\zeta/2} \tag{13}$$

则精确地有

$$\begin{aligned} I_2 &= \int_{-\infty}^{\infty} \frac{1}{\sqrt{2\pi}} \left[\frac{1}{\sqrt{\sigma'}} \exp\left\{-\frac{(x-\lambda')^2}{4\sigma'^2}\right\} - \frac{1}{\sqrt{\sigma}} \exp\left\{-\frac{(x-\lambda)^2}{4\sigma^2}\right\}\right]^2 dx \\ &= 2\left[1-\frac{\sqrt{2}}{\sqrt{\sigma'/\sigma+\sigma/\sigma'}} \exp\left\{-\frac{(\lambda'-\lambda)^2}{4(\sigma^2+\sigma'^2)}\right\}\right] \\ &= 2\left[1-\operatorname{sech}^{1/2}\zeta \exp\left\{-\frac{(\lambda'-\lambda)^2}{8\sigma_0^2\cosh\zeta}\right\}\right] \end{aligned} \tag{14}$$

以及

$$\begin{aligned} J &= \int_{-\infty}^{\infty} \frac{1}{\sqrt{2\pi}} \left\{-\log\frac{\sigma'}{\sigma}+\frac{(x-\lambda)^2}{2\sigma^2}-\frac{(x-\lambda')^2}{2\sigma'^2}\right\} \times \\ &\quad \left[\frac{1}{\sigma'} \exp\left\{-\frac{(x-\lambda')^2}{2\sigma'^2}\right\} - \frac{1}{\sigma} \exp\left\{-\frac{(x-\lambda)^2}{2\sigma^2}\right\}\right] dx \\ &= \frac{1}{2}\left(\frac{\sigma'}{\sigma}-\frac{\sigma}{\sigma'}\right)^2+\frac{1}{2}\left(\frac{1}{\sigma^2}+\frac{1}{\sigma'^2}\right)(\lambda'-\lambda)^2 \\ &= 2\sinh^2\zeta+\cosh\zeta \frac{(\lambda'-\lambda)^2}{\sigma_0^2} \end{aligned} \tag{15}$$

由于正态分布关于其参数二阶可微，有

$$4I_2=J=2\left(\frac{d\sigma}{\sigma}\right)^2+\left(\frac{d\lambda}{\sigma}\right)^2 \tag{16}$$

我们需要考虑三种情况。其一，若 σ 固定，$(d\lambda)^2$ 的系数就是常数，此即表示 λ 在其可允许区间内具有均匀先验概率分布，与位置参数为未知参数(需服从的)规则相符合。其二，若 λ 固定，则 $\| g_{ik} \|^{1/2} d\sigma \propto d\sigma/\sigma$，也符合我们为参数选择先验分布的规则。显然，这条规则广泛被采用的主要原因，在于它关于 σ 的变换具有不变性。其三，若 σ 与 λ 皆不固定，从而有 $\| g_{ik} \|^{1/2} d\lambda\ d\sigma \propto d\lambda\ d\sigma/\sigma^2$，而非 $\| g_{ik} \|^{1/2} d\lambda d\sigma \propto d\lambda d\sigma/\sigma$。若应用同一个确定未知参数先验分布的方法于随机变量的联合分布，则关于每一个相应参数

的估计值都会产生一个额外的因子 $1/\sigma$。而对相应参数的边缘后验分布为 t 分布来说，无论需要估计的参数有几个，它们的自由度都没有损失，这是不能接受的。在通常的估计问题中，λ 及 σ 都可在相当大的区间范围内取值，且二者均不能提供对方的任何可以觉察到的信息。因此，若给定 $-M<\lambda<M$，$\sigma_1<\sigma<\sigma_2$，就应取

$$P(\mathrm{d}\lambda\,|\,H)=\mathrm{d}\lambda/2M, P(\mathrm{d}\sigma\,|\,H)=\mathrm{d}\sigma/\sigma\log(\sigma_2/\sigma_1)$$

$$P(\mathrm{d}\lambda\,\mathrm{d}\sigma\,|\,H)=P(\mathrm{d}\lambda\,|\,H)P(\mathrm{d}\sigma\,|\,H)=\frac{\mathrm{d}\lambda\,\mathrm{d}\sigma}{2M\sigma\log(\sigma_2/\sigma_1)} \tag{17}$$

由此可知，与(选择未知参数先验分布)规则的偏离，可解释为关于"λ 及 σ 无关"的先期判断被采纳的缘故。

单独为 σ 或 λ 选择先验分布没有困难，困难出在同时为它们选择先验分布。考虑一个关于偏相关分布的例子

$$P(\mathrm{d}x_1\cdots\mathrm{d}x_n\ |\ \alpha_{ik},\sigma_i,H)=A\exp(-\frac{1}{2}W)\prod\mathrm{d}x_r$$

其中

$$W=\sum\alpha_{ik}x_ix_k/\sigma_i\sigma_k$$

而 x_i 则为一组观测值。在这里，每个 x_i 都有相应的尺度参数 σ_i，α_{ik} 是相应的数字系数。显然，考虑到相似性，J（它关于待估参数二阶可微）是$(\mathrm{d}\sigma_i/\sigma_i)$的二次函数，且 $\|g_{ik}\|$ 必有 $\prod\limits_i\sigma_i^{-2}B$ 的形式，B 是依赖于 α_{ik} 的数量化因子。因此，由选择未知参数先验分布的规则可知

$$P(\mathrm{d}\sigma_i\,\mathrm{d}\alpha_{km}\ |\ H)\propto\prod_i(\mathrm{d}\sigma_i/\sigma_i)B^{1/2}\prod\mathrm{d}\alpha_{km} \tag{18}$$

这正是我们希望得到的。在引入尺度参数的个数方面不存在任何困难。

现在，只需将这些位置参数的先验概率取作均匀分布，就可以处理它们了(要利用尺度参数和数量化参数无关的假定)。若 λ 和 σ 分别为一般的位置参数及尺度参数，数量化参数为 α_i，可有

$$P(\mathrm{d}\lambda\,\mathrm{d}\sigma\prod\mathrm{d}\alpha_i\ |\ H)\propto\mathrm{d}\lambda\,\|g_{ik}\|^{1/2}\,\mathrm{d}\sigma\prod\mathrm{d}\alpha_i \tag{19}$$

其中，$\|g_{ik}\|$ 通过只变化 σ 及 α_i 即可得到，它等于 $1/\sigma$ 乘以 α_i 的一个函数。这一点对形如

$$\lambda' = \lambda + \sigma f(\alpha_i) \tag{20}$$

这样的变换具有不变性，此种变换也是我们希望得到的关于 λ 的唯一变换形式。

若 σ 已被唯一确定，则令人满意的(选择未知参数先验分布的)规则即为

$$P(\mathrm{d}\lambda\,\mathrm{d}\sigma \prod \mathrm{d}\alpha_i \mid H) \propto \mathrm{d}\lambda \frac{\mathrm{d}\sigma}{\sigma} \| g_{ik} \|^{1/2} \prod \mathrm{d}\alpha_i \tag{21}$$

其中的 g_{ik} 现可仅通过变化 α_i 得到，λ 和 σ 保持不变。

同样，我们也可以考虑皮尔逊Ⅰ型分布 $A(x-c_1)^{m1}(c_2-x)^{m2}\mathrm{d}x$。对 c_1 或 c_2 的任何非零变化，J 都为无穷大。I_2 对 Δc_1，Δc_2 也不再二阶可微，除非 m_1，$m_2 \geqslant 1$。若通过积分估计微分形式的系数，例如

$$g_{c1c2} = \int_{c1}^{c2} \frac{1}{A}\left(\frac{\partial A}{\partial c_1} - \frac{Am_1}{x-c_1}\right)^2 (x-c_1)^{m1}(c_2-x)^{m2}\,\mathrm{d}x \tag{22}$$

则该式发散，除非 $m_1 > 1$。如此，若未知参数的先验分布在边界点处不可微，则(选择未知参数先验分布的)规则就会失去作用。但在 m_1 或 $m_2 < 1$ 时，边界点是可以从 n 个观测值中精确估出的，其估计精度的量级为 $o(n^{-1/2})$，因此，将这样的边界点明确作为一个参数就可以带来好处；无需再对它进行变换了。若 m_1 或 m_2 有一个 $\leqslant 1$，则自然会分别取 c_1 或 c_2 作为位置参数；若 m_1 及 m_2 都 $\leqslant 1$，则同样自然会取 $(c_1+c_2)/2$ 作为位置参数，$(c_2-c_1)/2$ 作为尺度参数。无论在哪种情况下，我们都只需根据问题的要求估计出分布的(相对于位置参数的)尺度参数微分形式的变化(或相对于尺度参数的、位置参数微分形式的变化)，并为它们找到分别独立于 c_1，c_2(或既独立于 c_1 也独立于 c_2)的先验分布即可。令人感兴趣的是，选择未知参数先验分布的一般规则之失去作用，恰好对应于一个周知的估计问题的例外情况，而且这个例外问题本身的性质就暗示了改进(选择未知参数先验分布)的途径。

为比较两个机遇(chances) α，α'，我们有

$$\begin{aligned} I_2 &= (\sqrt{\alpha'} - \sqrt{\alpha})^2 + \{\sqrt{1-\alpha'} - \sqrt{1-\alpha}\}^2 \\ &= 2 - 2\sqrt{\alpha\alpha'} - 2\sqrt{1-\alpha}\sqrt{1-\alpha'} \end{aligned} \tag{23}$$

若记 $\alpha = \sin^2 a$，$\alpha' = \sin^2 a'$，上式就可简化为

$$I_2 = 4\sin^2 \frac{1}{2}(a'-a) \approx (a'-a)^2 \tag{24}$$

而 J 的精确表示式则会复杂些：

$$J=(\alpha'-\alpha)\log\frac{\alpha'(1-\alpha)}{\alpha(1-\alpha')} \tag{25}$$

由(11)式可知

$$P(\mathrm{d}\alpha\mid H)=\frac{2}{\pi}\mathrm{d}\alpha=\frac{1}{\pi}\frac{\mathrm{d}\alpha}{\sqrt{\alpha(1-\alpha)}} \tag{26}$$

此式很有趣，因为根据我们已经得到的暗示，决定 $\mathrm{d}\alpha$ 概率分布的通常规则以及霍尔丹规则（Haldane's rule）

$$P(\mathrm{d}\alpha\mid H)\propto\frac{\mathrm{d}\alpha}{\alpha(1-\alpha)}$$

两者均不太使人满意，某种居间形式的决定 $\mathrm{d}\alpha$ 概率分布的规则会更好些。

对于一组机遇 $\alpha_r(r=1,\cdots,m,\sum\alpha_r=1)$，我们有

$$I_2=2-2\sum\sqrt{\alpha_r(\alpha_r+\Delta\alpha_r)}\approx\frac{1}{4}\sum\frac{(\Delta\alpha_r)^2}{\alpha_r} \tag{27}$$

$$=\frac{1}{4}\sum_{r=1}^{m-1}\frac{(\Delta\alpha_r)^2}{\alpha_r}+\frac{1}{4}\frac{\left(\sum_{r=1}^{m-1}\Delta\alpha_r\right)^2}{\alpha_m}$$

由此

$$\| g_{ik}\| = \frac{1}{\prod\alpha_r}, \tag{28}$$

$$P(\mathrm{d}\alpha_1\cdots\mathrm{d}\alpha_{m-1}\mid H)\propto\frac{\mathrm{d}\alpha_1\cdots\mathrm{d}\alpha_{m-1}}{\sqrt{\prod_1^m\alpha_r}} \tag{29}$$

上式是对 3.23 节所述（为多重抽样指派先验概率）做法的可观改进，也是（本节）前述(26)式的自然推广。

若 φ_r，y_s 为两组互斥、穷尽的命题，且分别有 α_r，β_s 的诸概率值($r=1,\cdots,m,s=1,\cdots,n$)，则在 φ_r 与 ψ_s 无关的条件下，$\varphi_r\psi_s$ 的概率为 a_rb_s。若变动 α_r，β_s 并考虑 α_r，β_s 变化时 I_2 及 J 的值，有

$$I_2=2-2\sum\sum\sqrt{\alpha_r\beta_s\alpha'_r\beta'_s}$$

$$=2-2\left(1-\frac{1}{2}I_{2,\alpha}\right)\left(1-\frac{1}{2}I_{2,\beta}\right), \tag{30}$$

$$
\begin{aligned}
J &= \sum\sum(\alpha_r'\beta_s' - \alpha_r\beta_s)\log\frac{\alpha_r'\beta_s'}{\alpha_r\beta_s} \\
&= \sum(\alpha_r' - \alpha_r)\log\frac{\alpha_r'}{\alpha_r} + \sum(\beta_s' - \beta_s)\log\frac{\beta_s'}{\beta_s} \\
&= J_\alpha + J_\beta
\end{aligned} \tag{31}
$$

下标 α，β 表示当 α_r，β_s 的值分别变动时 J 的相应值。可见对于可以表成概率乘积形式的机遇而言，$\log(1-\frac{1}{2}I_2)$ 及 J 的确具有加法性质。于是

$$
P(\mathrm{d}\alpha_1\cdots\mathrm{d}\alpha_{m-1}\mathrm{d}\beta_1\cdots\mathrm{d}\beta_{n-1}\mid H) = P(\mathrm{d}\alpha_1\cdots\mathrm{d}\alpha_{m-1}\mid H)P(\mathrm{d}\beta_1\cdots\mathrm{d}\beta_{n-1}\mid H), \tag{32}
$$

这是很令人满意的。

现考虑一组具概率 α_r 的数量化定律 φ_r。若 φ_r 成立，变量 x 位于区间 $\mathrm{d}x$ 内的概率即为 $f_r(x, \alpha_{r1}, \cdots, \alpha_{rn})\mathrm{d}x$，因此

$$
P(\varphi_r \mathrm{d}x \mid \alpha_r, \alpha_{rs}, H) = \alpha_r f_r(x, \alpha_{r1}, \cdots, \alpha_{rn})\mathrm{d}x \tag{33}
$$

若 α_r 及 α_{rs} 同时变化，则有

$$
\begin{aligned}
I_2 &= 2 - 2\sum\sqrt{\alpha_r(\alpha_r + \Delta\alpha_r)}\int\sqrt{f_r(f_r + \Delta f_r)}\,\mathrm{d}x \\
&= 2 - \sum\sqrt{\alpha_r(\alpha_r + \Delta\alpha_r)}(2 - I_{2,r}) \\
&= I_{2,\alpha} + \sum\sqrt{\alpha_r(\alpha_r + \Delta\alpha_r)}\,I_{2,r}
\end{aligned} \tag{34}
$$

（分布函数关于参数）二阶可微时，有

$$
I_2 = I_{2,\alpha} + \sum\alpha_r I_{2,r} \tag{35}
$$

$I_{2,r}$ 是参数为 α_{rs} 的 f_r 与参数为 $\alpha_{rs}+\Delta\alpha_{rs}$ 的 f_r 之间的差。若为全部 α_r 及 α_{rs} 的变化构造 $\|g_{ik}\|^{1/2}$，根据选择未知参数先验分布的规则，可得到同样的依赖于 α_{rs} 的因子，正如在 f_r 已知时估计 α_{rs} 那样。但对一个 α_{rs} 都有一个将会进入 $\|g_{ik}\|^{1/2}$ 的因子 $\alpha_r^{1/2}$，而在作关于 α_{rs} 的积分时这个因子也依然存在。所以，将选择未知参数先验分布的规则同时应用于 α_r 及 α_{rs} 时，会导致 f_r 所包含的每个参数的先验概率发生改变。这不会产生矛盾，然而对于尺度参数而言，这种情况在实践中也并不常见。α_r 通常只根据抽样条件即可决定，因此它和 f_r 的复杂性如何无关。为将这一点清晰表出，可类比讨论位置参数时用过的方法做相应的改进即可；机遇 α_r，像位置参数那样，必须予以特殊考虑，以便为其找到合适的不变量。

本节前述(11)式为绝大多数非退化的参数变换,提供了选择不变量的规则。在本例中,根据它即可选出一组参数,它们可以是既独立于 α_r 也独立于 α_{rs} 的函数。在对不存在联系的那些命题进行检验时,是否有必要为各种机遇作(不变性)变换,其意义并非显而易见。

若取

$$P\left(\prod \mathrm{d}\alpha_r \prod \mathrm{d}\alpha_{rs} \mid H\right) \propto \frac{\prod_{1}^{m-1} \mathrm{d}\alpha_r}{\sqrt{\prod_{1}^{m} \alpha_r}} \prod_{1}^{m} \| g_{ik} \|_r^{1/2} \prod_{n=1}^{nr} \mathrm{d}\alpha_{rs} \tag{36}$$

其中,$\| g_{ik} \|_r^{1/2}$ 是基于比较 f_r 及 $f_r+\Delta f_r$ 而来的,此时仍可得到关于 α_r 及 α_{rs} 各自全部的不变性变换,而且这种变换也很适当。若不要求考虑关于 α_r 的变换,因子$\left(\prod \alpha_r\right)^{-1/2}$也就不需要了。若某些 α_{rs} 为位置参数和尺度参数,则可以采用(本节)前述(19)式进行处理。(36)式可看作(32)式的一种合适的推广,而(32)式表述的是 $\alpha_{rs}=\beta_s$(即独立于 r 时)有关概率的乘积。

对于泊松分布

$$P(m \mid rH)=\mathrm{e}^{-r}\frac{r^m}{m!} \tag{37}$$

有

$$\left.\begin{aligned} I_2 &= 2-2\exp\left\{-\frac{1}{2}(\sqrt{r'}-\sqrt{r})^2\right\} \\ J &= (r'-r)\log(r'/r) \end{aligned}\right\} \tag{38}$$

从而导致

$$P(\mathrm{d}r \mid H) \propto \mathrm{d}r/\sqrt{r} \tag{39}$$

这与3.3节中相当令人满意的、为参数选择先验概率的规则矛盾。但泊松分布的参数相当特殊。通常,泊松分布的参数是一尺度因子与一样本容量的乘积,而该样本容量的大小只有在人们对该尺度因子可能取值的区间有所了解时方可确定。不过,这也并非是说所有的试验设计都不可行。为参数选择先验概率的一般规则,乃是为人们提供一个出发点,以表达人们(对有关事物)的无知。若明确或暗含地利用了(对有关事物的)先期知识,则(为参数选择先验概率的)这些规则将不再正确无误。对于泊松分布,样本容量常这样选取以使 r 能取从 1 到 10 这样适中的值;而不应选取这样的样本容量,导致人们所关心的事件在这种样本容量下,发生的概率微乎其微。事实上,为参数选择先验概率的 $\mathrm{d}r/r$ 规则,可以表达人们关于尺度参数的全然无知;但 $\mathrm{d}r/\sqrt{r}$ 表示的是人们已有足够信息,并暗示值得据此进一步安排试验。即使利用(39)式,这样安排试验以后,泊松分布的后验概率密度对于所有的 r 也都是可积的。

对于正态相关,我们有

$$J=-2+\frac{\sigma^2/\sigma'^2+\tau^2/\tau'^2-2\rho\rho'\sigma\tau/\sigma'\tau'}{2(1-\rho'^2)}+\frac{\sigma'^2/\sigma^2+\tau'^2/\tau^2-2\rho\rho'\sigma'\tau'/\sigma\tau}{2(1-\rho^2)}, \tag{40}$$

$$I_1=2-4(\sigma\sigma'\tau\tau')^{1/2}(1-\rho^2)^{1/4}(1-\rho'^2)^{1/4}\times$$
$$\{\sigma'^2\tau'^2(1-\rho'^2)+\sigma^2\tau^2(1-\rho^2)+\sigma^2\tau'^2+\sigma'^2\tau^2-2\rho\rho'\sigma\sigma'\tau\tau'\}^{-1/2} \tag{41}$$

若记

$$\sigma'=\sigma\mathrm{e}^{2u},\quad \tau'=\tau\mathrm{e}^{2v},\quad \rho=\tanh\zeta,\quad \rho'=\tanh\zeta' \tag{42}$$

并将参数改为 $\zeta,u+v,u-v$,可得(J 关于 $u,v,\zeta'-\zeta$ 二阶可微)

$$J=(1+\tanh^2\zeta)(\zeta'-\zeta)^2-4\tanh\zeta(\zeta'-\zeta)(u+v)+4(u+v)^2+$$
$$4(u-v)^2\cosh^2\zeta, \tag{43}$$

$$\| g_{ik} \| =64\cosh^2\zeta, \tag{44}$$

$$P(\mathrm{d}\sigma\mathrm{d}\tau\mathrm{d}\rho\,|\,H)\propto\frac{\mathrm{d}\sigma\mathrm{d}\tau}{\sigma\tau}\frac{\mathrm{d}\rho}{(1-\rho^2)^{3/2}} \tag{45}$$

上式(若采用之)对 3.9 节(相关分析)的改进是很直接的。$r=\pm1$ 时上式发散是一个新特征,而这一特征在进行一次观测后,当(样本相关系数)$r=\pm1$ 时仍可保持。若进行过两次观测后 $r\neq\pm1$,则关于 r 的后验概率密度的积分就收敛,使得只要这些观测值中含有可用信息,由(45)式即可得到易于理解的答案。

相关分析的结果,常依赖于定义 J 时的参数选择。对于较小的变化而言,可将前面的(43)式改写为

$$J=(\zeta'-\zeta)^2+4\cosh^2\zeta\,(u-v)^2+\{2(u+v)-\tanh\zeta(\zeta'-\zeta)\}^2 \tag{46}$$

现可将 σ,τ 视为其定义与 ρ 无关的参数;无论 ρ 取何值,x,y 各自的概率分布都是正态的,且分别有标准差 σ,τ。于是,我们可将(二元正态)相关

分析问题细分为三种情况：x 的分布为何？y 的分布为何？x，y 分别给定后，y 的变化是否依赖于 x，或 x 的变化是否依赖于 y？在这种分析中，我们将受限于对上述三种相关命题所作检验的顺序，而为给出 ζ 的先验概率，我们还应在固定 σ 与 τ 时估出 J 的值。在本例中，(40)式变为

$$J=\frac{(1+\rho\rho')(\rho-\rho')^2}{(1-\rho^2)(1-\rho'^2)} \tag{47}$$

以及

$$P(\mathrm{d}\rho\,|\,\sigma\tau H)\propto\frac{(1+\rho^2)^{1/2}}{1-\rho^2}\mathrm{d}\rho \tag{48}$$

若采用 2.5 节的术语解释相关，将可盼得到下述结果

$$P(\mathrm{d}\rho\,|\,\sigma\tau H)=\frac{1}{\pi}\frac{\mathrm{d}\rho}{\sqrt{1-\rho^2}} \tag{49}$$

由其形式可知，此式可积分，因此它就具有广泛性而能免遭诟病，而 2.5 节讨论相关所用的例子是有具体学科背景的。

要求若不同，关于 ρ 的决定规则也会不同。(45)式考虑的是同时变换 ρ,σ,τ。(48)式只考虑 ρ 的变换而固定 σ 与 τ 皆不变。(49)式则根本不考虑变换而直接诉诸模型。但决定该模型本身的规则却是通过考虑一个简单的概率变换得来的，而为什么要这样做理由并不明显。我们不能断言此处这些(二元正态)参数变换的诸规则一定会优于 3.9 节所采用的(相应参数变换的)均匀分布规则。

这些规则也未涵盖对有限总体进行抽样的情形。可能对一种类型的有限总体抽出的(成员)全是整数，因而不可能再作微商。但这种困难并非不可逾越。假设有限总体的容量为 n 且包含 r 个具有某种性质的成员。将此总体视为容量为 n 的样本(得到它的概率为 α)。于是

$$P(\mathrm{d}\alpha\,|\,nH)=\frac{\mathrm{d}\alpha}{\pi\sqrt{\alpha(1-\alpha)}}$$

$$P(r\,|\,n,\alpha H)=\frac{n!}{r!\,(n-r)!}\alpha^r(1-\alpha)^{n-r}$$

$$P(r\,\mathrm{d}\alpha\,|\,nH)=\frac{n!}{\pi r!\,(n-r)!}\alpha^{r-\frac{1}{2}}(1-\alpha)^{n-r-\frac{1}{2}}\mathrm{d}\alpha$$

$$P(r\,|\,nH)=\frac{\left(r-\frac{1}{2}\right)!\,\left(n-r-\frac{1}{2}\right)!}{\pi r!\,(n-r)!} \tag{50}$$

对于 $r=0$ 及 $r=n$，上式都是有限数。

不变量 I_1 及 L。根据定义

$$I_1=\sum|p'-p|$$

对于二项分布，用 p'_1 代替 p_1，$1-p'_1$ 代替 $1-p_1$，可得

$$I_1=2|p'_1-p_1|$$

对于 a，b 均为常数的 2×2 列联表，有

$$I_1=4|\gamma'-\gamma|$$

I_1 及 L 关于小变差均具有线性性。但对正态分布的位置参数或尺度参数的变化，I_1 就复杂些，它将包含一个误差函数[①]。我们希望关于（I_1 的）线性序列之不同成员的诸不变量具有加法性质；这对上述的二项分布及 2×2 列联表可以成立，但对正态分布却不成立。不过，可将参数 α 的微小变化写成

$$dI_1=q(\alpha)d\alpha$$

再根据积分的定义写出

$$L=\int q(\alpha)d\alpha$$

关于上述二项分布及 2×2 列联表，有 $L=I_1$，而关于正态分布则有

$$L=\sqrt{\frac{2}{\pi}}\frac{\lambda_1-\lambda_2}{\sigma}$$

变动 σ 且保持 λ 不变，得到

$$L=4e^{-\frac{1}{2}}\log(\sigma_2/\sigma_1)$$

对于展布在 $0\leqslant x\leqslant l$ 区间上的均匀分布，由 l 的变化可得

$$L=2\log l_2/l_1$$

于是，

$$P(d\alpha|H)\propto dL$$

---

① 见 V.S.Huzurbazar，*J.Univ.Poona*，5，1955，115－21.

这一规则便对所有(取对数)的这些例子都成立了。

另一方面,在比较两个正态相关系数(之大小时),我没能为 L 找到相应的紧凑形式。

胡祖巴扎尔不变量(Huzurbazar's invariants)。这类不变量应用于能产生参数的充分估计量的概率分布,而参数可在某一区间连续取值。据皮特曼—库普曼定理

$$f(x)=\varphi(\alpha)\psi(x)e^{u(\alpha)v(x)}$$

将 $\beta=u(\alpha)$ 本身作为参数也是可能的。当 α 在某一区间连续取值时,β 可取有限值,或半无限值,甚至无限值。于是,对于任何形式的线性变换,皮特曼—库普曼定理的形式都将得以保持:

$$\beta=k\beta'+l$$

这时有

$$f(x)=\psi'(x)\varphi'(\beta')\exp\{\beta'v'(x)\}$$

其中

$$\psi'(x)=\psi(x)\exp\{lv(x)\};\varphi'(\beta')=\varphi(k\beta'+l);v'(x)=kv(x);$$

这就是保持皮特曼—库普曼定理形式不变的最具一般性的变换;而且,若 β 的取值区间为有限、半无限或无限,则对 β' 也能施行这些变换。

若 β 的取值区间为有限,则关于 k,l 的选择只有一种,它使 β' 的取值区间为(−1,1)或(0,1)。若 β 的取值区间为半无限,则关于 l 的选择只有一种,它使 β' 的取值区间为(0,∞),而 k 的取值任意。如果 β 的取值区间为无限(−∞,∞),则无论 k,l 如何选取,β' 的取值区间依然是(−∞,∞)。因此,β 可能的取值区间总可化为上述三种标准区间(standard ranges)之一种。

若 β' 的取值区间为(0,∞),微分因子 $d\beta'/\beta'$ 即为关于 k 的不变量。若 β' 的取值区间为(−∞,∞),$d\beta'$ 是关于 k 及 l 的、除一常数因子外的不变量。若 β' 的取值区间为(−1,1)或(0,1),则唯一使 β' 的取值区间保持不变的线性变换就是 $\beta'=-\beta$ 或 $\beta'=1-\beta$;任何关于中点对称的概率分布都是自洽的(self-consistent)。

胡祖巴扎尔提出一种将 $v(x)$ 的期望取作分布参数的方法:

$$V(\alpha)=\int f(x)v(x)\mathrm{d}x$$

对于刚考察过的那些例子,胡祖巴扎尔的方法都是可行的。在关于 α 的变换下,$V(\alpha)$能够保持其值不变,但相应的概率分布需将 $v(x)$乘以 k 且 $u(\alpha)$乘以 $1/k$ 时,才可保持(形式)不变;为 $v(x)$添加一常数 λ 并将 φ 除以 $\exp\{\lambda u(\alpha)\}$,(相应的概率分布)也能保持不变。因此,对于不变性而言,上面提出的(选择参数取值区间的)规则同样可应用于 $V(\alpha)$。

以下述形式表示的正态分布

$$f(x)=\frac{1}{\sqrt{2\pi}\sigma}\exp\left\{-\frac{(x-\lambda)^2}{2\sigma^2}\right\}$$

在将 σ 固定时它可改写为

$$\frac{1}{\sqrt{2\pi}\sigma}\mathrm{e}^{-\frac{\lambda 2}{2\sigma 2}}\mathrm{e}^{-\frac{x 2}{2\sigma 2}}\mathrm{e}^{\frac{\lambda x}{\sigma 2}}$$

采用皮特曼—库普曼定理的形式,该正态分布可表为

$$\varphi(\alpha)=\frac{1}{\sqrt{2\pi}\sigma}\exp\left(-\frac{\lambda^2}{2\sigma^2}\right),\psi(x)=\exp\left(-\frac{x^2}{2\sigma^2}\right)$$

$$u(\lambda)=\frac{\lambda}{\sigma},v(x)=\frac{x}{\sigma}$$

因 λ 在无限区间取值,故由(为参数选择先验分布的)规则可知

$$P(\mathrm{d}\lambda\,|\,\sigma H)\propto \mathrm{d}\lambda$$

又因 $E\{v(x)\}=\lambda/\sigma$,故基于 $V(\lambda)$的(选择参数先验分布的)规则也能导致同样的结果。

若将 λ 固定而记

$$\lambda=0,\quad u(\sigma)=\frac{1}{2\sigma^2},\quad v(x)=-x^2$$

则 σ 的取值区间即为$(0,\infty)$,所以可取

$$P(\mathrm{d}\sigma\,|\,H)\propto \mathrm{d}\sigma/\sigma$$

因 $Ev(x)=-\sigma^2$,故(选择参数先验分布的)规则同样可以采用。

二项分布可表为

$$\binom{n}{x}\alpha^{x}(1-\alpha)^{n-x}=\exp\{x\log[\alpha/(1-\alpha)]+\log\binom{n}{x}+n\log(1-\alpha)\}$$

于是，$u(\alpha)=\log\{\alpha/(1-\alpha)\}$；$v(\alpha)=x$；$Ev(x)=n\alpha$。因为 $u(\alpha)$ 在 $(0,\infty)$ 取值，这暗示

$$P(\mathrm{d}\alpha\,|\,H)\propto \mathrm{d}u=\frac{\mathrm{d}\alpha}{\alpha(1-\alpha)}$$

而 $Ev(x)$ 的取值区间是自 0 至 n，这又暗示

$$P(\mathrm{d}\alpha\,|\,H)\propto \mathrm{d}\alpha$$

前者由霍尔丹提出，后者则是依据通常（为参数选择先验分布的）规则得到的。

对于（二元）二项分布的相关而言，相应的概率密度为

$$\frac{1}{2\pi\sigma\tau\sqrt{1-\rho^{2}}}\exp\left\{-\frac{1}{2(1-\rho^{2})}\left(\frac{x^{2}}{\sigma^{2}}-\frac{2\rho xy}{\sigma\tau}+\frac{y^{2}}{\tau^{2}}\right)\right\}$$
$$=\frac{1}{2\pi\sigma\tau\sqrt{1-\rho^{2}}}\exp\left\{-\frac{x^{2}}{2(1-\rho^{2})\sigma^{2}}-\frac{y^{2}}{2(1-\rho^{2})\tau^{2}}+\frac{\rho xy}{(1-\rho^{2})\sigma\tau}\right\}$$

于是

$$u_1=-\frac{1}{2(1-\rho^{2})\sigma^{2}},u_2=-\frac{1}{2(1-\rho^{2})\tau^{2}},u_3=\frac{\rho}{(1-\rho^{2})\sigma\tau}$$
$$v_1=x^{2},v_2=y^{2},v_3=xy$$

给定 σ,τ 时，u_1（或 u_2）及 u_3 关于 ρ 的先验概率会给出两种很不相同的表示形式。但 v_1,v_2,v_3 的期望就是 $\sigma^2,\tau^2,\rho\sigma\tau$，而 $\rho\sigma\tau$ 的取值范围是从 $-\sigma\tau$ 至 $\sigma\tau$；故无论我们为二项分布采用何种选取参数的先验概率规则，它都能立即适应 ρ 的表示需要。因此，基于期望值的选择参数先验分布的规则就具有优良性，而这种优良性质可在（相应的）概型中得以保留。

胡祖巴扎尔提出的规则限于能产生充分统计量的概率分布，而且可以据此对概率分布进行分类。他的这些规则未能带来确定（参数）先验概率的唯一准则。但如果我们为这些概率分布寻求最大限度的不变性，就必须为胡祖巴扎尔分出的每一类概率分布选出一个具体的选择参数先验分布的规则，由此即可为所有经胡祖巴扎尔分类的概率分布提供选择参数先验分布的规则。进一步地说，任何更为一般的这种规则，都必须和基于胡祖巴扎尔规则所提出的、分类的（选择参数先验分布的）规则等价才行。

为一个以上的参数选择先验分布的推广工作，在培萨科夫的论文中有所反映(M.P.Peisakoff)[①]。若(某分布的)位置参数和尺度参数分别为λ及σ，则经过平移和伸缩变换，就可将λ及σ变为λ'及σ'。若先作平移变换而有

$$\lambda'=\beta(\lambda+\alpha),\sigma'=\beta\sigma$$

其中，α，β独立于λ，σ。于是

$$\frac{\partial(\lambda',\sigma')}{\partial(\lambda,\sigma)}=\beta^2$$

且$(1/\sigma^2)\mathrm{d}\lambda\,\mathrm{d}\sigma$就是此种平移变换的不变量。

另一方面，若先作伸缩变换，可有

$$\sigma'=\beta\sigma,\lambda'=\lambda+\alpha$$

$$\frac{\partial(\lambda',\sigma')}{\partial(\lambda,\sigma)}=\beta$$

则$\mathrm{d}\lambda\,\mathrm{d}\sigma/\sigma$即为伸缩变换下的不变量。

这其间的区别与关于非交换群的哈尔测度有关(Haar measure on non-commutative groups)，根据平移变换和伸缩变换次序的不同，存在两种不同的测度不变量的方法。

戴安纳恩达先生(Mr.P.H.Diananda)曾经建议，应按如下方式叙述估计问题中的、与为参数选取先验概率有关的不变性规则：取一较大的n，使

$$P(\alpha_i<a_i<\alpha_i+\mathrm{d}\alpha_i \mid \alpha_i H)=f(\alpha_i)\prod \mathrm{d}\alpha_i$$

其中，i包含有关概率分布中的全部参数；若取

$$P(\mathrm{d}\alpha_i \mid H)\propto f(\alpha_i)\prod \mathrm{d}\alpha_i$$

则它就是一个与$\| g_{ik} \|^{1/2}$等价的规则(只要$\| g_{ik} \|^{1/2}$可以应用)，对于均匀分布它也可以应用。珀科斯先生(Mr.Wilfred Perks)也独立地给出过类似的规则，但他仅考虑了一个参数的情形[②]。

现将到目前为止得到的有关结果总结如下：

---

① 见 Princeton Thesis，1950.

② 见 *J.Inst.Actuaries*，1947，1—28.

(1)在估计问题中,存在可用的、确定(分布参数)先验概率的规则,它能在下述意义上满足一致性要求(consistency),即在任何关于参数非退化变换的条件下,它总可以应用,而且总能导致等价结果。这至少证明了存在发展一种相容的归纳推理的可能性,从而涵盖了归纳推理的一大部分内容。

(2)在许多情况下,利用为参数选取先验概率的规则而得到的参数估计结果,与现行惯常做法下的结果相去甚远,但对其形式作出改进后,还是可以在相当广泛的场合中应用这一规则的。这些场合常与有理由认为若干参数的先验概率相互独立的情形相联系。

(3)若概率分布关于其全体参数不可微,为这些参数选取先验概率的规则就不可应用;但此时对规则进行改进,还是能够得到令人满意的结果的。

(4)在某些情况下,若参数只能取离散值,则对(为参数选取先验概率的)规则推广也是可能的。

我们需要对这一专题作更为深入的研究。也可能存在其他一些方法,它们不仅可以保留本章所述方法的一般性,甚至还可以推而广之,与此同时,它们还能更为直接地处理某些棘手的参数估计问题。若不存在为参数选取先验概率的普适规则,我们就需要对各种概率分布作出精确的分类,以便更有针对性地使用(为参数选取先验概率的)规则。胡祖巴扎尔的做法为对存在充分统计量的概率分布进行系统分类奠定了基础。

第四章　近似方法与简化

“对山妖来说，只为自己就够了。”

易卜生：《皮尔·金特》

4.0　极大似然。若一概率分布含有参数 $\alpha,\beta,\gamma,\cdots$，而由一组观测值 θ 可写出联系此二者的似然函数 $L(\alpha,\beta,\gamma,\cdots)$，并且如果参数的先验概率为

$$P(\mathrm{d}\alpha\mathrm{d}\beta\mathrm{d}\gamma\cdots|H)\propto f(\alpha,\beta,\gamma,\cdots)\mathrm{d}\alpha\mathrm{d}\beta\mathrm{d}\gamma\cdots \tag{1}$$

则有

$$P(\mathrm{d}\alpha\mathrm{d}\beta\mathrm{d}\gamma\cdots|\theta H)\propto f(\alpha,\beta,\gamma,\cdots)L(\alpha,\beta,\gamma,\cdots)\mathrm{d}\alpha\mathrm{d}\beta\mathrm{d}\gamma\cdots \tag{2}$$

一般地，存在 $\alpha,\beta,\gamma,\cdots$ 的一组值如 $a,b,c,\cdots$，可使 L 达到一个最大值。可将这组值称为“极大似然解”。于是，若记 $\alpha=a+\alpha'$，等等，通常即可按 α'，$\beta',\gamma',\cdots$ 的幂展开 $\log f$ 以及 $\log L$。设最大后验概率密度由下式决定

$$\frac{1}{L}\frac{\partial L}{\partial\alpha}+\frac{1}{f}\frac{\partial f}{\partial\alpha}=0 \tag{3}$$

自然也可仿上写出“$\propto$”右端相应的乘积因子。先验概率函数 f 独立于（样本）观测值数目 n；$\log L$ 一般也随 n 的变大而变大。因此，若 $(\alpha',\beta',\gamma',\cdots)$ 满足(3)式，它们的量级将为 $1/n$。

同样，若忽略 $\log L$ 及 $\log f$ 展开式中二阶以上的项，则 $\log L\ f$ 的二阶导数中将含有源自 $\log L$ 的、直至 n 阶的那些项，而源自 $\log f$ 的项则不然。因此，若 $\alpha',\beta',\gamma',\cdots$ 很小，相应的二次项就是

$$-n\varphi_2(\alpha',\beta',\gamma',\cdots)+O(\alpha'^2,\beta'^2,\gamma'^2,\cdots) \tag{4}$$

其中的 φ_2 为独立于 n 的正二次形式。故所得后验概率会集中于量级为 $n^{-1/2}$ 的诸区间，这表明了关于 $\alpha,\beta,\gamma,\cdots$ 任何可能估计的不确定性。但能够导致似然及后验概率最大的 $\alpha,\beta,\gamma,\cdots$ 诸（参数）值间的差，其量级仅为 $1/n$。因此，若观测值数目很多，由极大似然法得到的参数估计值与参数真确

值之间的误差,其程度之小是任何其他参数估计法所不能相比的。而且,$\log Lf$ 展开式中的项,就是 L 中的 n 阶项乘以 f 中的有关项的结果,所以,若视后验密度仅与 L 成比例,则可得到关于不确定性的正确估计(精度为 $1/n$)。于是,因视参数先验分布服从均匀分布而产生的(参数)估计误差,当观测值数目很大时,并无任何实质上的重要性。

费舍大力提倡过极大似然估计法;上文的叙述也表明,在许多情况下利用极大似然估计法得到的结果与利用逆概率原理所得结果(其优劣)无法分辨,这也从一个方面证明了极大似然估计的合理性。若观测值很多,则在纯粹的估计问题中就没有必要对参数的先验概率做出精确表述。由极大似然估计法所得结果只是表明,除非我们已知观测值对(有关分布的)参数能够提供一些新信息,否则,我们仍然可以为(该分布的)参数指派某种先验概率分布,以表示对这些参数取何值的无知性;而在无法决定这些参数服从何种先验概率分布时,为它们(不能取无限值)一概选取均匀分布作为其先验概率分布,不会带来任何损害。可以借助于再多做一次观测(从而得到一组新的观测值),对由参数先验概率改变所致估计结果的差别进行比较。

即使参数估计不确定性的量级为 $1/n$ 而非 $1/n^{1/2}$,上述结论依然可能成立。因此,在参数的先验分布为均匀分布的条件下,就可以得到 $L\propto\sigma^{-n}$ 以及 $Lf\propto\sigma^{-n-1}$ 的结果。在利用 L 而不是 Lf 得到的、表示参数估计不确定性的数值介于 σ^{-n} 与 σ^{-n-1} 之间的概率给定时,σ^{-n} 及 σ^{-n-1} 本身之间的差也将有 $1/n$ 的量级。

以上论述都是在 n 很大时作出的。可能出现这种情形(尽管难以置信),即极大似然方程的(数值)解不唯一。以给定 σ 且观测值数目为 $2n$ 的柯西分布为例,其参数的似然估计与下式成比例。

$$\prod\left\{1+\frac{(x_r-\lambda)^2}{\sigma^2}\right\}^{-1}$$

假设这 $2n$ 个观测值分为两组,n 个 x_1 为一组,n 个 x_2 为另一组(尽管这种情况非常少见)。于是

$$L\propto\left\{1+\frac{(x_1-\lambda)^2}{\sigma^2}\right\}^{-n}\left\{1+\frac{(x_2-\lambda)^2}{\sigma^2}\right\}^{-n}$$

此式关于 λ 不变,若

$$2\lambda=x_1+x_2$$

而当

$$2\lambda = x_1 + x_2 \pm \{(x_2 - x_1)^2 - 4\sigma^2\}^{1/2}$$

该式，即 $L \propto \left\{1 + \frac{(x_1 - \lambda)^2}{\sigma^2}\right\}^{-n} \left\{1 + \frac{(x_2 - \lambda)^2}{\sigma^2}\right\}^{-n}$ 关于 λ 也不变（若 $2\lambda = x_1 + x_2 \pm \{(x_2 - x_1)^2 - 4\sigma^2\}^{1/2}$ 取实数值）。因随 $\lambda \to \pm\infty$ 有 $L \to 0$，故当 $|x_2 - x_1| < 2\sigma$ 时，存在唯一的极大似然方程的解；而当 $|x_2 - x_1| > 2\sigma$ 时，则存在被某一最小值隔开的两个极大似然方程的解。对这种情形最简单的解释就是 λ 靠近 x_1 或 x_2，但我们无法断言 λ 到底靠近哪一个 x。

4.01 极大似然与不变性理论的联系。 4.0 之(1)、(3)两式有一个重要的结果如下。设在 4.0 之(2)式中，未知参数共有三个，

$$P(\theta | \alpha\beta\gamma H) \propto L,$$

其中，L 既依赖于观测值也依赖于 α, β, γ。a, b, c 为使 L 最大的 α, β, γ 的值，观测值保持不变。给定 α, β, γ，通过积分可以找到 a, b, c 位于给定区间 $\mathrm{d}a, \mathrm{d}b, \mathrm{d}c$ 的概率。这样做无需假定 a, b, c 为充分统计量。于是，当 n 很大时，L 近似与

$$\exp\left\{-\frac{1}{2} n g_{ik}(\alpha_i - a_i)(\alpha_k - a_k)\right\} \prod \mathrm{d}a_m$$

成比例，由极大似然法估出的所有参数也都会变为充分统计量。而且，常数因子为 $(n/2\pi)^{m/2} \| g_{ik} \|^{1/2}$，而 g_{ik} 是否为 α_i 或 $\alpha_i = a_i$ 的估计值无关宏旨。因此，若取 $\| g_{ik} \|^{1/2}$ 为相应的先验概率密度，则 $\alpha_i - a_i$ 的概率分布当 n 很大时就近乎不变，无论此概率分布是基于 α_i 或 a_i 建立的：它与 α_i 实际取何值没有关系。

同样地，在 3.10 的讨论中，除表明几组由相同分布 J 及 $\log(1 - \frac{1}{2} I_2)$ 产生的观测值具有加法性质外，我们所考虑的仅为相对于一次观测的不变量的值。这一观点在观测值并非独立地由（某些）分布产生时，不再成立；根据（某一）分布预测某些现象发生的次序及其取值就属于这种情形。不过，我们可以无矛盾地扩展 3.10 用过的规则来包含这种情形。若两个概率分布给出，

$$P(\theta | \alpha_i H) = L(\theta, \alpha_i), \quad P(\theta | \alpha_i' H) = L(\theta, \alpha_i')$$

这时可取

$$J = \lim_{n\to\infty} \frac{1}{n} \sum \log \frac{L(\theta,\alpha_i')}{L(\theta,\alpha_i)} \{L(\theta,\alpha_i') - L(\theta,\alpha_i)\}$$

及

$$-\log(1-\frac{1}{2}I_2) = -\lim_{n\to\infty}\frac{1}{n}\sum \log\left\{1-\frac{1}{2}\left[L^{1/2}(\theta,\alpha_i') - L^{1/2}(\theta,\alpha_i)\right]^2\right\}$$

求和对 θ 全部可能的取值进行。以上二式当观测值不是由这两个概率分布独立产生时,其正确性都将会降低。

4.1　极大似然参数估计的近似。 关于第三章所讨论的全部问题,都存在相应参数的充分统计量。但这绝非是一个普遍规律。事实上,对于形式如此简单的柯西分布而言,

$$P(\mathrm{d}x|\alpha,\sigma,H) = \sigma\mathrm{d}x/\{\pi[\sigma^2+(x-\alpha)^2]\}$$

就不存在相应参数的充分统计量。

也可能发生这种情况,即(来自某种分布的)n 个观测值已经获得,但却不能用似然(函数)将样本观测值 x 与该分布的参数 α,σ 联系起来。例如,绝大多数皮尔逊分布都不存在充分统计量。极大似然法虽然也可应用于皮尔逊分布的参数估计,但却非常费力,因为要计算 $\log L$,至少要对每个待估参数的三个初始值作数值运算,以求得相应似然方程的解,进而求得 $\log L$(关于每个参数的)的二阶导数(以确定似然性最大的参数的值)。实际上,如果关于某一概率分布不存在(其参数的)充分统计量,则为了处理的方便(但有信息损失),另一个存在参数充分统计量的概率分布就常被采用之。所以,我们肯定需要一种既能代替极大似然估计,又不至于损失太多估计精度的、便捷的近似参数估计法。

在实践中,无论采取何种估计方法,一般都要先根据(有关)变量的取值范围对观测值进行分组。如此,观测数据事实上并非单独的观测值,而是被分到不同组的有关变量值的个数。设某组含有 n_r 个变量数值,而全部变量数值为 N。由待验证的分布律知落入该组的变量数值的期望数为 m_r,且

$$\sum m_r = \sum n_r = N \tag{1}$$

故根据该分布律,m_r/N 即为一个观测值落入第 r 组的概率,而且也是关于

该分布之参数的可计算函数。因此，n_1 个观测值落入第一组，n_2 个观测值落入第二组……的联合概率就是

$$L = \frac{N!}{\prod(n_r!)} \prod \left(\frac{m_r}{N}\right)^{nr} = \frac{N!}{\prod(n_r!)} \prod \left(\frac{n_r}{N}\right)^{nr} \prod \left(\frac{m_r}{n_r}\right)^{nr} \tag{2}$$

在此式中只有 m_r 是未知量，并且只有第二个因子才含有 m_r 变化的信息。现记

$$m_r = n_r + \alpha_r N^{1/2} \tag{3}$$

其中 $|\alpha_r N^{1/2}| < n_r$，且

$$\sum \alpha_r = 0 \tag{4}$$

则

$$\begin{aligned} \log L &= \text{常数} + \sum n_r \log\left(1 + \frac{\alpha_r N^{1/2}}{n_r}\right) \\ &= \text{常数} + \sum n_r \left(\frac{\alpha_r N^{1/2}}{n_r} - \frac{\alpha_r^2 N}{2n_r^2}\right) + O(N^{-1/2}) \\ &= \text{常数} - \sum \frac{N\alpha_r^2}{2n_r} \\ &= \text{常数} - \frac{1}{2}\sum \frac{(m_r - n_r)^2}{n_r} \end{aligned} \tag{5}$$

该式的获得缘于根据(4)式将一阶项都消掉了。因此，不计无关的常数项，我们有

$$\log L = -\frac{1}{2}\chi'^2 = -\sum \frac{(m_r - n_r)^2}{2n_r} \tag{6}$$

χ'^2 与皮尔逊 χ^2 的不同仅在于分母，前者的分母为 n_r，后者则为 m_r。两者的差为 $(m_r - n_r)^3/n_r^2$，此乃这两者在近似 $\log L$ 时都略掉的三次项的量级。但(6)式的好处在于，n_r 是已知的，而 m_r 却是未知的。若将观测到的频数表为满足下述条件的方程

$$m_r = n_r \pm \sqrt{n_r} \tag{7}$$

就可以利用权数已知的最小二乘法解出参数 m_r 的值。皮尔逊的 χ^2 的形式(它本身就是一种近似)，不计常数项，其准确度也是 $-2\log L$，与(6)式等价，但在计算 χ^2 时需要不断地近似，以满足每一次近似对 m_r 修正的需要。

极小 χ^2 值(minimumχ^2)在实践中用得并不多,可能就是这个原因。已有一些文献讨论利用"最小二乘法"拟合频数,但对如何为该法加权却语焉不详,因此极小 χ^2 值的意义就不清楚。将 n_r 所含的全体数据都看作具有同一权数,由此所致误差的后果非常严重。(6)式首先由耐曼博士提出(Dr.J. Neyman)[①],其后又被本书作者重新发现[②],而耐曼的论文在英国显然未受重视。精确计算 $\log L$ 的最大困难在于,实际问题中的 $\log_{10} L$ 会达到 -200 至 -600,而对两个数计算其标准差则要求其第二位十进制小数正确无误。然而,利用此法计算,大部分的 $\log L$ 值都被吸入到无关的、作为加项的常数中去了,所以,针对一组(有关的)已知参数的微小变化(N 给定),我们所能计算的只是 m_r 的变化而已。

若有 n_r 其所含数值全为 0(空集),(6)式将无法使用,而若有 n_r 其所含数值全为 1,则(6)式的使用也是有问题的。对于全由 1 组成的群组(unit groups),不妨写出下式

$$m_r = 1 \pm 1 \tag{8}$$

若有参数依赖一个全由 1 组成的群组,则在任何情况下它都是不确定的;作为对比,若该参数依赖 p 个全由 1 组成的群组,则由(8)式导出的关于每个 m_r 的方程可用下式加总

$$\sum m_r = p \pm \sqrt{p} \tag{9}$$

而此式是对的。读者应该特别注意空集。重新审视(2)式可知,若 $n_r = 0$,则对于全部的 m_r 都有 $(m_r/N)^{n_r} = 1$。若 M 为 m_r 跑遍所有空集的加总值,依然可用(3)式作替换,但此时应有

$$\sum N^{1/2}\alpha_r = -M \tag{10}$$

$$\log L = \text{常数} - \frac{1}{2}\sum \frac{(m_r - n_r)^2}{n_r} - M \tag{11}$$

求和对非空集合进行。因此,如果存在空集,我们可以写出

$$\chi'^2 = \sum \frac{(m_r - n_r)^2}{n_r} + 2M \tag{12}$$

---

① 见 *Bull.Inst,Intern.de Statistique*,Warsaw,pp.44—86(1929).

② 见 *Proc.Camb.Phil.Soc.*34,1938,156—7.

求和对非空集合进行,而 M 则为相应概率分布下变量于空集取值的数学期望。$\log L$ 表达式中的 $-M$ 项,相当于服从泊松分布的随机变量取 0 时的概率 e^{-r}。$\log L$ 这种表示本身并不适合直接利用最小二乘法来得到结果。在实践中,若某些概率分布关于散布较广且有若干空集的观测数据具有不规则尾部特征(straggling tail),则可将这些数据合并从而消除空集,使关于数据合并后最终得到的 m_r 可以在直至无穷的区间上进行计算,这样一来,(7)式就总可以利用了[①]。

4.2　不同估计标准误下样本均值的合并估计。我们已经看到,如果一组样本观测值源自正态分布(总体)而此正态分布的方差(进而标准差)未知,须以这组样本的标准差进行估计,则由此构造的样本均值标(准)化值的后验概率,将服从 t 分布而非正态分布。t 分布表完全反映了这一事实。常有这种情形出现,即几个观测值序列会产生关于同一均值(真确值)的若干独立估计,而一次观测所得样本观测值的标准差在不同观测值序列中各不相同。这时还能采用紧凑形式公式总括这种信息吗?答案是肯定的;这公式就是

$$P(\mathrm{d}x \mid \theta H) \propto \prod_r \left\{1+\frac{(x-\bar{x}_r)^2}{\nu_r c_r^2}\right\}^{-(\nu_r+1)/2} \mathrm{d}x \tag{1}$$

其中,$\bar{x}_r$,ν_r,c_r 分别为第 r 个观测值序列的样本均值、自由度及第 r 个观测值序列样本均值的标准差。对任何一组 $\bar{x}_r$,ν_r,c_r,(1)式均可精确算出,但并非总要实施。很显然,一般情况下,(1)式不会简化为 t 分布。

若能把(1)式简化为近似 t 分布肯定有益处。我们最为关心的就是不超过估计量之标准差若干倍的那些误差。因而,最好是为小误差而非大误差拟合 t 分布。可以先取(1)式的对数,再令该对数的一阶、二阶、四阶导数等于使(1)式之密度函数达到极大的 x 值。显然,令该对数的三阶导数等于使(1)式之密度函数达到极大的 x 值是毫无意义的,因为 t 分布永远对称而(1)式则不必精确如此。所以,我们要去选出 $\bar{x}$,c,ν 致

$$\frac{1}{2}(\nu+1)\log\left\{1+\frac{(x-\bar{x})^2}{\nu c^2}\right\}-\frac{1}{2}\sum(\nu_r+1)\log\left\{1+\frac{(x-\bar{x}_r)^2}{\nu_r c_r^2}\right\} \tag{2}$$

在 $x=\bar{x}$ 时,具有等于 0 的一阶、二阶及四阶导数。相应的方程为

---

① 数字说明的例子,可参见 *Ann.Eugen*.11,1941,108—14.

$$\sum \frac{\nu_r+1}{\nu_r c_r^2} \frac{\bar{x}-\bar{x}_r}{u_r(\bar{x})}=0 \tag{3}$$

$$\frac{\nu+1}{\nu c^2}=\sum \frac{\nu_r+1}{\nu_r c_r^2}\left\{\frac{2}{u_r^2(\bar{x})}-\frac{1}{u_r(\bar{x})}\right\} \tag{4}$$

$$\frac{\nu+1}{\nu^2 c^4}=\sum \frac{\nu_r+1}{\nu_r^2 c_r^4}\left\{\frac{1}{u_r^2(\bar{x})}-\frac{8}{u_r^3(\bar{x})}+\frac{8}{u_r^4(\bar{x})}\right\} \tag{5}$$

其中，

$$u_r(\bar{x})=1+\frac{(\bar{x}-\bar{x}_r)^2}{\nu_r c_r^2} \tag{6}$$

这些方程通过不断近似可以得到解，困难不大。注意到对于单独一个 t 分布，$1/u_r(\bar{x})$的期望为$\nu_r/(\nu_r+1)$，而(4)式右端的期望则为$\sum(\nu_r+1)/(\nu_r+3)c_r^2$。因此，在第一次近似时我们可根据诸 $\bar{x}_r$ 未经修正的标准差对它们(即诸$\bar{x}_r$)加权，但 c^{-2}将会系统地小于$\sum c_r^{-2}$。所以，这种近似修正了用正态分布而非 t 分布对(各不同观测值序列)二阶矩的低估。这种近似解法即使在 $\nu_r=1$ 时也可以使用(参见 3.44(13)式)。可将 ν 称为有效自由度(the effective number of degrees of freedom)。

在某些情况下，(1)式可能有不止一个极大值(参见 152 页)。所以，在这样的情况下试图对样本均值作合并估计是不可取的。

4.3 数学期望的使用。如果一概率分布不存在充分统计量，通常的做法是考虑观测值的一个或几个函数来解决问题。给定某概率分布的参数，(有关)观测值的函数之期望关于该分布的参数是可以算出的。但这些观测值本身就能决定其函数关于这组观测值数据的实际计算结果。若函数的数目等于分布参数的数目，令参数的理论值与由观测值算出的该参数的值相等，就可得到该分布参数的估计值。E.皮尔逊及 J.耐曼(E.S.Pearson and J. Neyman)将期望值等于参数值的那些观测值的函数统称为(相应参数的)无偏统计量。

显然，对于任何分布而言，与其有关的无偏统计量有无穷多。因为我们总可以选出观测值的函数，并根据(有关)分布算出所选函数的期望值，进而变换原分布使算出的(所选函数的)期望值成为变换后分布的参数(代替原分布参数)。因此，必须对选择观测值函数有所限制。

若α,β,γ为某分布的参数，我们可以选出关于一组n个观测值的函数$f(x_1,x_2,\cdots,x_n)$，$g(x_1,x_2,\cdots,x_n)$，$h(x_1,x_2,\cdots,x_n)$，算出其各自的期望F,G,H，使之成为α,β,γ的函数，据此，代入实际观测值以后即可产生关于α,β,γ的三个方程。事实上，如此得到的参数估计值与其理论期望值多少会有些差别。于是，可将α,β,γ的估计值表为a,b,c，但它们和(真确的)α,β,γ不尽一致。因此，我们应该选择使$E(a-\alpha)^2$，$E(b-\beta)^2$，$E(c-\gamma)^2$都尽量小的那些观测值函数。

读者应注意，某概率分布的期望值不一定非要根据相应观测值的函数才能作出最佳估计。例如，我们得到一组来自均值为0的正态分布的观测值，由于某种原因我们需要估计x^4的期望值。该期望值可表为观测值的函数Sx^4/n，而其理论值为$3\sigma^4$。但

$$
\begin{aligned}
E\left(\frac{Sx^4}{n}-3\sigma^4\right)^2&=E\left(\frac{Sx^4}{n}\right)^2-6\sigma^4E\left(\frac{Sx^4}{n}\right)+9\sigma^8\\
&=E\left(S\frac{x^4}{n}\right)^2-9\sigma^8\\
&=\frac{1}{n^2}E(Sx^8)+\frac{1}{n^2}E(Sx^4)E(S'x^4)-9\sigma^8
\end{aligned}
$$

求和S'是对全部观测值进行的，而S中等于x的观测值除外(因在双重求和中成对的观测值都出现过两次)；故上式

$$
=\frac{\mu_8}{n}-\frac{9}{n}\sigma^8=\frac{96\sigma^8}{n}
$$

此外，我们有

$$
E\left(\frac{Sx^2}{n}-\sigma^2\right)^2=\frac{2\sigma^4}{n}
$$

于是

$$
E\left(3\sigma^4-3(\overline{x^2})^2\right)^2=\frac{72\sigma^8}{n}+O\left(\frac{1}{n^2}\right)
$$

由此可见，三倍均方差的平方比偏差四次方的平均值更能无偏地接近于正态分布的四阶矩。现在，我们可将Sx^4/n称为正态分布四阶矩的无偏估计量；但给定正态分布的均值与方差，Sx^4/n并不是最无偏地接近正态分布四阶矩真确值的估计量。在此例中，Sx^2/n是充分统计量，于是我们得到了使用这种规则一个实例，即只要充分统计量存在，就应利用(相应概率分

布)参数的函数去获得所需的估计量。

读者或许会问,既然所作的估计建立在 σ 已知的假设之上,为何我们还要对由 $\overline{x^2}$ 或 $\overline{x^4}$ 导出 σ 的估计量感兴趣,而如此导出的这两个估计量多少是有误差的。在上例中这种兴趣确实不大。然而在实践中常常是观测值已知而 σ 未知,需要根据观测值估计 σ,且这组观测值是唯一的。由逆概率原理可知,因为关于 σ 的全部信息已被总括到 $\overline{x^2}$ 中,故不需要再考虑其他观测值的函数;在正态分布成立的条件下,若 $\overline{x^2}$ 已经获得,则任何可以带来关于 σ 的更多信息的其他观测值的函数均不会存在;若 $\overline{x^2}$ 尚未获得,但却得到其他一些表示观测值分散性的函数,则用它们来估计 σ 肯定会导致一些精度损失,因为 $\overline{x^2}$ 是由观测值唯一确定的,但不是由那些(表示观测值分散性的)函数唯一确定的。不过,确实会出现这种情况,即为方便起见,人们会使用不是充分统计量的观测值函数去给出(关于所关心的)参数的估计。若充分统计量真的存在,则一(分布)参数的后验概率分布,若不使用关于(该分布)其他参数的数值积分也算不出来,而这种计算通常又太过困难,不易实行。因此,考虑能方便地根据观测值而算出其他一些统计量,还是值得的。这会导致一些信息及估计精度损失,(我们)对这种估计量的精确程度,也应设法将其搞清楚。作这种计算时,在某概率分布的参数业已给定的情况下,将涉及寻找(所关心)统计量的概率分布;而给定这些统计量,由逆概率原理依然可以决定该(概率)分布的参数的概率分布。根据 4.0 中类似的讨论,分布参数先验概率适度变化的影响,本质上并不重要。尽管估计精度有所损失,但对这些统计量所保持的大量的(观测值)信息,我们还是清楚的。

费舍引入了如下关于"效率"的方便定义。令 $\sigma^2(\alpha)$ 为通过极大似然法或逆概率原理得到的某估计量误差平方的期望,并令 $\sigma'^2(\alpha)$ 为通过其他方法得到的该估计量误差平方的期望。如此,当样本量变大时,由其他方法得到的该估计量的效率就定义成 $\sigma^2(\alpha)/\sigma'^2(\alpha)$。在大多数场合下,此效率定义中的分子、分母的量级均为 $1/n$,而且该比(率)的极限也为有限值。对于正态分布,均值四次方(估计量)的效率为 3/4。不妨认为,这种效率损失是可以接受的;某估计量的效率为 3/4,意味着该估计量的标准差 1.5 倍于由大多数更为精确的估计法所得同一估计量的标准差,而这种效率损失通常并不影响实际决策。但若(估计量的)效率低于 3/4,则可能会导致严重的效率损失。设 α 为某一参数的真确值,a 为采用最有效估计方法得到的 α 的估计值,a' 为用另一种(非最有效)估计方法得到的 α 的估计值,我们有

$$E(a-\alpha)^2=\sigma^2(\alpha), E(a'-\alpha)^2=\sigma'^2(\alpha)$$

上述二式不相等仅缘于 a' 不等于 a；若 a 及 a' 皆无偏，则

$$E(\alpha'-\alpha)=E(a'-\alpha)=0,$$

于是，我们有

$$E(a'-a)^2=\sigma'^2(\alpha)-\sigma^2(\alpha)$$

若 a' 的效率为 50%，致 $\sigma'(\alpha)=\sqrt{2}\sigma(\alpha)$，则 a' 与 a 的差常会大于 a 的标准差。这很容易带来严重后果。没有一种普遍原则可以遵循；在实践中人们常需就某种估计的精度以及达到这种精度所费时间两方面进行权衡，一个大致的规则是，若某估计量的效率超过 90%，它总可以被接受，若效率介于 70% 与 90% 之间，通常也可以接受，若效率低于 50%，就不应该接受。

采用估计量误差平方的期望作为效率标准的理由是，在已经获得很多观测值的情况下，一组统计量的概率（给定相应的分布参数）以及这组分布参数的概率（给定这组统计量），通常近似分布在正态相关面上；若只有一个参数、一个统计量，则其概率分布就简化为正态分布，而其方差就是我们前面定义的估计量误差平方的期望。

考察取自误差分布律未知的观测值（表现），可作为体现上述考虑的一个重要例子。设该误差分布律是

$$P(\mathrm{d}x|\sigma H)=f\left(\frac{x}{\sigma}\right)\frac{\mathrm{d}x}{\sigma} \tag{1}$$

并设原点这样来取致 $E(x)=0$。令 $E(x^2)=\mu_2$。已知 n 个观测值的均值近似服从期望为 0、标准差为 $(\mu_2/n)^{1/2}$ 的正态分布。μ_2 为 σ 的确定函数。但是，在相应的逆问题中，则要根据观测值去算出 μ_2，这可按下述方式进行。令 $E\{S(x-\bar{x})^2\}$ 是关于 n 个观测值的取期望的运算。给定 σH，全部单独 n 个观测值的概率分布相互独立，并且

$$S(x-\bar{x})^2=Sx^2-2Sx\bar{x}+n\bar{x}^2=Sx^2-n\bar{x}^2 \tag{2}$$

$$E\{S(x-\bar{x})^2\}=(n-1)\mu_2 \tag{3}$$

所以，$\dfrac{S(x-\bar{x})^2}{n-1}$ 是 μ_2 的无偏估计，但却非 μ_2 的准确值，因而需要考虑其误差的期望值。我们有

$$E[S(x-\bar{x})^2-(n-1)\mu_2]^2$$
$$=E[\{S(x-\bar{x})^2\}^2-2(n-1)\mu_2 S(x-\bar{x})^2+(n-1)^2\mu_2^2]$$
$$=E[S(x-\bar{x})^2]^2-(n-1)^2\mu_2^2$$
$$=E[(Sx^2-n\bar{x}^2)^2]-(n-1)^2\mu_2^2$$
$$=E[(Sx^2)^2-2n\bar{x}^2Sx^2+n^2\bar{x}^4]-(n-1)^2\mu_2^2 \tag{4}$$

于是

$$E(Sx^2)^2=ESx^4+ESx_1^2S'x_2^2 \tag{5}$$

S'表示求和对除 x_1 外的全部 x 进行;因为每一对数据均出现两次,所以"2"要予以考虑。因此

$$E(Sx^2)^2=n\mu_4+n(n-1)\mu_2^2 \tag{6}$$

同样

$$E(n\bar{x}^2Sx^2)=\frac{1}{n}ESx_1^2(x_1+S'x_2)^2$$
$$=\frac{1}{n}E(Sx^4+2Sx_1^3S'x_2+Sx_1^2S'x_2^2)$$
$$=\mu_4+0+(n-1)\mu_2^2 \tag{7}$$

$$E(n^2\bar{x}^4)=E\,\frac{1}{n^2}(Sx)^4=\frac{1}{n}\mu_4+\frac{3}{n^2}Sx_1^2S'x_2^2=\frac{\mu_4}{n}+\frac{3(n-1)}{n}\mu_2^2 \tag{8}$$

("6"已被"3"取代以便作双重求和)。因此[①]

$$E[S(x-\bar{x})^2-(n-1)\mu_2]^2=\frac{(n-1)^2}{n}\mu_4-(n-1)\left(1-\frac{3}{n}\right)\mu_2^2 \tag{9}$$

可见,二阶矩估计的准确性依赖于四阶矩,而四阶矩估计的准确性又依赖于八阶矩,如此等等。显然,只有获得全部的各阶矩,才能得到所要的估计结果;但从全部观测值中只能得到 n 个独立的矩的估计,而对于皮尔逊Ⅳ型及Ⅶ型分布来说,更高阶的矩不存在。不过,情况并不十分严重。因为我们通常主要是对均值及其不确定性感兴趣,而后者的量级为 $n^{-1/2}$。若 μ_4 存在,μ_2 的不确定性量级也是 $n^{-1/2}$;因此,μ_4 对均值之不确定性的影响,其量级近乎 n^{-1},故对 μ_4 作个大致估计足以满足需要。μ_4 的估计如下

$$E\{S(x-\bar{x})^4\}=E[Sx^4-4Sx^3\bar{x}+6Sx^2\bar{x}^2-3n\bar{x}^4] \tag{10}$$

---

① 从费舍的论证中也很容易得到此式,见 *Proc.Lond.Math.Soc.*30,1930,206.

这里

$$E(Sx^3\bar{x})=\frac{1}{n}ESx_1^3(x_1+S'x_2)=\mu_4 \tag{11}$$

由此可得

$$E\{S(x-\bar{x})^4\}=(n-1)\left\{\left(1-\frac{3}{n}+\frac{3}{n^2}\right)\mu_4+\left(\frac{6}{n}-\frac{9}{n^2}\right)\mu_2^2\right\} \tag{12}$$

给定某一分布，$\bar{x}$及$S(x-\bar{x})^2$两者的误差并非一定独立。我们有

$$E[n\bar{x}\{S(x-\bar{x})^2-(n-1)\mu_2\}]=E\{(Sx)(Sx^2-n\bar{x}^2)\}$$
$$=E(Sx^3)-\frac{1}{n}E(Sx)^3=(n-1)\mu_3 \tag{13}$$

$$E\{S(x-\bar{x})^3\}=(n-1)\left(1-\frac{2}{n}\right)\mu_3 \tag{14}$$

因此，若所给分布非对称，则在位置及尺度（估计量）的误差之间就存在相关。对于这样的非对称分布，若μ_3为正，则x取小值（且为负）的概率就会很集中而取正值的概率就会很分散。所以，关于均值的负值误差常会与观测值小范围的散布有关，而正值误差则会与观测值大范围的散布有关。

这种分布的高阶矩提供了费舍所谓"辅助统计量"(ancillary statistics)的例子，"辅助统计量"虽不直接用于估计（分布）参数，但却能对估计的精度提供附加说明。样本容量就总可以称为"辅助统计量"。$\bar{x}$及$S(x-\bar{x})^2/(n-1)$分别是位置参数及其不确定性的无偏估计量，但若（基础）分布非正态，利用它们作相应的估计就会损失样本观测值中的一些信息。由μ_4大于$3\mu_2^2$可知，μ_2的估计量比根据同一批样本观测值所作的二阶矩估计（给定正态分布）精度要来得差一些，而由μ_4小于$3\mu_2^2$又可知，μ_2的估计量比根据同一批样本观测值所作的二阶矩估计（给定正态分布）精度要来得更精确些。对于前者，位置参数的后验概率类似自由度小于$n-1$的t分布，对于后者，位置参数的后验概率类似自由度大于$n-1$的t分布。为了方便，若记$\bar{x}\pm\left\{\frac{S(x-\bar{x})^2}{n(n-1)}\right\}^{1/2}$为关于正态分布位置参数的区间估计，则关注$\mu_3$及$\mu_4$可以获得一些有关大误差出现概率的分布信息。

$\bar{x}$与$S(x-\bar{x})^2$两者的相关性度量是

$$\rho=\frac{E\{n\bar{x}[S(x-\bar{x})^2-(n-1)\mu_2]\}}{\{E(n^2\bar{x}^2)E[S(x-\bar{x})^2-(n-1)\mu_2]^2\}^{1/2}}$$

$$=\frac{\mu_3}{\left\{\mu_2\left(\mu_4-\frac{n-3}{n-1}\mu_2^2\right)\right\}^{1/2}} \tag{15}$$

若记

$$E(\bar{x})^2=\sigma_1^2, \{S(x-\bar{x})^2-(n-1)\mu_2\}=(n-1)\mu'_2, E(\mu'_2)^2=\sigma_2^2, \tag{16}$$

则有

$$P(\mathrm{d}\bar{x}\mathrm{d}\mu'_2|\sigma H)$$

$$=\frac{1}{2\pi\sigma_1\sigma_2\sqrt{1-\rho^2}}\exp\left\{-\frac{1}{2(1-\rho^2)}\left(\frac{\bar{x}^2}{\sigma_1^2}-\frac{2\rho\bar{x}\mu'_2}{\sigma_1\sigma_2}+\frac{\mu'^2_2}{\sigma_2^2}\right)\right\}\mathrm{d}\bar{x}\mathrm{d}\mu'_2 \tag{17}$$

该式相当准确,可以代替极大似然用作(所给分布)根据样本观测值计算的位置及尺度参数后验概率的估计。

若 μ_4 为无穷大,如 $m=2$ 的皮尔逊Ⅶ型分布那样,上面的(9)式亦为无穷大,因而 μ_2 估计量的不确定性也将为无穷大。但这并非是证明 μ_2 的估计毫无用处。它只意味着对 μ_2 进行估计时出现误差的概率很大,以致偏离了正态分布,从而使其具有无穷大的二阶矩。这样的分布类似($m=1$)柯西分布;尽管这种分布二阶矩为无穷大,但根据它(像根据正态分布那样)也可找到超过某同一分位点的偏差值;分布二阶矩为无穷大并不代表其不确定也为无穷。真实情况是,μ_2 中出现大误差的概率不能随 n 变大而迅速(像 μ_4 有限时那样)变小。

利用期望值求解分布参数有时会完全不可行。卡尔·皮尔逊在对其分布作拟合时,首先要寻找(有关)观测值的期望值,再寻找关于该期望值的二阶、三阶以及四阶矩。这等价于计算 $Ex, E(x-Ex)^2, E(x-Ex)^3, E(x-Ex)^4$。用皮尔逊的方法可以得到有关概率分布参数的四个方程,这些方程可用数值方法求解。一般地,这些矩并非充分统计量,因为除少数情况外,所需的似然(函数)并不能由这些矩表出。由此导致的参数估计的不精确性可达非常严重的地步。例如,对皮尔逊Ⅶ型分布,

$$P(\mathrm{d}x|\alpha,m,\sigma,H)\propto\frac{\mathrm{d}x}{\{1+(x-\alpha)^2/2m\sigma^2\}^m}$$

若 $m\leqslant 5/2$,该分布的四阶矩为无穷。实际上,任何一组观测值的相应四阶矩均为有穷,故由该分布产生的任一观测值序列必然被解释成它暗示 $m\geqslant 5/2$。对某些实际观测值序列的观测误差而言,m 一般不大于或接近 $5/2$。

皮尔逊不允许 n 为有穷；他把 $S(x-\bar{x})^r$ 等同为 $S(x-\alpha)^r$ 而忽略关于 $\bar{x}$ 的误差。皮尔逊偏爱复杂的算术运算，常把结果算到六位数字，而由于同一原因，其结果的第三位数字已经出错，第二位数字也无把握（无论采用何种求解方法）。最小 χ'^2 法应能给出更精确些的参数估计，困难也少些；其他一些近似参数估计法在最好的情况下，（其估计精度）可以接近极大似然法的估计精度，对于皮尔逊Ⅱ型及Ⅶ型分布，这都是能做到的，而对于皮尔逊Ⅰ型及Ⅳ型分布，若分布的非对称性不太严重，也是能做到的①；对于具有已知端点的皮尔逊Ⅲ型及Ⅴ型分布，充分统计量存在。若端点取在 0 点，则算术平均与几何平均对于皮尔逊Ⅲ型分布是充分统计量，几何平均及调和平均对于皮尔逊Ⅴ型分布是充分统计量。对于均匀分布，极端观测值在任何场合都是充分统计量。

在某种程度上，均匀分布极端观测值的性质可以推广。设（服从该分布的随机变量的）下端点在 $x=\alpha$ 处，而且，对于很小的 $x_1-\alpha$，有

$$P(x<x_1|\alpha H)=A(x_1-\alpha)^r \tag{18}$$

于是，n 个观测值全都大于 x_1 的概率即为 $\{1-A(x_1-\alpha)^r\}^n$，其微分就是极端观测值落入区间 dx_1 的概率。令 α 的先验概率未知，则对于大 n，我们有

$$\begin{aligned}P(d\alpha|x_1H)&\propto\{1-A(x_1-\alpha)^r\}^{n-1}(x_1-\alpha)^{r-1}d\alpha\\&\propto(x_1-\alpha)^{r-1}\exp\{-(n-1)A(x_1-\alpha)^r\}d\alpha\end{aligned} \tag{19}$$

对于 $r=1$，上式表示均匀分布，给定 x_1，它使 $x_1-\alpha$ 的期望的阶为 $1/n$；对于 $r<1$，上式则表 U 形及 J 形分布，其期望值变小的速率比 $1/n$ 还快（甚至对于 $r=2$，其期望值也会以速率 $n^{-1/2}$ 变小）。因此，即使对于以一定角度过 y 轴的分布而言，其极端观测值（可比同非极端观测值）或许也含有关于（观测值取值区间）端点的一部分信息；对于介于这种分布与均匀分布之间的那些分布，以及 U 形及 J 形分布，极端观测值本身或许可用来提供关于（观测值取值区间）端点的一种估计。这种评论——最早出于费舍——表明在这些情况下，将极端观测值作分组处理不一定可取。很可能发生这种情况，即分组间隔比单独来自极端观测值所致的不确定性还大，因而这种分组（带来的不确定性）会比可以算出的不确定性还要大若干倍。

有时，如能去掉一分布的某些不太重要之处，则该分布还是可以有充分

---

① 见 *Phil. Trans.* A, 237, 1938, 231－71.

统计量的。因此,量化那些不太重要之处对(充分)统计量贡献的期望,并从实际观测值中把它们减掉,(对那些统计量的估计)就相当准确了。如此,即可采用极大似然估计。4.6 节将提供一个这样的例子。

4.31 正交参数(orthogonal parameters)。有时,将分布中的参数选成使 4.0 节公式(4)之 φ_2 的乘积项具有小系数的参数时,可以带来一些方便。若某分布 $g(x,\alpha_i)$ 参数的极大似然估计为 α_i,且若 $\alpha_i - a_i = \alpha_i'$,则有

$$\log L = \underset{r}{S}\log g(x_r,\alpha_i)$$
$$= \underset{r}{S}\log g(x_r,a_i) + \frac{1}{2}\underset{r}{S}\frac{\partial^2}{\partial\alpha_i\partial\alpha_k}\log g.\alpha'_i\alpha'_k \tag{1}$$

偏导数的值是在 $\alpha_i = a_i$ 处计算的。现在,$\alpha_i'\alpha_k'$ 系数的期望值等于

$$\frac{1}{2}n\int_{-\infty}^{\infty} g\frac{\partial}{\partial\alpha_i}\frac{1}{g}\frac{\partial g}{\partial\alpha_k}\mathrm{d}x = \frac{1}{2}n\int_{-\infty}^{\infty}\left(-\frac{1}{g}\frac{\partial g}{\partial\alpha_i}\frac{\partial g}{\partial\alpha_k} + \frac{\partial^2 g}{\partial\alpha_i\partial\alpha_k}\right)\mathrm{d}x \tag{2}$$

因为对全部 α_i 而言,$\int g\,\mathrm{d}x = 1$,故上式右端积分的第二项为 0;因此

$$E\,\frac{1}{2}\underset{r}{S}\frac{\partial^2}{\partial\alpha_i\partial\alpha_k}\log g.\alpha'_i\alpha'_k = -\frac{1}{2}ng_{ik}\alpha'_i\alpha'_k \tag{3}$$

其中,g_{ik} 就是 3.10 节所定义的函数。所以,在 $\log L$ 的平方项及 3.10 节使用过的不变量 I_2 与 J 之间就存在直接关系。

若视 $g_{ik}\mathrm{d}\alpha_i\mathrm{d}\alpha_k$ 为 m 维距离元素的平方,则在任何点处都能以无穷多种方式选择一组 m 个相互正交的方向。于是可选正交坐标 β_j,使得若

$$g_{ik}\mathrm{d}\alpha_i\mathrm{d}\alpha_k = h_{jl}\mathrm{d}\beta_j\mathrm{d}\beta_l \tag{4}$$

则除 $j=l$ 外,h_{jl} 全为 0。若分布 $g(x,\alpha_i)$ 用关于 β_j 而非 α_i 的量表示,$E(\log L)$ 中的平方项就简化为平方和,而对一组实际观测值而言,$\log L$ 中的平方项也会像 n 一样变大,但乘积项的量级则为 $n^{1/2}$。这样,决定 β_j 的那组方程就近乎正交从而使求解大为简化。对于大 n 来说乘积项可以忽略,其所带来的误差充其量也只有 n^{-1} 量级。

以上的讨论只涉及局部正交性。若对正交性作推广以致对于全部的 β's,都可将 $\mathrm{d}\beta$ 中的 $g_{ik}\mathrm{d}\alpha_i\mathrm{d}\alpha_k$ 化简为平方和,而参数的个数为 m,略去乘积项要求诸 α's 关于 β's 的导数之间具有 $m(m-1)/2$ 这样的数量关系。若 m

$=2,m(m-1)/2$ 将小于 m；若 $m=3$，将等于 m；除此以外都将大于 m。于是可盼若 $m=2$，即可以无穷多种方式选出正交参数；若 $m=3$，则可以有限多种方式选出正交参数；但若 $m=4$ 或更大，一般地就选不出正交参数了。这一点是由胡祖巴扎尔指出的。

胡祖巴扎尔给出了 $m=2$ 时构造正交参数的一般方法。若所需的参数为 α_1,α_2，取 $\beta_1=\alpha_1$，并令 $\alpha_2=\alpha_2(\beta_1,\beta_2)$。于是

$$E\frac{\partial^2}{\partial\beta_1\partial\beta_2}\log f=\frac{\partial\alpha_1}{\partial\beta_1}\frac{\partial\alpha_1}{\partial\beta_2}E\frac{\partial^2}{\partial\alpha_1^2}\log f+\frac{\partial\alpha_1}{\partial\beta_1}\frac{\partial\alpha_2}{\partial\beta_2}E\frac{\partial^2}{\partial\alpha_1\partial\alpha_2}\log f+$$
$$\frac{\partial\alpha_2}{\partial\beta_1}\frac{\partial\alpha_1}{\partial\beta_2}E\frac{\partial^2}{\partial\alpha_1\partial\alpha_2}\log f+\frac{\partial\alpha_2}{\partial\beta_1}\frac{\partial\alpha_2}{\partial\beta_2}E\frac{\partial^2}{\partial\alpha_2^2}\log f$$

因

$$\frac{\partial\alpha_1}{\partial\beta_2}=0\ ;\frac{\partial\alpha_2}{\partial\beta_2}\neq 0$$

故上式右端的第一及第三两项均为 0，参数正交条件现在变成[①]

$$E\frac{\partial^2}{\partial\alpha_1\partial\alpha_2}\log f+\frac{\partial\alpha_2}{\partial\beta_1}E\frac{\partial^2}{\partial\alpha_2^2}\log f=0$$

这是关于 α_2 的一个微分方程；方程的解中含有一个常数，可将此参数记为 β_2。

对于下述形式的负二项分布

$$f=(1-x)^n\frac{n\cdots(n+r-1)}{r!}x^r$$

有

$$\frac{\partial^2}{\partial n\partial x}\log f=-\frac{1}{1-x}\ ;\frac{\partial^2}{\partial x^2}\log f=-\frac{n}{(1-x)^2}-\frac{r}{x^2}$$

而我们希望得到一个与 $n=\alpha_1=\beta_1$ 正交的参数。取 $\alpha_2=x$，则有

$$E\frac{\partial^2}{\partial n\partial x}\log f=-\frac{1}{1-x},E\frac{\partial^2}{\partial x^2}\log f=-\frac{n}{(1-x)^2}-\frac{n}{x(1-x)}$$

我们需要解下述微分方程

$$\left\{\frac{n}{(1-x)^2}+\frac{n}{x(1-x)}\right\}\frac{\partial x}{\partial n}+\frac{1}{1-x}=0$$

---

① 见 *Proc*, *Camb.Phil.Soc*.46，1950，281－4.

由于变量可以分离,故可有

$$\log\frac{x}{1-x}=-\log n+\log\beta_2$$

从而解出

$$\beta_2=\frac{nx}{1-x}=Er$$

可见 r 的期望值与负二项分布的形状参数正交。

对于皮尔逊Ⅶ型分布,其位置参数显然与尺度参数及形状参数正交。因此,只需作一变换使该分布的尺度参数与形状参数正交即可。我们取皮尔逊Ⅶ型分布的下述形式

$$y=\frac{(m-1)!}{(2\pi M)^{1/2}(m-\frac{3}{2})!\ \sigma}\left[1+\frac{(x-\lambda)^2}{2M\sigma^2}\right]^{-m} \tag{5}$$

其中,M 是 m 的函数。很明显,

$$\int y\frac{\partial^2}{\partial\lambda\partial\sigma^2}\log y\ \mathrm{d}x \quad 及 \quad \int y\frac{\partial^2}{\partial\lambda\partial m}\log y\ \mathrm{d}x$$

均为 0。而 $\int y\dfrac{\partial^2}{\partial m\partial\sigma^2}\log y\ \mathrm{d}x$ 等于 0 的条件为

$$\frac{1}{M}\frac{\mathrm{d}M}{\mathrm{d}m}=\frac{m+1}{m(m-\frac{1}{2})}=\frac{3}{m-\frac{1}{2}}-\frac{2}{m} \tag{6}$$

对于 y 趋于标准差为 σ 的正态分布($m\to\infty$时),M/m 必趋于 1;于是便有

$$M=(m-\frac{1}{2})^3/m^2\ (\frac{1}{2}<m<\infty) \tag{7}$$

所以

$$y=\frac{m!}{(2\pi)^{1/2}(m-\frac{1}{2})^{1/2}(m-\frac{1}{2})!\ \sigma}\left\{1+\frac{m^2(x-\lambda)^2}{2(m-\frac{1}{2})^3\sigma^2}\right\}^{-m} \tag{8}$$

由这种形式的皮尔逊Ⅶ型分布,可以写出关于 λ,σ 及 m 的极大似然方程,而略去非对角项后近似解可以很快得到,下一步再对误差进行平方处理。

对于皮尔逊Ⅱ型分布,可以写出相应的 y 的表达式为

$$y=\frac{(m-\frac{1}{2})!}{\{2\pi(m+\frac{1}{2})\}^{1/2}(m-1)!\ \sigma}\left\{1-\frac{m^2(x-\lambda)^2}{2(m+\frac{1}{2})^3\sigma^2}\right\}^m \quad (1<m<\infty) \tag{9}$$

若 $m\leqslant 1$，则 dy/dx 并不在端点处趋于 0。这时最好将这些端点明确取作参数。

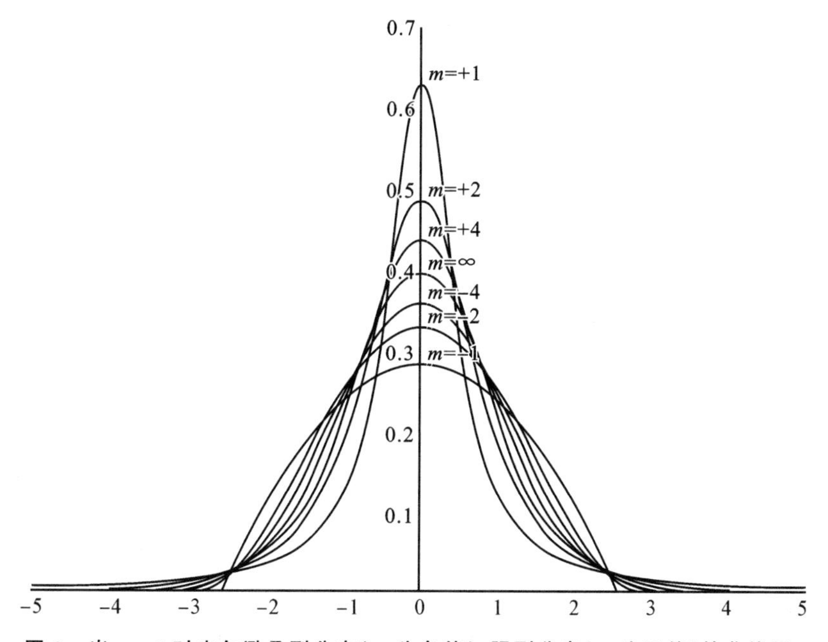

图 2　当 $\sigma=1$ 时皮尔逊 Ⅱ 型分布(m 为负值)、Ⅶ型分布(m 为正值)的曲线图。

上图给出了 $\lambda=0,\sigma=1$ 时各种皮尔逊 Ⅱ 型及 Ⅶ 型分布的代表性曲线。(8)式所示皮尔逊 Ⅶ 型分布的极大似然方程如下

$$\frac{\partial}{\partial\lambda}\log L=\frac{m}{M\sigma^2}\sum\frac{x-\lambda}{1+(x-\lambda)^2/2M\sigma^2}=0 \tag{10}$$

$$-\frac{\partial}{\partial\sigma}\log L=\frac{n}{\sigma}-\frac{m}{M\sigma^3}\sum\frac{(x-\lambda)^2}{1+(x-\lambda)^2/2M\sigma^2}=0 \tag{11}$$

$$-\frac{\partial}{\partial\mu}\log L=nm^2\left\{\frac{d}{dm}\log m!-\frac{d}{dm}\log(m-\frac{1}{2})!-\frac{1}{2(m-\frac{1}{2})}\right\}-$$

$$\sum m^2\log\left\{1+\frac{(x-\lambda)^2}{2M\sigma^2}\right\}+\sum\frac{m^2(m+1)(x-\lambda)^2}{2\sigma^2(m-\frac{1}{2})^4\{1+(x-\lambda)^2/2M\sigma^2\}}=0$$

(12)

其中 $\mu=1/m$。

对于皮尔逊Ⅱ型分布，相当于上述三式的一阶偏导数等于 0 的表达式为

$$\frac{\partial}{\partial\lambda}\log L=\frac{m}{M\sigma^2}\sum\frac{x-\lambda}{1-(x-\lambda)^2/2M\sigma^2}=0 \tag{13}$$

$$-\frac{\partial}{\partial\sigma}\log L=\frac{n}{\sigma}-\frac{m}{M\sigma^3}\sum\frac{(x-\lambda)^2}{1-(x-\lambda)^2/2M\sigma^2}=0 \tag{14}$$

$$\frac{\partial}{\partial\mu}\log L=nm^2\left\{\frac{\mathrm{d}}{\mathrm{d}m}\log\left(m-\frac{1}{2}\right)!-\frac{\mathrm{d}}{\mathrm{d}m}\log\left(m-\frac{1}{2}\right)!-\frac{1}{2\left(m+\frac{1}{2}\right)}\right\}+$$

$$\sum m^2\log\left\{1+\frac{(x-\lambda)^2}{2M\sigma^2}\right\}+\sum\frac{m^2(m-1)(x-\lambda)^2}{2\left(m+\frac{1}{2}\right)^4\sigma^2\{1-(x-\lambda)^2/2M\sigma^2\}}$$

$$=0 \tag{15}$$

此处的 $\mu=-1/m$。对皮尔逊Ⅶ型分布，定义 μ 等于 $1/m$ 能带来方便，而对皮尔逊Ⅱ型分布，定义 μ 等于 $-1/m$ 能带来方便，因为借由逐步变大且过 0 点的 μ 值，可为皮尔逊Ⅱ型及Ⅶ型分布向正态分布的过渡提供一个连续的变化过程。用皮尔逊Ⅱ型及Ⅶ型分布拟合由实际问题所得数据的做法如下。在(12)或(15)式中，用 m 的几个试算值代入作计算。用插值法求出 μ，而相除所得的差可决定 $\partial^2\log L/\partial\mu^2$ 的值，即 $1/s^2(\mu)$。现回到(10)、(11)或(13)、(14)两式，估计 λ 及 σ 的值；若估计结果变化很大，则应重新求解关于 m 的方程。

一个近似刻画 σ(关于 λ 的后验概率分布的)不确定性的方法如下。对于正态分布，有

$$\left\{\frac{\partial^2}{\partial\sigma^2}(-\log L)\right\}_{\sigma=s}=\frac{2n}{s^2}$$

此处的数值解给出 $s^2(\sigma)$的值；我们可以作下述定义

$$n'=s^2/2s^2(\sigma)=\frac{1}{2}s^2\left\{\frac{\partial^2}{\partial\sigma^2}(-\log L)\right\}_{\sigma=s}$$

因为除 λ 外只估计了两个参数，所以实际自由度的数目为 $n'-2$。

$\mathrm{d}\log m!/\mathrm{d}m$ 的数表已由派尔曼(E.Pairman)提供(区间长度由0.02至

$m=20$ 不等)[①]。$m\geqslant 10$ 的相应数表可在“英国数学用表协会”出版的相关数表中找到[②]。

4.4　若不知误差服从何种分布律而一组观测值的数目又太少,可用该组观测值的中位数作为该误差分布律中位数的估计量。实际做法如下。令 α 为该误差分布律的中位数;我们要找到这样的一个区间,即当一组观测值给定后,α 位于该区间的概率具有确定数值。再令 a 为使 l 个观测值超过 a,$n-l$ 个观测值不超过 a 的 α 的一个可能取值。于是,近似地有

$$P(l \mid \alpha,n,H)=\binom{n}{l}\left(\frac{1}{2}\right)^{n}=\left(\frac{2}{\pi n}\right)^{1/2}\exp\left\{-\frac{2\left(l-\frac{1}{2}n\right)^{2}}{n}\right\} \tag{1}$$

且若 a 的先验概率(分布)为均匀分布,则有

$$P(\mathrm{d}\alpha \mid l,n,H)\propto\left(\frac{2}{\pi n}\right)^{1/2}\exp\left\{-\frac{2\left(l-\frac{1}{2}n\right)^{2}}{n}\right\} \tag{2}$$

如此,α 的后验概率密度就在该组数据之中位数这一点达到极大,若取 $l=\frac{1}{2}n\pm\frac{1}{2}\sqrt{n}$ 作为相当于(该组数据)标准差的上下限,则无论误差服从何种分布,也无论其尺度参数为何,α 的相应取值都将提供一个关于真实不确定性的度量。一般地,该组数据标准差的上下限不会恰好对应实际的观测值,但可以利用插值法将它们算出来。

与正态分布偏离的问题通常可结合“拒绝极端观测值”来加以考虑。确定极端观测值的标准已由皮尔斯和肖夫奈特(Peirce and Chauvenet)给出,不过从原理上说他们的标准并不正确。若观测值被合理拒绝而正态分布也不复成立,则这些观测值就可用来估计它们偏离正态分布的程度。没有理由假设被保留的观测值源自正态分布(总体),恰恰相反,倒是有理由假设它们并非来自正态分布(总体);所以,根据这些被保留下来的观测值计算出的有关均值和标准差很可能就是相应参数的无效估计。另一方面,若为观测数据制定出明确的取舍规则,将不超过某种人为数值界限的观测值保留,而

---

① 见 *Tracts for Computers*, No.1.

② “英国数学用表协会”(1871—1965)原是隶属“英国科学促进协会”的一个组织,现已不复存在——译注。

将超过者去除，则关于某个离群观测值的处理，就容易因该观测值所带来的(有关一组数据的)较大标准差而影响到该组观测值的均值，这是人们很不愿意看到的。此外，时常有人鼓吹，根据一组观测值的均值估算的关于(总体均值)真确值的不确定性，应该能从不考虑误差符号而仅考虑误差均方的残差之均值得到估计，理由是误差符号受少数反常较大残差的影响比误差均方来得小。若将样本均值视为(总体)分布均值的估计，其不确定性即可由 m_2 作出很好的估计(若 m_2 存在)，若 m_2 不存在，则这种不确定性就不会和 $n^{-1/2}$ 成比例。就全部存在 m_2 的分布而言，残差的均方都能给出 m_2 的无偏估计。然而，平均残差的期望与不计符号的 $\sqrt{\mu_2}$ 的比，却依赖于误差分布律的表现形式。若平均残差可以算出并据此估出 $\sqrt{\mu_2}$ (通过采用为正态分布决定分位点的同样方法)，则这种分位点对于皮尔逊Ⅶ型分布族来说就显得太小，而该分布族正是人们推荐使用这种方法的场合。在该法被推荐的场合很可能产生关于不确定性的不足估计。若将(样本)均值视为(总体)均值的估计，当总体分布没有把握时，是无法根据残差的均方来估计不确定性的。

此外，只有对正态分布而言，(样本)均值才是总体均值的最佳估计，其他分布都不具备这种性质，因此需要考虑(样本)均值以外的那些更为有效的估计(量)。一个有趣的分布律如下

$$P(\mathrm{d}x\,|\,m,a,H)=\frac{1}{2}\exp\left(-\frac{|x-m|}{a}\right)\frac{\mathrm{d}x}{a} \tag{3}$$

容易看出，该分布律的似然在 m 等于(样本)观测值的中位数且 a 是不计符号的残差均值时达到最大。这就是人们熟知的中位数律(the median law)。给定该分布的任何三个性质，其余两个性质均可推出(当 $\mathrm{d}x$ 的概率只是 $x-m$ 的函数时)。只有在这种分布律下，残差均值才能称为关于不确定性的最佳估计，从而位置参数的最佳估计由样本中位数而非样本均值来作出。事实上，因为这种分布的真确性不足，故人们对它的兴趣已经减少了。该分布有这样的性质，即与具备相同二阶矩的正态分布相比，它在(变量)取值范围的双尾部及中部较为突起，而在两侧较为低缓，但这些性质已被皮尔逊Ⅶ型分布族所享有。费舍已经证明，源自柯西分布的 n 个观测值的中位数之标准差是 $\pi/2\sqrt{n}$，而由极大似然法解出的该标准差是 $\sqrt{2/n}$ 。因此，中位数作为(分布)位置参数估计量的效率等于 $8/\pi^2=0.81$，还是很高的，除不计

符号的残差均值的期望是无穷大以外。对于正态分布而言,这一效率是 $2/\pi=0.64$,对于皮尔逊Ⅶ型分布族来说,这一效率在变量取值的中间范围变化也很小。相应地,用(样本)均值作为皮尔逊Ⅶ型分布族位置参数估计量的效率,却是从 1 至 0 不等。所以,分布形式未知时用中位数作为位置参数的估计量,是大可肯定的;和最佳估计相比,它可能损失一些估计精度,但由此所致的不确定性的增加一般并不重要,对分布形式的改变也微乎其微,因此根据上面的公式(2)很容易算出这种不确定性的值。但在实践中,要为几个未知(总体)参数列出条件方程(以便求解),还是相当复杂的。由中位数律的极大似然估计可得一组值,使对每一未知参数而言,该未知参数的系数与其余未知参数的系数在一半的条件方程中取正号,而在另一半的条件方程中取负号。显然,为满足这些关系,必然导致比最小二乘法更多的代数运算。使用中位数作为一个位置参数的估计量,其简便性在对多个参数进行估计时将不复存在,所以,最小二乘法使用上的方便是它得以保留的最有力的证据。

4.41　误差分布律对误差处理所产生的影响的性质,可通过考察下面的式子看出

$$P(\mathrm{d}x\mid\alpha H)=f(x-\alpha)\mathrm{d}x \tag{1}$$

其极大似然解由下式决定

$$\begin{aligned}0&=\frac{\mathrm{d}}{\mathrm{d}\alpha}\log\{f(x_1-\alpha)f(x_2-\alpha)\cdots f(x_n-\alpha)\}\\&=\frac{f'(x_1-\alpha)}{f(x_1-\alpha)}+\cdots+\frac{f'(x_n-\alpha)}{f(x_n-\alpha)}\end{aligned} \tag{2}$$

若算术均值就是全部可能观测值的极大似然解,则这等价于

$$0=(x_1-\alpha)+\cdots+(x_n-\alpha) \tag{3}$$

因此有

$$f(x)=A\mathrm{e}^{-h2x2} \tag{4}$$

该结果由高斯得到。若记

$$\frac{f'(x-\alpha)}{(x-\alpha)f(x-\alpha)}=w \tag{5}$$

则(2)式等价于

$$\sum w(x-\alpha)=0 \tag{6}$$

可见 α 现在变成观测值的加权算术平均。若 $f'(x)/f(x)$ 的递增不如 $(x-\alpha)$ 之差递增得快，则对 $(x-\alpha)$ 之差赋予较大权数就很合适。反之，若 $f'(x)/f(x)$ 递增得更快些，则递增更快的 $f'(x)/f(x)$ 就应被赋予较大权数。前者适用于皮尔逊Ⅶ型分布，对于该分布的较大的 $(x-\alpha)$ 之差，

$$f'(x-\alpha)/(x-\alpha)f(x-\alpha)$$

其表现并不像常数而是与 $-(x-\alpha)^{-2}$ 相同。后者适用于均匀分布，对于均匀分布 w 为 0，但在变量取值区间的端点处 w 为无穷大。

对于在变量取值区间中央部分集中而在两侧离群点处（其密度函数）下降较缓的那些分布，以上讨论暗示了一种合适的处理方法。特别地，地震观测数据就可以用来展示这种分布。例如，如果两个观测者以通常的方式读取地震仪数据记录，而他们对读取何种地震波相位的意见也一致，则最终他们的读数误差不会超过 1 至 2 秒。但一个新到达的震波相位常会叠加在已知分布的背景波之上，因此观测者必须判定哪些是新地震波相位，哪些是已知分布的背景波的谐波相位。一般地，对位于观测值取值区间中央的那些读数，大多数观测者的读取结果是一致的，但对两侧的观测值，其读数误差却可达 10 至 20 秒不等。现举一个实例予以说明。观测值与相应真确值的差以秒计。该例包含三个观测值数据系列，系列 P 的观测数据取自远离震中的太平洋观测站，系列(2)的数据取自与震中距离适中的观测站，系列(3)的数据则取自与震中距离较近的观测站。

观测值与真确值的差	−10	−9	−8	−7	−6	−5	−4	−3	−2	−1	0	1	2	3	4	5	6	7	8	9	10
系列P	0	1	1	1	1	1	4	8	13	14	13	8	10	2	4	1	1	2	2	0	1
系列(2)	0	1	2	0	1	2	2	2	7	8	10	10	4	3	3	2	4	1	2	0	2
系列(3)	?	?	5	4	7	10	16	23	31	51	59	44	39	22	15	8	8	7	8	?	?

单独来看，上述各系列中央部分的数据之标准差可能在 2 秒左右，但从整个观测值序列来看，其二阶矩暗示这些标准差可能是 4 秒或 5 秒。最糟糕的情况是相邻两个地震波相位无明确界限，致使（根据不同地震波相位观测值来）计算相应标准差失去意义，而到目前为止人们尚无办法区分它们。在这种情况下，可以假设这些观测值所服从的分布具有形式

$$P(\mathrm{d}x\mid\alpha,h,H)=\left\{\frac{(1-m)h}{\sqrt{\pi}}\exp\{-h^2(x-\alpha)^2\}+mg(x-\beta)\right\}\mathrm{d}x \tag{7}$$

其中 mg 很小而 g 在量级为 $1/h$ 的区间上也没有什么变化。在此区间内 g 应被视为一未知函数。于是

$$\log L = \sum \log\left[\frac{(1-m)h}{\sqrt{\pi}}\exp\{-h^2(x-\alpha)^2\}+mg(x-\beta)\right] \tag{8}$$

$$\frac{1}{L}\frac{\partial L}{\partial \alpha} = \sum \frac{\{2(1-m)h^3/\sqrt{\pi}\}(x-\alpha)\exp\{-h^2(x-\alpha)^2\}}{\{(1-m)h/\sqrt{\pi}\exp\{-h^2(x-\alpha)^2\}+mg(x-\beta)} \tag{9}$$

$$\frac{1}{L}\frac{\partial L}{\partial h} = \sum \frac{\{(1-m)/\sqrt{\pi}\}\{1-2h^2(x-\alpha)^2\}\exp\{-h^2(x-\alpha)^2\}}{\{(1-m)h/\sqrt{\pi}\exp\{-h^2(x-\alpha)^2\}+mg(x-\beta)} \tag{10}$$

或者，若记

$$w^{-1}=1+\frac{m}{1-m}\frac{\sqrt{\pi}}{h}g(x-\beta)\exp\{h^2(x-\alpha)^2\} \tag{11}$$

则有

$$\frac{1}{L}\frac{\partial L}{\partial \alpha} = \sum 2h^2 w(x-\alpha) \tag{12}$$

$$\frac{h}{L}\frac{\partial L}{\partial h} = \sum w\{(1-2h^2(x-\alpha)^2\} \tag{13}$$

因此，只要找到适当的权数，关于 α 及 h 的方程即可化简为通常的形式。而找到这些权数只需对 g 作出粗略估计即可。注意到较大残差处的密度为 mg，较小处为 $(1-m)h/\sqrt{\pi}+mg$；故(11)式中指数的系数就是较大残差处的密度与众数显现处密度的比，后者可以很容易地通过频数分布估计出来。若以 m 记此系数，可有

$$w^{-1}=1+\mu\exp\{h^2(x-\alpha)^2\} \tag{14}$$

而且除 m 外，g 与 a 及 h 均无关。同样，在二阶偏导数 $\partial^2\log L/\partial\alpha^2$ 中，无论 $x-\alpha$ 较大或较小，由于因子 $m(x-\alpha)^2$ 及 $m^{-1}\exp\{-h^2(x-\alpha)^2\}$ 的缘故，一阶偏导数 $\partial w/\partial\alpha$ 中的项(的数值)都会变小；因此可将其忽略，从而有

$$\alpha = \frac{\sum wx}{\sum w} \pm \frac{\sigma}{\sqrt{\sum w}} \tag{15}$$

其中 σ 由

$$\sigma^2\sum w = \sum w(x-\alpha)^2 \tag{16}$$

决定。该法在地震学中应用广泛,结果也令人满意。(利用不断逼近方法所致的)α 或 h 的变化会带来权数的变化,但通常(对 α 或 h 的)第二次逼近只是重复第一次逼近的结果而已。通过粗略估计靠近分布中心的频数的大小,逼近 h 的起点即可以找到,而根据正态分布可以算出期望频数,再利用分布两端的(变量)超出量(the excess)来估计 m。相应地,若在分布两端存在对应大体不变频数的(变量取值)区间,我们就可以从全部频数中,包括靠近分布中心的频数,减去该分布两端不变频数的均值(结果为负值者用 0 取代),而根据相减的频数估算出 σ。这种方法被称为"均匀化简法"(the method of uniform reduction)。此法主要用于寻找(有关)试算表的校正项。(变量的)取值误差全体可以用来决定权数的大小,而所定出的权数又可以用来区分(变量的)取值区间,从而找到所需的校正项。由于在这种方法下,权数成为残差的连续函数,所以确定严格拒绝界限的困难就得以避免。皮尔逊Ⅶ分布族即可成为这种分布的一种受限情形,而该分布族的参数估计并不困难。

4.42 在关于最小二乘问题的表述中,通常总是假定误差全部集中于所观察到的某一个变量身上,而假设其余变量不受误差的影响。这种情况虽然非常普通,但绝非普遍。有可能发生这种情况,即我们得到一组存在线性关系的数对(x,y),这组数对可以作为两变量(ζ,η)在不同场合下的估计,而关于 x 及 y 的不确定性已知且它们相互独立。现在的问题是确定 ζ,η 之间的关系。记

$$\eta=\alpha\xi+\beta \tag{1}$$

则一次典型观测$(x_r \pm s_r, y_r \pm t_r)$应理解为

$$P(\mathrm{d}x_r \mathrm{d}y_r \mathrm{d}\xi_r \mid \alpha, \beta, H)=\frac{1}{2\pi s_r t_r}\exp\left[-\frac{(x_r-\xi_r)^2}{2s_r^2}-\frac{(y_r-\alpha\xi_r-\beta)^2}{2t_r^2}\right]\mathrm{d}x_r \mathrm{d}y_r \mathrm{d}\xi_r \tag{2}$$

及

$$\log L=\text{常数}-\sum\left[\frac{(x_r-\xi_r)^2}{2s_r^2}+\frac{(y_r-\alpha\xi_r-\beta)^2}{2t_r^2}\right] \tag{3}$$

未知量是 ζ_r,α 及 β。在 α 及 β 的先验概率分布服从均匀分布的条件下、对(2)式作关于全体 ζ_r 的积分,

$$P(\mathrm{d}\alpha \mathrm{d}\beta \mid \theta H) \propto \prod (t_r^2+\alpha^2 s_r^2)^{-1/2} \exp\left\{-\sum \frac{(y_r-\alpha x_r-\beta)^2}{2(t_r^2+\alpha^2 s_r^2)}\right\} \mathrm{d}\alpha \mathrm{d}\beta \quad (4)$$

因此可用

$$\alpha x_r+\beta=y_r \pm (t_r^2+\alpha^2 s_r^2)^{1/2} \quad (5)$$

作为决定 α 及 β 的一组条件方程。因为标准差中包含 α，所以必须通过一系列的近似来求解，但若 x_r 及 y_r 的变化远比 s_r 及 t_r 的变化来得大，则利用相同权数所做的首次近似就能得到 α 的良好估计，第二次近似对结果几乎不会产生变化。这样做等价于用 x_r 作为 ζ_r 的正确值，而利用(1)式及 s_r(α 的近似解已求出)在 $\zeta_r=x_r$ 时，去估计 η 及其标准差。

已经有人指出在这种处理下 ζ 与 η 之间存在着明显的不对称性；若将(1)式改写为 $\zeta=\alpha'\eta+\beta'$，则结果将会发生明显的不同。但这等价于在 $\eta_r=y_r$ 时，对 x 进行估计，所以它不必与在 $\zeta_r=x_r$ 时对 η 进行估计完全相同。这就像(二变量)在正态相关下两条回归直线虽有区别，但由它们总可以得到关于(该二变量的)同一个联合概率分布。

4.43　分组。 设已有关于自变量 t 的 n 个不同观测值 x_r，这些观测值 x_r 被视为和 t 有线性函数关系，如 $x_r=\alpha+\beta t$；每个观测值的标准差都是 σ。于是，一个典型的条件方程即为

$$x_r=\alpha+\beta t_r \quad (1)$$

而关于 α 及 β 的正则方程则为

$$n\alpha+\beta\sum t_r=\sum x_r \quad (2)$$

$$\alpha\sum t_r+\beta\sum t_r^2=\sum t_r x_r \quad (3)$$

因此，β 的标准差为 $\left\{\frac{n}{n\sum t_r^2-(\sum t_r)^2}\right\}^{1/2}\sigma$。若 $\bar{t}$ 是诸 t_r 的均值，则 $\alpha+\beta\bar{t}$ 的标准差就是 $\sigma/\sqrt{n}$，且这两个标准差相互独立。这是标准的求解法。

对本问题还有另一种解法，我们可将观测值分组，把靠近(取值区间)数值较小处的观测值归为一组，靠近较大处的归为另一组，再分别求出各组的均值；这两个均值的差即可决定 β。若在每组均有 m 个观测值且其均值为 $(\bar{t}_1,\bar{x}_1)$，$(\bar{t}_2,\bar{x}_2)$，我们有

$$\bar{x}_1=\alpha+\beta\bar{t}_1\pm\sigma/\sqrt{m},\bar{x}_2=\alpha+\beta\bar{t}_2\pm\sigma/\sqrt{m} \tag{4}$$

因此

$$\beta=\frac{\bar{x}_2-\bar{x}_1}{\bar{t}_2-\bar{t}_1}\pm\left(\frac{2}{m}\right)^{1/2}\frac{\sigma}{\bar{t}_2-\bar{t}_1} \tag{5}$$

现在,假设观测值在 $t=-1$ 至 $+1$ 范围内为均匀分布,我们据此来比较 β 的标准差。这时,$\sum t_r^2$ 约为 $n/3$,由最小二乘法得到的 β 的标准差为 $\sigma\sqrt{3/n}$。同样,$\bar{t}_2-\bar{t}_1=2(1-m/n)$,而由分组解得的 β 之标准差为 $\sigma/(2m)^{1/2}(1-m/n)$。后者的标准差在 $m=n/3$ 时达到最小,等于 $\sigma(27/8n)^{1/2}$。所以,关于 β 的分组求解的效率是 8/9,这已能满足大多数实际问题的需要[①]。而关于 β 的这两个标准差的均方差,约相当于这两者中最小者的 1/3。若取 $m=n/2$,可得 b 的一个标准差为 $2\sigma/n^{1/2}$,其分组求解的效率为 3/4。

$\alpha+\beta\bar{t}$的最佳估计是平均值估计,所以,无论是对全体观测值作平均,还是对全体观测值分为三部分后再分别作平均,都不会影响最终结果。因此,将全体观测值分成三组使每组都含有全部观测值的三分之一,由第一与第三组(观测值)决定的 β,与根据全部三组的平均(权数相同)决定的($\alpha+\beta\bar{t}$中的)β,在估计精度上不会有什么损失。

相应地,若 t 在区间 0 至 2π 上取值,而我们想根据 x 的观测值确定 x 与 $\alpha+\beta\cos t$ 之间的线性关系。此处的正则方程为

$$n\alpha+\beta\sum\cos t_r=\sum x_r \tag{6}$$

$$\alpha\sum\cos t_r+\beta\sum\cos^2 t_r=\sum x_r\cos t_r \tag{7}$$

若 t 等距离取值,就有 $\sigma^2(\alpha)=\sigma^2/n,\sigma^2(\beta)=2\sigma^2/n$。

我们也可以对 0 及 π 附近区间上变量取值的均值进行比较。观测值在 0 至 $p\pi$,以及在 $(2-p)\pi$ 至 2π 之间的加总值,近似等于

$$np\alpha+\frac{n\beta}{2\pi}\int_{-p\pi}^{p\pi}\cos t\,\mathrm{d}t=n\bar{x}_1\pm\sigma\sqrt{np} \tag{8}$$

而 $p\pi$ 至 2π 之间相应的方程也能成立。因此,β 可从下式估出

---

① 该结果归功于亚瑟·爱丁顿爵士(Sir Arthur Eddingdon),但他并未将这结果发表。

$$2\frac{\beta}{\pi}\sin p\pi=\bar{x}_1-\bar{x}_2\pm\sigma\sqrt{2p/n} \tag{9}$$

而且，当 $p^{1/2}\operatorname{cosec}p\pi$ 取最小值时，β 的估计最为精确。由此导致 $p\pi=66°47'$。若为方便计，取 $p\pi=60°$，则有

$$\sigma^2(\beta)=\frac{2\pi^2}{9}\sigma^2 \tag{10}$$

故 β 的估计效率为 $9/\pi^2=0.91$。若取 $\pi=1/2$ 而比较全部半圆（去估计 β），则关于 β 的估计效率可达 $8/\pi^2=0.81$。使用 t 的（相对于 0°至 60°区间的）对应区间（60°至 120°），β 的估计效率也会很高，而且同样具有下述优点，即任何傅里叶级数的项（其三角多项式的阶数为 2 或 3）对估计 β 都没有实质性影响。例如，在 t 为 120°至 180°这一区间内，虽然含有 $3t$ 的傅里叶级数项对 β 的估计有所影响，但该项对 t 的 60°至 120°区间内 β 的估计没有影响①。

如此，若分组适当，其对（傅里叶级数模型未知参数）估计结果精度的影响就微不足道。对相应频率而非变量的分析可导致同样的结论②。不过，若观测误差的分布有厚尾，相应参数估计精度的损失就会很大。我在讨论观测误差时觉察到这一点；关于误差分布信息的减损（根据正态分布误差的期望应该很小）导致估计量的标准差增大了数倍。

上述方法在谐波分析中特别有用，当所得数据为某种测量指标时，若采用 t 的 0°至 60°区间及其对应的 60°至 120°区间，则相应傅里叶级数之正弦项或余弦项的系数由下式决定

$$\begin{aligned}\beta&=\frac{\pi}{\sqrt{3}}(\bar{x}_1-\bar{x}_2)\pm\frac{\pi\sigma\sqrt{2}}{3\sqrt{n}}\\&=1.814(\bar{x}_1-\bar{x}_2)\pm1.481\sigma/\sqrt{n}\end{aligned} \tag{11}$$

若所要解决的问题是估计（傅里叶级数模型的）未知参数，n_1 及 n_2 为 t 的 0°至 60°区间及 60°至 120°区间内观测值的个数，我们有

$$\beta=1.814\,\frac{n_1-n_2}{n}\pm\frac{1.481}{\sqrt{n}} \tag{12}$$

上述二系数表达式的相像（恰好）相应于最小 χ'^2 的近似结果，亦即在那里

---

① 见本章末尾 268 页上的注释。

② 见 *Proc.Roy.Soc.*A，164，1938，311－14.

我们可在一条件方程中加入 $n_r \pm \sqrt{n_r}$ 那么多的观测数据，而使最小 χ'^2 近似的两个结果非常相像。

4.44 分组的影响：谢波德校正因子(Sheppard's corrections)。在某些场合允许分组不像 4.43 节所分组那样粗略是可取的。设(如 3.41)随机变量的真确值为 x，标准差为 σ，并为方便计设人为选取的 x_0 作为基准点。于是，所有介于 $x_0+(r\pm 1/2)h$ 之间的观测值都将记作 x_0+rh，从而使它们更为集中地得到体现。和 3.41 节一样，我们可有

$$P(\mathrm{d}x\,\mathrm{d}\sigma \mid H) \propto \mathrm{d}x\,\mathrm{d}\sigma/\sigma \tag{1}$$

现在，一个记作 x_0+rh 的新观测值出现的概率变为

$$P(r \mid x, \sigma, H) = \frac{1}{\sqrt{2\pi}\sigma}\int_{x0+(r-\frac{1}{2})h}^{x0+(r+\frac{1}{2})h} \exp\left\{-\frac{1}{2}\frac{(\xi-x)^2}{\sigma^2}\right\}\mathrm{d}\xi \tag{2}$$

根据 h 比 σ 大或小的不同可以出现两种情形。若 h 大于 σ，则除在 $x_0+(r\pm 1/2)h$ 范围之内含有 x 之外，该新观测值出现的概率均可忽略不计。因而，若可在某单一区间找到几乎全部观测值，即可推知此时的 σ 小于 h。无论得到多少观测值，在此区间内似然(函数)关于 x 的不同取值都近乎一个常数，而 x 的后验概率分布则近似均匀分布。该结果不能令人满意，改进的途经是将分组分得更细致些。

若 h 小于 σ，且记

$$\xi - x_0 - rh = \eta \tag{3}$$

则

$$\int_{-\frac{1}{2}h}^{\frac{1}{2}h} \exp\left\{-\frac{1}{2\sigma^2}\left[(x_0+rh-x)^2+2\eta(x_0+rh-x)+\eta^2\right]\right\}\mathrm{d}\eta$$

$$= \exp\left\{-\frac{1}{2\sigma^2}(x_0+rh-x)^2\right\}\int_{-\frac{1}{2}h}^{\frac{1}{2}h}\left\{1-\frac{\eta}{\sigma^2}(x_0+rh-x)+\frac{\eta^2}{2\sigma^4}(x_0+rh-x)^2-\frac{\eta^2}{2\sigma^2}\right\}\mathrm{d}\eta$$

$$= \exp\left\{-\frac{1}{2\sigma^2}(x_0+rh-x)^2\right\}h\left\{1+\frac{h^2}{24\sigma^4}\left[(x_0+rh-x)^2-\sigma^2\right]\right\} \tag{4}$$

量级为 h^3；给定 x 及 σ 可得观测值的联合概率如下

$$
\begin{aligned}
&P(\theta \mid x,\sigma,H)\\
&\propto \sigma^{-n}\exp\left\{-\frac{1}{2\sigma^2}\sum(x_0+rh-x)^2+\frac{h^2}{24\sigma^4}\left[\sum(x_0+rh-x)^2-n\sigma^2\right]\right\}\\
&\propto \sigma^{-n}\exp\left\{-\frac{n}{2\sigma^2}[(\bar{x}-x)^2+s^2]+\frac{nh^2}{24\sigma^4}[(\bar{x}-x)^2+s^2-\sigma^2]\right\} \qquad (5)
\end{aligned}
$$

其中，$\bar{x}$ 及 s^2 分别为根据观测值算出的(样本)均值、(样本)方差，就此时的估计准确性而言，它们仍属充分统计量。因此

$$
\begin{aligned}
&P(\mathrm{d}x\mathrm{d}\sigma \mid \theta H\\
&\propto\sigma^{-n-1}\exp\left\{-\frac{n}{2\sigma^2}(\bar{x}-x)^2\left(1-\frac{h^2}{12\sigma^2}\right)-\frac{ns^2}{2\sigma^2}\left(1-\frac{h^2}{12\sigma^2}\right)-\frac{nh^2}{24\sigma^2}\right\}\mathrm{d}x\mathrm{d}\sigma \qquad (6)
\end{aligned}
$$

对(5)式或(6)式作微分，可知它们在 $x=\bar{x}$ 处达到最大值，而它们关于 σ 的最大值，则在

$$
\sigma^2=s^2-\frac{1}{12}h^2+O(n^{-1}) \qquad (7)
$$

时达到。

(6)式 $(x-\bar{x})^2$ 的系数在此量级下等于

$$
\frac{n}{2\left(s^2-\frac{1}{12}h^2\right)}\left(1-\frac{h^2}{12s^2}\right)=\frac{n}{2s^2} \qquad (8)
$$

如果不允许对有限的 h 作更细致的分组，(7)、(8)两式的值就会是 s^2 及 $n/2s^2$。所以，第一，x 的样本标准差可从其样本方差算出(事实上也如此)，无须校正；第二，为估计 σ^2，必须从 σ^2 中减去 $h^2/12$ 以作校正。

上述后一个校正归功于谢波德(W.F.Sheppard)①。他的做法是给定 σ 时考虑由有限的 h 所致对 s^2 贡献的期望值，并在此意义上为任何误差分布律进行校正。谢波德证明有限的 h 对(变量)三阶矩的贡献是 0，对四阶矩的贡献是 $\frac{1}{2}h^2s^2-\frac{7}{240}h^4$，它也应从(变量之)观测值的四阶矩中减掉，其后才可用于决定观测值所服从的分布。正是在这种意义上，谢波德校正才被广泛使用。上述论证表明了这样的观点，它也曾被费舍指出过，即给定观测

① 见 *Proc.Lond.Math.Soc.*29，1898，368.

值后相应变量标准差的真确值，应由未经校正而非由校正过的样本二阶矩予以决定。仅当人们需要根据分组数据计算（有关）相关性时，才会直接对 σ^2 产生兴趣，这时使用谢波德校正才有意义。这和 3.41 节所提到的关于 x 的后验概率的部分有所背离，但可忽略不计。

4.45 同样，在标准差由两部分组成即等于 s' 的部分可假设已知，而另一部分则需要估计的情况下，也会带来类似的复杂性。有两种可行的指定所需先验分布的方法。一是令 σ 为全部的标准差，一是限制 σ 使其大于 σ'；在 $\sigma>\sigma'$ 时，为 σ 选取先验分布的规则为

$$P(\mathrm{d}\sigma \mid H) \propto \mathrm{d}\sigma/\sigma \tag{1}$$

另一方面，也可将此规则仅用于为全部标准差的未知部分 $(\sigma^2-\sigma'^2)^{1/2}$ 选取先验分布；于是

$$P(\mathrm{d}\sigma \mid H) \propto d\log(\sigma^2-\sigma'^2)^{1/2} \propto \frac{\sigma\,\mathrm{d}\sigma}{\sigma^2-\sigma'^2} \tag{2}$$

但这会导致荒谬的结果：虽则其似然仍与

$$\sigma^{-n}\exp\left\{-\frac{n}{2\sigma^2}[(x-\bar{x})^2+s^2]\right\} \tag{3}$$

成比例，但由(2)式会导致在 $\sigma=\sigma'$ 处 σ 的后验概率变为极点。如此，利用这种先验分布进行推断会得出 $\sigma=s'$ 的结论，尽管其极大似然应在比 σ' 大的点处达到；而由(1)式则可得到(除可忽略的截断效应外)通常选取 σ 先验分布的规则。

实际情况很可能是这样，即如果已知全部标准差中的一部分，而将其余部分视作未知就不合理，因为已知部分和未知部分之间存在联系。前面允许对观测值作更细致的分组就是一个例子，因为我们已经看到，只有在 h 小于 σ 时，n 个观测值(的效果)才好于单个观测值；若(观测值的)区间很大，则在实践中一般就要将其变小，以满足这一条件。对重力的观测使我注意到这一问题：在同一地点对重力所作的重复观测表明，重力观测数据准确性的量级为 3 毫伽(1 毫伽$=0.001$ 厘米/秒^2)，而在不同相邻地点重力观测数据的差，其量级可高达 20 至 50 毫伽。为使用这些观测数据以获得合适的公式表达，不同相邻地点重力观测数据的差必须视为随机变差，而不准确的观测数据对这种变差的贡献，也只应占已知变差的一小部分而已。于是，

采用(2)式就无异于断言,我们不应处理全部变差均源于观测误差这种可能性;这种变差在不同地点的、带有差别的重力观测数据的比较中已经被处理了(在同一地点需对重力作重复观测)。此即组内相关的例子(详见5.6节);我们必须将全部观测变差分为两部分,一部分反映不同观测地点观测数据变差,另一部分反映同一地点重复观测数据间的变差,若前者的存在已经确立,且同一观测地点的重复观测值不会对全部观测变差产生什么影响,则全部观测变差(用标准差表示)就可以根据不同观测地点观测值的均值计算出来。因此,合适的做法就是或者采用(1)式,或者将全部观测变差(用标准差表示)视为未知,二者择一即可。

4.5 观测数据的平滑化。常会发生这样的情况,即我们手中已有某变量的一系列观测值,其标准差也已知,我们希望在进行有关插值运算之前尽可能多地除掉观测误差(噪声)。在不少场合我们对分布函数的形式已有了解,所要做的只是确定其中的参数。最好用的估计分布参数的方法是最小二乘法。也有一些场合我们不清楚分布函数的形式。即使如此,观测数据中会出现误差也在预料之中。随机误差加大了观测数据的无规性,反过来,部分的这种无规性又对随机误差有所贡献,而我们的任务是减少这些误差。这种减少随机误差的过程称为(观测数据的)平滑化。常有这种情况出现,即以确定的差分步长对(原始)观测数据进行三次差分、二次差分甚至一次差分后,差分的结果都会小于(原始)观测数据已知的标准差(从而不好再用该标准差进行解释),若将差分步长再加长些,差分的结果就会变得很有规律性。如此,若某变量的观测值以单位区间计而整个区间为40个(单位区间)长度、一次差分的步长为10个单位区间,二次差分的步长就会比单位区间长100倍,而随机误差可保持不变。于是,以单位长度计的观测值对确定分布函数的二阶导数没有帮助,然而使用更大些的区间即可得到这方面的信息。另一方面,参数估计总是希望能被作得准一些,孤立的数据值达不到这个目标;因此,某变量介于15至25之间的诸数值,对于真确值为20的(该变量的)估计都会有所帮助。我们要做的就是把含有这种真确值的区间弄得尽量小一些。

在这种情况下我们会发现,于长度为10的区间取值的(某变量的)诸观测值,对于利用最小二乘法来为其拟合一个线性函数而言已经足够,但若用于拟合一个二次函数,则平方项的系数应与其标准差作比较(以考察其是否具有显著性)。若摒弃由长度为10的区间所提供的关于曲线曲率的信息,我们不会有什么损失;但无论何种场合,将相邻区间加以比较都有助于我们为观测数据拟合一条合适的曲线。这暗示就一个长度为10的区间而言,可以简单地为(一变量的)诸观测值拟合一条直线。但若真的这样做,在两相邻区间该直线就会出现间断,而我们不希望出现这种不合理的情况。注意到一直线可由两点唯一决定,若利用这一性质在每一区间找到相应(变量)这样的两个点,即可在全部区间进行变量的插值运算,从而通过比较更大范围内变量取值的情况来保留(相应曲线的)曲率信息;因这种方法找到的点比变量的原始数据点更具代表性,故称之为"总括性数据点"(summary values)。

独立变量这样的两个数值可用多种方式决定,这些方式与同一条拟合直线均无矛盾。于是就要问哪种方式为最佳方式。对此,有两种考虑可以指导我们作出抉择。为拟合直线算出的那两个点仍然存在误差,这种误差分为两类:(1)即使所拟合的直线实际上真是一条直线,从一组数据算出的决定该直线的两个点也有误差。若一变量的一些观测值靠得很近,由此算出的(决定直线的)那两个点的误差常会相同;若它们离得很远(因存在直线斜率的估计误差),由它们算出的那两个点的误差又常取相反符号。事实上,存在决定直线的那样一些数对,它们的误差相互独立,但任何插值都是关于原始数据的线性函数。若已选出决定直线的两个点,则任一插值点的误差均可通过将该两点的误差(只要它们独立)相加的方法得到。若该两点不独立,就必须计算其相关度,这会增加误差估计的困难。(2)忽略任一区间上拟合曲线的曲率,不将其断言为0。在该区间的某些点处,由线性拟合与二次曲线拟合(均使用最小二乘法)所得变量拟合值的差是正数,而在该区间的其他点处则为负数。若在由这两种方法所得变量拟合值相一致之处采用总括性数据点,则它们将与拟合曲线的曲率独立,从而也与该曲率的误差相独立;但对其他点就没有这种性质。如果采用与拟合曲线的曲率相独立的点,不去考虑这种曲率也没有害处。显然,为拟合曲线所选取的点必须满足以下条件,即经过这些点处的、由拟合曲线所得变量的两个估计值的误差应相互独立;而且这两个估计值也不受拟合曲线的曲率影响。实际上只有两个量能满足这些条件,而我们是总能把它们找到的。

令 x 为自变量,y 为因变量。设总括性数据点在 x_1 及 x_2 处取得,相应 y 的值为 y_1, y_2。于是,能取到这些点的一般二次函数表达式为

$$y=\frac{y_1(x-x_2)-y_2(x-x_1)}{x_1-x_2}+A(x-x_1)(x-x_2) \tag{1}$$

其中的 y_1, y_2 及 A 均可用最小二乘法求出。关于某给定 x 的条件方程的权数为 w,关于 y_1 的正则方程为

$$\frac{\sum w(x-x_2)^2 y_1 - \sum w(x-x_1)(x-x_2) y_2}{(x_1-x_2)^2} + \frac{\sum w(x-x_1)(x-x_2)^2 A}{x_1-x_2}$$
$$= \frac{\sum w(x-x_2) y}{x_1-x_2} \tag{2}$$

y_1, y_2 及 A 的误差应相互独立,亦即它们都是局部正交的参数的条件现在就变为

$$\sum w(x-x_1)(x-x_2)=0 \tag{3}$$

$$\sum w(x-x_1)(x-x_2)^2=0 \tag{4}$$

$$\sum w(x-x_1)^2(x-x_2)=0 \tag{5}$$

如果从(4)式减去(5)式,并消掉因子 x_1-x_2,可以得到(3)式。因而,能够决定 x_1 及 x_2 且相互独立的方程只有两个,所以该方程组有解。

现记

$$\sum w=n, \quad \sum wx=n\bar{x}, \quad x-\bar{x}=\xi, \quad \sum w\xi^2=n\mu_2, \quad \sum w\xi^3=n\mu_3 \tag{6}$$

则(3)式变为

$$0=\sum w(\xi-\xi_1)(\xi-\xi_2)=n(\mu_2+\xi_1\xi_2) \tag{7}$$

这是因为$\sum wx=0$。由于有了(7)式,故由(4)式或(5)式可得

$$\mu_3-\mu_2(\xi_1+\xi_2)=0 \tag{8}$$

于是,ζ_1 及 ζ_2 就成为方程

$$t^2-\frac{\mu_3}{\mu_2}t-\mu_2=0 \tag{9}$$

的根,而这正是此方程所要求的。

容易看出,y_1 及 y_2 的权数和为 n。因为

$$\begin{aligned}\sum w(x-x_1)^2+\sum w(x-x_2)^2 &= \sum w(\xi-\xi_1)^2+\sum w(\xi-\xi_2)^2 \\ &= 2n\mu_2-2(\xi_1+\xi_2)\sum w\xi+n(\xi_1^2+\xi_2^2) \\ &= 2n\mu_2+n\{(\xi_1+\xi_2)^2-2\xi_1\xi_2\} \\ &= 4n\mu_2+n\mu_3^2/\mu_2^2\end{aligned} \tag{10}$$

$$(x_1-x_2)^2=(\xi_1+\xi_2)^2-4\xi_1\xi_2=4\mu_2+\mu_3^2/\mu_2^2 \tag{11}$$

所以，y_1 及 y_2 的权数和就等于(10)、(11)两式的比，正如我们在(2)式左端第一项中看到的那样。利用这一点可以检查相应的计算是否正确。

在实践中没有必要采用 x_1 及 x_2 的精确值，对于此处的问题而言，采用其近似值就足以使(y_1 及 y_2)误差间的相关变得微不足道，从而使拟合曲线之曲率的影响也可以被忽略。通常，解决此类问题最方便的办法是拟合一条直线，找到 y_1 及 y_2 的(拟合)值及其标准差。若有必要，可以采用 χ^2 检验检查在其他点处的拟合优度，如果在这些点处(其表现)与拟合直线有明显偏离，就需要估计相应表示曲线曲率的项，或者把(自变量的取值)区间取得更小些。后者更为方便，因为真实曲线的曲率可以通过比较不同区间上(曲线的表现)更准确地得到。

在实践中，在作直线拟合之前先将(样本中)所有的 x 值与其均值作一减法，常会带来方便①。如此，关于直线

$$y=a+bx \tag{12}$$

的待估参数的正则方程就变为

$$na+b\sum wx=\sum wy \tag{13}$$

$$a\sum wx+b\sum wx^2=\sum wxy \tag{14}$$

在(14)中将 a 换掉，可得

$$b\left\{\sum wx^2-\left(\sum wx\right)^2/n\right\}=\sum wxy-\bar{x}\sum xy \tag{15}$$

因为 b 的系数等于

$$\sum w\,(\xi+\bar{x})^2-n\,\bar{x}^2=\sum w\xi^2=n\mu_2 \tag{16}$$

所以，将上式两边除以 n 即可得到 m_2(像通常使用最小二估计求解那样)。若记

$$\sum wx^3=n\lambda_3 \tag{17}$$

我们有

$$n\lambda_3=\sum w\,(\xi+\bar{x})^3=n\mu_3+3n\mu_2\,\bar{x}+n\,\bar{x}^3 \tag{18}$$

---

① 这既能使中心点的中心作用得到强调，也能使计算简便些——译注。

因此,

$$\mu_3 = \lambda_3 - 3\mu_2 \bar{x} - \bar{x}^3 \tag{19}$$

对直线拟合方程的求解并不难,而且,即使可用一个多项式函数表示该直线,(样本中)几乎全部的原始信息也能被总括性数据点所保留。一般地,这些点并未被等距离分开,但插值运算还是可以进行的①。在地震学中利用最小二乘法拟合直线也很常见,在地震数据中(自变量的取值)区间通常不等距,对变量所赋权值也不相同。在这种情况下使用最小二乘法拟合直线不但没有困难,还有一个可作推广利用的特点。对于地震数据来说,表示拟合曲线弯曲程度的二次项(的数值)虽然相当大,但更高阶项的数值则很小。在大约 20°至 90°的范围内,利用二次曲线可以拟合发送 P 波与 S 波的时间,其变化幅度只有整个区间的 1/150,尽管通过检查观测值与拟合值的差可知,这些小残差值会呈现出一定的规律性。因此,从实际观测时间中减去由二次曲线拟合的(P 波与 S 波的发送)时间会方便些,而为不同区间上观测值与拟合值的差拟合一条直线就显得很合适。首先,将总括性数据点在舍入至最接近 0.5°倍数的地方找到;其次,将其加到相应于这些点处的二次项的数值上;最后,在整个(自变量取值)区间每相隔 1°处作函数的插值运算。事实上并不存在优先选择二次拟合曲线的先验理由,但二次曲线拟合的良好效果的确使观测数据平滑化的处理变得容易了②。

对能包含总括性数据的(自变量取值)区间的选择主要是出于方便的考虑。唯一具有重要性的条件是,所选的区间不应大到使三次项在其中能被觉察到,因为三次项的值在 x_1 及 x_2 处一般不会等于 0。通过比较差分后总括性数据与其标准差的比,可对这一点进行检验。如果经过三次差分后,(原始)观测数据的除噪效果不理想,就值得尝试更小些的(自变量取值)区间;如果依然不能改善平滑效果,则可以加大这种区间以得到更准确的参数估计。

一种利用最小二乘法、自二次拟合曲线算出所需三个总括性数据点的方法已经找到,该法具有(所得变量估计值的)误差相互独立且不受可能出现的三次项影响的特点③。不过到目前为止能够简化求解计算的更好方法

---

① 见 Whittaker and Robinson, *Calculus of Observations*, ch. ⅱ; H. and B. S. Jeffreys, *Methods of Mathematical Physics*, 237－41.

② 见 *M.N.R.S.Geophys.Suppl.*4, 1937, 172－9, 239－40.

③ 见 *Proc.Camb.Phil.Soc.*33, 1937, 444－50.

尚未找到。

4.6 相关系数的校正。关于两个随机变量的一类常见问题是，记录下的该两变量的观测值均独立地受到有各自来源且大小已知的两种误差的影响。这些误差可能就是观测误差，所以，在更准确观测条件下我们提出两(随机)变量的相关性问题，就很合理。若观测值已被分组，故在原始观测数据可用时，我们也会提问两(随机)变量间相关性度量问题。对上述有各自来源并可相加的(两变量观测值的观测)误差，我们分别用其标准差 σ_0, ζ_0 来作表示，而沿用 σ 及 τ 表示理想观测值的相应标准差(实测值视为理想观测值的非完美修正)。但现在 x^2, y^2 以及 xy 的期望值变为 $\sigma^2+\sigma_0^2$, $\tau^2+\tau_0^2, \rho\sigma\tau$，原因就在于 x, y 的观测误差相互独立。如果这些可相加的误差连续，则相应于这些期望值的正态相关面仍然代表观测条件。如果它们(可相加误差)由对原始观测数据的分组所致，则它们仍可用作(关于真实观测误差)方便的近似。但对此时的正态相关面而言，合适的尺度参数及相关系数成为

$$\sigma'=(\sigma^2+\sigma_0^2)^{1/2}, \tau'=(\tau^2+\tau_0^2)^{1/2}, \rho'=\rho\sigma\tau/\sigma'\tau' \tag{1}$$

现在我们看到，对一未知参数的最佳处理(其标准差中含有某个已知成分)，就是继续使用 $\mathrm{d}\sigma/s$ 规则为该未知参数之标准差的全部确定其先验概率，这只需将超过该参数标准差中那个已知成分的(标准差的)数值截断即可(将其排除在外)，从而使这里的相关系数估计与 3.9 节(10)式的估计一致，只是此处须用 r' 代替 3.9 节(10)式右端分式中的 r 即可。于是

$$P(\mathrm{d}\rho|\theta,H)\propto\frac{(1-\rho'^2)^{\frac{n}{2}}}{(1-\rho'r)^{n-\frac{1}{2}}}\mathrm{d}\rho \tag{2}$$

若 s_0, t_0 与 σ 及 τ 相比较小，则在所估参数的可能取值区间，就能取 ρ 与 ρ' 的先验概率成比例，从而可将关于 (z, ζ') 的变换应用于 r 及 ζ' 上去。变换结果可写成

$$\zeta'=z-\frac{5r}{2n}\pm\frac{1}{\sqrt{n-1}} \tag{3}$$

从中立刻推知 ρ' 的概率分布成立。为推出 ρ 的概率分布，必须用估出的 $\sigma'\tau'/\sigma\,\tau$ 遍乘全部 ρ' 的值，结果如下

$$\mu = \frac{st}{(s^2 - \sigma_0^2)^{1/2}(t^2 - \tau_0^2)^{1/2}} \tag{4}$$

接下去就可像通常那样，用(两随机变量的)相关系数乘以其各自的标准差，再乘以该两变量各自的未经校正与经过校正标准差的比(率)。对于由分组所致的可相加误差而言，最后乘上的比(率)即为未经过谢波德校正与经过谢波德校正的因子之比。

上述相关系数的校正方法，通常是由对有关变量(数学)期望的讨论引发的；但在相关程度较高时会使问题变得较为复杂，因有时可以见到超过 1 的校正相关系数。这意味着随机波动已使 r 的值超过已经相当高的 ρ' 值，应用通常校正相关系数的方法会导致不可接受的结果。解决的办法非常简单，读者只需记住因为 ρ 的先验概率在 ± 1 处被截断，所以我们也只需在 $\rho = \pm 1$ 将其后验概率截断就行了。若 $\mu r > 1$，相关系数的概率密度将在 $\rho = 1$ 时达到最大。

对于一个未知参数的估计，以上的方法是有效的，但若同时需要估计多个未知参数，问题就会复杂化，就像估计多个恒星视差(parallax)时曾遇到过的困难那样。必须先对观测数据进行结合(combined)再作截断。若先作截断再求均值，就会系统导致对相关估计不足的偏颇。

4.7 等级相关。由斯皮尔曼(Spearman)提出、皮尔逊改进的等级相关系数法，在对一组个体之每个成员的两个性质进行比较的问题中得到了广泛的应用，而所比较的那两个性质或者不能量化，或者其量化表示不遵从正态分布。该法主要应用于心理学，虽然在心理学中几乎没有明确的测量标准，但将研究对象按其能力表现(两个或多个能力)划分等级还是可行的。因此，这些等级即可用来比较研究对象的情况，而无须考虑它们是否再可以量化，即使能再被量化，也无须考虑它们是否遵从正态分布。很明显，如果一种能力是另一种能力的单调函数，则无论测量指标如何选取，所得等级划分必定或者完全一致，或者恰好相反，因此，等级之间的数量对应关系反映了(两种)能力之间的关系，如果这种关系确实存在的话。斯皮尔曼的做法是，先将要比较的研究对象个人的两种能力从 1 至 n 编号，再考虑两种能力位次之间的差。如果 x，y 表示同一人两种能力的位次，等级相关系数 R 即可定义如下[①]

---

① 见 *Brit.Journ.Psych.*2，1906，89－108.

$$R = 1 - \frac{3\sum|x-y|}{n^2-1} \tag{1}$$

该系数有自己的特点。若两种能力的位次编号相同，则有$\sum|x-y|=0$，从而有$R=1$。若两种能力的位次编号相反，例如，对x，y各有四个编号而言，

x	y	$\|x-y\|$
1	4	3
2	3	1
3	2	1
4	1	3
		8

则有

$$R=1-\frac{3\times 8}{15}=-0.6$$

因此，两种能力位次的编号完全相反并不能将R的符号也刚好给反过来。斯皮尔曼本人还提出过另一个等级相关公式以取代(1)式，亦即，利用这个新公式只需计算两种能力位次之间的相关系数就可以了。由于每种能力的位次均值都是$(n+1)/2$，故有

$$r = \frac{\sum\{x-\frac{1}{2}(n+1)\}\{y-\frac{1}{2}(n+1)\}}{\sqrt{\sum\{x-\frac{1}{2}(n+1)\}^2\sum\{y-\frac{1}{2}(n+1)\}^2}} \tag{2}$$

它也可以写成

$$r = 1 - \frac{6\sum(x-y)^2}{n^3-n} \tag{3}$$

这种表示就是熟知的等级相关系数。当两种能力的位次编号相同时，$r=+1$，而当它们的位次编号相反时，$r=-1$。

如果(要比较的某些研究对象)的能力位次相同，则无论这种现象在哪

种能力上出现,等级相关系数都需要作一些修正。笔名为“学生”[1]的作者给出了经过修正的等级相关系数[2],但更方便的做法是直接计算 r,而将成对出现的能力位次予以平均分割(若成对出现的能力位次可以拆开)。

尽管等级相关系数在实践中非常有用,但却难以解释。它是一个估计量,但被它所估计的东西是什么?换言之,它是通过观测值计算的,但观测值的函数在观测值范围之外是没有什么相关性的,除非该函数是某分布之某个参数的估计量。现在的问题是,这样的分布意味着什么?对于 $r=+1$ 及 $r=-1$,答案很显然;这种情况下研究对象个体的每种能力都是另一种能力的单调函数,这就是被等级相关系数所估计的东西(即研究对象个体能力的分布状况)。同样地,若研究对象个体的两种能力独立,则 r 的期望是0,所以,如果在一项研究中发现等级相关系数等于0,很自然地可将其视为(研究对象个体)两种能力无关的一种表示。然而,关于等级相关系数既不为0也不为 ± 1 的那些数值的解释,就不那么容易了。(2)式原本是为(两随机变量)正态相关而推导的;正态相关面在两随机变量取值中心凸起最高,而在(该两变量)其余取值处则会向各个方向延伸。在一项特定的试验中,正态相关面的各种组合都是可能出现的。但 x 和 y 的可能取值均在有限区间内,且 x,y(一次)只能在其中取到,也仅能取到一个值。因此,由(2)式表示的 x 和 y 的相关关系就需要作进一步的考察。等级相关系数 r 可能为某分布之一参数的估计量,但这分布为何并不清楚,而 r 是否为该参数的最佳估计也不清楚。

现举一例进行说明,假设我们已对取自不同集合的两个大样本作了比较,我们还随机地从这两个集合中各抽取了一个小样本。对这两个小样本进行比较的相关系数其概率分布为何?除了某些极端值以外,无人知晓该问题的答案;但我们想知道(关于两小样本相关系数的)概率分布是否仅依赖于两大样本相关系数的取值,或者(除后者的取值外)它还依赖于后者的概率分布。如果对(两大样本)相关系数的取值及其概率分布都有依赖,则只从两小样本算出的等级相关系数 r,就不能成为(两大样本)相关系数的充分统计量。

---

① “学生”指的是曾经提出 t 检验的英国著名统计学家 W.S.Gosset,“学生”是他的笔名——译注。

② 见 *Biometrika*,13,1921,263—32.

皮尔逊研究过等级相关系数 r 与正态相关之间的关系①。试考虑如下两个概率分布

$$P(\mathrm{d}x\mathrm{d}y|\sigma_1,\sigma_2,H)=\frac{1}{2\pi\sigma_1\sigma_2}\exp\left(-\frac{x^2}{2\sigma_1^2}-\frac{y^2}{2\sigma_2^2}\right)\mathrm{d}x\mathrm{d}y \tag{4}$$

$$P(\mathrm{d}x\mathrm{d}y|\sigma_1,\sigma_2,\rho,H)$$
$$=\frac{1}{2\pi\sigma_1\sigma_2\sqrt{1-\rho^2}}\exp\left\{-\frac{1}{2(1-\rho^2)}\left(\frac{x^2}{\sigma_1^2}-\frac{2\rho xy}{\sigma_1\sigma_2}+\frac{y^2}{\sigma_2^2}\right)\right\}\mathrm{d}x\mathrm{d}y \tag{5}$$

在给定区间上，这两个分布均能算出相同的 x 或 y 的全部概率。现引入被皮尔逊称为“等级”(grades)的两个函数

$$X=\int_{-\infty}^{x}\frac{1}{\sqrt{2\pi}\sigma_1}\exp\left(-\frac{x^2}{2\sigma_1^2}\right)\mathrm{d}x,\quad Y=\int_{-\infty}^{y}\frac{1}{\sqrt{2\pi}\sigma_2}\exp\left(-\frac{y^2}{2\sigma_2^2}\right)\mathrm{d}y \tag{6}$$

并用 X,Y 分别代替 x,y。于是，关于在 0,1 之间取值的 X,Y，(4)右端就简单化为 $\mathrm{d}X\mathrm{d}Y$。而以 X,Y 表示的(5)式则给出在一正方形上(X,Y)的联合分布，也显示了 X,Y 之间的相关性。而且，对于任何概率分布，都可以推广这种变换；我们所需做的，只是保证小于给定值的新变量 x,y 的概率独立存在即可。无论是上述哪种情况，结果都不是正态相关面，我们也没有理由假定其函数形式一定相同，但有一种正态相关的性质依然会保留下来。(5)式中 exp 的幂可以写成

$$-\frac{1}{2(1-\rho^2)}\left\{\left(\frac{x}{\sigma_1}-\frac{\rho y}{\sigma_2}\right)^2+(1-\rho^2)\frac{y^2}{\sigma_2^2}\right\} \tag{7}$$

我们可令 $x'=x-\rho\sigma_1 y/\sigma_2$ 及 y 为新变量。这两个变量一定有独立的发生概率，从而随着 ρ 趋于 1 可有 x' 的标准差趋于 0 以及 y 的标准差趋于 σ_2。如此，在极限情况下正态相关面就沿一直线降维，y 也变为 x 的严格单调函数。ρ 趋于 -1 时可有类似结论。但这样一来 X,Y 就会相等(因 x,y 成比例)。

应用于其他分布的类似变换，如果 x,y 互为单调函数(不一定非要线性函数)，会使 X,Y 相等，而 r 将等于 $+1$ 或 -1。在我看来等级相关系数的主要优点是，它去除了对变量间线性关系的依赖，而借助于它人们对尚不知晓其函数关系形式的一大批 x,y 间的不确定性，也都可以进行考虑了。

① 见 *Draper's Co.Research Mems.*, *Biometric Series*, 4, 1907, 1—39.

因为对任何分布均可定义 X,Y,从而可用(6)式得到以 X,Y 表示的新变量 x,y。以这种变量变换表示的结果,不必非得是正态相关面,但变量变换前后的主要差别,会因对变量值赋予等级而非数值测量得以消除。

所以,若完全建立在等级上的某一相关估计可用于(讨论)正态相关,则其有效性也可望对其他分布成立;类似地,一组观测值之中位数对(某一)分布中位数估计的有效性,虽然不必一定是最佳,但却是我们对该分布获得更多了解之前所能做的最佳估计。对于正态分布,等级相关(系数)度量的是两变量间的相关与线性相关偏离的程度,对于更一般的分布,它度量的是一变量在多大程度上不能成为另一变量的单调函数。

皮尔逊研究了斯皮尔曼给出的、关于容量一定的两个大样本相关系数的期望(均由一个正态相关面导出),皮尔逊得到

$$E(r)=\frac{6}{\pi}\sin^{-1}\frac{1}{2}\rho$$

从而

$$\rho=2\sin(\frac{1}{6}\pi r) \tag{8}$$

就是仅利用等级所作的 ρ 的估计。利用 R 表示,则有

$$\rho=2\cos\frac{1}{3}\pi(1-R)-1 \tag{9}$$

(9)式具有比(8)式更大的不确定性。因此,对 R 可以不必再去关注。若 ρ 已给定,等级相关系数 r 的随机变差平方的期望会导致这样的结果,即 ρ 的估计量(自等级相关系数 r 估出)的标准差将等于

$$1.0472\frac{1-\rho^2}{\sqrt{n}}(1+0.042\rho^2+0.008\rho^4+0.002\rho^6) \tag{10}$$

相应地,直接根据(指标)数值得到的两随机变量相关系数的标准差公式为 $(1-\rho^2)/\sqrt{n}$,因而,即使是对正态相关,等级相关系数 r 也给出了很有效的估计。皮尔逊对这一事实的评论是,在某些场合下当(基础)分布远非正态时,根据等级相关系数 r 所估出的 ρ,会显著地比根据(指标)数值得到的相关系数来得大,由此他认为毛病出在 r 上。但若 x 是 y 的除线性函数以外的任一单调函数,则由通常计算相关系数的公式可导致 ρ 小于 1,而根据等级相关系数 r 导出的 ρ 则可以等于 1。因此,若在 $-1<x<1$ 范围内 $y=x^3$

成立，我们就有

$$E(x^2)=\frac{1}{3},E(x^6)=\frac{1}{7},E(xx^3)=\frac{1}{5}$$

$$\rho=\frac{\frac{1}{5}}{\left(\frac{1}{3}\times\frac{1}{7}\right)^{1/2}}=\left(\frac{21}{25}\right)^{1/2}=+0.917$$

由于等级相关法将 x 及 x^3 置于同一等级，故导致了 $\rho=1$；但这并非是该法的不足，因为等级相关系数度量的不是两变量间的相关与线性相关偏离的程度，它度量的只是函数的单调性，就此而论，等级相关法给出的答案是正确的。基于积矩法 $\sum xy$ 的相关系数公式，度量的是 x，y 间的相关性与线性相关偏离的程度，它本身并无矛盾。而且，我们也没有理由假设在远离正态分布时，由积矩法算出的相关系数会有任何特殊之处。

皮尔逊对斯皮尔曼 1906 年发表的论文提出了严厉批评，但我却认为皮尔逊恰好提供了关于斯皮尔曼等级相关系数法令人满意的证明。虽然对这种批评斯皮尔曼作了回应，但他未提及“对于更一般的分布，等级相关系数度量的是一变量在多大程度上不能成为另一变量的单调函数”这一点[①]，而在我看来这正是等级相关系数法的主要优点。在积矩法已被确定为最佳相关系数计算方法时，等级相关系数法也能给出与积矩法相比几乎同样好的结果。在 y 是 x 的单调函数而非线性函数的情况下，等级相关系数法也能给出关于 y 与 x 联系的令人满意的结果。在正态分布及正态相关面不成立的场合，利用积矩法讨论 y 与 x 之间的联系是得不到完美结果的。在对变量间是否存在联系进行检验时，等级相关系数法也能派上用场。一般地，当分布未知或远非正态时，等级相关系数肯定比 $\overline{xy}/s_1s_2$ 更有用处。概而言之，等级相关系数法的缺点在于它依然未能告诉我们它所测量的到底是什么。正态相关面明确表明它测量的是两变量的联合概率并用参数 ρ 表之。若将这一点推广至非正态相关，就必须要求有关分布也应具备一个类似 ρ 的新参数，用以表示 n 个个体(已排好等级且排列方式任意的)两种能力的联合出现概率，而且它应该能被这些等级作出完全地说明。这样的分布迄今尚未找到；我尝试过一些分布形式，但它们不是在某些方面生来即不

---

① 见 *Brit. Journ. Psych.* 3，1910，271－295. 也可见 Yule，*J. R. Stat. Soc.* 70，1907，656.

能使人满意，就是数学上的困难太大，而我迄今仍未能解决这些困难。在找到这样的分布之前，我们对如何理解两种均受随机变差影响的数量之含义（以它们偏离单调性函数关系的程度高低为依据），依然把握不准。例如，若一种分布含有成分

$$\exp\{-\alpha|X-Y|\}\text{或}\exp\{-\alpha(X-Y)^2\}$$

将会导致关于利用观测数据表达 α 最佳取值的两个不同函数；显然，类似于检验观测误差是否遵从正态误差律需要对观测数据作大量研究，对此处这两个函数进行抉择也需要对观测数据作大量的研究。如何取舍不能先验地决定，因而在借助试验最终找到所需的函数之前，不确定性不可避免。

皮尔逊关于相关系数标准差的计算公式（可利用等级相关系数 r 与正态相关之间的关系进行表述）并未给出（样本）相关系数分布的确切形式，除非样本容量很大，否则这种分布远非是正态的。但利用皮尔逊的积矩法对相关系数标准差所作的估计与利用等级相关系数法对相关系数标准差所作的估计，经比较可知二者不仅具有相同的极大似然值、在 ±1 处有同样的界，而且关于极大似然值的二阶矩也相同，因此，这两种方法不会差别太大。所以，我们可将 3.9 节(25)、(26)两式关于 ζ 的标准差部分各自乘上

$$1.0472(1+0.042\rho^2+0.008\rho^4+0.002\rho^6)$$

对此二式进行改造，以便对 ρ 的估计量作出估计。

费舍和耶茨(Fisher and Yates)提出另一种方法。等级相关的一个不足在于，假如我们有 10 对等级相同的数据，则在一组这样的等级数据中变动数字 1 和 2 的效果与在另一组变动 5 和 6 的效果相同。亦即，等级数据系列

$$1,2,3,4,5,6,7,8,9,10$$

与
$$2,1,3,4,5,6,7,8,9,10$$

及
$$1,2,3,4,6,5,7,8,9,10$$

的相关性是相同的。但若这些等级数据系列是为正态相关面指派等级而得到的结果，则这种结论就是错的，因为数字 1 和 2 之间的差别通常要远大于 5 和 6 之间的差别。费舍和耶茨尽量利用指派的等级对（满足正态相关的）观测数据予以重构[①]。若如前述，X 依然用于表示一观测值小于 x 的概率，

---

① 见 *Statistical Tables*, 1938, pp.13, 50－51.

x 源自 $\sigma=1$ 的正态分布(总体),$p-1$ 个观测值小于 x 的概率,$n-p$ 个观测值大于 $x+\mathrm{d}x$ 的概率,以及某观测值位于 x 及 $x+\mathrm{d}x$ 之间的概率,就是

$$\frac{n!}{(p-1)!\,(n-p)!}X^{p-1}(1-X)^{n-p}\mathrm{d}X$$

这等于第 p 个观测值位于区间 $\mathrm{d}x$ 的概率。因此,x 关于(按等级顺序排列的)第 p 个观测值的期望就是

$$x_p=\frac{n!}{(p-1)!\,(n-p)!}\int_0^1 X^{p-1}\,(1-X)^{n-p}x\,\mathrm{d}X$$

若以此代替相应的等级,即可得到一个直接用于计算相关系数的变量,而无须再作变换。这就克服了前述等级相关法的不足。它能使实测值与对应的 x_p 差的平方和的期望达到最小。费舍和耶茨还给出了一张关于 x_p 的数表(n 可达 30)。利用费舍和耶茨的方法算出的相关系数,其标准差必大于正态相关时根据(变量)实测值算出的相关系数的标准差,但将小于利用斯皮尔曼等级相关法算出的(相关系数的)相应标准差,两者的差别并不大。费舍和耶茨也为 $\sum x_p^2$ 造了表,费舍私下里曾告诉我,x_p 与 x_p^2 两者的容差(the allowance)可通过将由 x_p 算出的相关系数的标准差乘以 $(n/\sum x_p^2)^{1/2}$ 得到,但其证明始终未见发表。

皮尔逊相关系数与费舍相关系数之间的差别,使人想起与概率分布尺度参数改变相似的问题(参见 3.61 节)。变换尺度参数可能导致模糊有关分布的特征,而这种变换也可能模糊关于两个随机变量的分布特征。我认为,我们实际所需的毋宁说是一种分析方法,像 4.4 节对中位数的使用那样,其结论对于分布律的确切形式应尽可能地不敏感;当然不能做到绝对不敏感。

对等级相关系数法的进一步研究归功于肯德尔(Kendall)①。

4.71 等级与列联(grades and contingency)。 等级相关法也可以用于按行、列分组的列联表。通过考虑他所谓的"等级"相关,皮尔逊的分析最终导致了上节的(8)、(10)两式,而那正是被我称为 X,Y 的两个量(皮尔逊以 g_1,g_2 表示)。若相关的两个量为数量且我们已有关于它们的一些测量值,则对于正态相关面 X,Y 均可从相应的误差函数表中读出,而且其精确度

① 见 *The Advanced Theory of Statistics*, ch.16, especially pp.391—394, 403—408.

(如同其测量值那样)在每次观测中也是不变的。所以,此处的等级相关一定就是 X,Y 的相关。如果我们已有某些个体两种能力的等级排序,即可据此估计 X,Y,进而计算等级相关系数 r,再估计 ρ——此乃非正态相关时 ρ 估计的扩展。考虑到粗略分组对估计量的影响并不大,故若原始数据已经分组,同样的结论也大致能够成立。恒星光谱类型与颜色的对应表即可作为一个说明问题的例子[①]。恒星光谱类型用 x 表示,颜色用 y 表示,见下表[②]。

x	y
1 氦星(Helium stars)	1 白色
2 氢星(Hydrogen stars)	2 浅灰白色
3 船底星座(Carinae type)	3 很浅的黄色
4 太阳星(Solar stars)	4 浅黄色
5 大角星(Arcturus)	5 全黄色
6 (位于金牛星的)毕宿五型(Aldebaran type)	6 红色
7 (位于猎户座的)参宿四型(Betelgeuse type)	

x \ y	1	2	3	4	5	6	加 总	X 平均等级 100×
1	125	146	8	3	0	0	282	−5.9
2	168	195	14	0	0	0	377	−2.6
3	3	97	23	8	6	0	137	0
4	0	41	77	33	29	0	180	+1.6
5	0	15	86	77	63	0	241	+2.8
6	0	0	4	22	43	6	75	+4.4
7	0	3	2	39	19	5	68	+5.1
加 总	296	497	214	182	160	11	1 360	
Y 平均等级 100×	−7.5	−3.6	0	+2.0	+3.7	+4.5		

---

① 见 W.S.Franks,*M.N.R.A.S.*67,1907,539−542.Quoted by Brunt,*Combination of Observations*,p.170.

② 弗朗克(Franks)称之为"白星"(a white star)的恒星,被许多天文学家称为"蓝星"(bluish),而他们将弗朗克归到第二类的恒星称为"白星"。

为方便起见，X 及 Y 二者第三组的等级都指派为 0，其他指派都是相对于此 0(等级)的平均等级数，最后再被 100 除。因此，我们有

$$\sum X = -1\,004, \qquad \sum Y = -3\,003,$$
$$\sum X^2 = 17\,939, \sum Y^2 = 26\,233, \sum XY = +15\,914$$

所以，平均等级出现在 $X=-0.7$ 与 $Y=-2.2$ 处；为获得这些平均结果，需将$\sum X^2$，$\sum Y^2$ 及$\sum XY$ 分别乘以修正项$-1\,004\times 0.7$，$-3\,003\times 2.2$ 及-1004×2.2。此外，$\sum X^2$，$\sum Y^2$ 分组的影响也需修正。例如，上表第一行 x 的分组对$\sum X^2$ 的贡献为$\frac{1}{12}\times 282\times (2.82)^2$，如此等等。但分组对此处的乘积并未产生系统性影响。考虑到这一点，可将$\sum X^2$ 及$\sum Y^2$ 再分别减少 826 及 1405。如此，修正后的数值即为

$$\sum X^2 = 16\,410; \sum Y^2 = 18\,192; \sum XY = +13\,765$$

由此得到

$$r=+0.798$$

为了转换成所需的相关系数，必须使

$$\rho=2\sin(0.5236\times 0.798)=0.812$$

再利用 z 变换，就有

$$\zeta=1.133-0.003\pm 0.037$$

该式的不确定性非常低，因为它允许分组，而分组不应影响关于不确定性的估计。分组使 X^2 及 Y^2 改变的幅度约为 5%，所以 ζ 的标准差也应增加同样幅度的改变量。同样，也应用 4.7 节之(10)式乘以 ζ 的标准差，因为我们的计算是根据等级而非实际测量值进行的。计算结果为 1.09。因此有(对应此标准差的区间)

$$\zeta=1.130\pm 0.042=1.088\sim 1.172$$
$$\rho=+0.796\sim +0.825$$

布伦特(Brunt)由上面的数据出发，但利用皮尔逊的均方列联系数得到 $\rho=+0.71$。两者的差别可能源于 ρ 分布的偏斜，因为(x,y)较大的取值都集中在(列联)表的同一个角落。我认为我算出的较大 ρ 值更能与实际观测

结果相对应。而布伦特的做法不能令人满意有其他原因。在一个矩形列联表中，χ^2 可能是根据各行的概率成比例这一假设计算的，而皮尔逊将均方列联定义为

$$\varphi^2=\chi^2/N$$

其中，N 为全部观测值数目[1]。他接着考虑了 0 相关及 ρ 相关的一些分布律，对于前者，矩形列联表各行的概率成比例这一点能够成立，据此，当观测值数目很大且其分布符合由正态相关 ρ 预期的比例性时，φ^2 的值是可以算出的，其结果（极限情况）就是 $\rho^2/(1-\rho^2)$；于是

$$\rho^2=\frac{\varphi^2}{1+\varphi^2}$$

即可认为提供了估计 ρ 的一种方法。遗憾的是，在实践中我们面对的不是极限情况而是分类的有限（样本）观测值，甚至，即使两变量严格独立，一般地，抽样误差也会使 χ^2 依赖于自由度 $(m-1)(n-1)$，其中，m 和 n 分别为列联表的行数及列数。对于一列实际观测值，φ^2 总是正数，而若变差独立则利用此法可将 r 估计出来，它大约等于 $\{(m-1)(n-1)/N\}^{1/2}$。这一结果是不可忽视的。同样地，若矩形列联表各行的概率与“矩形列联表各行的概率成比例”这一假定产生偏离，则无论这些行是否与正态相关（预期的比例性）相符合，在计算 χ^2 及据此估计 φ^2 时，这些偏离都会产生影响。例如，列联表单元格中那些不符合预期的（事件的）概率，就可能在行及列中交替出现，从而形成一个棋盘格局（a chessboard pattern）；这种现象绝非是相关，但皮尔逊的均方列联系数 φ^2 会把它解释成相关。或者，事件与事件之间可能并不独立，这将导致一些事件会同时落入同一个列联表单元格；在对负二项分布作拓展讨论时我们已经见过这种现象。这不会影响（列联表单元格中）有关频数期望的分布，但会使 φ^2 变大。另一方面，若存在强相关，则分组又会使 φ^2 变小。因此，我认为这一函数或任何关于 χ^2 的函数，当且仅当所考虑的参数表达的是组内相关或事件的非独立性时，才能用作估计量。它们不适于估计正态相关系数，因为有太多的其他因素间杂其中，难免使估计产生偏误。不过，上例对正态性偏离的本身就说明了它是不适用的，在那种情况下最好不要用皮尔逊的均方列联系数去估计两变量的相关性。

---

① 见 *Draper's Co.Res.Mems.*, *Biometric Series*, 1, 1904.

4.8 未知且未受约束之整数的估计。 纽曼教授(Professor M.H.A. Newman)曾在几年前给我提出过一个问题:在国外旅行的某先生需要在某车站倒车以抵达目的城市,但对该城他只有耳闻(以前并未去过),他对该城的规模也一无所知。在车站首先映入他眼帘的是一辆100路有轨电车。据此他能对该城各路有轨电车总数作何种推想?为进行这种推想,不妨假定该城各路有轨电车的编号由小到大依次排定,如1路、2路,……

此问题的新颖性在于,被估计的量是一个没有明显上界的正整数。因此,采用均匀分布作为先验分布来解决问题是不行的。对于没有上界的一连续量(参数),唯一令人满意的(为其选取先验分布的)规则是 dv/v,对纽曼教授的这一问题而言,若不计(该城各路有轨电车编号)在其下界处正整数可能取值的各种复杂性,即可假定若 n 就是那个未知的正整数(有轨电车路数总数),于是便有

$$P(n|H)\propto n^{-1}+O(n^{-2}) \tag{1}$$

因此,给定 n 时,该城各路有轨电车编号中出现 m 路有轨电车的概率为

$$P(m|n,H)=1/n \quad (m\leqslant n) \tag{2}$$

所以有

$$P(n|m,H)\propto n^{-2}+O(n^{-3}) \quad (n\geqslant m) \tag{3}$$

若 m 相当大,则 n 超过某定值 n_0 的概率将近似等于

$$P(n>n_0\mid m,H)=\sum_{n0+1}^{\infty}n^{-2}/\sum_{m}^{\infty}n^{-2}=\frac{m}{n_0} \tag{4}$$

当仅作一次观测时,n 不超过 $2m$ 的概率约为 1/2。

由于多次有人问我这种问题,所以我认为把该问题的一种大致解法记录下来或许有些意义。有趣的是,提问的人通常觉得 $2m$ 这个数有些特殊但又说不清它特殊在什么地方。借助于(以上求解时所采用的)先验概率,有可能断言仅通过一次观测能得到多少关于 n 的信息,而人们对这种做法看来也无异议。不过,我觉得固定阶为 n^{-2} 的那些项的意义并不大。

推广该例的解法于一列观测到的(正整数),以估计其中多个数目字的出现概率也是容易的,这与根据一组测量值来寻找某个合适的均匀分布的情况相类似。

4.9　人工随机化。 在试验设计中，人工随机化曾先后被费舍[1]及耶茨[2]做过许多研究，他们的工作大都与农业试验有关。这项研究的主要问题是比较某一作物（在不同地块）的产量差别、不同化肥及不同化肥组合对产量的影响。麻烦在于，尽管对种植在不同地块同一作物品种的处理相同，各块地上的产量依然会有差别。检验这些产量是否相同就是所谓的“均匀性检验”（uniformity trials）。如果产量具有随机性，它对作这种比较就不会有任何影响；若产量果真具有随机性，则各块地的产量即可认为是关于不同品种、不同处理的条件方程，运用最小二乘法可以求出方程的解，从而得到最佳的参数及试验精度估计。遗憾的是各块地的产量并不具备随机性。在作均匀性检验时，人们常会发现产量会沿试验田的某一方向明显出现递增的现象。尽管能够预料到这种现象并作出相应考量，但人们还是会发现相邻地块的产量会出现正相关。而且，许多田地都有过排涝史，排涝时在地表形成过许多脊和沟，从而使这些田地肥力的变化具有某种规律性。由此导致的结果是，将各块地的产量差异归因于品种、处理的不同以及随机误差的影响，并未能反映土壤肥力的差异；而土壤肥力差异是必须以某种方式进行考虑的。若想得到最准确的产量估计，最好的办法是将土壤肥力也用一个变量明确表示出来，构造相应的正则方程并求出这些方程的解。由于试验设计人员有权对地块作出安排，故最好的安排就是设法使关于各未知量的方程相互正交。实现这种安排的一种方式是所谓的拉丁方。如果拟用一个 5×5 的方格地块去检验 5 种作物品种的产量差异，使每个品种在其中的行与列中仅出现一次，则不同品种产量的差异，可以通过包含这些品种各小方块试验田相应产量的均值加以体现，而与该试验田行、列地块的肥力无关。但遗憾的是相邻地块产量的相关性使未知土壤肥力变差不具备完全的随机性。若未知变差具备完全的随机性，则所有拉丁方都将同等可用。设在每个小方格地块中央置放一个直角坐标系，并使其横、纵坐标轴分别平行于该地块的两组对边。若土壤肥力的变差可由试验田行、列地块产量的加总予以完全表示，则必有下式

$$F=a_0+a_1x+a_2x^2+a_3x^3+a_4x^4+b_1y+b_2y^2+b_3y^3+b_4y^4$$

---

① 见 *The Design of Experiments*，1935.

② 见 *J.R.Stat.Soc.Suppl*.2，1935，181—223；*The Design and Analysis of Factorial Experiments*，Imp.Bur.of Soil Science，1937.

适当选择 a,b 可使上式完全拟合该试验田行、列地块产量的加总值。但上式不含 x 与 y 的交叉乘积项,如 xy。在某些情况下这会带来严重后果;因为,若 x^2 及 y^2 产生了显著变差,则这种变差只会沿试验田的某一边产生,从而使 xy 项不出现,而若种植某一种作物的各小方块地,都对应 xy 的正项,种植另一种作物的各小方块地,都对应 xy 的负项,则这些地块作物平均产量的部分差别就和关于土壤肥力的 xy 项有关而和作物品种无关。这种现象在下述最为典型的设计中必会出现

A	B	C	D	E
E	A	B	C	D
D	E	A	B	C
C	D	E	A	B
B	C	D	E	A

在这种设计中,品种 C 和 D 在每次试验中都有正 xy 项或零 xy 项,而品种 A 每次都有负 xy 项或零 xy 项。假如 x^2 项及 y^2 项应该去掉,交叉项 xy 是否无须估计而且也要去掉呢?从表面看,交叉项 xy 比高阶项如 x^4 更重要;但问题的关键在于我们应该明确各项的阶次。如果所有的项都必须达到四次方,则需将 6 个多余的项去掉而只留下 6 项来估计(土壤肥力的)随机变差;若必须保持 x^4y^4 项,则我们将不会再有把土壤肥力与品种分开的任何信息。因此,我们必须在某阶次处停止(进一步的运算),为此,费舍从实际出发提出一种应对交叉项 xy 的方法,利用该法可以仅靠各地块产量的均值来估计品种之间的差异,与此同时,将未知的土壤肥力差异视为具有随机性,尽管事实并非如此。费舍这种将更高阶项全部去掉的精细做法常常并非必要,但其分析却比径直忽略它们更容易些,而利用最小二乘法可以找到阶次低一些的项,只要留有足够的信息去估计试验精度,则费舍的这种做法也没有什么害处。不过,交叉项 xy 有可能带来严重后果。在一个 5×5 的方格地块里,每个品种只能出现 5 次,而实际上这种信息的一部分(即1.8 块地/每品种)会因去掉该试验田行、列之土壤肥力的影响而丧失。如果采用通常那些规则估计试验精度,就要假定行、列对产量的影响相互独立,作物品种对产量的影响也相互独立,而其余所有变差都具有随机性。如果存在交叉项 xy,这将显得很不真实,因为若果真如此,则在一个地块上该项的

符号将决定所有其他地块上该项的符号。如果对平均产量的贡献完全随机且具有相同的均方，则在对作物品种作出某些排列的情况下，品种对地块平均产量的贡献（伴随源自交叉项 xy 之相同品种的贡献）就会大些，在对作物品种作出另外一些排列的情况下，品种对地块平均产量的贡献就会小些，这种情况之发生就在预料之中。因此，在估计不同品种产量之差的标准差时，将未知的土壤肥力变差视为随机变差就缺乏正当性。交叉项 xy 应该明确引入，其系数可由试验数据算出，而在将其去除时最终结果则应该不受影响。这样做意味着计算量的加大，还可能需要考虑更高阶的项才行。

通常，为减少不确定性要安排两至三个拉丁方来完成一项农业试验。若三个拉丁方采用了同一试验设计，则每个拉丁方都将有 1/4 的可能性，使种植每一作物品种的试验田小地块中都含有交叉项 xy 的和 $\sum xy$，而且其符号也相同。这个概率不容忽视；虽然在一个拉丁方中关于不同品种的 $\sum xy$ 可能无足轻重，但它们对这三块试验田总产量估计的贡献需乘以 3，而它们对这三块试验田总产量标准差估计的贡献（在假定土壤肥力的变差具有随机性后），却只需乘以 $\sqrt{3}$ 即可。如此，若这三块试验田均采用同一种试验设计而交叉项 xy 又会出现，则将产量差异错误解释成由品种差异所致的概率就会相当大。

费舍的想法是将交叉项 xy 归入随机误差而不是把它确定出来。重新排列每一拉丁方中的行与列即可实现这一目的。因而，若从上面行、列已给定的 5×5 拉丁方出发，则其第一列字母的排列顺序即为 *AEDCB*。利用洗扑克牌的方法可将这些字母重新排列，得到（譬如说）它们的另一种排序 *CADEB*。现在，各行都作了重排但各行内的字母顺序保持不变，如此就可以得到新的第一列 *CADEB*，而新的第一行则变为 *CDEAB*。再把变换后的拉丁方之第三、第四行颠倒顺序，可得到字母排序为 *ECBAD* 的一列；继续对新拉丁方的各列作重排，可以最终得到如下的拉丁方：

E	*C*	*B*	*A*	*D*
C	*A*	*E*	*D*	*B*
A	*D*	*C*	*B*	*E*
B	*E*	*D*	*C*	*A*
D	*B*	*A*	*E*	*C*

在一个真实的拉丁方试验田中，作物品种即可按此排列方式进行种植；但在第二及第三个拉丁方试验田中，作物品种必须重新单独再作安排。生而俱来的随机化安排实际上并不存在。试验设计的要点是，若交叉项 xy 的效果与土壤肥力有关，则它对某拉丁方试验田每一品种总产量的影响绝不应含有关于另一块拉丁方试验田该品种总产量的任何信息。洗扑克牌的方法可以相当令人满意地达到抵消未知土壤肥力因素对产量影响的目的，因为一次发牌后它对下一次发什么牌几乎不会提供相关信息。但若第一次发牌后再发牌只不过是第一次发牌的机械重复，则某试验田交叉项 xy 的效果在其他试验田中就会有所反映，这使利用洗扑克牌的方法安排随机化试验的愿望落空。作物品种在一块试验田内只能随机安排一次（不同试验田对作物品种的处理不应互相拷贝）。

上文所述方法在实践中取得很大成功的事实很好地说明了使用人工随机化所应满足的条件。首先，拉丁方（试验田）并未完全随机化。要求每一作物品种在拉丁方之每行、每列中仅出现一次是绝对的。若将 25 张扑克牌都写上字母，5 张写 A，5 张写 B，等等，写好后洗牌，所得结果可能是在拉丁方的某些列中，有些字母（出自 A，B，C，D，E）可能根本没有出现，而在其他列中又可能出现两至三次。这会将导致关于相应线性渐变（linear gradients）估计的（估计）精度损失，因而是不能允许的，这种结果最终也会使作物品种产量之差的标准差变大。我们在这里提出一个关于随机化的首要原则，即不应试图将已知的与我们想要研究的对象有重要联系的某一系统性效果随机化。试验设计必须这样进行，即我们应尽可能地将这种系统性效果估计出来并将其消除掉，如果关于某未知因素的估计误差（无论其出现在拉丁方之两列的哪一列）对于估计其他各列全部未知因素的影响都无二致，则消除系统性效应（影响）的目的就达到了。这为试验设计加上了程度很高的系统约束条件，任何旨在实现随机化的努力都应在这种限制内进行。在（关于试验设计的）一些讨论中，试验设计本身似乎与试验设计分析方法混淆在一起。后者总是通过计算各试验田不同品种平均产量去估计品种之间的差异，但它并未被断言是最好的办法。若明确允许存在交叉项 xy，则一般而言，分析方法将变得更加复杂，但如能去除交叉项 xy 所致的对产量变动的影响，最终的估计结果就会提高精度，而仅靠不同品种平均产量的差别是达不到这一步的。精心构造的试验设计分析方法靠牺牲一些估计精度而换来了分析的方便。问题是这种牺牲是否事关重大，因此我们必须对估计的效率再次进行考虑。首先,作这种考虑必须与试验目的联系起来。一般地,品种之间总会存在差异;我们应去确定这种差异是否足够大,以致可以说服农夫改变品种种植,因为除非作这种改变能带来大量增产,否则农夫是不会动心的。因此,不同品种产量间的最小差别量就很值得我们作出断言。同样重要的是,我们所断言的不同品种产量间的最小差别量应该具有正确的符号,从而保证由该试验设计断定的产量的标准差明显小于农夫可能感兴趣的不同品种产量间的最小差别量。只要这一条件得到满足,不同品种产量间最小差别量符号有误的概率为0.01或0.001都无足轻重。就这一目的来说,(试验设计与分析)如两者的结合能使产量的标准差明显小于人们感兴趣的不同品种产量间的差,而这种差又不会被与之无关的土壤肥力所干扰(从而可将其忽略),则试验的设计与分析就很好地结合在一起了。就给定的试验设计而言,先前的一些试验常会为人们预示(本次试验)试验误差的大小,正是这种预示决定了试验田的大小与试验田地块的多少。不言而喻,这种预示模糊不清,故费舍和耶茨的下述做法自有其道理:在得到试验的现实观测数据后(这些数据与试验误差的大小直接相关),他们将这种模糊不清的预示视为(对先前有关情况)所知不多的表现。不过这种预示也绝非毫无用处,它可用来暗示何种(非随机)效应需要人们将其准确去除,何种效应不需要相应处理即可将其随机化(视为随机效应),如果将这两种效应都视为随机效应,则其所导致的误差之大甚至使试验的主要任务无法完成。然而,在某些场合需要去除的(非随机)效应与可作随机化处理的效应不一定非得相同不可①。

对于计算中舍入误差的处理(这是相当基础的课题),上面所提的那些原则依然可用。若某一答案需要保留一位小数,则对第二位小数就要进行舍入,例如,1.87就记作1.9,而1.52记作1.5。若需舍去的数字是5,则须将其舍入到和它最接近的偶数;因此,1.55就舍入到1.6而1.45则舍入到1.4。于是,这些小误差即可视为随机误差,一是因为它们与观测误差相联系,二是因为人们也无理由期望它们与试验设计主要关心的目标量相关。若舍入误差总有增加或减少的趋势,则其累积效应就会在(不同品种作物产量

---

① 见"Student",*Biometrika*,29,1938,363—79;E.S.Pearson and J.Neyman,ibid,29,1938,380—8;E.S.Pearson,ibid.30,1938,159—79;F.Yates,ibid.30,1939,440—66;Jeffreys,ibid.31,1939,1—8.

之)均值上体现出来。

不言而喻，物理学家会羡慕生物学家，因为生物学家可将不重要的非系统性影响作随机化处理；同样，研究自然现象的专业人士也会羡慕那些可以进行试验设计(而从事研究的)人士，因为后者可使其感兴趣的那些正则方程正交化。

注释 A：若将区间$(-\pi/4,\pi/4)$与$(3\pi/4,5\pi/4)$，以及$(\pi/4,3\pi/4)$与$(5\pi/4,7\pi/4)$加以比较，来对正弦及余弦项作估计，则二者估计的效率均为$8/\pi^2=0.82$，此效率依然很高。

第五章　显著性检验:一个新参数

"从这儿出发我该选哪条路?"

"这要看你想去哪儿,"猫儿说。

"去哪儿我不太在乎——"爱丽丝说。

"那你选哪条路都无所谓了",猫儿回答。

刘易斯・卡莱尔:《爱丽丝漫游奇境》

5.0　一般讨论。在前两章的问题中我们关心的是概率分布参数的估计,概率分布本身是给定的。在本章我们将考虑一个更困难的问题:在什么条件下观测值支持概率分布本身的改变?从逻辑上说该问题先于参数估计,因为在作参数估计时先行假定了分布中所有参数都有关联。另一方面,实际中确实有许多问题涉及参数估计。例如,震中的纬度、经度以及地震的出现时间,在地震波被探测到时,这三者显然是有关联的。

由第一章已知进行参数估计时若只有 n 个观测值,是不能对个数多于 n 的参数作出估计的。而且,若只认可这 n 个观测值则我们就必须回到原先的出发点,因为一个新参数意味着一个新的概率分布,所以我们就根据这个新的概率分布重新获得每个观测值。如此,超越原始数据范围时概率分布依然有效的原则就要抛弃。由此观之,有必要保证新观测值在某些阶段不会改变概率分布的形式,虽然它们可能改变(该分布中的)参数估计,也会一般地降低参数估计的标准差。

在适当条件下,显著性检验的作用是给我们提供作出结论的方法,即我们至少需要引入一个新参数以合理表达现存数据,并能对新数据作出有效预测。但我们不能事先否认已经考虑过的那些参数及对它们的变化所作随机处理的合理性。虽然我们不能宣称各种概率分布均为定论,不可更改,但能宣称存在这种可能性,而且当证据足够时,这些概率分布成立的可能性极大。由第一章知,这意味着我们必须将这些概率分布的初始概率视为一收敛级数的各个项。于是,任何显著性检验问题就变成:观测值支持新引入的那个参数吗？或者，该新参数所表示的变差用随机变差来解释是否更为合理？所以，需要提出两个假设进行比较，而相对复杂些的假设应有较小的初始概率。

限制概率分布的形式并不可取，应该根据它们所反映的实际问题对其进行讨论，不论其表达形式到底为何。这样一来，上段末尾处提出的观点立刻就有了用武之地——如果没有相反理由，则初始概率变小的阶就反映了人们对(有关)假设之复杂性的真实看法。而“相反理由”的提出乃是源于下述疑问：“相对复杂些的假设应有较小的初始概率”这种简单化假设以前为何无人想到？最理想化的推理结果当然是一劳永逸地得到全部科学定律；实际我们所能做到的，只是对科学定律不断进行修正而已。

拉普拉斯的抽样论经过修正，已在最简单的显著性检验中得到应用，在那里我们发现，为使所得结论符合人们通常的思维，必须假定在初始概率中有专门对应极端值的、独立于样本的概率指派值。

因为我们仅有的线索是表示初始概率的级数必须收敛，所以据此并不能对初始概率作出明确选择。然而，假定这种级数的敛速不快于$\sum 2^{-n}$亦不慢于$\sum n^{-2}$，看来是合理的；在这种情况下，此级数相邻两项概率的比将不会小于1也不会大于2。在5.04节中我们将考察在同一收敛速率下，需要同时对这种级数作一些修正的例子。在本章我们一般地把表示初始概率的级数的各项概率取作相等；无疑这样做并不十分准确，但若级数的收敛速度类似$\sum n^{-2}$，则对由此导致的结果进行修正就可以立即完成(采用任何比值均可)。

我们的问题是，将关于一个新参数的特定值(常为0)与所有其他可能的参数值进行比较。其做法是：用q这一假设表示该新参数取我们为其设定的值，用q'表示该新参数取其他的可能值(由观测值决定)。我们沿用费舍的做法，将q这一假设称为原假设，q'称为备择假设。为了表达最初我们对是否需要引入该新参数的无知性，应取

$$P(q \mid H)=P(q' \mid H)=\frac{1}{2} \tag{1}$$

但q'包含一个可调参数，例如α，于是有

$$P(q' \mid H)=\sum P(q',\alpha \mid H) \tag{2}$$

关于α的全部可能取值成立。我们将α关于q的值取为0。令给定$q'H$时

$\mathrm{d}\alpha$ 的先验概率为 $f(\alpha)\mathrm{d}\alpha$,而

$$\int f(\alpha)\mathrm{d}\alpha = 1 \tag{3}$$

若积分限未明确给出,则积分就对积分变量的全体可能值进行。因而

$$P(q'\mathrm{d}\alpha \mid H) = \frac{1}{2} f(\alpha)\mathrm{d}\alpha \tag{4}$$

这种分析能导致关于 α 的显著性检验,对此我们现在已能大致理解。如果关于 α 的极大似然解等于 $a \pm s$,则给定 q 时在某一区间得到 a 的概率将近似等于

$$P(\mathrm{d}a \mid qH) = \frac{1}{\sqrt{2\pi}s}\exp\left(-\frac{a^2}{2s^2}\right)\mathrm{d}a \tag{5}$$

而给定 q' 时在某一区间得到 a 的概率为

$$P(\mathrm{d}a \mid q'\alpha H) = \frac{1}{\sqrt{2\pi}s}\exp\left(-\frac{(a-\alpha)^2}{2s^2}\right)\mathrm{d}a \tag{6}$$

因此,根据逆概率原理

$$P(q \mid aH) \propto \frac{1}{\sqrt{2\pi}s}\exp\left(-\frac{a^2}{2s^2}\right) \tag{7}$$

$$P(q'\mathrm{d}\alpha \mid aH) \propto \frac{1}{\sqrt{2\pi}s} f(\alpha)\exp\left[-\frac{(a-\alpha)^2}{2s^2}\right]\mathrm{d}\alpha \tag{8}$$

应该理解的是,在成对的这种类型的方程中,符号$\propto$表示此二式有相同的、能使总概率等于 1 的可调常数因子。

考虑两个极端情形。存在 α 的这样一个确定区间,使得在此区间上积分 $\int f(\alpha)\mathrm{d}\alpha$ 可任意接近于 1。如果 a 位于此区间且 s 很大,以致(8)式的指数幂在此区间上的绝大部分都变得很小,经过积分近似地就有

$$P(q' \mid aH) = P(q \mid aH) \propto \frac{1}{\sqrt{2\pi}s} \tag{9}$$

换言之,若极大似然估计量的标准差大于 q' 所允许的 α 的取值区间,则观测值对于在 q 及 q' 两者中间进行选择将不起作用。

但是,如果 s 很小以致(8)中的指数幂可以变得很大,而 $f(\alpha)$ 又是连续的,则(8)式的积分将近似等于 $f(a)$,因此

$$\frac{p(q|aH)}{P(q'|aH)}\approx\frac{1}{\sqrt{2\pi}sf(a)}\exp\left(-\frac{a^2}{2s^2}\right) \tag{10}$$

一般地，我们记

$$K=\frac{P(q|\theta H)}{P(q'|\theta H)}\Big/\frac{P(q|H)}{P(q'|H)} \tag{11}$$

它与选择什么样的 $P(q|H)/P(q'|H)$ 无关。若观测值的数目为 n 且很大，s 通常又很小（如量级为 $n^{-1/2}$），则如果 $a=0$ 且 n 很大，K 将变大（量级为 $n^{1/2}$），因为 $f(a)$ 独立于 n。于是，由观测值可得支持 q 的结论，亦即我们无需引入该新参数。但若 $|a|$ 远比 s 大，(8)式中的指数幂就会变小，致使由观测值可得支持引入该新参数的结论。对给定的 n，总会存在一个 a/s 的临界值使 $K=1$，由此得不出任何结论。

观测值的数目越多，$|a|<s$ 时支持 q 的证据越强。此乃一个令人满意的性质；所作的研究越彻底，当找不到引入 α 的证据时，我们就越有把握假设 α 的真确值为 0。但这种处理伴随一个后果，即 $|a/s|$ 的临界值会随 n 的变大而变大（尽管 $|a|$ 会变小）；因其依赖 $(\log n)^{1/2}$，故这种变化的速率虽很慢但还是能被觉察到。关于是否需要引入一个新参数的检验，并未在某个 $|a/s|$ 的固定值处提出特殊要求。

因此，由简单化假设可以引出假设检验。前面曾提到的为先验概率指派均匀分布的困难（128 页）在于，即使 α 等于 0，由于存在随机误差 a 通常也不等于 0，因而，采用 a 估计 α 就会拒绝 $\alpha=0$，尽管 $\alpha=0$ 真确时亦然。现在我们就知道如何避免这种矛盾了。不超过 s 若干倍的 $|a|$（取小值）被视为支持假设 $\alpha=0$，因为在 $\alpha=0$ 的假设下这样的数值 $|a|$ 最可能出现，而取大值的 $|a|$ 之出现，则被视为支持引入新参数 α 的证据。在一些例子中原假设或备择假设都有可能得到较高的概率。从观测值中引出的对原假设的支持概率，实际上是源于原假设所提出的 α 值乃为唯一这种事实。q' 假设的只是一个 α 可能取值的区间，若选定该区间内的一个 α 值，它恰能最佳地拟合所得到的观测值，我们就须承认它是一个被选出的数值这一事实。若 $|a|$ 小于 s，它正是我们对“α 等于 0 这一（原）假设”的所盼，但若 α 位于长度为 m 的区间内任意处的概率都相同，则这将要求概率为 $2s/m$ 的事件也必须随之出现。然而，若 $|a|$ 远大于 s，则当 α 等于 0 时，数值 a 出现的概率不大，但 α 不等于 0 时，其他 a 值出现的概率更不大。无论在哪种情况下，恰巧能迎合这两种概率（事件）的 a 值是不太可能被选到的。

这种立论显示出建立在简单化假设之上的假设检验的一般性质。其本质特征就是将新参数(它集中于由原假设表明的数值之上)的先验概率取为1/2,而将其余一半先验概率(1/2)展布在该参数所有可能取值形成的区间上,以此表示我们对是否需要引入一个新参数的一无所知。

以上论证关注的是不具备任何可调参数的概率分布 q,以及恰好包含一个参数的概率分布 q'。在实践中,我们通常会遇到下述一种或多种更为复杂的情况。

1.q 本身可能含有可调参数;而 q' 比 q 多含有一个参数,q' 等于 q 的充分必要条件是新参数为 0。在 q 中出现的参数称为原有参数,在 q' 中出现而在 q 中不出现的参数称为新参数。

2.q' 中可以包含一个以上的新参数。

3.可以考虑两组假设来自同一概率分布族(但参数各有不同)的观测值。q 是原假设,表示在这两组观测值中(有关概率分布的)参数相同;q' 是备择假设,表示在这两组观测值中(有关概率分布的)参数至少有一个不相同。

4.有可能同一概率分布族中的两个分布,其参数或多或少已经有所不同,问题是余下的参数是否也有不同。例如,两组观测值可能来自两个正态分布总体,而且已知其标准差各不相同;但(此二标准差的)真确值是否没有矛盾,这问题依然未解。特别地,在用完全不同的方法估计某个物理常数时,该问题的重要性就凸显出来了,因为人们最想知道这样的估计结果是否协调一致。

5.两组以上的观测值也可加以比较。比较的结果可能是有些组的结论协调,有些不协调,这些组本身就可视为(与结论协调组相比)具有显著差别。在这种情况下我们要去挑出差别最大的那一组,因为若观测值的组数足够多,出于偶然性各组间的些许差别总会存在。此时有必要建立一种挑选规则。

5.01 原有参数的处理。 设原有的参数为 α,新参数为 β,且当(命题)q 成立时 β 等于 0。在 q' 中可用 α' 代替 α 或任何关于 α 与 β 的函数,但须指明,$\beta=0$ 时,q' 即转化为 q,而当 $\beta=0$ 时,应有 $\alpha'=\alpha$。假设所选中的 α' 具有这样的性质,即 α' 与 β 是 4.31 节意义下的正交参数;取

$$P(q\mathrm{d}\alpha\mid H)=h(\alpha)\mathrm{d}\alpha,P(q'\mathrm{d}\alpha'\mathrm{d}\beta\mid H)=h(\alpha')\mathrm{d}\alpha'f(\beta,\alpha')\mathrm{d}\beta \tag{1}$$

其中

$$\int f(\beta,\alpha')\mathrm{d}\beta = 1 \tag{2}$$

对于 α' 及 β 的微小改变，有

$$J = g_{\alpha\alpha}\mathrm{d}\alpha'^2 + g_{\beta\beta}\mathrm{d}\beta^2 \tag{3}$$

若 n 很大，可以得到 α' 及 β 的极大似然估计 a 及 b，并有

$$P(\mathrm{d}a\,\mathrm{d}b \mid q\alpha H) \propto \frac{1}{2\pi}\exp[-\frac{1}{2}n\{g_{\alpha\alpha}(\alpha-a)^2 + g_{\beta\beta}b^2\}] \tag{4}$$

$$P(\mathrm{d}a\,\mathrm{d}b \mid q'\alpha'\beta H) \propto \frac{1}{2\pi}\exp[-\frac{1}{2}n\{g_{\alpha\alpha}(\alpha'-a)^2 + g_{\beta\beta}(\beta-b)^2\}] \tag{5}$$

因而有

$$P(q \mid abH) \propto \int h(\alpha)\exp[-\frac{1}{2}n\{g_{\alpha\alpha}(\alpha-a)^2 + g_{\beta\beta}b^2\}]\mathrm{d}\alpha$$

$$\propto h(a)\sqrt{\frac{2\pi}{ng_{\alpha\alpha}}}\exp(-\frac{1}{2}ng_{\beta\beta}b^2) \tag{6}$$

$$P(q' \mid abH) \propto \iint h(\alpha')f(\beta,\alpha')\exp[-\frac{1}{2}n\{g_{\alpha\alpha}(\alpha'-a)^2 + g_{\beta\beta}(\beta-b)^2\}]\mathrm{d}\alpha'\mathrm{d}\beta$$

$$\propto h(a)f(b,a)\frac{2\pi}{n\sqrt{g_{\alpha\alpha}g_{\beta\beta}}} \tag{7}$$

$$K \approx \frac{1}{f(b,a)}\sqrt{\frac{ng_{\beta\beta}}{2\pi}}\exp(-\frac{1}{2}ng_{\beta\beta}b^2) \tag{8}$$

它与5.0节(10)式的形式相同。为达到这种近似精度，$h(\alpha)$一般是无关的。对于 K 而言，我们关于原有参数是否具有先验知识是不会带来什么差别的。$f(\beta,\alpha')$是给定 α'时 β 的先验概率密度。

若 α''当 $\beta=0$ 时也化为 α，但不与取小值的 β 正交，我们可以取

$$\alpha'' = \alpha' + \lambda\beta \tag{9}$$

与(1)不同，若取

$$P(q'\mathrm{d}\alpha''\mathrm{d}\beta \mid H) = h(\alpha'')f(\beta,\alpha'')\mathrm{d}\alpha''\mathrm{d}\beta \tag{10}$$

就会有

$$P(q' \mid abH) \propto \iint h(\alpha'')f(\beta,\alpha'')\exp[-\frac{1}{2}n\{g_{\alpha\alpha}(\alpha'-a)^2 + g_{\beta\beta}(\beta-b)^2\}]\mathrm{d}\alpha'\mathrm{d}\beta$$

$$\approx h(a+\lambda b)f(b,a+\lambda b)\frac{2\pi}{n\sqrt{g_{\alpha\alpha}g_{\beta\beta}}} \tag{11}$$

条件是 h 现在变化缓慢。若 b 很小且我们关于 α''也没有先验知识，则 K 的变化就会微乎其微；从而，原有参数必须要求与新参数正交这一条件，此时对结果就不会产生什么影响了。但是，如果关于 α''的先验知识很多，与(8)式相比，K 要乘上 $h(a)/h(a+\lambda b)$，而若与 α 的初始标准差相比，$|b|$ 又很大，则它对结果(稳定性)的扰动就会很大，事实也经常就是这样。

所以，关于原有参数如何取舍，原则上不存在任何困难。如果已有一些先验知识，如已经提出一个明确的命题(假设)，或构造了一个协调模型，暗示我们可以在 q'中确定这些原有参数，我们即可使用它们。如果没有这些先验知识，我们就视原有参数与新参数正交，因为在 q'中用来代替 α 的 α'，当 $\beta=0$ 时，它即可化为 α(条件自动得到满足)；于是，关于 q 的 α 的先验概率，可以立即方便地用来给出关于 q'的 α'的先验概率。在这些场合下，所得结果几乎与关于原有参数的先验知识无关。

在本书的第一版中，作者制定出一条规则，即关于 q'的原有参数应该以这样的方式定义，使其极大似然估计必须独立于新参数。这一规则相当不能令人满意，因为在估计问题中极大似然原理乃是一个衍生原理，充其量它只是简单化原则的近似而已。这样的一条规则作为要求出现在显著性检验中，看来是不恰当的。现在我们已经看到，这条规则不是必需的，但正交性概念却为(新参数的)检验带来了表述上的方便；而相互正交的参数也能精确地满足本书第一版的上述要求。

5.02　$f(\alpha)$应具备的性质。为得到量化结果，需要具体确定 5.0 节中的函数 $f(\alpha)$或 5.01 节中的 $f(\beta,\alpha)$。在 q'中需引进的参数可视为未知，因而应对其先验概率进行估计，但这样做会立即带来一个困难。设所考虑的问题是某位置参数 α 是否等于 0，其先验概率分布(被认为)服从均匀分布，而由 5.0 节的(3)式，我们必须取 $f(\alpha)=0$，故 K 将永远等于无穷大。此时，我们毋宁说假设 α 等于 0 相当于对应 α 取值非常小(这样一件事)，只要 $f(\alpha)$的积分收敛，我们即可利用任意形式的 $f(\alpha)$对此事进行检验。然而，这种积分的敛速不能太快，否则我们将会发现零假设永远都不会遭到断然拒绝。这种情形现在暂不展开讨论。我们现在只需明确指出，若 $\alpha=0$ 这一假设遭到拒绝，就意味着相对于取值较大的 α 而言(由单独一次观测即可以提供 $\alpha=0$ 时的极大似然解),这种拒绝的证据要弱得多。在单由一次观测不能提供力证支持 α 取值较大的假设时,认为 α 取值的先验概率服从均匀分布是没有问题的。

当需要就某一假设进行显著性检验而(有关的)先验知识很缺乏或很充盈时,这种情况就会出现。在抽样论中某总体之成员全部属于同一类型这一假设,是有可能先于对所抽样品实际进行考察而提出的。开普勒建立开普勒定律时,在对备选的那些定律作详细考察后,他最初发现它们和观测数据很不吻合,直至从理论上考虑了摄动(perturbation),开普勒定律与观测数据的不符才得到合理解释,其不符合程度也超出了由一次观测而计算出的(样本)标准差。在实验物理学中,通常可以期待将系统误差和由一次观测计算出的(样本)标准差加以比较。在近代天文学的研究中,当先前有关信息表明由一次观测计算出的(样本)标准差,其数值的十分之一已受到先前有关信息的影响,人们就会精心地将这种影响找出来,因而,在得到数以百计的观测数据之前,是无法以这种或那种方式达到将这种影响确定出来的目标的。无论是在哪种情况下,我们都可以满意地给出含有先前信息的函数形式 $f(\alpha)$,而对 5.0 节中(一般)参数的考虑将导致合乎常识的结论,只不过参数大小不同而已。因为我们主要的目的是创立关于某一理论初期发展的一些(可行)方法,故可暂不考虑其最终发展的结局;于是我们可以看到,取形如 $C/(1+\alpha^2/\sigma^2)$ 的 $f(\alpha)$,就可以满足(此处)理论初期发展的需要。

5.03　两组观测值的比较。设有来自两个概率分布的样本容量为 n_1 及 n_2 的两组观测值,这两个概率分布的参数 $\alpha_1,\cdots,\alpha_m$ 都相同,而参数 α_{m+1} 可能不同。再设 α_{m+1} 在这两个概率分布中的取值分别为 β_1,β_2。在某一估计问题中,得到 $\beta_1-\beta_2$ 的标准差为

$$s=O\left(\frac{n_1+n_2}{n_1 n_2}\right)^{1/2} \tag{1}$$

于是,5.0 节(10)式中的第一个因子就变为

$$O\left(\frac{n_1 n_2}{n_1+n_2}\right)^{1/2}\frac{1}{f(0)} \tag{2}$$

若与 n_1 相比 n_2 很大,我们实际需要做的就是将 β_1 的估计值和一个事先确定的数值加以比较,(2)式现在应为 $O(n_1^{1/2})$。当 $f(0)$ 独立于 n_1 而与 n_2 对称时,就会出现这种结果。

在本书第一版中,这一规则并没有被(标准差相等)两组参数值的检验(5.51节)以及两个标准差的检验(5.53节)所满足。在这两个检验中,5.0节(10)式中的第一个因子变为 $O\ (n_1+n_2)^{1/2}$,而现在关于备择假设的、两组参数值差的先验概率,经过考察可知是依赖于 n_1/n_2 的。这一规则关于(不同)期望值的区分似有人为之嫌。

5.04　备择假设的选择。到目前为止,我们已对原假设相对一个简单的备择假设作了比较,而该备择假设可以视为与原假设相差不多的一个命题。有时,在我们利用 χ^2 或 z,以及其他一些有关先验信息进行检验的过程中,虽然没有明确提示,但我们常会得到从一组备择假设中挑出一个正确的暗示。例如,潮汐的长周期与月亮运动之间关系的探测,最初就是由仔细观测月亮运动的系统性不规则变化完成的。在此例中(我们假设处于前牛顿时代,尚无引力理论为我们作指导),某一周期的出现对于另一个周期是否出现并不能提供什么理性预期。我们只能说根据客观存在的不同周期可以建立假设 $q_1, q_2, \cdots$,其析取(disjunction)是 q'。这些假设相互无关,因此它们并非互斥。现设备择假设共有 m 个,其初始概率皆为 k,并设

$$P(q \mid H)=P(q' \mid H)=\frac{1}{2} \tag{1}$$

因我们将这 m 个假设视为相互无关,所以它们全部为假的概率就是 $(1-k)^m$。但"它们全部为假"这一命题是 q;因此

$$(1-k)^m=\frac{1}{2}, \tag{2}$$

$$k=1-2^{-1/m}\approx\frac{1}{m}\log 2, \tag{3}$$

当 m 很大时成立。因而,若单独对 q_1 作检验,就近似地有

$$\frac{P(q \mid H)}{P(q_1 \mid H)}=\frac{1}{2k}\approx\frac{m}{2\log 2}=0.7m, \tag{4}$$

若 K 是根据取 $P(q \mid H)=P(q_1 \mid H)$ 算出的,因而可将 K 乘以 $0.7m$ 来对备择假设的选取进行校正。

若所得观测数据为频率或为一连续量在某自变量之一组离散点处的值,利用一组有限傅里叶幅值就能足以精确地表示这些观测数据,而(对周期的)假设检验即可依次进行,最好是从最大振幅处做起。一个居间的实际

周期对不止一个估计的振幅都有贡献，故周期的真实值通过比较相邻振幅值就可以得到估计[1]。

如果因变量是一连续函数，我们对它也有连续记录，则该因变量的相邻数值在任何情况下都会相关。将相邻数值作为只受独立误差影响而加以处理的做法是不正确的。原假设更像一个这样的陈述，即一组确定的数已被随机指派而居间的一些数可通过插值函数予以表示。这就是现在人们所谓的序列相关问题。常用的一种处理方法是将原有的区间分为几个子区间，再分别对取值于这些子区间上的(有关)变量进行分析，最后通过比较估计出一个(该变量的)标准差。

在实践中，一组参数被视为相互无关，这种情形相当罕见。即便是在上例中，每一周期也都意味着(需要)两个新参数，用以表示正弦和余弦的系数；同样，一个周期的出现通常也会暗示其更高次谐波的存在。最常见的情形是一个新参数(借助于归纳推理而非演绎推理)，可以给出需要另一个参数的理由，而当几个参数非常紧密地联系在一起时，其中任一参数的出现都离不开其他参数的同时存在。

观测数据为频率这种情形，在对某个物理常数进行估计时非常普遍，由于可以根据几组(观测)数据对该物理常数作出估计，所以考察这些估计量是否存在系统差异，常常就是讨论的重点。原假设代表这种差别不存在，但若某组(观测)数据受到系统误差影响，就有理由预料其他那些组数据也会受到(系统误差的)影响。在将先验概率的一半集中于一组极端数据的条件下，对正常数据组与反常数据组数目的估计本质上属于抽样问题；我们自然也希望能对反常数据组的个数有尽可能多的了解。于是，解决此问题就需要画出一条“底线”，由于 K 主要依赖于 χ^2，故对各组数据(根据其对 χ^2 的贡献由大到小依次)进行检验就可以带来方便。若在任何阶段我们检验的都是第 p 个对 χ^2 贡献最大的数据组($p>1$)，且 $p-1$ 个数据组为业已查出的反常数据组。再设经检验知 s 组数据为正常数据组。至此两种可能的极端情形都被排除了，而根据拉普拉斯的抽样论，第 p 个对 χ^2 贡献最大数据

---

[1] 主要归功于特纳(H.H.Turner)的这一方法明显有别于舒斯特(Schuster)的“周期图”法(periodogram)，后者既有可能略掉某些周期，也有可能将靠得太近、已无法相互独立的一些周期的振幅估计出来。详细讨论可参见我和我夫人合著的《数学物理方法》，pp.400，421.

组的先验概率比就是$(s+1)/p$。在实践中，若有 m 组数据，s 即可被$m-p$取代；因为若第 p 组数据是对 χ^2 贡献最小的反常数据组，则 s 将等于 $m-p$，“底线”就被画到了正确位置。于是在一次简单的显著性检验中，K 要乘上$(m-p+1)/p$。如此，我们便可依下述方式展开对极端值的检验：先取$p=1$，$s=m-1$，再将 K 乘以 m。若如此算出的正确 K 值小于 1，即可继续作第二个检验，此次算出的 K 值要乘以$(m-1)/2$，如此等等。但若第一个检验通过而第二个检验未通过，则一种复杂情况就会出现。因为对 K 乘以 m 是假设两种极端情形已经都被排除了。在作第一个检验时$(p=1)$，我们尚未排除 q，若未发现其他反常数据(组)，则我们对第一个检验所作的结论(第一组数据是反常数据)是否正确就有问题。这可以作如下处理：因子 m 出现的根据是拉普拉斯的抽样论，根据拉普拉斯的抽样论，q(无反常数据组)与 q'(至少有一组反常数据)先验概率的比是 $1/m$。但最初我们视 q 与 q'的先验概率相同，因此，K 要乘以 m^2 而非 m。我们可以先将 K 乘以 m；如果在检验第二组反常数据时得不到小于 1 的正确 K 值，则就应倒回至第一个检验而将 K 乘以 m^2。我们最好以这种次序进行检验，如若不然，一上来就将 K 乘以 m^2 则有可能导致立即接受 q，从而排除对 χ^2 贡献第二大数据组的利用，而它可能和对 χ^2 贡献最大的数据组相差无几。

与人们所想到的其间不存在联系的反常数据相比，K 的修正因子在检验对 χ^2 贡献大的数据组时会变大，而对贡献小的数据组则会变小。

这时如何选择备择假设十分重要。若构造一个检验用的简单假设，则当 q 成立时，该检验用的临界值由于偶然性而被超过的概率为 0.05。这就是当需要引入一个新参数时(无论我们以何种方式验证之)我们必须承担的风险。但若根据同样的规则，我们要检验 20 个新参数，则自这 20 个待检验参数得到一个估计参数的概率，由于偶然性而超过临界值的概率即为0.63。即使原假设正确(即无反常数据组)，在这 20 次参数检验中，我们也应期盼能找到一个使 $K<1$ 的参数估计量，而在这 20 个参数中找到这样一个参数也不能构成反对原假设的证据。若我们坚持寻找不利于 q 的证据，它总是能找到的，除非我们允许对备择假设进行选择。首次将这一原则量化的人，我认为当推沃克爵士(Sir.G.T.Walker)①；而对其进行深入讨论并使其广受

① 见 *Q.J.R.Met.Soc.*51，1925，337－46.

重视的人则非费舍莫属[①]。

5.1 关于某机遇的设想值是否正确的检验。 当问题中的参数为一机遇时，其估计值可用有限项予以表示，我们自然希望知道（有关的）观测数据是否支持这一估计值。假如该参数的设想值是 p，而关于 q'（q' 尚不知晓）的设想值是 p'，又设在我们抽出的样本中，属于一种类型的成员有 x 个，属于另一种类型的成员有 y 个。于是在命题 q' 下，p' 的可取值为 0 至 1 之间的任何值。因此

$$P(q|H)=\frac{1}{2},\quad P(q'|H)=\frac{1}{2}, P(\mathrm{d}p'|q',H)=\mathrm{d}p' \tag{1}$$

从而

$$P(q',\mathrm{d}p'|H)=\frac{1}{2}\mathrm{d}p' \tag{2}$$

同样，若用 θ 代表观测值提供的证据，则有

$$P(\theta|qH)=\binom{x+y}{x}p^x(1-p)^y \tag{3}$$

$$P(\theta|q',p',H)=\binom{x+y}{x}p'^x(1-p')^y \tag{4}$$

因此

$$P(q|\theta H)\propto p^x\ (1-p)^y \tag{5}$$

$$P(q',\mathrm{d}p'|\theta H)\propto p'^x\ (1-p')^y\,\mathrm{d}p' \tag{6}$$

利用积分

$$P(q'\mid\theta H)\propto\int_0^1 p'^x\ (1-p')^y\,\mathrm{d}p'=\frac{x!\ y!}{(x+y+1)!} \tag{7}$$

所以

$$K=\frac{P(q|\theta H)}{P(q'|\theta H)}=\frac{(x+y+1)!}{x!\ y!}p^x\ (1-p)^y \tag{8}$$

---

① 见 *Statistical Methods for Research Workers*, 1936, pp.65—66.

若 x,y 均很大,利用斯特林定理可得 K 的近似表示如下

$$K \approx \left\{\frac{x+y}{2\pi p(1-p)}\right\}^{1/2} \exp\left\{-\frac{\{x-p(x+y)\}^2}{2(x+y)p(1-p)}\right\} \tag{9}$$

下表展示了 x,y 取值皆不大且 $p=\frac{1}{2}$时 K 的相应变化情况;亦即,此表可用于检验某一机遇是否公平:

x	y	K	x	y	K	x	y	K
1	0	1	1	1	3/2	2	2	15/8
2	0	3/4	2	1	3/2	3	3	35/16
3	0	1/2	3	1	5/4	4	4	315/128
4	0	5/16	4	1	15/16	5	5	693/256
5	0	3/16	5	1	21/32			

K 的这些值没有一个可以提供决定性的结论,多加入一些观测值就能使 K 发生可以觉察到的变化。$x=5,y=0$ 相应的 K 值最有决定性意义,即使如此,有利于某事件发生的可能性,也只相当于在内含 16 个白球、3 个黑球的盒中,随机抽出一个白球的概率而已:赌徒可能对此有兴趣,但该问题在科学论文中被人们关注的可能性却不大。我们不能仅靠一个小样本就得出有决定性意义的结论。

$x=1,y=0$ 相应的 K 值($=1$)很令人感兴趣。第一个被抽中的成员不属于类型甲,就属于类型乙,无论其被抽中的概率是否等于$\frac{1}{2}$,所以,根据这一点就知道它不能提供偏误是否存在的任何信息。在本例中,这可由 $K=1$ 予以验证。同样,若 $x=y$,我们有

$$K=\frac{(2x+1)!}{x!\ x!}\left(\frac{1}{2}\right)^{2x}$$

若 y 增至 $x+1$,有

$$K=\frac{(2x+2)!}{x!\ (x+1)!}\left(\frac{1}{2}\right)^{2x+1}$$

它并没有变化。因此,如所抽的样本有这样的性质,即其成员一半属于类型甲,一半属于类型乙,则下一次被抽中的该样本成员肯定属于这两种类型之

一种，提供不了任何新信息。

这一结论成立的条件是 $p=\frac{1}{2}$。若 $p=\frac{3}{4}$，$x=1$，$y=0$，则 $K=\frac{3}{2}$；但若 $x=0$，$y=1$，将有 $K=\frac{1}{2}$。这是因为，如果关于 q 的出现概率比较小的事件在第一次试验中就发生了，这就构成不利于 q 的证据，反之(即关于 q 的出现概率较大的事件在第一次试验中发生)，则构成支持 q 的证据。这是合理的。

$p=\frac{1}{2}$时，对于 $x=7$，$y=0$，K 先是小于 0.1，当 $x=y=80$ 时，K 将首次大于 10。为得到支持一公平机遇的这种数量证据，就要求它与在一个标准差范围内$(\frac{1}{2}\cdot\frac{1}{2}/160)^{\frac{1}{2}}=0.04$(固定抽样比率时)所获证据一样多。如此，和 q 获得支持需要大量的证据相比，q 遭到否定就有可能在很少观测数据的支持下实现。此乃一般性的结果，它也相应于这样的事实，即虽然 5.1 节(9)式第一个因子变大的速率为 $n^{1/2}$，但给定 p' 的值时，该式(5.1(9))第二个因子会以 $\exp[-\alpha n(p'-p)^2]$的速率变小，α 为适中的常数。同样地，注意到 x，y 关于 q 的期望分别为$(x+y)p$ 及$(x+y)(1-p)$，从而有

$$\chi^2=\frac{\{x-(x+y)p\}^2}{(x+y)p}+\frac{\{y-(x+y)(1-p)\}^2}{(x+y)(1-p)}=\frac{\{x-(x+y)p\}^2}{(x+y)p(1-p)} \tag{10}$$

相应的指数因子是 $\exp(-\frac{1}{2}\chi^2)$。这是标准差仅由观测值数目所决定的此类问题的一个一般性结果。

威尔顿(W.F.R.Weldon)曾做过一个引人注目的试验，以检验骰子是否均匀①。这里的问题是投骰子时出现 5 点或 6 点的概率是否等于 1/3。在威尔顿所做的 315 672 次投掷中，有 106 602 次出现了 5 点或 6 点。因此，出现这两个点的比(率)为 0.337699，比 1/3 大 0.004366。我们有

$$K=\left(\frac{315672}{2\pi\times\frac{1}{3}\times\frac{2}{3}}\right)^{1/2}\exp\left(-\frac{1}{2}\times\frac{315672\times0.004366^2}{\frac{1}{3}\times\frac{2}{3}}\right)$$
$$=476\exp(-13.539)=6.27\times10^{-4}$$

---

① 此例由皮尔逊引述，见 *Phil.Mag.*50，1900.

所以，骰子出现偏差的优比(odds)约为 1 600 ∶ 1。威尔顿做这种试验时非常小心，以排除因投掷条件改变可能带来的偏差；事实上，他将骰子沿一块有褶皱的木板滚下，一次试验投掷 12 次。他这样小心是有道理的，因为制作骰子时为将“5”和“6”这两个数字印在骰子的两个面上，须将这两个面挖出显现“5”和“6”字样的小坑，这使这两个面的重量稍微变轻，从而使骰子的重心偏离正中位置而有利于投掷出印有“5”和“6”的骰子面。

当观测数据以一定顺序给出时，对一事件出现的公平性进行检验有广泛的用途，问题是这些观测数据是否独立。如果相对于某指定公式我们得到一组残差值，而它们仅代表随机波动且前后无关，则一事件持续出现的概率与(该事件)符号改变的概率就相等。因此，我们可以计数一事件持续出现的次数及事件符号改变的次数，并将它们与一公平机遇进行比较。如果根据观测数据可以决定一组函数，其中的每个函数都表示(事件)符号的一次改变，则(事件)符号的改变次数就能减少(减少多少由这组函数的参数数目决定)。类似地，如果我们获得一个仅含甲乙两类结果的事件序列，且这些事件相互独立，这里的规则也同样成立，可用 2.13 节介绍的随机抽样的例子进行验证。根据一项抛掷硬币的试验，在那里我们有 7 次得到正面或反面连续出现 2 次(及以上)、13 次正反面交替出现的结果，由此大致有

$$K=\left(\frac{2\times 20}{\pi}\right)^{1/2}\exp(-0.9)=1.5$$

可以接受这种试验序列是一个随机序列。另一项抛掷硬币的试验结果也给出 7 次得到正面或反面连续出现 2 次(及以上)、13 次正反面交替出现的结果，所得的 K 值也是 1.5；但若将 2.13 第二个序列中每个非 0 即 1 的观测值与另一个如下构造的序列相比

1　0　0　1　0　0　1　0　0　1　0　0　1　0　0　1　0　0

(它只缺省 2.13 节第二个序列的前三个数值，从第四位起的其余数值皆与 2.13节第二个序列的相应数值相同)，我们将得到 18 个数值即 6 个

1　0　0

而无其他排列形式的变化。2.13 节之第三、第四两个序列正面或反面连续出现的次数都是 20 次，故 $K=2\times10^{-5}$。2.13 节之最后一个序列出现了 20

次正面或反面连续出现 2 次(及以上)的结果,故其 K $\approx 1/32$。因此,即便是对于这几个相当短的序列,利用计数正面或反面连续出现次数及正反面交替出现次数的简单检验办法也能很快在 5 次中有 4 次给出正确的检验结果,而在其他情况下要得到正确的检验结果,就应考虑非随机安排的类型,尤其应注意到选取规则的运用。不过,对一事件出现的公平性进行检验,并不一定要用到全部的有关信息。这里介绍的方法对于检验(偏离随机状态的)大偏差而言具有快捷性,而对于小偏差就没有这种快捷性——此时需要进一步挖掘信息才能达到检验的目的。

5.11 简单列联表。考虑从一较大总体中进行抽样,其个体对于性质 φ 及性质 ψ 的分布情况是我们所关心的。这两类性质的全部组合共有四种可能。该总体的一个体具有这四种可能组合之一的概率可视为一个机遇(chance),或者,因为该总体充分大,可认为其个体关于性质 φ,ψ 的分布就应该如此。于是,这两类性质的全部四种组合,(关于这些性质组合的)个体的抽样数,以及相应的概率即可表为

$$\begin{pmatrix} \varphi\cdot\psi & \varphi\cdot\sim\psi \\ \sim\varphi\cdot\psi & \sim\varphi\cdot\sim\psi \end{pmatrix},\quad \begin{pmatrix} x & y \\ x' & y' \end{pmatrix},\quad \begin{pmatrix} p_{11} & p_{12} \\ p_{21} & p_{22} \end{pmatrix}$$

现在要问:φ 与 ψ 之间是否有关联?亦即要问:这四种机遇是否成比例?如果它们成比例,我们可以提出下述假设 q,即

$$p_{11}p_{22}=p_{12}p_{21} \tag{1}$$

无论这四种机遇成比例与否,都可以考虑该总体之某一个体具有性质 φ 的机遇;令该个体具有性质 φ 的机遇等于 α,具有性质 ψ 的机遇等于 β。再设

$$1-\alpha=\alpha',\qquad 1-\beta=\beta' \tag{2}$$

则关于假设 q 我们有

$$\begin{pmatrix} p_{11} & p_{12} \\ p_{21} & p_{22} \end{pmatrix}=\begin{pmatrix} \alpha\beta & \alpha\beta' \\ \alpha'\beta & \alpha'\beta' \end{pmatrix} \tag{3}$$

关于 q',虽然 α,β 已有定义且其大小和 φ 与 ψ 是否有关联无关,但这些机遇的不同仅能以其行与列的加总值不会改变这种方式出现;因而存在一个数 γ,它可使(3)式右端的矩阵变成

$$\begin{pmatrix} \alpha\beta+\gamma & \alpha\beta'-\gamma \\ \alpha'\beta-\gamma & \alpha'\beta'+\gamma \end{pmatrix} \tag{4}$$

这种情形具有一般性，因为任何机遇集（受辖于其加总值须等于 1 这一条件）均可通过适当选取 α,β,γ 表示出来。既然 α,β 均为机遇，0 和 1 都被排除了，所以有

$$P(q\,\mathrm{d}\alpha\,\mathrm{d}\beta\mid H)=P(q'\,\mathrm{d}\alpha\,\mathrm{d}\beta\mid H)=\frac{1}{2}\mathrm{d}\alpha\,\mathrm{d}\beta \tag{5}$$

也有

$$p_{11}p_{22}-p_{12}p_{21}=\gamma, \tag{6}$$

$$\frac{\partial(p_{11},p_{12},p_{21})}{\partial(\alpha,\beta,\gamma)}=\begin{vmatrix} \beta & \beta' & -\beta \\ \alpha & -\alpha & \alpha' \\ 1 & -1 & -1 \end{vmatrix}=1 \tag{7}$$

单独来看，γ 关于 α,β 都是线性的，所以将 γ 的先验概率分布取为均匀分布很是自然。但 α 和 β 对 γ 的可能取值却施加了限制。对(7)式中的元素简单地作一个重新排列，就可以使 $\alpha<\alpha',\beta<\beta',\alpha\beta'<\alpha'\beta$。由于

$$\alpha'\beta-\alpha\beta'=\beta-\alpha \tag{8}$$

这就使 α 成为 $\alpha,\beta,\alpha',\beta'$ 中最小的一个。于是 γ 的可能值就介于 $-\alpha\beta$ 与 $\alpha\beta'$ 之间（因概率不可能为负）；从而有

$$P(\mathrm{d}\gamma\mid q',\alpha,\beta,H)=\mathrm{d}\gamma/\alpha \tag{9}$$

所以

$$P(q'\,\mathrm{d}\alpha\,\mathrm{d}\beta\,\mathrm{d}\gamma\mid H)=\frac{1}{2}\mathrm{d}\alpha\,\mathrm{d}\beta\,\mathrm{d}\gamma/\alpha \tag{10}$$

若在那样一些区间内 α 不是 $\alpha,\beta,\alpha',\beta'$ 中的最小者，则上式右端分母中的 α 将被这些区间内最小的（即 β,α',β' 中的某一个）所取代。

综上可知，简单列联表中各实际观测结果顺序出现的概率为 $p_{11}^{x}p_{12}^{y}p_{21}^{x'}p_{22}^{y'}$。因此

$$P(q\,\mathrm{d}\alpha\,\mathrm{d}\beta\mid\theta H)\propto\alpha^{x+y}\alpha'^{x'+y'}\beta^{x+x'}\beta'^{y+y'}\mathrm{d}\alpha\,\mathrm{d}\beta \tag{11}$$

$$P(q'\,\mathrm{d}\alpha\,\mathrm{d}\beta\,\mathrm{d}\gamma\mid\theta H)\propto(\alpha\beta+\gamma)^{x}(\alpha\beta'-\gamma)^{y}(\alpha'\beta-\gamma)^{x'}(\alpha'\beta'+\gamma)^{y'}\mathrm{d}\alpha\,\mathrm{d}\beta\,\mathrm{d}\gamma/\alpha \tag{12}$$

对(11)式作积分,可得

$$P(q\mid\theta H)\propto\frac{(x+y)!\ (x'+y')!\ (x+x')!\ (y+y')!}{\{(x+x'+y+y'+1)!\}^2} \tag{13}$$

因为

$$\frac{\partial(\alpha,p_{11},p_{21})}{\partial(\alpha,\beta,\gamma)}=-1 \tag{14}$$

故(12)式的积分近似等于

$$\begin{aligned}P(q'\mid\theta H)&\propto\int_0^1\int_0^{\alpha}\int_0^{1-\alpha}p_{11}^{x}\ (\alpha-p_{11})^{y}p_{21}^{x'}\ (1-\alpha-p_{21})^{y'}\mathrm{d}\alpha\,\mathrm{d}p_{11}\,\mathrm{d}p_{21}/\alpha\\&=\int_0^1\frac{x!\ y!}{(x+y+1)!}\alpha^{x+y}\ \frac{x'!\ y'!}{(x'+y'+1)!}(1-\alpha)^{x'+y'+1}\mathrm{d}\alpha\\&=\frac{x!\ y!\ x'!\ y'!}{(x+y+1)(x+y+x'+y'+2)!},\end{aligned} \tag{15}$$

$$K=\frac{(x+y+1)!\ (x'+y')!\ (x+x')!\ (y+y')!}{x!\ y!\ x'!\ y'!\ (x+y+x'+y'+1)!}(x+y+x'+y'+2) \tag{16}$$

(15)式近似解的作出,盖因我们已使 α 可在 0 和 1 之间变动,因为 $\alpha<\beta<\frac{1}{2}$;但若 $x+y$ 是最小的加总值,α 就将近似等于

$$\frac{x+y\pm\sqrt{x+y}}{x'+y'+x+y}$$

除非 α,β 近似相等,否则其他区间对(15)式近似解的贡献就会非常小。严格的做法是,若 α 不是(有关区间中)$\alpha,\beta,\alpha',\beta'$ 的最小者,它就将被 β 或 α' 或 β' 所取代;但这样做的结果只是稍微低估了 $P(q'|\theta H)$ 并稍微高估了 K 而已。

如果和 x,y 相比,x',y' 很大,当 $\sim\varphi$ 给定时,ψ 的概率即可由 $x'/(x'+y')$ 精确算出。将此概率用 p 表示,我们有

$$K=\frac{(x+y+1)!}{x!\ y!}\frac{x'^{x}y'^{y}}{(x'+y')^{x+y}}=\frac{(x+y+1)!}{x!\ y!}p^{x}\ (1-p)^{y} \tag{17}$$

此式与 5.1 节(8)式相同,这是可以预料的。此式比 5.1 节(8)式稍微精确些[①],因为关于 5.1 节(8)式的积分未考虑 $p_{11}+p_{12}$ 的变化,只是在作完积分

① 见 *Proc.Roy.Soc.*A,162,1937,479—95.

后用$p_{11}+p_{12}$的最可能值取代了$p_{11}+p_{12}$。结果就导致$x+y+1$被$x+y$所取代。这其间的差别虽然很小，但却能提供计算结果中具高指数幂的因子被低指数幂因子最可能值取代后，所产生误差的大小这样一个概念。

若x,y,x',y'都很大，我们可应用斯特林公式计算K值，即

$$K=\left\{\frac{(x+y+x'+y')^3(x+y)}{2\pi(x+x')(x'+y')(y+y')}\right\}^{1/2}\exp\left[-\frac{1}{2}\frac{(x+y+x'+y')(xy'-x'y)^2}{(x+y)(x+x')(x'+y')(y+y')}\right],$$

其中$x+y$被定义为简单列联表行、列加总值（共四个）的最小者，指数因子为$\exp(-\frac{1}{2}\chi^2)$。若令

$$N=x+y+x'+y'$$

则给定简单列联表行、列的加总值（共四个）后，在命题q下关于个体抽样数的期望值将分别为

$$\frac{(x+y)(x+x')}{N},\frac{(x+y)(y+y')}{N},\quad\frac{(x+x')(x'+y')}{N},\quad\frac{(x'+y')(y+y')}{N}$$

及

$$x-\frac{(x+y)(x+x')}{N}=\frac{xy'-x'y}{N}$$

其余三个类似的残差都将与$x-\dfrac{(x+y)(x+x')}{N}$相等或只差一个符号。于是

$$\begin{aligned}\chi^2&=\left(\frac{xy'-x'y}{N}\right)\cdot\left\{\frac{N}{(x+y)(x+x')}+\frac{N}{(x+y)(y+y')}+\frac{N}{(x+x')(x'+y')}+\right.\\&\quad\left.\frac{N}{(x'+y')(y+y')}\right\}\\&=\frac{N\,(xy'-x'y)^2}{(x+y)(x+x')(y+y')(x'+y')}\end{aligned}\tag{19}$$

5.12 样本的比较。在上一个问题中对样本的唯一限制就是抽样总数要等于N。若φ为一罕有性质，我们就需要很大的一个样本使x,y充分大以作出某种（令人信服的）检验。但也可以（精心）组织抽样，使在给定φ或$\sim\varphi$时，无论总体单位是否具有性质ψ（或$\sim\psi$），它们都能以相同的概率被抽中，从而使$x+y$及$x'+y'$均能足够大而派上用场。如此，若我们想知道

是不是在英格兰或苏格兰男士中具有红头发的人士更为常见，我们可就伦敦总人口作一次随机抽样，并将抽样结果在 2×2 列联表中作出分类。如果这样抽出的一个样本含有足够多的苏格兰男士从而能提供更多信息，则在该样本中英格兰男士的人数就会比实际列联表分类所需的为多。我们有两种方法解决这一问题：第一种方法，我们对伦敦总人口作一次随机抽样，例如，先随机抽取直到已抽中 200 位英格兰男士，以后（抽取）不再计数英格兰男士而只计数苏格兰男士，直至样本中含有适当数目的苏格兰男士时中止抽样；第二种方法，我们在伦敦随机抽取含有 200 位英格兰男士的一个样本，再从珀斯（Perth）抽取含有 200 位苏格兰男士的另一个样本，并对这两个样本进行比较。若 φ 表示“苏格兰男士”，$\sim\varphi$ 表示“英格兰男士”，则这两种方法并非试图提供关于 α 的信息，而是为方便计用两个样本的加总值 $x+y$ 及 $x'+y'$ 代替 α。

在假设 q 下，给定 $\varphi\cdot H$ 或 $\sim\varphi\cdot H$，总体成员具有性质 ψ 的概率相同。称此概率为 β，于是

$$P(\mathrm{d}\beta|qH)=\mathrm{d}\beta \tag{1}$$

$$P(\theta|q,\beta,H)=\beta^{x+x'}(1-\beta)^{y+y'} \tag{2}$$

$(x+y+x'+y')\beta$ 是样本 $x+y+x'+y'$ 中具有性质 ψ 的总体成员的期望值。为获得一个有效的比较标准，如果 p, p' 分别是假设 $q'\cdot\varphi H$ 及假设 $q'\cdot\sim\varphi\cdot H$ 下的相应概率，则 β 就应由下式定义

$$N\beta=(x+y+x'+y')\beta=(x+y)p+(x'+y')p' \tag{3}$$

从而使该式左端仍为两样本并在一起时具有性质 ψ 的总体成员的期望值。因 b 具有和 $p-p'$ 正交的性质，故 p 和 p' 必须是介于 0 至 1 之间的数。在 p 的允许值范围内，对于某给定的 β，p' 可在 $N\beta/(x'+y')$ 及 $(N\beta-x-y)/(x'+y')$ 之间取值。不过，$N\beta$ 的最可能值近似等于 $x+x'$。对于前者，当 $x<y'$ 时，p' 的值为允许取值，对于后者，则当 $x'>y$ 时，p' 的值为允许取值，如这些条件均达到满足，进一步的限制就不需要了。因此

$$P(\mathrm{d}\beta|q',H)=\mathrm{d}\beta \tag{4}$$

$$P(\mathrm{d}p|q',\beta,H)=\mathrm{d}p \tag{5}$$

$$\frac{\partial(\beta,p)}{\partial(p',p)}=\frac{x'+y'}{N} \tag{6}$$

$$P(\theta|p,p',q',H)=p^{x}(1-p)^{y}p'^{x'}(1-p')^{y'} \tag{7}$$

于是

$$P(q \mid \theta H) \propto \int_0^1 \beta^{x+x'} (1-\beta)^{y+y'} \mathrm{d}\beta = \frac{(x+x')!\ (y+y')!}{(x+x'+y+y'+1)!} \tag{8}$$

$$\begin{aligned} P(q' \mid \theta H) &\propto \int_0^1\int_0^1 p^x (1-p)^y p'^{x'} (1-p')^{y'} \mathrm{d}\beta \mathrm{d}p \\ &= \frac{x'+y'}{N}\iint p^x (1-p)^y p'^{x'} (1-p')^{y'} \mathrm{d}p \mathrm{d}p' \\ &\approx \frac{x'+y'}{N} \frac{x!\ y!}{(x+y+1)!} \frac{x'!\ y'!}{(x'+y'+1)!} \end{aligned} \tag{9}$$

$$K = \frac{(x+y+1)!}{x!\ y!}\frac{(x'+y')!\ (x+x')!\ (y+y')!\ (x'+y'+1)N}{x'!\ y'!\ (N+1)!\ (x'+y')} \tag{10}$$

此式与 5.11 节(16)式只差量级为 $1/(x'+y')$ 的那些(数)量。

5.13　若 $x'<y$(更严格地说,若 $(x'+y')p'<(x+y)(1-p)$,p 的可能取值将施加另一个限制,因现在 p 的最大可能值为 $N\beta/(x+y)$。这时,上一节的(4)、(6)两式仍将成立,但是

$$P(\mathrm{d}p \mid \beta, q', H) = \frac{x+y}{N\beta}\mathrm{d}p \tag{1}$$

据此可有

$$P(q' \mid \theta H) \propto \frac{x+y}{N}\frac{x'+y'}{N}\iint \frac{1}{\beta} p^x (1-p)^y p'^{x'} (1-p')^{y'} \mathrm{d}p \mathrm{d}p' \tag{2}$$

该式当被积函数中的 $\beta=(x+x')/N$ 时达到最大。从而近似地有

$$K = \frac{(x+x')!\ (x+y)!\ (x+x')!\ (y+y')!\ (x+x')!}{x!\ y!\ x'!\ y'!\ (x+y+x'+y')!} \tag{3}$$

考虑到量级为 $1/(x+x')$ 的误差,此处的 K 值与用 $x+y$ 交换 $x+x'$ 的 5.11节(16)式的值及 5.12 节(10)式的值(依它们差的符号判断)相同。

5.14　仔细研究 β 取小值的例子可以看到,实际计算与理论预期的结果相当吻合。在该例中我们可用泊松分布,也可用 $P(\mathrm{d}\beta \mid H) \propto \mathrm{d}\beta/\beta$ 来取代通常的均匀分布(作为所需的先验分布)。但由此导致的计算结果的差异(该例就是如此)包含 $x+x'+1$ 被 $x+x'$ 所取代这一事实,而且若这种差异并非仅仅源于使用近似公式,则在 y 及 y' 都很大时它也要出现。P 的取

值范围虽将依然局限于β,但我们最好插入一个函数$f(\beta)$来将β的先验概率一般化。因而,我们有

$$P(q \mid \theta H) \propto \int_0^1 f(\beta)\beta^{x+x'}(1-\beta)^{y+y'}\mathrm{d}\beta \tag{1}$$

$$P(q' \mid \theta H) \propto \iint_0^1 \frac{x+y}{N\beta} f(\beta) p^x (1-p)^y p'^{x'} (1-p')^{y'} \mathrm{d}\beta \mathrm{d}p \tag{2}$$

如果y,y'都很大,p,p'都很小,(1)、(2)两式将简化为

$$P(q \mid \theta H) \propto \int_0^1 f(\beta)\beta^{x+x'}\exp\{-\beta(y+y')\}\mathrm{d}\beta \tag{3}$$

$$P(q' \mid \theta H) \propto \iint_0^1 \frac{y}{y+y'}\frac{f(\beta)}{\beta} p^x p'^{x'} \exp\{-py-p'y'\}\mathrm{d}\beta \mathrm{d}p \tag{4}$$

因我们有

$$(y+y')\beta = py+p'y' \tag{5}$$

故可以写出

$$yp=(y+y')\beta\eta, \quad y'p'=(y+y')\beta(1-\eta) \tag{6}$$

其中η的取值范围是从0至1。所以

$$P(q' \mid \theta H) \propto \int_0^1\int_0^1 f(\beta)\beta^{x+x'}\exp[-\beta(y+y')]\eta^x(1-\eta)^{x'}\frac{(y+y')}{y^x y'^{x'}}\mathrm{d}\beta \mathrm{d}\eta \tag{7}$$

(3)、(7)两式所含β的积分无论$f(\beta)$形式为何都是相等的。因而β给出的只是一个无关因子,从而有

$$\frac{1}{K} = \frac{(y+y')^{x+x'}}{y^x y'^{x'}}\int_0^1 \eta^x (1-\eta)^{x'}\mathrm{d}\eta \tag{8}$$

$$K=\frac{(x+x'+1)!}{x!\ x'!}\frac{y^x y'^{x'}}{(y+y')^{x+x'}} \tag{9}$$

该K值直到$O(y^{-1}, y'^{-1})$都正确,只要泊松分布可以替代二项分布,其有

效性也不成问题。而且,在形式上它和5.1节(8)式也相同;如此,关于两个小概率 $x/(x+y)$ 及 $x'/(x'+y')$ 变化之估计的一致性检验,就可以采用与检验 $x/(x+x')$ 及预测的 $y/(y+y')$ 是否具有一致性的相同的公式来完成。因而,5.12节所提及的(样本中)具不同性质总体成员占比方面的差异,仅缘于计算方法的近似性而已。不言而喻,无论样本如何抽取,不同性质总体成员(在简单列联表中)的比例性均可由下式检验

$$K=\frac{(x+y+1)!}{x!\ y!}\frac{(x+x')!\ (y+y')!\ (x'+y')!}{x'!\ y'!\ (x+x'+y+y')!} \tag{10}$$

$$\approx\left\{\frac{N^{3}(x+y)}{2\pi(x+x')(y+y')(x'+y')}\right\}^{1/2}\exp\left(-\frac{1}{2}\chi^{2}\right) \tag{11}$$

其中,$x+y$ 是简单列联表中四个加总值的最小者;由此带来的误差的量级总是 $K/(x'+y')$。

费舍援引过朗奇(Lange)关于孪生兄弟或孪生姊妹犯罪的资料,根据他们(或她们)是单卵或双卵生(若为双卵生则与普通兄弟或姊妹无异)而形成下述列联表

	单卵生	双卵生
有罪	10	2
无罪	3	15

由此可以算出[①]

$$K=\frac{13!}{10!\ 2!}\frac{13!\ 17!\ 18!}{3!\ 15!\ 30!}=\frac{1}{171}$$

若采用不太精确的指数近似法,则可得 K 的近似值为1/189。由此看出,利用近似法算出的 K,虽然斯特林公式及其对数近似只用到2! 及3!(这样的数值),其结果还是相当准确的。故此我们可以作出如下推断:虽然我们最初没有孪生犯罪兄弟或姊妹单卵或双卵生差别的信息,但根据该列联表却能断言存在与不存在这种差别的优比(odds)约为170∶1。

尤尔和肯德尔(Yule and Kendall)[②]援引过下述有关牛群接种斯巴林

① 见 *Statistical Methods for Research Workers*,1936,p.99.

② 见 *Introduction to the Theory of Statistics*,1938,p.48.

格(Spahlinger)抗结核病疫苗是否产生免疫力的官方资料①。受试牛群先被人为地感染上结核病菌,然后对其中的一部分牛注射斯巴林格抗结核病疫苗,最终得到如下的列联表:

	死亡或感染严重	未受严重感染
未接种抗结核病疫苗	8	3
接种抗结核病疫苗	6	13

$$K=\frac{12!}{8!\ 3!}\frac{14!}{6!}\frac{16!}{13!}\frac{19!}{30!}=0.37$$

由 5.11 节(18)式算出的该 K 值的近似值等于 0.31。牛群接种该疫苗产生免疫力对不接种该疫苗而感染(甚至死亡)的优比约为 3∶1,该疫苗是有效的。

在康莱(Comrie)所编的巴洛数学用表(Barlow's Tables)中有阶乘表;而在米尔纳—汤姆森与康莱合编的《标准四位数学用表》之表 6 中,可以查到 $n=100$ 的阶乘及其对数值。

下面的词语比较旨在探讨词语的语法"性"与精神分析象征意义之间是否存在联系。象征性符号取自弗洛伊德(Freud)所著"精神分析讲义"(*Introductory Lectures*),用来作为比较的基准,而词语则取自拉丁语、德语、威尔士语词典。全部象征性符号都囊括在这项研究中了;关于这三种语言的常用词汇(德语常用词汇选自本书第一版相关章节),我也请教了语言学专家,但我认为这种做法可能有些偏误,所以在这里我将就全部采用弗洛伊德的象征性符号并贯穿始终。计数结果如下:

	拉丁语			德语			威尔士语	
	阳性 M	阴性 F	中性 N	阳性 M	阴性 F	中性 N	阳性 M	阴性 F
阳性象征	27	17	4	31	14	7	45	30
阴性象征	10	37	16	15	29	16	28	29

我们先忽略中性词,将每种语言的相应数表简化为 2×2 的列联表。这三种语言的 χ^2 值分别为 15.07,10.78,1.55。利用 5.11 节(18)式的近似公

---

① 亨利·斯巴林格(Henry Spahlinger),瑞士细菌学家,1935 年在北爱尔兰领导研究团队成功研制出牛抗结核病疫苗——译注。

式,得到这三种语言的 K 值分别为 1/296,1/30,3.7。可见在拉丁语和德语中,词语的语法"性"与精神分析象征意义之间应该认为存在联系,尽管这种联系尚未达到完全确立的程度。若将这三种语言并在一起作分析,这种联系将更引人瞩目,不过,其中的许多词语都在这三种语言里相互借用,或来自其他语言而保持其词性不变,因而这种语言调查资料的独立性不能保证。在拉丁语中,词语的语法"性"与精神分析象征意义之间的联系更强些;这说明弗洛伊德不太可能仅依据德语词的语法"性"去开展其精神分析的。

与拉丁语和德语相比,威尔士语词的语法"性"与精神分析象征意义之间联系不显著是可以理解的,因为从考察中性词可知,威尔士语和法语一样,词的"性"非阴即阳,没有中性词,原始的中性词都被阳性化了。我们注意到在拉丁语及德语中均有阳性象征避免中性化的倾向;而使其阴性化的偏好却始终存在,这是很明显的。此外,阴性象征却似乎更有被中性化而非阳性化的倾向。若将中性词阳性化,其效果是对阴性或阳性象征与词性之阴阳性间的联系予以部分抵消。因此,在威尔士语中未探测到中性词,原因不在于阳性、阴性象征与词的语法"性"缺乏联系,而在于根据词源学规则绝大部分该语言的词与阳性象征及阴性象征间的联系,都被相互抵消掉了。

根据德语语法,指小词(diminutives)均须中性化,这可为我们提供部分解释;阳性、阴性、中性词最初可能代指父亲、母亲、孩子。这一点在这里不能深究了。该项研究的一个直接结果是告诉我们,非生物名词的语法"性"之决定,并非完全出于偶然的原因。

5.15 关于两个泊松分布参数一致性的检验。有可能出现在两个试验中泊松分布均能成立的情形,而根据 q 我们要预测这两个泊松分布参数的比;问题是试验数据是否能提供支持此参数比的证据。因此,无论在哪种情况下,这两个数据系列中事件发生次数的联合概率均为

$$\frac{r^x e^{-r}}{x!}\frac{r'^{x'} e^{-r'}}{x'!} \tag{1}$$

但关于 q,我们已有

$$r/r' = a/(1-a) \tag{2}$$

此时可用下述方式引入 b,致

$$r = ab, \qquad r' = (1-a)b \tag{3}$$

而关于 q'，有

$$r=\alpha b, \qquad r'=(1-\alpha)b \tag{4}$$

可见 α 必介于 0 和 1 之间。于是

$$p(q,\mathrm{d}b\,|\,H)=f(b)\mathrm{d}b, \qquad P(q'\mathrm{d}b\mathrm{d}\alpha\,|\,H)=f(b)\mathrm{d}b\mathrm{d}\alpha \tag{5}$$

$$P(\theta\,|\,q,b,H)\propto a^{x}\ (1-a)^{x'}b^{x+x'}\mathrm{e}^{-b} \tag{6}$$

$$P(\theta\,|\,q',b,\alpha,H)\propto a^{x}\ (1-\alpha)^{x'}b^{x+x'}\mathrm{e}^{-b} \tag{7}$$

所以

$$P(q\mathrm{d}b\,|\,\theta H)\propto f(b)a^{x}\ (1-a)^{x'}b^{x+x'}\mathrm{e}^{-b}\mathrm{d}b, \tag{8}$$

$$P(q'\mathrm{d}b\mathrm{d}\alpha\,|\,\theta H)\propto f(b)\alpha^{x}\ (1-\alpha)^{x'}b^{x+x'}\mathrm{e}^{-b}\mathrm{d}b\mathrm{d}\alpha \tag{9}$$

对以上两式关于 β 作积分可得到相同的因子，因而

$$\frac{1}{K}=\int_{0}^{1}\alpha^{x}(1-\alpha)x'\mathrm{d}\alpha\div a^{x}\ (1-a)^{x'} \tag{10}$$

$$K=\frac{(x+x'+1)!}{x!\ x'!}a^{x}\ (1-a)^{x'} \tag{11}$$

这和 5.14 节(9)式的结果是一样的，但它不依赖泊松分布的抽样规则。这里的(11)式在满足条件时可以有多方面的应用。在研究物质放射性的案例中，若 n 为某放射性材料的放射性原子数目，而其中的一个(原子)在时间间隔 $\mathrm{d}t$ 内产生裂变的概率为 $\lambda\mathrm{d}t$，则在时间 t 内产生裂变原子数目的期望值即为 $n\lambda t$。此处的 n 由该放射性材料质量及其原子重量决定，t 由试验条件决定，唯 λ 需要由试验来确定。这需要作一个显著性检验以考察高压、高温或宇宙射线对 λ 是否产生影响。在各次试验中，n 和 t 不一定固定不变，但在一定时间内产生裂变原子数目的期望值(它建立在不受压力、温度或宇宙射线的假设之上)应有确定的比率 $nt/n't'$。因此，该显著性检验即可由下式决定

$$K=\frac{(x+x'+1)!}{x!\ x'!}\frac{(nt)^{x}\ (n't')^{x'}}{(nt+n't')^{x+x'}}$$

利用艾特肯(Aitken)尘埃收集器计数研究尘埃时，会产生两个空气样本尘埃数目是否相等的问题。若用同一个尘埃收集器来作这个检验，则 $a=1/2$；如若不然，$a/(1-a)$ 就是两个空气样本体积的比。

同样，两块含钍、钚的放射性岩石标本也可以拿来比较，以考察其所含

放射性 α-粒子是否相同。一般地，它们的质量 m, m' 及试验时间 t, t' 各不相同；但放射性 α-粒子数的期望值（在假设“这两块岩石钍、钚含量相同”之下）将成比例 $mt/m't'$。在实践中很少会遇到这样的问题，因为两块岩石具有相同的放射性是非常罕见的，但从同一个岩脉采掘两个标本作放射性粒子是否相等的检验时，就可能会提出这样的问题。

5.2　标准差未知，正态分布下（随机变量的）期望值是否等于 0 的检验。若一正态分布的标准差和期望值分别为 σ, λ，而根据假设 q, λ 的值为 0。我们需要为 λ 找到在假设 q' 下其先验分布的合适形式。由类似的考虑可知，这个待定的先验分布也一定依赖 σ，原因在于，此处除了 σ 外再无任何其他东西可以用作度量 λ 的尺度。因而应取

$$P(q'\mathrm{d}\sigma \mid H) \propto \frac{\mathrm{d}\sigma}{\sigma} \tag{1}$$

$$P(q'\mathrm{d}\sigma\mathrm{d}\lambda \mid H) \propto f\left(\frac{\lambda}{\sigma}\right)\frac{\mathrm{d}\sigma}{\sigma}\frac{\mathrm{d}\lambda}{\sigma} \tag{2}$$

其中

$$\int_{-\infty}^{\infty} f\left(\frac{\lambda}{\sigma}\right)\frac{\mathrm{d}\lambda}{\sigma} = 1 \tag{3}$$

若有 n 个观测值

$$P(\theta \mid q, \sigma, H) \propto \sigma^{-n}\exp\left[-\frac{n}{2\sigma^2}(\bar{x}^2 + s'^2)\right] \tag{4}$$

$$P(\theta \mid q', \sigma, \lambda, H) \propto \sigma^{-n}\exp\left\{-\frac{n}{2\sigma^2}[(\bar{x}-\lambda)^2 + s'^2]\right\} \tag{5}$$

则

$$P(q\mathrm{d}\sigma \mid \theta H) \propto \sigma^{-n-1}\exp\left\{-\frac{n}{2\sigma^2}(\bar{x}^2 + s'^2)\right\}\mathrm{d}\sigma, \tag{6}$$

$$P(q'\mathrm{d}\sigma\mathrm{d}\lambda \mid \theta H) \propto f\left(\frac{\lambda}{\sigma}\right)\sigma^{-n-2}\exp\left\{-\frac{n}{2\sigma^2}(\bar{x}-\lambda)^2 + s'^2\right\}\mathrm{d}\sigma\mathrm{d}\lambda \tag{7}$$

应能预料，在缺乏有关 σ 及 λ 先验信息的情况下，仅有一个观测值（$n=1$）是任何推论也无法作出的：对与 0 偏离的单一度量值的解释，既可以说成是随机误差，也可说成是 λ 与 0 的距离。同样可以预料，$n \geqslant 2$ 时，若 $s'=0, \bar{x} \neq 0$，则 K 一定等于 0；因为两个观测值的精确吻合可视为 $\sigma=0$ 的象征，从而推

知 $\lambda=\bar{x}\neq 0$。

若 $s'=0,\bar{x}\neq 0$,取$\bar{x}$为正数并记

$$\sigma=\bar{x}/r, \qquad \lambda=\sigma v=\bar{x}v/\tau \tag{8}$$

则有

$$P(q \mid \theta H) \propto \int_0^\infty \left(\frac{\tau}{\bar{x}}\right)^n \exp(-\frac{1}{2}n\tau^2)\frac{d\tau}{\tau} \tag{9}$$

$$P(q' \mid \theta H) \propto \int_0^\infty \frac{d\tau}{\tau}\int_{-\infty}^\infty \left(\frac{\tau}{\bar{x}}\right)^n f(v)\exp\{-\frac{1}{2}n\ (v-\tau)^2\}dv \tag{10}$$

对于全部 $n\geqslant 1$,(9)式收敛。若 $n=1$ 且 $f(v)$是任一偶函数,则有

$$\begin{aligned}P(q' \mid \theta H) &\propto \frac{1}{\bar{x}}\int_0^\infty d\tau\int_0^\infty f(v)\{\exp[-\frac{1}{2}\ (v-\tau)^2]+\exp[-\frac{1}{2}\ (v+\tau)^2]\}dv\\&=\frac{1}{\bar{x}}\int_{-\infty}^\infty d\tau\int_0^\infty f(v)\exp[-\frac{1}{2}\ (v-\tau)^2]dv\\&=\frac{\sqrt{2\pi}}{\bar{x}}\int_0^\infty f(v)dv\\&=\frac{1}{2}\ \frac{\sqrt{2\pi}}{\bar{x}}\end{aligned} \tag{11}$$

同样地,从(9)式也有

$$P(q|\theta H)\propto\frac{1}{2}\frac{\sqrt{2\pi}}{\bar{x}} \tag{12}$$

从而有 $K=1$。因此,仅一个观测值不能提供确定性结果这一条件,对上述二次积分进行计算时即可得到满足,其中,$f(v)$为任一偶函数而对 τ 的另一积分等于 1。

若 $n\geqslant 2$,那么 $s'=0,\bar{x}\neq 0$ 时 $K=0$ 的条件则等同于(10)式发散的条件。对于取正值且很大的 v,有

$$\int_0^\infty \tau^n \exp[-\frac{1}{2}n\ (v-\tau)^2]\ \frac{d\tau}{\tau}\sim Nv^{n-1} \tag{13}$$

其中,N 是 n 的函数。该积分对小 v 值有界。对于取负值的 v,该积分的值虽然很小但却是正的。所以(10)式当且仅当

$$\int_0^{\infty} f(v) v^{n-1} \mathrm{d}v \tag{14}$$

发散时发散。$n>1$ 时满足这一条件(亦能满足(3)式)的最简单函数为

$$f(v)=\frac{1}{\pi(1+v^2)} \tag{15}$$

与此式及(2)式相应的概率为

$$P(\mathrm{d}\lambda \mid q'\sigma H)=\frac{1}{\pi(1+\lambda^2/\sigma^2)}\frac{\mathrm{d}\lambda}{\sigma} \tag{16}$$

在本书第一版，σ'这个量被用作参数，采用现在的写法它就变成$(\sigma^2+\lambda^2)^{1/2}$，而且应具备这样的性质即对任何观测值数据集而言，无论 λ 是否假定为 0，其极大似然估计均为同一个值。于是，λ 关于 σ'的先验概率分布就可以取作均匀分布；因此

$$P(\mathrm{d}\sigma'\mathrm{d}\lambda \mid q'H) \propto \frac{\mathrm{d}\sigma'}{\sigma'}\frac{\mathrm{d}\lambda}{2\sigma'}=\frac{\sigma\,\mathrm{d}\sigma\mathrm{d}\lambda}{2\,(\sigma^2+\lambda^2)^{3/2}} \tag{17}$$

对于 $n=2$，此式不满足(14)式，这最早在一项分析了许多观测数据的有关研究中得到了证实，在那里已经证明，$n=2$ 时，无论实际观测值如何相互靠近，K 的值都永远不会小于 0.47[①]。

许多物理学家因系统误差绝不会因采用大量观测值的均值而予以消除，就全然拒绝通常的误差理论，这相当令人惊讶。他们认为：(1)以同一种方式计算的大量观测值的均值，并不必然优于一次观测所得的结果，进行多次观测乃是为了检查试验是否出现了严重错误；(2)若干试验观测值系列的加权平均，其效果远比不上一次好的试验所产生的观测值。因其与概率论不相协调，物理学家的这种观点曾经遭到拒绝，但这种拒绝纯粹出于正态分布是唯一的概率分布的(传统)观念。事实上，这些保守物理学家的观点可以被完全形式化如下：第一，用于一次观测的概率分布若为(关于一常数的)柯西分布，则任何观测值的均值都将精确遵循同一个(概率)误差分布，所以，(1)得到满足。第二，若不计每个试验观测值系列内的随机变差，则它们(试验观测值系列)的位置参数，便与遵从(16)式所给概率分布的位置参数的真实值有所差异，于是，这些位置参数均值所遵从的概率分布，形式上与

① 见 *Proc.Roy.Soc.*A，180，1942，256－68.

每个试验观测值系列的位置参数(它们各自都有自己的尺度参数 σ),所遵从的概率分布形式相同,因而其尺度参数将不小于(各试验观测值系列尺度参数的)最小者 σ。故(2)也得到满足。

此外,若我们仔细对误差进行研究就会发现,通常它们远非遵从柯西分布,而是更常遵从正态分布,一般情况下,误差的平均波动小于柯西分布所描述的(波动)程度就是这一事实的说明。同样地,在不少场合用不同方法对位置参数所作的估计,常可盼它们与在正态误差律成立且不存在系统误差假定下所作的估计相差无几。事实上,根据规则1.1(5),这些对误差理论持保守态度的物理学家的理念必须被视为一个(或一对儿)严肃的假设,从而能够得以充分清晰地陈述与检验。但人们所作的检验表明,这些物理学家对误差理论所持的保守理念,一般地说是不能成立的。我们就此所作的检验也常出现不相一致的检验结论。我们的做法是,若这些物理学家的理念与现实之间确无差别,则关于他们那两个理念的先验概率都取作1/2,而若他们的理念与现实之间存在差别,他们那两个理念的先验概率也都取作1/2,但这个1/2要散布在这种差别的全体可能值上,如果这种差别不等于0,那么,在观测数据足够多时,它应该能被检测到,并能以相当的置信度作出断言。(16)式所示的(有关位置参数的概率)对标准差的依赖,可视为这种事实的表述,即减少随机误差需要特别小心,而这种小心通常又和消除系统误差时人们的小心谨慎连在一起。天文观测数据处理乃是一个特例,因为对大多数不同类型的天文观测数据而言,相应天文观测数据在获取时其随机误差已经尽可能地被减少了,故长期以来消除系统误差就成了天文观测数据处理工作的主要方面。因此,根据我们(作为天文学家)的数据处理方法,柯西分布作为关于真确观测值随机误差的分布律将被拒绝。除通常允许一个非零概率($\frac{1}{2}$)外(它被集中在零差别上,是全部有关先验概率的一部分),我们仅用柯西分布表示系统误差的分布。

由此可知,这些物理学家的观念也并非毫无意义。其观念由两部分组成,每一部分都可以被清晰地陈述出来,不过,其第一部分是错的,第二部分有夸张之词。如将第二部分的夸张之词去掉,就能得到一条我们所追求的有价值的处理观测数据的规则。

n 很大时找到 K 的近似表达式是容易的。在(7)式中,对于给定的 σ,被积函数的较大值都在 $\lambda=\bar{x}\pm O(\sigma/\sqrt{n})$ 这一量级范围内。在此范围内,

在 $\lambda=\bar{x}$ 的近旁,$f(\lambda/\sigma)$ 的值变动不大。因此,我们可作关于 l 的近似积分如下

$$P(q \mid \theta H) \propto \int_0^\infty \sigma^{-n-1} \exp\left\{-\frac{n}{2\sigma^2}(\bar{x}^2+s'^2)\right\} d\sigma \tag{18}$$

$$P(q' \mid \theta H) \propto \int_0^\infty \frac{\sqrt{2\pi}}{\pi(1+\bar{x}^2/\sigma^2)\sqrt{n}} \sigma^{-n-1} \exp\left(-\frac{ns'^2}{2\sigma^2}\right) d\sigma \tag{19}$$

除(19)式中有一变化缓慢的因子 $\bar{x}/\sigma$ 外,以上二式积分的形式相同。(19)式被积函数的较大积分值都近似等于 $\sigma=s'$。在 $\bar{x}/\sigma$ 中减去 $s(=s')$,并在这两个积分中去掉相同因子 s^{-n-1},便有

$$P(q|\theta H) \propto (s'^2+\bar{x}^2)^{-n/2} \tag{20}$$

$$P(q'|\theta H) \propto \frac{1}{\pi}\sqrt{\frac{2\pi}{n}}\frac{1}{1+\bar{x}^2/s'^2} s'^{-n} \tag{21}$$

$$K \sim \sqrt{\frac{n\pi}{2}}\left(1+\frac{\bar{x}^2}{s'^2}\right)^{-(n+1)/2} \tag{22}$$

如此所得近似表达式误差的量级均为 $1/n$。若记

$$t=\sqrt{n-1}\,\bar{x}/s', \nu=n-1 \tag{23}$$

则有

$$K \sim \sqrt{\frac{\nu\pi}{2}}\left(1+\frac{t^2}{\nu}\right)^{-\frac{\nu}{2}+\frac{1}{2}} \tag{24}$$

在本书第一版中,相应的 K 之表达式为

$$K \sim \sqrt{\frac{2\nu}{\pi}}\left(1+\frac{t^2}{\nu}\right)^{-\frac{\nu}{2}+1} \tag{25}$$

由(24)式计算的 K 值,对于较小的 t 它较大,对于较大的 t 它又较小。据此可以认为这样的检验更为敏感些。

若 K 值非常小,以致实际上可以认为 λ 不等于 0,则 σ 与 λ 的后验概率将近似正比于

$$P(q' d\lambda d\sigma | \theta H)$$

将(7)式和 3.41 节(2)式相比,可见在将 ν 调至 $\nu+1$ 时,此后验概率和那里的估计问题所得的后验概率大致相同。

当ν足够大以致因子t可被$\exp(-\frac{1}{2}t^2)$取代时，对K的特性进行考察最为方便。$t=2$时，$\exp(-\frac{1}{2}t^2)$约为0.135；$t=3$时，$\exp(-\frac{1}{2}t^2)$约为0.011。对于前者，当ν约为30时，$K=1$；对于后者，ν须约为5 000时，才能有$K=1$。K随t变化的重要性远比K随ν变化的重要性来得大；事实上，对于给定的K，t会以$(\log\nu)^{1/2}$的方式变大，非常缓慢。可以断言，若$t>3$，K将小于1，对以通常方式获得的任何数目的观测值而言，新参数的引入都将获得支持。如果$t=2$，则当$\nu>30$时，K将大于1，对于较小的ν这也能成立；在$\nu=2$且$t=2$时，由(8)式可得K的近似值为1，尽管对如此小的ν用求K的近似公式得到的K值不能信赖。无须精确计算我们也能断言，在大多数情况下，t小于2可视为对原假设的肯定；t大于3则一般视为提供了(位置参数)真确值非零的力证。

K很小时σ与α的后验概率与估计问题中相应的后验概率几乎相同，这说明我们讨论问题的方向是正确的。取$f(v)\propto e^{-kv^2}$时不会产生任何矛盾，其中k为某个正常数，我们业已看到，如果$f(v)$这样取定后，则无论观测值如何相互靠近，K总不会小于n的某个正函数。同样，即使全部观测值都相互靠得很近，σ与α的后验概率也与再追加一个观测值的(σ与α的)后验概率相同，就好像该追加的观测值在$x=0$时有正的权数那样。在原假设遭到拒绝时，我们绝不能作出无论观测值如何相互靠近，(所估位置参数的)标准差都将近似等于s这样的结论。我们所选的$f(v)\propto e^{-kv^2}$主要有如下好处，即在作显著性检验时若原假设的后验概率很小，则所有待估参数的后验概率和估计问题中相应参数的后验概率就几乎相同。虽然存在一些差别，但那都是微不足道的。

将$1/K$准确地简化为一个单积分(single integral)也是可能的。故(18)式可表为

$$P(q\mid\theta H)\propto\frac{2^{\frac{n}{2}-1}(\frac{n}{2}-1)!}{[n(\bar{x}^2+s'^2)]^{\frac{n}{2}}} \tag{26}$$

记

$$\lambda=\sigma v \qquad \frac{n}{2\sigma^2}(\bar{x}^2+s'^2)=u \tag{27}$$

并根据(7)及(15)两式,可有

$$P(q' \mid \theta H) \propto \frac{1}{\pi}\int_{-\infty}^{\infty}\frac{\mathrm{d}v}{1+v^2}\int_0^{\infty}\left(\frac{2u}{n(\bar{x}^2+s'^2)}\right)^{\frac{n}{2}} \times$$

$$\exp\left\{-u+nv\bar{x}\left[\frac{2u}{n(\bar{x}^2+s'^2)}\right]^{1/2}-\frac{nv^2}{2}\right\}\frac{\mathrm{d}u}{2u}$$

$$=\frac{1}{\pi}\frac{2^{\frac{n}{2}-1}}{\{n(\bar{x}^2+s'^2)\}^{\frac{n}{2}}}\int_{-\infty}^{\infty}\mathrm{e}^{-\frac{nv2}{2}}\frac{\mathrm{d}v}{1+v^2}\int_0^{\infty}\mathrm{e}^{-u}u^{\frac{n}{2}-1}\times$$

$$\left[1+\sum\left(\frac{2nu}{\bar{x}^2+s'^2}\right)^{\frac{r}{2}}\frac{(v\bar{x})^r}{r!}\right]\mathrm{d}u \tag{28}$$

对上式作逐项积分,而 v 的奇次方幂对此二重积分不起作用,故有

$$P(q' \mid \theta H) \propto \frac{2^{\frac{n}{2}-1}(\frac{n}{2}-1)!}{\pi[n(\bar{x}^2+s'^2)]^{\frac{n}{2}}}\int_{-\infty}^{\infty}\frac{\mathrm{e}^{-\frac{nv2}{2}}\mathrm{d}v}{1+v^2}\times$$

$$\left[1+\sum\left(\frac{2n}{\bar{x}^2+s'^2}\right)^m\frac{(v\bar{x})^{2m}}{(2m)!}\frac{n}{2}\cdots(\frac{n}{2}+m-1)\right], \tag{29}$$

$$\frac{1}{K}=\frac{2}{\pi}\int_0^{\infty}\frac{\mathrm{e}^{-\frac{nv^2}{2}}\mathrm{d}v}{1+v^2}\left\{1+\sum\frac{\frac{n}{2}\cdots(\frac{n}{2}+m-1)}{m!\ \frac{1}{2}\cdots(m-\frac{1}{2})}\left[\frac{nv^2\bar{x}^2}{2(\bar{x}^2+s'^2)}\right]^m\right\}$$

$$=\frac{2}{\pi}\int_0^{\infty}{}_1F_1\left\{\frac{n}{2},\frac{1}{2},\frac{nv^2\bar{x}^2}{2(\bar{x}^2+s'^2)}\right\}\frac{\mathrm{e}^{-\frac{nv^2}{2}}}{1+v^2}\mathrm{d}v \tag{30}$$

其中,${}_1F_1(\alpha,\gamma,x)$代表合流超几何函数

$$1+\frac{\alpha x}{\gamma}+\frac{\alpha(\alpha+1)x^2}{2!\ \gamma(\gamma+1)}+\cdots \tag{31}$$

利用著名的库末(Kummer)变换①

$${}_1F_1(\alpha,\gamma,x)=\mathrm{e}^x_1F_1(\gamma-\alpha,\gamma,-x) \tag{32}$$

可得 $1/K$ 的另一种表示,即

$$\frac{1}{K}=\frac{2}{\pi}\int_0^{\infty}{}_1F_1\left[\frac{1}{2}-\frac{n}{2},\frac{1}{2},-\frac{nv^2\bar{x}^2}{2(\bar{x}^2+s'^2)}\right]\exp\left[-\frac{ns'^2v^2}{2(\bar{x}^2+s'^2)}\right]\frac{\mathrm{d}v}{1+v^2} \tag{33}$$

---

① 见 H.and B.S.Jeffreys 著 *Methods of Mathematical Physics*,1946,p.576.

5.21 检验(位置参数的)真确值是否为 0:σ 假设已知。因(16)式被认为是对任何的 σ 均成立,故可设 σ 已知,从而有

$$P(q \mid \theta H) \propto \exp\left(-\frac{n\bar{x}^2}{2\sigma^2}\right) \tag{34}$$

$$P(q' \mid \theta H) \propto \frac{1}{\pi\sigma}\int_{-\infty}^{\infty} \exp\left\{-\frac{n}{2\sigma^2}(\bar{x}-\lambda)^2\right\}\frac{\mathrm{d}\lambda}{1+\lambda^2/\sigma^2}$$

$$\approx \sqrt{\frac{2}{\pi n}}\ \frac{1}{1+\bar{x}^2/\sigma^2}, \tag{35}$$

$$K \sim \sqrt{\frac{\pi n}{2}}\left(1+\frac{\bar{x}^2}{\sigma^2}\right)\exp\left(-\frac{n\bar{x}^2}{2\sigma^2}\right) \tag{36}$$

本书第一版未能涵盖这个方法,该法有许多实际应用,在(位置参数的)标准差根据其他证据可假设已知的情况下,它就可以派上用场。

5.3 根据不变性理论所作的推广。已知对于正态分布而言,位置参数的一个比较满意的先验概率分布形如

$$P(\mathrm{d}\lambda \mid q'\sigma H) = \frac{\mathrm{d}\lambda}{\pi\sigma(1+\lambda^2/\sigma^2)} \tag{1}$$

$\zeta=0$ 时,3.10 节(14)、(15)两式中的 I_2 及 J 皆为 λ/σ 的函数;事实上,

$$I_2 = 2\left\{1-\exp\left(-\frac{1}{8}\frac{\lambda^2}{\sigma^2}\right)\right\}, J=\frac{\lambda^2}{\sigma^2} \tag{2}$$

于是

$$\frac{\mathrm{d}\lambda}{\pi\sigma(1+\lambda^2/\sigma^2)} = \frac{1}{\pi}\mathrm{d}\tan^{-1}\{-8\log(1-\frac{1}{2}I_2)\}^{1/2} = \frac{1}{\pi}\mathrm{d}\tan^{-1}J^{1/2} \tag{3}$$

其中,平方根前的符号取作与 λ/σ 相同。该式左端和 J 的关系远比它和 I_2 的关系简单。

所以,利用由(3)式给出的先验概率,并用 I_2 或 J 表示新参数(这些参数旨在比较原假设与备择假设何者更有可能成立),这种做法可作为一种规则在显著性检验中进行推广。若(3)式中的反正切函数值不在 $-\frac{1}{2}\pi$ 至 $\frac{1}{2}\pi$ 之间,例如新参数只能取一种符号的情况,就需要引入若干修正因子。因此,关于显著性检验,可用的一般规则就不止一种。但这些规则不同于我们

在抽样问题中用过的那些规则，所以我们首先需要检查此处的这些规则对于抽样问题是否也能给出令人满意的结果。

关于两组概率的比较

$$\begin{Bmatrix} \alpha\beta & \alpha(1-\beta) \\ (1-\alpha)\beta & (1-\alpha)(1-\beta) \end{Bmatrix}, \quad \begin{Bmatrix} \alpha\beta+\gamma & \alpha(1-\beta)-\gamma \\ (1-\alpha)\beta-\gamma & (1-\alpha)(1-\beta)+\gamma \end{Bmatrix} \tag{4}$$

我们有

$$J_1=\gamma\log\frac{(\alpha\beta+\gamma)\{(1-\alpha)(1-\beta)+\gamma\}}{\{\alpha(1-\beta)-\gamma\}\{(1-\alpha)\beta-\gamma\}} \tag{5}$$

根据上文刚刚建议的规则，列联表检验问题中关于参数 γ 的先验概率分布，利用(5)式给出是合适的。另一方面，假设我们从同一个总体中抽取了一个样本，该样本含有 n_1 个具有性质 φ 的成员、n_2 个具有性质 $\sim\varphi$ 的成员。给定 φ 及 $\sim\varphi$，ψ 及 $\sim\psi$ 的概率将分别为(γ 关于 q 的概率为 0)

$$\left.\begin{matrix} (\beta+\gamma/\alpha, 1-\beta-\gamma/\alpha) \\ \{\beta-\gamma/(1-\alpha), 1-\beta+\gamma/(1-\alpha)\} \end{matrix}\right\} \tag{6}$$

比较这两组概率，可以得到

$$J_2=\frac{\gamma}{\alpha(1-\alpha)}\log\frac{(\alpha\beta+\gamma)\{(1-\alpha)(1-\beta)+\gamma\}}{\{\alpha(1-\beta)-\gamma\}\{(1-\alpha)\beta-\gamma\}}=\frac{J_1}{\alpha(1-\alpha)} \tag{7}$$

若抽取包含 ψ 及 $\sim\psi$ 的样本并计数其中 φ 及 $\sim\varphi$ 的个数，近似地可得

$$J_3=\frac{J_1}{\beta(1-\beta)} \tag{8}$$

对于一定的样本容量而言，为满足显著性检验的条件，α，β 给定时，γ 的先验概率在所有情况下均应相同。因此，J 不可以简单地到处使用。但我们可以定义一个 J，并利用对称性，使其成为下述两种表达式之一，

$$J_1, \alpha(1-\alpha)J_2, \beta(1-\beta)J_3 \tag{9}$$

或

$$\frac{J_1}{\alpha(1-\alpha)\beta(1-\beta)}, \frac{J_2}{\beta(1-\beta)}, \frac{J_3}{\alpha(1-\alpha)} \tag{10}$$

如此，J 即可在上述三种情况下对给定的 γ 都相等。J 的第一组值显然不能使人满意。因对于 γ 的极端可能值来说，J 会趋于无穷大；所以，若 γ 的

估计值为一小量c,则可有

$$K \sim \sqrt{\frac{\pi N}{2}} \exp(-\frac{1}{2}\chi^2)$$

其中,N 为样本容量总和。这与5.03节提出的规则即指数函数前面的因子的量级应为$(x+y)^{1/2}$相左,$(x+y)$是简单列联表所有行和与列和的最小者。此外,J 的第二组值与5.03节提出的规则是相符合的。

对此有一个不太重要的反对意见,即以(6)式这种形式表示的两组概率并不足以决定α,β,及γ的值,故(10)式中β取何值不能完全肯定。不过,只要γ很小,我们选择$\beta+\gamma/\alpha$还是$\beta-\gamma/(1-\alpha)$,其差别并无实质上的重要性。

该问题中的I_2令人很不满意。在上述三种情况下的I_2的值之间不存在一种简单明确的关系。而且,若α或β不等于0或1,对于γ的可能极端值而言,I_2会取到有限值(但不是2)。因此,我们不能使I_2满足线性变换的条件。考虑到(3)式中I_2表达式的复杂性(J 的表达式更简单些),目前我们没必要对I_2予以更多关注。

关于J 的反对意见是,若某概率的值被暗示等于1,则J 与其他任何概率值相比都会变为无穷大。因而,根据(3)式(基于J),取值为1的机遇的全部先验概率就会被集中在备择假设上,从而使备择假设等同于原假设。无疑,在这种情况下,(3)式有一个例外就可推知原假设不成立,但此处的分析不如5.1节中给出的分析更使人满意。甚至可以说,在如此简单的检验问题中使用像J 那样复杂的量,就足以构成反对J 的理由。

胡祖巴扎尔的不变量暗示了有限、半有限及无穷区间上关于分布参数的一种基本划分方法。所以,在显著性检验问题中对分布参数作出如此划分,应该不会令人惊讶。

把5.1节中由(10)式给出的计算K之近似值的渐近式记录下来非常值得。如此很容易发现,关于5.1节的(9)式,有

$$K \sim \{\pi(x+y)pp'\}^{1/2} \exp(-\frac{1}{2}\chi^2)$$

而关于5.11节的(18)式、5.12节的(10)式、5.13节的(3)式,则有

$$K \sim \left\{\frac{\pi(x+y)(x+x')(x'+y')(y+y')}{2N^3}\right\}^{1/2} \exp(-\frac{1}{2}\chi^2)$$

利用分布参数的先验概率(此概率根据胡祖巴扎尔的不变性理论决定),也

可以对 5.11 节中的问题估计其 K 值，而其阶也是 $N^{1/2}$。因而，在抽样问题中应用不变性理论的这些尝试，印证了 3.10 节（197 页）所提建议的正确性，即试图对机遇变换推广不变性理论，不会有什么收获；在（分布参数）允许的区间内，均匀分布更令人满意，至少目前看来确乎如此。但在得不到关于分布参数明显提示的复杂情况下，我们即可应用基于 J 建立起来的规则，对感兴趣的分布参数进行估计。

5.31　一般近似公式。 由 3.10 节（3）式可知，若某一新参数（数值）很小，则有

$$J \approx g_{\alpha\alpha}\alpha^2 \tag{1}$$

若 α 既可为正，也可为负，则对于 α 值在两个方向上的变动，J 之可能取值会趋于无穷大，而对于小 α 值，则近似地有

$$P(\mathrm{d}\alpha \mid q'H) = \frac{|\mathrm{d}J^{1/2}|}{\pi(1+J)} \approx g_{\alpha\alpha}^{1/2}\frac{\mathrm{d}\alpha}{\pi} \tag{2}$$

若由 n 个观测值得到估计量 $\alpha = a$，且 na^3 可以忽略，就有

$$\log L \approx \frac{1}{2}ng_{\alpha\alpha}(\alpha - a)^2 \tag{3}$$

因此，在 5.0 节之（4）式中，我们即可令

$$f(\alpha) = g_{\alpha\alpha}^{1/2}/\pi;\ s = 1/(ng_{\alpha\alpha})^{1/2} \tag{4}$$

于是

$$K \sim \left(\frac{\pi n}{2}\right)^{1/2}\exp\left(-\frac{a^2}{2s^2}\right) \tag{5}$$

若 α 只可在 0 的一侧取值，对于在这一侧取值的 α 而言，（2）式就必须加倍，若 a 也在这一侧取值，（5）式给出的 K 就会大致减半。若 a 在 0 的另一侧取值，则近似公式就会失效；可见 K 的量级现在变为 n 而非 $n^{1/2}$。

K 的近似式对绝大多数实际问题已足敷使用。n 较小时则需要对 K 作出更合理的近似：例如，在有关正态分布的问题中，根据一组数据去估计样本标准差，与根据另一组数据去作同样的估计，其间的差别可能就很可观。但若 n 大于 50，（5）式即可放心使用，出不了大差错。

5.4 与正态分布有关的其他检验。

5.41 标准差相等,两正态分布的位置参数(期望值)是否相等的检验。 当使用同一种方法得到两组观测值并根据其差异以检验是否有必要引入一个新参数时,这种问题就会出现。根据我们采用的规则,任何观测值系列都会受到干扰,除非存在相反的理由证明它们不受干扰。所以,在比较两组观测值时,实际需要考虑的假设共有四个而不是两个,包括“这两组数据都不受干扰”、“一组数据受到干扰”、“两组数据都受到干扰”这四种情况;而检验某位置参数和零之间是否存在显著差异时有两个假设就够了。在这里,关于位置参数 l 的两个命题(假设),依然采用 q 来指代,但 q' 则一分为三,分别用 q_1, q_2, q_3 来表示。因此,显然有①

$$P(q\,\mathrm{d}\sigma\mathrm{d}\lambda\,|\,H)\propto \mathrm{d}\sigma\mathrm{d}\lambda/\sigma \tag{1}$$

$$P(q_1\mathrm{d}\sigma\mathrm{d}\lambda\mathrm{d}\lambda_1\,|\,H)\propto \frac{1}{\pi}\mathrm{d}\sigma\mathrm{d}\lambda\,\frac{\mathrm{d}\lambda_1}{\sigma^2+(\lambda_1-\lambda)^2} \tag{2}$$

$$P(q_2\mathrm{d}\sigma\mathrm{d}\lambda\mathrm{d}\lambda_2\,|\,H)\propto \frac{1}{\pi}\frac{\mathrm{d}\sigma\mathrm{d}\lambda\mathrm{d}\lambda_2}{\sigma^2+(\lambda_2-\lambda)^2} \tag{3}$$

$$P(q_{12}\mathrm{d}\sigma\,\mathrm{d}\lambda\mathrm{d}\lambda_1\mathrm{d}\lambda_2\,|\,H)\propto \frac{1}{\pi^2}\frac{\sigma\mathrm{d}\sigma\mathrm{d}\lambda\mathrm{d}\lambda_1\mathrm{d}\lambda_2}{\{\sigma^2+(\lambda_1-\lambda)^2\}\{\sigma^2+(\lambda_2-\lambda)^2\}} \tag{4}$$

在假设 q_1 下,$\lambda_2=\lambda$;在假设 q_2 下,$\lambda_1=\lambda$。在假设 q_{12} 下,因 λ 并未在相应的似然中出现,故可对它直接进行积分:

$$P(q_{12}\mathrm{d}\sigma\mathrm{d}\lambda_1\mathrm{d}\lambda_2\,|\,H)\propto \frac{2}{\pi}\frac{\mathrm{d}\sigma\mathrm{d}\lambda_1\mathrm{d}\lambda_2}{4\sigma^2+(\lambda_1-\lambda_2)^2} \tag{5}$$

同样地,我们有

$$P(\theta\,|\,\sigma\lambda_1\lambda_2 H)\propto \sigma^{-n_1-n_2}\exp\left\{-\frac{n_1}{2\sigma^2}(\bar{x}_1-\lambda_1)^2-\frac{n_2}{2\sigma^2}(\bar{x}_2-\lambda_2)^2-\frac{n_1 s'^2_1+n_2 s'^2_2}{2\sigma^2}\right\} \tag{6}$$

记

$$\nu=n_1+n_2-2;\nu s^2=n_1 s'_1{}^2+n_2 s'_2{}^2 \tag{7}$$

---

① 考虑到收敛条件及计算的方便,此处的(1)、(2)、(3)、(4)式可分别乘上 1,1/4,1/4,1/8。

于是，结合关于 q_1, q_2, q_3 的三个方程，就有

$$P(q\,\mathrm{d}\sigma\mathrm{d}\lambda\mid\theta H)\propto\sigma^{-n_1-n_2}\exp\left\{-\frac{n_1}{2\sigma^2}(\bar{x}_1-\lambda)^2-\frac{n_2}{2\sigma^2}(\bar{x}_2-\lambda)^2-\frac{\nu s^2}{2\sigma^2}\right\}\frac{\mathrm{d}\sigma\,\mathrm{d}\lambda}{\sigma}\quad(8)$$

容易证明，$n_1=1, n_2=0$，或 $n_1=n_2=1$ 时，以上全部四个假设的后验概率全都相等，这正是我们的所盼。若 n_1, n_2 均很大，近似地就有

$$\begin{aligned}&P(q\mid\theta H):P(q_1\mid\theta H):P(q_2\mid\theta H):P(q_{12}\mid\theta H)\\&=\left(\frac{\pi}{2}\frac{n_1n_2}{n_1+n_2}\right)^{1/2}\left\{1+\frac{(\bar{x}_1-\bar{x}_2)^2}{s^2}\right\}\left\{1+\frac{n_1n_2}{n_1+n_2}\frac{(\bar{x}_1-\bar{x}_2)^2}{s^2}\right\}^{-\frac{(n1+n2-1)}{2}}\\&\quad:1:1:\frac{1}{2}\frac{s^2+(\bar{x}_1-\bar{x}_2)^2}{s^2+\frac{1}{4}(\bar{x}_1-\bar{x}_2)^2}\end{aligned}\quad(9)$$

此等式值第二、第三两数当然是准确的数字。最后一个比式的取值范围随 $|\bar{x}_1-\bar{x}_2|/s$ 自 0 变到无穷而从 $\frac{1}{2}$ 变到 2。因此，这个检验对介于 q_1, q_2 之间（有关参数的取值情况）作不出任何明确的结论，正如我们应该期待的那样，同样，对相应于 $q_1\vee q_2$ 的 q_{12}，这个检验也作不出一个明确的结论。如果 $|\bar{x}_1-\bar{x}_2|/s>\sqrt{2}$，则该检验会稍微倾向于作出有利于 q_{12} 的结论（单独相应于 q_1 或 q_2）。因在这些假设之间进行选择的可能性很小，故我们可将它们加以合并。若 $|\bar{x}_1-\bar{x}_2|/s$ 很小，它通常也是如此，就可以写出下面的近似式

$$\frac{P(q\mid\theta H)}{P(q_1\vee q_2\vee q_{12})}\sim\frac{2}{5}\left(\frac{\pi}{2}\frac{n_1n_2}{n_1+n_2}\right)^{1/2}\left\{1+\frac{n_1n_2}{n_1+n_2}\frac{(\bar{x}_1-\bar{x}_2)^2}{s^2}\right\}^{-\frac{(n_1+n_2-1)}{2}}\quad(10)$$

用通常的方式表示 x_1, x_2 的标准差

$$s_{x_1}^2=s^2/n_1,\qquad s_{x_2}^2=s^2/n_2\quad(11)$$

$$s_{x_1-x_2}^2=\frac{n_1+n_2}{n_1n_2}s^2;\qquad t=(\bar{x}_1-\bar{x}_2)/s_{x_1-x_2}\quad(12)$$

就可将(10)式写成

$$\frac{2}{5}\left(\frac{\pi}{2}\frac{n_1n_2}{n_1+n_2}\right)^{1/2}\left(1+\frac{t^2}{\nu}\right)^{-\frac{\nu+1}{2}}\quad(13)$$

若(10)式左端的比值小于 1，则在 q_1, q_2, q_{12} 中间作出选择就需要追加证据

（可与第三组观测值进行比较）。

当有很强的理由假设，根据第一组观测值能得到有关分布的参数估计，并且不受系统误差影响时，q_1 及 q_{12} 就不会被提出，而(13)式里的因子 2/5 也可以去掉。

5.42 标准差不等，两正态分布的位置参数（期望值）是否相等的检验。 本节的方法与上一节的方法大体相同，因而我们有下面的这些方程

$$P(q\mathrm{d}\sigma_1\mathrm{d}\sigma_2|\theta H)\propto\sqrt{\frac{2\pi}{n_1n_2}}\frac{\sigma_1^{-n_1}\sigma_2^{-n_2}}{\sqrt{\sigma_1^2/n_1+\sigma_2^2/n_2}}\times$$
$$\exp\left\{-\frac{n_1s_1'^2}{2\sigma_1^2}-\frac{n_2s_2'^2}{2\sigma_2^2}-\frac{(\bar{x}_1-\bar{x}_2)^2}{2(\sigma_1^2/n_1+\sigma_2^2/n_2)}\right\}\mathrm{d}\sigma_1\mathrm{d}\sigma_2 \tag{1}$$

$$P(q_1\mathrm{d}\sigma_1\mathrm{d}\sigma_2|\theta H)\propto\frac{2}{\sqrt{n_1n_2}}\frac{\sigma_1^{-n_1+1}\sigma_2^{-n_2}}{\sigma_1^2+(\bar{x}_1-\bar{x}_2)^2}\exp\left(-\frac{n_1s_1'^2}{2\sigma_1^2}-\frac{n_2s_2'^2}{2\sigma_2^2}\right)\mathrm{d}\sigma_1\mathrm{d}\sigma_2 \tag{2}$$

$P(q_2\mathrm{d}\sigma_1\mathrm{d}\sigma_2|\theta H)$可由对称性得到，

$$P(q_{12}\mathrm{d}\sigma_1\mathrm{d}\sigma_2|\theta H)\propto\frac{2}{\sqrt{n_1n_2}}\frac{\sigma_1^{-n_1}\sigma_2^{-n_2}}{(\sigma_1+\sigma_2)\{1+(\bar{x}_1-\bar{x}_2)^2/(\sigma_1+\sigma_2)^2\}}\times$$
$$\exp\left(-\frac{n_1s_1'^2}{2\sigma_1^2}-\frac{n_2s_2'^2}{2\sigma_2^2}\right)\mathrm{d}\sigma_1\mathrm{d}\sigma_2 \tag{3}$$

由于(1)式包含$(\bar{x}_1-\bar{x}_2)^2$这样的项，故对一般的$\bar{x}_1-\bar{x}_2$之值，用(1)式去作（左侧所示概率的）近似，效果会很不好，但事实上若一新参数的极大似然估计比其三倍标准差还要大，则 K 的值通常就会很小。如果在$|\bar{x}_1-\bar{x}_2|$小于$3\sqrt{s_1'^2/n_1+s_2'^2/n_2}$时，能够得到一个较好的（概率）近似，则对于所有能使 K 变小的（数）值而言，这个近似就有其用处，又因为（此处的有关数）值越大，K 就越会变小，故我们不会在 K 实际上并不小的情况下，作出它小的结论。K 很小时对它作精确估计意义不大；对于我们的后续分析来说，K 被估为 K^{-3} 而它实为 K^{-2}，并不会产生什么差别，因为无论是在哪种情况下，我们都会采纳备择假设。由此我们注意到若用 $A_1/\sigma_1^2+A_2/\sigma_2^2$ 代替$(\sigma_1^2/n_1+\sigma_2^2/n_2)^{-1}$，其中，$A_1$，$A_2$ 这样选取致 $\sigma_1=s_1$，$\sigma_2=s_2$ 时，(1)式右端的函数及其一阶导数都相等，则(1)式中的指数就能在被积函数不小于其极大似然函数时，于整个区间上精确表出。取

$$A_1=\frac{s_1^4/n_1}{(s_1^2/n_1+s_2^2/n_2)^2};\qquad A_2=\frac{s_2^4/n_2}{(s_1^2/n_1+s_2^2/n_2)^2} \tag{4}$$

这一条件即可满足。用 s_1,s_2 代替因子中幂次不高的 σ_1,σ_2,并去掉公共因子,在 $\nu_1=n_1-1,\nu_2=n_2-1$ 时,有

$$P(q\mid\theta H)\propto\sqrt{\frac{\pi}{2}}\frac{1}{(s_1^2/n_1+s_2^2/n_2)^{1/2}}\left\{1+\frac{s_1^2\ (\bar{x}_1-\bar{x}_2)^2/n_1\nu_1}{(s_1^2/n_1+s_2^2/n_2)^2}\right\}^{-\frac{(n_1-1)}{2}}\times$$

$$\left\{1+\frac{s_2^2\ (\bar{x}_1-\bar{x}_2)^2/n_2\nu_2}{(s_1^2/n_1+s_2^2/n_2)^2}\right\}^{-\frac{(n2-1)}{2}}\tag{5}$$

$$P(q_1\mid\theta H)\propto\frac{s_1}{s_1^2+(\bar{x}_1-\bar{x}_2)^2}\tag{6}$$

$$P(q_2\mid\theta H)\propto\frac{s_2}{s_2^2+(\bar{x}_1-\bar{x}_2)^2}\tag{7}$$

$$P(q_{12}\mid\theta H)\propto\frac{s_1+s_2}{(s_1+s_2)^2+(\bar{x}_1-\bar{x}_2)^2}\tag{8}$$

在这里我们有许多理由要在假设 q_1,q_2,q_{12} 中间作出选择。由前面的论述已知,q_1 为这样的假设即"第一个而非第二个观测值系列受到扰动",我们的那些(概率)近似是着眼于与 s_1,s_2 相比,$|\bar{x}_1-\bar{x}_2|$ 较小而作出的。因此,若 s_1 远比 s_2 小,$P(q_1\mid\theta H)$ 就会远大于 $P(q_2\mid\theta H)$,而 $P(q_{12}\mid\theta H)$ 又会比 $P(q_2\mid\theta H)$ 稍小些。亦即,受辖于第一、第二个观测值系列最初受扰的可能性相等这一条件,在获得这两个系列的观测值之后,它们即可用来说明具有较大标准差的那个观测值系列(若该标准差小于每次观测所得标准差),则其出现的可能性也会小。若这些概率近似依然有效(这一点尚未作过研究),且若(待检验的)那两个期望值之差大于两个观测值系列之任何一个的标准差,则反面的结论也告成立。

5.43 某正态分布的标准差是否等于设定值 σ_0 的检验。我们将该标准差的真确值定为 0。若(某正态分布的)标准差为 σ,且有

$$\sigma=\sigma_0 e^{\zeta},\tag{1}$$

则由 3.10 节(15)式,可得

$$J=2\sinh^2\zeta\tag{2}$$

以及

$$\frac{1}{\pi}\mathrm{d}\tan^{-1}J^{1/2}=\frac{\sqrt{2}\cosh\zeta}{\pi\cosh2\zeta}\mathrm{d}\zeta\tag{3}$$

于是,根据 5.3 节(3)式我们应取

$$P(q|H)=\frac{1}{2};P(q'\mathrm{d}\sigma|H)=\frac{1}{\pi\sqrt{2}}\frac{\cosh\zeta}{\cosh 2\zeta}\mathrm{d}\zeta \tag{4}$$

若已有 n 个观测值且它们关于 0 的均方差为 s^2,

$$P(\theta|qH)\propto\sigma_0^{-n}\exp\left(-\frac{ns^2}{2\sigma_0^2}\right) \tag{5}$$

$$P(\theta|q'H)\propto\sigma^{-n}\exp\left(-\frac{ns^2}{2\sigma^2}\right) \tag{6}$$

$$P(q|\theta H)\propto\sigma_0^{-n}\exp\left(-\frac{ns^2}{2\sigma_0^2}\right) \tag{7}$$

$$P(q' \mid \theta H)\propto\frac{\sqrt{2}}{\pi}\int_{-\infty}^{\infty}\frac{\cosh\zeta}{\cosh 2\zeta}\sigma^{-n}\exp\left(-\frac{ns^2}{2\sigma^2}\right)\mathrm{d}\zeta \tag{8}$$

指数中和 n 有关的因子当 $\sigma=s$ 时达到最大。记

$$s/\sigma_0=\mathrm{e}^z \tag{9}$$

对于大 n,(8)式可近似表为

$$\frac{\sqrt{2}}{\pi}\frac{\cosh z}{\cos 2z}s^{-n}\exp(-\frac{n}{2})\sqrt{\frac{\pi}{n}} \tag{10}$$

以及

$$K\sim\sqrt{\frac{\pi n}{2}}\frac{\cosh 2z}{\cosh z}\mathrm{e}^{nz}\exp\{\frac{n}{2}(1-\mathrm{e}^{2z})\} \tag{11}$$

该式在 $z=0$ 时达到最大,其最大值为 $\sqrt{\frac{1}{2}\pi n}$ 。

如果不用 J 而用 I_2(像 5.3 节(2)式那样),(4)式中的第二式就应为

$$P(q'\mathrm{d}\sigma|H)=\frac{1}{\pi}\frac{\mathrm{d}\zeta}{\cosh 2\zeta} \tag{12}$$

而(11)式的前两个因子也应为

$$\frac{1}{2}\sqrt{\pi n}\cosh 2z \tag{13}$$

$1/K$ 的一个精确表达式为

$$\frac{1}{K}=\frac{\sqrt{2}}{\pi}\int_0^\infty \frac{u^2+1}{u^4+1}u^n\exp\{\frac{1}{2}nb^2(1-u^2)\}\mathrm{d}u \tag{14}$$

其中，$\sigma=\sigma_0/u$，$s=\sigma_0 b$，$b=\mathrm{e}^z$。由此可见，对于 $n=1$，此式在 $b\to 0$ 或 $b\to\infty$时趋于无穷大。故对于 $n=1$，由(12)式可得

$$\frac{1}{K}=\frac{2}{\pi}\int_0^\infty \frac{u^2}{u^4+1}\exp\{\frac{1}{2}b^2(1-u^2)\}\mathrm{d}u \tag{15}$$

此式随 $b\to 0$ 趋于一有限极限。(14)式更令人满意，因为它断言一个偏差(deviation)若足够小，能够提供不利于 q 的力证；而(15)式却无此功效。b 大时，无论(14)或(15)式都能给出大 $1/K$ 值。

关于 q'，σ 的所有取值都被假定为可允许；这样做的目的是关注对标准差 σ_0能作出有限值估计的假设，而我们对大于或小于这种 σ_0的标准差预测值也是可以接受的。不过，在标准差的值能够作出预测的情况下，随机扰动的类型就被视为使标准差的实际值变大的主因，所以，在接受该标准差预测值之前需要对这一看法进行验证。因此，我们对局限于非负 ζ 的情形也要给予考虑。其结果是将(8)式中的$\sqrt{2}$变为 $2\sqrt{2}$，并将积分下限变为 0。如此，根据 $\zeta=z$ 位于积分限内、积分限外或接近于 0 的不同情况，利用(8)式作概率近似就会产生三种不同结果。

若 $z>0$ 且 nz^2 约比 4 大，被积函数在其最大值两侧的较大值都在积分区间上(受支撑)，故积分结果不会有什么变化；唯一最重要的变化就是由(11)式给出的 K 必须减半。

若 $z=0$ 且只有被积函数在其最大值一侧的那些数值在积分区间上(受支撑)，则积分会减半；这抵消了“2”这个额外因子的影响，最终结果也不会改变。

若 $z<0$ 且 nz^2 较大，被积函数会自 $z=0$ 起迅速变小。事实上，

$$\sigma^{-n}\exp\left(-\frac{ns^2}{2\sigma^2}\right)\approx\sigma_0^{-n}\exp\left(-\frac{ns^2}{2\sigma_0^2}\right)\exp\{-n(1-\mathrm{e}^{-2z})\zeta\} \tag{16}$$

且有

$$K\sim\frac{1}{4}\pi n(1-\mathrm{e}^{2z}) \tag{17}$$

上式中没有通常的 $n^{1/2}$而含有因子 n，这一点值得作些评论。在通常的假

设检验条件下，此处是 $\zeta=z$，或 $\sigma=s$，极大似然解是关于 q' 的一个可能值。但这里我们所考虑的是这样一种情形，即相应于 σ 之某个值的极大似然解是关于 q' 的不可能值，而且该极大似然解对于 σ 的任何值都更可能是关于 q（而非 q'）有意义。因而很自然地若真能得到这样的极大似然解，通常就意味着出现了支持 q 的力证。但实际上出现这样的极大似然解并不多见，如果出现了，我们也不把其作为确认 q 的规则而予以接受，本书将对此作进一步的阐述（见 337 页）。

在以上的讨论中，σ 的真确值被假定为已知。若其未知，则(5)、(6)两式均须修正。如果重新定义 s 为（样本）标准差并记 $n-1=\nu$，则作关于 λ 的积分时就会在(7)式中消除因子 $1/\sigma_0$，在(8)式中消除因子 $1/\sigma$。这将导致(11)、(13)两式中的 n 被 ν 取代。

5.44 两正态分布的估计标准误是否一致的检验。现只考虑其中的一个（估计标准误）受到扰动的情况，记

$$\sigma_1=\sigma_2 e^{\zeta} \tag{1}$$

于是

$$P(q\,d\sigma\,|\,H)\propto\frac{d\sigma}{\sigma};P(q'\,d\sigma_1\,d\sigma_2\,|\,H)\propto\frac{\sqrt{2}}{\pi}\frac{\cosh\zeta}{\cosh 2\zeta}d\zeta\,\frac{d\sigma_2}{\sigma_2} \tag{2}$$

$$P(\theta\,|\,q\sigma H)\propto\sigma^{-n1-n2}\exp\left(-\frac{n_1s_1^2+n_2s_2^2}{2\sigma^2}\right) \tag{3}$$

$$P(\theta\,|\,q'\sigma_1\sigma_2 H)\propto\sigma_1^{-n1}\,\sigma_2^{-n2}\exp\left(-\frac{n_1s_1^2}{2\sigma_1^2}-\frac{n_2s_2^2}{2\sigma_2^2}\right) \tag{4}$$

$$P(q\mid\theta H)\propto\int_0^{\infty}\sigma^{-n1-n2}\exp\left(-\frac{n_1s_1^2+n_2s_2^2}{2\sigma^2}\right)\frac{d\sigma}{\sigma} \tag{5}$$

$$P(q'\mid\theta H)\propto\int_0^{\infty}\frac{d\sigma_2}{\sigma_2}\int_0^{\infty}\sigma_1^{-n1}\,\sigma_2^{-n2}\exp\left(-\frac{n_1s_1^2}{2\sigma_1^2}-\frac{n_2s_2^2}{2\sigma_2^2}\right)\frac{\sqrt{2}}{\pi}\frac{\cosh\zeta}{\cosh 2\zeta}\frac{d\sigma_1}{\sigma_1} \tag{6}$$

记

$$s_1=s_2 e^{z} \tag{7}$$

则有

$$P(q'\mid\theta H)\propto\int_0^{\infty}\frac{d\sigma_2}{\sigma_2}\int_{-\infty}^{\infty}\sigma_2^{-n_1-n_2}\,e^{-n_1\zeta}\exp\left\{-\frac{s_2^2}{2\sigma_2^2}(n_1e^{2(z-\zeta)}+n_2)\right\}\times\frac{\sqrt{2}}{\pi}\frac{\cosh\zeta}{\cosh 2\zeta}d\zeta \tag{8}$$

$$\frac{1}{K}=\frac{\sqrt{2}}{\pi}\int_{-\infty}^{\infty}\frac{\cosh\zeta}{\cosh 2\zeta}e^{-n_1\zeta}\left(\frac{n_1 e^{2(z-\zeta)}+n_2}{n_1 e^{2z}+n_2}\right)^{-\frac{1}{2}(n_1+n_2)}d\zeta \tag{9}$$

上式中的因子(具有大指数者)在 $\zeta=z$ 时达到最大值,故近似地有

$$K=\left\{\frac{\pi n_1 n_2}{2(n_1+n_2)}\right\}^{1/2}\frac{\cosh 2z}{\cosh z}e^{n_1 z}\left(\frac{n_1+n_2}{n_1 e^{2z}+n_2}\right)^{\frac{1}{2}(n_1+n_2)} \tag{10}$$

交换 n_1,n_2 或改变 z 的符号,均不会改变 K。

此外,若 z 相当小,则 K 可进一步近似成

$$K\sim\left\{\frac{\pi n_1 n_2}{2(n_1+n_2)}\right\}^{1/2}(1+\frac{3}{2}z^2)\left(\frac{n_1 n_2 z^2}{n_1+n_2}\right) \tag{11}$$

若一个或两个(正态分布的)标准差可视为受到扰动,K 即可按 5.41 节所述利用一个介于$\frac{1}{3}$和$\frac{1}{2}$之间的因子予以调整。两种测量方法若有许多共同之处但差别也存在时(它们哪一个更好些并不为人所知),就会出现这种情况。

通常,在两种情况下我们需要对两个(正态分布的)标准差是否一致进行比较:一是我们怀疑是否有某些额外扰动使某一组观测值的标准差变大;二是我们想知道为降低标准差而改变观测方法时,新的方法能否成功。对于前者,我们希望 ζ 若不为 0 则应为正;对于后者,我们则希望 ζ 为负。一般地,我们假定 ζ 为正,于是(2)式的第二式应该乘上 2,ζ 的取值范围从 0 至∞。若 z 为正且

$$\frac{n_1 n_2 z^2}{n_1+n_2}>2$$

这将造成由(10)或(11)式给出的 K 必须减半的结果。若 z 为负,K 的量级可能达到 n_1 或 n_2。

5.45　关于对正态分布之标准差及位置参数(期望值)的一并检验。若原假设陈述的是两组数据来自同一个正态总体,我们可能就需要检验这两组数据的标准差与位置参数(期望值)是否具有一致性(这样的命题)。如果所考虑的参数不止一个,我们就需适当安排检验以使检验结果与检验顺序无关。我认为情况还不止如此。对若干位置参数的一致性检验,只有当我们对有的关尺度参数有所了解时,才可能获得具有显著性的结论,如果我们对这些尺度参数是否相等非常没有把握,无疑应该首先对这些尺度参数是

否相等作一个显著性检验。

5.46 下例来自提奥多莱斯库教授(Professor C. Teodorescu),可对5.42节所介绍的方法给予说明。长久以来人们有一种看法,即火车车头及车皮轮毂的边缘处比中心处更坚硬,因为这些轮毂的边缘处在锻造时工艺更为苛刻。为验证此看法,取一部分轮毂碎片(包括边缘碎片及中心碎片)逐一进行拉伸试验。断裂张力(the breaking tension)R 以每平方毫米千克计(kilograms weight per mm^2),拉伸试验开始后轮毂的受力延展 A 要逐一记录下来。首先,将全部试验数据视为来自两个独立的数据系列,每个数据系列各含有 150 个数据。实验结果显示,轮毂边缘碎片的平均断裂张力 R_1 为 $89.59\mathrm{kg/mm}^2$,它们的方差 s_1^2 为 7.274。中心碎片的相应数值为

$$R_2=88.17\mathrm{kg/mm}^2, s_2^2=5.619$$

$$s_1^2/n_1=0.04849; s_2^2/n_2=0.03746; \overline{x}_1-\overline{x}_2=+1.42$$

$$P(q\mid\theta H)\propto\sqrt{\frac{\pi}{2}}\frac{1}{\sqrt{0.08595}}\times\left(1+\frac{0.04849\times1.42^2}{149\times0.08595^2}\right)^{-149/2}\times\left(1+\frac{0.03746\times1.42^2}{149\times0.08595^2}\right)^{-149/2}$$

$$=4.27\times(1.15727)^{-149/2}=7.8\times10^{-5}$$

$$P(q_1\mid\theta H)\propto\frac{2.70}{7.27+2.02}=0.29, P(q_2\mid\theta H)\propto\frac{2.37}{5.62+2.00}=0.31$$

$$P(q_{12}\mid\theta H)\propto\frac{5.07}{25.7+2.00}=0.18$$

$$\frac{P(q\mid\theta H)}{P(q_1\vee q_2\vee q_{12}\mid\theta H)}\approx\frac{7.8\times10^{-5}}{0.78}=10^{-4}$$

轮毂的平均受力延展结果为 $A_1=12.06\%$,$A_2=12.33\%$,(样本)方差分别为 $s_1^2=1.505$,$s_2^2=1.425$;同样可以算得

$$P(q\mid\theta H)\propto9.0\times0.1530=1.38$$

$$P(q_1\mid\theta H)\propto0.78, P(q_2\mid\theta H)\propto0.81, P(q_{12}\mid\theta H)\propto0.41$$

$$\frac{P(q\mid\theta H)}{P(q_1\vee q_2\vee q_{12}\mid\theta H)}\approx\frac{1.38}{2.00}=0.69$$

这些数据表明,轮毂边缘和轮毂中心的受力状况存在系统差别。二者受力后的延展状况差别不明显。

因为人们如果直接提问,就会问“更为苛刻的锻造工艺是否对轮毂边缘

处的坚硬度产生了系统效果"这样的问题,从而使 q_2 及 q_{12} 根本不会出现,人们只需考虑 q_1 即可。于是,关于轮毂边缘及中心碎片断裂张力的比较,我们有

$$\frac{P(q|\theta H)}{P(q_1|\theta H)} \approx \frac{7.8\times10^{-5}}{0.29} = 2.7\times10^{-4}$$

而两者受力后的延展状况比较则为

$$\frac{P(q|\theta H)}{P(q_1|\theta H)} \approx \frac{1.38}{0.78} = 1.8$$

不过,这种方式处理数据会丢掉一个重要信息,因为由同一个轮毂取得的(轮毂边缘和轮毂中心受力状况的)成对数据是可以利用的。同样,不同轮毂间存在差异也非常有可能;这也正是对轮毂边缘和轮毂中心受力状况进行比较之前要先作一个假设检验的理由。这种做法由来已久,可以视为一个基准。不同轮毂间的差别将在不同数值的 s^2 中得到体现,而这对(相应的)均值并没有影响。因此,如果考虑到这种附加信息,上面的诸 K 值就显得太大了。(如果对这种附加信息是否有此效果心存疑虑,可就它们之间的相关系数和 0 的差别的大小作一个假设检验。)所以,基于得自同一个轮毂上的不同数据用以考察它们和 0 之间是否存在显著不同,就能完成一个更为精确的假设检验。关于 R 之间的差别,我们有 $s'^2=3.790$,而关于 A 之间的差别,我们有 $s'^2=1.610$,这时我们可以利用 5.2 节(22)式的简单公式。于是对于 R 就有

$$K \approx \left(\frac{150\pi}{2}\right)^{1/2}\left(1+\frac{1.42^2}{3.79}\right)^{-74} = 3\times10^{-13}$$

对于 A 则有

$$K \approx \left(\frac{150\pi}{2}\right)^{1/2}\left(1+\frac{0.27^2}{1.6}\right)^{-74} = 0.58$$

由此可见,R 之间存在差别已有力证,而 A 之间存在差别的证据则相当微弱。这表明将系统变差作为随机误差进行处理,可使(样本)标准差变大从而有可能遮掩其他系统变差;但如果尚未得到关于同一个轮毂之边缘和中心受力状况的比较数据,对 q_1 的检验就成为唯一可能的检验了。我们已经注意到,对于断裂张力 R 来说,同一个轮毂之边缘和中心受力状况的差别一般会小于不同轮毂之边缘和中心受力状况的差别。而对于轮毂的受

力延展 A 来说,这些差别的情况刚好相反;但如果变差独立,就可盼均方变差约为 $1.495+1.416=2.91$,而不是上面所看到的 1.61。

关于轮毂受力延展 A 的解释,甚至在采用更为精确的检验方法后,其说服力依然相当微弱,其原因可能在于,虽然断裂张力 R 依赖受试轮毂样品任何部位的最小(抗压)强度,但事实上,断裂过程是一个持续不断的力的作用过程,所以,尽管在检验中轮毂更坚硬部分所受压力也更大些,但其延展性却可能相对差些,故这两种系统影响就部分地相互抵消掉了。

5.47 氩的发现。氮可用分离空气法或常温常压下的化学方法制备,瑞利(Rayleigh)的试验数据(均以克计)记录了这两方面的情况[①]。

分离空气法

1.利用铜的燃烧	2.利用铁的燃烧	3.利用亚铁水合物的燃烧
2.31035	2.31017	2.31024
26	0986	10
24	1010	28
12	1001	
27		

化学方法

1.利用铁和一氧化氮	2.利用铁和一氧化二氮	3.利用硝酸铵
2.30143	2.29869	2.29849
29890	940	89
29816		
30182		

上述两表中用分离空气法或化学方法制备所得氮的均值、估计标准误[②]及标准差的数据如下:

---

① 见 *Proc.Roy.Soc.*53,1893,145;55,1894,340—4.

② 估计标准误等于标准差除以样本容量的平方根,如此处的 $182/\sqrt{4}$,$50/\sqrt{2}$,等等——译注。

分离空气法

方法 1	2.31025 ±3.7	s=8.2
方法 2	2.31004 ±6.7	s=13.4
方法 3	2.31021 ±5.5	s=9.5

化学方法

方法 1	2.30008 ±91	s=182
方法 2	2.29904 ±35	s=50
方法 3	2.29869 ±20	s=28

s 的变化很引人注目。在几个观测值系列都只含有几个数据时,出现这种情况是在意料之中的。不过,我们一眼就能看出,利用化学方法制备氮所得诸标准差的变动幅度,远大于利用分离空气法所得相应诸标准差的变动幅度。在以上两种制备方法中,s 变化幅度最大者非方法 1 和方法 3(均属化学方法)之差莫属,这一点可用 5.44 节介绍的检验加以验证;因两个均值(一对)已被估计过,所以须用 $\nu_1=3$ 代替 n_1,$\nu_1=1$ 代替 n_2。利用这些数值来作估计时,5.44 节(10)式的计算结果可能不太准确,但我们也可以对此作进一步考察。在这里

$$e^z=182/28=6.5$$

由此可得 $K=1.9$。由于此处的 e^z 只是随意选出来的一个数值,故无必要假定一次测定的氮的(样本)标准差在分离空气法或化学方法的各具体三种制备方法中会发生(重大)变化。因此,可将上述两组数据结合起来而得到下面的数据:

	均 值	s	n	s^2/n
分离空气法	2.31017 ±0.000040	13.7	11	15.6
化学方法	2.29947 ±0.00048	137.9	7	2 378.2
	0.01070			

首先,我们对由这两种方法制备氮所得的样本标准差 s 进行比较。此处的 $e^z=10.0$,

$$K\approx\left(\frac{\pi}{2}\times\frac{11\times 7}{18}\right)^{1/2}\times\frac{100}{10.0}\times 10.0^{7}\left(\frac{18}{7\times 100+11}\right)^{9}=7.8\times 10^{-7}$$

可见这两种方法在所获氮的产量的波动性方面存在差异，已经得到确认。其次，利用 5.42 节介绍的方法，我们对如此得到的氮的产量均值之差进行显著性检验（该二均值的第五位十进小数取作一个单位），从而有

$$P(q|\theta H)\propto 2.1\times 10^{-9},P(q_1|\theta H)\propto 0.12\times 10^{-4}$$

$$P(q_2|\theta H)\propto 1.0\times 10^{-4},P(q_{12}|\theta H)\propto 1.1\times 10^{-4}$$

$$\frac{P(q|\theta H)}{P(q_1\vee q_2\vee q_{12}|\theta H)}\approx 0.92\times 10^{-5}$$

由此可知，氮的产量均值的概率密度之间也存在系统差别。就本例而言，这种系统差别八倍于单独使用分离空气法或化学方法制备氮时所得（氮的产量之）样本标准差的较大者。

利用列联表也可对此例作一个粗略讨论。以上全部氮产量的均值为 2.30978 克，分离空气法下全部三类 12 种制备法所获氮产量的均值均大于 2.30978 克，而化学方法下全部三类 8 种制备法所获氮产量的均值均小于 2.30978 克。利用氮产量的均值作比较，肯定意味着来自一个样本的氮产量的均值比它大，来自另一个样本的则比它小；所以，通过从分离空气法及化学方法总数中各减去 1，我们可以引入一个参数，并利用列联表

$$\begin{pmatrix}7 & 0\\ 0 & 11\end{pmatrix}$$

检验（氮产量均值）机遇的比例性。由 5.14 节（10）式，有

$$K=\frac{8!}{7!\ 0!}\frac{7!\ 11!\ 11!}{0!\ 11!\ 8!}=\frac{1}{3\ 978}$$

此 K 对大多数应用目的而言，已具决定性意义。许多关于测量的问题都可以用类似方式简化为列联表，而获得一个（相对）简单的结果足以满足实际需要。这样做的优点在于可以不必假定正态误差律，但若正态误差律成立，还这样做就会失掉一些信息。这体现在氮产量样本标准差的增大，从而使 K 变大许多，至少在我看来是如此（如果采用更精准的制备法就可使氮产量样本标准差变小）。这样一来，若由列联表得到 $K<1$，我们就能肯定命题 q'，但若由列联表得到 $K>1$ 而不作进一步研究，我们就无法断定所得观测值是否支持命题 q。

根据计算结果,7 个自由度下(氮产量均值)机遇的比为 1.00465 ± 0.00021,之所以如此是因为氮的产量的波动性大部分来自化学制备法观测值系列。t 分布下相应于 0.5,0.1 及 0.05 上侧分位数的 t 值分别为 0.71,1.90 及 2.36。我们可将这些结果和更为精准的分离空气法下的相应数据进行对比。用体积计的氮气(N_2)及氩气(A)的百分比分别为 78.1% 及 0.93%[①],从而得到概率密度比为

$$\frac{79\times 28+0.93\times 12}{79\times 28}=1.00505$$

由此有

$$t=\frac{40}{21}=1.9$$

查书后表III_A知,这可使 K 稍大于 1。

(不同方法下)瑞利所得试验结果氮制备产量间样本标准差的巨大差别,尚需作进一步研究。

5.5 相关系数与某设想值的比较。我们已经看到,即使是估计问题,由对相关的不同看法也可导致对(有关)相关系数先验概率分布的取法发生变化。若采用 2.5 节表示相关的模式,自然应在相关系数允许值范围内,将相关系数的概率分布取作均匀分布。若采用不变量 J,我们就需考虑是否应将原有的那些参数表为 σ,τ。对任一给定的 ρ,这些参数均可给出关于 x 及 y 的各自不变的概率分布。此外,这些参数并不和 ρ 正交。在对某一机遇作显著性检验时,由对相关看法不同所致的这些差别是不能忽视的,因为 J 表达式中 exp( )外面的因子对不同的 ρ 值变化很大,变化的方式也不相同。此处的困难既可能和不变量 J 的理论有关,也可能和正态相关本身有关。许多情况下我们在采用不变量 J 时,先认为 x,y 间存在精确线性关系具有其合理性,因为无论 x 或 y 它们单独的概率分布都不服从正态分布,但都受微小扰动的影响,而这些微小扰动可能服从也可能不服从正态分布。在这种条件下估计 r,其实就是简单地检验 x 和 y 间是否存在近似的线性关系,与正态相关无涉。

---

① 见 F.A.Paneth,*Q.J.R.Met.Soc.*63,1937,433－8.Paneth 指出关于氩气(A)的百分比数据不是十分准确,但这并未影响这里所作的比较。

基于不变量 J 的正态相关检验已经有人作出了，但与抽样论中被人们注意到的一个问题类似，该相关性检验也遇到了相似的困难；若假设 ρ 的取值是 1 或 -1，我们在将原假设与 ρ 的其他取值作比较时，J 的值将变为无穷大，这会使备择假设与原假设难以区分。因此，将 ρ 的先验概率分布取作均匀分布较为稳妥。我们将会看到，类似于抽样中两个样本的比较，对两个相关作比较也会再多受到一种限制，即两随机变量 x，y 联合概率表示式中 exp( )外面的因子，其量级永远小于 $n_1^{1/2}$，$n_2^{1/2}$。最初，我们假定 x，y 的联合概率分布集中在 $x=y=0$ 处，并假设 ρ 的值为 ρ_0。于是

$$P(q\,\mathrm{d}\sigma\mathrm{d}\tau \mid H) \propto \mathrm{d}\sigma\mathrm{d}\tau/\sigma\tau \tag{1}$$

$$P(q'\,\mathrm{d}\sigma\mathrm{d}\tau\mathrm{d}\rho \mid H) \propto \mathrm{d}\sigma\mathrm{d}\tau\mathrm{d}\rho/2\sigma\tau \tag{2}$$

因 ρ 的取值范围是 -1 至 1，故上式出现了数字 2。相应的似然与 3.9 节中的(似然)形式相同，从而有

$$P(q\,\mathrm{d}\sigma\mathrm{d}\tau \mid \theta H)$$

$$\propto \frac{1}{\sigma^{n+1}\tau^{n+1}(1-\rho_0^2)^{n/2}}\exp\left[-\frac{n}{2(1-\rho_0^2)}\left(\frac{s^2}{\sigma^2}+\frac{t^2}{\tau^2}-\frac{2\rho_0 rst}{\sigma\tau}\right)\right]\mathrm{d}\sigma\mathrm{d}\tau \tag{3}$$

$$P(q'\,\mathrm{d}\sigma\mathrm{d}\tau\mathrm{d}\rho \mid \theta H)$$

$$\propto \frac{1}{\sigma^{n+1}\tau^{n+1}(1-\rho^2)^{n/2}}\exp\left[-\frac{n}{2(1-\rho^2)}\left(\frac{s^2}{\sigma^2}+\frac{t^2}{\tau^2}-\frac{2\rho rst}{\sigma\tau}\right)\right]\mathrm{d}\sigma\mathrm{d}\tau\mathrm{d}\rho \tag{4}$$

利用 3.9 节(5)式的替换可得

$$P(q \mid \theta H) \propto \int_{-\infty}^{\infty} (1-\rho_0^2)^{n/2}\,(\cosh\beta-\rho_0 r)^{-n}\,\mathrm{d}\beta \tag{5}$$

$$P(q' \mid \theta H) \propto \frac{1}{2}\int_{-\infty}^{\infty}\int_{-1}^{1} (1-\rho^2)^{n/2}\,(\cosh\beta-\rho r)^{-n}\,\mathrm{d}\beta\mathrm{d}\rho \tag{6}$$

因为在结果中我们只想要一项，所以，利用下面的替换

$$\cosh\beta-\rho r=(1-\rho r)\mathrm{e}^{u} \tag{7}$$

可带来方便。于是，对(5)、(6)两式作关于 u 的积分，就可以得到

$$P(q \mid \theta H) \propto \frac{(1-\rho_0^2)^{n/2}}{(1-\rho_0 r)^{n-\frac{1}{2}}} \tag{8}$$

$$P(q' \mid \theta H) \propto \frac{1}{2}\int_{-1}^{1}\frac{(1-\rho^2)^{n/2}}{(1-\rho r)^{n-\frac{1}{2}}}\mathrm{d}\rho \tag{9}$$

记

$$r=\tanh z, \rho=\tanh\zeta, \rho_0=\tanh\zeta_0 \tag{10}$$

于是,对于大 n,可得

$$P(q|\theta H)\propto\frac{\cosh^{n-1/2}z}{\cosh^{1/2}\zeta_0\cosh^{n-\frac{1}{2}}(\zeta_0-z)} \tag{11}$$

$$P(q'\mid\theta H)\propto\frac{1}{2}\int_{-\infty}^{\infty}\frac{\cosh^{n-\frac{1}{2}}z\,\mathrm{d}z}{\cosh^{5/2}\zeta\cosh^{n-\frac{1}{2}}(\zeta-z)}=\left(\frac{\pi}{2n-1}\right)^{1/2}\cosh^{n-2}z \tag{12}$$

在因子 $\cosh^{5/2}\zeta$ 中,ζ 已被 z 所取代。因此

$$K\sim\left(\frac{2n-1}{\pi}\right)^{1/2}\frac{\cosh^{5/2}z}{\cosh^{1/2}\zeta_0\cosh^{n-\frac{1}{2}}(\zeta_0-z)} \tag{13}$$

$$=\left(\frac{2n-1}{\pi}\right)^{1/2}\frac{(1-\rho_0^2)^{n/2}(1-r^2)^{(n-3)/2}}{(1-\rho_0 r)^{n-\frac{1}{2}}} \tag{14}$$

如果 x,y 的联合概率分布不集中在(0,0),而是集中在 x,y 的某一对数值上,则 n 应被 $n-1$ 取代。

我们可用地震的例子作为说明。布伦(Bullen)和我借助一张关于 P 波到达不同地点次数的参考用表记录下了一系列地震的发生及其震中所在。我们也研究了其他两种相位即熟知的 S 及 SKS 震相①,其关于每次地震的平均残差也算了出来②。S 及 SKS 震相观测数据的波动比通常我们利用标准差对其作测量的变化幅度要大许多。这种大幅波动在下述两种情况下即可发生:其一,某些地震的局部深度不完全一样,因为地震局部深度对各种相位的影响不均等;其二,某相位是复合相位且观测者对两个有联系的相位运动,常有先确定出其中的一个,再确定出另一个的倾向。无论是在哪种情况下,当把 P 作为基准时,在最终结果中都可能形成 S 及 SKS 残差间的相关。舍入到秒的 S 及 SKS 的观测数据如下。

---

① P 波与 S 波代表来自震源的两种体波,P 波为纵波而 S 波为横波。穿过地核又回到地面的体波称为地核穿透波,相应的震相称为核震相。地球外核只能传播纵波,一般用 K 表示在地球外核中传播的那部分纵波。SKS 为一种地核穿透波——译注。

② 见 Jeffreys,*Bur.Centr.Intern.Séism.Assn.*,*Trav.Sci.*14,1936,58.

S	SKS	S	SKS
−8	−10	+6	+8
−5	−10	+4	+1
−3	+1	−1	0
+3	−6	+4	0
−3	+1	0	0
+3	0	−1	−1
+2	−3	−7	−2
0	+1	−8	−10
0	−4	−3	−4
+2	0		

S 的均值为−0.8，SKS 的均值为−2.0。据此可算得

$$\sum(x-\bar{x})^2=313,\quad \sum(y-\bar{y})^2=376,\quad \sum(x-\bar{x})(y-\bar{y})=+229;$$

$$s=4.06, t=4.45, r=+0.667$$

这里共有 19 对数据，有一对被删掉了。因此，(14)中的 n 现在等于 18。若 S 及 SKS 的残差间不存在相关，则我们应该构造 $\rho=0$ 下的原假设；从而算得

$$K=\left(\frac{35}{\pi}\right)^{1/2}(1-0.667^2)^{7.5}=0.040$$

由此可知，S 及 SKS 的残差间存在相关的优比(odds)为 25∶1。下一步工作就是收集数据，据此就能对该残差间存在相关的两种不同解释作出取舍(上面所提的那两种解释都能说明部分事实)，但在许多情况下确定(现象间)存在相关本身，就足以表明研究取得了进展。对该问题开展进一步研究，即可构成视为 1.61 节关于在条件具备时可将析取命题 q 分离出来的一个例子。若经计算发现 K 值大于 1，这就表明 S 及 SKS 的残差间没有相关，因此上面所提的那两种解释都被排除了。为得到上面关于 S 及 SKS 残差的数值，我们用了多张有关数表，而这些数表均应作重大修正(每次地震的距离不尽相同)，因为大部分对 S 的观测都是在非常不同的地点进行的；考虑到这些修正可使 S 及 SKS 残差间存在相关的事实更加凸显。我们后来所作的比较表明，S 及 SKS 残差间的相关系数分别达到+0.95 及+0.97[①]。

---

① 见 *M.N.R.A.S.Geophys*, *Suppl*.4, 1938, 300.

5.51　相关的比较(comparison of correlations)。对于两组数据我们可以考察(数据所代表的变量间)是否存在相关性,问题是,其从中抽样的两总体间是否也存在这种相关性。设我们得到两组数据,其各自(有关变量观测值的)标准误也已算出。假设 q 成立时,依合并样本估算的总体间(有关变量的)相关系数为 ρ;而假设 q'成立时,依一个样本估算的总体间(有关变量的)相关系数为 ρ_1;依另一个样本估算的总体间(有关变量的)相关系数为 ρ_2。设这两组样本的容量分别为 n_1, n_2,且 $n_1>n_2$。为与"参数 ρ 必须在关于 q'的陈述中出现"这一规则保持一致,并考虑到 ρ_1, ρ_2 各自的估计标准误,在 q'成立时 ρ 可重新定义为

$$(n_1+n_2)\rho=n_1\rho_1+n_2\rho_2 \tag{1}$$

因 ρ_2 的取值范围是从 -1 至 $+1$,所以,对于给定的 ρ,ρ_1 的取值范围是自 $\{(n_1+n_2)\rho+n_2\}/n_1$ 至 $\{(n_1+n_2)\rho-n_2\}/n_1$,如果

$$-\frac{n_1-n_2}{n_1+n_2}<\rho<\frac{n_1-n_2}{n_1+n_2} \tag{2}$$

则 ρ_1 取值范围内的数都是可允许取值,ρ_2 的可允许取值区间长度为 2。但若

$$\rho>\frac{n_1-n_2}{n_1+n_2} \tag{3}$$

则对于

$$n_2\rho_2=(n_1+n_2)\rho-n_1 \tag{4}$$

ρ_1 将等于 1,而 ρ_2 的可允许值区间为自(4)式起至 1,亦即此一区间长度为 $(n_1+n_2)(1-|\rho|)/n_2$。若 ρ 太小以致不能满足(2)式,则这一取值区间也适用。以 c 记 ρ_2 的可允许值区间,即可得到有关的先验概率如下

$$P(q\,\mathrm{d}\sigma_1\mathrm{d}\tau_1\mathrm{d}\sigma_2\mathrm{d}\tau_2\mathrm{d}\rho\,|\,H)\propto \mathrm{d}\sigma_1\mathrm{d}\tau_1\mathrm{d}\sigma_2\mathrm{d}\tau_2\mathrm{d}\rho/\sigma_1\tau_1\sigma_2\tau_2, \tag{5}$$

$$P(q'\mathrm{d}\sigma_1\mathrm{d}\tau_1\mathrm{d}\sigma_2\mathrm{d}\tau_2\mathrm{d}\rho\mathrm{d}\rho_2\,|\,H)\propto \mathrm{d}\sigma_1\mathrm{d}\tau_1\mathrm{d}\sigma_2\mathrm{d}\tau_2\mathrm{d}\rho\mathrm{d}\rho_2/\sigma_1\tau_1\sigma_2\tau_2 c \tag{6}$$

相应的似然函数,就是上一章估计问题中关于 n 个观测值构造的似然(函数)之连乘积,和以前一样,我们可以用 $\alpha_1, \beta_1, \alpha_2, \beta_2$ 表出 $\sigma_1, \tau_1, \sigma_2, \tau_2$。因而有

$$P(q\,\mathrm{d}\rho\,|\,\theta H)\propto \frac{(1-\rho^2)^{(n1+n2)/2}}{(1-\rho r_1)^{n1-\frac{1}{2}}(1-\rho r_2)^{n2-\frac{1}{2}}}\mathrm{d}\rho \tag{7}$$

$$P(q'\mathrm{d}\rho\mathrm{d}\rho_2|\theta H)\propto\frac{(1-\rho_1^2)^{\frac{n1}{2}}(1-\rho_2^2)^{\frac{n2}{2}}}{(1-\rho_1r_1)^{n1-\frac{1}{2}}(1-\rho_2r_2)^{n2-\frac{1}{2}}}\frac{\mathrm{d}\rho\mathrm{d}\rho_2}{c}\tag{8}$$

$$\propto\frac{(1-\rho_1^2)^{\frac{n1}{2}}(1-\rho_2^2)^{\frac{n2}{2}}}{(1-\rho_1r_1)^{n1-\frac{1}{2}}(1-\rho_2r_2)^{n2-\frac{1}{2}}}\frac{n_1\mathrm{d}\rho_1\mathrm{d}\rho_2}{(n_1+n_2)c}\tag{9}$$

利用变换 $\rho=\tanh\zeta$,有

$$P(q\mid\theta H)\propto\int_{-\infty}^{\infty}\frac{\mathrm{sech}\zeta\mathrm{d}\zeta}{\cosh^{n1-\frac{1}{2}}(\zeta-z_1)\cosh^{n2-\frac{1}{2}}(\zeta-z_2)}\tag{10}$$

$$P(q'\mid\theta H)\propto\int_{-\infty}^{\infty}\int_{-\infty}^{\infty}\frac{\mathrm{sech}^{3/2}\zeta_1\,\mathrm{sech}^{3/2}\zeta_2}{\cosh^{n1-\frac{1}{2}}(\zeta_1-z_1)\cosh^{n2-\frac{1}{2}}(\zeta_2-z_2)}\frac{n_1\mathrm{d}\zeta_1\mathrm{d}\zeta_2}{(n_1+n_2)c}\tag{11}$$

从而有

$$P(q|\theta H)\propto\left(\frac{2\pi}{n_1+n_2-1}\right)^{1/2}\mathrm{sech}\frac{(n_1-\frac{1}{2})z_1+(n_2-\frac{1}{2})z_2}{n_1+n_2-1}$$
$$\exp\left\{-\frac{(n_1-\frac{1}{2})(n_2-\frac{1}{2})(z_1-z_2)^2}{2(n_1+n_2-1)}\right\}\tag{12}$$

$$P(q'|\theta H)\propto\frac{2\pi n_1}{(n_1-\frac{1}{2})^{1/2}(n_2-\frac{1}{2})^{1/2}(n_1+n_2)c}\mathrm{sech}^{3/2}z_1\,\mathrm{sech}^{3/2}z_2\tag{13}$$

$$K=\left\{\frac{(n_1-\frac{1}{2})(n_2-\frac{1}{2})}{2\pi(n_1+n_2-1)}\right\}^{1/2}\frac{(n_1+n_2)c}{n_1}\mathrm{sech}\left\{\frac{(n_1-\frac{1}{2})z_1+(n_2-\frac{1}{2})z_2}{n_1+n_2-1}\right\}\times$$
$$\cosh^{3/2}z_1\cosh^{3/2}z_2\exp\left\{-\frac{(n_1-\frac{1}{2})(n_2-\frac{1}{2})(z_1-z_2)^2}{2(n_1+n_2-1)}\right\}\tag{14}$$

如果我们还记得仅当 n_1,n_2 相当大,从而存在关于很小的 z_1-z_2 的临界值时才需作显著性检验这一点,上面的式子就可以再作些简化。因此,我们可以引入由下式决定的一个均值

$$(n_1+n_2-1)=(n_1-\frac{1}{2})z_1+(n_2-\frac{1}{2})z_2\tag{15}$$

并且近似地有

$$\rho=\tanh z\tag{16}$$

以及

$$\frac{(n_1+n_2)c}{n_1}=\begin{cases}\dfrac{2(n_1+n_2)}{n_1}\left(|\rho|<\dfrac{n_1-n_2}{n_1+n_2}\right) & (17)\\[2ex] \dfrac{(n_1+n_2)^2}{n_1 n_2}(1-|\rho|)\left(|\rho|>\dfrac{n_1-n_2}{n_1+n_2}\right) & (18)\end{cases}$$

$$K=\left\{\frac{(n_1-\frac{1}{2})(n_2-\frac{1}{2})}{2\pi(n_1+n_2-1)}\right\}^{1/2}\frac{(n_1+n_2)c}{n_1}\cosh^2 z$$

$$\exp\left[-\frac{(n_1-\frac{1}{2})(n_2-\frac{1}{2})(z_1-z_2)^2}{2(n_1+n_2-1)}\right] \tag{19}$$

通过确定上式常数部分的 $n_1, n_1-\frac{1}{2}$ 以及 $n_2, n_2-\frac{1}{2}$，我们可对该式作进一步的近似，于是可取

$$\left\{\frac{2(n_2-\frac{1}{2})(n_1+n_2-1)}{\pi(n_1-\frac{1}{2})}\right\}^{1/2}\qquad\left(|\rho|<\frac{n_1-n_2}{n_1+n_2}\right) \tag{20}$$

$$\left\{\frac{(n_1+n_2-1)^3}{2\pi(n_1-\frac{1}{2})(n_2-\frac{1}{2})}\right\}^{1/2}(1-|\rho|)\qquad\left(|\rho|>\frac{n_1-n_2}{n_1+n_2}\right) \tag{21}$$

以上所给的这些关于正态相关的显著性检验，可以方便地改写为等级相关检验。此时只需对估计出的 ρ 计算下式即可

$$1.0472(1+0.042\rho^2+0.008\rho^4+0.002\rho^6)$$

为符合 5.0 节(10)式的形式，本节(14)式常数部分要用 $1.0472(1+0.042\rho^2+0.008\rho^4+0.002\rho^6)$ 去除，而幂指数部分要用 $1.0472(1+0.042\rho^2+0.008\rho^4+0.002\rho^6)$ 的平方根去除。这个修正对于误差的改进很小，可以忽略不计。

5.6　组内相关系数。 同时获得几组数据且每组都含有 k 个成员，就需要考虑组内相关问题。若对某组的全体成员而言(该组数据关于某代表性数值的标准差为 τ)，存在一个同变变差而叠加在它上面的是另一个以 σ' 表示的变差，则这两个变差的比即可根据各组数据均值的变差与各组数据自身变差的比作出估计。$k=2$ 时，组中同一对成员(有关)数值之差的平方的期望为 $2\sigma'$，不同对成员(有关)数值之差的平方的期望为 $2(\sigma'^2+\tau^2)=2\sigma^2$。类比于简单相关系数，在这里可以引入相关系数 ρ，且若 x, y 为组中同一对

成员的(有关)数值,E 为给定总体参数时相应数据之差的平方的期望,则有

$$E(x-y)^2=E(x^2)+E(y^2)-2E(xy)$$
$$=2(1-\rho)\sigma^2$$

该式亦等于 $2\sigma'^2$。因此,

$$\rho=\tau^2/\sigma^2 \tag{1}$$

上式提供了 ρ 的一个定义,即使各组的成员都很多,这个定义也行得通。因为若每组有 k 个成员、σ 及 τ 均从期望值的角度保留其意义,则随机地从每组中抽取两个成员的做法同样也是有效的,所以对这些抽出的成员来说,以上的论证依然成立。因此,我们总可以将 ρ 定义成 τ^2/σ^2,亦即这两个变差的比与组数及各组内成员数目无关。以这种方式定义的 ρ 永远不会取负值。

布伦特(Brunt)[①]采用凯普汀(Kapteyn)的方法,将 m 视为对 x,y 起同样扰动作用的成分的数目(n 对 x,y 独立),对相关系数的含义作了一般性的分析。这时,相关系数 ρ 就等于 $m/(m+n)$,可以把它解释成相应的抽样比,其先验概率服从自 0 至 1 区间上的均匀概率分布。这对分析组内相关是有效的。因此,对于兄弟间身高的相关,可以假定有一种共同的遗传因素在起作用,并假定这一遗传因素的随机变动是由这些兄弟在成长期并非同居一处而引起的。在这种分析中相关系数出现负值的情况都被排除掉了;若想把负的相关系数也包括进来,就需要采用 2.5 节中给出的扩展分析法。不过,在许多情况下采用这里的方法足以胜任,而在普通相关和组内相关间也有很强的类比性。

组内相关所应满足的条件有两类。一类已由上文提及的兄弟间身高的比较作了说明,总的说来,我们可以预料来自不同家庭的家庭成员间的差别,会大于来自同一家庭的家庭成员间的差别。在关于农作物产量是否存在差别的假设检验中,也可以预料不同品种作物产量间的差别,会大于同一品种作物产量间的差别。在这两种情况下应用组内相关的比较方法是可以作出有意思的发现的,尽管在实践中组内相关是否存在的检验已由人们熟知的类似对估计问题的处理所取代了。在物理学中需要解决的问题,一般是去检测某种尚未被人知晓的扰动是否存在。利用由同一种方法得到的几组观测值,可以算出(感兴趣总体的)某一参数的几个独立的估计值,其间的

---

① 见 *Combination of Observations*,1931,p.171.

不确定性由这些估计值内在的一致性来决定;若单独对这些估计值进行比较而它们的波动却又有不同时,则它们之间的差别就会比预期的大。有时人们甚至可以据此作出某些新发现,但通常这些差别只是提醒人们不要盲目相信其计算精度而已。人们经常对大量观测值组合的正当性持怀疑态度,也不相信"大量观测值组合的均值的不确定性由 $n^{-1/2}$ 乘以一次观测算出的这种均值来决定"的断言。这种断言的成立依赖观测误差服从正态分布且它们全部独立这样的条件。如果它们并非全部独立,就需要对它们作进一步考察,尔后才能廓清"大量观测值组合均值的不确定性"所为何指。在现实的物理学研究工作中,物理学家会对"偶然性"误差和"系统性"误差作出区分,根据概率论有关计算规则,前者在许多观测值被合并后会变得很小,而后者在每个观测值中都会出现,在均值中也不会消失。因为某些系统变差为调和变差(或其他类型的变差),它们并非恒常不变而且也不能预测,所以系统变差的定义需要扩展。因此,我们指出"系统变差是与观测值有联系的量,若对一次观测而言该量的精确数值已为人所知,则在所有其他观测中它也一定能被准确计算出来。"然而,即使我们根据这个扩展的系统变差定义进行判断,也还是会发现有些误差既非如上定义的随机误差,也非(如上定义的)系统误差。由个人所致的观测误差即属于此类。众所周知,两个观测者由子午仪得到的观测数据通常并不一致,而是其中一人的观测数据(相对基准值而言)系统偏小,另一人则系统偏大。这样的误差称为"人为误差"(personal equation)。若它恒常不变,它就没有超出系统误差的定义范围,从而通常也就被当成系统误差来作处理;处理的方法是先将某观测者(自子午仪)读出的数据与训练有素的观测者或自动记录仪读出的同类数据进行对比,从而发现该观测者的系统观测误差,然后再从他读出的全部数据中减去这个系统误差。卡尔·皮尔逊[①]曾做过许多精心设计的试验,用以检验是否可以这种方式,即将每一观测者所得数据中的误差视为一个随机误差与一个恒常不变系统误差的组合,来对观测误差进行处理。试验条件模拟天文观测的两种真实类型,即观测者利用目测二等分一直线(其准确度如何最终须经标尺检验)以及观测某一事件的发生时间,而观测者记录下的事件发生时间是否准确,最终也须与自动计时器的相应记录加以比较。这两种试验分别模拟赤纬(declination)及一星体横过子午仪度盘时所用的时

---

① 见 *Phil. Trans.* A, 198, 1902, 235－99.

间。每种类型下的试验均由三个人完成，每人都大约进行 500 次相应的观测。把他们的观测数据进行分组(每组所含数据为 25 至 30 个不等)并计算相应的组平均数，就会发现这些平均数是有波动的，但其波动幅度(参考根据全部观测数据算出的标准差)，并不对应每组这 25 至 30 个观测数据平均值的随机波动，而是对应根据 2 至 15 个这种观测数据所得平均值的随机波动。因此，把这里的观测误差视为一个随机误差与一个恒常不变系统误差的组合，总的说来其分析是不充分的。非随机误差不是恒常不变，而是在不规则区间上不断地改变符号。它可以拟合在 −5 至 +5 之间各整数均可随机等距重复抽取时一变量所形成的曲线，而且，各整数值之间的数所对应的曲线上的点，利用多项式进行插值也可以得到。在这里随机性因素也是存在的，但(多项式)函数的连续性暗示在相邻插值点间存在相关性。

我愿用内部相关(internal correlation)既指组内相关，也指以上刚刚提到的那种相关。牛寇姆(S. Newcomb)将这种类型的误差称为半系统误差(semi-systematic errors)[①]，这在天文学上是很普通的术语。

通常，内部相关与"大量观测值组合的均值的不确定性，由 $n^{-1/2}$ 乘以一次观测算出的这种均值加以决定"这一惯常规则，会产生很大偏差，以致若事先不对该规则能否采用进行检查，就不能贸然采用这一规则。关于同一个观测者得到的一系列按时间排序观测值的内部相关，显然具有正态性，依我们目前的知识判断，这无须进行显著性检验。事实上，它可以简化成一个估计问题。显著性检验仅当特殊方法被用来消除内部相关而我们对其是否有效需要了解时才会进行。对此，"学生氏"[②]写到[③]："根据我个人的经验，我尚未遇到观测数据的取得不受其观测日期限制的情形；由此推知，关于同一现象同一天取得的一组观测数据比不是同一天重复取得的这组观测数据，十之八九会存在更强一些的相关性。同样可以推知，若有关的或然误差(probable errors)经由邻近时间点处一列观测数据算出，则大部分的非或然误差(the secular error)将被排除在外，而对于一般应用而言，这种或然误差又太小了。若观测对象足够稳定，则最好对同一观测对象多做几次例行观测以获取较多数据，并将这些数据在整个观测期间散布开来。"这里，

---

① 见 *Astronomical Constants*，1895，p.103.

② "学生氏"乃 W.L.Gosset 的笔名，他是著名的 t 分布的提出者——译注。

③ 这段话由 E.S.Pearson 引用，见 *Biometrika*，30，1939，228.

"学生氏"所言的观测数据均与物理或化学现象有关。而在天文学中借助于将大批观测数据并在一起的方法，可以十倍甚至百倍地降低天文观测数据的不确定性。天文学家根据经验知道对于他们所谓的"系统误差"必须小心对待，虽然许多这种误差属于我所说的内部相关。他们的做法是使星体的位置在同一个子午仪度盘上相对其他星体具有可比性，从而可使读数偏大或偏于子午仪度盘一侧的倾向，因读数之间的差别而得以取消，即使另一个子午仪度盘读数的偏向刚好相反也无所谓；利用对不同星体的比较，可以确定每个子午仪度盘的比例尺(the scale)；天文学家对以天计或以年计的观测数据非常小心，其目的是不能让它们对观测值造成系统影响；只要观测者不知晓某子午仪度盘上其所关心的系统误差符号为何即可，如此等等。地震学中曾有许多进展是通过所谓"特殊研究"取得的，即由某地震观测者收集一次地震的全部数据，由他本人解读这些数据并最终择要予以公开发表。毫无疑问，在这种"特殊研究"过程中，观测者个人的特点在每次观测中都会体现出来，这就使其观测的准确性大受怀疑。布伦(Bullen)和我对此的解决办法是，先读取各观测站分别记录下的数据，使任何观测者个人的特点对地震每一阶段的影响仅限于一个观测站，由此带来的观测数据间的差别就相互独立，从而可视作随机误差进行处理。在农业试验设计中，费舍及其追随者习惯将某些基础性系统影响尽可能准确地排除掉；所余影响不必一定具有随机性，但通过精心安排可使其对该试验所用处理之效果的估计具有随机性影响，借助于使关于主效应的正则方程尽可能正交的随机化试验设计，这是可以办到的。

现以欧洲及北美洲地震 P 波的比较为例对上述方法进行说明，观测地点散布在自北纬 22.5°至 67.5°这一范围；平均残差是根据试算表算出的。单位权重意味着标准差为 1 秒。

Δ	欧洲		北美洲		差	权重	χ^2
	均值	权重	均值	权重			
22.5	−0.2	4.7	+1.0	0.6	+0.8	0.5	0.3
23.5	−0.8	6.3	−0.1	0.6	+0.3	0.5	0.0
24.5	−1.1	3.1	+1.0	0.5	+1.7	0.4	1.2
25.5	−0.7	3.1	−0.2	0.9	+0.1	0.7	0.0

续表

Δ	欧洲		北美洲		差	权重	χ^2
	均值	权重	均值	权重			
26.5	+0.3	2.7	+0.1	1.0	−0.6	0.7	0.3
27.5	−1.0	0.8	+0.3	1.2	+0.9	0.5	0.4
29.0	−0.6	4.5	+0.3	2.0	+0.5	1.4	0.4
31.5	−0.2	5.3	+0.7	2.6	+0.5	1.7	0.4
34.5	−1.8	3.1	−0.6	2.8	+0.8	1.5	1.0
37.5	−0.8	1.8	+0.8	2.1	+1.2	1.0	1.4
40.5	+0.9	1.1	−0.5	1.3	−1.8	0.6	2.0
43.5	−0.7	1.9	−1.4	0.8	−1.1	0.6	0.7
46.5	−1.2	3.0	−1.5	1.0	−0.7	0.8	0.4
49.5	−1.8	1.6	−1.4	0.8	0.0	0.5	0.0
52.5	−1.0	2.5	−2.8	1.0	−2.2	0.7	3.4
55.5	−0.7	1.0	−2.5	1.1	−2.2	0.7	3.4
58.5	−1.0	1.2	−1.4	0.3	−0.8	0.3	0.2
62.5	−1.2	1.4	−0.9	2.5	−0.1	0.9	0.1
67.5	−1.3	1.2	−0.8	3.3	+0.1	0.9	0.1
							15.7

权重的分布若超出上表所列范围将会极为不同，根据这一事实，相应于对 P 波发生时间估计方式的轻微不同，即可预料欧洲及北美洲地震 P 波的观测数据中存在系统性差别。这种差别的加权平均为 $+0.4\text{s} \pm 0.3\text{s}$，它先被加到欧洲地震 P 波观测数据的均值上，其结果再从北美洲地震 P 波观测数据的均值中减去。最终结果就是上表（带有权重的）“差”的这一列数值。根据 19 行有关数据计算，得到

$$\chi^2 = \sum(\text{权重})(\text{差})^2 = 15.7$$

由此即可定出一个参数，因此，在原假设“观测误差具有随机性”下，χ^2 均值的自由度为 18。

乍一看，“差”这一列数的符号的分布好像具有系统性变差，但注意到，直至 31.5°这一行数据时，相应全部“差”加起来才等于 6.4，其加权平均为+

0.45 ±0.40,并不引人注意。最后五行的"差"的加权平均为-0.91 ± 0.58。事实上,这些"差"在表的开头几行都异乎寻常的小,其对χ^2值贡献之最大者也不过是1.2。总的看来,对χ^2值贡献的最大者也未超过3.4,然而,在有19行观测数据时,若原假设"观测误差具有随机性"成立,对χ^2值的贡献超过4的"差"的权重是应该出现的。

5.61 系统误差:进一步的讨论。为了简化,我们现以常见的加法性常数系统误差为例展开讨论。问题是要去弄清根据我们的理论这种系统误差的意义为何。因我们所关心的(有关)误差分布律的参数已确定为位置参数,故相应的最佳估计肯定是均值无疑。若此时误差相互独立,其标准差也由通常的公式正确给出,我们也已知晓当这些条件不满足时,如何对其进行修正。仅当我们知道均值的真确值不同于相应的位置参数时,系统误差才有意义。因此,系统误差是另一个(额外)参数,其是否真的存在须用假设检验予以验证。从认识论的角度看,"史密斯效应"和"史密斯系统误差"不存在差别;区别仅在于史密斯愿意接受前者而厌恶接受后者。如果史密斯对归纳推理有很好的理解,他就不会产生任何厌恶之心。人们已经充分认识到科学定律并非终极陈述,归纳推论也并非确定无疑,不可更改。对史密斯的朋友实验心理学家斯密泽(Smythe)而言,他的大部分研究兴趣可能正在于这些系统误差。重要的是要将这些结果表示出来以便更好地利用它们。对史密斯来说,通过仅肯定由观测数据支持的可调参数即可完成这一任务,具体地说,史密斯需要根据观测数据算出(有关)位置参数及其标准差的值。样本容量必须明确给出。仅提供标准差是不够的,因为我们不能保证在假设检验中绝对不会用到这些根据样本算出的(统计量的)数值,而且有关常数因子的计算也需要使用样本容量。可能两个位置参数的估计值均为$+1.50\pm0.50$,但一个是基于10个观测值计算的(标准差为1.5),另一个是根据90 001个观测值计算的(标准差为150),由此,在位置参数是否为零的假设检验中,即可分别得到$K=0.34$以及$K=4.3$这样两个数。一般地,K值的不同和统计检验的惯常做法(statistical practice)并无对应,但却和物理学家的感觉即"K值的这种差别仅是统计计算的结果而已,与物理现实无关"相对应。对于前者,在其据以计算位置参数估计值的全部观测值中,可能有8个为正值,2个为负值,具有明显的倾向性,若相对于假设"正负观测值出现的概率相等"进行检验,则将得到$K=0.49$这样的结果。而对于后者,在其据以计算位置参数估计值的全部观测值中,正、负观测值的数目则大致相等。我认为物理学家的上述感觉还是值得注意的,并认为 K 值的不同给物理学家的这种感觉提供了数量化的解释。只要观测误差的独立性经检验成立,则基于一大批原始观测值计算的样本均值(及其标准差)可以和基于少量精确观测值计算的样本均值及其标准差相等,故在估计问题中由小样本算出的样本均值及其标准差和由大样本算出的这些统计量的作用一样;但由小样本算出的这些统计量的数值在拒绝关于引入一个新参数(假设为零)的显著性检验时,其所提供的理由却弱得多。出现这种情况的真实原因在于,在估计问题中所需的估计量,其可能取值可在一较大区间进行挑选,而这一区间和所有不等于零的观测值的变差相一致,不同的 K 值乃是关于这种选择的(数量)容许范围。

不同方法下不同试验间的系统性差别,甚至同一方法下不同试验间的系统性差别,确实都存在。史密斯所观测到的事物和他最初想去观测的事物并非一回事,这是完全有可能的,其间的差别就是“史密斯系统误差”。待估量可能的确与实际所观测的量不一样。例如,气象学家想要观测大气压,但他实际所见的却是(气压计上的)水银柱高度。其转换需利用一条流体静力学规则,该规则虽未遭质疑,但对它的使用涉及观测地点的重力值及气压值,而它们都与(所用气压计的)水银密度有关。考虑到观测地点重力值及气压值与相应基准值的差别,在实测值中减去经计算得出的一个差量(即系统误差)就是允许的。再如,天文学家想要自地心观测某星体的方向,但该星体的观测方向受光的折射影响,因这一折射的数值是可以计算的(从而可以去除),故他作这种观测也是允许的。作这种修正所致不确定性的增加,仅表示这种修正本身的不确定性而已,而它又不难发现,所以常可忽略。

有待解决的问题是,我们应如何处理其归属尚未分明,其数值也未知的那些系统误差?一个常用的做法是,先申明系统误差可能的上下界,然后将其加到业已算出的表示不确定性的某一指标上去。若某估计量为 $a\pm s$,其系统误差可能介于 $\pm m$ 之间(m 通常大于 s),观测者即可认为后者相应于标准差 $m/\sqrt{3}$,而将他心目中的整体不确定表为 $\pm\left(s^2+\frac{1}{3}m^2\right)^{1/2}$;或更大胆些,将其表为 $\pm(s+m)$。这两种处理方法都明显不合需要。因为如果系统误差的存在与否尚无定论,则它有可能真的并不存在,原先所作的(有关)估计是正确的。如果系统误差存在,则在证明它存在的证据中必有关于其大小的量化估计，这种系统误差就是可允许的；因此，（有关）估计量之整体不确定性就等于 s 及经过修正的系统误差二者之和。无论在哪种情况下 s 都有其重要作用，应作单独申明，不可与 m 相混淆。m 的可能用处在于当所关心的误差存在与否尚未明确，因而其实际量化值也不知晓时，它能暗示一（有关）新参数可能的取值范围，当试验材料可用且试验可以重复时，该新参数之可取值范围即可用于和其他观测值系列作比较，以检验是否存在系统误差。审视我们处理误差的普通近似公式可知，关于 m 的量化表述不应纳入有关的标准差之中，而应纳入（有关）常数因子中（the outside factor）。若（有关）标准差被放大了 m 倍，而由 m 所暗示的误差又尚未经严格检验得到确认，则最终结果的不确定性就将被不合理地增大；若在检验显示 m 所暗示的误差存在，其实际量化值亦可算出时，将 m 的量化表述纳入（该有关）标准差中，则这样做根本不能披露 m 所暗示的误差。无论哪种情况，将 m 的量化表述纳入（有关）标准差中都将损失可作进一步探索的包含在观测值中的宝贵信息（参见 5.63 节）。若能做到将系统误差的可能取值范围表示出来也许有用，但它必须单独表出，不应使根据本身具有一致性的观测值算出的（有关）标准差变大，因为标准差无论在哪一种后续分析中都自有其价值。作归纳推理偶出差错并无大碍，而对这种差错我们又无法避免。不过，若在表述结果时所用叙述方式未能描述既有证据的特点，或者，未能给后来的研究人员留有进一步利用这些证据的余地，则作这种表述就非常有害。

5.62　组内相关的估计。绝大多数讨论该问题的论述，包括本书第一版在内，都假定被比较的类其所含成员的数目相同。因此，K 的计算可简化成一个单积分。这一假定在常见的生物试验“平衡设计”中（balanced designs）是得到满足的，而在其他领域的应用中，它很少得到满足。无论天文学家怎样精心设计观测程序，实施观测时通常也会受到云雾的干扰。即使在比较兄弟身高的案例中，（研究者）在不同家庭中抽取同样数目的兄弟这一做法也并无理论上的根据；之所以这样做只是为了分析的方便。常见的做法是使各组内成员的散布足够充分，从而使由此算出的关于随机误差的估计可以作为 σ 的相当准确的替代。因此，这时可以作如下假定：存在一个通用的位置参数 λ；共有 m 组观测数据，第 r 组的成员数为 k_r；存在一个第 r 组的位置参数 λ_r，其概率分布（以 λ 为中心）为标准差等于 σ 的正态分布；每组内的观测值都是以该组的位置参数（如 λ_r）为中心，其标准差为 σ 的随机数据。σ 的不确定性可以忽略不计；给定 τ，各 $\lambda_r-\lambda$ 相互独立——这是组内相关与系统变差的根本区别。所用数据是各组均值 x_r。根据假设，有

$$x_r=\lambda\pm\sqrt{\tau^2+\sigma^2/k_r} \tag{1}$$

其相应的似然函数为

$$L=(2\pi)^{-m/2}\prod_r(\tau^2+\sigma^2/k_r)^{-1/2}\exp\left\{-\frac{1}{2}\sum_r\frac{(x_r-\lambda)^2}{\tau^2+\sigma^2/k_r}\right\}\prod\mathrm{d}x_r \tag{2}$$

对 λ 及 τ 作估计，有

$$\frac{\partial}{\partial\lambda}\log L=\sum\frac{k_r(x_r-\lambda)}{\sigma^2+k_r\tau^2}, \tag{3}$$

$$\frac{\partial}{\partial\tau^2}\log L=-\frac{1}{2}\sum\frac{k_r}{\sigma^2+k_r\tau^2}+\frac{1}{2}\sum\frac{k_r^2(x_r-\lambda)^2}{(\sigma^2+k_r\tau^2)^2} \tag{4}$$

令(3)、(4)为0可得关于 λ 及 τ^2 的极大似然方程。为得到关于 λ 及 τ^2 不确定性的估计，需求(3)、(4)两式的二阶导数

$$\frac{\partial^2}{\partial\lambda^2}\log L=-\sum\frac{k_r}{\sigma^2+k_r\tau^2}, \tag{5}$$

$$\frac{\partial^2}{(\partial\tau^2)^2}\log L=\frac{1}{2}\sum\frac{k_r^2}{(\sigma^2+k_r\tau^2)^2}-\sum\frac{k_r^3(x_r-\lambda)^2}{(\sigma^2+k_r\tau^2)^3} \tag{6}$$

λ 的后验概率分布不会化为简单的 t 分布。若 τ 等于0，λ 的后验概率分布将变成具标准差为$(\sum k_r)^{-\sigma/2}$的正态分布。若 σ 等于0，λ 的后验概率分布将变成具 $m-1$ 个自由度的 t 分布。我们关心 σ 大于0小于∞ 的情形，故可盼 λ 的后验概率分布变成自由度大于 $m-1$ 的 t 分布。为估计这些自由度的数目，我们列出正态分布下相应 λ 及 σ 的求导数的几个式子。于是有

$$\log L=-n\log\sigma-\frac{n}{2\sigma^2}\{(\bar{x}-\lambda)^2+s'^2)\} \tag{7}$$

$$\frac{\partial}{\partial\lambda}\log L=\frac{n}{\sigma^2}(\bar{x}-\lambda) \tag{8}$$

$$\frac{\partial}{\partial\sigma^2}\log L=-\frac{n}{2\sigma^2}+\frac{n}{2\sigma^4}\{s'^2+(\bar{x}-\lambda)^2\} \tag{9}$$

$$\frac{\partial^2}{\partial\lambda^2}\log L=-\frac{n}{\sigma^2} \tag{10}$$

$$\frac{\partial^2}{(\partial\sigma^2)^2}\log L=\frac{n}{2\sigma^4}-\frac{n}{\sigma^6}\{s'^2+(\bar{x}-\lambda)^2)\} \tag{11}$$

当$\lambda=\bar{x}$,$\sigma=s'$时，(8)、(9)两式均为0；(10)式变为$-n/s'^2$，(11)式变为$-n/2s'^4$。因此，该似然函数在$\lambda\neq\bar{x}$,$\sigma\neq s'$，且对λ,σ有直至二阶导数时的表达式为

$$\log L=\text{常数}-\frac{n}{2s'^2}(\bar{x}-\lambda)^2-\frac{n}{4s'^4}(\sigma^2-s'^2)^2$$

但它只是反映t分布偏离正态分布之不确定性（以σ计）的表示式。若取(10)式的值在$\sigma^2=s'^2$时为$-A$，在$\sigma^2=s'^2\left(1+\sqrt{\frac{2}{n}}\right)$时为$-B$，则有

$$\frac{A}{B}=1+\sqrt{\frac{2}{n}},n=\frac{2}{(A/B-1)^2}$$

于是，相应t分布下的自由度数目为$n-1$，而其标准差s_a由下式决定

$$s_a^2=\frac{s'^2}{n-1}=\frac{n}{(n-1)A}$$

我们立即可将此结果代入(5)、(6)两式。我们对(6)式求出所需的极大似然解。(5)式的极大似然解就是$-A$；(5)式中由(6)式指明的τ^2标准差的变大可由$-B$表示。同样地，我们也可以推出λ近似服从t分布。

以下数据是对几组天体章动的修正（使其近似为常数），这些数据是由合并琼斯爵士(Sir H.Spencer Jones)提供的资料而得出的[①]，用以对上面的论述提供例证。各方程所应满足的条件由比较不同成对星体（的相应数据）来决定。单位章动取作0.01″；由内部比较所得单位权重的标准差为7.7。各权重k_r已舍入到个位整数。

k_r	x_r	$k_r(x_r-\bar{x}_r)^2$
44	−2.02	325
25	+3.52	200
23	+4.17	203
25	+0.11	8
8	−1.73	47
5	+4.89	90
3	+4.28	39
18	−0.82	41
		1 043

① M.N.R.A.S.98,1938,440−447.

诸 x_r 的加权平均值约为 $+0.69$，而 7 个自由度的 $\chi^2=1\,043/7.7^2=16.9$。这已超过 2%，故足以引起怀疑。在(作以上估计量计算前的)原始数据系列中，也显示出了类似的差异，其中的一个差异已超过 0.1%。通过对计算 χ^2 值贡献的分析也能确认这一点。对于随机变差来说，这些对计算 χ^2 值有贡献的数都不应与 k_r 相关。但事实上，此处对计算 χ^2 值贡献最大的三个数均来自表中 k_r 这一列的前四个数，而这正是组内相关存在时我们所能预见到的。所以接下来我们要对 τ^2 进行估计。

为得到 τ^2 的估计上界我们将它所取全部值的权数都视为相等，这样 σ^2 就可以忽略掉。τ^2 的简单平均值为 $+1.55$，这是一个警告，即在估计 λ 时若未将 τ 考虑在内，对 λ 的估计可能会严重有误，由此得到的残差将使 $\tau^2=8.8$。这个值太大了，因为全部变差中含有源于 σ 的部分。

记

$$w_r=k_r/(\sigma^2+k_r\tau^2)$$

为了这里计算的目的，取 $\lambda_0=+1.13$(由 $\tau^2=6.0$ 的首次试算值决定)，w_r 可以根据不同 τ^2 的试算值算出，结果如下表所示。

τ^2	$\sum w_r$	$\sum w(x_r-\lambda_0)$	$\sum w^2$	$\sum w^2(x_r-\lambda_0)^2$	$\sum w^3(x_r-\lambda_0)^2$	$\lambda-\lambda_0$	$\sum w_r-\sum w_{r2}(x_r-\lambda_0)^2$
3.0	1.151	−0.111	0.1963	1.316	0.246	−0.10	−0.165
3.5	1.060	−0.000	0.1642	1.103	0.186	−0.085	−0.043
4.0	0.984	−0.064	0.1398	0.936	0.144	−0.065	+0.048
5.0	0.865	−0.024	0.1059	0.712	—	−0.03	+0.153

根据(4)式，我们应作插值(运算)，所以有 $\sum w_r-\sum w_{r2}(x_r-\lambda)^2=0$。$\lambda$ 与 λ_0 间的差别可以忽略，由插值可得 $\tau^2=3.71$，而关于 $\lambda-\lambda_0$ 的插值为 -0.075，因此 $\lambda=+1.055$，而且

$$-\frac{\partial^2}{\partial\lambda^2}\log L=\sum w_r$$

$$-\frac{\partial^2}{(\partial\tau^2)^2}\log L=-\frac{1}{2}\sum w_r^2+\sum w_r^3\ (x_r-\lambda)^2=+0.091$$

于是，我们可取 $\tau^2=3.71\pm3.32$。分别用 $\tau^2=3.71$ 和 6.0 替换计算 $\sum w_r$ 时出现的 τ^2，可以相应得到 $\sum w_r$ 的值为 $+1.02$ 及 $+0.77$。而当 $\tau^2=7.03$ 时，

我们可以外推出 $\sum w_r = +0.66$,从而得到

$$n=\frac{2}{(1.02/0.66-1)^2}\approx 7, \qquad s_\lambda^2=\frac{7}{6\times 1.02}=1.14$$

将单位(章动)取作 1″,可得 λ 及 τ 的解

$$\lambda = +0.0105'' \pm 0.0107'', \text{6 个自由度}$$

$$\tau = 0.0193'' \pm 0.0073''$$

该解只是关于分析组内相关所用方法的一个说明。利用期望值所作的讨论也可以给出类似的解答[①],但琼斯爵士(Sir H.Spencer Jones)却能借此获得更多的细节。他发现了一个被忽略的系统误差,而对该系统误差予以适当考虑后,他便得到假设“所有误差相互独立”与试验计算结果间的令人满意的一致性,自然,其所获结果的精确度也大大提高了[②]。他算得的结果是

$$\lambda = +0.0034'' \pm 0.0062''$$

在此类问题中需要提出关于 τ 的显著性检验问题。注意到在假设 $\tau=0$ 下,x_r 的均值有标准差 $\sigma/\sqrt{k_r}$,而在另一个关于 τ 的非零假设下,x_r 的均值有标准差 $(\sigma^2/k_r+\tau^2)^{1/2}$。因此,对于小 τ^2 而言,J 的量级为 τ^4,不是 τ^2。所以,为应用计算 K 的近似公式,我们应作如下调整

$$K\approx\left(\frac{\pi n}{8}\right)^{1/2}\exp\left\{-\frac{1}{2}\tau^2/s_r^2\right\}$$

一如 5.31 节提示的那样;上式中 τ^2 前需要一个因子$\frac{1}{2}$,因为 τ^2 不可能取负值。

万有引力常数的确定提供了另一个例子,它说明了如果大量弃观测值于不用以及当全部变差非随机而合并估计量时所带来的危险。博伊斯(C.V.Boys)给出的引力常数值为 6.658×10^{-8}c.g.s.(厘米—克—秒制),而黑尔(P.R.Heyl)援引博伊斯的数据后(不作合并处理)指出,若不计因子 10^{-8},引力常数的简单平均为 6.663[③]。被黑尔平均的引力常数共 9 个,其中只有 2 个没被弃之不用,所以最终结果仅是 2 个引力常数(标准差未知)的

---

① 见 *M.N.R.A.S.*99,1939,206—10.

② 见 *Bur.Standards Res.J*.5,1930,1243—90.

③ 见同上著述之 221—16 页。

平均值。尽管如此，这两个被平均的引力常数对其后验概率分布的影响依然巨大；但若它们是从 9 个观测到的引力常数中挑选出来(计算引力常数的均值的)，则实际上已不可能得到其估计精度。黑尔用了金、铂及光学玻璃三组材料进行引力常数的测定，其试验结果如下(均值与标准差一并给出)。

		n
博伊斯的试验结果	6.663±0.0023	9
黑尔的试验结果		
利用金	6.678±0.0016	6
利用铂	6.664±0.0013	5
利用光学玻璃	6.674±0.0027	5

这些引力常数的估计值显然不一致。利用厄缶扭摆(the Eötvös balance)，黑尔研究了引力常数关于不同材料是否真的存在不同这一问题，但他并未找到其间的差别；而且，对于这种差别(如果有的话)也没有任何明确解释。上表中那些引力常数估计值的差别是如此之大，以致我们可以立即算出它们的简单平均值为 6.670，残差平方和为 165×10^{-6}，其中已为人知的(相应)离差方和为 17×10^{-6}。于是，上表中某一引力常数估计值系列的标准差即可取为 $(148/3)^{1/2}\times10^{-3}=0.0070$。把它和已知的系统变差并在一起，即可得到各个(引力常数估计值)系列的 σ^2：$10^{-6}(54,52,51,56)$。利用这些 σ^2 的倒数对引力常数估计值作加权平均，可以得到改进的引力常数估计值的均值，不过它和引力常数估计值的简单平均值几乎相等，故此处使用后者(即简单平均值)已经足矣，而其标准差可取为

$$10^{-3}\times\left(\frac{165}{3\times4}\right)^{1/2}=3.7\times10^{-3}$$

于是，引力常数的最终结果为 $10^{-8}\times(6.670\pm0.0037)$。但该结果事实上仅根据三个自由度算出，故关于其不确定性的均方根差的估计为

$$10^{-3}\times\left(\frac{165}{1\times4}\right)^{1/2}=6.4\times10^{-3}$$

(在有关研究中)当主要的不确定性源于引力常数时，这个量用起来最可使人放心。

5.63　令人生疑的理论与事实间(过于)严密的吻合。一般地,内部相关性或被忽略的系统误差都有使 χ^2 值或 z 值增大的倾向,而主要是缘于这个事实,χ^2 分布和正态分布的重要性才凸显出来。通常,若 χ^2 或 z 的样本值和其理论期望值相当吻合,原假设就被接受下来而无须再作进一步的检验。不过有时会出现 χ^2 值远小于其期望值的情况;类似地,若(取自正态总体)样本数据的波动中含有系统误差成分,则相比于此时的误差估计量而言,取负号的大 z 值就会出现;此外,当某一列测量值的标准差远小于已知的不确定性所暗示的数值时,这种情况也会出现。已有不少人注意到了这一现象。约尔和肯德尔的评论如下①:

> 仅仅 P 值小(P 值指出于偶然性而得到大 χ^2 值的概率)并不足以使我们怀疑我们所设立的原假设或所使用的抽样技术的合理性。很接近于 1 的 P 值也是如此。产生这种令人惊讶结果的原因在于:一个大 P 值通常对应一个小 χ^2 值,亦即理论与事实严密吻合。但这种吻合极其罕见——正如出现理论与事实极不吻合也非常罕见那样。我们不太可能得到理论与事实的严密吻合,理论与事实完全不搭界的情形也很难见到。而根据几乎同样的理由,如果出现了这种罕见情况,我们就必须对自己所采用的抽样技术提出质疑。简言之,理论与事实之间过于严密的吻合是不可信的。
>
> 对此陈述尚有怀疑的读者,可以考虑下面这个例子以消除疑惑。一位研究人员宣称,他掷了 600 次骰子,结果是他准确地掷出了 100 次 1、100 次 2、…、100 次 6。这正是理论的预期,$\chi^2=0$,$P=1$,我们应该相信他吗?如果我们对他很有了解,当然可以相信,但我们更应认为他这是幸运使然,这不过是“他做成功一件非常不可能的事”的换一种说法而已②。

费舍也写道③:

> 若 P 值介于 0.1 至 0.9 之间,当然无须怀疑原假设的正当性……

---

① 见 *Introduction to the Theory of Statistics*,p.423.

② 另一个极端的例子是,若一位桥牌玩家宣称仅由一次随机发牌,一手完全同花色的牌就会发到他手里,对此我们是不会相信的。更可能的情况是,或者此玩家撒谎,或者牌洗得不彻底。

③ 见 *Statistical Methods*.1936,p.84.

术语“拟合优度”(goodness of fit)使一些人误认为 P 值越大,原假设被认可的程度越高,越令人满意。曾有人报道过大于0.999的 P 值,对于这样的 P 值,即使原假设成立其出现的可能性也只有千分之一。一般地,这种结果的出现多源于对公式的使用不当,但小于某理论期望值的 χ^2 值偶尔也能见到……这时原假设肯定不真,就像 P 值为0.001时原假设不真一样。

费舍自己提供了一个讨论孟德尔遗传学经典论文中有关数据分析的惊人案例[①]。在所有情况下孟德尔的数据(于根据试验数据计算的标准差范围内)都和理论预期的遗传因子组成比例相吻合,具有84个自由度的 χ^2 加总值等于41.6,比此值更小的 χ^2 出现的概率仅为0.00007。孟德尔设计了两个试验,通过自花授粉,他在这两个试验中区分了纯合子及杂合子形状显著时的豌豆状况,并从中各取10株子代进行种植。由杂合子自花授粉的概率可知,其具有易区分性状并能稳定遗传的可能性为 $\frac{3}{4}$,全部10株子代都具这种性状的概率即为 $(0.75)^{10}=0.05$,因而大约会有5%杂合子的形状不能被试验检测到,而这种数目很可能被低估了。为了对此进行校正,费舍发现孟德尔的试验数据和“一个纯合子占优∶两个杂合子占优”(one pure to two mixed dominants)这一不正确的比例太过吻合,而这恰好暴露出它们和正确比例的差别。费舍猜测孟德尔有一个过分热情的助手,该助手太过清楚孟德尔所盼的结果,于是便将试验数据作了修改使之更符合孟德尔的预期,甚至在孟德尔已经忽略一个可导致纯合子与杂合子比例(1∶2)产生较大偏离的并发性状时,该助手依然自行其是。

如果只有一个自由度需要检验,理论预期与试验数据高度吻合情形之产生就并非异乎寻常——如果两组试验数据反映的是同一个现象,则最有可能出现的结果就是两个有关估计值在舍入误差范围内的一致,尽管其概率的量级等于此舍入误差对这两个估计值标准差的比(率)。只有在这种高度吻合的情形持续出现时,对其产生怀疑才有理由。相应于84个自由度 χ^2 的诸可能值为 84 ± 13,不是0。若与原假设不同的种种(备择)假设都属于此处所讨论的类型,则一个过小的 χ^2 值总能构成不利于这些(备择)假设的证据。遗憾的是,另一种类型的备择假设是存在的。因为人们有利用朴

① 见 *Annals of Science*, 1, 1936. 115－37.

素因果论表达（思想）的倾向，故理论与事实间的明显差别常在（有关）数据的展示中进行简化处理。没有受过统计学训练的人士常会低估由机遇导致的理论预期与试验数据的偏离，因此，一个纯随机的结果常被他们视为系统误差而接受下来，而显著性检验的结论并不支持他们的看法，这样一来，这种“不当看法”就会时常见诸科学杂志，直至有人正确地重复进行实验对其进行修正为止。类似地，如果某研究人员相信一个理论，他就会先入为主地认为若一组观测值有可觉察到的不同于其理论的预期值时，一定是这批观测值出了差错，甚至经过仔细检查后确知这批观测值的变差尚属随机变差，他依然还会固执己见；所以，这批数据很可能在得到展示之前就遭到拒绝，或者被人为地作了修改。这种倾向更加危险，因为人们这样做时可能真的是无意而为的。在孟德尔的试验中，由于存在作为对照标准的理论比例值，故得到这样的一个 χ^2 值是过于小了，这正是费舍发现的孟德尔试验结果的不当之处。

采用本章的观点就这些案例进行显著性检验尚未能进行。如果对人性中的撒谎倾向具有一些先验知识，则这种知识肯定会对（这里的）显著性检验有用处，不过我认为这种先验知识目前还尚有待汇集。

5.64　亚瑟·爱丁顿爵士（Sir Arthur Eddington）宣称，他已从纯粹认识论出发推出了许多可测物理量的数值。我认为他之所以这么说，至少部分地源于他已将许多观测数据嵌入到他所谓的“认识论”中去的事实[①]；但这并非是大多数物理学家不同意接受爱丁顿观点的主要原因。不过，将有关观测数据与爱丁顿在其《物理学原理》中推出的相应理论值作一比较，还是令人感兴趣的。爱丁顿把光速、里德伯常数[②]及法拉第常数[③]作为最基本的物理量，从而推出了许多其他物理量。作为比较，我在下表中列出爱丁顿

---

① 见 Phil.Mag.(7),32,1941,177－205.

② 里德伯(Johannes Robert Rydberg,1854—1919)，瑞典物理学家，光谱学中里德伯公式的发现者；根据国际科技数据委员会(CODATA)2002年的观测结果，里德伯常数 $R_\infty=1.0973731568525(73)\times10^7 m^{-1}$。该常数在光谱学和原子物理学中有重要作用，它既是计算原子能级的基础，也是联系原子光谱和原子能级的桥梁——译注。

③ 法拉第(Michael Faraday,1791—1867)，英国物理学家、化学家，法拉第常数的发现者，该常数代表每摩尔电子所携带的电荷；现在人们一般认为法拉第常数是96485.3383±0.0083C/mol——译注。

的观测数据(*Obs.*)和他的理论计算值(*Calc.*)(只保留了主值数值,10 的幂次部分因和目前的讨论关系不大略去了);不确定性用“或然误差”(*P.E.*)表示,其数值应和主值数值的末位对齐;因在计算 χ^2 的某个阶段需要乘以因子$(0.6745)^2$,故在表的最后一列中出现了这一因子的倒数。

	Obs.	*P.E.*	*Calc.*	*Obs.*−*Calc.*	$(0.6745)^{-2}\chi^2$
e/m_0c(利用电子偏转测量)	1.75959	24	1.75953	+6	0.1
e/m_0c(利用分光镜测量)	1.75934	28	1.75953	−19	0.5
$hc/2\pi e^2$(精细结构常数)	1 370.009	16	137.000	+9	0.3
m_p/m_e(质子电子质量比)	1 836.27	56	1 836.34	−7	0.0
M(氢原子质量)	1.67339	31	1.67368	−29	0.9
m_e(电子静质量)	9.1066	22	9.1092	−26	1.4
e'(基本电荷)	4.8025	10	4.8033	−8	0.6
$\hbar'$(普朗克常数)	6.6242	24	6.6250	−8	0.1
$\hbar/e'$(普朗克常数基本电荷比)	1.3800	5	1.3797	+3	0.4
κ(引力常数)	6.670	5	6.6665	+3.5	0.5
$n'-H'$(中子与氢原子质量之差)	0.00082	3	0.0008236	−0.4	0.0
$2H'-D'$(2 倍氢原子与氘质量之差)	0.001539	2	0.0015404	−1.4	0.5
$4H-He$(4 倍氢原子与氦原子质量之差)	0.02866	?	0.02862±4	+4	≤1.0
μ(质子磁矩)	2.7896	8	2.7899	−3	0.1
μ_n(电子动量矩)	1.935	20	1.9371	−2.1	0.0
					≤6.4

此表的数据略去了一些,我只保留了我认为是基于独立试验所获得的那些数据。如此一来,我算出的 χ^2 值尚不大于 2.9。这很荒谬,因为在 15 个自由度下,χ^2 分布的 99%的上侧分位数应为 5.2。

如果不假设 3 个物理常数作为已知,而是根据 18 组观测值(注意到其标准差)利用最小二乘法去这估出这三个物理常数,这在理论上会更合理些。但结果却差别不大,因为这些观测值的标准差比人们所拟采用的那些物理常数要小许多;唯一的差别是 15 个自由度下的 χ^2 值会稍微变小些。

上表中许多物理常数的观测值都建立在很少数目的自由度之上,例如,引力常数 κ 就是根据 3 个自由度计算的。在这种情况下假设观测误差服从正态分布而使用 χ^2 会导致严重错误(参见 2.82 节);但允许在自由度很小时计算物理常数的这种习惯做法又会带来 χ^2 期望值的增加,从而使更精确的检验倾向于给出更大的 χ^2 预测值。因此,对这两种明显的统计(计算方面)的瑕疵进行修正,势必会加大物理常数理论值与其观测值之间的差异;所以,虽然那些物理常数的观测值与爱丁顿的理论预期有很好的吻合,但这和爱丁顿的理论——如果它果真正确——也没有什么关系。

对爱丁顿的计算结果有两种可能的解释。第一种解释是,在许多物理学家看来爱丁顿的理论从头到尾都站不住脚,他是对观测数据作了很有技巧性的操纵后才得到其想要的结果的。可能物理学家们的这一批评是对的,但应该指出我认为爱丁顿的理论与任何量子论相比,在决断性与合理性方面均毫无逊色。爱丁顿所需做的,乃是要全面重新陈述他算出的物理常数与经验的关系,包括要说明为何在某些情况下必须采用他所用的分析方法不可。

另一种解释涉及物理常数观测值的"或然误差"。许多这种"或然误差"都未能建立在统计学的基础上展开讨论,反而是允许杂有一些系统误差,而这恰是(本书)5.61 节所摒弃的。十之八九,爱丁顿这里的所谓"或然误差"都两倍甚至三倍于适当统计学意义下的误差。特别地,一些物理常数的估计值是合并若干不同观测值(允许它们不相符合)而得到的,但这些不同观测值的自由度数目却从不提供,以至于若不根据全部原始观测数据重新计算,就无法判断它们是否存在不相符合的情况。若误差没被人为放大,则一个正常的 χ^2 值能被算出还是可能的。无论如何,只有对实验数据重新做过检查而排除掉人为误差后,才有可能接受上述对爱丁顿计算结果的第一种解释。

5.65　在计数数据的有关试验中,标准差仅由与独立性统计有关的计数数字决定。而对于计量数据,问题就复杂得多,因为观测者都想使(有关被测量的样本)标准差小一些,但该标准差的大小乃是未知的,只能根据有关残差的大小做出判断。事实上,在估计问题中根据一次观测得到的有关被测量的样本标准差并无太多用处;在估计问题或检验问题中真正可派大用场的,乃是估计量的标准误(差)。在某些类型的抽样调查中,现在已能做到使由一次观测得到的(有关被测量的)样本标准差大幅变小,而无损有关估计量的估计精度。我们用下例对此进行说明。

有人投了一组骰子，出现6点的骰子面略去不计，出现其余各面时都将从其点数中减去3。于是，可以得到随机排列的、含有-2至$+2$的一组数（数据系列A）。对该数据系列可作直至4阶的差分运算，并据此得到B，C两列平滑值，这三组数据如下表所示[①]。相应地，A，B，C三组数据各表列值的平方和依次为88，18.9，29.7[②]。对数据系列A作平滑处理极大地降低了残差的幅度；若仅依此判断则可知数据系列A的标准差在这两种平滑方法下都会变小，只分别达到原来数值的0.46倍及0.58倍。但事实上，如果我们想得到一个基于均值的且长于5个相邻数字的总括性数字，我们并不能对数据系列A的标准差做出任何改进。因为，如果数据系列A的5个相邻数值为x_{-2}，x_{-1}，x_0，x_1，x_2，则在（平滑）方法B下，x_0的1/4将加到第二、第四个数上，x_0的1/2将加到第三个数上；从而使x_0对这5个数的贡献还是x_0自己，无任何改变。而在方法C下，x_0的$-1/12$将加到第一、第五个数上，x_0的1/3将加到第二、第四个数上，x_0的1/2加到第三个数上。同样，这时这5个数的加总值也没有任何变化。相邻数据并不能带来总括性数值的变化，相邻数据的范围越大，其对相应总括性数值的影响越小。

A	B	C	A	B	C	A	B	C
0			+2	+1.0	+0.8	−2	−1.0	−1.8
+2			0	+1.0	+1.5	−2	−1.0	−1.7
−2	−0.8	−0.8	+2	+0.5	+0.2	0	−0.5	−0.4
−1	−0.5	−0.5	−2	−0.2	−0.8	0	−0.2	−0.2
+2	+0.2	+0.3	−1	−0.5	−0.7	−1	−0.2	−0.1
−2	−1.0	−1.1	+2	+0.8	+0.8	+1	0.0	−0.2
−2	−1.0	−1.2	0	+0.8	+1.2	−1	0.0	+0.2
+2	−0.5	+0.7	+1	0.0	−0.4	+1	+0.2	+0.1

---

① 关于B，C这两列数据的计算，原文的描述是"…one by adding 1/4 of the second difference, one by subtracting 1/12 of the fourth difference"，其含义在此处的语境中很难确定，姑且采用翻译中的"减字法"处理之，原书作者其后关于B，C这两种数据平滑方法做了一些说明，可供参考——译注。

② 这些数字和理论期望值精确吻合。

续表

A	B	C	A	B	C	A	B	C
0	0.0	+0.2	−2	−0.5	−0.4	0	+0.2	+0.5
−2	−1.0	−1.2	+1	+0.2	0.0	0	−0.2	−0.2
0	−0.2	−0.2	+1	+1.0	+1.5	−1	−1.0	−0.8
+1	+0.2	+0.5	+1	+0.2	+0.2	−2	−1.0	−0.8
−1	−0.8	−0.9	−2	−1.0	−1.2	+1	−0.5	−0.8
−2	−1.0	−1.1	−1	−0.5	−0.6	−2	−0.8	−0.3
+1	0.0	−0.2	+2	+0.8	+1.0	0		
0	+0.8	+1.2	0	0.0	+0.2	−2		

也可能出现这种情况,即我们得到一组数据,而这组数据乃是某独立变量的线性函数,从而使上表中的数据系列 A 成为舍入到某一计量单位的随机误差[①]。这时,基于这些随机误差相互独立的最小二乘解依然有效。如果利用某种平滑方法使之成为数据系列 B 或 C,则相应的最小二乘解不会改变;但若仍假定随机误差相互独立,则最小二乘解的表观精度(the apparent accuracy)就会过高,因为这种情形下全部数据系列真实的不确定性乃是由数据系列 A 决定的。平滑方法 B 的作用是,如果关于某数值(它独立于其余相邻数值)的误差为 x_0,它将使这些相邻数值的误差含有 $x_0/4$,$x_0/2$,$x_0/4$ 这样的成分(component errors)。因此,虽然平滑方法能够对原始数据起到一些修匀作用,但代价却是引入了相邻误差间的相关;而且,如果这些误差由数据系列 B 或 C 所决定,则其带来的对独立性的偏离就构成与基于独立性假设所得表观精度相比较时,实际最小二乘解精度降低的原因。

手边有了合适的数据后,在采用"观测误差相互独立"的假设之前,最好实施一个显著性检验,因我们对该假设是否成立永远不会有十足的把握。不过"观测误差相互独立"这个假设常能通过检验,这就使对观测误差的标准差的估计成为有效。如果该假设成立的可能性存在,它就应得到利用,不可废弃。在某些类型的观测数据中,由于存在相邻观测误差间的相关性以致观测数据的准确性虚假地偏高,这乃是一个真正的危险。例如,在地震观

① 实际上这类随机误差得自均匀分布而非正态分布,但其确切分布如何不影响这里的讨论。

测中,一个细心的观测者会反复读取其地震观测记录(每次读取后都要算出相应的残差),以便得到"准确"的数值;在这种条件下实际上他不可能避免他的读数不会受相邻观测点数据的影响。而当存在若干分立的观测值系列时,如果在其观测结果中出现不同寻常的高度吻合,就会导致更大的危险;此时,人们若有关于每个(基于"观测误差相互独立"假设的)观测值样本的标准差的知识,就不会做出对观测值准确性太高的断言。

有时,观测误差独立性的缺失可通过比较不同观测值系列的具体取值加以检查;我们可能会得到很大的 χ^2 值,而不同数据间的差别提供了关于这些数据系列波动性的有效估计,尽管计算建立在不多的样本自由度之上(自由度当然大一些为好)。即便如此,因利用先前的有关知识而导致拒绝某些观测值的情况也可能发生,因此观测误差间的这种独立性检查也不能奏效了。如果保留这种独立性的检验,则每一个观测值系列都必须独立地化简才行。不然,数据处理开始时存在的误差以后很难再被发现。

5.7 正态误差律的检验。观测误差的分布通常充分靠近正态分布,致使观测值少于大约 500 个时很难对其是否偏离正态分布作出检测。遗憾的是,这并未表明对观测误差的分布为正态时所适用的处理方法是否也适用于其他的分布;同样,对于只有三四个样品值(components)的二项分布,或(样品值不多的)三角分布,在样本容量小的情况下,个别极端值会对相应分布的参数估计产生远大于其对正态分布参数估计的影响。不言而喻,二项分布应与正态分布进行比较(服从正态分布的随机变量应在相等的区间上取值)。许多据信是支持正态分布的观测值系列都已被公开发表。皮尔逊在其最早的关于 χ^2 的论文中表明,某些此类观测值系列其实和正态分布相去较远,应视为否定它们服从正态分布的证据。为了对此进行验证,我自己也分析了九个有关的数据系列[①]。其中的六个数据系列来自皮尔逊的实验(见 327 页)。还有一个数据系列来自邦德(W.N.Bond),他利用稍微偏离焦点的移测显微镜记录下了 1000 多次照明狭缝数据。这些狭缝均被固定不变,每次读取数据后移测显微镜都将被拉离目视范围,从而使得观测误差尽可能的相互独立。这样做是模拟对光谱线的测量,即在不计被测物体形状的条件下,记录一星体横过子午仪度盘时所用的时间。另外两个很长的残

① 见 *Phil.Trans.*A.237,1938,231—71;*M.N.R.A.S.*99,1939,703—9.

差数据系列是晚些时候赫尔梅博士(Dr.H.R.Hulme)提供给我的，这些数据是他在格林尼治天文台分析纬度观测值变差时得到的。对我而言，他们两人的数据具有特殊意义，因为这些数据均为实际现象的观测结果，并不止于仅用来检测(观测误差)是否服从正态分布；而皮尔逊设计的试验，乃是旨在将观测者所得数据中的误差视为一个随机误差与一个恒常不变系统误差的组合来对观测误差进行处理，对观测误差是否服从正态分布的检验倒是第二位的。所以，皮尔逊列出的那些残差系列可能在与公开发表的那些支持正态分布的观测值系列进行比较时有人为选择之嫌——他只挑出了符合其心目中标准的那些残差值。

和正态分布相比，皮尔逊分布族Ⅶ型对 $m=1$ 会给出 J 为无穷的结果；而皮尔逊分布族Ⅱ型对任何的 m 都会给出 J 为无穷的结果，但我们可以修改皮尔逊的定义，方法是(根据皮尔逊分布族Ⅱ型描述)略去概率为 0 的那些随机变量取值区间，从而使 J 依然为有穷，只在 $m\to1$ 时 J 才变为无穷。对我们来说使用 5.31 节给出的近似公式已经足够了。参数 μ 的极大似然解(关于我所用的那九个观测数据系列)，对皮尔逊分布族Ⅶ型而言它等于 $1/m$，对皮尔逊分布族Ⅱ型而言它等于 $-1/m$，均由下表列出。

		w	μ	K
皮尔逊试验：目测二等分一直线	1	500	$+0.111\pm0.037$	0.31
	2	500	$+0.04\pm0.04$	17
	3	500	-0.225 ± 0.057	0.0116
观测某一事件的发生时间	1	519	$+0.230\pm0.057$	0.0083
	2	519	$+0.163\pm0.050$	0.140
	3	519	-0.080 ± 0.049	7.5
邦德：照明狭缝试验数据		1 026	$+0.123\pm0.051$	2.2
格林尼治天文台：纬度观测数据	1	4 540	$+0.369\pm0.020$	10^{-72}
	2	5 014	$+0.443\pm0.018$	10^{-130}

此表 9 行数据中的 6 个所给出的 K 均小于 1，3 个小于 0.01，即使可做 5.04 节所述的(关于备择假设的)选择，也改变不了这一结果，但是，这样做时较大的 K 值会自然变得小一些。还可以做另一种核查。如果观测误差(人为误差除外)是随机的且服从正态分布，则由 25 个一连串观测值算出的那些平均值应能从某一正态分布——标准差为由全部观测值算出的标准差

的 1/5——得到。如果 γ^2 为有关观测比(the observed ratio)的平方,它应差不多等于 0.04。在每种情况下皮尔逊给出的数列其 γ^2 都来得大些,其数值在 0.066 及 0.550 之间。关于两个标准差比较的显著性检验($n_1=20$,$n_2=480$),显然在每种情况下都会使 K 远远小于 1。对此,一个可能的合理解释为,若观测误差服从皮尔逊分布族Ⅶ型,尽管它们相互独立,根据有限数目的观测值算出的平均值,其波动幅度也比相应正态分布下算出的均值的波动幅度来得大。如果这一解释正确,则 γ 的值应随 μ 的变大而变大。但实际情况刚好相反。将 μ 的值按降序排列,我们便得到下表。

		μ	γ^2	r
观测某一事件的发生时间	1	+0.230	0.066	0.16
	2	+0.163	0.100	0.24
目测二等分一直线	1	+0.115	0.093	0.23
	2	+0.04	0.36	0.57
观测某一事件的发生时间	3	−0.080	0.140	0.32
目测二等分一直线	3	−0.225	0.550	0.72

r 定义为 $\sqrt{\gamma^2-0.04}$,它是根据(多列)25 个观测值算出的标准差,其在各次计算中均无变化的占比估计。μ 与 r 间的相关系数为 −0.92①,因 μ 与 r 都各有其相当的不确定性,故此种系数可视为代表了 μ 与 r 之间的某种全相关。如果我们视各观测值权重相等,则可用最小二乘法拟合一条直线如下:

$$\mu=+0.273\pm0.093-(0.62\pm0.22)r$$

这些结果意味着 μ 的变小和前后一连串观测误差相关性变大有密切关系,而且意味着如果存在相互独立的一组观测误差,它们也会满足 m 介于 2.7 与 5.5 之间的皮尔逊分布族Ⅶ型的条件。

邦德的观测数据暗示,m——对应(有关的)标准差——的取值限制在 5.7 至 14 之间;而得自格林尼治天文台那两组(纬度)观测数据的 m 的取值,一组限制在 2.6 至 2.9 之间,一组在 2.2 至 2.4 之间。m 的取值实际上是有差别的,对此可有一个很显而易见的解释。皮尔逊和邦德的观测数据

① 依表中数据计算 μ 与 r 间的相关系数应为−0.82——译注。

都是同一个观测者得到的，其观测条件也尽可能地保持不变。而得自格林尼治天文台那些观测数据却是由不同观察者在不同条件下得到的。这将自然导致观测精度的变化。如果将几组同质但精度不同的观测数据联合在一起展开分析（它们甚至源自正态分布），我们必能得到一个取正值的 m。因此，如果是在整齐划一的条件下（uniform conditions）对纬度进行观测，则自格林尼治天文台所得观测数据的 μ 值就显得太大了。看来，对于整齐划一的观测条件而言，如果观测误差相互独立，并且存在合适的 m 值，则此 m 值很可能介于 3 和 5 之间。

和正态分布的这种偏离是很严重的。我们已经看到（见 226 页）若 $m<2.5$，通常对标准差之波动性的估计根本就不能用了，而出现小于 2.5 的 m 值也并非不可能。因此，我们遇到了两个问题：其一，正态分布假定（或其他暗示正态分布的假定）之使用，使众多观测值得到了简化，但此时我们需要一种方法，以便对有关总括性指标的准确性进行重新评估；其二，一组观测值所含数据充分多从而能自行给出决定 m 的有用方法，这种情况并非常见；但如果我们假定 m 的一个一般值，我们就能建立一个规则用以处理（利用极大似然）所含观测值很少的数据系列，从而可对相应的 t 值作出大致调整。

若取

$$\lambda = \bar{x} \pm \left\{ \frac{\sum (x-\bar{x})^2}{n(n-1)} \right\}^{1/2}$$

则其中的误差项的波动可用期望值作粗略估计。若 μ_2 及 μ_4 分别为相应分布的二阶矩、四阶矩，则对皮尔逊分布族Ⅶ型而言，有

$$\beta_2 = \frac{\mu_4}{\mu_2^2} = 3\,\frac{m-\frac{3}{2}}{m-\frac{5}{2}}$$

当 $m=4$ 时，β_2 等于 5，而当 m 为无穷时，β_2 等于 3。同样地，

$$\sigma^2(\mu_2) = \frac{\mu_4}{n} - \frac{n-3}{n(n-1)}\mu_2^2 = \frac{\mu_2^2}{n}\left(\beta_2 - \frac{n-3}{n-1}\right)$$

对正态分布而言，该式等于 $2\mu_2^2/(n-1)$。当 $m=4$ 时，该式约等于 $4\mu_2^2/(n-1)$。因此，若把均值和均方差（the mean-square deviation）作为（相应分布参数的）估计量，当 $m=4$ 时，观测误差的概率分布将近似于自由度为 $(n-1)/2$ 的

t 分布。

若取 $m=4$ 并通过极大似然法，即采用 4.31 节(10)、(11)两式估计 λ 及 σ，则给出一张关于量 w——它作为 $(x-\lambda)/\sigma$ 的函数——的数表会带来方便，w 的定义如下

$$w^{-1}=1+(x+\lambda)^2/2M\sigma^2$$

$(x-\lambda)/\sigma$	w	$(x-\lambda)/\sigma$	w	$(x-\lambda)/\sigma$	w
0	1.000	2.4	0.482	4.8	0.189
0.1	0.998	2.5	0.462	4.9	0.183
0.2	0.993	2.6	0.442	5.0	0.177
0.3	0.983	2.7	0.424	5.1	0.171
0.4	0.970	2.8	0.406	5.2	0.165
0.5	0.955	2.9	0.389	5.3	0.160
0.6	0.937	3.0	0.373	5.4	0.155
0.7	0.917	3.1	0.358	5.5	0.150
0.8	0.894	3.2	0.344	5.6	0.146
0.9	0.869	3.3	0.330	5.7	0.141
1.0	0.843	3.4	0.317	5.8	0.137
1.1	0.816	3.5	0.305	5.9	0.133
1.2	0.788	3.6	0.293	6.0	0.130
1.3	0.760	3.7	0.282	6.1	0.128
1.4	0.732	3.8	0.271	6.2	0.122
1.5	0.705	3.9	0.261	6.3	0.119
1.6	0.677	4.0	0.251	6.4	0.116
1.7	0.650	4.1	0.242	6.5	0.112
1.8	0.623	4.2	0.233	6.6	0.109
1.9	0.598	4.3	0.225	6.7	0.106
2.0	0.573	4.4	0.217	6.8	0.104
2.1	0.549	4.5	0.209	6.9	0.101
2.2	0.525	4.6	0.202	7.0	0.099
2.3	0.503	4.7	0.195		

同样地，我们有

$M=2.6797, m/M=1.49$

在实践中将 w 舍入到两位数也无妨。

肖夫奈特(Chauvenet)[①]曾记录下测量金星半径时得到的一组残差,与此同时,他也考虑了拒绝某些极端观测值的问题。下面这张表就是按升序排列的、以弧秒计的这组残差的数值及其 w:

残差						w	
−1.40	.	.	.	.	.	0.5	
−0.44	.	.	.	.	.	0.9	
−0.30	.	.	.	.	.	1.0	
−0.24	.	.	.	.	.	1.0	
−0.22	.	.	.	.	.	1.0	
−0.13	.	.	.	.	.	1.0	
−0.05	.	.	.	.	.	1.0	
+0.06	.	.	.	.	.	1.0	
+0.10	.	.	.	.	.	1.0	
+0.18	.	.	.	.	.	1.0	
+0.20	.	.	.	.	.	1.0	
+0.39	.	.	.	.	.	0.9	
+0.48	.	.	.	.	.	0.9	
+.063	.	.	.	.	.	0.8	
+1.01	.	.	.	.	.	0.6	
						13.6	

如果已经完成对两个未知参数的估计,则通过简单计算可知 $\sigma=0.572''$。这就暗示了 w 的一组值。由此可算得 λ 的估计值为 $+0.03''$,这是可以忽略的,而

$$\sum w(x-a)^2 = 2.73$$

① 见 *Spherical and Practical Astronomy*, 2, 562.

σ^2 的二次近似为

$$s^2=\frac{1.49}{13}\times2.73=0.313, s=0.559''$$

利用这些数值再做一次计算，可知权重 w 的第一位小数并未改变，因此不需再做第三次近似了。为了得到一个有效的自由度数目，我们将 $n=13$，$\sigma=0.65$代入 4.31 节(11)式，从而有

$$-\frac{\partial^2}{\partial\lambda^2}\log L=\frac{4.4}{0.091^2}=48; n'=\frac{1}{2}\times0.559^2\times48=7.5$$

为估计 a 的不确定性，将 $\lambda=+0.30$ 代入 4.31 节(10)式；此式右端的加总值变为-2.78，并且

$$-\frac{\partial^2}{\partial\lambda^2}\log L=\frac{1.49}{0.559^2}\times\frac{2.78}{0.27}$$

故有

$$s_\lambda=0.143$$

因而最终的近似结果为(自由度等于 7)

$$\lambda=+0.03\pm0.14$$

肖夫奈特所用的标准使他拒绝了两个极端观测值而得到 $\sigma=0.339$。由此所致的样本均值的标准差为 0.094。但 $\sigma=0.56$ 时，15 个观测值中大于 σ 的残差有 3 个，大于 2σ 的残差有 1 个。这结果无论对皮尔逊Ⅳ分布族或正态分布而言都是合理的。若排除掉两个极端观测值并取 $\sigma=0.34''$，则 13 个观测值中有 4 个会大于 σ，无一个会大于 2σ。这结果对于正态分布来说也是合理的。正态分布本身不能决定肖夫奈特拒绝两个极端观测值的方法与此处所用方法何者更为合适。但我要指出，通过与其他观测值系列的比较可知，只要在作实际观测记录时无特殊理由怀疑某些观测值的合理性，则此处所用的方法更值得推荐。即使极端值被正确地排除掉了，但根据 11 个自由度估算出的 σ，由费舍的 z 值表可知，也存在着 σ 比被估计量大 1.5 倍或更大倍数的可能性。如果有(更多)观测值被排除掉，这种可能性会随之增加。

由基于中位数的粗略估计可知(中位数与误差分布独立)，在上述肖夫奈特给出的按升序排列的那组残差值序列中，中位数为其中的第八个数即

+0.06,对应此中位数标准差[①]的界限为$(15/4)^{1/2}=1.9$个观测值那么远的距离。就此作插值运算,得到对应此中位数标准差的界限为-0.12及+0.17这两个数,所以,肖夫奈特给出的那组残差值(所服从的分布)之中位数将位于+0.03 ±0.145处。此中位数的标准差恰好和皮尔逊Ⅳ型分布族的对应数值相当吻合。

只要无法在保留全部观测值和排除掉若干观测值之间做出取舍,350页的权重表就可以派上用场。m 的差错对 a 或 σ 的第一次近似均无影响这一事实保证了即使 m 不等于4,假设"m 等于4"也不会产生严重误差。虽然大残差的重要性被极大地降低了,但伴随残差序列的加长而使权重发生了缓慢变化,这就防止了(样本)均值的大的变动,而这种均值是有可能受到被排除掉观测值的影响的。

5.8　稀有事件独立性检验。有关稀有事件的原假设常取"在观测值的某一区间内稀有事件出现的次数服从泊松分布"这种形式。人们已经考虑过两种偏离泊松分布的情况,而且均得到负二项分布的结果。但这两种情况都多少有些造作(artificial)。此外,泊松分布参数的任何变化或任何(稀有)事件成组而非单独出现的现象,常都会导致这一分布变得更为分散从而更像一个负二项分布。泊松分布有许多应用,其最大的优点是用一个参数即可明确作出叙述和定义。(两个简单泊松分布的叠加将涉及三个参数,其中的两个用来描述这两个单独的泊松分布,一个用来描述包含在这两个泊松分之一的那部分机遇的大小;因此共有两个新参数。)若观测值支持使泊松分布变得更为分散(这种情况),则无论如何泊松分布都是不合适的,我们应该进而考虑是否负二项分布更能令人满意。

泊松分布是 $n\to\infty$ 时负二项分布的极限。若取2.4节(13)式的形式,则负二项分布的参数 r 存在相应的充分统计量,而 n 不存在相应的充分统计量。但在显著性检验中我们主要关心取小值的新参数(是否具有显著性),因此可用 $1/n=\nu$ 表之。

负二项分布为

---

① 一般地,对服从正态分布的随机变量而言,在样本容量较大时其样本中位数的标准差约为 $1.253\sigma/\sqrt{n}$;但若分布非正态,则计算相应样本中位数的标准差就十分困难,此时可采用随机模拟方法求出样本中位数的抽样分布——译注。

$$P(m|r',n,H)=\left(\frac{n}{n+r'}\right)^n \frac{n(n+1)\cdots(n+m-1)}{m!}\left(\frac{r'}{n+r'}\right)^m \tag{1}$$

设在一试验序列中数值 m_k 出现了 n_k 次。于是

$$L=\left(\frac{n}{n+r'}\right)^{n\sum nk} \prod\left[\frac{n(n+1)\cdots(n+m_k-1)}{m_k!}\right]^{nk}\left(\frac{r'}{n+r'}\right)^{\sum m_k n_k} \tag{2}$$

$$\frac{1}{L}\frac{\partial L}{\partial r'}=-\frac{n\sum n_k}{n+r'}+\sum m_k n_k\left(\frac{1}{r'}-\frac{1}{n+r'}\right)$$

$$=-\frac{n\sum n_k}{n+r'}+\frac{n\sum m_k n_k}{r'(n+r')} \tag{3}$$

故 r' 的极大似然解为

$$r'=\frac{\sum m_k n_k}{\sum n_k} \tag{4}$$

如此,数值 m_k 出现次数的均值即为与 n 无关的充分统计量;在泊松分布的极端情形下我们已经得到过这一结果。但 r' 的标准差的估计是依赖于 n 的。

为对上述负二项分布和泊松分布做比较,现在我们构造 J,泊松分布是

$$p_m=P(m|r,H)=e^{-r}r^m/m! \tag{5}$$

若 n 很大,我们有

$$\log\frac{p'_m}{p_m}=-n\log\left(1+\frac{r'}{n}\right)+r+m\log\frac{r'}{r}-m\log(n+r')+\sum_{s=0}^{m-1}\log(n+s)$$

$$\approx -n\log\left(1+\frac{r'}{n}\right)+r+m\left(\log\frac{r'}{r}-\log\frac{n+r'}{n}\right)+\frac{m(m-1)}{2n}, \tag{6}$$

$$J\approx\sum\left\{m\left(\log\frac{r'}{r}-\log\frac{n+r'}{n}\right)+\frac{m(m-1)}{2n}\right\}(p'_m-p_m)$$

$$=(r'-r)\left(\log\frac{r'}{r}-\log\frac{n+r'}{n}\right)+\frac{1+\frac{1}{n}}{2n}r'^2-\frac{r^2}{2n}$$

$$\approx\frac{(r'-r)^2}{r}+\frac{1}{2}\frac{r^2}{n^2} \tag{7}$$

我们已经看到 r' 和 ν 为相互正交的参数。这也是我们选择如此形式的负二项分布的一个好处。

因 $\nu\geqslant 0$,由 5.31 节所给出的 K 的近似算式应该为下述形式

$$K\sim\left(\frac{\pi N}{8}\right)^{1/2}\exp\left(-\frac{1}{2}\frac{\nu^2}{s_\nu^2}\right) \tag{8}$$

其中,N 为试验次数,ν 及 s_ν 均用样本估计值代之。此种 K 的算式用于 $\nu > s_\nu$ 的情形;若 $|\nu| < s_\nu$,(8)式中的常数因子会变大,在 $\nu=0$ 时它趋于 $(\pi N/2)^{1/2}$。若 ν 小,则 s_ν 应近似取为

$$s_\nu = \frac{1}{r}\sqrt{\frac{2}{N}} \tag{9}$$

在普鲁士军队士兵被战马踢死的例子中(70 页),我们有

$$N=280, \qquad r=0.700$$

利用最小 χ'^2 解出 ν 并视 r 业已给定,可得

$$\nu=+0.053\pm0.074,$$
$$K\approx 10\exp(-0.26)\approx 8$$

这个解是粗略解;由(9)式给出的 s_ν 应约为 0.12,此处的 $s_\nu(=0.074)$,差别较大,原因就在于 ν 的后验分布远非正态。但无论如何,普鲁士军队士兵被战马踢死的数据资料肯定了泊松分布,更细致的检验没必要再做了。

类似地,在放射性物质裂变的例子中,我们有

$$N=2\ 680, \qquad r=3.87, \qquad \nu=-0.0866\pm0.0951$$

由此算出的样本标准差为 0.072。因 ν 的估计量非负,我们在(8)式中用 2 而不用 8(作常数括号中的分母)

$$K>60$$

故泊松分布得到强烈肯定。

纽博尔德女士(Miss E.M.Newbold)关于工人在厂房内出工伤的年度数据和泊松分布偏离很大,但却能被负二项分布很好拟合①。用最小 χ'^2 拟合的纽博尔德女士的两个工伤年度数据系列(的代表性数值),若采用这里的符号表示就相当于②

$$r=0.835\pm0.058, \qquad n=0.99\pm0.17; \qquad N=447;$$
$$r=3.91\pm0.21, \qquad n=1.54\pm0.20; \qquad N=376.$$

在这里,ν 均几倍于其标准差且其后验分布应近似于正态分布。显著性无

① 见 *J.R.Stat.Soc.*90,1927,487—647.

② 见 *Ann.Eugen.*11,1941,108—14.

需计算也能看出是显然的。但第一个数据系列提供了更多工人出工伤的数字(相对负二项分布的预期而言),这表明对于这个问题来说,尽管负二项分布较泊松分布更好些,用负二项分布拟合这一数据系列也并非完全合适。事实上,工人的年工伤事故率为 0.978,这与用最小 χ'^2 法计算的 r 差别还是很大的,虽然平均工伤事故率为一充分统计量。

5.9 新函数的引入。设已得到量 y 关于变量 x 取不同值时的一组观测值。根据原假设 q,y 的概率分布与 x 的概率分布相同。而根据 q',y 的概率分布(出现了一个位移)由依赖于 x 的一个位置参数所决定,例如,x 的线性函数或调和函数 $a\sin\kappa x$。除可调系数 α 外,我们假设该位移是可以确定的。现在情况有些复杂了,因为 x 的值可以人为选定,且 J 即使在(可调)系数不变时也会随 x 的不同而不同。因此我们需将不同的 J 值总括成一个单一 J 值。

在此类问题中,x 的概率分布可视为是确定的,独立于(可能被引进的)新参数;x 的取值可能由并不包含 y 的某些概率分布得到,也可由试验人员自行选定。若为后者,有关的先期知识 H 必须视为含有决定所需 x 取值的信息。设 x 在区间 δx_r 取值 x_r 的概率为 p_r,又设给定 x_r 时 y_r 发生的概率为 $f(x_r,\alpha,y_r)\delta y_r$。于是,对一次普通的观测而言(a general observation),有

$$P(\delta x_r,\delta y_r)=p_r f(x_r,\alpha,y_r)\delta y_r \tag{1}$$

而对整个观测值系列而言,则有

$$\begin{aligned} J &= \sum\sum\log\frac{f(x_r,\alpha+\Delta\alpha,y_r)}{f(x_r,\alpha,y_r)}p_r\{f(x_r,\alpha+\Delta\alpha,y_r)-f(x_r,\alpha,y_r)\}\delta y_r \\ &= \sum p_r J_r \end{aligned} \tag{2}$$

其中,J_r 由给定 x_r 时对 y_r 发生的概率进行比较而得到。

这里特别要对正态相关——将 y 视为对 x 的回归——进行考虑。对给定的 x,σ,τ 将 3.10 节(15)式应用于 2.5 节(9)式,可有

$$\begin{aligned} J_x = &\frac{1}{2}\left[\sqrt{\frac{1-\rho^2}{1-\rho'^2}\frac{\tau}{\tau'}}-\sqrt{\frac{1-\rho'^2}{1-\rho^2}\frac{\tau'}{\tau}}\right]^2+ \\ &\frac{1}{2}\left\{\frac{1}{\tau^2(1-\rho^2)}+\frac{1}{\tau'^2(1-\rho'^2)}\right\}(\rho'\tau'-\rho\tau)^2\frac{x^2}{\sigma^2}, \end{aligned}$$

$$J=\int \frac{1}{\sqrt{2\pi}\sigma}\exp\left(-\frac{x^2}{2\sigma^2}\right)J_x\mathrm{d}x$$
$$=-2+\frac{1}{2}\frac{1-2\rho\rho'\tau/\tau'+\tau^2/\tau'^2}{1-\rho'^2}+\frac{1}{2}\frac{1-2\rho\rho'\tau'/\tau+\tau'^2/\tau^2}{1-\rho^2} \tag{3}$$

这正是 3.10 节(40)式当 $\sigma=\sigma'$时的结果。

如果 x 的一组全部离散值其发生的概率皆相等,则(2)式就是 J_r的加权平均。我们很容易将这种平均推广到 x 在某区间的取值服从均匀分布的情形。

若 x_r的值共有 n 个且每个发生的概率都相等,而总的观测次数为 nm,则我们可以期望对每个 x_r均做 m 次观测。如果全部 x_r均被事先固定,这时我们取 J_r的平均值也仍然是合适的。因为如果我们根据 x 的全部观测值代入公式计算 J,则结果一定是$\sum J_r$。而若我们对每个 x 的值做 m 次观测(并代入公式计算 J),结果将变为 $m\sum J_r$。如果我们想将结果尽量与"对每个 x 的值做 m 次观测"相对应,而这些 x 值均可望依各自的概率出现,则$m\sum J_r$应除以 mn。

同样,若 x_r观测值的数目很大,且其出现的顺序(order)可视为随机,则在这(x_r观测值的)随机顺序的任何地方,任一 x_r的出现都是等概率的,而且这些概率近乎独立。此时我们可以直接应用(2)式。

这两种情形的区别在于,对于前者,我们是就可能发生的 x 取值进行平均;对于后者,我们是对业已发生的那些 x 取值进行平均。需作这种区分的场合我们以前曾以其他方式讨论过,这些方式各有各的适用环境。例如,在研究考虑经纬度的降雨量的变化时,我们可以采用的方法有三种。(1)使用随机数表决定雨水的收集地点,地点确定后即行安装雨量计。因该地区每个地方都有可能被选中,故计算该地区 J 的平均值是正确的。(2)按等距的经纬度安放雨量计以覆盖这一地区。这时,对各个雨水收集站应取 J 的均值,但若和该地区的长宽度相比,各雨水收集站的距离很小,则这种距离对 J 的均值不会带来什么影响。(3)直接利用该地区现存的雨水收集站。同样,对各个雨水收集站也应取 J 的均值。其真确值在给定 α 后将不同于(2)中的相应值。例如,该地区现存的雨水收集站可能全部建在其南部。当采用方法(3)时,这种情况的出现是应该予以考虑的。此时,关于该地区北方的雨水收集情况全无资料;但存在只需利用南部雨水收集站即可解决全部问题的强烈暗示。(1)及(2)两种方法暗示 J 所受的影响相当大时,利用(一地区)全部的雨水观测数据才有可能将这种影响探测出来,仅利用一部分数据是不行的。事实上,试验设计的选择依赖有关的先期知识,关于不同 J 值(作为 α 的函数)的选择,表达的是同样的先期知识。例如,在关于某恒星视差的显著性检验中,我们能够而且必须考虑这样的事实,即我们是在地球上而不是在与被观测恒星有联系的另一颗行星或另一遥远星云做此观测的。

在物理学研究中,人们通常采用的方法类似上述的方法(2)和(3)。方法(1)则用于和人口统计有关的调查活动之中。与方法(3)相比,方法(1)的优点是它把系统波动而非直接被考虑的对象作了随机化处理。例如,在实际中雨量计通常安装在较低地点,但若采用方法(1)和(2),较高地点也会有机会被选中而安装雨量计。在某些问题中,方法(2)和方法(1)一样也有不足,虽然在这里的问题中没有这种不足(参见 4.9 节)。

我们在下面将采用方法(2)和(3),并在 α 给定时取 J 的总括性数值作为(一个或多个)独立变量被观测值的均值。

5.91 设给定 t_r时,建立在假设 q 上某变量的测量值服从下述分布

$$P(\mathrm{d}x_r \mid q, \sigma, t_r, H) = \frac{1}{\sqrt{2\pi}\sigma}\exp\left(-\frac{x_r^2}{2\sigma^2}\right)\mathrm{d}x_r \tag{1}$$

而在假设 q'上该变量的测量值所服从的分布为

$$P(\mathrm{d}x_r \mid q', \sigma, \alpha, t_r, H) = \frac{1}{\sqrt{2\pi}\sigma}\exp\left\{-\frac{[x_r - \alpha f(t_r)]^2}{2\sigma^2}\right\}\mathrm{d}x_r \tag{2}$$

因此

$$J_r = \alpha^2 f^2(t_r)/\sigma^2 \tag{3}$$

$$J = \alpha^2\, \overline{f^2}(t_r)/\sigma^2 \tag{4}$$

(4)式右端函数上的横杠表示该函数对观测值 t_r取平均。为构造 n 个观测值的似然(函数),我们得到的指数幂为

$$-\frac{1}{2\sigma^2}\sum\{x_r - \alpha f(t_r)\}^2 \tag{5}$$

令 a 为使似然函数有稳定点解的 a 值。显然

$$a = \frac{\sum f(t_r)x_r}{\sum f^2(t_r)} \tag{6}$$

因此(5)式变为

$$-\frac{1}{2\sigma^2}\left\{\sum f^2(t_r)(\alpha-a)^2+\sum[x_r-af(t_r)]^2\right\} \tag{7}$$

(4)式和(7)式在检验某(单一参数的)真确值是否等于 0 时作用完全一样；我们只须取此真确值为 $\alpha/\sqrt{\overline{f^2(t_r)}}$ 即可。其估计值为 $a/\sqrt{\overline{f^2(t_r)}}$，(7)式中第二个求和号乃是对残差平方和求加总值。因而，与正态误差率有关的全部检验可以方便地作出改进以应对作为观测值系列函数的显著性检验问题。

5.92　原有函数的留用(allowance of old functions)。在大多数实际场合，我们并不是单纯从随机误差的角度去分析观测值的变化以及分析有关的观测值的函数。通常，我们已知其他一些系数可调函数——甚至是一个加性常数——也和我们手头的问题有关。这些系数本身均须由实际观测值予以确定。假设这些系数为已知，而且我们也有相当把握认为它们具有线性性，因而其微小变化会带来变化 $\alpha_s g_s(t_r)(s=1,\cdots,m)$。新函数 $f(t)$ 绝不能被 $g_s(t)$ 线性表出；若它能被 $g_s(t)$ 线性表出，则它所带来的任何变化均可等价地由 α_s 的变化表出。于是我们可以假定减去一个合适的 $g_s(t)$ 的线性组合以后，$f(t)$ 可表成与 $g_s(t)$ 正交的函数。如此，关于 $\alpha_s(s=1,\cdots,m)$ 的问题就变成一个纯粹的估计问题，而在有关的先验概率中因子 $\prod d\alpha_s$ 必定会出现 1。对此进行积分将导致建立在 q 及 q' 上的相应后验概率出现因子 $(2\pi\sigma^2)^{m/2}$，而关于 σ 作积分则会和以前一样将使 5.2 节(22)式右端第二个因子的指数 $-\frac{n}{2}+1$ 被 $-\frac{1}{2}(n-m)+1=-\frac{1}{2}(\nu-1)$ 所取代。但关于这新参数(即 σ)作积分会积出 n，而且它不会变化。所以，相应于 5.2 节(22)式的渐近公式为

$$K\sim\sqrt{\frac{\pi n}{2}}\left(1+\frac{t^2}{\nu}\right)^{-\frac{\nu}{2}+\frac{1}{2}}$$

一般说来，n 比 m 大，用 ν 代替 n 也不会导致(计算)精度损失。

作为例子，我们考虑地心与测震点间直至 20°张角距离的地震 P 波的

传播时间[①]。从距离的观点看，在此范围内测震点的分布极不均匀；理论分析表明，在对具幂次的距离项 Δ 作 P 波传播时间的展开分析时，展开式中应包括常数项及关于 Δ 及 $(\Delta-1^\circ)^3$ 的项，但不包括 $(\Delta-1^\circ)^2$ 项。于是问题就变为地震观测数据是否支持 $(\Delta-1^\circ)^4$ 这一项。函数 F_4 由下式决定

$$F_4=\frac{1}{10\ 000}(\Delta-1)^4-a-b\Delta-c\ (\Delta-1)^2$$

a,b,c 的选取应使 F_4 与常数、Δ 及 $(\Delta-1^\circ)^3$ 这三者在其测震处正交。根据 384 个观测数据建立的最小二乘解给出以秒计的 F_4 的系数为 -0.926 ± 0.690。因 $n=384$ 从而使计算 K 的公式中有关项的幂指数充分大，故可以采用 K 的渐近公式；如此便有

$$K=\left(\frac{\pi\times 384}{2}\right)^{1/2}\exp\left(-\frac{0.926^2}{2\times 0.690^2}\right)=24.6\exp(-0.9005)=10.0$$

因此，在地心与测震点 20°张角距离内，$(D-1^\circ)^4$ 这一项无须引入的优比约为 10∶1，如果它被引入我们很有可能失去一些估计的准确性。（即在约 20°张角距离时解的特点会发生改变，亦即若包括 20°张角在内多项式近似解将变为无效；所以，将解限制在只对 20°张角距离内的观测值起作用是必需的。）这是对 1.61 节所述原则应用的又一个例子。没有理由假设最终展开式中必须含有三次方项，该项存在的理由仅在于它能对应（测震点）有薄地质层（一层或多层），且每层都相当均匀，这些薄地质层位于 P 波传播速度与地震深度呈线性增加的区域。由上层地质层的结构导致引入 $\Delta-1^\circ$ 而非 D，并导致引入那一时刻的常数项。具有三个可调常数的 P 波传播时间的展开式，应足以表示(1)并非任何情况下都允许根据观测数据引入展开式中的四次方项，故任何可允许的展开式一定具有三个常数；(2)这样的展开式如果有效，一定能使 P 波的传播时间与三次方项所给出的（P 波的传播时间）密切吻合。

---

① 在测震学中，距震中在 1000 公里以上的地震称为远震。如果把测量点作为地球的一极，穿过地心和测量点相对应的为另一极，中间的距离按照和地心与测量点之间的张角划分为 180 度，故距震中在 10 度以内的地震称为近震，10 度～105 度的为远震，105 度以上的称为极远震。对于远震和极远震，不能再像近震一样认为地震波是直线传播的，必须考虑地震波在传播时的折射。从震源发出，一路不断折射传播过来的纵波叫作 P 波，它也是远震测量中的首达波——译注。

5.93　与同一参数有关的两组观测值。经常会出现这样的情况,即两个可测量的量 x,y 基于假设 q' 以下述方式相关,

$$x=\alpha f(t)\pm\sigma,\qquad y=k\alpha g(t)\pm\tau \tag{1}$$

其中,$f(t),g(t)$为已知函数,其关于 x,y 的均方(mean squares)都等于1,而 k 为一已知常数。例如,在关于恒星视差的测量中,x,y 可为适当赤经、赤纬处的视扰动(the apparent disturbances),其理论值为它们的未知视差与两个已知时间函数的乘积。这两个时间函数的均方值不必相同;因此,如果利用(1)式常数 k 就是必需的。设 σ,τ 为已知,我们有

$$J=\frac{\alpha^2}{\sigma^2}+\frac{k^2\alpha^2}{\tau^2} \tag{2}$$

$$P(\mathrm{d}\alpha\,|\,q'H)=\frac{1}{\pi}\frac{A\,\mathrm{d}\alpha}{1+A^2\alpha^2} \tag{3}$$

其中,

$$A^2=\frac{1}{\sigma^2}+\frac{k^2}{\tau^2} \tag{4}$$

令 a,b 为由 x,y 的观测值计算的关于 α 的极大似然估计,s'^2,t'^2 为关于 x,y 观测值的均方残差;从而有

$$P(q\,|\,\theta H)\propto\exp\left\{-\frac{n(s'^2+a^2)}{2\sigma^2}-\frac{n(t'^2+k^2b^2)}{2\tau^2}\right\} \tag{5}$$

$$P(q'\,|\,\theta H)\propto\int\exp\left\{-\frac{ns'^2}{2\sigma^2}-\frac{nt'^2}{2\tau^2}-\frac{n(a-\alpha)^2}{2\sigma^2}-\frac{nk^2(b-\alpha)^2}{2\tau^2}\right\}\frac{1}{\pi}\frac{A\,\mathrm{d}\alpha}{1+A^2\alpha^2} \tag{6}$$

式中的指数幂在

$$\alpha=\frac{a/\sigma^2+k^2b/\tau^2}{1/\sigma^2+k^2/\tau^2} \tag{7}$$

处取得最大值,所以,我们近似地有

$$P(q'\,|\,\theta H)\propto\sqrt{\frac{2}{\pi n}}\exp\left\{-\frac{ns'^2}{2\sigma^2}-\frac{nt'^2}{2\tau^2}-\frac{nk^2(a-b)^2}{2(\tau^2+k^2\sigma^2)}\right\} \tag{8}$$

$$K\sim\sqrt{\frac{\pi n}{2}}\exp\left\{-\frac{na^2}{2\sigma^2}-\frac{nk^2b^2}{2\tau^2}+\frac{nk^2(a-b)^2}{2(\tau^2+k^2\sigma^2)}\right\}$$

$$=\sqrt{\frac{\pi n}{2}}\exp\left\{-\frac{n\,(a\tau^2+k^2b\sigma^2)^2}{2\sigma^2\tau^2(\tau^2+k^2\sigma^2)}\right\}$$

$$=\sqrt{\frac{\pi n}{2}}\exp\left\{-\frac{(a/s_a^2+b/s_b^2)^2}{2(1/s_a^2+1/s_b^2)}\right\} \tag{9}$$

其中，s_a，s_b分别为a，b的标准差。

k很大或很小时，上式中的幂指数变为$-\frac{1}{2}nk^2b^2/\tau^2$或$-\frac{1}{2}na^2/\sigma^2$，这并不出乎我们的意料。对于既不偏大也不偏小的$k$，根据$a$，$b$符号的相同或相反，$K$的值可以差别很大，这同样也在我们的预料之中。

5.94 某事件的发生机遇连续偏离均匀分布。一事件(在某可测量的量之取值区间)发生的机遇常为连续且服从均匀分布。因此我们可以提出"这种机遇是否和所暗示的分布产生了偏离"这样的问题。例如，我们可以问"地震次数的逐年变化是否有递增趋势"，或者"某次大震后其逐日余震是否显示出此次地震已不再服从均匀分布"。这里的原假设为地震的发生次数服从均匀分布。因此，可以选择变量x的一个线性函数t，使之在x的下限处趋于0，在x的上限处趋于1。一事件在区间$\mathrm{d}x$上发生的概率为$\mathrm{d}t$，而n个事件(假定其相互独立)在其各自区间上发生的概率为$\prod(\mathrm{d}t)$。

此时我们对备择假设q'的陈述应多加小心。假设一事件在区间$\mathrm{d}t$上发生的概率为

$$\{1+\alpha\, f(t)\}\mathrm{d}t \tag{1}$$

很是自然，其中，$f(t)$为一给定函数且$\int_0^1 f(t)\mathrm{d}t=0$。在$\alpha$很小时，(1)式的成立没有问题，但当$\alpha$较大时依然假设概率的变化(对任何的$t$)还与同一个常数成比例就不再合理。假设我们有一圆盘，在其转动时我们将手中的弹珠向它落下。若圆盘水平转动，则下落的弹珠服从方位角为θ的均匀分布。若圆盘在方位$\theta=0$上稍有倾斜，则下落弹珠的概率会近似服从(1)式但$f(t)=\cos\theta$。而若圆盘倾斜很大，则几乎全部弹珠都将落在圆盘的低端处，落在高端处的概率近乎为0，所以，其分布与$f(t)=\cos\theta$，α取值任意的(1)式完全不同；若取$\alpha>1$，我们将得到取负值的概率，若取$\alpha\leqslant 1$，取值介于$\frac{1}{2}\pi$和$\frac{3}{4}\pi$的θ的概率就不会太小。如果圆盘有更大倾斜，则几乎全部弹

珠都将落在圆盘低端的一点处。如此,借助一个和 $\cos\theta$ 精确成比例的外力,相对任何给定的倾斜度,弹珠下落的概率分布都会和均匀分布有所偏离,其偏离幅度最大可达几乎使全部弹珠都落在圆盘低端的一点处的程度(由方位角 θ 决定),此种(弹珠下落之)概率分布是不能依赖任何(1)式的函数来表示的,粗略地表示都做不到。

如果在这种情况下我们取

$$P(\mathrm{d}\theta\,|\,q'\alpha H)=A\exp(\alpha\cos\theta)\,\mathrm{d}\theta \tag{2}$$

其中,

$$A\int_{-\pi}^{\pi}\exp(\alpha\cos\theta)\,\mathrm{d}\theta = 1 \tag{3}$$

则有 $A=I_0^{-1}(\alpha)$,并且和该问题有关的其他条件也得到了满足。取负值的概率被排除了,对于充分大的 α,(弹珠下落的)概率分布可以任意接近地集中在方位角 $\theta=0$ 处。因此,采用下式而非(1)式似乎更合理些

$$P(\mathrm{d}t\mid q'\alpha H) = \exp\{\alpha f(t)\}\,\mathrm{d}t\Big/\int_0^1\exp\{\alpha f(t)\}\,\mathrm{d}t \tag{4}$$

式中的 α 可取任何有限值。

与原假设 $\alpha=0$ 作比较,可知 $J^{1/2}$ 的取值范围是 $-\infty$ 到 ∞,故对于小 α 而言

$$\int_0^1\exp\{\alpha f(t)\}\,\mathrm{d}t = O(\alpha^2) \tag{5}$$

$$J \approx \int_0^1\alpha f(t)\exp\{\alpha f(t)-1\}\,\mathrm{d}t \approx \alpha^2\,\overline{f^2}(t) \tag{6}$$

不失一般性,可取

$$\overline{f^2}(t)=1 \tag{7}$$

于是,对小 α 而言,有

$$\int_0^1\exp\{\alpha f(t)\}\,\mathrm{d}t \approx (1+\frac{1}{2}\alpha^2) \approx \exp\frac{1}{2}\alpha^2 \tag{8}$$

$$P(q\,|\,H)=\frac{1}{2} \tag{9}$$

$$P(q'\mathrm{d}\alpha \mid H) \approx \frac{1}{2\pi}\frac{\mathrm{d}\alpha}{1+\alpha^2} \tag{10}$$

令 n 个观测值出现在诸区间 $\mathrm{d}t_r$ 上。若在此区间上被积函数很可观，则

$$P(\theta \mid qH) = \prod(\mathrm{d}t_r) \tag{11}$$

$$P(\theta \mid q'\alpha H) \approx \exp\left\{\alpha\sum f(t_r) - \frac{1}{2}n\alpha^2\right\}\prod(\mathrm{d}t_r) \tag{12}$$

$$\frac{1}{K} \approx \frac{1}{\pi}\int_{-\infty}^{\infty}\exp\{\alpha\sum f(t_r) - \frac{1}{2}n\alpha^2\}\frac{\mathrm{d}\alpha}{1+\alpha^2}$$

$$\approx \left(\frac{2}{n\pi}\right)^{1/2}\exp\left\{\frac{\left[\sum f(t_r)\right]^2}{2n}\right\}\frac{1}{1+\{\sum f(t_r)/n\}^2} \tag{13}$$

当 $\frac{1}{\sqrt{n}}\sum f(t_r)$ 不太大时，(13) 式的近似均为有效；但此时 $\sum f(t_r)/n$ 会变小，故(13) 式最后那个因子将近似等于 1。于是，当 α 的估计量亦即 $\sum f(t_r)/n$ 很小时，就有

$$K \sim \left(\frac{n\pi}{2}\right)^{1/2}\exp\left\{-\frac{\left[\sum f(t_r)\right]^2}{2n}\right\} \tag{14}$$

本书第一版采用了(1)式，因而包含一个表示 α 的因子 c（因概率不能为负的条件所致）。由对(4)式的改进可知，因子 c 的引入并不是必要的。

关于(2)式的估计问题是令人感兴趣的。设圆盘最可能的倾角方向是 θ_0，其取值范围是 $-\pi$ 至 π；于是

$$P(\mathrm{d}\theta \mid \alpha, \theta_0 H) = I_0^{-1}(\alpha)\exp\{\alpha\cos(\theta-\theta_0)\}\mathrm{d}\theta$$

式中的 α 为在$(0,\infty)$取值的胡祖巴扎尔参数；所以我们取

$$P(\mathrm{d}\theta_0\mathrm{d}\alpha \mid H) \propto \mathrm{d}\theta_0\mathrm{d}\alpha/\alpha$$

从而有

$$L = \exp\{S\alpha\cos(\theta-\theta_0)\}I_0^{-n}(\alpha)$$

设 $\cos\theta$，$\sin\theta$ 的均值分别为 c 及 s。于是 c 及 s 均为充分统计量：

$$\partial\log L/\partial\alpha = n(c\cos\theta_0 + s\sin\theta_0) - nI_1(\alpha)/I_0(\alpha)$$

$$\mathrm{d}\log L/\mathrm{d}\theta_0 = n\alpha(-c\sin\theta_0 + s\cos\theta_0)$$

如此，关于 θ_0的极大似然解将在

$$\tan\theta_0 = s/c$$

处达到,而关于 α 的极大似然解则在下式的算术平方根,即

$$I_1(\alpha)/I_0(\alpha) = (c^2 + s^2)^{1/2}$$

处达到。若所有的 θ 都相等,α 的极大似然估计变为无穷大;若 s 及 c 为 0,α 的极大似然估计将变为 0。

对(2)式进行相应的修改后,费舍讨论了对应该问题的三维情形①。在这里,关于 $\theta=0$ 时最可能的(弹珠下落之)概率分布为

$$P(\mathrm{d}\theta\mathrm{d}\varphi \mid \alpha H) = \frac{\alpha}{4\pi\sinh\alpha}\sin\theta\ \mathrm{e}^{\alpha\cos\theta}\,\mathrm{d}\theta\ \mathrm{d}\varphi$$

设上式最可能的取值具有方向余弦(λ,μ,ν),并设一个观测到的方向余弦为(l,m,n)。于是

$$P(\mathrm{d}l\,\mathrm{d}m\,\mathrm{d}n \mid \lambda\mu\nu\alpha H) = \frac{\alpha}{4\pi\sinh\alpha}\sin\theta\exp\{\alpha(l\lambda + m\mu + n\nu)\}\,\mathrm{d}\theta\mathrm{d}\varphi$$

令 $SL = nl$,等等;可有

$$\frac{\partial}{\partial\alpha}\log L = n\left(\frac{1}{\alpha} - \coth\alpha\right) + n(\bar{l}\lambda + \bar{m}\mu + \bar{n}\nu)$$

$$\frac{\partial}{\partial\lambda}\log L = n\alpha\,\bar{l}\text{,等等。}$$

因 $\lambda^2+\mu^2+\nu^2=1$,故必须引入未决乘数 τ,并考虑

$$n\alpha\,\bar{l} + \tau\lambda = 0\text{,等等}$$

由这些可导致

$$\tau = -n(\alpha\coth\alpha - 1),\qquad \lambda = \frac{\alpha\,\bar{l}}{\alpha\coth\alpha - 1}$$

并导致关于 α 的方程

$$(\bar{l}^2 + \bar{m}^2 + \bar{n}^2)^{1/2} - (\coth\alpha - 1/\alpha) = 0$$

---

① 见 *Proc.Roy.Soc.*A,217,1953,295—305.还可见 G.S.Watson and E.Irving,*M.N.R.A.S.Geophys.Suppl.*7,1957,289—300.这问题中的原假设被 P.H.Roberts 及 H.D.Ursell 作为球上的随机游走问题加以处理,见 *Phil.Trans.*A,252,1960,317—56.其所得概率分布与费舍的几乎一样。

5.95 注意到在上面所有那些检验中,原假设及备择假设在被检验之前,已被化为可观测事件出现的概率表示式了。我们对其中所涉及的概率分布及其解释要尽可能作出区分,根据经验建立一个尚未得到明确解释的概率分布,或对同一个概率分布得到两个甚至多个不同解释,都是完全可能的。恒星视差现象首次发现时,人们就提出了一个问题,即对某一恒星位置进行测量时(相对于邻近恒星方向),其测量误差是随机性的还是以年为周期系统误差的一部分,亦即该恒星相对某基准位置的位移,是否与人们已知的地球绕日公转的位置有关。该问题完全可用关于观测值取值概率的语言进行表述,而无须顾及地球距此恒星实际距离大小的解释如何。在作此检验之前,地球距此恒星实际距离的大小已被化为一个需要以通常方式进行检验的、是否需要引入一个新参数的问题了。巧合的是,在得到恒星视差观测数据之前,人们对此现象已有解释;这些观测数据恰好可用来检验人们对此现象所作的理论假设。但也可能不存在这种巧合,人们凭借对恒星视差观测数据本身的研究,也能披露肉眼所见的相邻恒星以年为周期的位置变化,于是"恒星视差"这一术语(也许最初有其他称谓)就被创造出来,而根据地日距离对这一现象进行解释的理论也随之出现了。类似地,关于宇宙曲率是否有限的检验,也不能靠宣称宇宙曲率为有限或无限的哲学论辩来完成,而需靠对宇宙实际观测的结果来作定夺。源于假设(宇宙)半径 R 有限的宇宙观测结果的系统变化,将成为宇宙曲率是否有限的检验函数 $f(t)$。该函数的系数将被假定与宇宙半径 R 的某负指数幂成比例,若经检验肯定了这一项的存在,则所得结论(它当然有用)也是归纳式的;但也可能存在一些人们尚未想到的其他解释,所以,观测结果与对估测结果的解释不是一回事,注意到这一差别显然是有好处的。

第六章　显著性检验：复杂情形

"一加一加一加一加一加一加一加一加一加一等于几？"

"我不知道"，爱丽丝回答，"我数不过来了。"

"她不会做加法"，红色王后说。

刘易斯·卡莱尔：《镜子里的世界》

6.0　检验的合并。 上一章讨论的问题在许多方面都颇为相似。它们都有一个被清晰陈述的原假设 q，也有一个涉及需追加可调参数的备择假设 q'，此新参数可能取值的范围受到即使在不引入它时也有其意义的那些量所取值的限制。最初，除受到事实的启发使我们觉得有必要作进一步的检验之外，我们很可能并没有需要引入该新参数的任何证据；但我们脑海中闪现的"此新参数可能为零"这一念头本身，就可能与"即使它不为零它也很小"这种假设相联系。受辖于这些条件我们已经表明，一方面，何以在获得足够多相关证据时，我们要将(关于新参数的假设)很有可能成立的概率与这些证据联系在一起；另一方面则刚好相反，我们要将(关于新参数的假设)不可能成立的概率与这些证据联系在一起。在开始进行有关的假设检验之前，上述那些条件中的一种或数种可能尚未得到满足，若果真如此我们就必须采取相应的改善措施。

我们可能已有关于 q' 成立时需要引入的新参数之可能取值的先期知识。这种情形的发生有两种方式。在关于骰子是否有偏的问题中，我们曾假定若骰子有偏，则掷出"5"或"6"的概率可以是 0 至 1 之间的任何值。但有人可能会说这并未代表人们对这颗骰子的真正了解，因为人们已经知道这种偏误的概率很小。于是，掷出"5"或"6"的概率就被高估了，从而 K 也被高估了；所以，不利于假设 q 的证据就比该检验显示的结果更要强些。虽然有这样一些反对意见，但我们注意到这依然意味着该检验给出了正确答案，尽管可能不够强有力，但已经足以使人信服了。利用这种类型的先期知识的困难在于，它属于分类不完全的知识范畴，因此，它使任何关于信念的量化理论都实际上不可能建立起来，除非人类记忆现象本身成为量化科学的研究对象；即便人类记忆现象已成为科学的对象，这类信息的使用也会只限于人类记忆的研究，而不会用于断言骰子是否有偏。从我们对投掷骰子所作的一般观察中(掷出各面的情况未作记录)，我们所能说的只是骰子的各个面于某些时刻都有可能出现；我们不能说掷出“5”或“6”的频率(frequency)一定比 0.1 小或比 0.5 大。若问题为掷出“5”或“6”的频率是否为 1/3 或 0.3377，则此类信息就几乎没有用处，可将其全然拒绝。模糊信息从来不会有什么用处，特别是在关于轻微效果是否存在的检验中，模糊信息更是一无所用。

考虑下面这个问题有助于我们廓清思路。设我们抽取了容量为 n 的一个样本以检验某机遇的出现是否公平。此时，5.1 节(9)式的近似公式为

$$K=(2n/\pi)^{1/2}\exp\left(-\frac{1}{2}\chi^2\right) \tag{1}$$

假设我们已有容量为 1 000 的一个样本，且由于机遇(出现的)不公平而使 K 小于 1。若将此样本分为 9 组，并单独对每组中该机遇出现的公平与否进行检验，则(1)式右边第一个因子都要除以 3；与此同时，各组的标准差都要乘以 3，并将源自某给定有偏机遇对 χ^2 的贡献用 9 除之。如此，由容量为 1 000 的样本所显示的有偏机遇就可能不被分组后的任一子样本做出显示。所以，我们或许可以说分组后的每个子样本提供了机遇公平的证据；因此，全部样本也提供了这种证据；这就导致了矛盾。矛盾的产生源于对备择假设 q' 的不充分分析。原假设 q 叙述明确，据此可作出确切的推论。备择假设 q' 则否，因其含有一个未知参数[①](可用 p' 表示)，关于原假设 q，p' 必为 1/2，而关于备择假设 q'，p' 可取 0 至 1 的任何值。任何使 p' 的先验概率发生改变的信息，都将改变由备择假设 q' 所作的推论。现在，第一个子样本已使 p' 的先验概率发生了改变。于是，我们此时可将 1/2(概率值)集中在 $p=1/2$ 处；将其余的 1/2 散布在 0 至 1 之间。一般地，第一个子样本会改变概率的这种指派取值，它可能在 $p=1/2$ 处使原先指派的概率值变大；但同样它也会极大地改变给定 q' 时 p' 的概率分布，p' 关于抽样比的概率分布现在近似正态分布(其标准差可从第一个子样本算出)。当我们对第二个子样本作相应分析时，我们的出发点乃是由第一个子样本决定的 p'(关于

---

① 此一区别在费舍的理论中也存在：见 *The Design of Experiments*，1935，p.19.

抽样比的)近似正态分布,而不是关于 q' 的均匀分布。因此,(1)式中的常数因子得到极大缩减,而第二个子样本可在 $p'-\frac{1}{2}$ 很小的估计值处(相对从第一个子样本开始作检验)给出支持 q' 的结论。所以,我们不能通过简单地将相应 K 值乘起来的方法对此处的检验进行合并。如果作这种合并就须假设后验概率均为机遇,但事实上它们并非机遇。若逐个考虑各个子样本,则其先验概率也非初始先验概率,而是合并了先前子样本信息的相应后验概率。我们当然可以逐个利用各个子样本进行检验,但本书 1.5 节已告诉我们其检验结果应该为何了。连续应用逆概率原理于各个子样本所得的结果与对全部样本数据应用逆概率原理——其初始先验概率是在对需引入新参数可能取值先期知识"一无所知"的情况下确定的——所得的结果相等。如此,若逆概率原理得到正确应用,逐个利用各个子样本所得相应概率值的改进就和对全部样本数据径直应用逆概率原理所得概率值相同,(1)式即就此给出了答案。由此可知,显著性检验的合并非指将各有关 K 值乘起来,而是指通过将(1)式的常数因子相加,并利用基于 p' 之估计值所得的 χ^2 值,以及根据全部样本数据算出的样本标准差的方法来实现的。

所以,在上述投掷骰子的例子中,先前 1 000 次掷骰子中所包含的信息(假如每次都被准确记录),其对结果的影响也只是:(1)使 n 发生变化,从而使 K 受到影响(600 次中约有 1 次);(2)改变 p' 的估计值,除了以威尔敦(Weldon)提供的样本作为我们手中唯一的数据外,我们对 p' 不能作出任何断言;(3)使样本标准差降低 1/600。先前投掷结果即实际掷出所需点数信息的作用,恰是它不能被准确回忆起来因而派不上用场。因此,显著性检验问题也和估计问题一样,若我们只能靠模糊地回忆起先前有关经验而获得相关结论,则这种先期经验至多也只能暗示有必要进一步开展研究而已;其对眼下的统计分析完全没有影响。

不过,另一种能对新参数可能取值产生限制作用的先验信息非常重要。当存在能对新参数取值范围施加限制的某些外部因素时,新参数之存在性就由此被暗示出来了。查普曼(Chapman)及其合作者关于月球对地球大气层潮汐影响的研究即可对这一情况做出很好的说明[①]。从动力学角度考虑,地球大气层必会出现潮汐,地球大气层潮汐也必与大气层对地表压力的

---

① 见 *M.N.R.A.S.*78,1918,635－8;*Q.J.R.Met.Soc.*44,1918,271－9.

变化(量级为一英尺大气即 0.001 英寸汞柱的负荷)相联系。实际读取大气层对地表压力的观测值时,通常都精确到 0.001 英寸汞柱,这代表了观测误差;但实际上这种压力的变化很不规范,致使读数常可超出 3 英寸汞柱范围。由此我们看到,只有将众多观测值合并以降低样本标准差(使之能与这批观测值的允许区间相比较),相应的假设检验才可给出有意义的证据,而且,只有当样本标准差小于这批观测值的允许区间时,所作假设检验才能给出有意义的取舍结论。于是该问题就变成如何利用足够多的观测值来降低样本标准差,使之从约 1 英寸汞柱降至 0.001 英寸汞柱以下,显然,这需要约 10^7 个观测值数据才能办到。鉴于观测数据的波动很大且不可避免,查普曼舍去了大气层对地表压力观测值的最末一位数字;同时,在格林尼治作此测量时他还限制自己只记录变动幅度不超过 0.1 英寸汞柱的压力数值;因此一次观测得到的样本标准差就降到 $0.1/\sqrt{3}$ 英寸汞柱;他合并了 63 年(从中挑选适合作此观测的 6 457 天)以小时计的大气层对地表压力的观测值数据。于是,这些数据的样本标准差即为 $0.1/(3\times 6\ 457\times 24)^{1/2}=0.00014$。在不出现意外情况时,利用这一样本标准差即可得到这一时期月球对地球大气层潮汐影响的明确结论。当然,关于一连续函数的相邻小时数据很可能高度相关,从而使结论增加不确定性,这是应该注意的。还应注意到要去掉太阳的影响。最终结果显示月球对地球大气层潮汐影响的变化(12 小时一次)幅度为 0.000355 英寸汞柱,借助于考察月球与子午线平均距离的变动,这一效果立即就可以看出。

在本例中,备择假设 q'(亦即所探寻的月球对地球大气层潮汐的影响)不等于零,这本身就暗示了其取值的某种极限,这和前述掷骰子的例全然不同,故不能袭用那里的检验方法。本例所探寻的参数的取值范围很小,因而关于 q' 成立时该参数值的选取范围也不大。

这些讨论向我们暗示将检验合并时如何才能得到所需的答案。我们常可根据不同的数据集得到关于某参数的一系列估计值,它们符号一致,也不超过相应的两倍标准差范围。任意一个这种估计值,单独来看都是没有显著性的,但如果它们皆是如此我们就会产生疑问;一个如此可能出于偶然,两个如此也可能出于偶然,六个皆如此恐怕就不能再用偶然性来解释了。关于抽样比的检验如何作合并已经讨论过了,同样地,只要每次观测所得样本标准差皆不变,关于合并抽样比检验的讨论就可以拿来作平行讨论。如果每次观测所得样本标准差的变化很大,检验的合并就应该修正,因为由标准差相同的两个(某参数的)不同估计值所致的结果,当一个由少数几个准确观测值算出,另一个由许多粗略观测值算出时,会很不一样。(1)式中的常数因子不会简单地等于$(\pi \sum n/2)^{1/2}$,因为初始观测值的可能取值区间与实际抽样所得样本标准差的比才是决定的因素。观测值的最小取值区间可通过查看记录最准确的那些观测值来确定,记录不准确者则无关紧要。只有当记录准确的观测值足够多,其样本均值的标准差小于一次更为准确观测所得数据的样本标准差时,这些记录准确的观测值才具有重要性。若满足这个条件,本节(1)式的常数因子就能由5.0节(10)式得到,只需将$f(a)$由取自记录最准确的观测值算出,且将a及s从所有合并起来的样本算出即可。

以上叙述告诉我们如何对第五章的结果进行调整,以便对不能严格满足那里条件的常见参数估计问题展开讨论。还有一种可能性,即q与q'成立的概率并不相等。根据本书所提“检验方法不应对任一假设有所偏好”的基本原则,这种情况仅当存在有利于q或q'的确切理由时才会出现。若无有利于q或q'的确切理由,它们二者成立的概率即为相等。若存在这种理由,它就应与有关的新信息合并,从而给出比它或者有关新信息单独利用时都好的结果。从原则上说这种困难很容易处理,但这需注意到与贝努利定理有关的一个特点。迄今为止,我们对全部有关先验概率所作的估计均是在关于先期知识“同等无知”的情形下作出的。问题是,在知识的不同阶段,这样做是否还具有可行性?答案显然是否定的;在关于不同样本合并的例子中我们已经看到,如果不能随时利用先前抽样信息而只使用一个不变的先验概率,结果就会出现严重错误。即使在一个纯估计问题中,若孤立使用各段观测值且最终将结果乘起来,也不能保证一定会找到有关抽样比的正确的后验概率,尽管其间的差别并不太大。如果不想冒丢失手中已有关键信息的风险,我们就必须对它们作最充分的利用。面对具体问题时充分利用有关信息的重要性显而易见,无需多说。我们能否从对一个问题(它和另一个问题的先验概率有关)的研究中学到什么?看来,我们应该而且必须从中学些东西;因为,若先验概率对所有问题均固定不变,且若对问题会出现多少也没有限制,则由(那些)先验概率实际上会导致关于q为真确的次数的肯定结论,同时导致关于某抽样比落入某确定区间次数的肯定结论,但这和本书第一章提出的规则(5)相矛盾,规则(5)是说我们不能仅靠先验(知识)断定经验命题。贝努利定理涉及肯定和接近肯定的分别,这使它不可能断定肯定和接近肯定必然构成矛盾,但即便是这样的推理也很荒谬,需要修正。修正的关键就在于(要认识到)先验概率并非一成不变;在知识的不同阶段我们对有关先验概率进行估计也非固定不变,先验概率的作用仅在于显示推理是如何被启动的而已。因此,现在提出下述问题就显得很合理,即就某一取得长足进展的学科而言,若允许人们利用关于该学科已有的先期经验,该学科再一次被感知为正确的可能性有多大?从对皮尔逊论著的引述中可知,他已经认识到这一点(见 140 页)。在人们开始量化研究熔化现象时,为"具有固定融点的给定纯净物指派熔化概率 1/2(或如 3.2 节(20)式建议的 1/4)"这样的命题就是正确的,或更精确些,观测到的物质熔化现象之变差皆为围绕某固定熔化温度变化的随机变差。如今再这样量化研究熔化现象就很荒谬。一种物质的熔化规律找到后,许多物质的熔化规律也可以找到,此时考虑是否有某种熔化规律对一切物质皆成立就成为可能,若将 1/2 或 1/4 赋予"有某种熔化规律对一切物质皆成立"这一命题,则该命题成立的后验概率就很大;我们就从这里继续进行讨论。

类似地,也可以考虑关于机遇的检验问题,我们可从一有限先验概率即某机遇(出现)的概率为 0 或 1 开始逐步推进;一旦发现有一机遇其概率既非 0 也非 1,我们便对初始估计进行修正进而提出"所有机遇是否等概?"这一问题,而实施假设检验将对此给出否定答案;我们继续可以提问"这些机遇的概率分布是否表现出和均匀分布显著性不同的特点?"皮尔逊[①]指出:"虽然机遇(出现的)概率都介于 0 和 1 之间,但我们的经验并未表明在此区间机遇有围绕某特定值集群出现的倾向……不承认机遇等概率出现的人必须拿出它们确乎成群出现,亦即在摒弃以往经验后还能对未来有关统计比(率)作出或然性估计的证据才行。而利用机遇出现的集群性去构造相应的统计比率是非常容易的。"如果我们暂时接受皮尔逊的这一叙述,现在就须收集机遇的出现次数,选定 0,1 区间上关于这些机遇的先验概率,并将 0,1 之间的值与观测到的机遇出现的频率相对应。皮尔逊这段话的要点在于承认贝叶斯—拉普拉斯指派先验概率的方法并非在任何时候都确定不变;而由过去解决类似问题得到的相关知识,对于确定眼下问题所涉及的先验概率也是有关系的。但皮尔逊的这一叙述并不完整,因为在有些问题中机遇的出现确有集群性。在遗传学中对机遇出现概率指派均匀分布,在孟德尔

---

① *Phil.Mag.*13,1907,366.

最初进行豌豆试验的年代可能是对的,但一位当代遗传学家肯定会大致以观测到的有关频数比 0∶1,1∶1,1∶3,3∶5,…,所表示的概率去解释他的实验结果。孟德尔早期的实验结果建立在约 8 000 个数据之上;而今通常有数百个观测数据就足够了,这对应了这样的事实,即现在只需为一种(豌豆遗传性状的)占比构建一个大的出现概率即可,根据孟德尔遗传学理论,该占比与豌豆的其他遗传性状占比(这些占比在先前的试验中曾经出现过)具有可比性,而且豌豆其他遗传性状的占比也为豌豆遗传性的不同变化情况提供了基础。在气象学资料中关于天气的相关性分布非常均匀,而在孪生兄弟犯罪情况资料中,其相关性分布却聚集在+0.5 的周围。化学家并不满足于某新合成的化合物的分子量仅以他自己的描述为准,他会进行全面分析,寻找能和化学试验数据相一致的该化合物之化学构成,而且,若为某种目的需要该化合物精确的分子量,他还会根据国际原子量表进行计算。该化合物分子量的不确定性乃源于数值计算而非源于这位化学家的工作。作此化学合成时,先前的有关信息通常会被采用也允许采用,但并非关于任何学科的问题、有关先验信息都是上述引文(摘自皮尔逊)所考虑的那种类型。将所有机遇的估计值或其他参数的估计值总括到一起,对先验概率进行修正都是无效的,原因是将这些估计值汇集在一起的方式在不同学科各有不同,这在实践中已得到允许(无论明确指出或暗示)。因此,不同学科的参数估计(或机遇估计)方法,本身就反映了各自学科先前已有知识的差别,这已得到默许,而且这样做等价于对相关先验概率进行修正时要基于有关先期经验来实施。我们没有必要假定(基于观测数据的)推理原则有任何不同,因为正是这些原则提供了重新对先验概率进行估计的方法。事实上,应在可带来方便的区间间隔对某学科的试验结果展开分析,以考察后续试验是否需要作出改变,其目的在于使(相应的)推理能够表示它准确使用了到那时为止的有关先期知识。任何知识在其发展阶段都能昭示出使其先验概率得到更新所需的信息。不过,我们目前必须要对近似估计感到满意,因为就某些学科而言,无论如何也无必要对表达关于"同等无知"的估计结果进行修正。在统计方法尚未得到应用的学科中,这些方法最好不要被触动。很显然,不存在可用于所有学科的参数(或机遇)估计方法,人们在遗传学中所获经验可用于其他遗传学问题,但不能用于地震学问题。

关于先验概率的重新估计也存在一种可能的反对意见;如果实施这种重估计,其正确性只能使专家或那些愿意相信全部有关信息均已利用的人

感到信服。对学习愿望迫切的初学者而言，这种重估计是无所谓的，他们需要搞清楚的是整个学习过程。关于这一点我们已经提供了一些例子。本书291页上关于孪生兄弟或姊妹的犯罪资料取自费舍的书，该资料实则由费舍引自朗奇。朗奇和费舍二人对这批资料上的孪生兄弟或姊妹长相，均有详细了解，因此，基于这批资料所作(孪生兄弟或姊妹犯罪是否有关联)的显著性检验，很可能已有肯定答案，问题只是这种关联性的大小如何——这纯粹是一个估计问题而已。如果某人对这些孪生兄弟或姊妹外表的区别有所了解，但先前从未对他们在思想上是否也有区别有所考虑，则单由这批资料使他对(孪生兄弟或姊妹犯罪有关联)这一论断表示信服的 K 值为 1/170。可以将它与为牛群接种疫苗的资料做一比较(在那里 $K=0.37$)。牛群接种疫苗有效的优比(the odds)，和从袋中(内含三个白球一个黑球)随机摸出一白球的优比大体相同，也和抛掷一枚硬币(连抛两次)得到正面朝上结果的优比相差无几。某人对这些例子所作的判断是“哦，看上去这背后有些原因，但我需看到更多证据才能相信这一点”，他的这个判断一般并无不当。如果回答“我们已经具有足够的证据了”，此人必会说“为什么不把它们拿出来给我看?”(我认为此时已无其他证据了)最令人信服的推理一定是利用全部有关信息的推理；如果有人为我们提供一组信息 q_1，而我们还考虑了另一组附加信息 q_2，则我们会得到 $P(q|q_1,q_2,H)$，若我们并未告诉他还有 q_2，他将得到 $P(q|q_1,H)$，于是混淆就出现了，但这不是他的错。

对先验概率的修正就是使用先前结果，在更高的概率类型上对先验概率作出估计，正如我们在本书40页所叙述的那样。若直接概率属于概率类型1，而本书绝大多数问题都假定了(属于此类概率的)有关参数的最低信息量，因而它们属于概率类型2。对先验概率进行修正则属于概率类型3或更高(概率)类型。

6.1 常会出现需同时考虑几个新参数的情形，而发生这种情形的方式也不唯一。所有这些参数均可单独考虑，故可发生下述情况，即借助一组观测值就可对若干新参数作出估计，甚至在试验设计中通过精心安排就能方便地对全部新参数作出估计。这只是关于一个参数的估计的稍加扩展而已。参照通常以标准差为取舍标准的做法，每个参数均可单独估计。因此，在农业试验中两个作物品种产量的比较、化肥效果的比较等问题，都是在试验伊始就确定下来的，这大概是因为这些问题值得提出，也是因为其中一个问题的答案与另一个问题的答案没有直接关系的缘故。

在这种情况下,假如需要考虑两个新参数,我们就应求出它们的联合先验概率分布,而为满足一致性要求,我们的方法还应具有对称性。若这两个参数为 α,β,我们可用 q 记命题 $\alpha=\beta=0$,用 q_α 记命题 $\alpha\neq 0,\beta=0$,用 q_β 记命题 $\alpha=0,\beta\neq 0$,用 $q_{\alpha\beta}$ 记命题 $\alpha\neq 0,\beta\neq 0$。于是,若先对 q_α 作检验,再对 $q_{\alpha\beta}$ 作检验,为对检验结果进行比较就须构造 J,并利用 J 求出给定 α 时 β 的先验概率分布。但这会导致不一致性。使用一种显然的符号表示可知,一般下式并不能成立

$$\mathrm{d}\tan^{-1}J_\alpha^{1/2}\cdot\mathrm{d}\tan^{-1}J_{\beta,\alpha}^{1/2}=\mathrm{d}\tan^{-1}J_\beta^{1/2}\cdot\mathrm{d}\tan^{-1}J_{\alpha,\beta}^{1/2}$$

因此,只因先检验 a 或 b 的不同就可导致结果的不同。若取

$$P(\mathrm{d}\alpha\mathrm{d}\beta|H)=\frac{1}{\pi}\frac{\mathrm{d}J_\alpha^{1/2}}{1+J_\alpha}\cdot\frac{1}{\pi}\frac{\mathrm{d}J_\beta^{1/2}}{1+J_\beta}$$

对称性即可得到(若 $J_\alpha^{1/2}$ 或 $J_\beta^{1/2}$ 不落在 $-\infty$ 与 ∞ 之间,就根据通常的做法进行修改)。这样一来,α 和 β 关于原假设($\alpha=\beta=0$)就总可以比较了。

根据 5.45 节业已给出的理由,我认为若 α 是位置参数,β 是标准差,则检验的对称性要求并无必要。

6.11 一个常见问题是我们是否需要考虑一个新的(分布)函数,以及该分布函数的标准差是否需要变大以允许随机误差之间的相关。这里出现了两个参数;但对第一个参数的显著性进行检验,依赖于我们是否接受对第二个参数(所作显著性检验)的结果。这可做如下处理。设 α 为关于该新(分布)函数的系数,ρ 为观测数据的组内相关系数。因 α 或 ρ 均可独立地取 0 值,所以我们需要对四种命题展开比较。令 q 表示命题 $\alpha=\rho=0$。q_α 表示命题 $\alpha\neq 0,\rho=0$;用 q_ρ 表示命题 $\alpha=0,\rho\neq 0$,用 $q_{\alpha\rho}$ 记命题 $\alpha\neq 0,\rho\neq 0$。于是我们可像通常那样求出

$$K_\alpha=\frac{P(q|\theta H)}{P(q_\alpha|\theta H)},\quad K_\rho=\frac{P(q|\theta H)}{P(q_\rho|\theta H)}$$

若此二式全都大于 1,则 q 在这两种情形下皆得到肯定,因此 q 就得以保留。若此二式中的一个大于 1,另一个小于 1,则证据将有利于 ρ 而非 q。于是 q 就被去掉,我们继而考虑关于 α 和 ρ 的第四种命题成立的可能性。因为

$$\frac{P(q_\alpha \mid \theta H)}{P(q_\rho \mid \theta H)}=\frac{K_\rho}{K_\alpha}$$

且 K 越小,第二及第三种命题成立的可能性就越大。因而在任何情况下关于该参数的相关性即可推出。设该参数就是 ρ。据此我们可以建立起内部相关而使(分布函数的)初始标准差与对 $q_{\alpha\rho}$ 的检验(相对于 q_ρ)无关。如此,命题间的比较将以变程(ranges)或组(classes)的代表值,而非单个实测值为依据来进行;所算出的 α 的标准差也将比根据 q_α 算出的要大一些,从而有可能是 K_α 小于 1 而所用观测数据(在允许 r 存在时)却不支持 α。但若 α 仍能得到观测数据支持,我们就可断言 α 或 ρ 均不会取 0 值。此外,若 q_α 被最初那对(两个)检验所肯定,我们仍可进入对 ρ 的检验程序。所以,对这四种命题进行比较并得到明确结论,总是能够办到的。

再次考察威尔顿(Weldon)投掷骰子的试验,将会得到一个有趣的说明。记录下的数据提供了 12 只骰子一同掷出后,试验者得到 0,1,2,…,12 次"5"或"6"的次数。对掷出点数的机遇偏离 1/3 所作的检验表明,所作的原假设(即投骰子时出现 5 点或 6 点的概率等于 1/3)应予否定,可以想象,同时将这些骰子非独立掷出时也可能会得到这样的试验结果。皮尔逊通过计算 0,1,2,…,12 次"5"或"6"应该被掷出次数的期望值(以校正过的机遇估计 0.33770 为基准),对此作了显著性检验,并根据它们构造了一个新的 χ^2。费舍使用了一些分组而对该试验作了改进[①],得到基于 9 个自由度的 χ^2 为 8.2,故骰子投掷的独立性可以认为得到了核实,而偏差可解释为与抽样比率 1/3 所形成的(被观测到的)偏离。

6.12 在其他许多需要同时检验两个或多个参数的场合,上述讨论也照样可以进行;而关于检验的孰先孰后存在着一个最优次序,得到数据最有力支持的(关于某一参数的)假设应予肯定,数据所不支持的(关于其他参数的)假设应予否定,如此进行下去。检验某些假设与作为基准的一分布律之间差别大小的最好方法,无一例外地要求我们将待检验的那些假设进行排

① 见 *Statistical Methods*, p.67

序,一次检验只能针对其中的一个展开并给出结论。于是,奥克姆剃刀原则[①]“若无必要勿增实体”就在这里找到了它准确而且可行的应用形式:变差是随机的,除非有相反证据表明它非随机;概率分布中所需引入的新参数,如果被提出,必须逐个进行检验,除非确有理由表明可对它们一并进行检验。我们可用关于“两次震中发生地点是否同一”的检验,作为提出确切理由(需一并对参数作检验)的例子,因为如果两次地震震中的纬度不同,其经度通常也会不同,或者,在对某未知相位周期性变差作考察时,相应的余弦与正弦值是需要同时进行考虑的。我们提出的原则(即奥克姆剃刀原则的现代表示)是可行的,它恰是对我们在 1.1 节所讨论的通常的“因果关系原则”的反向使用。科学方法应看成是不断逼近的方法,它将(总)变差分解成系统变差及随机变差两部分,随机变差永远不会消失。

管辖观测数据分析的排序规则具有头等的重要性。在前面我们已经看到只有逐个检验命题,知识的进步才有可能,而在每一阶段未确定的变差度都应视作随机变差;作此假定后我们就可能达到上述原则的前半部分,也能发展出使其产生实际效果的手段,但上述原则的后半部分的提出却自有其理由。对此需作进一步讨论,因为若要求对某概率分布可能的无尽变化都同时予以考虑,则这任务根本无法完成。下述指责即“你未能考虑全部可能的变化”是不能接受的;对此我们的回答是“举出一个考虑全部可能变化的例子恰是你们指责者的责任”。(原)假设越复杂,考虑全部可能变化的正当性越需要证明。

6.2　同时考虑两个新参数。许多情况下我们须同时考虑一分布律中的两个参数,如果只考虑一个,分析结果就失去了意义。周期性分析就是这方面典型的例子。若周期性存在,就意味着我们须同时考虑正弦函数和余弦函数。若需要正弦函数,余弦函数不用说也会需要,如此才能决定相位,

---

① 来自奥克姆(Ockham)的中世纪作者威廉(William),可能死于 1349 年,史称无敌博士,他很不同寻常。他曾证明在任大主教犯下 70 种罪错并信奉 7 种左道邪说。他死于慕尼黑但葬礼却几乎无人知晓,所以他死于何年依然成谜。见 *C.D.N.B.*此处所引的奥克姆剃刀原则,最早是由来自考克(Cork)的约翰·彭斯(John Ponce)于 1639 年以拉丁文的形式给出的。威廉和其同时代人曾给出这一原则的若干其他等价表示。对奥克姆剃刀原则的历史述评由桑博(W.M.Thorburn)发表,见 *Mind*,27,1918,345－53.(原书误将地名 Ockham 认作人名 William,现已改正——译注)

反之亦然。需同时考虑两个以上参数的情况也是有的，例如，分析球面函数时，自由度相同的全部球体调和函数都应一并考虑。

最简单例子为平面直角坐标系内一点位置的决定，设该点位于原点，且在横轴及纵轴上所作(位置)测量的标准差相同。若在命题 q' 下该点的准确坐标为 λ,μ，我们有

$$J=(\lambda^2+\mu^2)/\sigma^2 \tag{1}$$

我们的任务是在 σ 给定后找出 λ,μ 的先验概率分布。设 $\lambda^2+\sigma^2$ 给定时此先验概率分布为均匀分布(考虑到方向)。于是可以展开以下两种讨论。

首先，可令 J 的概率独立于新参数数目；因此关于一个参数的概率分布可从 J 中取出而保持不变。取极坐标 ρ,φ 后可有

$$P(\mathrm{d}\rho\,|\,q'\sigma H)=P(\mathrm{d}J\,|\,q'\sigma H)=\frac{2}{\pi}\frac{\sigma\,\mathrm{d}\rho}{\sigma^2+\rho^2} \tag{2}$$

$$P(\mathrm{d}\lambda\,\mathrm{d}\mu\,|\,q'\sigma H)=\frac{2}{\pi}\frac{\sigma\,\mathrm{d}\rho}{\sigma^2+\rho^2}\frac{\mathrm{d}\varphi}{2\pi}=\frac{1}{\pi^2}\frac{\sigma\mathrm{d}\lambda\,\mathrm{d}\mu}{\rho(\sigma^2+\rho^2)} \tag{3}$$

这是由于 ρ 可在 0 及 ∞之间取值的缘故。关于 μ 作积分可得

$$P(\mathrm{d}\lambda\,|\,q'\sigma H)=\frac{1}{\pi^2}\log\frac{\sqrt{\sigma^2+\lambda^2}+\sigma}{\sqrt{\sigma^2+\lambda^2}-\sigma}\frac{\mathrm{d}\lambda}{\sqrt{\sigma^2+\lambda^2}} \tag{4}$$

其次，我们可以这样利用 J 的函数——使 λ 或 μ 单独的先验概率和引入一个新参数的先验概率相同。这样的函数必为

$$P(\mathrm{d}\lambda\,\mathrm{d}\mu\,|\,q'\sigma H)=\frac{\sigma}{2\pi}\frac{\mathrm{d}\lambda\,\mathrm{d}\mu}{(\sigma^2+\rho^2)^{3/2}} \tag{5}$$

这会导致对于 n 个观测值而言，K 的表达式中常数因子变为 $O(n)$这种结果。这不能使人满意。因为即使在最不济的情况下，我们也可对 λ 或 μ 的估计值进行检验，显著性高者即可作为新引入的参数(同时辅以将 K 乘以 2 作为参数选取的依据)，如此，K 的表达式中常数因子的量级依然是 $n^{1/2}$。这会牺牲掉一些信息，但结果的量级必须正确无误。

也可以从另一个角度看待这一问题，注意到若 λ/σ 很小，则由(3)、(4)两式且考虑到因子 $1/\rho$，可推出一个假定即 μ 也不大。这是完全合理的。如果我们仅有 λ 的一个值，而除知道 μ 的先验概率(考虑到方向)服从均匀分布外，再没有关于 μ 的任何信息，则 μ 应有如下的柯西分布：

$$P(\mathrm{d}\mu|\lambda H)=\frac{\lambda\,\mathrm{d}\mu}{\pi(\lambda^2+\mu^2)}$$

然而对于(5)式,即使 λ/σ 很小,$P(\mathrm{d}\mu|q'\sigma\lambda H)$也依然会有量级为 σ 的一个尺度因子。这就是说,(3)式提供了一种断言,即若在某次实际观测中 λ/σ 很小,则对任何 φ 值我们同样可盼 μ/σ 也会很小。(5)式就没有这种含义。

这样看来,接受(3)、(4)两式会导致一个怪论,即若对 λ,μ 只可测量其中的一个,则该可测量的参数之先验概率分布,将明显不同于单独引进的(那同一个)新参数的先验概率分布。但我认为接受(3)式的理由更为坚实有力些。

所以,我们采用(3)式。每次观测都被认为含有一对关于 λ,μ 的观测值 x_r,y_r;记观测值的均值为$\bar{x},\bar{y}$并记

$$2ns'^2=\sum(x_r-\bar{x})^2+\sum(y_r-\bar{y})^2 \tag{6}$$

相应的分析按下述方式进行。

$$P(q\,\mathrm{d}\sigma|H)\propto\mathrm{d}\sigma/\sigma,P(q'\,\mathrm{d}\sigma\mathrm{d}\lambda\,\mathrm{d}\mu|H)\propto\frac{\mathrm{d}\sigma\mathrm{d}\lambda\,\mathrm{d}\mu}{\pi^2\rho(\sigma^2+\rho^2)} \tag{7}$$

因而

$$P(q\,\mathrm{d}\sigma|\theta H)\propto\frac{1}{\sigma^{2n}}\exp\left\{-\frac{2ns'^2+n(\bar{x}^2+\bar{y}^2)}{2\sigma^2}\right\}\frac{\mathrm{d}\sigma}{\sigma} \tag{8}$$

$$P(q'\,\mathrm{d}\sigma\mathrm{d}\lambda\,\mathrm{d}\mu|\theta H)\propto\frac{1}{\pi^2\sigma^{2n}}\exp\left\{-\frac{2ns'^2+n\ (\lambda-\bar{x})^2+n\ (\mu-\bar{y})^2}{2\sigma^2}\right\}\frac{\mathrm{d}\sigma\mathrm{d}\lambda\,\mathrm{d}\mu}{\rho(\sigma^2+\rho^2)} \tag{9}$$

我们最感兴趣的是$\bar{x},\bar{y}$明显大于其各自标准差(约为 $s'/\sqrt{n}$)的数值,利用这些数值,我们可以大体求出(9)式关于 λ 及 μ 的积分,并以$\bar{x},\bar{y}$代替(9)式有关幂次较低因子中的 λ 及 μ。于是

$$P(q'\,\mathrm{d}\sigma|\theta H)\propto\frac{2}{\pi\,n\sigma^{2n}}\exp\left(-\frac{ns'^2}{\sigma^2}\right)\frac{\sigma^2\,\mathrm{d}\sigma}{(\bar{x}^2+\bar{y}^2)^{1/2}(\sigma^2+\bar{x}^2+\bar{y}^2)} \tag{10}$$

$$K\sim\frac{n\pi}{2}\frac{(\bar{x}^2+\bar{y}^2)^{1/2}}{s'}\left(1+\frac{\bar{x}^2+\bar{y}^2}{s'^2}\right)\left(1+\frac{\bar{x}^2+\bar{y}^2}{2s'^2}\right)^{-n} \tag{11}$$

式中的 n 已假定为相当大。现构造 t^2 的一般表示式,使

$$\bar{x}^2+\bar{y}^2=t^2s_x^2=\frac{s'^2}{n-1}t^2 \tag{12}$$

其中自由度的数目为 $2n-2$。因此，在 t 约大于 2 时下式成立，

$$K\sim\frac{n^{1/2}\pi}{2}t\left\{1+\frac{t^2}{2(n-1)}\right\}^{-n+2}=\frac{n^{1/2}\pi}{2}t\left(1+\frac{t^2}{\nu}\right)^{-\nu/2+1} \tag{13}$$

将 $1/K$ 化简为一个单积分也是可能的。我们有

$$\begin{aligned}\int_0^{2\pi}\mathrm{e}^{-A\cos\varphi}\,\mathrm{d}\varphi &= 2\pi\left\{1+\sum_{m=1}^{\infty}\frac{A^{2m}}{2m!}\frac{(2m-1)(2m-3)\cdots1}{2m(2m-2)\cdots2}\right\}\\ &= 2\pi\left(1+\sum_{m=1}^{\infty}\frac{A^{2m}}{2^{2m}m!\ m!}\right)\end{aligned} \tag{14}$$

记

$$\overline{x}^2+\overline{y}^2=r^2 \tag{15}$$

有

$$\begin{aligned}P(q'\mathrm{d}\sigma\mathrm{d}\rho\mid\theta H)&\propto\frac{\mathrm{d}\sigma\mathrm{d}\rho}{\pi^2\sigma^{2n}}\exp\left\{-\frac{n}{2\sigma^2}(2s'^2+\rho^2+r^2)\right\}\int_0^{2\pi}\exp\left(-\frac{nr\rho\cos\varphi}{\sigma^2}\right)\frac{\mathrm{d}\varphi}{\sigma^2+\rho^2}\\ &=\frac{2\mathrm{d}\sigma\mathrm{d}\rho}{\pi\sigma^{2n}(\sigma^2+\rho^2)}\exp\left\{-\frac{n}{2\sigma^2}(2s'^2+\rho^2+r^2)\right\}\times\\ &\quad\left\{1+\sum_{m=1}^{\infty}\left(\frac{nr\rho}{2\sigma^2}\right)^{2m}\frac{1}{m!\ m!}\right\}\end{aligned} \tag{16}$$

令

$$\rho=\sigma v \tag{17}$$

则有

$$\begin{aligned}P(q'\mathrm{d}v\mid\theta H)&\propto\frac{2\mathrm{d}v}{\pi(1+v^2)}\int_0^{\infty}\frac{1}{\sigma^{2n}}\exp\left(-\frac{1}{2}nv^2\right)\exp\left\{-\frac{n(2s'^2+r^2)}{2\sigma^2}\right\}\times\\ &\quad\left\{1+\sum_{m=1}^{\infty}\left(\frac{nrv}{2\sigma}\right)^{2m}\frac{1}{m!\ m!}\right\}\frac{\mathrm{d}\sigma}{\sigma}\end{aligned} \tag{18}$$

$$\frac{1}{K}=\frac{2}{\pi}\int_0^{\infty}\exp\left(-\frac{1}{2}nv^2\right)\left[1+\sum_{m=1}^{\infty}\frac{n(n+1)\cdots(n+m-1)}{m!\ m!}\left\{\frac{n^2r^2v^2}{2n(2s'^2+r^2)}\right\}^m\right]\frac{\mathrm{d}v}{1+v^2}$$

$$=\frac{2}{\pi}\int_0^{\infty}\exp\left(-\frac{1}{2}nv^2\right){}_1F_1\left\{n,1,\frac{nr^2v^2}{2(2s'^2+r^2)}\right\}\frac{\mathrm{d}v}{1+v^2} \tag{19}$$

$$=\frac{2}{\pi}\int_0^{\infty}\exp\left(-\frac{ns'^2v^2}{2s'^2+r^2}\right){}_1F_1\left\{1-n,1,-\frac{nr^2v^2}{2(2s'^2+r^2)}\right\}\frac{\mathrm{d}v}{1+v^2} \tag{20}$$

若 $n=1, r=0$,则 s' 等于 0,K 减少到 1,正如我们所盼望的那样。而若 $n=0$,则由(19)式明显有 $K=1$。这与 5.2 节之(33)式非常近似。

若需确定几个原有参数,其作用就类似于 5.92 节关于"原有函数的留用"所阐述的那样;虽然 n 依旧出现在 K 的近似表达式的常数因子中,但在 t 因子中 n 将被 ν 代替,用 ν 代替这两个因子中的 n,足以保证实际计算结果的准确性。

若标准差可以预测,我们就有

$$K \sim \frac{1}{2} n^{1/2} \pi \exp\left(-\frac{1}{2}\chi^2\right) (\chi > 2) \tag{21}$$

此式肯定有用,特别地,当观测数据为频数时此式更有使用价值。

6.21　现考虑为 n 个标准差相等的测量值拟合一对调和函数。关于第 r 个测量值所要考虑到分布函数是

$$P(\mathrm{d}x_r \mid \alpha, \beta, \sigma, H) = \frac{1}{\sqrt{2\pi}\sigma} \exp\left\{-\frac{1}{2\sigma^2}(x_r - k_r \alpha \cos t_r - k_r \beta \sin t_r)^2\right\} \mathrm{d}x_r \tag{22}$$

与该分布函数当 $\alpha=\beta=0$ 时相比,

$$J_r = k_r^2 (\alpha \cos t_r + \beta \sin t_r)^2 / \sigma^2 \tag{23}$$

对于 n 个测量值我们取其均值,即

$$J = (A\alpha^2 + 2H\alpha\beta + B\beta^2)/\sigma^2 \tag{24}$$

其中,

$$nA = \sum k_r^2 \cos^2 t_r, \quad nH = \sum k_r^2 \cos t_r \sin t_r, \quad nB = \sum k_r^2 \sin^2 t_r \tag{25}$$

实际上,开始测量时有关相位的变化通常是未知的,而测量值 t_r 的分布与该相位变化无关。我们需要的是与相位独立的、关于振幅的先验概率分布。若在 $\alpha^2+\beta^2=\rho^2$ 保持不变时取相位 φ 之变动的均值 J,所需振幅的先验概率分布就能够得到;于是

$$J = (1/2n) \sum k_r^2 (\alpha^2 + \beta^2)/\sigma^2 = \frac{1}{2}(A+B)\rho^2/\sigma^2 \tag{26}$$

$$\begin{aligned} P(\mathrm{d}\alpha \mathrm{d}\beta \mid q'\sigma H) &= \frac{2}{\pi} \frac{\mathrm{d}J^{1/2}}{1+J} \frac{1}{2\pi} \mathrm{d}\varphi \\ &= \frac{(A+B)^{1/2}}{\pi^2 \sqrt{2}} \frac{\sigma \mathrm{d}\alpha \mathrm{d}\beta}{\sqrt{\alpha^2+\beta^2}\left\{\sigma^2 + \frac{1}{2}(A+B)(\alpha^2+\beta^2)\right\}} \end{aligned} \tag{27}$$

现在可得

$$P(q\,\mathrm{d}\sigma\,|\,\theta H)\propto\sigma^{-n}\exp\left\{-\frac{n}{2\sigma^2}(s'^2+Aa^2+2Hab+Bb^2)\right\}\frac{\mathrm{d}\sigma}{\sigma}\tag{28}$$

$$\begin{aligned}&P(q'\,\mathrm{d}\sigma\,\mathrm{d}\alpha\,\mathrm{d}\beta\,|\,\theta H)\\&\propto\sigma^{-n}\exp\left\{-\frac{n}{2\sigma^2}[s'^2+A(\alpha-a)^2+2H(\alpha-a)(\beta-b)+B(\beta-b)^2]\right\}\times\\&\quad\frac{(A+B)^{1/2}}{\pi^2\sqrt{2}}\frac{\mathrm{d}\sigma\,\mathrm{d}\alpha\,\mathrm{d}\beta}{\sqrt{\alpha^2+\beta^2}\left\{\sigma^2+\frac{1}{2}(A+B)(\alpha^2+\beta^2)\right\}}\end{aligned}\tag{29}$$

其中,a,b 为 α,β 的极大似然估计。若 $\sqrt{\alpha^2+\beta^2}$ 远大于 $s'/\sqrt{n}$(此乃一种重要情形),我们即可作关于 α 及 β 的近似积分。从而有

$$\begin{aligned}P(q'\,\mathrm{d}\sigma\,|\,\theta H)\propto&\frac{\sqrt{2}}{n\pi}\left(\frac{A+B}{AB-H^2}\right)^{1/2}\sigma^{-n}\times\\&\exp\left(-\frac{ns'^2}{2\sigma^2}\right)\frac{\sigma^2\,\mathrm{d}\sigma}{\sqrt{a^2+b^2}\left\{\sigma^2+\frac{1}{2}(A+B)(a^2+b^2)\right\}}\end{aligned}\tag{30}$$

最后,作关于 σ 的积分,并令(在有关幂次较低因子中的)$\sigma=s$,有

$$\begin{aligned}\frac{1}{K}\sim&\frac{\sqrt{2}}{n\pi}\left(\frac{A+B}{AB-H^2}\right)^{1/2}\left(1+\frac{Aa^2+2Hab+Bb^2}{s'^2}\right)^{n/2}\times\\&\frac{s}{\sqrt{a^2+b^2}\{1+(A+B)(a^2+b^2)/2s^2\}}\end{aligned}\tag{31}$$

为得到相应的最小二乘解,我们取

$$\begin{aligned}&\alpha+\frac{H\beta}{A}=a+\frac{Hb}{A}\pm\frac{s}{\sqrt{nA}}\\&\beta=b\pm\frac{s}{\sqrt{n(B-H^2/A)}}\end{aligned}\tag{32}$$

相应地,有

$$\nu=n-2,\quad \nu s^2=ns'^2;\qquad s/\sqrt{n}=s'/\sqrt{\nu};\tag{33}$$

$$\begin{aligned}\frac{Aa^2+2Hab+Bb^2}{s'^2}&=n\,\frac{A(a+Hb/A)^2+(B-H^2/A)b^2}{\nu s^2}\\&=\frac{1}{\nu}\left\{\frac{(a+Hb/A)^2}{s^2_{a+Hb/A}}+\frac{b^2}{s_b^2}\right\}=\frac{t^2}{\nu}\end{aligned}\tag{34}$$

从而有

$$K \sim \frac{n\pi}{\sqrt{2}}\left(\frac{B-H^2/A}{1+B/A}\right)^{1/2}\frac{\sqrt{a^2+b^2}}{s}\left\{1+\frac{(A+B)(a^2+b^2)}{2s^2}\right\}\left(1+\frac{t^2}{\nu}\right)^{-\nu/2-1} \quad (35)$$

由于 nA,nH,nB 都是正则方程的系数,$n(B-H^2/A)$是消去 α 后 β 的系数,所以上式可以化简。于是,t^2 可以直接由出现在正则方程解中的量及这些量的估计标准差来得到。

若 $A=B$,$H=0$(这种情况相当常见),则

$$\frac{a^2+b^2}{s^2}=\frac{1}{nA}\left(\frac{a^2}{s_a^2}+\frac{b^2}{s_b^2}\right)=\frac{2}{n(A+B)}t^2 \quad (36)$$

$$K \sim \frac{n^{1/2}\pi}{2}t\left(1+\frac{t^2}{\nu}\right)^{-\nu/2} \quad (37)$$

作这些近似时业已假定 $\sqrt{a^2+b^2}$ 和 $s/\sqrt{n}$ 相比较大,而和 s 相比则较小。但若考虑 $H=0$ 及 A 远大于 B 这种情形,对 K 的近似还可以更进一步。若 nB 的量级为 1 且 α 远小于 s,则关于 β 的指数因子的变化,就没有关于$(\alpha^2+\beta^2)^{-1/2}$的指数因子变化来得快。此时,全部 t_r 的值都接近 0 或 π。在这些条件下作关于 β 的积分,我们有

$$P(q'\mathrm{d}\sigma\mathrm{d}\alpha\mid\theta H)$$

$$\propto \frac{\sigma^{-n}}{\pi^2\sqrt{2}}\exp\left[-\frac{n}{2\sigma^2}\{s'^2+(\alpha-a)^2\}\right]\log\frac{\sqrt{\sigma^2+\frac{1}{2}\alpha^2}+\sigma}{\sqrt{\sigma^2+\frac{1}{2}\alpha^2}-\sigma}\,\frac{\mathrm{d}\sigma\mathrm{d}\alpha}{\sigma\sqrt{\sigma^2+\frac{1}{2}\alpha^2}} \quad (38)$$

$$P(q'\mathrm{d}\sigma\mid\theta H)\propto\frac{\sigma^{-n}}{\pi^2\sqrt{n}}\exp\left(-\frac{ns'^2}{2\sigma^2}\right)\log\frac{\sqrt{\sigma^2+\frac{1}{2}a^2}+\sigma}{\sqrt{\sigma^2+\frac{1}{2}a^2}-\sigma}\,\frac{\mathrm{d}\sigma}{\sqrt{\sigma^2+\frac{1}{2}a^2}} \quad (39)$$

$$K \sim \pi^{3/2}n^{1/2}\sqrt{1+\frac{1}{2}\frac{a^2}{s^2}}\left(1+\frac{a^2}{s'^2}\right)^{-n/2}\Bigg/\log\frac{\sqrt{s^2+\frac{1}{2}a^2}+s}{\sqrt{s^2+\frac{1}{2}a^2}-s} \quad (40)$$

$$\approx\frac{\pi^{3/2}n^{1/2}}{\log(8s^2/a^2)}\left(1+\frac{t_a^2}{\nu}\right)^{-\nu/2} \quad (41)$$

若 a/s 很小。

$s_b>|a|>s_a$ 是一个危险信号。如果 n 大而 $|a|/s$ 小(量级为 $n^{-1/2}$),则(41)式会小于由直接检验给出的关于一个未知参数的 K 值。小 K 值表示 J 实际上可以很大这一事实,但若观测值恰好位于 $\sin t=0$ 的附近,则 α

也可能(很)小。我们或许可以断言存在一种周期性变化,然而除了知道β的系数的量级和a一样之外(它也可能和s的量级一样),我们对β的系数一无所知。这种情况当然不能令人满意,但我们只能根据手中的数据力所能及地进行分析。下一步是去寻找t的其他一些观测值,根据它们再得到β的有用估计值,然后即可应用(33)式。

若$A=B=\frac{1}{2}$,$H=0$,则$1/K$同样可以简化为一个单积分。余下的分析和导致6.2节(20)式结论的分析类似,从而有

$$\frac{1}{K}=\frac{2}{\pi}\int_0^{\infty}\exp\left(-\frac{nv^2s'^2}{2s'^2+a^2+b^2}\right){}_1F_1\left\{1-\frac{1}{2}n,1,-\frac{\frac{1}{2}n(a^2+b^2)v^2}{2s'^2+a^2+b^2}\right\}\frac{\mathrm{d}v}{1+v^2} \tag{42}$$

在以上所述条件下,$n=1$是不可能的。若$n=0$,则$K=1$。若$n=2$,$s'=0$,则同样有$K=1$。此乃两个观测值相隔四分之一周期的情形。除用$1-\frac{1}{2}n$代替合流超几何函数中的$1-n$,以及用a^2+b^2代替r^2外,这个结果等同于6.2节之(20)式。

也有这种情形出现,即理论暗示存在调和扰动(a harmonic disturbance),如由相位可预期的受迫振动所致的扰动那样。此时我们确实要对一个(而非两个)新引入的函数进行检验,故5.9节所述规则就可以应用。若已检测到一种扰动,我们依然可对相位之位移(如由衰减所致),通过进一步应用5.9节及5.92节所述规则进行检验。在这种情况下,相应的余弦和正弦函数不会再以平等的身份进入(调和)分析,因为有关先期知识已不允许所有相位在q'下都有同等的出现机会。

6.22　检验两个概率分布是否包含相同系数的正弦和余弦。该节与上一节的关系,和5.41节与5.2节的关系类似。因此,我不准备再作细致论证,而是以类比的方式对本节展开阐述。为了考察两个概率分布的差异,必须定义一个J。很清楚,作关于a,b差的积分将产生因子$n_1n_2/(n_1+n_2)$,而非产生因子n,而$n_1n_2/(n_1+n_2)$的平方根可以吸入第二个因子中去,所以,(35)式右端的前两个因子可被下述因子代替

$$\frac{\pi}{\sqrt{2}}\left(\frac{n_1n_2}{n_1+n_2}\right)^{1/2}\left(\frac{B'-H'^2/A'}{1+B'/A'}\right)^{1/2}$$

其中,A',B',H'为 $\alpha_2 \to \alpha_1$,$\beta_2 \to \beta_1$时,用于确定两个概率分布差的方程之系数。

关于某次地震震中位置的校正,本质上是校正与方位角有关的地震波到达时刻中(相关)剩余变动的变差问题。一项关于南方地震的研究发现[①](其研究目的和这里的有所不同),少数几个地震波可使(一些)震中靠得很近,使它们看上去很像是同一个震中,尽管在时间上这些地震波相隔太远,以致第二个地震波不能认为是第一个地震波的余震。此外,经过对某地区地震的长期重复观测,一些地震的模式已为人知,因此,关于震中是否同一的检验就和震中在该地区是否迁移发生了联系。在此项关于南方地震的研究中,入选的地震记录由 1931 年 2 月 10 日起至 1931 年 9 月 25 日止。若 x,y 指震中偏向南方、东方的角位移,试算震中位置位于 5.3°S.,102.5°E.,则 1931 年 2 月 10 日所需的关于 x,y 的方程(去除正则方程组中其余日期的地震记录)为,

$$459x+267y=+33$$
$$267x+694y=-11$$

观测值数目为 30;残差平方和为 108s^2;于是,可解出 x,y 如下

$$x=+0.10°\pm0.10°,\quad y=-0.06°\pm0.08°$$

对于 1931 年 9 月 25 日,有

$$544x+163y=-36$$
$$163x+625y=+94$$

观测值数目为 35;残差平方和为 202s^2;x,y 的解为

$$x=-0.12°\pm0.10°,\quad y=+0.18°\pm0.10°$$

对 x,y 做一次观测所得标准差分别为 2.0s,2.5s,这两个数值是相容的,所以我们就假定今后再对它们做观测时所得标准差也将相容。对每次地震需要估计的参数有三个(参见 3.52 节),因此,这两组方程的自由度数目为 30+35−6=59。于是

$$s^2=(108+202)/59=5.25;\quad s=2.3\text{s}.$$

问题是得到的这些解是否表明这两次地震 x,y 的值确有不同。我们最好不要简单地对 x,y 的这两组解作减法运算,因为相应的正则方程并非正

① 见 *M.N.R.A.S.Geophys.Suppl.*4,1938,285.

交，x,y 的不确定性也不独立。该检验的原假设是这两次地震(所服从的)概率分布无差异；若原假设成立，我们应能通过将正则方程相加的方法解出 x,y。如若不然，我们可为这两次地震的 x,y 使用下标1,2，从而有

$$x_2=x_1+x',\qquad y_2=y_1+y'$$

于是，x',y' 即为新参数，其相关性有待考察。注意到两组正则方程均可视为源自同一个二次函数

$$W=\frac{1}{2}\times 459x_1^2+267x_1y_1+\frac{1}{2}\times 694y_1^2-33x_1+11y_1+\frac{1}{2}\times 544\,(x_1+x')^2+$$
$$163(x_1+x')(y_1+y')+\frac{1}{2}\times 625(y_1+y')^2+36(x_1+x')-94(y_1+y')$$

据此可得下述正则方程：

$$1003x_1+544x'+430y_1+163y'=-3$$
$$544x_1+544x'+163y_1+163y'=-36$$
$$430x_1+163x'+1319y_1+625y'=+83$$
$$163x_1+163x'+625y_1+625y'=+94$$

消掉 x_1,y_1，得到

$$\left.\begin{aligned}245x'+108y'&=-29\\108x'+327y'&=+53\end{aligned}\right|\quad 279y'=66$$

于是，可将解写作

$$x'+0.44y'=-0.12,\ y'=+0.24$$

x',y' 的不确定性相互独立。因此

$$t^2=\frac{245\times 0.12^2+279\times 0.24^2}{5.25}=3.73$$

$$x'=-0.12-0.44\times 0.24=-0.23$$

$$K=\frac{\pi}{\sqrt{2}}\left(\frac{35\times 30}{65}\right)^{1/2}\times\left(\frac{279}{1+1.3}\right)^{1/2}\times\frac{\sqrt{0.053+0.058}}{2.3}\times\left(1+\frac{3.73}{59}\right)^{-2.85}$$
$$\approx 2.2$$

所以，根据这批数据可知关于这两次震中相同的优比(the odds)约为2∶1。若需要更高精度的解，就应在关于 x 和 y 的正则方程中去掉 x',y'，并应用通常方法解出 x 和 y，对残差进行修正以考虑这样的事实，即单独看来所得

到的解均不是最小二乘解。

在地震资料是否存在系统性变差得到确认之前,对以年计的地震周期性进行检验,就是全面检查地震资料的观测误差是否具有独立性(这一步骤不可或缺)的一个实例。贝拉米女士(Miss E.F.Bellamy)大度地将其为《国际地震学概要》提供的、以月计的震中数量资料(1918—1933 年)转给了我。虽然这批资料不能代表该时期地震数量的全貌(小震只在有限几处观测点有按天所作的记录),但对于大震、中震还是有代表性的,因为它们都有详细记录。由于各月时长不等,各月地震总数被各(该)月时长与月平均时长的比去除,以此表示因各月时长不等所致的系统影响。最终结果均舍入到个位,见下表。

	1 月	2 月	3 月	4 月	5 月	6 月	7 月	8 月	9 月	10 月	11 月	12 月	总和
1918	24	40	24	27	23	34	24	36	53	30	26	31	372
1919	18	17	23	18	30	22	43	37	55	33	13	12	321
1920	33	35	17	14	32	36	24	17	58	24	21	24	335
1921	22	16	24	17	32	20	19	16	27	26	23	16	258
1922	22	23	19	32	26	31	23	32	32	17	22	31	310
1923	20	36	26	23	39	38	51	45	142	44	50	30	544
1924	34	24	46	38	45	24	42	31	84	28	34	36	466
1925	36	50	36	36	54	56	49	39	32	28	26	36	478
1926	28	27	45	29	28	55	52	114	56	75	44	56	609
1927	42	47	57	49	82	48	60	64	51	66	57	40	663
1928	36	42	62	74	61	54	41	67	41	33	38	50	599
1929	43	41	67	63	61	66	62	51	36	44	28	39	601
1930	24	37	57	44	83	41	58	40	57	80	66	66	653
1931	61	39	50	56	52	38	64	72	67	53	36	42	630
1932	36	42	42	40	50	87	43	39	47	41	40	61	568
1933	39	54	75	52	60	69	73	42	53	47	43	33	640
总和	518	570	670	612	758	719	728	742	891	669	567	603	8 047

总的说来,每年记录的地震次数有增加的倾向,这主要是观测点增多的缘故,而最初几年不少地震或者没有记录,或者记录很不完整,无法据以决定震中。我们先计算 χ^2 以检验这一期间地震发生的机遇是否具有比例性。计算表明,所求 χ^2 为 707,自由度为 165! 这根本无须再做显著性检验了。对此 χ^2 值贡献大于 20 的年份有四个:1923 年 9 月的 109、1926 年 8 月的 60、1932 年 6 月的 25、1924 年 9 月的 21。即便不计这些极端案例,构成 χ^2 值的各组成部分也都依然较大。只有根据 1921 年及 1922 年数据算出的(局部)χ^2 值,才与相应的理论期望值接近,它们分别为 12.0 及13.4。如此得到的一个直接结论就是,各年地震发生之独立性假设严重有误;χ^2 检验已经排除了地震周期性(以年计),也排除了地震的长期变化趋势。对此,一个显然的解释乃是地震常以群组(平均每组 4.3 次地震)而非单独的方式发生。上表 1923 年 9 月地震次数的剧增,反映了该年东京大地震后余震连续不断的事实。排除包含特殊月份地震数据的年份并没有什么用处,因为在一定程度上说,这种现象几乎每年都会出现。

若逐月的残差变化独立,而我们又允许一月之内残差变化对独立性有所偏离(可通过将标准差乘以 $4.3^{1/2}=2.1$ 达到这一目的),我们或许依然可以决定一对傅立叶系数,但检查残差的符号后发现它们并不独立。参照公平机遇下(符号流程的表现)我们可对残差符号保持一致及发生改变的次数进行检验;不过,这时存在很多小幅残差,而且它们中间一个微小振动都会导致残差符号的很多改变,这就大大降低了这种检验的灵敏性。通过仅仅考虑超过± 7 的残差,我们可以恢复一些这种处理带来的信息损失,因而可以既注意到残差量的大小,也可以注意到残差符号的变化。参照公平机遇下符号流程的检验可知,这批地震资料的残差有 55 处符号保持不变,34 处发生改变,由此得到 $K=0.7$。但去掉 27 个参数导致了(残差)符号变动 27 次,考虑到这一情况我们必须减少约 13 次(残差符号)改变才行。作出这种修正后,可使 K 变为 0.003。于是,残差间独立性的缺乏就扩展到一个月以上,而在"残差符号的出现机遇公平"假设下,相应的标准差必须乘以比 2.1 大的数才行。现在,唯一的希望就是对每年的地震记录单独作分析,以检验这些资料是否相容。若用 θ 表示年度相位(记录始自 1918 年 1 月 16 日),我们即可得到以月计的 $\cos\theta$,$\sin\theta$ 系数如下。

	cos	sin		cos	sin
1918	−2.0	−4.8	1926	−15.8	−18.8
1919	−13.2	−5.3	1927	−8.2	+0.8
1920	−2.0	−3.5	1928	−5.0	+11.3
1921	−1.0	+0.2	1929	−8.7	+13.8
1922	−3.2	−0.2	1930	−3.7	−5.7
1923	−16.2	−21.8	1931	−7.0	−2.5
1924	−4.7	−0.7	1932	−6.0	+3.2
1925	−5.5	+8.5	1933	−8.7	+10.5

由这些 $\cos\theta$ 及 $\sin\theta$ 系数的算术平均可有(其标准差单独计算)

$$(-6.9\pm1.2)\cos\theta-(0.9\pm2.4)\sin\theta$$

但据此很难看出 $\sin\theta$ 系数变动幅度大于 $\cos\theta$ 系数变动幅度这一点。若将 $\cos\theta$,$\sin\theta$ 系数的变差合在一起得到一个总变差,则二者的标准差均为 1.9,而 $t^2=13.3$。K 约为 0.2。这么小的 K 可使我们有相当多的理由认为存在地震周期性的证据,但尚不能十分肯定。事实上,虽然余弦系数出现了持续的负号,但夏季那几个月份中若干长余震数据序列也可能是这种地震“周期性”的原因;尽管不利于这种看法的优比(the odds)为 4∶1。

在独立性假设下,对月度总和地震数据(1918—1933 年)应用调和分析得到如下各项,

$$(-110.9\pm10.6)\cos\theta-(18.5\pm10.6)\sin\theta$$

标准差为$(n/72)^{1/2}$,n 为地震观测数据数目。因此,相应于时长为一年时这些项就是

$$(-6.9\pm0.66)\cos\theta-(1.2\pm0.66)\sin\theta$$

我们已从前面计算 χ^2 值时得知,在“残差符号的出现机遇公平”假设下,(相应的)标准差必须乘上一个不小于 2.1 的数才行,从而得到将 $\cos\theta$,$\sin\theta$ 系数的变差合在一起时,其标准差为 1.37 的结果。相邻月份地震观测数据的相关是其他(非相邻)月份地震次数增加的原因。如果未作独立性检验,上述结果肯定可以接受;但由于作了独立性检验(而知“各年地震发生之独立性假设严重有误”),故这些结果即使能被接受也不会那么肯定而毫无疑虑。

检验序列周期性常用的舒斯特准则(The Schuster criterion),实为改进的针对两个自由度的 χ^2 检验。但采用这一准则常会导致令人惊讶的结果。例如,克诺特(C.G.Knott)曾经计算出相应约一个月或两周的地震周期,其中有一些由潮汐所致,另一些则否。在他算出的 8 次地震周期中,有 7 次其地震波振幅都约两倍于采用舒斯特准则所作的预期①。克诺特因而怀疑舒斯特准则的真实性。克诺特发现(见其著作 *Physics of Earthquake Phenomena* 第 114～116 页),对于以年为周期的地震记录而言,每年 12 月与 1 月发生地震最多,而其余月份则会在不同地区发生大震,此一发现恰与上面的结论相反。

因上引《国际地震学概要》震中资料有人为取舍之嫌,所以以上分析总的说来不能令人满意。例如,1927 年 3 月 7 日日本丹后发生大地震,自该年 3 月 11 日起至该年 6 月 8 日,丹后地震引发的余震达 1 071 次;其中 532 次在《国际地震学概要》中有所记录(以天计),但只有一次受到详细关注并计入该年的地震总次数统计,其余则都是小余震。此外,一些地震如东京大地震会产生长期余震,而这些余震均需计入年度地震次数。哪些余震计入当年地震总次数统计、哪些不计入,作这种取舍时可能会有人为的偏见。这种取舍并未以明显方式周期性地影响地震记录仪的工作,因为地震间隔期(在未来某一时刻)及决定哪些地震计入某年地震总次数统计时,其间经历了地震间隔期内地震各阶段的演变。不过我们依然可以对此提供两种解释。首先,初震(primitive earthquakes)可能更容易在夏季发生;其次,初震在一年各季均等可能发生但其余震则常以夏季为多发期。这两种解释能否成立在理论上均无根据。为检验它们必须要有识别初震的方法,例如,以探测到新震中的存在来识别初震。利用丹后大地震引发的一个余震数据系列,我发现(余震的)独立性和周期性均能成立,该余震数据系列和 $dt/(t-a)$ 这一表达机遇发生规律的简单公式吻合得很好,式中的 a 表示略早于主震(the main shock)发生的时刻②。如果这一规律具有普遍性,则与地震周期性相关的数据就只需主震发生时间及其后的余震次数了。

许多地震研究并不依靠《国际地震学概要》,因为该摘要只记录大震及中级地震且其记录也相当粗略。例如,山口(S.Yamaguti)写过的一篇论文

---

① 见 *Physics of Earthquake Phenomena*,1908,pp.130－6.

② 见 *Gerlands Beiträge z.Geophysik*,53,1938,111－39.

对我启发很大,本章6.4节就是受其启发而写出的,他认为一次地震发生的区域和该区域先前发生过的地震有关,尽管该区域可能和新发地震相距很远。山口的文章仅给出32年间发生的420次地震资料;而《国际地震学概要》表明这一数字实际需乘以50才行。所以,山口未能处理余震;他所讨论的八个区域中有三个都缺乏因余震引起的大批后继地震资料,这被认为是由于他提供的地震资料不完整所致。因此,地震资料不完整可能会使地震的真正影响被隐蔽掉;而这种资料中若掺入人为偏误也很容易得出虚假结论。有鉴于此(即地震资料的非随机及处理这种资料时掺入有人为偏误),我强烈怀疑大多数被人所宣称的地震周期的真实性。(山口所做的关于地震和其在不同区域发生实际关系的检查,未能披露它们与地震发生的随机性间有什么偏离[①],这一评论,若允许在同一区域发生大批后继地震[②],也适合我利用《国际地震学概要》所供资料所做的讨论[③]。)

6.23　建立在数据分组之上的显著性检验。我们已经看到,观测数据已分组时关于位置参数标准差的估计建立在(未对分组所致相关进行修正的)观测值的标准差之上。正如费舍指出的那样,这一点也适用于分组数据的显著性检验。从5.0节(10)式可以直接推出这种结论。因为,给定q及观测数据业已分组的事实,a的概率取决于未对分组所致相关进行修正时使用5.0节之(3)式;在q'下a可能取值的变动范围,通过对分组数据进行修正即可得到,因此,在经典的函数拟合问题中,就是用$\left(s^2-\frac{1}{12}h^2\right)^{1/2}$代替(分布函数表达式)常数因子中的$s$,而$s$将以比例$(1-h^2/12s^2)^{1/2}$减少;不过这种减少微不足道。所以,我们可以不必作这种修正,这和费舍的建议是一致的。

6.3　偏相关和序列相关。组内相关可并入偏相关和序列相关这两类更复杂的情形中去。在偏相关情况下一次观测可得x的k个变量值x_1,$\cdots$,x_k,其联合概率密度(在某些概率分布下)与$\exp\left(-\frac{1}{2}W\right)$成比例,而$W$为关于$x_s$的确定的正二次函数。于是,问题变为要根据$m$组这种观测值去

---

① 见 *Bull.Earthquake Res.Inst.*,Tokyo,11,1933,46—68.

② 见 F.J.Whipple,*M.N.R.A.S.Geophys.Suppl*,3.1934,233—8.

③ 见 *Proc.Camb.Phil.Soc.*32,1936,441—5.

估计 W 中有关变量的系数。在组内相关问题中，我们可视诸 x_s 在变量 α_l 周围有独立的概率分布，α_l 本身则在 α 周围有正态概率分布。于是

$$P(\mathrm{d}x_1\cdots\mathrm{d}x_k \mid \alpha,\sigma,\tau,H)$$
$$\propto \prod \mathrm{d}x_s \int \exp\left\{-\sum \frac{(x_s-\alpha_l)^2}{2s^2}\right\} \exp\left\{-\frac{(\alpha_l-\alpha)^2}{2\tau^2}\right\} \mathrm{d}\alpha_l$$

对 α_l 积分即可得到偏相关情况下 x 的 k 个变量值 $x_1,\cdots,x_k$ 的联合概率分布。此分布关于 x_s 对称，但一般而言在偏相关情况下这一点不能成立。

组内相关理论假设观测值落入各个组且各组相互独立。通常做这种假设自有其道理，但观测数据常以某种有序的形式出现，因而相邻数据就产生了密切相关。极端例子是观测值和某一连续函数有关。我们可先利用随机数表为每个整数 n 选取 x_n，再利用数值计算规则通过插值求出所需的中间数值。由此可得一个连续函数，而区间长度为 0.1 时两相邻数据估计的相关系数就近似等于 1，尽管原始数据导自一个纯随机过程。尤尔指出，许多天文现象(也可以加上不少气象学现象)都可以用下述模型进行模拟。设有一个长周期且其震荡存在轻微衰减的巨大摆，在它面前有一些男孩用(射豆)玩具枪随意向它进行射击。结果是该摆的摆动周期 T 几乎不变；但其摆动方式(受枪击后)会变得不平稳。若在一较长时间内该摆未受到枪击，则它摆动的方式不会变化，慢慢地它就会终止摆动，再次将它在某相位上摆动后，该相位和它首次被摆动时的相位没有关系。在这种情况下，摆确有一个未受扰动的潜在摆动周期。不过，当摆在定期间隔上(regular intervals)作重复摆动时，它是否还有这种潜在摆动周期就大可怀疑了；事实上，如果我们对一个很大区间上的观测数据进行调和分析，由于偶然的相位反转我们可能根本发现不了摆的真实周期。假如我们在与摆的真实周期相比短得多的一些定期间隔上读取观测数据，则我们实际所得的乃是相邻数值存在强正相关的观测数据，这种相关随时间间隔的变大而变小，而在 $\frac{1}{4}T$ 至 $\frac{3}{4}T$ 之间会变成负相关，然后再变回正相关。经历过充分长的时间间隔后，这种相关将不再具有显著性。

在这种问题中，每个观测值都和其相邻值高度相关，但关于每个观测值的补充信息均可从其非相邻值得到，而这种补充信息的重要性随时间间隔的变大而趋于零。例如，对自由摆而言，其某一时刻的位移可以是先前两时刻观测值的线性函数；但若观测误差很明显，则三个相邻观测值将会给出摆

动周期很不好的估计值。为能根据观测值得到摆动周期的最佳估计,至少需要相隔半个摆动周期就要比较所得到的观测值,因此,采用何种最佳估计方法获得摆动周期的最佳估计就成了一个重要问题。目前就这一问题已有许多研究,但要获得一种人们普遍感到满意的理论尚有待时日[①]。

在下述很具代表性的条件下,可以得到一种决定不变量 J 的简单规则:(1)任何一次观测的概率在(原假设及备择假设)这两个分布率下,其本身都不发生变化;(2)一次观测的概率,在相应分布率及先前观测值给定时,仅依赖于前一次观测的概率。于是,对于全体观测值序列,我们有

$$
\begin{aligned}
J_n = \sum\sum_r \log \frac{\mathrm{d}P(x_r \mid x_1\cdots x_{r-1},\alpha',H)}{\mathrm{d}P(x_r \mid x_1\cdots x_{r-1},\alpha,H)} \times \\
\{P(x_1 \mid \alpha'H)P(x_2 \mid x_1\alpha'H)\cdots P(x_n \mid x_1\cdots x_{n-1}\alpha'H) - \\
P(x_1 \mid \alpha H)P(x_2 \mid x_1\alpha H)\cdots P(x_n \mid x_1\cdots x_{n-1}\alpha H)\}
\end{aligned}
$$

包含 $\log\mathrm{d}P(x_r|\cdots)$的各项在上述条件下可以简化为

$$
\begin{aligned}
&\sum \log \frac{\mathrm{d}P(x_r \mid x_1\cdots x_{r-1},\alpha',H)}{\mathrm{d}P(x_r \mid x_1\cdots x_{r-1},\alpha,H)}\{P(x_1 \mid \alpha'H)\cdots P(x_{r+1} \mid x_1\cdots x_r\alpha'H) - \\
&P(x_1 \mid \alpha H)\cdots P(x_{r+1} \mid x_1\cdots x_r\alpha H)\} \\
&= \sum \log \frac{\mathrm{d}P(x_r \mid x_{r-1},\alpha',H)}{\mathrm{d}P(x_r \mid x_{r-1},\alpha,H)}\{P(x_{r-1},x_r,x_{r+1} \mid \alpha'H) - P(x_{r-1},x_r,x_{r+1} \mid \alpha H)\}
\end{aligned}
$$

因 x_r及更早的观测值在诸乘积后面的项中不出现,故这些乘积的加总值等于1;同样,我们也可为 $s<r-1$ 的诸 x_s进行相应乘积的求和。现对超过 x_{r+1}的诸 x 值进行相应乘积的求和,得到

$$
\begin{aligned}
&\sum \log \frac{\mathrm{d}P(x_r \mid x_{r-1},\alpha',H)}{\mathrm{d}P(x_r \mid x_{r-1},\alpha,H)}\{P(x_{r-1} \mid \alpha'H)P(x_r \mid x_{r-1},\alpha'H) - \\
&P(x_{r-1} \mid \alpha H)P(x_r \mid x_{r-1},\alpha,H)\}
\end{aligned}
$$

由上述条件(1)知,

$$P(x_{r-1}|\alpha'H) = P(x_{r-1}|\alpha H)$$

故该项简化为

$$\sum P(x_{r-1} \mid \alpha H)J_r$$

---

① 见 M.G.Kendall,*Contributions to the Study of Oscillatory Time-series*,1946;M.S.Bartlett,*Stochastic Processes*,1955.

其中

$$J_r=\sum\log\frac{\mathrm{d}P(x_r\mid x_{r-1},\alpha',H)}{\mathrm{d}P(x_r\mid x_{r-1},\alpha,H)}\{P(x_r\mid x_{r-1},\alpha',H)-P(x_r\mid x_{r-1},\alpha,H)\}$$

我们也要对超过 x_{r-1} 以及超过 x_r 的诸 x 之可能值作相应乘积的求和。最后，根据 357 页上的阐述(对以上结果)再除以 n，即可得到 J 的一个总括性数值，它可以像观测值独立时那样加以使用。

$r=1$ 时，$J_r=0$；$r>1$ 时，J_r 就等于 J，这是利用样本数据(x_{r-1} 也包含在内)比较原假设及备择假设(何者更可能成立)后得到的。

最简单的例子是每个观测值均为可测量的量，两个相邻观测值具有下述关系

$$x_r=\rho x_{r-1}\pm\tau$$

单独地看，该表达式中的所有 x_r 都服从均值为 0，标准差为 σ 的正态分布。因此

$$\tau=\sigma\,(1-\rho^2)^{1/2}$$

对于不同的 r 及固定的 σ，J_r 和比较两个正态分布后所得结果相同，这两个正态分布的均值分别为 $\rho\,x_{r-1}$，$\rho' x_{r-1}$，标准差分别为 $\sigma(1-\sigma^2)^{1/2}$，$\sigma(1-\rho'^2)^{1/2}$。于是，根据 3.10 节(15)式，可得 $J_r(r>1)$ 为：

$$J_r=\frac{1}{2}\left(\frac{\sqrt{1-\rho'^2}}{\sqrt{1-\rho^2}}-\frac{\sqrt{1-\rho^2}}{\sqrt{1-\rho'^2}}\right)^2+\frac{1}{2\sigma^2}\left(\frac{1}{1-\rho^2}+\frac{1}{1-\rho'^2}\right)(\rho'-\rho)^2x_{r-1}^2$$

但

$$P(\mathrm{d}x_{r-1}\,|\,\sigma H)=\frac{1}{\sqrt{2\pi}\sigma}\exp\left(-\frac{x_{r-1}^2}{2\sigma^2}\right)\mathrm{d}x_{r-1}$$

所以

$$\begin{aligned}\sum J_r&=\sum_{r=2}^{n}\int J_rP(\mathrm{d}x_{r-1}\mid\sigma H)\\&=\frac{1}{2}(n-1)\frac{(\rho'^2-\rho^2)^2}{(1-\rho^2)(1-\rho'^2)}+\left(\frac{1}{1-\rho^2}+\frac{1}{1-\rho'^2}\right)(\rho'-\rho)^2\\&=(n-1)\frac{(\rho'-\rho)^2(1+\rho\rho')}{(1-\rho^2)(1-\rho'^2)},\end{aligned}$$

$$J=\frac{1+\rho\rho'}{(1-\rho^2)(1-\rho'^2)}(\rho'-\rho)^2$$

上式等于(相应两个正态分布的标准差给定时)关于两相关(系数)比较的 J。

n 个观测值的联合似然为

$$\frac{1}{(2\pi)^{n/2}\sigma^n(1-\rho^2)^{(n-1)/2}}\times\exp\left[-\frac{x_1^2}{2\sigma^2}-\frac{1}{2\sigma^2(1-\rho^2)}\{(x_2-\rho x_1)^2+\cdots+(x_n-\rho x_{n-1})^2\right]\prod \mathrm{d}x_r$$

$$=\frac{1}{(2\pi)^{n/2}\sigma^n(1-\rho^2)^{(n-1)/2}}\times\exp\left[-\frac{1}{2\sigma^2(1-\rho^2)}\{x_1^2-2\rho x_1x_2+(1+\rho^2)x_2-\cdots+x_n^2\right]\prod \mathrm{d}x_r$$

在这个问题中,J 令人感兴趣的数学性质暗示它或许可以使用,但显然实际采用它时困难还是不少的。其中的一个困难我们已经两次都注意到了。若 ρ 的取值为 1 而 ρ' 的取值不是 1,则 J 将等于无穷大,检验失败。我们所采用的估计方法不仅在 $\rho=1$ 时会给出奇异值(这尚可容忍),而且在 $\rho=-1$ 时也会给出奇异值,这是不能容忍的。对在等区间(如区间长度为 1)取值的函数数值而言,若观测值间的相关值为 ρ,我们或许可以根据在区间长度为 2 取值的观测值对 ρ 作出估计。在区间长度为 2 取值的观测值间的相关值将等于 ρ^2。虽然我们可以采用同样的方法估计观测值间的相关性,但用 ρ^2 代替 r 会使 J 发生重大改变。

由于第一个及最后一个观测值间具有非对称性,所以相应的充分统计量不存在,但我们有一对近似的充分统计量如下

$$s^2=\frac{1}{n}\sum_{r=1}^{n}x_r^2;\qquad r=\frac{\sum_{r=1}^{n-1}x_rx_{r+1}}{\frac{1}{2}(x_1^2+x_n^2)+\sum_{r=2}^{n-1}x_r^2}$$

上述关于相关性的讨论只是提供一个例子。在实际问题中,通常要对若干观测值(实为支撑某连续函数的无穷多观测值)考虑其相关性,因此,用来讨论相关性的方法要复杂得多。而且,基础分布也可能和正态分布相去甚远。我自己就遇到这样的两个实际问题:我需要估计一个具有近乎周期性变化的预测值,而所用观测值却因受到非正态随机误差影响产生了序列相

关[1]。虽然我们在现阶段尚不能构建一种系统方法来处理各种复杂的相关性问题,但已经发展出一些方法,它们解决实际问题的效果还是令人满意的。

我个人的印象是,尽管采用 J 可在许多情况下给出决定所需先验概率的规则(以前获取这些规则全靠猜测),但它并非到处都能采用。J 的出现虽然足以使我们对一个普遍可用不变量的问世抱有希望,但它对如何使我们真能找到这种不变量却启发不足。我认为偏相关分析能够带来更令人满意的一些结果。

讨论伴有随机因素的连续变差问题,最困难的地方是迄今我们尚不能恰当地陈述随机数据所服从的概率分布。迄今解决此困难最有希望的理论,看来非泰勒(Sir.G.I.Taylor)在研究各类连续运动时所提出的扩散理论莫属,泰勒的观点已在湍流理论中被广泛采用[2]。至少,通过考虑任意时间区间上某变量不同取值间的相关性,泰勒的扩散理论不用理会将某特殊时间区间作为基本区间的要求。

这里论及的相关性问题,在天文现象即纬度变差(the variation of latitude)中就有所反映。这种变差由地轴方向的微小振动引起,通过观测标准星[3]穿过地球子午线方位角距离的变化可将其探测到。它含有一个可能源于气象学的年度因素,由该因素引起的自由振动幅度较大,还含有一个不规则振动部分,人们对这一部分的认识尚不深入。时间区间长度为 0.1 年的纬度变差数据已公开发行。自由振动部分常会衰减,通过不规则扰动(irregular disturbances)而得以维持。因此,其相位和振幅都会发生不规则变化,而相应的统计学问题就是如何将这些不规则变化从纬度变差的观测误差中分离出来。如果纬度变差的观测误差相互独立,进行这种分离就十分困难。因为用于决定(纬度变差)自由振动部分之周期和衰减的基础数据乃是不同时刻纬度变差位置间的相关性数值,而在公开发表前它们已被做过平滑化处理,因此这些相关性数值已被系统地改变了。我的解决办法是,时间区间长度取 0.3 年而非 0.1 年;这样做除主要可减少计算量外,还有其他两个好处。首先,平滑化处理对计算相邻观测误差间的相关性影响较小;其次,若不规则扰动不呈脉冲型而是呈连续数月的持续型状态,则这些不规则

---

① 见 *M.N.R.A.S.*100,1940,139—55;102,1942,194—204.

② 见 *Proc.Lond.Math.Soc.*(2)20,1922,196—212.

③ 在测光、光谱分类等天体物理观测中用作基准的恒星——译注。

扰动依然可以近似独立。

6.4　列联(表)只影响对角元素。在简单的 2×2 列联表中,两变量间是否存在关联已有明确的检验方法。在正态相关情况下,因每一变量皆可度量,故检验两变量间是否存在联系就转变成检验相关系数 ρ 是否等于 0,而若 ρ 不等于 0 则须给出 ρ 的估计值。等级相关系数法乃是一种推广,即当两变量虽不可度量但可依某种升序排序时,检验它们之间是否存在联系,可通过考察该二变量排序后的等级数值是否大致位于一条直线上(通常是列联表的对角线)来确定。偏离这条直线的等级数值的多寡,将直接决定等级相关系数的大小。在假设 q'下的一个极端情形时,只有对角线元素才会受到影响。下面的例子可以说明等级相关的特点:

X	Y	$X-Y$
1	2	−1
2	1	+1
3	4	−1
4	3	+1
5	6	−1
6	5	+1
7	8	−1
8	7	+1

据此算出的等级相关系数等于 $1-48/505=+0.905$。由上表可知,在对 X,Y 所排的这两个序列中,没有一个排序在这两个序列中位置相同。我们可以断言这两个序列间存在一种普遍的紧密联系,而无须考虑等级差的绝对值。但有时只有等级差的绝对值才和我们关心的检验问题有关。史蒂文斯(W.L.Stevens)[①]讨论过一个这样的例子,它涉及所谓"通过心灵感应来识别扑克牌"这种事情。存在这种心灵感应的证据是,受试者能够大量正确猜出需他识别的扑克牌的花色及数字;若需他识别的牌是一张黑桃 K,而他给出梅花 K 或黑桃 Q 的答案,或给出方片 K(或方片 Q)的答案,都得判他判断有误。(这样做是否正确我没把握,但这是该问题的条件之一。)另一

① 见 *Ann.Eugen.*8,1933,238−44.

个例子涉及某地若发生地震，该地随后再次发生地震可能性的大小问题；研究这种可能性不能采用等级相关法，因为我们无法以某种单一顺序对不同地区进行排序。一个人们已知的现象是，某地发生一次大震后，常会在其毗邻地区引发多次余震；为检验这样的大震与余震之间是否存在绝非偶然的联系，我们必须视此次大震与任何不在同一地区发生的任一次地震都没有关系，无论它们相隔 2 000 公里或 20 000 公里。只有发生在同一地区的余震才能提供对“那次大震与余震之间存在联系”这种断言的有力证据，因此，我们必须检验发生在同一地区的余震次数是否多，以支持我们的设想“一次大震常可很快引发相隔不远处的另一次地震”。

以上对地震问题的讨论有较强的代表性，若已知某地刚发生过地震，而该地再次发生的、由那次地震引发的地震的概率为 α，我们可将此概率视为对其后所有地震都不会变化(的一种可能性)。在假设 q 下，α 等于 0。第 r 个地区于任何时刻发生下次地震的概率为 p_r，第 s 个地区发生下下次地震的概率为 $p_r p_s$，所有 p_r，p_s 等均需由观测资料决定。在假设 q' 下，第 r 个地区发生地震并且伴有一次余震的概率为 $p_r\alpha$，而 $p_r(1-\alpha)$ 将以和 p_s 成比例的方式分布($s=r$ 的情形也包括在内，因为我们现在并未考虑 q' 即某地发生地震后会排除该地再次独立发生地震的可能性)。于是，$s\neq r$ 时它们的联合概率为 $(1-\alpha)p_r p_s$，而当 $s=r$ 时，其联合概率为 $(1-\alpha)p_r^2+\alpha p_r$。现考虑第三次地震(除直接对它有影响的前两次地震以外，其余因素概不考虑)，若 $t\neq s$，此三次地震的联合概率为其各自的发生概率乘以 $(1-\alpha)p_t$；若 $t=s$，则应以 $(1-\alpha)p_t+\alpha$ 乘该三次地震各自的发生概率。依次类推。如以 x_{rs} 表示地区 r 先发生地震，地区 s 随后发生地震，则对于全体 r 及 s 的值，一组地震发生的联合概率为，

$$(1-\alpha)^{N-1}\prod(p_r)^{xr}\prod\left[1+\frac{\alpha}{(1-\alpha)p_r}\right]^{xrr} \tag{1}$$

其中

$$x_r=\sum_s x_{rs},\qquad N=\sum x_r \tag{2}$$

(1)式中最后一个因子等于一地区全部重复地震次数的乘积。由此可知，该组地震发生的概率即为 $P(\theta|q',p_r,\alpha,H)$。若 $\alpha=0$，则该概率等于 $P(\theta|q,p_r,H)$。

使用6.3节叙述的方法可求出关于q与q'进行比较的不变量J。若在地区r获得$(m-1)$次地震记录数据,我们有

$$\begin{aligned}
J_m &= \sum_r \log\left\{\frac{(1-\alpha)p_r+\alpha}{p_r}\right\}\{(1-\alpha)p_r+\alpha-p_r\}+\\
&\quad \sum_r\sum_s{}' \log(1-\alpha)\{(1-\alpha)p_s-p_s\}\\
&= \sum_r \log\left(1-\alpha+\frac{\alpha}{p_r}\right)\alpha(1-p_r)-\sum_r \log(1-\alpha)\alpha(1-p_r)\\
&= \sum_r \alpha(1-p_r)\log\left\{1+\frac{\alpha}{p_r(1-\alpha)}\right\}
\end{aligned}$$

$$J = \sum_r p_r\alpha(1-p_r)\log\left\{1+\frac{\alpha}{p_r(1-\alpha)}\right\} \approx \sum_r (1-p_r)\frac{\alpha^2}{1-\alpha} = \frac{(m-1)\alpha^2}{1-\alpha}$$

其中的m为地区数。若$\alpha=1$,则J为无穷大,对应若某地已经发生一次地震而下次地震还在该地区发生的情形。对某些r,若$(1-\alpha)p_r+\alpha=0$,J也会等于无穷大,对应α取很大的负值即某地经过一次地震后下次该地不会再震的情形。可以想象,这种情形是能够出现的,因为我们可以想见这样一种局面,即某地的一次地震已将全部压力释放殆尽,在压力得到重新积蓄之前,该地不会再发生地震了;几乎可以肯定的是,在这段时间内别的地方已经发生了地震。因此,有必要考虑α取负值的可能性。但对显著性检验而言,有一个关于小α的近似值就可以了,因此我们取

$$P(\mathrm{d}\alpha\mid p_1\cdots p_m H)=\frac{1}{\pi}\sqrt{m-1}\,\mathrm{d}\alpha$$

对于(需要)因子m的解释为,根据我们陈述问题的方式,某地区中的不同地点是无法区分的。该地区某地点发生的一次地震,可以引发同一地区不同地点的另一次地震,而若该地区已做过更细致的地域划分,则这次被引发的地震即可视为发生在不同地点,如此,通过地域的细致划分,α集中取小值的概率就变大了。

现在即可按通常的方式进行求解了;依赖于p_r的诸因子在$P(q\mid\theta H)$及$P(q'\mid\theta H)$中几乎保持不变,而我们也可以在包含α的诸因子中以近似值$p_r=x_r/N$替换α。于是

$$\frac{1}{K}\approx\frac{\sqrt{m-1}}{\pi}\int(1-\alpha)^{N-1}\prod\left\{1+\frac{N\alpha}{(1-\alpha)x_r}\right\}^{x_{rr}}\mathrm{d}\alpha$$

令

$$x_{rr}=\frac{x_r^2}{N}+x_r a_r$$

且将被积函数的对数展至量级 α^2 及 $a_r\alpha$。化简后就有

$$\frac{1}{K}\approx\frac{\sqrt{m-1}}{\pi}\int\exp\left[N\alpha\sum a_r-\frac{1}{2}\alpha^2(m-1)N\right]\mathrm{d}\alpha$$

$$\approx\frac{\sqrt{m-1}}{\pi}\int\exp\{-\frac{1}{2}(m-1)N\ (\alpha-a)^2+\frac{1}{2}(m-1)Na^2\}\mathrm{d}\alpha$$

其中

$$a=\frac{\sum a_r}{m-1}$$

而

$$K\approx\sqrt{\frac{\pi N}{2}}\exp\{-\frac{1}{2}(m-1)Na^2\}$$

若 K 很小,我们则有

$$\alpha=a\pm\frac{1}{\{(m-1)N\}^{1/2}}$$

下表根据《国际地震学概要》1926 年 7 月至 1930 年 12 月提供的数据绘制。地震区域分为十个;因为次数太少,所以发生在非洲的八次地震被略去了。同样地,有些地震的震中相距很远,观测资料也不多,这些地震也被略去了。因此,表中的地震资料仅限于在这一时期有良好记录的那些数据,它们仅是该时期实际发生过的全部地震的一部分。位于西经上的北太平洋包括北美洲;太平洋东北部被日本(包括琉球群岛及台湾)与菲律宾分隔;西印度群岛包括中美洲;地中海地区包括与欧洲相连的北非海岸。这十个区域该时期的地震记录如下:

第一次地震 \ 第二次地震	欧洲	亚洲	印度洋	日本	菲律宾	南太平洋	北美洲	中美洲	南美洲	大西洋	总和	a_r
欧洲	97	58	11	73	12	60	22	22	23	19	397	+0.092
亚洲	69	119	13	93	21	56	16	20	22	15	444	+0.098
印度洋	10	17	8	23	4	10	5	3	6	2	88	+0.057

续表

第二次地震 / 第一次地震	欧洲	亚洲	印度洋	日本	菲律宾	南太平洋	北美洲	中美洲	南美洲	大西洋	总和	a_r
日本	84	90	21	179	22	82	24	36	26	26	590	+0.077
菲律宾	8	18	4	31	33	22	5	6	8	4	139	+0.184
南太平洋	57	62	14	81	17	115	22	16	22	19	425	+0.107
北美洲	17	18	3	32	6	18	21	6	6	5	132	+0.108
中美洲	16	28	4	26	5	22	2	16	10	2	131	+0.072
南美洲	29	19	4	33	9	27	7	4	24	1	157	+0.092
大西洋	10	15	6	19	10	13	8	2	10	8	101	+0.041
											2 604	+0.928

对本表资料而言,$m=10$,$N=2\ 604$,$\sum a_r=0.928$,因而

$$K=1.6\times10^{-53}$$

由此可见,q'得到了压倒性证据的支持。a 的估计值为

$$a=+0.1031\pm0.0065$$

此 a 值可以解释成某地发生过一次地震后,再次发生余震的概率,此余震的强度是如此之大,以致其他地方发生的另一次大震,也要等该余震被记录下来之后才能得到记录。

6.5 作为近似的演绎推理。我们已经看到,在显著性检验中不利于原假设的可能性,通常远大于有利于原假设的可能性。这种差异如果很大就会使 K 变得很小,即使(检验结果)与原假设的预言精确吻合,也只能使 K 的量级达到 $n^{1/2}$。但一个小 K 值并不能将 q'建立起来,它只表明"有必要引入一个新参数(其余变差皆认为是随机变差)"的假设,比全部变差皆为随机变差的可能性更大些而已;并非断言将来再无必要考虑任何新参数了。在我们切实能为 q'附上一个较大概率之前,我们必须将它视为一个新的 q,并对其偏离 q 的程度进行检验;只有当它能通过这些检验时才可以用于预测。因此,若一假设实际上被采用(它得到观测数据的支持可作为证据),则

其为假的概率的量级总会等于 $n^{-1/2}$，这个概率最大可达 0.2，一般不会小于 0.001。所以严格说来，任何依据观测数据得出的结论都不是单独关于 q 的结论，而是关于 q 与其他所有被考虑假设的结论，只是那些假设——考虑到其后验概率——未被观测数据支持而已。例如，若 x 表示原假设"未来观测值将位于某特定区间内"，$q_1,q_2,\cdots$，表示我们考虑的一系列备择假设，则有

$$P(x \mid \theta H) = \sum P(q_r x \mid \theta H) = \sum P(x \mid q_r \theta H) P(q_r \mid \theta H)$$

若在某给定情形下，备择假设 q 在观测数据的支持下成立的概率很大，而所有其余备择假设成立的概率都很小，则若 x 关于 q 有一大概率，$P(x|qH)$ 也会很大。若 x 关于 q 有一小概率，x 的概率就将由 q 的一小部分组成：其中既有代表 q 的机遇分布尾部概率的成分，也有其他 q_r 的概率贡献成分。其他 q_r 的概率贡献成分的全体构成了 q'，所有这些数值的总概率不会超过 q' 的后验概率。因此，关于 q 观测值不可能位于某区间的全部后验概率将会很小。这里的例子更为极端，因为 q_r 是关于参数 a 取值的各种陈述，而关于 q，可取 α 等于 0。若 K 很大，则几乎 q' 的全部概率都由来自 α 的近似极大似然解决定，但该近似极大似然解本身却很小，因此，通过此 K 可以得出与 q 几乎相同的结论。q' 的唯一效果在于，它能为 q 的分布（密度）叠加一个分布密度，而该密度的最大值与 q 分布密度最大值几乎相同，但其更为分散，整个的尾部面积也较小。

如此，关于总体数据 θH 的 x 的分布，实际上和关于数据 $q\theta H$ 的 x 的分布相同；θ 的陈述表示和 q 有关的参数的不确定性。于是，若 q 已得到观测数据的支持，我们便可得到一个很好的近似等式

$$P(x|\theta H) = P(x|q\theta H)$$

这实质上是肯定了备择假设 q 而略掉了其余的备择假设。事实上，我们现又回到 1.6 定理所叙述的情形，即一个得到很好证实的假设极有可能继续导致正确的推论，即使它本身是错的。未被观测数据排除的那些（备择）假设，是与业已被肯定假设所得结论几乎相同的那些假设。在简单估计问题中类似的区别是，α 之概率分布的绝大部分都集中在 $\alpha=0$ 周围，而非集中在其极大似然解周围。

这种近似意味着实用上的便利。在理论上我们从来不会完全置 q' 于不顾，确切地说，我们应该允许 α 的所有非零值在未来全部推断中所作的贡

献。果若如此将会给我们带来极大的不便，事实上由于人类大脑的另一种不完善性，我们需要给计算的量设定一个界限。但我们没有必要这么做；如果相对于为 q 提出的所有改进而言，K 已经大于 1，我们即可认为 q 为真确而继续我们的分析。此时，科学变成了演绎推理。不过，这并非是一个长处，也和纯逻辑无关。它只表明演绎推理以作为归纳推理的方便近似的形式最终找到了用武之地。但在这一阶段，q 中所有参数都要求有一个永久性的身份（直至有新的观测数据——如果真有的话——表明 q 不能成立）。例如，在行星理论中就包含将每颗行星与对行星观测时的某个不变量联系起来的内容。为这个不变量赋予一个叫作"质量"的称谓很是方便。这种做法常出现在学习的早期阶段。一旦我们找到关于某事物的一组非常普遍的性质，以致可以推定未来对该事物再作观测时，这些性质十之八九也会出现，它们之间存在的联系即可大致断言为一个规律，此时，利用这些性质形成关于该事物的概念并给予相应命名就变得非常有价值。事物的这种命名并非出自先验的概念，也不意味着某种哲学现实——无论其意义如何。这种实际做法的方便之处仅仅在于，根据它我们大致可以用演绎推理代替归纳推理，而能否这样做完全植根于我们的经验。因此，演绎推理只能在一种相当特殊的意义上使用。由于下述三种原因，它再也不能进行全然肯定式的推理了。首先，据以推理的定律本身可能有误；其次，即使该定律正确，它所含参数关于特定的观测资料也有不确定性，这会导致预测结果的不确定性；再次，预测本身就含有表示每次观测所含随机误差的、一定程度的不确定性。

适当关注曾经得到广泛支持的某定律何以会出错很有价值。被显著性检验否定的某个新参数不一定非等于零不可；我们所能说的只是根据检验所用数据，它等于零的概率很大。完全有可能该新参数很小但不等于零，而根据目前所获数据尚不能准确地把它探测出来。我们业已看到，样本容量小时探测不到的有关分布参数与其理论值的微小偏离，样本容量大时就能被探测到，这和我们提出的一般检验规则没有矛盾。问题是我们是否允许以扩展 q 的含义的方式去断言该新参数不等于零，而是可能位于某限定区间的数值。如果允许这样做，或许可以相当有把握地防止一些推论，亦即进一步分析将会表明这些推论不可能实现。但依我之见，这样做既不可能也无必要。说它不可能是因为这样一来将无法对 q 作陈述；要对 q 作陈述必须提供（有关新参数）实际取值的上下限，而根据假设这些都是未知的。提出这些上下限可能纯粹源于猜测，所以就避免不了主观臆断性。而且，随着观测值的增加，有关估计量的估计精度也会增加，所以无法事先断言它最终会达到什么样的精度。因此，若我们对 q 提出有关新参数实际取值的上下限，则有可能在观测值足够多时，我们也能对 q' 提出一个(有关参数的)估计值，该估计值可使 α 的全部机遇都位于前所提出的、有关新参数实际取值的上下限之内。我们这时该怎么办？K 将位于 q' 及 q 之参数可允许区间概率比的范围之内。对这样的结果我们应该接受并感到满意吗？或者我们尚需在更小的区间内提出一个以前不为人知的新命题 q？我认为科学家都会采取第二种立场。第一种立场断言，无论我们采用 q 或 q'，对 K 所作的估计都应该被接受。但恰在此时我们应该想到，因已有理由所致关于 q 的(有关参数之)可疑值，首先就源于我们将此参数区间设置得过大；所以防范这种矛盾发生的唯一方法，就是取与 q 有关的(参数的)值为零。如果有必要考虑与 q 有关的参数的可能取值范围，那也应该是在关于 q' 而非 q 的陈述中做出才对。

我们已经考虑过由(分布)参数检验可能引致的错误，“这些参数不为零但小于某个比较基准值时要拒绝”这种结论，当可资使用的信息足够多时也可以修改。如果我们想事先防范这种情形发生，我们并不是依据手头信息作出相应推理，而只是靠凭空猜想而已。如果 $K>1$，则根据手头已有数据可推知(与 q 有关的)那个参数值为零；不存在其他选择。如果我们说一个(与 q 有关的)参数可能不为零、其估计值等于 0.5 ± 0.5 时，这丝毫也不能帮助我们找到这样的等于 0.1 的一个参数。我们所能说的只是，除非能够增加推断的准确性，否则我们不能查明(与 q 有关的)那个参数是否不等于 0，这种说法以通过令 q 提高后验概率(但不能等于 1)的办法而得以强调。

一个新参数(的引入)可能非常明显，无须其具备很高的显著性，反之则反是。5∶0 的抽样结果乍一看去证据非常明显，但关于机遇的均等性，它给出的优比(odds)仅为 16∶3。威尔顿投骰子试验中的偏误很难通过检查而被人注意到，但其优比却高达 1 600∶1。在抽样问题中，当样本容量小时，我们从来也得不到十分确定的结果，在和测量有关的问题中，也很少能够得到非常确定的结果。但样本容量变大后，通常我们总有这样那样的方法，以得到我们所需的结果。这也是扩大样本容量的一个理由。但需要许多观测值才可披露出的反常现象是否值得考虑，无论如何也是一个问题。在威尔顿投掷骰子的试验中，出现 5 点或 6 点的比(率)为 0.337699，只比

1/3 约大 0.0044,若后续投掷次数小于 10 000 次,则此数(0.0044)将比这 10 000 次投骰子出现 5 点或 6 点(点数和的)标准差还要小。所以,如果我们准备投掷的次数小于 10 000 次,即使考虑试验中点数出现次数与理论预期值的偏误,也不会有什么收获。许多重要现象都可以仿此进行分析,即通过加大试验次数而披露其细微之处,例如,天文观测中行星纬度以及众多小视差的变动,皆属此列。牛顿的成功并非他解释了全部观测到的行星位置的变化,而是他解释了其中的绝大多数变化。这种评价对当代试验物理学的大部分内容而言也能适用。如果某一变化几乎可用一个新函数予以考虑,而有关的观测值又很多,很明显,我们可对该变化进行考察,其显著性检验也总能通过且置信度很高。这就是为什么许多科学家在取得重大科学进展时,都不曾对统计理论予以特别关注的原因。一旦涉及处理种种小幅影响时,精确细致的分析就必不可少了。

第七章　概率的若干频率定义及直接方法

曼斯菲尔德爵士忠告新任命的西印度总督："判决一个案件没有任何困难——只需先耐心倾听被告和原告的陈述，然后根据你心目中正义的标准作出判决即可；不过千万不能说出判决的理由，因为你的判决很可能是对的，但你提出的理由肯定是错的。"

A.H.恩格尔巴赫：《法官与法庭的轶事》

7.0　目前大部分的统计理论都声称，它们都是依赖这种或那种据信是可以避免"理性信念相信程度"这一概念来定义概率的。这些统计理论旨在减少假设的数目，这一旨趣当然很值得称道；如果"理性信念相信程度"这一概念可以避免，则本书第一章所提公理 1 就无存在的必要了。但我认为这条公理不可或缺，而且还认为虽然在实践中没有哪个统计学家真正使用过（概率的）频率定义，他们都是借助"理性信念相信程度"这一概念才完成对概率的定义，只是并未注意到这一点，也未注意到这种做法已构成和他们自己早先所定原则的自相矛盾而已。我无意批评他们的成果，他们对具体问题的解决绝大部分都是非常正确的；错误只在于他们自己为概率所定下的清规戒律。

7.01　统计学家曾为概率下过三种定义：

1.若随机试验有 n 种可能结果，且对 m 种这样的结果而言一事件为真确，则该事件的概率 p 定义为 m/n。

2.若一事件以大数次出现，则该事件的概率 p 即定义为"该事件出现的次数与全部随机试验次数"之比、当试验次数趋于无穷时的（比的）极限。

3.若存在一列无穷试验序列，则一事件的概率 p 定义为"该事件出现的次数与该无穷试验序列全部随机试验次数"之比。

第一种定义有时称作概率的"古典定义"，对该定义所做的现代改进主要归功于耐曼(J.Neyman)[①]。第二种定义是文恩(Venn)的极限定义,当代文恩的主要继承者是米塞斯(R.Mises)[②]。第三种定义借助"无限总体假设"完成,现在人们常把这一定义和费舍联系起来,虽然先前在吉布斯的(Willard Gibbs)统计力学著作中"无限总体"(ensemble)这一概念也曾出现过,并在定义概率时发挥了重要作用。这三种定义有时被认为是相互等价的,但在数学意义上说它们肯定是不等价的。

7.02　概率的第一种定义来自棣莫弗(De Moivre)著作的开篇部分[③]。根据这个定义,一概率常被赋予一个确定的数;麻烦在于概率的使用者根本不接受这个数。现假设我们有两个盒子,一个装有白球、黑球各一个,另一个装有白球一个、黑球两个。我们对盒子作随机选择,盒子选定后再从中随机抽取一球。试问此时抽中白球的概率为何？两盒共装有五个球,白球两个,黑球三个。根据概率的第一种定义,此时抽中白球的概率为 2/5。但我认为绝大多数统计学家,包括接受该定义的那些统计学家,对此问题给出的答案都是$\frac{1}{2}\times\frac{1}{2}+\frac{1}{2}\times\frac{1}{3}=\frac{5}{12}$。该结果与根据当代统计学理论算出的结果相符,两个乘积项体现了对概率乘法规则的使用,以求得每次抽出白球的概率,而把它们加起来则体现了对概率加法规则的使用。然而,这件事却不能表为从 12 种可能中析出 5 种可能的一个命题。我注意到这一点应归功于胡赛松女士(Miss J.Hosiasson)的提醒。

同样,根据概率的第一种定义我们还可以问,"两位都是黑眼睛的一对夫妻所生儿子也是黑眼睛的概率为何?"这样的问题。其答案有两种可能,而每种可能的概率均为 1/2。遗传学家会说若这对夫妻中的一位其父母是蓝眼睛,则这对夫妻所生儿子是黑眼睛的概率为 3/4;若这对夫妻中至少有一位是同型结合的基因型(homozygous),则他们所生儿子是黑眼睛的概率为 1。但根据该问题中对孩子眼睛颜色的表述,可见除非排除掉最后那种概率为 1 的情形,这孩子是蓝眼睛的可能性始终存在(概率为 1/2),没有其他选择。根据接合子理论(the zygote theory)和关于这对夫妻的某位父母

---

①　见 *Phil.Trans.*A,236,1937,333－80.

②　见 *Wahrscheinlichkeit*,*Statistik und Wahrheit*,1928;*Wahrscheinlichkeitsrechnung*,1931.

③　见其所著《机会的理论》(*Doctrine of Chances*),1738.

眼睛颜色的描述，为这孩子的眼睛是黑色指派概率 3/4 也是可能的，于是问题依旧——为什么我们要采用遗传学术语而非根据观测到的(亲代和子代)眼睛颜色的差别，来提出关于子代眼睛颜色的假设？假如允许我们这么做，对子代眼睛颜色的概率指派就不再唯一，因为这取决于我们如何看待关于子代眼睛颜色的定义。

类似地，概率的这种定义也不会对“骰子有偏”这一陈述附加任何含义。只要骰子的各个面都不是绝对不可掷出，则“1”、“2”、“3”、“4”、“5”、“6”这六个数字被掷出的概率就都是 1/6，仅此而已。

概率的这种定义，似乎只能对“打桥牌时某人下一手牌抓到黑桃 A 的概率为何?”这样的问题提供正确答案。因这问题对四位玩家皆可提出，故其答案为 1/4。这种答案能有哪怕是一点用处吗？事实上，它不仅没有多说什么，甚至连“下一手牌抓到什么有四种可能，其中一种可能就是抓到黑桃 A”这层意思都未能充分表达。若将某种发牌结果视为“单位”事件(the “unit” case)，则可能的发牌结果事件数就是 $52!/(13!)^4$，而使某玩家得到黑桃 A 的事件数为 $51!/12!(13!)^3$。该玩家得到黑桃 A 的比率和前面一样也是 1/4。这样看来，在发牌结果存在多种可能性时，这个答案也许能为该玩家提供一些帮助，果真如此吗？关于 n 个“单位”事件，共有 $\{52!/(13!)^4\}^n$ 种可能的发牌结果。若 $m_1, m_2\ (m_1 < m_2)$ 是两个小于 n 的整数，则会有

$$\sum_{m=m1}^{m2}\left\{\frac{52!}{(13!)^4}\right\}^n\binom{n}{m}\left(\frac{1}{4}\right)^m\left(\frac{3}{4}\right)^{n-m}$$

个“单位”事件，使该玩家在分牌次数 m_1 至 m_2 次之间分到黑桃 A。将此数除以全部可能发牌结果的事件数，即得到相应的二项分布。但根据概率的第一种定义，该二项分布指的恰恰就是这个比率。这并不是说该玩家有理由假设他将在 $\frac{1}{4}n \pm \frac{1}{2}(3n)^{1/2}$ 这些分牌次数之间得到黑桃 A。仅当引入合理的期望值概念后，他才可以这么说，而且还能断言在每种场合下各式各样发牌的机会都相等。一旦做到这一点，所得结果就正是人们所盼，遗憾的是，概率第一种定义的目标恰是回避这种合理期望值的概念。舍弃这种概念而仅利用纯数学及所谓的“客观性”(其如何定义语焉不详)，人们也可能在 0 及 n 次分牌次数之间得到黑桃 A，仅此而已。事实上，为什么人们不直接指出可能的分牌数共有 $n+1$ 种，介于 m_1, m_2 之间的分牌数为 $m_2 - m_1$

$+1$ 种，因此，在次数 m_1 至 m_2 之间分到黑桃 A 的概率就是

$$(m_2-m_1+1)/(n+1)$$

根据其各自定义，这两种做法均为合理。青睐前者——即引入合理期望值概念——的唯一理由，是人们确实希望各式各样发牌的机会（而非所有的 m 值）都相等。但是很遗憾，采用第一种概率定义的人拒绝“机会均等”的概念，而若缺乏这一概念，所得结果就会既含糊不清也无任何用处。

对于连续型分布，因随机变量在某区间可取无穷多个值，故根据第一种概率定义，从表面上看概率就是两个无穷数列的比，而这是毫无意义的。采用将概率视为有关点集测度的比这一做法，奈曼和克拉美（Neyman and Cramér）都试图避免将概率定义成两个无穷数列的比。但对于连续集，如果我们不能清晰定义它的测度，谈论其测度必会含糊不清。若能将测度的分类与一连续变量的取值联系起来，则这些测度也能被该随机变量的任意单调函数 $f(x)$ 作出分类。实数的连续性理论并不能区分测度的类，它只能确定某些测度的存在，从而间接确定无穷多测度存在的可能性。x_2-x_1 及 $f(x_2)-f(x_1)$ 都是两点间间隔可能的测度，这二者一般并不成比例。只有先给出这两种测度的清晰定义，才能谈论第一种概率定义下概率的取值。若某位纯数学家被问及应如何接受这种概率定义时，他肯定会说“这有何难，我只需选用无论以任何方式被利用都能成立的那些定理即可。”遗憾的是，受到同样提问的统计学家却不会这样限制自己；他只选择一种方式使用这些定理，而在其他任何别种方式下这些定理很可能都不会成立，同样他也没有明示选择那种方式的原因，连以最明显的方式给出解释都做不到。当 x 为一连续变量时，很自然地（该变量）任意两点间的距离会被取作测度，若此区间是无穷区间，则任何有限区间的概率均为 0。正态误差律的概率估计应视为关于服从该分布连续变量取值区间上的积分，而这一积分如其所述要成为概率，就必须借助于使其成立的假设推出才行，这颇有循环论证的意味，使人心生疑虑。两点间距离的测度既不唯一也非物理测度。但根据现代积分理论，两点间距离的测度就是物理测度；无论如何，纯粹数学家都愿意考虑无穷区间上的各种变量。

即便没有歧义，如在投骰子的例子及在杂合子基因型父母所生子女遗传特性的例子中，根据第一种概率定义所计算的概率结果，也不被赌徒及遗传学家所接受。这些使用概率的人常会提出一些（有关）偏离最可能结果的

界限，一旦某相关假设与最可能结果的偏差大过此界限，则这一假设将被拒绝。事实上，在投骰子及子女遗传特性的例子中，赌徒及遗传学家应该接受试验的结果。但这却与第一种概率定义相矛盾。因为该定义乃是数学上的约定，除假设（该假设成立）"1"、"2"、"3"、"4"、"5"、"6"这六个数字都有可能被掷出，以及子女遗传父母特性的各种可能性都存在以外，不含其他任何假设。因此，为这两个例子最初所做的有关概率估计都能成立，作任何改变都会导致矛盾。所以我敢断言概率的这种定义从来也不曾被其鼓吹者使用过；它一经写出就被忘记了。鼓吹这种概率定义的人实际使用的概率并不是他们所定义的那种；他们所得结果与根据概率是"理性信念相信程度"这一观念（所得结果）相当接近，所以在获得更多证据之前，我们只能说他们是在无意识地使用概率是"理性信念相信程度"这一观念。

就所有关于概率的理论而言，鼓吹这种概率定义的人最为坚持数学的严密性，而且事实上他们对现代数学的证明技巧也有相当的掌握。然而，若需根据概率定义中未及言明的某些原则对概率进行估算（这些概率估算值常与由定义得到的概率值不一致），以及最终需要以不同于概率定义的解释去应用概率计算结果的时候，他们所谓通过"在证明的中间阶段精心运用ε，$o(n^{-1/2})$及'几乎处处'等数学分析技巧来达到数学严密性"的做法，无异于采用钢梁对一幢大楼的每一层进行加固，只是钢梁仅被打进各层屋顶表面的灰浆层而已。

7.03 考察概率的第二、第三种定义时，绝不能忘记我们对一项理论所提的那些一般标准。例如，关于理论的假设是否最少，理论能否应用于实际，等等。很显然，概率的这后两种定义均无法在实际中应用。在实践中对概率的估计从来不会，将来也不会通过计数无穷序列的项数，或为关于无穷序列的某一比（率）计算极限的方法来完成。根据概率的第一种定义，概率的估计结果或者不能为人们接受，或者概率的估计结果既多又不同，但概率的后两种定义却与第一种定义不一样，它们根本做不出任何概率估计。试图根据它们得到一个确切的概率值只有通过关于所要结果的假设才能做到。就连这一概率存在性的证明都有问题。根据（序列）极限的定义，如果对序列中的各个项没有先后次序的限制，极限可能并不存在。米塞斯（Mises）将这种概率极限的存在作为一个假设，而文恩（Venn）则认为没必要引入这种假设①。这样一来,在求概率的任何时刻都免不了要提出种种假设,而依概率极限存在的必要条件,(有关序列中各个项的)完全随机性又将遭到拒绝,从而使关于无穷序列的比的极限不复存在。概率的第二种定义中关于试验结果为无穷多的陈述是"先验的"(*a priori*),因而这陈述本身就要不得。

根据无限总体定义概率时,因任何有限概率值都是两个无穷序列比的极限,所以它们都是中间结果②。如此,这种概率值因其不确定而毫无用处;有限概率值的存在必须视为一个前提,而由无限总体定义概率又说不出其确切的概率值为何,也说不出其性质为何,需要对这些数值或性质再做进一步假设,等等。从应尽量减少假设数目的观点来看,与将概率作为原始概念的做法相比,第二、第三种概率定义没有任何优点;它们的主要目的是给概率赋予意义,但在试验中却无法利用其定义将具体的概率值计算出来,这就使它们失去了价值。在实践中鼓吹这两种定义的人确实也得到了具体的概率计算结果,但那绝不是依赖其定义得到的,而是通过先陈述(有关的)概率分布,再应用概率乘法及加法规则,最后将观测结果进行比较的方法才得到他们所需答案的。事实上,那两种概率定义只出现于其鼓吹者所撰著作的开头部分,在后面就杳无音信了,余下的工作皆亦需依赖得自理性信念相信程度的各种规则来完成;而这些规则是无法根据那两种概率定义——在不提供更多假设时——加以证明的。

文恩的极限概率及"概率的前提就内含无限总体,概率就是该总体的有关抽样比",这两种概率定义不像第一种概率定义那样内含矛盾,例如,利用第一种概率定义对骰子是否有偏所作断言时就出现了矛盾;因为后两种定义均未先验地(*a priori*)确定概率极限或抽样比为何,它们皆允许根据观测数据对概率估计结果进行修改,从而避免了自相矛盾。文恩使用"交叉序

---

① 莱斯利·埃利斯(R.Leslie Ellis)评论道:"就我而言,经过对概率这概念相当痛苦的思考,我依然不能割舍下述判断,即一事件比另一事件更可能发生,或从长远看,一事件的发生(根据人们的信念)是可以预期的。"试考虑一枚不均匀硬币,在试验完成之前我们对该硬币的不均匀情况无任何了解。对第一次投掷而言,其正面或反面朝上的可能性应该认为是相等的,故据此陈述当一系列投掷完成后,该硬币出现正面或反面朝上的可能性还是相等的。但在该硬币并非均匀时得到这种结论肯定是错误的。参见R. Leslie Ellis,*Camb.Phil.Trans*.8,1849,2.

② 见 W.Burnside,*Proc.Camb.Phil.Soc*.22,1925,726—7;*Phil Mag*.1,1926,670—4.

列”(cross-series)这一术语对其概率定义中的乘法规则进行讨论[1]。如果考虑命题的一个无穷序列(由每个命题皆可推出命题 r),则 $P(p|r)$及 $P(pq|r)$就会以该系列的两个相应抽样比来定义,但估计 $P(q|pr)$既需考虑一无穷序列概念(该无穷序列的每一项均蕴含命题 p,r),也需考虑命题 q 在该无穷序列中极限比的概念。若该无穷序列就是估计 $P(p|r)$时使用过的那个,则由代数即可保证概率乘法规则成立;但这并不意味着所有满足 p,r 的无穷序列都保证能对 q 给出相同的极限比,或保证关于 q 极限一定存在。极限概率的存在性及唯一性必须依具体问题分别逐一假定。在此,米塞斯假定了极限概率的存在性及唯一性,但做这样的假定与不否定随机性是不是等价,尚待查明。若利用第三种概率定义(概率是无限总体的有关抽样比),则概率乘法规则依文恩定义都不能得到有限意义上的证明,必须视为一个独立假设才行。如此,依第二、第三种概率定义,概率的存在性及乘法规则均需视为独立假设,和概率是“理性信念相信程度”的定义相比,它们都达不到将假设数目降到最少的要求。它们定义的概率数值在实际应用中是找不到的。在任何情况下,视概率为“理性信念相信程度”都是合宜的,至少,持这种看法(通过考虑一类案例)可以证明概率乘法规则。

2.13 节已经证明,在某些条件下极限概率是可以存在的。不过,那里的证明是依概率为“理性信念相信程度”概念作出的,它势必会遭到不接受这种(概率)概念的人的拒绝。任何拒绝 2.13 节证明的人若要另辟蹊径去证明极限概率的存在,都既须面对根据随机性定义极限概率可能趋于任何极限值或根本没有极限的事实,也须面对如何用纯数学语言对极限概率作出适当表示的事实。

若将无限总体换成容量很大的有限总体,费舍的概率定义就变得可行了。概率加法规则及乘法规则也可以得到证明。与样本相比若总体容量很大,概率(作为总体的有关抽样比)依赖于总体容量的困难将变得微不足道;关于无限总体的麻烦在于,此时概率为该无限总体有关抽样比是明确的,但这些抽样比本身却是不确定的。费舍的这种定义避免了棣莫弗概率定义中需将全部可能的单位事件(the unit alternatives)悉数表出的困难。总体单位数目可定义为在一定试验条件下且试验次数给定时,被抽中的总体单位数的总数,它们可以是唯一的。不过这样做也会带来一些困难,因为一组实

---

① 见 *The Logic of Chance*,1866,pp.162 et seq.

际观测值仍需视为从总体中随机抽出，且“等可能”概念是伴着随机性概念而出现的；同样，“等可能”概念能否有效地用于所谓第一个被抽中样本的场合，也存在疑问。

许多物理学家常说：“概率论只处理大数次事项。虽然生活中充满了不确定性，但保险公司的赔付却是确定无疑的。”这纯粹是误导。保险公司在任何时候都将投保人数目记录在案；保费的厘定基于生命统计，所有费率均依据不同投保类别的有限集合定出。暗示保险公司仅关心无限集合或无穷系列荒谬无比。此外，任何个人都需决定何种保险最适合他的需要，他所关心的只是他能否存活一段时间的概率。如果这种概率没有意义，提出到底需要精确考虑多少类似投保案例方可定出保费基准的问题，就显得很公允了；若无这种基准，区分有限集合与无限集合本身就没有意义。

7.04 有时可以听到这三种概率定义相互等价的说法。它们实际上是不等价的。在投掷骰子的例子中，第一种定义明确断言掷出“5”或“6”点的概率均为 1/3；但使用这三种概率定义的人通常都依靠试验结果计算所需概率的近似值，而该近似值明显要大一些——无论如何他们都期盼此处所需的无穷系列的概率极限会大于 1/3。有一种观点认为，概率的前两个定义在假定概率极限存在，并据此视骰子投掷结果与掷出点数无关时，可认为相互等价。这一观点有时也表为根据试验可知文恩的概率极限等价于概率第一种定义的 m/n。这种观点不能成立；尽管有些很有名的数学家鼓吹过它，但他们肯定是一时将数学极限的本质忘在脑后了。一项试验的实际试验项数永远有限，从数学意义上说除非连接一序列相邻项的规律已知，否则，仅由有限的试验项数不能对无穷系列的（试验）结果提供任何信息；而且也不存在这种对试验项数作随机选择的规律。也有观点认为，对于有限总体，当抽样无放回时，某事件发生的概率，其极限将不超过该事件在该有限总体中的（相应）抽样比。这是对的，但它对“m 次试验中该事件出现的比率与其在该有限总体出现的比率同为量级 $m^{-1/2}$”这一陈述，并无任何解释。如果一种类型的总体成员先全被抽中，然后才对其他类型的总体成员抽样，则“某事件发生的概率，其极限将不超过该事件在该有限总体中的（相应）抽样比”这一陈述就能成立，而“m 次试验中该事件出现的比率与其在该有限总体出现的比率同为量级 $m^{-1/2}$”这一陈述就不能成立，而恰是这后一陈述才是我们创建任何有用理论时所必需的。有放回抽样时，即使总体有限,也不存在我们不能持续抽取同一类型总体成员的逻辑证明。这一点和打桥牌时会分到什么牌的讨论有关。如果每次分牌都只分一次且仅分一次,通常人们试图证明,在 n 次分牌中其对分得 m 次黑桃 A 的概率估计,应该就是理论所预期的那个概率。遗憾的是,此处的条件指的是有放回抽样。事实上,在某(些)次分牌之前,人们已经分到过好几次牌了,所以每次分牌"都只分一次且仅分一次"的条件就不适用了。如果有人用 52 个香烟盒做个试验,将一副扑克牌的每一张都装进这 52 个香烟盒的某一个中去,他一定会理解这里的困难:他可能在连续抓到 12 张同花色牌之后,才有机会抓到其余花色的牌。

鼓吹这种概率定义的人已觉察到其中的可疑之处,面临诘难时他们常常会说基于某种数学观点,他们的概率定义是"合理的"(reasonable)。这种说法根本未能涉及本质。作这种概率定义唯一的理由是,他们要用"数学证明"排除掉"合理性"这种概念,因此,这引发了对有关数学根据的争辩。如果不能给出关于一个不同结果的数学证明,则该结果即未能被证明。这时宣称"合理性"是没有数学意义的,而若承认所谓"合理性"有某种意义,就等于承认它是理论的不可或缺部分,但这既不具备数学意义也不具备客观意义。若他们定义的概率遵从指定的一些规则,这些规则就应该逐一陈述清楚,这正是我们在这里所做的;若他们定义的概率不遵从指定的那些规则,我在第一章提出的公理 1 就要被拒绝,从而人们就有理由宣称,就同一批数据而言,命题 p 发生的可能性大于命题 q 以及命题 q 发生的可能性大于命题 p,可以同时成立。令人惊讶的是,这种对命题成立可能性所持的极端态度在实践中从未得到过人们的宽容。统计学杂志中经常充斥着这样的文章,其作者不是宣称自己的方法唯一合理,就是指责他人的方法根本不合理。

7.05 上述三种概率定义最严重的缺陷在于,它们都刻意省略了对一项假设的概率意义作出说明。它们所能做的只是提出假设,给出一些人为规则以及在一定条件下拒绝该假设而已。他们对假设遭拒绝后如何提出替代假设均不置一词,实际上也不存在对他们那些人为提出的规则是否为最优的任何证明。显然,这样一来科学定律在科学推断方面就派不上用场,它(科学定律)就像椰子挂在椰树上等待着被击落;而根据该定律作出的推断并不意味着什么,因为根据那三种概率定义均不能断定存在支持该定律为真确的理由,如此,定律和猜想也就无从区分了。不过,在实践中统计推断受到极大信任,这一点若非归功于统计学家,也应归功于向统计学家进行咨询的各行业从业人士。我认为这些从业人士的见解是正确的;统计学家的无知见解则是错误的。统计学家的立场自然和应用数学家的立场相对立,后者总是断言他所用的定律都是经过严格证明的。如果承认关于科学定律的概率概念而采取一种折中立场,则上述两方面的困难皆可避免。

通常,统计推断的实际操作与各种统计推断的定义相独立。实施统计推断一般要先建立某机遇的分布律,在此基础上利用加法和乘法规则推出更复杂事件的概率。我对这部分工作程序没有批评意见,因为,探讨一机遇的分布律是否成立总是有价值的,而在我的理论中也同样需要概率的加法规则和乘法规则。对同一个命题而言,统计推断的结论必须以关于(同一机遇)不同数据集之分布的形式作出。实际应用中则刚好相反,获得一组观测值通常不成问题,在两个不同的命题中根据这组观测值挑选一个出来才是问题所在。从一个命题过渡到另一个命题必然涉及某些新原则。即使在纯数学中因命题转换导致的歧义性也常可见到。若 $x=1$,则等式 $x^2+x-2=0$ 成立。但由 $x^2+x-2=0$ 推不出必有 $x=1$。在添加 x 取正整数的附加条件后,才可由 $x^2+x-2=0$ 推出 $x=1$。在求概率的问题中,这种困难会更大些,因为无论是根据一组观测值在两个命题中进行抉择,还是为同一概率分布之相应参数挑选数值,我们都是在(常为连续的)某区间上为特定概率分布的参数数值作出选择,而这种选择往往无从作出(根据文恩的概率定义,这意味着要在两个无穷序列中挑出一个,而根据费舍的概率定义,这则意味着要在超总体中挑出一个总体)。实际作这种选择时一定要涉及直接方法中未包含的(某些)原理。采用逆概率原理即可将一命题向另一命题的过渡形式化,而有关先验概率的选择恰好表明我们对相关先期知识的占有或者缺乏。摈弃(给定假设下)观测值发生概率的限制,而将概率推理规则应用于命题本身的概率时,逆概率原理就成了定理,据此,一个直接结果就是可以推出乘法规则而无须再添加任何假设。然而,对概率计算所加的限制使得添加假设必不可少,我们对此必须详加考察。

7.1　"学生"对来自服从正态分布随机变量一组观测值的标准差的估计提供了一个有趣的例子,该例既有助于说明问题,也有被所有统计学流派一并认可的优点。"学生"证明的结果为(见 2.8 节(18)式),

$$P(\mathrm{d}z \mid x,\sigma,H)\propto(1+z^2)^{-n/2}\mathrm{d}z \tag{1}$$

其中，x，σ 是服从正态分布之该随机变量的均值及标准差（均假设已知），若 $\overline{x}$，s 为这组观测值的样本均值、样本标准差，可做变换

$$z=\frac{x-\overline{x}}{s} \tag{2}$$

我得到的结果是（见 3.41 节（6）式），

$$P(\mathrm{d}z\,|\,\theta H)\propto(1+z^2)^{-n/2}\mathrm{d}z \tag{3}$$

该式右端仅通过 $\overline{x}$ 及 s 和样本观测值发生联系，所以，根据 1.7 节的去除无关信息原则，该式可表为

$$P(\mathrm{d}z\,|\,\overline{x},s,H)\propto(1+z^2)^{-n/2}\mathrm{d}z \tag{4}$$

（4）式和（1）式不同，因为它们所含的数据不一样。人们对（1）的陈述通常只关系到某一命题的概率，但对有关数据不作明确提及，而若数据不同时依然不作明确提及，则在进行（有关）概率估计时就可能犯下严重错误，即使面对非常简单的问题也会如此，这一点我们已经看到了。我们也应注意到与此类似的一个问题，即史密斯先生今日去世的概率（假设他上周得了天花）和他上周得了天花的概率（假设他今日去世）并不相等。在这里如果我们把（1）式解释为（4）式，则在给定 $\overline{x}$ 及 s 时即可正确得到关于 x 的后验概率分布，事实上我们也是这么做的。但（1）、（4）两式肯定不同，所以我们必须考虑满足什么条件时（1）式可以蕴含（4）式。首先我们注意到，（1）式的数据中若含有任何 $\overline{x}$ 及 s 的信息——已包含在 x，s 及 H 陈述中的那些信息除外（H 中已含有所涉及的正态分布成立的信息），则由（1）式肯定推不出（4）式。因为基于包含 $\overline{x}$ 或 s 精确值信息而作出的相应概率估计，将不再单独依赖于 z，而会明确依赖于 $x-\overline{x}$ 或 σ/s 的值。相对于 $\overline{x}$ 及 s 之外且在 x，σ 及 H 陈述中也未包含的那些信息而言，（为能基于它们作有关概率估计）我们尚需其他一些参数，在估计结果中也应包括这些参数的估计值。因此，我们不能在（1）式的数据中包含 $\overline{x}$ 及 s 的信息而将 x 及 σ 视为无关信息压缩掉以获得（4）式；因为如果这样做，则在所有包含相应（积分变量）实际取值的区间上，$\mathrm{d}z$ 的概率都会等于 1，而在这些区间以外 $\mathrm{d}z$ 的概率都会等于 0。

注意到在（1）式中 x 及 σ 的取值均与 z 无关，根据 1.7 节之定理 11，这两者均可压缩掉，从而有

$$P(\mathrm{d}z\,|\,H)\propto(1+z^2)^{-n/2}\mathrm{d}z \tag{5}$$

因为由观测条件 H 可推出存在$\bar{x}$，s 以及 x，σ，这才是最为关键的一步。表面来看这样做没有什么意义，因为只有在各个量 x，$\bar{x}$及 s 均给定后，才可得到 z 的值。但正是根据这同样的理由，我们现在就能将$\bar{x}$及 s 引入观测值中而不改变相应的概率表达式。道理显然是这样的，即给定$\bar{x}$及 s 后，其位置参数 x 的概率分布只依赖于$\bar{x}$，而其尺度参数的概率分布则只依赖于 s。这等于是说

$$P(\mathrm{d}z \mid \bar{x}, s, H) = f(z)\mathrm{d}z \tag{6}$$

由于$\bar{x}$及 s 均与 z 无关故可以压缩掉，上式左端就简化为 $P(\mathrm{d}z \mid H)$，这恰好是(5)式的形式。因此，(4)式即告成立。

“学生”似乎觉察到这个表达式和他的 t 分布互为等价，虽然用他的符号表示证明不了这一点。我们必须注意“学生”的 t 分布内含两个假设，即：(1)除$\bar{x}$及 s 外，样本观测值所含其他信息均和讨论 t 分布无关；(2)不论经由观测值算出的$\bar{x}$及 s 实际为何，我们都有完全的自由依据它们将 t 分布的中心重新定位，或者将 t 分布的尺度参数重新标度。前一个假设很自然，这是因为假设应该越少越好，而 t 分布的导出(无论该假设是否自然)可由逆概率原理加以证明。后一个假设只意味着一件事，即我们对服从正态分布之随机变量的期望值 x 及标准差 σ 最初皆一无所知。如果我们有关于 x 及 σ 的任何信息，我们就不能根据(一次观测结果所得的)一组观测值对 t 分布进行随意调整，从而(6)式将不复成立。事实上，“学生”业已注意到了这一点，因为由他给出的第一张 t 分布表[①]就冠名为“估计抽自有关正态分布总体的唯一一组样本观测值的均值、其位于$-\infty$与该正态总体均值任意给定距离之间的概率所用数表”(“Tables for estimating the probability that the mean of a unique sample of observations lie between $-\infty$ and any given distance of the mean of the population from which the sample is drawn”)。如果是基于数据 x，σ，H 去求所需的概率，则“唯一”(unique)一词无任何特殊优点；(1)式即可分别单独用于每个样本。但若问题是由样本推求 x，则唯一性就具有举足轻重的意义了。若 H 中含有来自上一次抽样的信息，这不会影响(1)式，因为给定 x 及 σ，任何关于它们的有关信息都不能再为我们提供任何新东西。但这会影响从(1)式到(5)式的转换，在实践

① 见 *Biometrika*，11，1917，414.

中人们通常是以合并抽中的两个样本,并在此基础上对所求概率进行估计的方法对此加以反映。我在发表 t 分布的论文后[①],“学生”所用的关键词“唯一性”才引起我的关注,“学生”的用词表明实际上他完全清楚我们对样本所提的基本要求,即该样本只能构造出关于 x 及 σ 的信息。事实上他设想的条件和我的条件完全一样,他已经认识到下述的关键之点,即概率估计结果的有用性依赖于人们对有关分布先期知识的一种特定把握,亦即,在试验之前对(该分布参数)是“一无所知”(absence of knowledge)。

进一步可证,如果令(4)式为关于 x 的正确的后验概率,则能够导致该后验概率的先验概率分布只有一个,即

$$P(\mathrm{d}x\,\mathrm{d}\sigma \mid H) \propto \mathrm{d}x\,\mathrm{d}\sigma/\sigma \tag{7}$$

这结果意味着 x 的最可能取值是其均值,且对两个观测值而言 x 位于其间的概率为 1/2——前者暗示 x 的先验概率分布为均匀分布,后者(根据 3.8 节)则暗示 $\mathrm{d}\sigma/\sigma$ 规则[②]。有了这些叙述之后,我在 3.4 节中所作的论证自然也就成立了。除 $\bar{x}$ 及 s 外,样本观测值所含其他信息均和 t 分布无关这一点,对全部(有关)先验概率的估计均告成立。如此,“学生”所作的假设和我的假设完全等价,只是引进的方式有所不同。

讨论费舍的信念推断法,也可仿照我对“学生”t 分布的讨论进行。费舍对“学生”t 分布的评论是:“t 只是当我们得到 $\bar{x}$,s 及 n 后,有关未知分布参数即均值的连续函数,这一点必须予以注意。因此,不等式

$$t > t_1$$

与不等式

$$\mu < \bar{x} - st_1/\sqrt{n}$$

等价,故得到这后一个不等式的概率必和得到前一个不等式的概率相同。……我们或许可以说 μ 小于任意指定值的概率,或介于任意两指定值之间的概率,或简言之 μ 的概率分布,均以所抽得的样本为据。”[③]这种简单的不

---

① 见 *Proc.Roy.Soc.*A,160,1937,325-48.

② 适合正态误差律的一个证明已在我上面提到的论文中提供了,参见 *Proc.Roy.Soc.*A,160,1937,325-48.

③ 见 *Ann.Eugen.*6,1935,392.

等式变换掩盖了从数据 x,σ 至$\bar{x},s$ 的转化过程(费舍的 μ 相当于我的 x)，而利用费舍的符号并不足以将这种过程表示出来。对上述不等式成立概率的初始估计是基于包含 μ 的数据作出的，若依然使用这些数据，则 μ 位于某区间的概率就等于 1(若该区间含有这些数据的已知取值)，否则就等于 0(即该区间不含这些数据的已知取值)。所以，我们需对费舍的论证作些修改，一如我们已对“学生”t 分布的论证所作的修改那样。注意到费舍在论及以所抽得样本为依据的 μ 的概率分布时，他显然抛弃了关于直接概率之概率意义的限制；μ 值的不同反映了假设(命题)的不同，而他所谈论的乃是基于所得样本的关于这些假设(命题)的概率，这和我应采取的方法表面看来完全一样。在同一篇文章中(见 *Ann.Eugen*，6，1935)，费舍对先验概率的使用确实提出了批评，但他似乎透过先验概率这一概念觉察到了他的做法和我的做法很不相同。我对费舍和“学生”二人所作论证的批评是，他们都省略了非常重要的、需要仔细证明的中间步骤，而若先去证明这些中间步骤，则他们二人的论文篇幅都会大为加长，但如果他们在论证伊始就引入先验概率以表达对有关先期知识的阙如，则其论证就会简洁许多。

费舍的书中有题为“唯一样本之样本均值的显著性”(The significance of the mean of a unique sample)这样一节[①]，在那里他写道：“若 $x_1,x_2,\cdots,x_{n'}$ 是变量 x 的容量为 n' 的诸样本值，且若该样本构成所关心问题的全部信息，则我们可以通过计算相关统计量来检验 x 的均值是否显著不为 0 这一假设……”费舍的这句话把这里的关键之点作了完美的清晰表达。假设检验是不能独立于有关先期知识的，正如费舍在其他场合也会作如此表白那样；仅当缺乏有关先期知识时假设检验才会派上用场。“无先期知识”与“有先期知识”的区别，和“没钱”与“有钱”的区别是一样的。

7.11　无须提及 x 取不同值的概率而证明 $t>t_1$ 和 $\mu<\bar{x}-st_1/\sqrt{n}$ 等价性的一种实用方法如下。由于 $P(\mathrm{d}z\mid x,\sigma,H)$ 独立于 x 及 σ，故相对于所有先前观测值而言它实为一机遇。根据贝努利定理，如果我们抽取许多容量为 n 的样本，则介于两指定值之间 z 值的概率将近似等于这两点间相应正态密度曲线下的积分。

无论 x 及 σ 是否恒常不变还是依样本而有所不同，上述结论总能成立。

---

① 见 *Statistical Methods*，1936，p.125.

显然，这时我们可以说 z 实际取值的分布将与 $(1+z^2)^{-n/2}$ 的积分成比例，而各样本可视为从该总体中随机取出；于是，误差大于 $\pm zs$ 的概率，由 $t>t_1$ 和 $\mu<\bar{x}-st_1/\sqrt{n}$ 的等价性，即可指派一正确的比率，亦即出现概率最大的样本就是最公允样本。这种论证的不便之处在于，若 x 及 σ 在各样本中恒常不变，这结论也照样成立。若据此断言在每次抽样中（样本容量均等于10）x 都位于 $\bar{x}\pm 0.75s$ 之间，则此结论出错的可能性即约为5%，与 x 是否在每次抽样中都不变或与它是否已为人所知无关。这暗示人们常习惯于采用类似规则拒绝 x 的设定取值，但在实际中这样做将意味着，若 x 在每次抽样中都不变，则在100次检验中它将有95次被接受，5次被拒绝，这是不能令人满意的。100次检验中有5次当假设成立时将该假设拒绝，这种做法并无任何长处可言，尽管这样做可能出于无奈；这实际上是说，如果我们想得到某种规则使当假设不成立时将其拒绝，其代价就是有时我们也会拒绝正确的假设。实际上若 x 在每次抽样中都保持不变，肯定没人愿意采用这样的判决规则，他们会将样本进行合并。如此，不论判决理论所建议的规则为何，统计学家常会借助限制假设数目这种相当过激的方式，来采用有关的先期知识以便对所提假设进行认真考察。只有在没有任何关于 x 及 σ 先期知识的情况下，以上所建议的判决规则才会被采纳。贝努利定理也曾偶尔被解释成大数次试验中关于某事件出现概率的预期，但利用概率的频率定义这一点是无法证明的，在一次试验中（这在解决实际问题时最为常见），由频率过渡到概率也会需要"理性信念的相信程度"的概念，所以这概念必须使用两次才行。

我们总会遇到这样的情形，即要将建立在不同数据集上的同一个假设，与建立在同一个（有关）数据集上的不同假设加以比较，以考察其是否等同；"学生"虽然不自觉地做过这种等同比较，但他不应被苛责。不过，我们绝不能说对这种等同比较的论证与先期知识无关。仅在没有任何关于 x 及 σ 先期知识时，做这种等同比较的论证才有效，否则在实践中就不宜采取这种比较。在 H 给定时（除 $\bar{x}$ 及 s 外，H 中不再含有任何 x 及 σ 的信息）所提的假设中，$\bar{x}$ 及 s 与 z 无关乃是做这种论证的关键。这一点可以认为是合理的，但它并不是一个假设。

费舍最近指出（他似乎是以此再做一次努力），在上述两种情况下，假设之间的等同性显然是没有问题的。采用本书的语言，说这种等同性成立等于是断定所有的先验概率都相等，既然关于特定数据集之不同假设可以有相同的似然，则诸假设成立的概率将不服从概率加法规则。但费舍的主要论点和先验信息无关，诚如威尔逊(E.B.Wilson)所指出的那样(他否定了费舍的看法)，“如果以极大似然作为唯一标准，则根据投掷硬币出现正面朝上的结果，我们只能作出该硬币两面皆为正面的推论”。

7.2　在概率论发展史上，卡尔・皮尔逊的地位最令人不解。大体上说，他最令人称道的贡献是发明 χ^2，在估计相关性时引入矩法，以及给出皮尔逊误差分布族；当然还包括他就许多专题所发表的大量论文。在他的这些贡献中，我必须再加上他的专著《科学的语法》(*Grammar of Science*)，这本书现在依然是关于科学方法论的最杰出的著作，因为皮尔逊在书中认识到贝叶斯—拉普拉斯为估计先验概率所指派的均匀分布并非一劳永逸、不可改变，而是可以根据解决相关问题时所逐渐积累的知识进行不断地修改。皮尔逊著述最奇异的特点是，尽管他总是主张逆概率原理并视该原理的提出为一重大进展，但在实际中他很少使用逆概率原理，却常以将概率与频率画等号的形式展示他的研究结果。特别地，他发表的众多概率计算数表大都冠以某某频率的名称。在根据观测值确定以他自己名字命名的分布参数时，他也不使用逆概率，甚至在费舍引入极大似然法以后——该法在估计问题中和逆概率原理实难区分——皮尔逊依然采用他的矩法进行参数估计。对此，一个许多人都可以理解的原因是利用矩法拟合参数的完全数表业已存在，而用极大似然法拟合可调参数(可达 4 个)当相应的充分统计量不存在时却并非易事。皮尔逊于 1936 年在他去世前发表的最后一篇论文《矩法和极大似然法》中认为，矩法不仅比极大似然法容易，而且事实上其估计结果也较极大似然法为优。此外，皮尔逊对他提出的 χ^2 的重要性也认识不足。若观测资料为数字，皮尔逊证明了给定概率分布，所得观测数字的概率和 $\exp(-\frac{1}{2}\chi^2)$成比例(误差是一个三阶误差)。这样一来，相应的极大似然估计就等价于这里的最小 χ^2，这就是皮尔逊的结果，而由极大似然法和逆概率原理在估计问题中的近乎等价性可知，皮尔逊确实小看了他的 χ^2。如果采用 χ^2，计算极大似然估计量时的麻烦就大都可以避免，尽管当有些期望频数过小时需做些调整；而由本书 4.2 节中介绍的方法，就连这些麻烦也可以避免。费舍曾反复使人注意到极大似然估计和最小 χ^2(值)之间的关系，而皮尔逊则从未接受下述结果，即若采用 χ^2，他理应得到比矩法更精确的估计方法,其优良性也可被他自己反复申明的原则证明。

在实践中皮尔逊将 χ^2 的用途唯一地限定在假设检验上。其方法是,假如可以得到 n 组观测值,则将为所有这些数据计算出一个 χ^2,据以和拟检验的概率分布进行比较。若根据全部观测值需考虑 m 个参数,皮尔逊将构造如下积分

$$P(\chi^2) = \int_{\chi}^{\infty} \chi^{n-m-1} \mathrm{e}^{-\chi^2/2} \mathrm{d}\chi \Big/ \int_{0}^{\infty} \chi^{n-m-1} \mathrm{e}^{-\chi^2/2} \mathrm{d}\chi,$$

此乃一概率分布给定时,由 $n-m$ 个有关随机变差(相对其标准差而言)所构造的 χ^2 超过实际算出的 χ_0^2 的概率。(在皮尔逊早期对 χ^2 的使用中,他只允许根据全部观测值考虑一个可调参数;需要考虑所有参数这一点是由费舍指出[①]且经尤尔强调的[②]。)若 P 值小于某基准值如 0.05 或 0.01,则作为比较或对照标准的概率分布就被拒绝。正是在这一点上我和所有现行统计学流派的观点都不相同,我认为这种意义上的拒绝需要仔细讨论。基本想法是(对此我自然接受),一概率分布不应被承认如果它赖以建立的数据本身就和人们对其预期的数值差别巨大。不过,这需要一个量化标准以判定何为“差别巨大”。在概率分布给定时,人们实际去获得全部有关观测值的概率非常微小。因此,2.74 节(6)式的频率表示式表明,无论量级为何,获得所需观测值数目的概率,对 $\chi^2=0$ 而言,都将以 $(2\pi N)^{-(p-1)/2}$ 的幅度降低,而对 $\chi^2=p-1$ 而言,都将以 $(2\pi N\mathrm{e})^{-(p-1)/2}$ 的幅度降低,后者接近 χ^2 的期望值。故获得这些观测值数目(以其实际出现的顺序计)的概率应被 $N!$ 去除。如果在(原)假设给定时仅以不可能出现的观测值的概率为判决标准,则任何假设都将遭到拒绝。没人会接受这个结论,这结论无非是意味着,在(原)假设给定时不应以不可能出现的观测值的概率为判决标准,必须提供其他标准。逆概率原理可以立即在此派上用场,因为逆概率原理中包含全部假设所共有的可调因子,而出现在有关似然中的那些很小的因子均可和这一可调因子乘起来,当对假设进行比较时,这些小因子即可相互抵消掉。如果不使用逆概率原理,也应使用其他标准,否则任何假设都将遭到拒绝。P 值就提供了这样一个标准。在不使用逆概率也无明显理由将

---

① 见 *J.R.Stat.Soc.*85,1922,87—94.

② 同上,pp.95—106.

常数因子(很小)加以否定时,获得所需观测值数目的概率就只由关于 χ^2 的概率取代了,χ^2 乃是那些观测值数目的一个函数。于是在给定(原)假设时,由偶然原因得到与之相等或更大些 χ^2 的概率,即可通过积分来求出 P 值。在(原)假设成立的情况下,若 χ^2 等于其期望值则 P 值约为 0.5。若 χ^2 远大于其期望值,我们就可断言假如拟检验的概率分布成立,那些观测值就不大可能出现,因而很自然我们就会怀疑该概率分布的真确性。至此我们的讨论已经足够清楚了。若 P 值小,这就意味着实测值和预测值之间出现了严重偏差。但为什么要用 P 值表述这一事实呢? P 值给出的是以特殊方法衡量的、关于实测值和预测值之间出现偏差——这偏差等于或大于整个观测值集合——的概率,从而使实际得到的观测值对计算 P 值的贡献都可以忽略。所以,使用 P 值意味着一个可能为真的(原)假设也可能被拒绝,因为它未能预测事实上并未出现的观测结果。P 值似乎很不一般。但从字面上看,将未能出现那些观测结果的事实视为支持而不是拒绝原假设的理由更有说服力。这一评论对目前所有使用 P 值的假设检验都适用①。

利用积分的办法可追溯至肖夫奈特(Chauvenet)关于拒绝观测值所定的标准。肖夫奈特的做法如下。令 $P(m)$ 为正态分布下大于 $m\sigma$ 的某误差的概率,故全部小于 $m\sigma$ 的 n 个误差的概率即为 $\{1-P(m)\}^n$,至少有一个误差大于 $m\sigma$ 的概率为 $1-\{1-P(m)\}^n$。对该正态分布的均值及标准差所作的首次估计,可用于确定至少有一个残差大于实际观测所得最大残差的概率。若此概率大于 $\frac{1}{2}$,则这次观测就不能接受,从而利用下一次观测再对该正态分布的均值及标准差进行估计,如此反复进行直至所作观测全部得到认可为止。如此,即使正态分布成立,利用此法也会得到以等概率拒绝极端观测值的结果。如果在计算 χ^2 的时候也采用这一做法,则确定至少一个残差大于实际观测所得最大残差的概率值,就很可能会更大些,但原则不会变,即某(正态变量)观测值遭到拒绝,乃是由于其他未出现的观测值未能被该正态分布预测到所致。若有关概率分布对某次观测的一个残差(它超

---

① 另一方面,耶茨(Yates)认为(*J.R.Stat.Soc.*,*Suppl.*1,1934,217—35),检验一小频数 n_r 是否与人们对它的预期相符,计算 χ^2 时应将其视为 $n_r+\frac{1}{2}$ 而非 n_r,从而使其对 P 值的计算贡献更大些。费舍也同意这种观点(见 *Statistical Methods*,p.98)。只有“真实数值”(the actual value)才是相关的这一点,仍有待他们二人承认。

过这次观测的次最大残差)给出一个小概率,此时对极端观测值的拒绝应该能够作些说明;事实上未能由该有关概率分布预测的观测值也可以说是业已发生了,但原则上将这话用于这次观测所得最大观测值身上,就是错误的。(即使这里的正态分布不成立,我们拒绝某些观测值而将其余观测值视为来自该正态分布的做法也非最佳方法,这会导致虚假的准确性;不过此处的问题是同一个正态分布能否用于全部 n 个观测值。)

必须指出,P 值的出现填补了一种实际需要;但因使用 P 值而出现悖论则是我们不需要的。对 P 值的需要源自一个事实,那就是对新参数进行估计时,现有的估计方法常会给出所估参数不等于 0 的结果,但由通常的分析可知,大约达到其两倍标准差的那些被估参数,当观测值数目增多或观测值准确性提高时常会变小,若诸被估参数之数值变小的现象可归因于随机误差,则这正是我们的期盼,若它们是有关新参数的诸估计值,那就不是我们的所盼。有一个经验标准可用来对付这种情况,粗略地说,被估参数不超过其两倍标准差者可视为可信,不超过其三倍标准差者则视为肯定会被接受。这种经验标准的有效性建立在有关类似案例的归纳推理之上,尽管它可能不是最好的。对于前者,这意味着相关极限值要画在这样观测值的联合概率为 e^{-2} 的地方(此处可获最可几观测结果);对于后者,则要画在观测值的联合概率为 $e^{-4.5}$ 的地方。这依赖于观测值出现的概率从而依赖于该概率分布的纵坐标,而非依赖于相应的积分。此概率分布的纵坐标肯定依赖于问题中的原假设与所得到的观测值,无他。而且,因迄今所引入的几乎全部精确检验,都依赖于相应分布的采用(它们均散布在随机变量有意义的取值区间上且近似正态分布),故在每种情况下都可以自然地进行扩展,亦即,可在相应各概率分布极大值点处,以其纵坐标值乘以 e^{-2} 及 $e^{-4.5}$ 而画出两根直线。实际上这里的区别不是很大,因为就正态分布而言,对于取值较大且为正数的 x,有

$$\frac{1}{\sqrt{2\pi}\sigma}\int_x^{\infty}\exp\left(-\frac{x^2}{2\sigma^2}\right)\mathrm{d}x \sim \sqrt{\frac{2}{\pi}}\frac{\sigma}{x}\exp\left(-\frac{x^2}{2\sigma^2}\right)$$

其中,指数因子的变化远快于 x 的变化。使用(相应)概率分布的某个基准值而非 P 值,实际上也能在各种情况下给出(与 P 值)相同的判定结果。但使用概率分布基准值的做法乃基于归纳论证,而归纳论证是能够清晰陈述的;如此,就根本消除了人为决定 P 值的极限,甚至自相矛盾地使用 P 值的

麻烦。

关于概率分布纵坐标重要性的认识，在尤尔、肯德尔及费舍有关怀疑理论与事实之间过于严密吻合(即 χ^2 越小相应 P 值越大)的评论中，似乎已初见端倪(参见5.63节)。若将 P 值取作假设检验的唯一判决标准，我们对尤尔等三人的上述评论就很难理解，而若将相应概率分布的纵坐标也取作判决标准，理解他们的评论就很容易了；接近于1的 P 值恰对应(相应概率分布的)一很小的纵坐标值。

7.21　应该指出，关于 P 值的积分在现行统计学理论，特别是在纯粹估计问题中有特殊应用。对于标准差已知的正态分布，或对于可化为标准差已知的正态分布的抽样问题，整个正态密度曲线下的尾部面积，在观测数据给定时即可表示相应的符号差(即样本均值和该正态分布期望值之差)是否有误的概率——假定不存在此符号差是否为零的问题。(若由先验信息知待估参数取某定值的情况应予考虑，则必须对此先作一个假设检验，而后才能考虑该参数取其他数值的估计问题。因此，严格地说，若观测值支持待估的可调参数，则对其所作的检验即可顺便给出关于该参数的后验概率。)类似地，t 分布也可以给出根据观测数据进行估计的某随机变量的后验概率分布，只要一开始关于该估计量的相关性没有疑问即可；相应的积分给出的就是 P 值大于或小于某指定值的概率。z 分布也可给出关于一组新获观测值或观测值均值散布程度的概率描述。这些都是纯粹的估计问题。若仿此进行假设检验，则通常对问题的陈述并不严谨，而问题本身是需要厘清的。若问题为“给定观测值后，如果对待估参数无须考虑其取其他值的可能，那么该参数的概率分布如何”，则就此进行假设检验即可得到正确答案。但在假设检验中我们关心的问题是：若仅当先去除(待估)参数取某特定值的可能性后，我们才能断言该参数取其他值的概率，则根据业已得到的观测数据，能够决定到底是要保留原来那个参数，还是要引入一个新参数的判决规则是什么吗？我将前一个问题称为估计问题，将后一个称为检验问题。有人似乎对断言某数值为“真确值”感到不安，因为根据手头上的数据，即使该数值不那么“真确”，对它进行检验也检测不出来；没有哪一个显著性检验可断定该数值正确无误。我们的目标是找到不断取得科学进步的最好方法，而非追求即刻就能得到理想最终结论的途径(实际上那是办不到的)。如果原假设经过检验得到保留，这就意味着利用极大似然法或其他估计方法所得(有关)参数的解被拒绝。问题是如果我们这样做,是否不管假设检验的提法为何,较之于遵从检验规则而接受那些参数的解,我们都能得到更为准确的推断? 我认为唯一可能的答案是,我们自然希望从显著性检验中获取更多东西。(参数)估计上的差别可解释为由随机误差所致,从而就和未来的观测值无关。如果万不得已这种解释遭到拒绝,则结论肯定就是需要为每个观测都引入一个新参数,而将全部观测值结合在一起是没有意义的,所以唯一有效的数据表示方法就是(谈不上任何总括性数值的)分类表示法。

如果承认"被检验拒绝的新参数可能不为0"这一观点,则结果只可能是该(新)参数比由这个检验给定的标准差小得多;然而这一点无法精确陈述,从而派不上用场。

在显著性检验中采用 P 值,只反映出人们需要有某种判决标准而已。就 P 值判决标准本身来说它是靠不住的,因为它对假设的拒绝仅根据尚未发生的观测值而作出;采用 P 值的唯一理由在于,它能提供某种用于显著性检验的合理(判决)标准,但绝不能因此假设它提供的标准就是最佳标准。在谈及正态分布时,费舍写道[①]:"$P=0.05$(即 1∶20)时,z 值为 1.96,近似等于 2;以此为极限判断某离差[②]是否显著是方便的。比(该正态分布)标准差的 2 倍大的离差即被认为具有显著性。若采用这种标准,在 22 次判断中误判只有一次,即使只能使用这些标志性数字作判断也是如此。如果数据量不是充分大,一些较不显眼的效果就将无从检验,这时也无人降低显著性标准以反映这些效果。""方便"(convenient)是费舍的用词,该词并无描述 P 值判决标准为最佳标准的含义。虽然"在某 P 值处庶几可获最优判决结果"这一观念已潜入一些统计学文献中,但对何为最优 P 值以及确定最优 P 值的根据,在那些文献里均无说明。

在将统计学应用于生物学时,经常需要在估计问题及检验问题之间进行辨别,尽管我本人常会在物理学中谈论有关估计及检验之间的辨别问题。假设一位持孟德尔遗传学观点的生物学家在育种试验中发现,在全部试验结果中有 459 种为一种性状,137 种为另一种性状。而基于孟德尔遗传学 3∶1定律,则应有 447 种为一种性状,149 种为另一种性状。对于这两种结果,任何显著性检验都将得出它们之间的差别并不显著的结论。然而,持拒

---

① 见 *Statistical Methods*, p.46.

② 即服从正态分布的随机变量与该正态分布均值的差——译注。

绝孟德尔遗传学 3∶1 定律立场的人，肯定会说，如果根据育种试验结果来预言物种的两种遗传性状（并考虑到抽样的不确定性），则最好是基于 459/137这一比例来进行。我认为最好是基于 3∶1 这一孟德尔定律进行估计，无须考虑新做试验抽样误差范围之外的不确定性。事实上，我的看法正是遗传学家的看法。育种试验的观测结果肯定要作记录，仅当在后续试验某一阶段随着试验结果的积累，试验结果与理论预期之间出现（严重）问题时，这些记录下的结果才可能被进一步考虑；否则，就将它们视为对理论预期值的肯定。这就是我所谓的显著性问题。

在我看来，农业试验中所谓的显著性检验，很大程度上实为纯粹的估计问题。考察某作物之不同品种产量的高低，或考察不同处理的效果如何时，我认为（相应）差别存在与否的问题根本无须考虑。通常我们已经知道不同品种或不同处理的差别是存在的，问题是找出哪个品种的产量最高，哪种处理的效果最佳；亦即，我们要尽可能地将产量或处理效果进行排序。试验设计就是这样安排的，即试验结果不确定之程度可借助于过去类似试验（特别是均匀试验）的结果来作预期，从而当试验中出现（与过去类似试验相比）使我们感兴趣的、足够大的差别时，我们运用试验分析方法即可将其披露出来。试验设计人员对什么样的差别具有实际上的重要性一般已有很好的认识；因此在他们设计的试验中，试验结果的不确定性就不至于掩蔽试验中所出现的（与过去类似试验相比）使我们感兴趣的那些差别。若根据两个作物品种产量均值差而算出的相关 P 值，给出了关于产量排序被搞反的正确概率，这正是我们所希望的。若这种产量排序被搞反的概率不足 5%，对这一结果我们大可给予信任。在这种情况下很难说没有用到（有关）先期知识；恰恰相反，先期知识使用的多寡恰为对试验设计整体效果进行比较的依据。没有用到的先期知识涉关试验设计不同结果之间的差别，通常我们有适当理由认为尚不存在这种先期知识；没有用到的先期知识还涉关某具体试验设计中可能出现的误差，这只是关于先期知识利用的程度问题，根据本书在多处给出的结论，一旦我们获得（所需的）直接相关信息后，它即可视为关于误差的一无所知（previous ignorance）。如果坚持认为农业试验中存在显著性检验问题，我认为它们一定是关于高阶交互作用的。

7.22　任何利用显著性检验来否定（原）假设的做法所带来的问题（在作此否定时对可能的备择假设并无考虑），均可由本书第五章开头所引柴郡猫的话予以很好地描述。否定原假设之后如果不能对补充其位的东西有所考虑,作这种否定还有任何用处吗?如果未能清晰地提出备择假设而原假设又遭到拒绝,则我们将处于无规律可循的尴尬境地,因为尽管原假设不能令人满意,但毕竟它还多少显示了与有关事实的联系。例如,原假设可代表有关规律真确性的90%,若用于预测这或许已经足够,虽然原假设也可能不成立,而此时原假设所代表规律的非真确性,可能比预期的10%要来得大。现试以万有引力定律的发现为例做一说明。最初牛顿从开普勒定律、从月球加速度与地球表面自由落体的比较中,推出了万有引力定律。以后牛顿又用该定律考虑了行星间的相互吸引以及由太阳引致的月球的摄动,他由此得到了主要天体的摄动周期和摄动幅度。但牛顿那时未能解释为何在880年间,木星的轨道在不断地收缩,而同时土星的轨道又在不断地膨胀这一问题(木星经度的位移为1196″弧秒,土星经度的位移为2908″弧秒)[①],直至一个世纪以后这一问题才由拉普拉斯给出解释。也只是在20世纪月球的摄动理论才由布朗(E.W.Brown)开始使用,这使有关月球摄动的计算误差可被解释成观测误差;月球摄动计算值与观测值间的差别可归因于地球转动的变化;但这些差别的存在正是我们相信地球转动出现变化的主要原因。事实上,和牛顿万有引力定律相符合的(观测)结果,并未受到当初牛顿建立万有引力定律所用观测数据的支持,因为那些数据中既含有许多月球的不规则摄动(在牛顿那个时代这些月球的不规则摄动尚未观察到),也含有木星和土星的不规则运动,只是在爱因斯坦对引力理论作出改进以后,(有关的)天文观测数据才与牛顿万有引力定律的预言高度吻合(是牛顿所知吻合度的300倍)。即便如此,用牛顿的万有引力定律去解释月球经度的长周期项或金星近日点的运动,现在看来也都是没有说服力的[②]。在万有引力定律的探索史上还没有出现过这样的情况,即人们利用显著性检验一个不留地否定掉全部探索中的引力定律。万有引力定律数百年来不断地得到修正,除非能够做出足够精确的预言以证明牛顿的引力定律失效,而在大多数场合利用牛顿引力定律得到的结果,与利用爱因斯坦引力定律所得结

---

① 感谢塞德勒先生(Mr. D. H. Sadler)为我指出这些数据;它们源自希尔(G. W. Hill)所编 *Astronomical Papers of the American Ephemeris*, vols. ⅳ and ⅶ

② 邓寇姆(R.L.Duncombe)通过重新计算解释了这些偏差(见 *A.J.*61,1956,266—8),然而,天王星和海王星运动的变化(包括冥王星)依然不能靠调整行星质量予以说明(见 D.Brouwer, *M.N.R.A.S.*115,1955,221—35)。

果非常近似。事实上，显著性检验所要做的并非是对原假设能否达到完全满意作出判断，而是对备择假设能否更好地表达新得（观测）数据所反映的规律予以关注。如果原假设未能完全达到人们的预期，我们依然可以据此对理论预期与实际观测的差别予以关心，而且，理论预期与实际观测之间差别的幅度，一般地也能为我们提供倘若使用该原假设所致误差的范围；我们对于假设检验所能做的事情尽在于此。

7.23　χ^2 的使用涉及一个困难，这困难在使用费舍的 z 值时也存在，那就是如何拓展 χ^2 的用途以考虑（有关）标准差的不确定性。一组频率若其中的 $n-m$ 种可以改变而不会与列联表的行和、列和产生矛盾（inconsistency），则其变化可解释为由某概率分布的 $n-m$ 种新函数所致，从而给出 $\chi^2=0$ 的结果；或者解释为由于缺乏独立性所致，观测值的成群出现使 χ^2 系统地变大，但这并不必然和机遇的偏离比例相联系。在有关的年度周期性地震现象中，我们已经看到了这一点。同样，当观测资料为一可测量的量（measures）的具体实现时，我们可将其分组并算出各组的均值。每组均值的变差可与全部各组的变差进行比较以得到 z 值。但若存在影响该可测量的一个新函数，或观测误差的独立性不存在时，如此得到的 z 值即可变大，而这无须用一个确定的函数予以表示。这些情况是简单地使用 χ^2 或费舍的 z 值所不能分辨的；每个（有关）新函数的存在或观测误差之独立性的缺失，都会导致 z 值的增大，从而可能导致原假设被否定，只有在各种（相关）假设检验都被我们做完时，我们才能在原假设遭到否定后，在其位置上再补足一个（原假设）。更为严重的是，随着分组的增多，原假设成立时 χ^2 随机变化的幅度会变得很大，从而使原本可以容易检测出的某种系统变差，仅因分组的随意性就和随机变差混在了一起（参见 114 页上的 2.76 节）。对此，费舍当然给予过充分的注意，尽管他的某些热情追随者直到现在依然漠视这种现象。若某一变差对其他变差的可能取值不产生任何影响，则无论是使用 χ^2 或 z 值，我们最好都要把（有关的）总变差分成几个部分，然后分别予以检验。χ^2 因其具有可加性很容易适合这一目的。每一种变差都对 χ^2 有所贡献，而 $\exp\left(-\frac{1}{2}\chi^2\right)$ 也变为几个因子的乘积，从而使各变差对 χ^2 的贡献相互无关。正因为如此，在我所做的涉及几个新参数之间相关性的有关检验中，χ^2 及 t^2 才显出它们的优越性。这里得到的 χ^2 并非

是完全的 χ^2，它只反映有关问题中对其产生直接影响的那些变差的贡献。如此一来，随机变差（只要它保持随机性）大于或小于其期望值就都与检验无关了。

7.3 皮尔逊对期望的处理是他研究工作的另一个奇特之点。为观测值选择一组函数，在这些函数与给定分布的期望之间列出等式，乃是皮尔逊常用的参数估计的方便做法。在矩估计和其他一些专项研究中，皮尔逊已习惯于使用这种方法。该法不一定是最好的，但却是最方便的。不过，在皮尔逊及其某些追随者的表述中，这种方法通常很不容易理解。事实上，有时很难断定皮尔逊所说的到底是观测值的一个函数，还是应予估计的某个概率分布的期望。在皮尔逊所写的某篇论文中，当谈论“均值”时（a “mean”），有时他用它指一组观测值的均值，有时指给定概率分布下所作一次观测的期望，在讨论高阶矩时这种相互代指的情况更为普遍。将观测值函数转化为相应概率分布之期望值必涉及数据（data）的变化，这一点皮尔逊根本没有提及，尽管在该文的后面几页中他也曾建议使用逆概率。

7.4 费舍教授的观点和我的观点总的说来大体一致，这在许多场合已有说明。遗憾的是几年前我们之间发生了一场辩论，因双方都产生了误解故我们之间的不同点被夸大了。费舍认为建立在（关于某事物）一无所知上面的先验概率意味着对某已知频率的陈述，但它其实不过是人们关于该事物无所知之的正式表述罢了，而我则一直坚持认为概率绝非频率。我认为他对“学生”分布提出了责难，而当时我关于普通最小二乘问题的解可以认为是“学生”分布的推广；很遗憾我是在若干年之后才见到“学生”发表过的一系列论文，读过之后我立即发现“学生”的方法和我的方法有内在的联系。在我看来，费舍和我之间的那场争辩现已无须再作关注。我和费舍观点的不同主要有下述三点：第一，我不同意费舍关于无限总体的假设，这个假设纯属多余，因为作此假设势必需要以某种方式对“机遇”作出估计，而关于“机遇”种种性质的讨论（因无法证明）仍需依靠假定才能进行；第二，费舍在阐述其“信任推断”时（the fiducial argument）所用的数学符号不太适当，和“学生”一样费舍也跳过了许多困难的论证步骤，他甚至未能清晰表述所涉及的假设是什么；第三，关于 P 值的使用，我也不同意他的做法，不过费舍对使用 P 值可能带来的风险非常警觉，他甚至能够预见到使用 P 值可能带来的那些主要风险。事实上，我经常在研究问题时依靠某些原理去寻找答案，令我惊讶的是，费舍由于对常识的运用非常出色，他常能把握我所研究问题的关键之点，因而他给出的解答或者和我的一样，或者仅在我们都高度怀疑的地方有所不同。一个重要的事实是，我已将自己的显著性检验方法应用于许多实际问题，迄今尚未发现利用费舍的方法所得结论和我的结论有什么矛盾。但我应该指出我自己方法的优点，那就是它们既可将自身之间存在的关系展示出来，也可将它们自身和概率推理的关系展示出来，然而，这些展示在费舍的方法中均需另加若干独立假设才能获得。从某种程度可以说，和费舍的方法相比，我的方法能够说明的东西更多，尽管费舍宣称他的方法也有此能力。例如，他曾宣称在一般情况下（即有关样本标准差本身的量级为 $n^{-1/2}$），只有极大似然估计能做到使系统误差的量级小于 $n^{-1/2}$。然而，采用逆概率方法可使系统误差的量级达到 n^{-1}。再如，他也曾利用一个极限定理说明由极大似然估计得到的统计量，只要观测值足够多就能导致有关总体参数的估计精度至少不低于任何用其他方法得到的相应估计量。但采用逆概率也可以得到同样结果而无须对观测值数目加以限制。他的"信任推断"实际上包含与利用逆概率等价的那些假设，只是在许多情况下极大似然的引进，看上去更像一个独立的假设（postulate）。麻烦在于将极大似然视为一原始假设会导致显著性检验无法进行，就像将均匀概率分布视为原始独立假设那样。因为这时极大似然解无一例外要被接受而简单原假设[①]总会遭到拒绝。但在实际应用中，费舍既使用了基于 P 值的显著性检验，也避免了拒绝（无论其是否成立的）简单分布；如此，在付出丢失某些一致性的代价后，费舍得到了符合常识的分析结果。艾莫特（W. G.Emmett）的评论可对这一点作出说明，那就是如果一个估计的 t 值之差（an estimated difference）小于所采用的临界值，则这结果并不能提供（估计值与真值之差）为 0 而非 $2t$ 的任何理由。通常，如果采用极大似然估计或均匀先验概率分布，我们就无法避免艾莫特作出的结论；而实际上没有任何统计学家会接受这种结论。任何显著性检验，只要它承认在数值 0 附近其意义不同寻常，就意味着有关的简单原假设很可能成立；而这与视极大似然估计（或其他任何无偏估计）为最佳估计相矛盾。

---

① 无论原假设或备择假设，若原假设假定人们所关心的参数只取单一数值，则称为简单原假设，否则就称为复合原假设——译注。

在估计问题中，费舍曾为说明估计的“界限”(limits)而引入“基准”(fiducial)这一有用术语，即基于某些观测值可能存在某个特殊概率，而真实值则位于此种估计的“界限”之内。看上去这似乎是假定“基准”(fiducial)和“显著性”(significant)所指相同，其实不然，这二者并非是一回事。

费舍经常争辩说决策的作出只应基于和问题有关的实测数值，而不应基于任何先前的证据(any previous evidence)。这和我所提出的见解相抵触，即为了保持概率推断的一致性从而获得最合理推断，我们必须利用全部有关的证据。但我们的这些差别并不像最初看上去那么严重。我认为连记载都含糊不清的那些证据最好忽略，而对那些准确记载下来的证据则需实施显著性检验以建立其与相应命题之间的关联性。由于费舍只对有准确记载的数据进行采信，因而他也避免了人们总是力图保持其信以为真事物的记忆而忘却其余记忆的偏向。费舍对观测数据这些不同寻常的处理，应该和我的处理没有矛盾，如此看来，费舍似乎在实践中也和我一样有意对数据进行合理利用。事实上，我认为费舍除了偶尔对逆概率有所责难外，在实际使用中他甚至比那些自称拥护逆概率的人，更能成功地把握逆概率方法的精髓。

7.5 爱根·皮尔逊和奈曼(E.S.Pearson and J.Neyman)扩展了关于显著性检验的分析。在他们看来，任何显著性检验只要其目的是找到一个检测某假设(命题)不能成立的规则，那么，由于存在较大的或然性随机误差，人们作结论时就难免要犯一些错误。如果人们习惯于采用5%P值概率取舍规则，一般情况下原假设成立时它就大致会有5%的可能性遭到拒绝。因这种情形常常为假，所以人们如果采用这种取舍规则，原假设成立而遭拒绝的案例数就常会小于全部有关案例数的5%。正是在这种意义上费舍才论及“精确检验”(exact tests of significance)。爱根·皮尔逊和奈曼走得更远，他们将这种错误称为假设检验的第一类错误。需要引入一个新参数的可能性也是存在的，不过，或者由于(需引入的这个新参数)其数值很小或者由于相应的随机误差和该新参数的符号相反，检验所用统计量依然落在使原假设成立的范围之内；爱根·皮尔逊和奈曼称这种错误(亦即原假设不成立时反被接受)为假设检验的第二类错误。他们对第二类错误的出现概率作了大量讨论，还以列表的形式给出了采用不同新参数之各种可能值时所面临的风险[1]。我认为虽然他们对假设检验第二类错误的关注和我所建立的推理原则有几分相似,即原假设被否定后必须在其位置再补上一个相应的(原)假设,但他们对问题的陈述并不正确。爱根·皮尔逊和奈曼的方法只给出了关于备择假设的陈述。然而实际应用假设检验时,备择假设或者含有一个可调参数,或者其陈述方式与原假设的陈述方式一样明确具体。例如,牛顿及爱因斯坦的"引力和光的传播理论"二者都含有同样数目的可调参数,而引力常数及光速也都出现在这二者之中。现在,根据爱根·皮尔逊和奈曼的方法算出采用新参数之不同值所面临的各种可能风险,并将其结果称为该检验的功效函数(the power function),而该检验本身则从 P 值概率规则的视角加以描述。但是,假如不知道(拟引入的)新参数的各种数值,相应的检验功效函数也不会为人所知;因此,犯第二类错误总的风险就势必和功效函数(取值于该拟引入新参数的各种数值之上)混杂在一起。此外,如果在备择假设中人们关于所涉参数的陈述非常准确,我甚至怀疑是否还会有人愿意采用 P 值这种取舍规则;如果必须在两个均被清晰陈述的假设中作出选择,我们很自然地会挑选能给出极大似然值的那一个,尽管相对而言两者都在对方可接受的范围之内。根据这种积分(P 值概率)制定假设的接受次序,很容易造成第一个通过检验的命题(假设)即刻被接受下来,虽然第二个也通过检验的假设可能和观测值吻合得更好。

考察引入所需新参数后会发生什么情况是令人感兴趣的,特别地,当所需引入新参数的各种数值在其可能取值区间呈均匀分布时,更令人感兴趣。如果是这样,该参数取各种可能值的频率就和我对其先验概率的估计成比例。设现在不知道该参数在某次检验中其真确值是否为 0,我们的任务是要找出能使(假设检验的)两类错误数目最小的所有那些检验命题。利用5.0节的符号,q 成立且 a 位于区间 $\mathrm{d}a$ 的概率可表为 $P(q\mathrm{d}a \mid H)$。而 q' 成立,α 位于区间 $\mathrm{d}\alpha$,a 位于区间 $\mathrm{d}a$ 的概率可表为 $P(q'\mathrm{d}\alpha\ \mathrm{d}a \mid H)$。若指派一个 a_c 并在 $|a|<a_c$ 时对 q 作出肯定断言,在 $|a|>a_c$ 时对 q' 作出肯定断言,且抽样是随机的,则全部误判次数的期望即为

$$2\int_{a_c}^{\infty} P(q\mathrm{d}a \mid H) + 2\iint_{0}^{a_c} P(q'\mathrm{d}\alpha\mathrm{d}a \mid H) \tag{1}$$

---

① 见 *Univ.Coll.Lond.*, *Stat.Res.Mems.*2,1938,25—57,以及更早些的有关论文。

第二个积分之内层积分的区间是关于 α 的。于是，第二个积分就等于 $2\int_{0}^{a_c} P(q'\mathrm{d}a \mid H)$。若通过 a_c 的选取可使(1)式最小，则对较小的 a_c 变差而言，必须

$$P(q\mathrm{d}a \mid H)=P(q'\mathrm{d}a \mid H) \tag{2}$$

(2)两端分别等于

$$P(\mathrm{d}a \mid H)P(q \mid a_c H) \text{以及} P(\mathrm{d}a \mid H)P(q' \mid a_c H)$$

因此

$$P(q \mid a_c H)=P(q' \mid a_c H) \tag{3}$$

此乃定义临界值的关系式。所以，如果(参数取各种可能值的)频率和表达对有关先期知识一无所知的先验概率成比例，则全部误判次数将达到最小，条件是要将分界线划在使 $K=1$ 的临界值处。

我并不是断言这种比例性永远可以保持；只是说在开始时我们应以这种方式去得到最小的误判次数，而随着知识的积累原先提出的先验概率可以改进，以适应进一步应用的需要，从而使相应的临界值也作出改变。无论是何种频率理论，我们都应注意到这时的频率乃是 α 接近于 a 的数值，所以，在需要作展开讨论的场合，a 是对(1)式第二个积分贡献最多的有关较小数值，这一点应予说清。先验概率的改进会改变(3)式所示的 $\alpha=0$ 与 α 为较小数值全部检验命题的比，因而 K 值也会被独立于观测次数的一个因子所改变。所以，在 α 的分布(无论其为何)给定时，利用能使临界值与相应样本标准差之比随 n 的变大而变大的某种公式表示，我们即可得到所需的最佳结果。看来无论 α 的分布为何，利用固定的 P 值概率取舍规则都不能使误判次数达到最小。无疑我们得不到绝对的最佳答案，因为我们不知道实际问题中 α 的分布是什么，除非根据相似案例我们能够将其推演出来。

7.51 上述关于显著性检验的分析方法与“为理论提供各种机会”(“giving a theory every chance”)说法之间的存在什么关系，也使人感兴趣。有时并不存在需要引入一个新参数的有力证据，但若此参数不为 0，一些重要结论就会成立，而我们必须记住的是 $K>1$ 并非证明此参数等于 0，只是说它等于 0 比不等于 0 的机会来得大。因而，进一步考察备择假设 q'，

探讨为需引入的这一新参数设定何种界限，从而廓清引入该参数的后果就非常值得。这种情况在关于地球内部物质黏滞性的讨论中就出现了。这里，新参数为应力不限时保持时单位应力上(黏滞性物质)的扭曲率；若其为0，物质黏滞性即为无穷大而强度(the strength)则为有穷。该新参数不为0的力证也不存在，但若其果真为0，在力的长时间作用下地球内部黏滞性物质产生更大扭曲或许也不无可能。因此，有必要根据实际观测数据为该新参数指派数值界限，并据此观察扭曲率能否达到人为指派的这种数值界限。对 q' 进行讨论不可使用作为近似求解的演绎推理，不过，若承认它充其量也只是一种近似，我们就可以继续讨论 q' 并为这种近似结果定出数量界限。实际上，该新参数最大可允许值已经找到，它就是导致在任何力的作用下扭曲都不充分的、(地球内部物质)黏滞性的最小可取值①。这个例子说明，一项关于(黏滞性物质)扭曲率无限大的假设之所以遭到废弃，不仅源于缺乏引入如此一个新参数(以使假设成立)的力证，也源于这样的事实——即使选出了使假设成立的那个新参数(它和其他证据也可协调)，检验结果依然存在矛盾。

7.6　本章的分析和波尔茨曼与吉布斯(Boltzmann and Gibbs)各自关于统计力学的规范表示有关。麦克斯韦关于平衡状态下理想气体分子速度分布率的初始推导建立在两个假设之上：第一，某给定气体分子速度分量的最可几速率仅为该气体分子速度分量的函数；第二，在直角坐标轴 x,y,z 上气体分子速度的三个分量相互独立。有了这些假设麦克斯韦速度分布率才告成立。波尔茨曼试图对气体分子速度分布率作进一步研究，他认为由于分子间存在碰撞效应，函数 H(由分子分布函数定义，表示对麦克斯韦平衡状态的偏离)会随时间单调变小。有人对麦克斯韦假设气体分子速度的三个分量相互独立持反对意见，但麦克斯韦宣称他只考虑平衡状态下气体分子速度的分布率，所以其结论是可以成立的。然而，波尔茨曼考虑的是偏离麦克斯韦平衡状态的情况，并且他假定相邻气体分子的位置与速度无关。显然，如果气体分子密度的分布不均匀，或者在不同区域气体分子的速度发生了系统变化，则波尔茨曼的这个假定就不合理。某区域内一个气体分子存在的事实，使人有理由假设在该区域分子的密度较大，从而使得在那个业

---

①　见 Jeffreys，*The Earth*，1929，pp.304－5.

已存在的气体分子的近旁再出现一个气体分子的概率变大了。某个气体分子的速度(之存在)暗示和它相邻的另一个气体分子,更有可能在同一方向上也具备这种速度;无论在哪种情况下,假设气体分子初始偏离麦克斯韦平衡状态时,位置和速度相互独立都是行不通的。因此,除了表示形式更为复杂外,波尔茨曼的理论肯定不及麦克斯韦的理论。麦克斯韦仅在气体分子速度各个分量相互独立可能成立时应用了气体分子速度分量相互独立的假设,但波尔茨曼却在和他自己所提假设相矛盾的情况下应用了他的假设。波尔茨曼的观点说明不了何以某一气体分子系统,最终可以达到麦克斯韦宣称的平衡状态,因为若达不到麦克斯韦的平衡状态,波尔茨曼的理论就不可能成立。任何理解相关系数的统计学家都能领会对波尔茨曼理论的这一批评。

吉布斯的方法与此不同,他不像波尔茨曼那样仅仅考虑一个系统,而是考虑无穷多个系统,其结论依赖于对这无穷多个系统进行相应的平均而得到。但这种平均对单一系统是否存在任何关联,根本就无从保证。例如,平均可能只根据两个峰值算出,而其本身与任何一个单一系统都没有关系。实际需要做的,乃是在将 n 个坐标及 n 个矩视为散布在 $2n$ 维空间时去考虑一个系统的稳定状态。于是,由动力学方程可知,任何时刻的相应数值即刻画了分子运动速率的变化,据此就可以考虑某小区域的体积(相应于不同系统的范围)——当其中各个点依其被刻画的速率运动时——如何发生变化。刘维尔定理[①]表明该小区域的体积不会发生变化。因为某些过程不甚清晰,使由刘维尔定理出发却能得到气体分子密度在相空间均匀分布的(不当)结论。对此,吉恩斯(Jeans)借助于试验作出如下断言,即如果某性质对各个系统(这些系统保持自己各自状态已有很长时间)普遍成立,这就意味着或者有代表性的系统点都挤在使该性质成立的区域内,而这是刘维尔定理所不能允许的;或者该性质对全空间成立,很显然此时气体分子密度服从什么分布并不重要,将其视为服从均匀分布也无妨。但尚无这种性质存在的理论根据。福勒(Fowler)也作出了类似结论,包括“对存在这种物理运行机制抱有希望是不现实的”这句话。利用吉布斯方法所能做到的,充其量是

---

① 刘维尔定理(Liouville's theorem)是经典统计力学与哈密顿力学中的关键定理。该定理断言相空间的分布函数沿着系统的轨迹是常数——即给定一个系统点,在相空间游历过程中,该点邻近的系统点的密度关于时间是常数——译注。

获得有关(粒子)系统诸性质——假设其存在——之间的关系;至于为什么会有这些性质,吉布斯方法解释不了。要想对此作出解释只能单独考察每一个粒子系统,并说明某些性质有望在任何一个粒子系统中都告成立。任何取平均值的办法都是靠不住的。

基本事实是,通常我们对系统初始状态的知识不多,尚无法准确预测哪怕是一次碰撞。尽管在系统初始状态确知、计算时间也足够的条件下,由经典力学方程一般能导致唯一解,但某个微小的、带有不确定性的分子运动速度,会影响被该分子首次撞击的(另一分子的)运动状态,从而导致整个系统都受到影响。正是因为存在这种不确定性才有必要引入概率论。对一个初始条件已经确知的系统,在相空间内(自然假定经典力学成立)必存在唯一的系统轨道(trajectory)。不过,一个实际系统其轨道可能不止一个且每组轨道的概率都不相同,从而构成一个连续的概率取值集合。因为有分子间的碰撞,虽然这些碰撞最初微不足道,但很快分子间的碰撞会大规模出现。关键是要认识到,与其说相空间某一元素(element)的体积保持不变,不如说它不断遭到撞击而变形,最终被撞碎而且被(其他元素)取代。如此,若我们着眼于相空间的某个元素,则经过一段长时间后系统还在该相空间内的概率,将由系统所有初始态的可能概率组成。概率密度因(概率的)这种平均化趋势可在一段时间过后具有均匀分布密度,条件是此时(系统)唯一可允许状态与其初始状态一样,具有不变性——对于所有保守系统而言,能量就是这种例子,而对于自由系统而言,线动量及角动量则为这样的例子。因为系统的初始状态并未确知,故相空间密度(像概率那样)就需要有一个明确定义。有此定义后即可对介于两个已言明界限内、某方向上动量的一部分的概率作出推断,进而可对(个别)系统的压力、密度等的统计性质作出预测。因此,这种理论确实给了我们想要的东西,即对(个别)系统的最终状态作出实际可靠的预测[①]。将如此发现的关系视为物理定律或将其中的量解释为物理量,都毫无意义。

推广(概率的)这种平均化就形成所谓的遍历理论(ergodic theory),这一理论业已得到广泛研究,法国和俄国学者的工作尤其引人注目[②]。

---

① 见 *Proc.Roy.Soc.*A,160,1937,337—47.

② 参见 M.Fréchet,Borel 的 *Traité du calcul des probabilités*,t.1,fasc.3,1938;H and B.S.Jeffreys,*Methods of Mathematical Physics*,1946,pp.148—52.

第八章　更一般的几个问题

“我能相信一件事而无须理解它，这无非是经受一番训练而已。”

多萝西·赛耶斯:《寻尸》[①]

8.0 当前大部分统计学专著及统计学长篇论文的作者，都会申明他们无意使用逆概率，并强调逆概率缺乏逻辑基础(据说这一点已被反复指出)。事实上，不断提及一个所有人都认为所谓荒谬的原理，会使人想起《哈姆雷特》剧中乔特鲁德王后的话:“我觉得那女人表白自己心迹的时候，说话过火了些。”然而，仔细考察过逆概率的一些人，包括约翰逊、伯劳德、兰姆赛等一流逻辑学家(W.E.Johnson，C.D.Broad，and F.P.Ramsey)，都反对将逆概率说得一无是处。他们认为对逆概率的指责不值一驳:先验概率指的无非就是人们熟知的某种频率而已。自 1939 年本书第一版问世以来，这种观点就被肯德尔(Kendall)多次重复过[②]。无论是直接概率、先验概率、后验概率，都和频率无涉，这才是本书所述理论的实质所在。关键性概念是“理性信念的相信程度”(a reasonable degree of belief)，由于它满足若干一般性规则，故可借由加法规则利用数字作出形式化表述，这种做法本身(当然)是一种方便而已。在许多情况下，关于“理性信念的相信程度”的数字指派和相应的频率一般无二，但即使在这时也不能说概率与频率完全等同。物理学家描述气压为 759 毫米，并不是把压力变为长度(气象学家现用毫巴描述气压，毫巴才真正是一个压力单位)。由于单位的选择可有多种，所以有关比例的一些常数就具有单位度量性质，因此，令这样的常数与具有单位度量性

① 多萝西·赛耶斯(Dorothy L.Sayers，1893—1957)英国著名推理小说家，创造了闻名于世的业余侦探彼得·温西爵爷(Lord Peter Wimsey)的形象——译注。

② 见 *The Advanced Theory of Statistics*，1，178.

质的数字相等，就会导致令人惊讶的结论——电磁学与静电学电量单位之比（它们属同种量）就成了光速；因未能认识到这只是“间接证明”（*areductio ad absurdum*），致使几代物理学家都试图证明这种关系的真实性。现已有迹象表明人们对这种情况已经能够理解了。热传导与热扩散的方程虽然形式相同，但这并不能把热变为蒸气。“理性信念的相信程度”这一概念必须首先引入，才能去谈论概率为何的问题；即使那些在自己的论著开始部分不谈“理性信念的相信程度”的作者，也会在结尾部分引入之，否则概率论就派不上用场——他们或许回避此概念而让读者自行补上，而读者在实践中使用这一概念并无任何困难。即便在某些场合先验概率确实建立在某种已知的频率之上，“理性信念的相信程度”这一概念也是必需的，舍此先验概率也不能发挥作用。“理性信念的相信程度”绝不等同于（事件的）频率。

可以建立在某已知频率上的先验概率的例子如下。设（*a*）我们精心制作了 10 001 个盒子，每盒中各装有 10 000 只小球，其中一盒的 10 000 只小球都是白球，另一盒中有 9 999 只白球，1 只黑球，以此类推。随机选中一盒并从中随机抽取一个含 30 只小球的样本，发现其中有白球 20 只，黑球 10 只。由随机性条件知各盒被抽中的概率相等，而关于盒中不同颜色小球分布的先验概率服从拉普拉斯演替规则。据此可以推断在被抽中的盒子里，白球所占比例约为 2/3，黑球约为 1/3，其他比例分布的概率根据某种确定规则予以决定。又设（b）10 000 个盒子是从 10^{10} 个盒子中随机抽取的，而我们对这 10^{10} 个盒子中不同颜色小球所占比例没有任何先验信息，仿照（a）我们也从这些盒子中随机抽出一盒含 30 只小球的样本，发现它也是白球 20 只，黑球 10 只。同样地，这时关于盒中不同颜色小球分布的先验概率也服从拉普拉斯演替规则，但原因有所不同。这两盒中不同颜色小球分布的后验概率是一样的。我们通常对情形（b）感兴趣，但所用的分析方法对建立在已知频率上不同颜色小球分布的情形（a）也适用。应该指出，按（b）与按（a）所抽出的两盒各含 30 只不同颜色小球的样本，关于它们的结论存在着重大不同。在（a）中，不同颜色小球所占比例的任何取值几乎不发生变化；唯一的差别在于，因为白、黑球所占比接近 2∶1 的一个盒子已被排除，从第二只盒子抽出的样本其不同颜色小球所占的比例，将会在 2∶1 这一比值的近旁产生而略小于原先没有盒子被排除时的比值。但是，在（b）中，第一只被抽中的盒子实际上是从 10^{10} 个盒子中产生的，这暗示该盒中白、黑球所占比为 2∶1 这种情形，将会以更大的概率成立，因此，对另外的 10 000 只盒子(它们也抽自那 10^{10} 个盒子),其中白、黑小球所占比例也几乎就是 2∶1。所以,在(b)中,第一个被抽到的样本,其中白、黑小球所占的比例,将使第二个样本中白、黑小球所占比例保持不变(即接近 2∶1)的概率变大,但在(a)中,这一概率是逐渐变小的。

事实上,情形(b)更为常见,而情形(a)则人为的痕迹明显。由第一个样本作出的有关盒中(白、黑小球所占比例)的推论,在(a)、(b)这两种情形中保持不变,这使一些作者感到非常惊讶,看来,我们有必要指出,在(a)中对第二个盒子或样本(白、黑小球所占比例)进行推论的依据,与在(b)作同样事情的依据是很不一样的。无论是哪种情形,随机性概念中都含有关于理性信念相信程度的成分。

常听有人说概率的频率定义已隐见于贝努利甚至贝叶斯和拉普拉斯的著述中,这不可能。因为贝叶斯是使用期望效用(expectation of benefit)这一术语,才颇具匠心地构造了推导概率乘法规则的论点,如果他采用棣莫弗(De Moivre)的概率定义,则只消利用简单代数写出一个比式即可,根本不用大费周折。概率的极限定义是在贝叶斯那篇著名论文发表后 80 年,才出现在埃利斯(Leslie Ellis)①及古诺(Cournot)②的文章中,而在贝叶斯的论文中根本就不曾提及。贝叶斯有必要自找麻烦去证明一个非常明显的概念吗?而且,对于任何用频率定义概率的做法,拉普拉斯所谓的"同等可能"(equally possible)意义又何在呢?同样,用频率定义概率的做法也是在拉普拉斯《概率的分析理论》发表之后,才见之于世的。可以肯定,拉普拉斯的这种表述只是用来明确他所要讨论的问题的;"同等可能"这种状态并非在所有场合都真确无疑,否则就没有言明的必要了。因此,若"同等可能"这种状态并非总能成立,棣莫弗的概率定义就应予以拒绝。在将概率论应用于抽样时,拉普拉斯确实是把从总体中的抽样视为等可能抽样;但这并不是说他假设含有多种类型成员的现实总体服从均匀分布(不同类型的成员在总体中有各自的占比)。事实上,我认为写出《天体力学》这本名著的拉普拉斯是如此伟大的一个科学家,他肯定能想到作这种假设的荒谬之处。在《概率的分析理论》一书的导言中,拉普拉斯对概率所作的表述是"概率不过是转化为计算的常识而已"。拉普拉斯要解决的问题很简单,就是利用样本去推

---

① 见 *Camb.Puil.Trans*.8,1843,1—6.

② 见 *Exposition de théorie des chances et des probabilités*,Paris,1843.

定相应未知总体中不同类型成员各自所占的比例；他指出对于总体的这种未知性，可由假设其不同类型成员所占比例各种情形之等可能发生予以表述。类似地，贝叶斯也多次告诫人们，只有在对从中抽样的总体之成员组成类型确实一无所知时，才可以假定均匀分布为该总体所服从的分布。既然贝叶斯对这一假定如此慎重，他就应该指出他所谓的总体，实指取自一个成员组成类型已知的超总体(a super-population)才合乎人们的意料。但利用假设检验，这种臆测根据贝叶斯论文自身的证据就定会遭到否决。无独有偶，也曾有人臆测概率的频率定义已隐见于贝努利定理(即大数定律的最早形式)之中。然而，即使认为极限的存在是不言而喻的，在一个无论怎样大的有限样本中，这种比(表示概率)从数学意义上说其取值也会是 0—1 区间内的任何值；这将使贝努利定理失去意义。由有限样本所形成的成员类型占比，曾被认为是相应成员类型占比概率的定义，更有人猜测贝努利本人也认可这种做法。如果贝努利最终认为这种定义可行，为什么他还要构造一个既长又难的数学证明，以展示这种比在所论的条件下可以接近(near)相应的概率呢？为什么他把自己的书叫作《推测术》(*Ars Conjectandi*)呢？我认为概率论前辈研究者们的工作表明，他们关心的是构建一个关于理性信念相信程度的相容理论，而在贝叶斯和拉普拉斯那里，理性信念的相信程度是基于常识和归纳推理的。

我曾作过一项相当全面的研究，但仍未弄清谁是把先验概率认作可由已知频率导出的第一人。根据我的研究，卡尔・皮尔逊是唯一的既具备这种看法又鼓吹使用逆概率的人。在许多场合中，皮尔逊都会根据先前的有关事例证明采用均匀分布作为先验分布的正当性，这与本书所讨论的先验概率并无矛盾(先验概率不能和某已知频率画等号)，他这样做只是表明关于理性信念的相信程度，可使用归纳推理由已被观测到的频率表示出来。这完全符合本书的观点，因此没必要再引入概率的频率定义。但是，皮尔逊有时也说若没有先前的有关事例，就不能指派均匀分布作为先验分布，也不能指派任何其他分布作为先验分布。如此一来，概率就根本不可能得以应用。就此而言，皮尔逊的观点是不能令人满意的，尽管我不认为在实际中他会把某一推导出的频率与一已知频率等同起来。因此，皮尔逊的这一看法很难被人们理解，而他在《科学的语法》一书中展开的关于科学探索性质的讨论，常和他自己所写的统计学论文的观点相矛盾，尽管他因在《科学的语法》中引入清晰性而取得了巨大成就，但他并未像人们期望的那样更多地受到他自己书中观点的影响。因皮尔逊对先验概率和已知频率的关系为何不能肯定，又因他对某一陈述是否必须建立在一已知频率之上也无把握，所以，根据我的追根寻源，把先验概率和已知频率等同起来、肯定陈述必须建立在已知频率之上等的观点，都首先见于反对使用先验概率那一派人的论著。我希望我的这一工作能使自己彻底免除指责——我不是"先验概率可由已知频率导出"这种论调的首倡者。

8.1 通常，那些尚未发展到把我的观点归结为全盘否定先验概率的批评家们，或者断言先验概率"主观"、"神秘"，因而没有意义[①]，或者提及人们先前所获知识具有模糊性，因此不可能为其指派唯一的先验概率，云云。对于前者，我怀疑在人们找到可以判定何为客观性的分析程序之前，"客观性"怎样才能被赋予意义。如果能找到这样的程序，它一定是始于人们的感觉(sensations)，而各人的感觉不会一样，而且，这种程序还要给出何以从个人的感觉出发(包括由第三者撰写的关于调查对象感觉的报告)，进而得到具有普遍性意义结论的说明。所谓客观性研究，必须且只能从个体出发(个体永远也不能排除在外)，因为任何新的"客观"陈述，肯定是先由某些个人提出，再由其他人予以鉴别。另一方面，假如不能通过经验确定(何为)客观性，则人们就只好诉诸想象了。我们总不能说在批评家眼里只有想象力才具客观性。

本书通过鲜明对比来解决这一问题。作为对比的对象，一是像演绎逻辑命题那样的一般原理，它们通常先不理会是否与实际情况相符合，是人们精心创造出来的能自圆其说的体系；二是关于经验的那些命题，而且最有可能成立的命题总是被优先考虑。后者有可能成为科学定律，前者则在其体系范围内根据经验给出取舍规则(rules for deciding)，而得以保留下来的原理又被作为进一步推理的基础。经验命题总要优先予以考虑，如果利用一般原理比较经验命题与经验事实而又能为经验命题的成立赋予很大概率，

① "形而上学"及"神秘主义"这两个词的含义似乎随时代的演进而有所变化。感谢史密斯博士(Dr.F.Smithies)为我提供了源自拉格朗日(Lagrange)的下述评论："至于其余部分，我不否认从考虑某一特殊点的极限过程出发来证明严格的微分运算一般法则的可能性，但这种必不可少的、形而上学的证明方法，如果不是存在矛盾，至少也和数学分析的灵魂互不相干。在使用无穷小运算的各种方法中，运算本身就能自动校正命题的错误……前一个误差被后一个误差清除掉了……而牛顿的方法是完全严格的。"

则经验命题就转变成定律或具有客观性的(科学)陈述。如果把关于经验现实的陈述都包括在一般原理中,就会先验地(a priori)导致关于经验的不合逻辑的断言,故这样的原理很容易出错,应该废弃不用。最初人们利用频率(定义概率)就是这方面的例子。

有一种观点认为,由于 $P(p|q)$ 既依赖 p 也依赖 q,而每个人关于 q 的知识也有不同,所以 $P(p|q)$ 不可能是客观陈述,不同人给出的 $P(p|q)$ 不会相同。这种观点是一种混淆。正如若只知 x 的值而不知 y 的值,人们无法确定 $x+y$ 的值那样,只知 p 而不知 q 时,p 的概率也是无法求出的。某一命题是否成立的概率,如果与和它密切相关的数据(data)没有联系,那就毫无意义,充其量也不过是人们的一种理想而已。另一方面,两个遵守同样推理规则的人,肯定能得到同样的 $P(p|q)$。事实上,建立在不同数据集上的命题(是否成立的)概率,一般说来会有所不同。掌握不同数据的人们总会对(该命题)是否成立的概率作出不同的指派。这一点矛盾也没有,只是对一个明显事实予以承认罢了。如果人们相互告知其所掌握的信息并遵守同样的推理规则,他们就能得到相互一致的(关于某事件的)概率结论。舍此没有更好的办法——人们不可能一下子即可获得全部知识,但却可“根据业已掌握的知识作出最好的预言”,并提供唯一可行的解释,这正是本书所要阐述的。

有一个困难源自人类对不明确及不能完全记住的信息的处理,这会带来许多棘手问题。在“先前知识的不确定性”(“uncertainty of the previous knowledge”)这种说法中,这种困难似乎不言自明。我们曾多次被引导去讨论这样的信息,但讨论的结果总是一成不变:未得到充分记录的信息只能视为知识的候选对象,因此总应采用表示这种无知的先验概率。然而,错并非出在概率论,而是出在人类大脑本身的不完善,概率论恰是可能使之完善化的理论。为同一问题而提出的不同先验概率之间的差别,远比统计学家们对先验概率的偏见来得轻微,那些统计学家除了一致拒绝先验概率之外,实在没有任何共同之处。

用于表示人们无知性的先验概率,仅仅是关于这种无知性的形式化表述而已。先验概率先是宣称“我不知道”,而在得到有助于克服无知性的观测数据之后,后验概率即可派上用场而宣称“你现在知道了”。“我不知道 x”与“我不知道 x 的发生概率”现在依然混淆在一起。后者表述的是“我不知道我是否具有关于 x 的信息”,它和前者的不同之处正如 x^4 不同于 x^2

那样：x 被平方一次即可得到 x^2，而 x^2 再平方一次才能得到 x^4。我很怀疑那些获得了类似于 x^4 那样的、关于 x 的信息的人，能否合理地利用这种信息。论及"某一未知先验概率"，就会涉及"我不知道 x"与"我不知道 x 的发生概率"那样的混淆，或者涉及把先验概率等同于普通人熟知的(概率的)频率定义，而要获得一以贯之的概率理论，这两种混淆都应被清除。

混淆的产生部分地归因于概率陈述总是以直陈语气(the indicative mood)表述的事实。因此，"史密斯先生在家吗?"这一问句即可用下述三种直陈语气的句子予以表述：

"我不知道史密斯先生是否在家。"

"我想知道史密斯先生是否在家。"

"我认为你知道史密斯先生是否在家。"

这三句话包含了问题的全部内容，"史密斯先生在家"这句话经过主语和动词的换位，在书面语中再加上一个表述询问的符号(问号)，意思就发生了变化。这三个陈述句所暗示的情形是如此的普遍，以致在语言中人们已经发明出一种符号(问号)表征之。先验概率表述相当于第一句。在科学问题中，第二句已充分表明我们有意愿承担寻找答案的任务；它所表述的乃是一种意愿而非概率陈述。第三句是关于更高阶概率的陈述，所有这些差别在语言中都是通过相关词语的换位完成的。不过，对于知识等级是否能用符号来作表述这一点，人们尚存疑问。事实上，先验概率所作的，就是清楚地将问题陈述出来，它远比使用普通语言更能胜任这一工作。我认为这是一项了不起的成就。如果我说科学研究中 90% 的思考力都首先用于廓清问题的提法，这种说法肯定能获得很多人支持；一旦问题得到清晰表述，通常其答案也就变得显而易见了，虽然最终得到答案会费些工夫，但思路是明确的。例如，泰勒和奎奈(G.I.Taylor and H.Quinney)对铜的塑性研究，就是这种成功的例子。根据所获的试验数据，他们想搞清楚到底是(试验用铜棒)某点处最大与最小主应力之差，还是关于三种主应力对称的米塞斯函数(the Mises function)，能对铜棒受力后发生塑性变化的起始点提供正确的判别标准。众所周知，试验用铜棒之间的差异，远比判别其何时发生塑性变化的不同标准来得大。所以，要解决泰勒和奎奈的问题，首先就必须自始至终选用同一根铜棒(以排除混杂因素)予以考察。下一步，不同(判别铜棒受力后发生塑性变化的)标准也会带来一些差别。泰勒和奎奈表明，若压力 P 和切应力 Q 同时作用，且压力为法向力，切应力为扭转力，则根据米塞斯的标准,铜棒将以 P^2+3Q^2 这样的常数发生塑性形变,而压力差则为 P^2+4Q^2。至此,一个可以得到答案的问题就被叙述清楚了。泰勒和奎奈为解决问题而提出的试验需要技巧,不太好做,但并非不可施行;他们的成功之处在于提出了正确的问题。我们可以很容易地列出一大批自称获得成功的论文,但那些论文作者都未能得到泰勒和奎奈的结果。原因很简单,那些论文的作者对其所获试验数据是否适合用于研究铜的塑性,关注得很不够。

反对将概率视为一个基本概念这一点,还部分地与事物只有在能用语言给予意义才具备清晰含义这种偏见有关。这种偏见未能注意到确有某些事物在被人们用文字定义之前,是完全可以被理解的这一事实。试图定义这样的事物只能导致采用不能被人们直接理解的术语,从而也不能对业已建立起来的定律进行说明。例如,人们已经发现颜色与不同波长的光线有关,这曾导致颜色应该采用波长的术语来定义的观念,而人们利用感觉识别不同颜色的做法应予废止。这种观念曾经被力挺,但假如真的照此办理,则只有在架好光谱仪并利用它实际测量出光线的波长后,才能对(譬如说)红色作出判定。就连光谱仪就在手边的人也不会这样行事。这种观念实际上把人们利用经验判别颜色这种行之有效的做法摈弃了。再如,行为心理学家只有在实际测出声称正在思考的某人之喉部产生的微小振动以后,才能接受"意识"及"思想"这样的概念。所以,在这些心理学家那里只有两种选择:(1)除非能观察到人类喉部产生的微小振动,否则人的思维或言语行为是否在进行就无法判明,而许多人能很好地控制自己的喉部振动但却从不知晓这一点。(2)某人可以承认自己的意识而拒绝承认他人的意识。此乃"唯我论"(solipsism),而两个唯我论者绝不可能相互理解,也绝不可能达成一致意见。发现物理定律关于过去和未来具有对称性的爱丁顿,尤其对随时间在某一方向变化的物理现象有兴趣,他进而发现了熵(entropy)并利用熵的变大定义时间增加的阶。即使爱丁顿发现了质量与发光度之间的关系(the mass-luminosity relation),但若测不出宇宙中两个时间点上相应的熵的变化,他也不能理解自己所写的著作《质子和电子的相对论》。罗素曾经认为"物是服从物理定律的原始材料的复合"("*Things are those aspects which obey the laws of physics*")[①],对于罗素这种理论简化以及他对理论与现实严重不相符时拒绝修改理论的做法,我们不应过分指责。因为,物之

---

① 见 *Ou Knowledge of the External World*,1914,p.110.

原始材料的存在乃是经验事实,由此,物理学的可验证性才有根基。当代理论物理学的大部分专题,都包括应用罗素的"物是服从物理定律的原始材料的复合"这句话的一部分,即"物是原始材料的复合",而忽略了另一部分"物服从物理定律"。罗素的这句话要成为一个关于物的实用定义,其中的"物理定律"就必须指那些业已为人所知的物理定律而非全部物理定律。"物是服从业已为人所知物理定律的原始材料的复合"这种表述,可能成为科学进步的规律;而"物是服从全部物理定律的原始材料的复合"这种表述,则不过是代表了人们的一种理想而已。前一种表述的含义是,服从物理定律的物之原始材料的复合若被确定,则无异于断言适合这些材料的物理定律已被找到。如果罗素注意到了这一点,他就无须定义"原始材料"(an aspect)而只需给出一个规则,说明何种原始材料可归入一组从而形成某物即可;后一种表述的含义是,某一有望成为定律的陈述,若不能找到构造它的原始材料的复合,就必须予以拒绝。

利用已被人们理解的术语定义新术语,可以为关于知识的理论增加清晰性;但若为已经为人所知的事物下定义,则无异于将有用的信息扔进了废纸堆。我们所能做的,就是当问题中的有关现象出现时,直接谈论这个现象,使他人能利用其自身的思考及感觉功能,知晓我们在谈论什么。

约翰逊(W.E.Johnson)走得更远。他认为有些事物是如此普遍且广为人知,以致再为它们寻求定义就是对智力的不敬[①]。

8.2 对任何一些试验事实提出某种新解释,这种可能性永远存在,不可排除。但由本书1.6节可知,许多情况下出现这种新解释也不会带来什么影响。如果某定律成立的概率很大,它就可以用作进一步推理的依据而与其解释能力的大小无关。如果某种解释对多个定律都有阐明作用(涉及的定律越多越好),它若要变得与现存的那个解释同样令人满意,就应能解释更多一些定律才行。一个新解释要能被人接受,必须做到(1)它能为大部分甚至全部业已被现存定律阐明的那些试验事实提供说明,(2)它能指出一种新试验事实并为此提供行得通的解释。根据这两条即可决定对新解释的取舍。这就是概率论给出的关于如何忽略不可预知解释(the Undistributed Middle)这一逻辑难题的答案。只要是采用由归纳推理得出的定律进行

---

① 见 *Logic*,1,106.

新的推理,这种推理就告有效,因为这些定律比其他解释更具说服力。使用某种解释去预测某些定律能否成立,需要利用假设检验;但现在情况有所不同——可能的新解释必须与业已存在的定律相一致。顺便指出,这一限制(结合上面提出的关于对新解释的取舍规则),也回答了为何由不同人提出的(关于某陈述)的那些命题都有相同的先验概率这一问题。姑且承认某一学科的门外汉或许有能力作出关于该学科一个很好的猜想,但由他去作出一个不与该学科业已为人所知的试验证据相矛盾的猜想,就难上加难了。

以上的讨论对所谓"科学式的谨慎"也提供了解答。每个人都认同科学需要谨慎,但不同的人甚至同一个人在不同场合,对于何为谨慎都可能持有全然不同的观点。我认为可以这样解决问题,即所有的(试验)结果都应公之于众,以使它们在未来的研究中能发挥最大的作用。对于纯粹的估计问题而言,这涉及关于位置参数及其标准差的陈述。然而,对定律作出修正是永远需要考虑的,正如观测值若存在系统性差异(systematic differences)应有确证辅以证明那样,对定律的修正也要有相应的证据支持方可实施。任何事先断言试验结果和所提定律不相符合的行为都是鲁莽的,这种断言与(试验结果和所提定律不相符合)是否源于观测值的系统性差异无关,也和是否有某个"物理效应"导致了这种(试验结果和所提定律)不相符合无关。无论哪种情况,都需要人们提供必要的信息以便当试验证据可用时,实施相应的假设检验;通常这指的是提供(位置参数)的估计值、估计值的标准差以及观测值数目等信息。必须无条件地提供(有关估计量的)标准差:如果(相应的)定律正确,该标准差对于解释试验数据的精确性必不可少;如果(相应的)定律不正确,该标准差在判别其何以出错时也不可或缺。所有统计学家都一致同意我的这一观点,但在我的研究领域中标准差的重要性尚未引起人们足够的关注。同样,检查某一定律是否正确最好的方法,是尽可能地在原始数据之外应用该定律,这一做法也适用于考察某一新解释是否正确。如果不能确定所讨论定律有关参数的标准差,就无法断定试验结果和该定律所预言结果的不一致,能否通过参数调整予以消除从而提高预测精度。通常,不能提供有关标准差的理由是,误差来源多种多样而一个(有关参数的)标准差所声称的定律的预测精度,不一定得到未来试验结果的印证。这种理由是完全错误的,持有这种想法的人根本未能理解归纳推理的实质。我们必须做好使用归纳推理偶尔推出错误的准备,这就是归纳推理的要旨。要求对事物的发展作出终结性结论,乃是从根本上否定科学探索的可能性。

有鉴于此,即使估计量可以落入其标准差指明的取值范围内,而仍去推断存在系统性差异(systematic differences)也未尝不会发生;另一方面,若系统性差异确实存在,也有可能作出拒绝接受其存在的结论。我们所能做到的乃是(1)永远根据所获数据进行把握最大的推理,(2)承认在获得更多数据时我们先前作出的推理可能有误,(3)以一旦推理出错、这种错误即可被找到的方式展示我们的数据。通过采用一种无矛盾推演程序(a consistent process),我们是可以达到这种境地的,这不能和证据不足时乱猜其他效应是否存在混为一谈,也不能和证据不足时乱猜估计量的大小混为一谈。

8.3 上节提到的一种新解释能否取代原有解释的问题,在量子力学中已存在多年。要研究黑体辐射的能量分布及光电效应,描述微观粒子运动的量子论就必不可少;但光的干涉现象尤其是泰勒(G.I.Taylor)所做的实验(在光照强度极低条件下获取光的干涉图)表明,几乎不可能使干涉仪在同一时刻捕捉到两个光量子。量子论和光量子连续发射理论各自解释了一部分物理现象,但它们不能无矛盾地相互解释。所以,比较适当的结论是它们的解释都不对,因而人们或者需要寻求一种更新的解释,或者需要对量子论和光量子连续发射理论各自所用实验数据重新核查,以确认这些数据是否与这两种理论存在联系。然而,与此同时物理学家依然根据量子论和光量子连续发射理论,对黑体辐射的能量分布及光电效应进行理论预测,能用量子论解释的现象就用量子论解释,不能用量子论解释的就用光量子连续发射理论解释。因此,这些物理学家实际所做的,乃是利用建立在经验之上的物理定律进行归纳式的推理,这一做法是有效的,因为它不需要在量子论和光量子连续发射理论之间作出取舍决定,作这种决定也没有多大意义。

量子论的现状表明它和概率论存在联系。现共有三种主要的量子论,它们都能作出同样的预测,这在物理学史上可能属于首次:三种量子论的鼓吹者都能欣然接受这种现状,甚至在他们之间有时还相互借用方法。这三种量子论本身是各不相同的,实际上,其中任一种量子论对量子现象的解释在其他两种量子论看来(这两种量子论对量子现象的解释也不一致),都是毫无意义的。我们把它们视为等价,指的是它们对观测结果的预测相同,而非指其各自的理论内容一般无二。只要几种理论都能导致同样的预测结果,它们就不是各不相同的理论,而只是解释同一事物的方式有所不同。这种不同属于形而上学范畴(metaphysics),但却是对朴素唯实论(naïve realism)——该理论认为所谓具有“物理实在性”的事物,非物理学理论解释中所涉及的那些事物莫属——的彻底抛弃。例如,电子是不是一个具有精确(运动)位置的点电荷,是不是具有体积等等并不重要;电子的(运动)位置因其不能用三维笛卡坐标系表示是否就毫无意义也无关紧要。关键是要对观测到的事件作出其概率分布表示,以及决定这些事物所遵循定律的形式、其中的参数取值等等。不能通过实际观测来回答的问题最好先不去回答,待能找到解决这些问题的方法时,再回来为它们提供答案也不为晚。

8.4　当代量子论和相对论一样,都因采用“拒绝不可观测之物”的主张而遇到麻烦。“不可观测”这一术语来自朴素唯实论。严格说来,可观测之物只是人们通过感官能够感觉到它而已。没有人愿意将感觉之外的一切事物都统统排除掉。一旦超越感觉,实际上我们所作的就是推理。当我们感觉到一物时,指的是我们业已得到一系列感觉,它们与我们对该物所应具备性质的想象或假设相吻合,如此以往,我们就很有可能对其他一些感觉也能作出正确的预期。“观察到一物”,只是这种感觉过程的习惯性缩写;我们实际观察到的由不同颜色复合出来的某物(形状可以不拘),和我们心目中对它的想象是否一致、它应为何物等,应一概交由哲学家去作判断。然而,朴素唯实论却想当然地认为我们确实观察到了那个物体,而其颜色的复合是“主观的”(subjective)所以不值得重视;这纯粹是本末倒置,因为若舍弃被观测物体的颜色及形状,我们对它也就不会获得任何知识了。对某物的肯定取决于人们对它所应具备的性质所作推理的证实,亦即,如果人们感觉不到该物,或该物的性质与它所应具有的性质不一致,则均不能对该物予以肯定。因此,一物之可验证的、反映人们相应感觉的内容,完全可以通过(有关)定律中的参数作出表述。概率论现在就可派上用场,而推理的目的就是去得到人们所需的定律。如果仅局限于对未来的感觉进行推理这一点上,则人们已经达到建立关于物的概念的目的了。这必然会形成一种唯心论的观点。又,如果人们转变成唯实论者,并认为外部世界存在与其头脑中物的概念相对应的东西(唯实论者可以根据自己的意愿改变对物的看法),则有关定律即可看作是对物的概念之真实性的证明。但是,概念的可观测性,除表明需要在有关定律中添加新参数以反映人们的感觉之外,别无意义,而是否真的需要这些新参数要依靠假设检验来作决定。因此,概率论可以很方便地在此处发挥作用。在得到实际观测数据以后，概率论能对某参数是否更有可能在定律中出现给出答案。考虑尚未得到的数据纯属浪费时间。我们不说某物一定观测不到；只说就目前所掌握的数据而言，该物尚未观测到，因此，如果试图将尚未观测到的该物纳入定律，就会使定律丧失精确性。断言某物绝对不可观测不合逻辑；因为这种断言或者是据以对所获观测数据进行推理的先验命题，或者是对演绎推理肯定性的归纳式证明[①]。

"拒绝不可观测之物"这一主张的产生，可能和人们对三种"逻辑假设经济说"(the economy of hypothses)的混淆有关。(1)例如，为了建立现代逻辑学，《数学原理》将公设的数目减少到最少，尽管其中某些以定理形式出现的结果，看上去和不证自明的公设相差无几。这样做的理由本书第一章1.1节之规则6已有讨论。(2)定律中对观测结果毫无作用的参数，应在(相应)定律的公式表达中略去，所留下的只是对观测结果有说明作用的相关参数。一旦如此实行，即可得到简练的(相关定律的)公式表达(有可能增加公式表达的数学复杂度)，但对现在及未来观测值的观测精度之改善均无帮助，因为无论在哪种情况下，公式所表达的意义都没有改变。(3)本书所采用的"简单化公设"(the simplicity postulate)，导致了将奥克姆剃刀原则"若无必要勿增实体"，改以下述原则重新表述即"变差必须视为具有随机性，除非有确证表明它并非如此"。我们实际需要的正是"简单化公设"，而(2)所示的原则乃是一个同义反复；在通常的表述中它即意为"拒绝不可观测之物"，用于否定尚待考虑的相关变量的存在性。因此，(2)变成了一个先验命题，即未来的观测值必须服从某些定律而不管这些观测值到底为何。这种推理肯定是建立在概率论上的归纳推理，因为观测数据不符合预测的可能性，在逻辑上永远都不能排除。"简单化公设"在归纳推理的应用中通行无阻，而(2)所示的原则却含有逻辑谬误。

我认为，无论如何，"拒绝不可观测之物"这种表述形式都从未给我们带来过任何一丝好处，相反，当代物理学家一方面不去重视归纳推理，另一方面又处处离不开它，且得到结论后又常将归纳推理与演绎推理混为一谈。直至1920年前后，相对论中并未出现任何新参数；光速、引力常数、太阳质

---

① 参见丁格尔(H.Dingle)的著作《大自然》，141，1938，21－28.这是对"某物绝对不可观测"这一说法最精彩的逻辑分析，稍嫌遗憾的是这种分析仅考虑了朴素唯实论而未考虑形形色色的唯实论。

量等等，在牛顿力学中一样都不少。相对论改变的只是相关定律而其中的参数还是牛顿力学中的那些参数。抛弃牛顿力学不是因为它遇到了“不可观测之物”，如绝对速度及同时性等；而是因为相对论能对诸如迈克尔—莫雷实验所追求的否定以太存在做出正确的预测。对绝对速度的否定并非先验；狭义相对论所作的乃是改变关于测量及光的定律，使之与观测结果相符合。广义相对论，就其最初表达形式而言，是牛顿动力学自然类比的一个产物。系数 g_{ij} 看似自然拓展狭义相对论以便考虑引力效应，其实可视为对牛顿力学之位势 U 的应用。若远离物质[①]，牛顿位势 U 的二阶导数皆为 0；若靠近物质，则相应笛卡尔张量之简算表示 $\nabla^2 U$ 的亦为 0，而单个分量的一阶导数（从而相应的二阶导数）不再等于 0；在物质内部，$\nabla^2 U$ 亦不为 0，但它和密度存在简单联系。爱因斯坦是通过类比得到这些结论的。他找到一个远离物质时其值变为 0 的二阶张量，利用张量算法导出满足靠近物质时的微分方程，并指出这些方程应用于物质内部时应该予以修正。若欧几里得—牛顿体系需要修正已不可避免，则爱因斯坦的这些尝试就很自然了。但，爱因斯坦的理论乃是一种提示（suggestion），而非先验的定论。关于这一点，不妨参考爱丁顿于 1919 年观测日食前所写的一段话[②]：“此次对日食的观察有可能首次表明光具有重量；或有可能证实爱因斯坦令人不解的非欧氏空间理论；或有可能得到具有深远影响的结果——光在太阳附近不会发生偏转。”该段话的第一分句指的是牛顿力学断言光在太阳附近会发生偏转，而偏转的角度只及爱因斯坦所断言的一半。这就是爱丁顿在 1919 年日食观测前对物理学所持的立场；爱因斯坦的相对论（在爱丁顿眼中乃是一种概率论）所预言的结果，应该对其可能性予以严肃的证实，不能只靠一般的理论原则而忽略实际观测进行论证。换言之，爱丁顿那时同意我的观点；但后来他对爱因斯坦相对论数学表示的强调却是一种“舍本求末”之举。爱因斯坦相对论的正确性，在于它不需要引入任何新参数而又能和观测事实相吻合，其他理论都不如相对论来得成功。强调重视相对论的哲学基础已经导致哲学遇到了挑战，并导致了对实际观测的忽视，令人叹惜。事实上，观测结果远比理论证明更具说服力，这一点我已在《科学推断》第七至第九章

---

① 此处的“物质”是同“引力场”相对立的，引力场以外的一切东西都称作物质——译注。

② 见 *The Observatory*, March 1919, p.122.

中详述过了。完全从观测数据出发并据以进行理论概括，必要时引入新参数以说明定律，利用这种方法就可以通过不断近似建立起欧氏测量学、牛顿动力学以及狭义和广义相对论；而爱因斯坦的 ds^2 如何表示完全可由观测光在太阳附近是否发生偏转而决定。没有必要再做更多的假设了，所以爱因斯坦做过的一些假设已被取代，使得保留下来的那些假设，或者与先前业已建立起来的定律有更紧密的联系，或者得到实验事实的支持。例如，狭义相对论中关于坐标变换的线性假设，就无存在的必要了。根据光速不变的测量事实及推广的牛顿第一定律，可以证明在某一惯性系中未得到加速的粒子，在另一惯性系中也仍然不会被加速。做这种比较的目的，是希望搞清楚粒子在两种惯性系中运动状态（未加速）的一致性，是否出于偶然，亦即，是否其他物理定律（尤其是牛顿力学诸定律），在有关物理量允许值的范围内，也会在几种惯性系中给出同样的结论，事实上，牛顿力学能解释的事实，爱因斯坦相对论也能解释，不存在任何矛盾。例如，水星近日点的进动长期受到人们的关注，长久以来这一现象被认为是由绕日作扁圆轨道运动的物质的引力所致，黄道光就是这种引力存在的证明。同样，有人建议——我认为是纽沃尔教授（Professor H.F.Newall）——日食现象也可用光在太阳附近发生偏转加以解释。但利用牛顿力学解释这些现象需要对有关物质作量的估计，而固体物质或气体物质对其附近光的散播影响不同。业已发现，经过太阳附近光的散播量，达不到牛顿力学所预言的那么多①。利用近期得到的观测资料，我发现在这方面存在更大的偏差。因此，牛顿力学对水星近日点的进动及日食现象的解释都不如人意，而爱因斯坦的相对论却能对这二者提供令人满意的解释。就通过实际观测而证实理论来说（实际观测是证实理论正确与否的唯一依据），爱因斯坦的相对论在太阳系中得到了证明。

在量子论中，“拒绝不可观测之物”这一主张的否定力度也很大。旧量子论中包含一些不可观测量，而对许多可观测量也无协调一致的解释。从概念的复杂化上说，把树木看作森林绝对行不通，以偏概全作出的假设会与实际观测结果明显不符。现代量子论直面其所遇到的问题，在协调旧理论方面取得了一些成功（但未作更深入的解释），考虑到数学处理的方便，这种做法无可厚非。然而，园丁除草是为了种花，人们提出（正确）假设也不过是为了对现实的解释更加合理。重要一步的迈出绝非拒绝不可观测之物，而

---

① 见 *M.N.R.A.S.*80，1919，138－54.

是承认事物之间存在联系。这些联系不是源自根据某一原理（如某物决不可观测之类）的推演，事实上，事物之间的联系充斥着和它们本身有关的不可观测的东西，这些不可观测的东西在得到证实后应该（在理论中）去除。类比于牛顿动力学，人们对量子论的一些现象作了预言并得到了肯定，因为它们与实际观测结果相符合，正如爱因斯坦的引力理论能和实际观测结果相符合那样。

遭到本书批评的"拒绝不可观测之物"（见 317 页）这一主张，在爱丁顿的著述中经过精心雕琢又见之于世，而且被极度夸张地表述为"全部物理学基本定律及物理学常数，都应能从纯粹认识论意义上作出预测"。本书 5.64 节对他的这一论点作过一些评论；而对他总的学术观点的批评见于本书 5.64节所引的《哲学杂志》（*Philosophical Magazine*）。

本书在此要提出一个警告，即屡见于量子论著作中的"概率"一词，并不能保证它所指的数字一定就是概率，也不能保证那些数字一定满足概率规则，而且人们有理由假设，关于波动力学的概率解释导致了量子论和经典力学一样，是精确决定论这种意义上的结论。

8.5　对错误推理的批评常被认为是吹毛求疵，理由是遭批的那些方法还是有用处的。对物理学而言，所用方法最终能够提供正确答案即可，其本身正确与否并不重要。然而，本书所批评的那些方法并未能提供正确答案。当代物理学的主要进展，不是因采纳"拒绝不可观测之物"主张或任何所谓广义数学原理得到的，而是因为采纳了欧几里得和牛顿的方法得到的：即先行陈述若干假设，据此推出由此带来的各种结果，若绝大多数有关现象的变化都能被这些假设（及据以推出的各种结果）所说明，则这些假设便得到肯定。这种方法属于归纳推理，其他任何宣称欧氏几何与牛顿力学的结论乃借由非归纳推理方法所得到，都与历史不符。如果坚持把数学论证作为欧氏几何与牛顿力学正确性的一种证明，将引发对逻辑学基础的挑战；无论这种坚持是否重要。如果它重要，它就应能以逻辑学的解答回应对逻辑学的批评；如果它不重要，它就应不再将一种糟糕的逻辑（bad logic）扮作数学基础的一部分，它应该被废止。最重要的是，它不应该再成为发展合适的归纳推理理论的阻碍。

推理与观测的功能不同，不可混为一谈，当展现在我们面前的信息兼有推理与观测的成分时，把二者分清非常重要。如果分不清，我们很可能会断言(有关的)论证正确,所以不必再行观测以检验是否忽略了什么;或者,由于这种论证的结果能与实际观测相吻合,我们就认为它一定正确无误而不管根据它可以发现多少例外(现象)。这两面的例子在当代科学中都可以找到。下面这个例子虽然不算十分现代,但却是一个关于注重论证细节可以导致新发现的有趣说明。拉普拉斯在分析天体摄动时已经证明地球的轨道离心率应该对称地减小。这影响了月球由太阳引起的摄动,致使地月之间的距离变小而月球绕地球旋转的速度加快,而这又将改变古代人对发生日食时间的计算结果,已有的天文观测资料支持作这种改变。在用级数表示月球由太阳引起的摄动时,拉普拉斯只使用了级数展开式的第一项,但这对普拉纳、达莫索、汉森(Plana,Damoiseau and Hansen)处理观测数据并发展理论已经足够了。就这一点而论,理论描述与观测数据之间的吻合看上去完全令人满意。然而,亚当斯(J.C.Adams)其后使该理论获得新的进展,他发现若干被略去的项累积起来的作用不可忽视[①]。表示月球(由太阳引起的)摄动的级数,其开头两项的系数均由 m 的幂次表示,普拉纳得到的该级数第二项的系数为 $-\frac{2\,187}{128}\mathrm{m}^4$。由于这个数字系数很大,据此算出的月球长期加速度实际上被减半,理论描述与观测数据间的吻合遭到破坏。亚当斯的结果得到德劳内(Delaunay)及其他天体理学家研究结果的证实,德劳内等人所用的表示月球(由太阳引起的)摄动的级数保留了更多的项。但庞德库朗(Pontécoulant)指出,若亚当斯的结果得到承认,则将导致"'问题已获解决'的意义发生改变,并对拉普拉斯在其《天体力学》辉煌著作中所做出的最漂亮的科学成果之一产生怀疑"。拉维叶(Le Verrier)写道:"成为一名天文学家的首要条件是,他应使其理论满足对观测数据的解释。汉森的理论能做到这一点,而德劳内的理论却做不到。所以我们认为真理在汉森手中。[②]"所以,亚当斯和德劳内所用的数学是否正确也需作出判断,判断的标准不是它们是否遵从动力学方程,而是和实际观测数据是否吻合;如果不吻合,则相应的数学公式中一定有误。格莱舍(J.W.L.Glaisher)[③]在为亚当斯所作的传记中指出"令人奇怪的是,对于一个纯数学问题竟会出现那么多不

---

① 见 *Phil.Trans*. 143,1853,397—406;还可参见他写的另一些论文。

② 拉维叶的这段话原文是法文——译注。

③ 见 Adams,*Collected Works*,p.xxxviii.

同的观点,而持有不同观点那些人的资质都毋庸置疑,他们先前的著作可以清楚地为他们作证。"事实上,亚当斯的结果已被使用不同方法的不同研究者们如此彻底地证实过,以致它必须被接受,而且其理论预期与观测事实间的不一致也得到了人们的承认。这种结果也并非全然没有建设性。它使人们从新的角度重新关注这一问题,并导致达尔文爵士(Sir G.H.Darwin)关于潮汐摩擦理论的一系列长文问世[1];目前,潮汐摩擦理论的预测和实际观测数据吻合得相当好[2],而且一大批关于太阳系遥远过去与未来的富有建设性的研究成果也已问世,如果普拉纳的理论从未有人质疑,这些成果就都不可能出现。

在不同意义上对"理论"一词的使用,或许是导致许多混淆的根源。我本人则宁愿称"理论"为"解释",它包括三个方面:第一,对假设的陈述;第二,系统阐发由这些假设带来的各种结果;第三,将这些结果与实际观测资料进行对比。正如前面那几段引文所言,有时也会出现这样的事实,即所断言的结果与观测事实吻合既能证明理论假设正确,也能证明中间步骤没有出错。最可能成立的乃是下述情形,即在这些中间步骤中包含有许多未经证实的假定,所选出的答案是为了(使理论)吻合观测数据,而非其他目的;因此,若中间步骤中的假定全部得到证实,就可能会导致理论解释与实际观测数据出现不一致。在这种情况下,有关的理论假设得到了否证。而且,任何人都可以根据(有关的)理论假设进行推演,用以判断理论假设与实际观测是否吻合;如果不吻合,这就暗示人们需要提出一组新的不同假设。此乃科学进步的方式。目前的一些"理论",如果除去它们包含的那些未经证实的假设,就可简化为"存在若干事实,而且它们之间可能有关系"这样不会引起争议的陈述。

8.6　如果重述本书的主要假设,首要的一条就是人们关于概率的常识可以满足建立具有一致性概率理论的需要。其他各种概率学说尽管可以否定这种一致性,但却离不开它。再一条是 1.2 节的公理 4,由该公理可知加法规则可以无矛盾地使用。注意到加法规则是一种约定,而出现与 1.2 节

---

① 见 *Scientific Papers*, vol.2.

② 见 G.I.Taylor, *Phil.Trans.* A, 220, 1919, 1－33; Jeffreys, ibid. 221, 1920, 230－64; *The Earth*, 1929, ch, xiv.

所提公理相容的其他一些规则也是可能的，而且同使用加法规则一样，使用这些规则计算概率也不会出错，因为所得结果的正误均可通过概率计算的抽球模型加以检查。因此，为概率指派数值，无非是表明这种数字语言比普通语言更能方便人们对概率进行深入讨论。推广乘法规则也有必要，《数学原理》已为此作了证明，即在构建一种逻辑体系时，所需的假设应取其最一般的形式。这些假设是所有理论都不可或缺的。逆概率原理就是一条定理。用于表示对某待估量取何值一无所知的先验概率（此时人们对该待估量取何定值并无成见），可由某种不变理论（an invariance theory）给出，利用不变性并辅以若干无关规则（rules of irrelevance）——它们能使某些参数，尤其是尺度参数，经过变换后的取值不影响其他参数——可使相应的结论保持不变。如果需要作假设检验，亦即人们对对某待估量取何值并非一无所知，则对该待估量的某些特定取值，相应的先验概率就会有 50%（或不足 50%）的可能集中在那个特定取值上。这就是简单化假设（the simplicity postulate），而在需要同时考虑若干参数的场合，需要作些延伸才可应用这一假设。

本书的主要结果是：(1)证明了（未涉及极限过程）全部观测数据中与所提假设有关的信息均含于似然之中，且若存在充分统计量，则其他关于这些观测值的函数都是无关的；(2)建立起一种不需要更多假设的纯参数估计方法；(3)建立起一种广义假设检验理论：待检验假设若成立（从而可派用场）并得到清晰表述，就可以对它实施显著性检验，不需要先验断定经验假设（empirical hypothesis）的真伪；不需要引入 P 一值以避免与常识相悖的结果，从而得到估计问题乃是假设检验问题的附带产物，而非建立在相互矛盾假设之上的单独问题的结论；(4)在何种条件下一定律可有很大的概率成立，且由此作出的推理可视为近似演绎推理的结论，由(3)可为此提供一种解释。这使得通过观测对定律进行检验成为可能：既无须假定待检验定律一定准确吻合观测值，也无须假定业已为人所知的定律都能和观测值准确吻合（这种假定肯定不成立）；由此，人们的实际学习过程就系统地得到了解释。而且，由于采用了一个实际可行的标准代替了无用的数学式的老生常谈，“拒绝不可观测之物”的问题也得到解决；消除了测不准原理表现出的自相矛盾性；解决了如何忽略不可预知解释（the undistributed middle）这一逻辑难题；为“科学式的谨慎”及“客观性”提供了合理的解释，等等。

一种系统且一致的归纳推理理论，并不能将每个人思维过程的细节都表示出来，对此，本书第一章曾有评论；它能表示的乃是理想人的思维过程，但这却有助于普通人的思维过程向理想人的（思维过程）靠拢。本书曾在适当地方对人类思维的不完善之处提醒过读者注意，这些不完善之处主要是：(1)人们很希望自己提出的那些假设都能实现，有时甚至对它们太过迁就；有时则认为使用普通数学及演绎逻辑，就可以证明某些事情而实际上那些事情根本不能以这种方式获得证明，如此写出来的证明只能证明其论证有误而已；(2)人类记忆的不完善性，由这种不完善性所派生出的命题，不能视为对原始命题提供了观测数据支持（当需要对原始命题作系统思考时）；(3)在首次得到可用的观测数据，从而可对有关理论进行检验时，却提不出相应的、得到实验事实支持的假设；(4)时间与精力的不足，常使人们对业已得到的近似结果容易感到满足。这些人类思维不完善性的存在，绝不会构成反对概率论的理由；相反，概率论可为这些人类思维不完善之处提供基于心理学研究的比较标准；与其他科学相比，心理学可以信赖、同样可靠，这一点现在已获承认。

人类思维的另一种倾向是夸大相似事物之间的差别，而忽略它们之间的类似性。我们不妨回忆杰维斯医生(Dr.Jervis)在回答一位夫人询问桑戴克医生(Dr.Thorndyke)是什么样的人时的一段对话[①]。

> "他完全是一个人"，我说，"据我所知，检验人的可以接受的标准是，他可以直立行走，拇指可与其他手指相对——"
>
> "我不是指的这些"，霍尔丁太太(Mrs.Haldean)打断我的话，"我是说他的为人。"
>
> "我说的就是他的为人"，我回答说，"霍尔丁太太，请您想一想，如果我所熟悉的同事带上假发，穿上长袍，爬着进入法庭或以任何其他不是直立的姿势进入法庭，那一定是轰动性的丑闻。"

不言而喻，形容人的词有"person"及"human"[②]，它们可用于描述人类中的任何一个成员。虽然对"狗"、"牛"、"马"这每一个物种，我们都有六至七个描述它们不同性别及年龄的词，但却都找不到一个既能描述其性别又

---

① 见 R.Austin Freeman 的侦探小说《约翰·桑戴克的箱子》，p.60.

② 此处的"person"，"human"两词均有"人"的含义，但它们都是多义词，读者根据前后文不难确定其意义——译注。

能描述其年龄的词[①]。我认为,理解概率论的真正困难在于,人们对概率论的基本概念和一般规则是如此的熟悉,以致对它们有所忽略,而当这些概念、规则被正式表述时,又立刻想当然地认为概率论中的某些思想非常复杂,普通语言一定表达不了它们,因此必须寻找能够满足这种表达需求的新手段。事实上,概率论非常简单,普通语言完全可以表达它,而常用的概率方法却阻碍了人们对概率论的理解。

8.7 现在讨论唯实论(realism)与唯心论(idealism)。问题是利用概率论能否在这二者之中作出取舍。概率论的存在与其是否接受唯实论或唯心论没有关系,若要根据概率论在这二者之中进行取舍,就必须要指出确实存在着某些观测事实,它们对唯实论(或唯心论)支持的可能性更大些才行。唯实论与唯心论的假设都是可允许假设,所以我们把这些假设成立的先验概率都定为1/2。我们已经看到,唯我论(solipsism)是唯心论的极端形式,概率论可以将它拒之门外,不予讨论。如果他人的想法和我的不同,极有可能的结果就是他人的行为和我的行为不可能雷同。唯物论(materialism)的立足点则有所不同:因为尽管我能立即觉察到自己的存在,其他物体,甚至我的身体,也都必须通过我感官感觉才能被觉察到。如果我是唯心论者,我就会指出发明唯心论是为了提供一种描述我自己的感觉的方便方法,过去、现在乃至未来的感觉(只要能推出即可,因此处并非讨论拒绝归纳推理)均可据此得以描述。而唯实论者则会指出,在他的世界里仅有感官感觉是不够的,但他却很难描绘出他的世界。就我个人的地震研究而言,我认为我已经发现了地球内部的一些构造特点,而我的工作并非只是对未来的观测作出预测。但无论是唯实论还是唯心论,为要在与对手的竞争中获胜,其理论假设的检验只能依据其各自由这些假设所预测的感觉进行(对于唯实论仅有感官感觉尚不够);所以,极端唯心论者(a critical idealist)指派给他想象中物体的种种性质,应该和极端唯我论者(a critical realist)假设为真实存在的物体的性质相同。如此,如果唯心论承认他人的存在,则概率论对唯实论与唯心论就无从作出取舍,故将它们成立的概率都取作1/2,而且也无

---

① 令人惊讶的是,儿语中的“汪汪”(bow-wow)、“哞哞”(moo-moo)、“萧萧”(gee-gee)却能分别用于描述“狗”、“牛”、“马”物种中的任何一个成员。在习得成年人语言的过程中,儿语中这种代指广泛的词语逐渐消失了。

证据可以改变这种状况。试图支持唯心论的人士指出，因为唯实论需要一个附加假设，而在得不到有利于该假设的证据时，它就应该被拒绝。然而，这种诉诸思维经济说的观点是缺乏根据的。它所合法化的只是省略掉对唯心论的肯定而已；亦即，它依然使我们处于不知“唯实论或唯心论何者真确”的境地，无他。否定一个附加假设和肯定一个假设没有任何区别。因而，我们的结论是，既存在唯实论假设也存在唯心论假设，它们在科学上都可能站得住脚，而科学方法并不能对它们作出取舍，这实际上也没有什么。唯实论和唯心论都不喜欢对方的观点。唯实论的优点是业已发展出一种语言，而且是相当朴素的语言；人们在描述物体的推断属性时，方法多得不可胜数，而在描述对物体的直接感觉时，方法却又少得可怜；“probability”（概率）一词有五个音节，而对该概念的使用可以上溯到很久远的年代，那时“概率”一词可能尚未创造出来。所以，唯心论者面临两种选择，即他们必须或者努力适应唯实论者的语言，或者自行创造出属于自己的新语言，但在创造自己的新语言方面，唯心论者并未取得像样的进展。

像这样不能由科学方法回答的问题称为形而上学（metaphysics）问题（我不认为此处滥用了“形而上学”）。另一个形而上学问题乃是区分宗教和唯物论。唯物论者可以认为，所有生物现象包括进化论都可归因于物理与化学过程；尽管唯物论者不能说明为何鹦鹉螺（nautilus）进化成了菊石（ammonite），也不能说明为何菊石没有演变回鹦鹉螺，但却不能被驳倒，盖因唯物论者总可诉诸关于生物现象的理化规律尚未充分为人所知的事实，而且无论如何，总可以假定存在人们并不知晓的物理定律。巴恩斯主教（Bishop Barnes）可以接受进化论、拒绝创世记（Genesis），并认为进化论是上帝的造物方式，上帝在造物之前就将所需的物理定律创设完毕了。对巴恩斯主教而言，发现科学定律就是发现上帝是如何工作的。同样，巴恩斯主教也是不能被驳倒的；任何观测证据均可用巴恩斯主教的观点进行解释。巴恩斯主教及唯物论者的观点都能在科学上站住脚；相信哪种观点显然取决于个人信仰而非观测证据。虽然查斯特顿（G.K.Chesterton）反对这种观点，但许多人在唯物论那里找到了某种感觉上的满足。宗教与科学的对立仅当宗教不成其为宗教而变成蹩脚科学时（bad science），才会发生。事实上，宗教与科学无关。这很值得庆幸；例如，耶稣会地震协会和苏联均可获得客观的地震观测数据。对区分自由意志和决定论作区分也是个形而上学问题。决定论者总可以说“我做何事都有定数；所以别无选择；一切都是命运!”《一千零一夜》可用作考察决定论的例子。

8.8 本书未证明归纳推理,并认为这种证明既无必要也无可能;本书所作的乃是为保证一致性(consistency)提供规则。任何预测都绝不能以“某事物必然会发生”这种形式出现,充其量它只能以“某事物很可能发生是有道理的”这种形式出现。这可能令人沮丧,但却是我们所能依靠的最后手段。“某事物必然会发生”这种虚妄宣称属于全然肯定的演绎推理;而“某事物很可能发生是有道理的”这种宣称,则可以通过无矛盾的逐步推演加以获得。在这个意义上说,我们能为概率论应用之正当性提供说明,就已经足够了。

附录 1　几个数学定理的证明

为了不中断本书有关正文的论述主线，我们将几个纯数学定理的证明放在这里。*MMP* 指我夫人和我合著的 *Methods of Mathematical Physics*（《数学物理方法》），第三版。

A.1.若一正数集合 a_r 有下述性质，即它的每个有限（子）集的和都小于一常数 M，则该集合为有限集或可数集。证明如下，取一列趋于 0 的正数 $e_1, e_2, \cdots$（令 $e_n = 2^{-n}$ 即可办到）。对正数集合 a_r 而言，不可能在 $a_r > e_1$ 时有比 M/e_1 还大的正数，如若不然，这样的比 M/e_1 大的正数之和将超过 M。同样，也不存在 $e_1 \geqslant a_r > e_2$ 时，比 M/e_2 还大的正数，依此类推。因而（由于每个 a_r 都大于某些 e_n）可在有限步内达到每个 a_r。若存在这样的 n，它使全部 a_r 都大于 e_n，则该集合即为一有限集；如若不然，a_r 定可按某种顺序进行排列，因此该集合必为一可数集。

A.2.若在可数点集 x_r 上有 $F_n(x_r) < M$，则可以选出在每个 x_r 都收敛的 $\{F_n\}$ 的一个子序列。其证明为，取一列趋于 0 的正数 $e_1, e_2, \cdots$，并对 x_r 作简单排序而有 $x_1, x_2, \cdots$。于是，$F_n(x_1)$ 为一有界无限集且有极限 $F(x_1)$。因此，存在序列 $\{F_{n1}(x_1)\}$ 使 $F_{n1}(x_1) \to F(x_1)$。类似地，可再从中挑选一子序列 $\{F_{n2}\}$ 使 $F_{n2}(x_2)$ 在此序列内有极限，依此类推。继续这种手续，对于每一个 x_r，都存在关于前一个子序列的子序列，这些子序列于 $x_1, x_2, \cdots, x_r$ 有极限。取 $\{F_{n1}\}$ 的一个成员 F_{m1}，$n_2 > m_1$，再取 $\{F_{n2}\}$ 的一个成员 F_{m2}，$m_k \to \infty$；于是，$F_{m1}(x), F_{m2}(x), \cdots, F_{mr}(x), \cdots$ 即为在每个 x_r 趋于极限 $F(x_r)$ 的序列。

A.21.令 x_r 为区间 (a, b) 上处处稠密的一可数集（如 $(0,1)$ 区间上的有理数集）。设 F_n 满足条件

$$|F_n(x_2) - F_n(x_1)| < \delta(x_2 - x_1)$$

其中，$x_2 - x_1 \to 0$ 时，$d(x_2 - x_1) \to 0$（关于 x_1 及 n 具一致收敛性）。因此，

对任一 w，区间(a,b)皆可分成有限一组小区间，使对这种同一小区间内的 x_1,x_2，有$|F_n(x_2)-F_n(x_1)|<w$，与 n 无关。在每个这种同一小区间内各取一点 x_p。于是，可取$\{F_n{}'(x)\}$的子序列 $F(x_p)$以及 m_r，使得

$$|F_{n'}(x_p)-F(x_p)|<\omega$$

对全部 $n'\geqslant m_r$ 及全部 x_p 成立。这样，对与 x_p 在同一区间的 x 而言，

$$|F_{n'}(x)-F_{m_r}(x)|\leqslant|F_{n'}(x)-F_{n'}(x_p)|+|F_{m_r}(x)-F_{m_r}(x_p)|+|F_{n'}(x_p)-F_{m_r}(x_p)|\leqslant 3\omega;$$

由 w 的任意性知，$F_{n'}(x)$一致收敛于函数 $F(x)$，因而它还是一连续函数[①]。

A.22.令 $F_n(x)$为一有界非降但不一定连续的函数；而包含 x 的区间可以是无穷。在该区间内取一处处稠密的可数集 x_r（如有理数集）。于是，就有 F_n 的一收敛子序列，对于全部 x_r 它将收敛于 $F(x)$。$F(x_r)$是有界函数，且若 $x_r>x_s$，则有 $F(x_r)\geqslant F(x_s)$。若 x 不是某个 x_r，可以定义 $F(x+)$及 $F(x-)$，作为 $x_r\to x$ 时 $F(x_r)$的上极限和下极限；且有 $F(x+)\geqslant F(x-)$。若这两个上、下极限相等，则 $F(x)$在 x 连续。

设 x 为$F(x)$的连续点。存在任意接近 x 的 x_r；取 x_r,x_s，使 $x_r<x<x_s$，$0\leqslant F(x_s)-F(x_r)\leqslant w$，再取 m 使对在该子序列中的全部 $n\geqslant m$，有

$$|F_n(x_r)-F(x_r)|<\omega,|F_n(x_s)-F(x_s)|<\omega$$

从而

$$F_n(x_r)\leqslant F_n(x)\leqslant F_n(x_s),F_n(x_r)\geqslant F_n(x_s)-3\omega;$$
$$F_n(x)>F(x_r)-\omega;F_n(x)<F(x_s)+\omega<F(x_r)+2\omega$$

于是，对该子序列中全部的 $n,n'>m$，就有

$$|F_n(x)-F_{n'}(x)|\leqslant 6\omega$$

该子序列在 $F(x)$每一连续点都收敛。

无论 x_r,x_s 如何接近，该子序列的极限也会位于 $F(x_r)$及 $F(x_s)$之间，故这极限必为 $F(x)$。由 2.601 节知，对任何 e,d，总长度$\leqslant d$ 的一组有限

---

① 见 *C.Arzela*，*Rend.Bologna*，1882－3，pp.142－59；C.Ascoli，*Mem.Accad.Lincei*(3)18，1883，521－86(esp.546－9).A.21 介绍的引理在 Montel 证明复变函数的相关定理中也有应用。

区间可被去掉，而在未被去掉的区间中总可找到这样的 m，使 $|F_n(x)-F(x)|<e$ 对全部 $n\geqslant m$ 成立。

A.23.若$\{F_n(x)\}$收敛于 $F(x)$，则对每一 x_r 都有唯一一个极限点，且全部子序列也都收敛于同一个极限函数 $F(x)$。若$\{F_n(x)\}$不收敛，则至少存在一个 x_r 使$\{F_n(x_r)\}$不以 $F(x_r)$作为唯一极限，因此就可能构造另一个趋限的子序列使其以 $G(x)$为极限，而 $G(x)$(它有 A.22.所述的一些性质)不等于 $F(x)$。可以取 x_r 作为 $F(x)$的极限点；若 $G(x_r)\neq F(x_r)$，则必存在一区间，在此区间内至少于 x_r 的一侧有 $G(x)\neq F(x)$。

A.3.斯蒂尔吉斯积分(见 *MMP*，§1.10)。这是关于某一函数的积分，该函数本身可为离散函数。定义

$$I=\int_{x=a}^{b}f(x)\mathrm{d}g(x)$$

将积分区间 $a\leqslant x\leqslant b$ 进一步划分为形如(x_r,x_{r+1})的子区间，使 $x_0=a$，$x_n=b$，在区间 $x_r\leqslant x\leqslant x_{r+1}$ 内，取一点 x。于是，若

$$S=\sum_{r=0}^{n-1}f(\xi_r)\{g(x_{r+1})-g(x)\}$$

当分点无限增多而最大小区间长度 $x_{r+1}-x_r$ 趋于0时有唯一极限，则该极限即为斯蒂尔吉斯积分，用 I 表示。

因为 $g(x)$不必是 x 的单调函数，所以将积分区间写成由 a 到 b 会带来混淆(这种情况经常出现)。对黎曼积分而言，x 在整个积分区间都是递增的。

当 $a\leqslant x\leqslant b$ 时若 $g(x)$为有界非降函数，且 $f(x)$亦有界，则斯蒂尔吉斯积分存在的充分必要条件是，对于任意的 e，d，区间(a,b)可分成这样的一组有限子区间，在这组区间内 $f(x)$的跃度(the leap)大于 w，而 $g(x)$的总变差小于 d。一个充分条件为 f，g 二者中有一个必须是连续函数，另一个是有界函数。一个必要条件则是 f，g 在 x 的某些点上二者不能同为不连续函数(见 *MMP*，§1.10)。

若 $g(x)$为非降有界函数，斯蒂尔吉斯积分就可变为黎曼积分。在这些条件下任何不连续的 $g(x)$均为简单函数(见 *MMP*，§1.093)。在 $g(x)$的连续点处，可取 $y=g(x)$，$ky=f(x)$。若 c 为一不连续点且 $g(c-)<y<g(c+)$，则取 $ky=f(c)$，它有确定数值，因为 $f(x)$在 c 连续。于是

$$\int_{x=a}^{b} f(x)\mathrm{d}g(x)\int_{g(a)}^{g(b)} k(y)\mathrm{d}y$$

A.31.积分的换序。二重斯蒂尔吉斯积分是可以定义的，但我们主要考虑形如下式的积分

$$\int_{T1}^{T2}\int_{x=a}^{b} f(x,t)\mathrm{d}t\mathrm{d}g(x)$$

在本书的有关应用中 g 为一非降函数，因而上述积分可用形如

$$\int_{T1}^{T2}\int_{g(a)}^{g(b)} k(y,t)\mathrm{d}t\mathrm{d}y$$

这样的二重黎曼积分代替。该二重黎曼积分存在的充分必要条件是，$k(y,t)$应该有界且对任意的 e,d，相应于 $k(y,t)\geqslant e$ 跃度的那些点，可被包含在有限一组其加总面积小于 d 的矩形之内（见 *MMP*，§5.05）。一条可校正曲线（a rectifiable curve）可被包含在内；而有限一组可校正曲线上的不连续点不会影响黎曼积分的存在。

此处的主要定理为若二重黎曼积分存在，则下述两个（二次）积分

$$\int_{T1}^{T2}\mathrm{d}t\int_{g(a)}^{g(b)} k(y,t)\mathrm{d}y,\quad \int_{g(a)}^{g(b)}\mathrm{d}y\int_{T1}^{T2} k(y,t)\mathrm{d}t$$

均存在，且都等于相应的二重黎曼积分，因而这两个（二次）积分也相等。虽然对某些 t 值而言，上述第一个二次积分关于 y 的积分可能不存在；类似地，对某些 y 值而言，第二个二次积分关于 t 的积分也可能不存在，但二重黎曼积分依然可表为两个二次积分，只要对于这样的 t 值（或 y 值），将此二重黎曼积分用相应的黎曼上和（或下和）代替即可（见 *MMP*，§5.051）。

一种曾经广为流传的观点认为，积分的这种换序只能用勒贝格积分术语予以表述，这是不对的。

A.41.阿贝尔引理。令 $h\leqslant\int_{a}^{x} f(x)dx\leqslant H, a\leqslant x\leqslant b$；再令 $v(x)\geqslant 0$，它是一非降有界函数。于是，

$$hv(a) \leqslant \int_a^b f(x)v(x)\mathrm{d}x \leqslant Hv(a)$$

在这里所述条件下,b 可为无穷大。记

$$\int_0^x f(x)\mathrm{d}x = F(x)$$

则有

$$I = \int_a^b f(x)v(x)\mathrm{d}x = \int_{x=a}^b v(x)\mathrm{d}F(x) = [v(x)F(x)]_a^b - \int_{x=a}^b F(x)\mathrm{d}v(x)$$

上式最后那个积分将为斯蒂尔吉斯积分,若 $v(x)$ 有不连续点。当 x 递增时,在(求解)各阶段都将有 $v(x) \geqslant 0$。所以,上式最后一个表达式(即 $[v(x)F(x)]_a^b - \int_{x=1}^b F(x)\mathrm{d}v(x)$)将为非降函数,若其中的 $F(x)$ 处处被其上界替换;或为非增函数,若其中的 $F(x)$ 处处被其下界替换。而 $F(0)=0$。因此

$$hv(b) - h\int \mathrm{d}v \leqslant I \leqslant Hv(b) - H\int \mathrm{d}v$$

因而阿贝尔引理成立。

A.42.沃森引理。令

$$I(a) = \int_0^Z \mathrm{e}^{-az} z^m f(z)\mathrm{d}z,$$

其中,当 $|z| < R$ 时有 $f(z) = \sum_{n=0}^{\infty} a_r z^r$,$a_0 \neq 0$;积分沿正实轴进行,而关于 a 的一些值如 $a = a$ 该积分存在。Z 可能比 R 大,也可能为无穷大。a 为很大的正数。于是,对于每个 n

$$a^{m+n}\left\{I(a) - \sum_0^{n-1} \frac{a_r(m+r)!}{a^{m+r+1}}\right\} \to 0 \quad a \to \infty$$

当 $a = \alpha$, $m > -1$ 时,这积分存在,而对于 $0 \leqslant X \leqslant Z$,积分 $\int_0^X \mathrm{e}^{-\alpha z} z^m f(z)\mathrm{d}z$ 有界。

类似地,对于 $z\leqslant A<R$,有

$$f(z)-\sum_{0}^{n-1}a^{r}z^{r}=R_{n}(z), \tag{1}$$

并且

$$|R_{n}(z)|<Mz^{n}, \tag{2}$$

其中的 M 为常数。因而

$$I(a)=\int_{0}^{A}\mathrm{e}^{-az}z^{m}\sum_{0}^{n-1}a_{r}z^{r}\,\mathrm{d}z+\int_{0}^{A}\mathrm{e}^{-az}z^{m}R_{n}(z)+\int_{A}^{Z}\mathrm{e}^{-az}z^{m}f(z)\,\mathrm{d}z, \tag{3}$$

当 $Z<R$ 时,可取 $A=Z$,从而上式右端最后那个积分为 0。

首先我们注意到,对于 $x\geqslant 0$,有

$$1+x\leqslant \mathrm{e}^{x}; \tag{4}$$

对于 $z>A$,若 $m+r\geqslant 0$,有

$$\left(\frac{z}{A}\right)^{m+r}=\left(1+\frac{z-A}{A}\right)^{m+r}\leqslant\exp\left\{(m+r)\frac{z-A}{A}\right\}, \tag{5}$$

而若 $m+r<0$($m<0$,$r=0$ 时即可发生这种情况),则有 $(z/A)^{m+r}\leqslant 1$。于是

$$\int_{A}^{\infty}\mathrm{e}^{-az}z^{m+r}\,\mathrm{d}z<A^{m+r}\int_{A}^{\infty}\exp\left\{-az+(m+r)\,\frac{z-A}{A}\right\}\mathrm{d}z=\frac{A^{m+r}\exp(-aA)}{a-(m+r)/A} \tag{6}$$

(其中,$(m+r)/A$ 当 $m+r\leqslant 0$ 时不出现),而

$$\int_{0}^{A}\mathrm{e}^{-az}z^{m+r}\,\mathrm{d}z=\int_{0}^{\infty}\mathrm{e}^{-az}z^{m+r}\,\mathrm{d}z-\int_{A}^{\infty}\mathrm{e}^{-az}z^{m+r}\,\mathrm{d}z$$
$$=\frac{(m+r)!}{a^{m+r+1}}-o(\mathrm{e}^{-aA}), \tag{7}$$

当 a 很大时。因而,做为有限项和的(3)式右端第一个积分,就等于

$$I_{1}=\sum_{0}^{n-1}\frac{(m+r)!}{a^{m+r+1}}a_{r}-o(\mathrm{e}^{-aA}) \tag{8}$$

(3)式右端第二个积分满足

$$|I_2| < \int_0^A e^{-az} z^m M z^n \, dz < M \frac{(m+n)!}{a^{m+n+1}} \tag{9}$$

若 $A \leqslant z \leqslant Z$，则取

$$\left| \int_A^Z e^{-\alpha z} z^m f(z) dz \right| < N \tag{10}$$

从而使 $e^{-(a-\alpha)z}$ 为递减的正数，而根据阿贝尔引理，(3)式右端第三个积分满足

$$|I_3| < N e^{-(a-\alpha)A} \tag{11}$$

所以

$$I(a) = \sum_0^{n-1} \frac{a_r (m+r)!}{a^{m+r+1}} + \theta \frac{M(m+n)!}{a^{m+n+1}} + O(e^{-aA}) \tag{12}$$

其中，$|\theta| < 1$；沃森引理成立。

由渐近展开表示式知

$$I(a) \sim \sum \frac{a_r (m+r)!}{a^{m+r+1}} \tag{13}$$

注意到对于有限的 R，该级数并不收敛。该渐近展开表示式的有效性依赖下述事实，即当 a 充分大时，任何这种部分有限项的和均可给出关于结果的良好近似。

还应注意到沃森引理的条件也是有意义的(亦即，它所定义的积分存在且 $f(z)$ 在 $z=0$ 的近旁有收敛的展式)，这足以保证该引理的真实性。大多数纯数学定理都须依赖一些附加条件，这些条件不一定能得到满足，因此，这些定理的结论虽然可以理解但却是虚伪的，不过沃森引理是个例外。沃森引理也可用于复积分及复数 a，但需要追加条件(见 *MMP*，§ 17.04)。该引理是最速下降法(method of steepest descents)这一重要方法的基础。

对于本书而言，最重要的情形是 $m = -\frac{1}{2}$。我们有

$$\int_0^A e^{-az} z^{-1/2} (a_0 + a_1 z + \cdots) dz \sim \frac{a_0}{a^{1/2}} \left(-\frac{1}{2}\right)! + \frac{a_1}{a^{3/2}} \left(\frac{1}{2}\right)! + \cdots$$

$$= \sqrt{\pi} \left(\frac{a_0}{a^{1/2}} + \frac{1}{2} \frac{a_1}{a^{3/2}} + \frac{1}{2} \frac{3}{2} \frac{a_2}{a^{5/2}} + \cdots \right), \tag{14}$$

对于 $A,B>0$,有

$$\int_{-B}^{A} e^{-az^2/2}(a_0+a_1z+\cdots)dz$$

$$=\int_{0}^{\frac{1}{2}A^2} e^{-a\zeta}\zeta^{-1/2}\{a_0+a_1\sqrt{2\zeta}+a_2\cdot 2\zeta+\cdots\}dz$$

$$+\int_{0}^{\frac{1}{2}B^2} e^{-a\zeta}\zeta^{-1/2}\{a_0-a_1\sqrt{2\zeta}+a_2\cdot 2\zeta-\cdots+\}dz$$

$$\sim\sqrt{\frac{2\pi}{a}}\left(a_0+\frac{a_2}{a}+\frac{1\cdot 3}{a^2}a_4+\cdots\right) \tag{15}$$

由此得到的结果通常相当准确。例如,阶乘函数由下式

$$a!=\int_{0}^{\infty} e^{-u}u^a du, \tag{16}$$

表示,对于大 a,由(15)式给出的首项的近似值为

$$(2\pi a)^{1/2}(a/e)^a \tag{17}$$

取 $a=1$,由(17)式得到的结果与精确值吻合很好,相差仅不到 0.08,这结果在"1 是大数"假设下是很令人满意的((15)式首项之后诸项可用其他更方便的算法得到,它们与精确值的差可不超过 0.001)。

附录 2　*K* 值表

我们业已定义

$$K=\frac{P(q\mid\theta H)}{P(q'\mid\theta H)}$$

其中，q 为原假设，q'为备择假设，H 为有关的先期知识，q 为样本观测值信息。我们视给定 H 时，q 及 q'发生的可能性相同为具有普遍意义的一种情形。在我们所讨论的绝大多数问题中，若观测值的数目很多，我们均采用渐近逼近的方法来求出 K 值，没有必要求出精确无误的 K 值。其重要性在于，若 $K>1$，原假设即得到观测数据的支持；而若 K 远远小于 1，原假设即遭到拒绝。但 K 并不是一个物理量，它的作用只在于为观测数据对原假设的支持力度划分等级。原假设成立的优比是 1 比 10 或 1 比 100 没什么差别，实际进行显著性检验时，原假设成立的优比（odds）是 1 比 10^4 或 10^5，根本不存在任何差别。任何假设，只要它得到观测数据的强力支持，都将被视为一个可以采用的命题，直至出现新的不利证据为止。本附录将给出对应 $K=1,10^{-1/2},10^{-1},10^{-3/2},10^{-2}$ 的 c^2，t 及 z 的数表。$K=10^{-2}$将被视为无条件拒绝（有关）原假设的极限值。$K=10^{-1/2}$代表（有关）原假设成立的优比约为 1 比 3，因而也几乎不必再提出一个新的原假设。只有在 $K=10^{-1}$或更小时，我们才对提出另一个新的（原）假设抱有信心。K 值关于原假设成立时的支持力度所划分的等级如下：

等级 0　$K>1$。原假设得到支持。

等级 1　$1>K>10^{-1/2}$。出现了一些不利于原假设的证据，稍作提及即可。

等级 2　$10^{-1/2}>K>10^{-1}$。出现了不少不利于原假设的证据。

等级 3　$10^{-1}>K>10^{-3/2}$。出现了许多不利于原假设的证据。

等级 4　$10^{-3/2}>K>10^{-2}$。出现了极多不利于原假设的证据。

等级 5　$10^{-2}>K$。出现了不利于原假设的确证。

任何显著性检验都至少依赖两个变量，即观测值数目及所需检验的参数(通常为该参数与其估计标准误的比)。因此,K 值表表值至少由两个参数才能决定。本附录中的这些 K 值表都是关于不超过两个参数的显著性检验的,而表值的计算大多数基于有关的渐近公式,小样本观测值则利用相应的精确公式单独计算。考虑百分之几的精度就足够了,因为即使 K 值有些差错也不影响利用它作判断(K 值始终不会超过 3)。

由这几张表可清楚看到,如何对一组给定观测值进行简化而保证所得相应 χ^2,t^2 及 z 值符合精度要求的各种情况。给定自由度 n 时所相应的相邻 χ^2 及 t^2 值,其精度至少相差 10%,通常是 20%或更多。若所得 χ^2 或 t^2 值可达 5%或 10%(精度),则在实际的显著性检验中,这意味着所检验的参数在其约 5%估计标准误的范围内是正确的。因此,作为一个普遍规则,我们一般要求将实际检验中所涉及的有关标准差保留两位(有效)数字。保留更多(有效)数字只会增加计算难度而无任何实际用处;而若只保留一位这种(有效)数字,K 值关于原假设成立的支持力度等级就有可能被估错两个等级。例如,设从 200 个观测值中得到某一(参数之)估计为 4 ± 2,我们用表Ⅲ对其显著性进行检验。这将意味着下述各种可能:

	t^2	*Grade*
$4.5\pm1.5$①	9.00	2
3.5 ± 2.5	1.96	0
4.0 ± 2.0	4.00	0

类似地,从 200 个观测值得到另一(参数之)估计为 5 ± 2,如用表Ⅲ对其显著性进行检验则可意味着下述各种可能:

	t^2	*Grade*
4.5 ± 2.5	3.24	0
5.0 ± 2.0	6.25	1
4.5 ± 1.5	9.00	2
5.0 ± 1.5	11.1	3
5.5 ± 1.5	13.4	4

由此观之,通常对标准差只提供一位数字的做法肯定要遭到批评,但提

---

① 原文误为 4.5+2.5——译注。

供多于两位数字的优越性也并不明显。同样，对 K 作不超过 2 的较小校正也可以不计，因为在任何情况下依赖这些较小校正的决策都是大可怀疑的。

注意到表Ⅰ中当样本容量很小时，$K=1$ 比（在此样本容量下算出的相应样本标准差）大不了多少。这一点相当反常，但在考虑样本容量是 5 或 6 而利用 K 去判断两随机变量出现概率是否相等时，这一点就变得不那么反常了。

x	y	c^2	K
5	0	5.0	3/16
4	1	1.8	15/16
3	2	0.2	15/8

x	y	c^2	K
6	0	6.0	7/64
5	1	2.7	21/32
4	2	0.7	105/64
3	3	0.0	35/16

为了进行比较，K 的准确值也已给出。对样本容量等于 5 的一个样本而言，χ^2 的临界值比 1.8 略小；这意味着我们得到了一个 4 比 1 的样本（变量 x 的值有 4 个，变量 y 的值有 1 个）。对样本容量等于 6 的样本而言，χ^2 的临界值大致介于 4 比 2 与 5 比 1 的两样本之间，约等于 1.7。不过应予注意，$K=0.1$ 所相应的小样本在上表中是不会出现的。关于这些小 χ^2 临界值的解释并不是根据它们可以断定显著性——事实上，系统偏离这些临界值的概率充其量只有 1/2。这些小 χ^2 临界值的真实意味是，K 值的计算公式中的常数因子很小，而和原假设成立时对应的该常数值不会超过 2 比 1（近似值）。因此，要使 K 减少到 1，必须 χ^2 的临界值要很小。所以，适当的结论就是若观测数据为频数，则小样本在任何情况下都几乎不能为我们提供新信息。

对于给定的 K，表Ⅰ及表Ⅱ所列 χ^2 值随 n 的增加而稳定地变大。在表Ⅰ的开头几行中，相应 $K=10^{-1}, 10^{-3/2}, 10^{-2}$ 的 χ^2 值虽然被计算了出来并以斜体表示，但在实际抽样未问题中这样的数值是不可能遇到的。只是对一个样本容量等于 10 的同质样本，K 才首次达到 0.01。

在表Ⅲ及表Ⅳ中，对于给定的 K，一开始 t^2 的值先随 n 的增加而变小，进而再达到最小，然后它便像表Ⅰ及表Ⅱ所列的 χ^2 值，随 n 的增加而缓慢地变大。这种差别的出现自然是缘于允许样本标准差（存在）不确定性，一如相应的估计问题那样。与等于 1 的 K 值相比，小于 1 的 K 值更具重要性。

表Ⅴ用于检验（某）样本标准差是否和设定值相一致。由于 K 并非 z

的偶函数,所以有必要分别提供 z 的正、负表列值。实际上,在表Ⅴ的(参数)取值范围内,K 很接近于 $z/(1-z/3)$ 的偶函数。$n=4$ 时,渐近函数和精确函数所得 z 值有很好的吻合。

将这些结果和按通常显著性检验的 P 值法(即尾部面积)所得结论进行比较,很令人感兴趣。通常,用表Ⅰ及表Ⅱ来处理问题,实质是在 χ^2 的某些临界值处画线,用以表示在原假设下这些 χ^2 值被超过的可能性只有5%或1%。因此,在5%或1%这两种可能性下,相应于备择假设成立的 χ^2 临界值(引入一个新参数)分别为3.8及6.6;相应于引入两个新参数的 χ^2 临界值分别为6.0及9.2。在表Ⅰ中,若 $K=1$,则直至 $n=70$ 之前,χ^2 值(=3.8)尚未被超过,而只有在 $n>1000$ 时,χ^2 值(=6.6)才会被超过。若 $K=10^{-1/2}$,则当n=5或6时,χ^2 值(=3.8)不会被超过,而当 n 至少大于130时,χ^2 值(=6.6)才会被超过。

类似地(在5%或1%这两种可能性下),在表Ⅱ中,若 $K=1$,则直至 $n=30$ 之前,相应于引入两个新参数的 χ^2 值(=6.0)尚未被超过,而只有在 $n=500$ 时,χ^2 值(=9.2)才会被超过。$K=10^{-1/2}$ 时,χ^2 值永远不会小于6.0,当 $n>40$ 时,χ^2 值(=9.2)将被超过。

在原假设成立的条件下,t 值被超过的可能性为5%或1%的数表,可从费舍的书中得到,注意费舍表中的 n 相当于表Ⅲ中的n。相应(其被超过的可能性为5%的)t^2 值自7.8($n=4$)降至3.8(n 很大时);直至n=50之前,t^2 值都介于 $K=1$ 及 $K=10^{-1/2}$ 所对应的 t^2 值之近似值之间,而对更大的 $n(>50)$,t^2 值将低于 $K=1$ 所对应的 t^2 值之近似值。相应其被超过的可能性为1%的 t^2 值,在n=200之前,将介于 $K=1$ 及 $K=10^{-1/2}$ 所对应的 t^2 值之近似值之间,对更大的 $n(>1000)$,t^2 值将低于 $K=1$ 所对应的 t^2 值之近似值。

在原假设成立的条件下,z 值被超过的可能性为5%的表列 z 值(表Ⅴ),与 $K=1$ 所对应的 z 值之近似值(无论正负)都非常接近(表Ⅴ中的负 z 值相当于费舍表的 n_1 为无穷大时的 $-z$)。$K=10^{-1/2}$ 对应的 z 值,与 z 值被超过的可能性为1%表列 z 值的近似值吻合良好,而 $K=10^{-1}$ 对应的 z 值,则与 z 值被超过的可能性为0.1%表列 z 值的近似值吻合良好。

从原则上说,我的检验方法和基于 P 值的检验方法存在差别,相应于大 n 的 P 值检验所用数表也略去了,这主要是由于根据大样本来检验(与导致 q 成立时的相应参数存在些微差别的另一参数之)显著性时,我们常要对有关的临界值进行选择,而这也是允许的;虽然如此,但从实用的角度来看，这两种检验方法的差别并不是很大。P 值检验方法的使用者若谈及“在原假设下（有关检验用临界值）被超过的可能性为 5%”，则其含义和我使用 $K=10^{-1/2}$（查阅相应数表）所得结论大致相同；同样，他们关于“在原假设下（有关检验用临界值）被超过的可能性为 1%”的论断，也和我使用 $K=10^{-1}$（查阅相应数表）所得结论大致相同；对于样本量适中的检验，两种检验所得结论差别也不大。但对于大样本而言，两种检验所得结论是存在差别的，因为基于 P 值（尾部面积）的检验，有时会在原假设成立（$K>1$）时断言（与导致 q 成立的相应参数所不同的）另一参数具有显著性。因此，在这种场合两种检验方法所得结论即可产生矛盾。不过，这种情形非常罕见。我们不妨回忆，$P=0.01$ 意味着若 q 成立，则（与它成立时所相应的参数存在差别的）另一参数具有显著性的概率仅为 1%。因而我们可以应用贝努利定理断言，若我们断定 $P<0.01$ 时，（与 q 成立所相应的参数有所不同的另一参数）具有显著性，则从长远看当 q 确实成立时，在 1% 的（显著性）水平上，我们将作出错误判断。根据我的理论，将显著性水平的标准取得比 1% 更小些时（farther out），即可减少误判的发生；当 $K=1$ 时若显著性水平的标准取得比 1% 小，则错误拒绝 q 的风险就会降低，其代价为提高了忽略（与导致 q 成立时的相应参数确实存在些微差别的）另一参数的风险。不过，因采用 1% 的 P 值而得到的误判概率是如此之小，以致将它进一步降低后对最终结果的影响也微乎其微。由于这两种显著性水平下（相应）临界值出现差别的可能性很小，所以在进行检验时这种差别实际不会产生。这就是说，虽然在理论上 P 值检验法在样本容量很大的条件下，有时会断言 q'，而我的方法则断言 q，但这种情形是非常罕见的。

这种差别实际也相当常见，周知，当观测值很多时，人们关于（导致 q' 成立所相应的）新参数的估计，两倍（甚至四倍）于其标准差的情形，比假设 q 成立时人们对该参数的预期值更为常见，但若换作另一批类似数据，则这种情形通常不会坚持不变。不过，这种对比人为的痕迹明显，因为这些差别既不对应于（由本附录数表相应的检验所涉及的）q，也不对应于 q'；它们只代表观测误差或非独立机遇的内部相关性，而我们尚未达到建立关于这种理论的、受到观测数据支持的假设的境地，除非这种假设已被建立起来且得到我们的深入考虑。但这却使得到了一个断言某假设是否值得进一步研究的实用规则，即若由某估计量给出 $K>1$ 且 $P<0.01$，我们就应该怀疑是否存在内部相关性并进行检验，因为在关于观测误差独立的假设下，这种结果

是不能接受的。使用 P 值本身就内含一种危险，即由独立性缺失造成的观测值间的差别(discrepancies)会被解释成系统误差。

表 I　由 $K=\left(\frac{2n}{\pi}\right)^{1/2}\exp\left(-\frac{1}{2}\chi^2\right)$ 计算的 χ^2 值

n	K				
	1	$10^{-1/2}$	10^{-1}	$10^{-3/2}$	10^{-2}
5	1.2	3.5	5.8	8.1	10.4
6	1.3	3.6	6.0	8.2	10.6
7	1.5	3.8	6.1	8.4	10.7
8	1.6	3.9	6.2	8.5	10.8
9	1.7	4.0	6.3	8.6	10.9
10	1.8	4.2	6.5	8.8	11.1
11	2.0	4.2	6.6	8.9	11.2
12	2.0	4.3	6.6	8.9	11.2
13	2.1	4.4	6.7	9.0	11.3
14	2.2	4.5	6.8	9.1	11.4
15	2.3	4.6	6.9	9.2	11.5
16	2.3	4.6	6.9	9.2	11.5
17	2.4	4.7	7.0	9.3	11.6
18	2.4	4.7	7.0	9.4	11.6
19	2.5	4.8	7.1	9.4	11.7
20	2.5	4.8	7.2	9.4	11.8
30	3.0	5.2	7.6	9.9	12.2
40	3.2	5.5	7.8	10.2	12.4
50	3.5	5.8	8.1	10.4	12.7
60	3.6	5.9	8.2	10.6	12.8
70	3.8	6.1	8.4	10.7	13.0
80	3.9	6.2	8.5	10.8	13.1
90	4.0	6.4	8.7	11.0	13.3
100	4.2	6.4	8.8	11.1	13.4
200	4.8	7.2	9.5	11.8	14.1
500	5.8	8.1	10.4	12.7	15.0
1000	6.5	8.8	11.1	13.4	15.7
2000	7.2	9.4	11.8	14.1	16.4
5000	8.1	10.4	12.7	15.0	17.3
10000	8.8	11.1	13.4	15.7	18.0
20000	9.4	11.8	14.1	16.4	18.7
50000	10.4	12.7	15.0	17.3	19.6
100000	11.1	13.4	15.7	18.0	20.3

表Ⅱ　由 $K=\frac{1}{2}\pi n^{1/2}\chi\exp(-\frac{1}{2}\chi^2)$ 计算的 χ^2 值

n	K				
	1	$10^{-1/2}$	10^{-1}	$10^{-3/2}$	10^{-2}
7	4.3	7.1			
8	4.5	7.3			
9	4.6	7.4			
10	4.8	7.5			
11	4.9	7.6			
12	5.0	7.7	10.3		
13	5.1	7.8	10.4		
14	5.2	7.9	10.4		
15	5.3	8.0	10.5		
16	5.4	8.1	10.6		
17	5.4	8.2	10.7		
18	5.5	8.2	10.8		
19	5.6	8.2	10.8		
20	5.6	8.3	10.9	13.4	15.9
30	6.1	8.8	11.3	13.8	16.3
40	6.5	9.1	11.7	14.2	16.6
50	6.7	9.4	11.9	14.4	16.8
60	6.9	9.5	12.0	14.5	17.0
70	7.0	9.7	12.2	14.7	17.1
80	7.2	9.8	12.3	14.8	17.3
90	7.3	10.0	12.5	15.0	17.4
100	7.5	10.1	12.6	16.1	17.6
200	8.3	10.9	13.4	15.9	18.3
500	9.3	11.9	14.4	16.8	19.3
1000	10.1	12.6	15.1	17.6	20.0
2000	10.9	13.4	15.9	18.3	20.7
5000	11.9	14.4	16.8	19.3	21.7
10000	12.6	15.1	17.6	20.0	22.4
20000	13.4	15.9	18.3	20.7	23.2
50000	14.4	16.8	19.3	21.7	24.1
100000	15.1	17.6	20.0	22.4	24.6

表Ⅲ　由 $K=\left(\frac{\pi\nu}{2}\right)^{1/2}\left((1+\frac{t^2}{\nu}\right)^{-\frac{\nu}{2}+\frac{1}{2}}$ 计算的 t^2 值

ν	K				
	1	$10^{-1/2}$	10^{-1}	$10^{-3/2}$	10^{-2}
5	3.4	9.9			
6	3.4	8.9	17.6		
7	3.4	8.3	15.5		
8	3.5	8.0	14.2		
9	3.5	7.7	13.3		
10	3.6	7.5	12.7	19.3	27.8
11	3.6	7.4	12.2	18.2	25.7
12	3.7	7.3	11.8	17.4	24.2
13	3.7	7.3	11.5	16.7	23.0
14	3.8	7.2	11.3	16.2	22.1
15	3.8	7.2	11.1	15.8	21.3
16	3.8	7.1	11.0	15.4	20.7
17	3.9	7.1	10.8	15.1	20.1
18	3.9	7.1	10.7	14.9	19.7
19	3.9	7.1	10.6	14.7	19.3
20	4.0	7.1	10.6	14.5	18.9
50	4.7	7.3	10.0	12.9	16.0
100	5.2	7.7	10.3	12.8	15.5
200	5.9	8.3	10.7	13.1	15.6
500	6.7	9.1	11.4	13.8	16.2
1000	7.4	9.7	12.0	14.4	16.7
2000	8.1	10.4	12.7	15.0	17.3
5000	9.0	11.3	13.6	15.9	18.2
10000	9.7	12.0	14.3	16.6	18.9
20000	10.4	12.7	15.0	17.3	19.6
50000	11.3	13.6	15.9	18.2	20.5
100000	12.0	14.3	16.6	18.9	21.2

表Ⅲ$_A$ 由准确公式 5.2(33)计算的 t^2 值

ν	t=0	K=1	$10^{-1/2}$	10^{-1}	$10^{-3/2}$	10^{-2}
	K					
1	2.3	3.9	30.0	1.2×10^4	2×10^{12}	
2	2.7	3.6	22.0	102.0	10^3	10^4
3	3.0	3.4	12.8	39.0	120.0	70.0
4	3.3	3.4	10.6	26.8	52.0	118.0
5	3.5	3.5	9.2	19.4	37.0	66.0
6	3.8	3.5	8.5	16.0	29.0	50.0
7	4.0	3.5	8.1	15.0	24.2	38.0
8	4.2	3.6	7.9	13.6	20.6	31.0
9	4.3	3.8	7.7	13.1	19.5	29.0

表Ⅳ 由 $K=\frac{1}{2}\nu^{1/2}\pi t\left(\left(1+\frac{t^2}{\nu}\right)\right)^{-\frac{\nu}{2}}$ 计算的 t^2 值

ν	K				
	1	$10^{-1/2}$	10^{-1}	$10^{-3/2}$	10^{-2}
5	7.3	18.4			
6	7.0	15.9			
7	6.8	14.4			
8	6.7	13.1	22.5	35.0	52.2
9	6.7	12.8	20.8	31.3	45.3
10	6.7	12.3	19.4	28.4	40.0
11	6.7	12.0	18.5	26.5	36.7
12	6.7	11.7	17.7	25.0	34.0
13	6.7	11.5	17.2	24.0	32.2
14	6.7	11.3	16.7	23.1	30.6
15	6.7	11.1	16.3	22.3	29.3
16	6.7	11.0	16.9	21.6	28.1
17	6.8	10.9	15.6	21.0	27.2

续表

ν	K				
	1	$10^{-1/2}$	10^{-1}	$10^{-3/2}$	10^{-2}
18	6.8	10.8	15.3	20.5	26.5
19	6.8	10.7	15.1	20.2	25.9
20	6.8	10.7	15.0	19.9	25.3
50	7.3	10.4	13.6	16.9	20.3
100	7.9	10.8	13.6	16.4	19.3
200	8.5	11.2	13.9	16.5	19.2
500	9.4	12.0	14.6	17.2	19.7
1000	10.2	12.8	15.2	17.7	20.2
2000	10.9	13.4	15.9	18.3	20.8
5000	11.9	14.4	16.8	19.3	21.7
10000	12.7	15.1	17.6	20.0	22.4
20000	13.4	15.9	18.3	20.8	23.2
50000	14.4	16.9	19.3	21.7	24.1
100000	15.1	17.6	20.0	22.4	24.8

表IV_{A}　由准确公式6.21(42)计算的t^2值

ν	$t=0$	$K=1$	$10^{-1/2}$	10^{-1}	$10^{-3/2}$	10^{-2}
	K					
1	2.7	9.1	1 500.0	10^{10}		
2	3.0	6.8	48.0	380.0	3 300.0	32 000.0
3	3.3	6.5	24.5	79.0	251.0	790.0
4	3.5	6.2	18.2	43.6	100.0	216.0
5	3.8	6.1	15.7	33.6	70.0	138.0
6	4.0	6.0	13.9	26.6	49.0	85.0
7	4.2	5.9	12.8	22.2	36.0	55.0
8	4.3	5.9	12.3	20.7	32.6	49.1

表Ⅴ 由 5.43(11)及(12)式计算的 z 值

ν	$z=0$ K	$K=1$	$10^{-1/2}$	10^{-1}	$10^{-3/2}$	10^{-2}	$K=1$	$10^{-1/2}$	10^{-1}	$10^{-3/2}$	10^{-2}
1	1.8	+0.77	+1.04	+1.20	+1.31	+1.40	−1.40	−6.50			
2	2.2	+0.56	+0.76	+0.94	+1.04	+1.12	−1.13	−2.20	−3.20	−4.40	−5.50
3	2.5	+0.47	+0.70	+0.78	+0.86	+0.94	−0.99	−1.68	−2.30	−2.88	−3.46
4	2.8	+0.45	+0.62	+0.72	+0.82	+0.89	−0.70	−1.17	−1.60	−2.01	−2.42
5	3.1	+0.43	+0.57	+0.67	+0.75	+0.82	−0.65	−1.04	−1.38	−1.71	−2.03
6	3.4	+0.41	+0.54	+0.63	+0.70	+0.77	−0.61	−0.94	−1.21	−1.47	−1.72
7	3.6	+0.39	+0.51	+0.60	+0.65	+0.73	−0.57	−0.85	−1.08	−1.30	−1.51
8	3.9	+0.37	+0.49	+0.57	+0.63	+0.69	−0.52	−0.77	−0.98	−1.18	−1.36
9	4.1	+0.36	+0.46	+0.54	+0.60	+0.66	−0.49	−0.71	−0.90	−1.08	−1.25
10	4.2	+0.34	+0.44	+0.52	+0.58	+0.63	−0.47	−0.67	−0.85	−1.01	−1.18
12	4.6	+0.32	+0.42	+0.49	+0.54	+0.59	−0.43	−0.60	−0.75	−0.89	−1.02
14	4.9	+0.31	+0.39	+0.46	+0.51	+0.55	−0.40	−0.55	−0.68	−0.81	−0.92
16	5.2	+0.30	+0.37	+0.43	+0.48	+0.52	−0.38	−0.51	−0.63	−0.74	−0.85
18	5.5	+0.29	+0.36	+0.41	+0.46	+0.50	−0.36	−0.48	−0.59	−0.71	−0.78
20	5.8	+0.27	+0.34	+0.40	+0.44	+0.48	−0.34	−0.45	−0.55	−0.68	−0.73
50	9.0	+0.20	+0.24	+0.27	+0.30	+0.33	−0.22	−0.29	−0.34	−0.38	−0.43

附录3 调和分析与自相关

周期性分析

1.对于一有限区间$(0,T)$,若函数$f(t)$已给定,在通常条件下它可精确表成下述形式的傅立叶级数

$$f(t)=A_0+\sum_{s=1}^{\infty}\left(A_s\cos\frac{2\pi\, st}{T}+B_s\sin\frac{2\pi\, st}{T}\right), \tag{1}$$

其中

$$\left.\begin{aligned}&A_0=\frac{1}{T}\int_0^T f(t)\mathrm{d}t, A_s=\frac{2}{T}\int_0^T f(t)\cos\frac{2\pi st}{T}\mathrm{d}t\\&B_s=\frac{2}{T}\int_0^T f(t)\sin\frac{2\pi st}{T}\mathrm{d}t\end{aligned}\right\} \tag{2}$$

该傅立叶级数各项的周期为一组离散值集合$T,T/2,T/3,\cdots$。在实践中经常遇到的问题是,若$f(t)$的值可以观测到,则$f(t)$中可能包含的周期$2p/g$的含义为何是需要作出说明的。A_0,A_s,B_s等这些系数需要利用关于$f(t)$的积分才可求出,因此,对有连续记录的物理等现象应用傅立叶级数进行分析时,通常需要使用积分器。

设函数

$$f(t)=A\cos\gamma t+B\sin\gamma t \tag{3}$$

而事实上对该函数可以求出

$$
\left.
\begin{aligned}
A_0 &= \frac{1}{\gamma T}\{A\sin\gamma T + B(1-\cos\gamma T)\} \\
A_s &= A\left\{\frac{\sin(\lambda T - 2\pi s)}{\lambda T - 2\pi s}\right\} + \frac{\sin(\lambda T + 2\pi s)}{\lambda T + 2\pi s} + \\
&\quad + B\left\{\frac{1-\cos(\lambda T - 2\pi s)}{\lambda T - 2\pi s} + \frac{1-\cos(\lambda T + 2\pi s)}{\lambda T + 2\pi s}\right\} \\
B_s &= A\left\{-\frac{1-\cos(\lambda T - 2\pi s)}{\lambda T - 2\pi s} + \frac{1-\cos(\lambda T + 2\pi s)}{\lambda T + 2\pi s}\right\} + \\
&\quad + B\left\{\frac{\sin(\lambda T - 2\pi s)}{\lambda T - 2\pi s} - \frac{\sin(\lambda T + 2\pi s)}{\lambda T + 2\pi s}\right\}
\end{aligned}
\right\} \tag{4}
$$

在某些情况下，特别是在潮汐理论中，其周期已知，我们只需求出 A，B 即可。在其他情况下，如在探测有关自由周期的场合，我们就需将 g，A，B 全部求出。记录下的有关数据常由下述三方面原因而受到干扰(1)叠加周期的存在，(2)观测误差的不可避免，(3)噪声的出现。除非存在两个非常接近的周期，否则由(1)造成的干扰可基本上相互抵消掉。(2)及(3)的效果主要体现在对 A，B 等系数估计的随机干扰上。当噪声(如由连续无规运动所致)的平均周期(位于其峰值之间)接近研究对象的真实周期时，这种噪声带来的干扰最大。同样，只有在随机干扰的周期小于 T 时，傅立叶分析通常才可以采用。因此傅立叶级数展开式各项中的最大者，就是含 $2ps$(接近 gT)的那些项，特别地，当 $2ps < gT < 2p(s+1)$ 时，系数 A_s，B_s 将发生变号。

于是，关于 s 及 $s+1$ 的两对系数将给出求解 A，B，g(若需要此数)的四个方程。同样，若再取关于 $s-1$ 及 $s+2$ 两对系数，可以得到求解 3 个(或 2 个)未知数的八个方程，并采用最小二乘法根据 5 个(或 6 个)自由度对这些未知数进行估计。通常，将上面提到的那三种干扰视为相互独立且标准差相同的扰动是合理的。因为，(1)的影响很小，(2)满足相互独立且标准差相同的条件，而随机噪声则假定在其扰动周期内运行平稳。

关于 g 的方程不是线性方程，但这些方程的首次近似解可通过下述方法得到。含 $gT-2ps$ 及 $gT-2p(s+1)$ 的诸项为

$$\left.\begin{aligned}A_s&=\frac{2\sin\frac{1}{2}(\gamma T-2\pi s)}{\gamma T-2\pi s}K\\B_s&=\frac{2\sin\frac{1}{2}(\gamma T-2\pi s)}{\gamma T-2\pi s}L\\A_{s+1}&=\frac{2\sin\frac{1}{2}(\gamma T-2\pi s)}{\gamma T-2\pi(s+1)}K\\B_{s+1}&=\frac{2\sin\frac{1}{2}(\gamma T-2\pi s)}{\gamma T-2\pi(s+1)}L\end{aligned}\right\}\tag{5}$$

其中

$$K=A\cos\frac{1}{2}(\gamma T-2\pi s)+B\sin\frac{1}{2}(\gamma T-2\pi s)$$

$$L=-A\sin\frac{1}{2}(\gamma T-2\pi s)+B\cos\frac{1}{2}(\gamma T-2\pi s)\tag{6}$$

于是

$$\frac{A_{s+1}}{A_s}=\frac{B_{s+1}}{B_s}=\frac{\gamma T-2\pi s}{\gamma T-2\pi(s+1)}\tag{7}$$

自然地,基于上式较大比值的估计,效果会更好些。

通常,关于 g 的更小区间上的那些调和系数要被计算出来。但这样做没有什么用处,因为观测数据所含信息已被关于周期的系数作了表示(在这些周期内积分区间划分得更为细致);而包含 g 的小区间内的数值都是根据简单插值得到的,因此其误差高度相关。一般不太可能探测出介于相应前后连贯 s 值的两个周期的差别(此乃周知的分解本领问题),但若噪声水平非同寻常地小,从而使相应的条件方程给出很小的残差,则这种探测也是能办到的。

2.除可对有连续记录的物理等现象应用傅立叶级数进行分析外,我们还会得到一组这样的度量即 $f(r)$,$t=rl$, $l=2p/n$($r=0,1,2,\cdots,n-1$)。这些度量可用和式精确表示如下(见 *MMP*,pp.429－30)

$$f(r)=A_0+\sum_s(A_s\cos rs\lambda+B_s\sin rs\lambda)\tag{8}$$

其中

$$\left.\begin{aligned} A_0 &= \frac{1}{n}\sum_{r=0}^{n-1} f(r) \\ A_s &= \frac{2}{n}\sum_{r=0}^{n-1} f(r)\cos rs\lambda \\ B_s &= \frac{2}{n}\sum_{r=0}^{n-1} f(r)\sin rs\lambda \end{aligned}\right\} \tag{9}$$

若 n 为偶数，则有

$$A_{\frac{1}{2}n} = \frac{1}{n}\sum_{0}^{n-1} (-1)^r f(r) \tag{10}$$

而正弦和当 $s=\frac{1}{2}n$ 时等于 0。

上述的每一项都有周期 nl/s。若 $f(r)$ 由正态分布导出、进行独立测量且有相同标准差 s，而各项的均方差也有相同标准差；亦即，A_0 的标准差为 s，A_s 及 B_s 的标准差为 $\sigma\sqrt{2}$；这些表示不确定性的度量也相互独立。

设 $f(r)$ 含有如下的一项

$$A\cos pr\lambda + B\sin pr\lambda \tag{11}$$

未来我们可将分析延拓至非取整的 r，但无论何种情形，p 都不是整数。在估计(11)式系数时发现，对接近于 s 的 p 而言，

$$\left.\begin{aligned} nA_s\sin\frac{1}{2}(p-s)\lambda &= \frac{1}{2}AX(p-s)+\frac{1}{2}BY(p-s) \\ nB_s\sin\frac{1}{2}(p-s)\lambda &= -\frac{1}{2}AY(p-s)+\frac{1}{2}BX(p-s) \\ X(p-s) &= \sin\frac{1}{2}(p-s)\lambda+\sin\frac{1}{2}(2n-1)(p-s)\lambda \\ Y(p-s) &= \cos\frac{1}{2}(p-s)\lambda-\cos\frac{1}{2}(2n-1)(p-s)\lambda \end{aligned}\right\} \tag{12}$$

对这些方程而言，分母 $\sin\frac{1}{2}(p-s)l$ 越小，相应的估计结果就越大；这意味着 s 在两位整数上最接近 p（从大于、小于两个方向）。若对某些 s 的取值，A_s 及 B_s 由(9)式计算，则每一对方程都是关于 A，B 及 p 的一对条件方程。

为获得傅立叶系数的初步估计，注意到其估计式中的分子一般而言并

不小，而且若用 $s+1$ 代替 s 其变化也不会很大；但 $\sin\frac{1}{2}(p-s)\lambda$ 的符号要发生改变。于是，大致地有

$$\frac{A_{s+1}}{A_s}=\frac{B_{s+1}}{B_s}=-\frac{\sin\frac{1}{2}(p-s)\lambda}{\sin\frac{1}{2}(s+1-p)\lambda} \tag{13}$$

p 的有关取值范围根据 A_s 及 B_s 符号的改变来确定；以绝对值计的最大一对 A_s 及 B_s 给出关于 p 的方程。由此得到的 p，可以作为初步求解的很好的尝试值。若继续对 $s-1,s,s+1,s+2$ 应用 A_s 及 B_s 的这对估计值，即可得到关于 p,A,B 的 8 个条件方程，而利用最小二乘法可对这些未知数的标准差进行估计（至少需要 5 个或 6 个自由度）。

上述方法主要归功于舒斯特(A.Schuster)①。特纳（H.H.Turner）据此造出了包含 20 项的傅立叶系数估计二位数用表②。舒斯特方法必须和惠特克与罗宾逊（Whittaker and Robinson）所详述的方法加以区别（这两种方法常被称为周期图法）。惠特克与罗宾逊搜集到 600 个观测值，据说是关于连续 600 天（做过重新标度的）某行星有关变动的记录。他们考虑了一天的整数倍如 q 天的周期，对第 m 个周期则取天数值为 $mq+(0,1,2,\cdots,q-1)$。对全部 m 个周期，这些天数取值都要加以平均，接着再对这些平均值展开调和分析。该法的不足之处是，一般地，q 并非 600 的约数，关于不同 q 值的估计乃是 600 之约数间的一些插值数而已；这些插值数的不确定性远非独立，从中也得不到想要的答案。

求傅立叶系数的许多方法，包括由(9)开始的方法，都只利用了平方振幅（信息）$A_s^2+B_s^2$，据此求得某种最大值。与利用各傅立叶系数符号的方法相比，这种方法在灵敏度上有很多损失。舒斯特本人已注意到这一点，他还做过一个与 $P(c^2)$ 等价的显著性检验（自由度为 2)。特纳只提到应注意 $\sin\frac{1}{2}(p-s)\lambda$ 符号的改变，但并未利用这些相邻值的变化信息去改进对傅

---

① 见 *Terrstial Magnetism and Atmospheric Electricity*，3，1898，13－41；*Trans. Camb.Phil.Soc*.18，1900，107－35.

② 见 *Tables for Facilitating the Use of Harmonic Analysis*，Oxford University Press，1913.

立叶系数的估计。

为了说明问题,我抄录了惠特克与罗宾逊书中349—52页上的数据。他们的这些数据足以表明,以大约29天和24天为周期时,他们所观察的那颗行星变动的振幅可以达到极大值。剑桥大学数学实验室的马迟夫人(Mrs.M.Mutch),为我计算了如下表所示的这些时间区间上的诸傅立叶系数值。

s	A_s	B_s
18	+0.146	−0.911
19	+0.202	−1.491
20	+0.454	−3.747
21	−0.888	+8.525
22	−0.179	+2.064
23	−0.091	+1.104
24	−0.047	+0.849
25	−0.034	+7.750
26	−0.015	+0.547
27	−0.013	+0.468
28	0.000	+0.409
29	−0.002	+0.365
30	+0.008	+0.329

A_s 及 B_s 在 $s=20$ 及21之间符号发生改变,也取得了绝对值的最大值。可以用最小二乘法求出 A,B,p 的初步解,l 作小值对待。故初步解为 $A=7.5,B=6.6,p=20.7$。而所求解可表为(至少需要5个自由度)

$$A=6.13\pm0.05,B=5.79\pm0.05,p=20.6948\pm0.0018$$

关于余下8个 A_s 及 B_s 表列值的标准差取为0.05。注意到 B_s 表列值的大部分都比0.05大,因此其符号表现很有系统性。于是,惠特克与罗宾逊所观测的这颗行星的变动周期为28.9928±0.0025天。

B_s 在 $s=25$ 处取得其次最大绝对值,但周期为24天满足不了这一条件,因为在 $s=25$ 前后 B_s 的符号没有变化。我们认为一定是存在某些非随机扰动,或该行星可能存在根据这批资料分辨不出了的、两个很接近的变动周期。幅角为"t/天"的振幅波动就可以产生这种后果。这就带来了复杂性,而这种复杂性可作多种解释,由于存在这种复杂性,$s=20$ 附近的傅立叶系数(估计)值将会受到影响。

因惠特克与罗宾逊没有公布其所观测行星的名字,我咨询了一位专家,他向我报告说他未能根据惠特克与罗宾逊描述的那颗行星的性质找到该行星,他据此认为惠特克与罗宾逊的那些数据是他们自造的。我也认为那批数据极不同寻常,因为它们竟然是在连续600天无云的情况下观测到的!不过,我保留了惠特克与罗宾逊所作的分析,仅把它作为一个纯粹演示其所用方法的例子而已。

沃克博士使我注意到了怀特尔(P.Whittle)的几篇论文①。怀特尔证明,根据惠特克与罗宾逊的数据所做的、关于该行星变动周期的最大似然估计,其标准差的量级为$n^{-3/2}$而不是通常的$n^{-1/2}$。

3.事实上,上一节介绍的方法很少能在解决实际问题时严格使用。最接近使用该法的场合是关于潮汐的研究,其中存在许多受迫发生的(潮汐)周期,唯一的问题是求出相应的振幅和相位。若潮汐数据以小时为时间间隔作记录,则上一节介绍的方法就可以奏效;不过通常的做法是这样取潮汐观测数据的周期,使之尽量成为所求周期的某一倍数,再对以这种方式产生的数据进行傅立叶分析。

再一个接近使用该法的场合是,估计在某单一扰动下物体所产生的自由周期的长短,如一次大地震所引发的地球(作为一个物体)的自由振动。研究这一问题的复杂性在于振动的衰减。此时,若存在振幅的系统衰减,就必须对它作出估计。傅立叶级数的各项如果衰减严重,则只会在观测值区间上产生观测值均值,而且这些观测值均值也不一定独立。对此,一个可能的解决方法是,先对有关傅立叶级数的各项进行预检,找出其中的最大者,再对振幅变动不起主导作用的观测值区间进行分析,由此作出振动衰减的估计,通过比较这些区间的相应分析结果,即可对在一次大地震下地球所产生的振动的自由周期长短,作出改进的估计。于是,业已找到的傅立叶级数各项中的最大者就可以去掉,重复上述过程可将这些傅立叶级数各项中的次最大者去掉,等等。有时,作这种预检傅立叶分析可以检测出几个可能的物体振动自由周期。最后,结合振动的衰减情况,应用最大似然法即可对某单一扰动下物体产生的自由周期的长短,作出一个整体上的(最优)估计。

---

① 见 *Trab.Estadist.*1952,43—47 and Appendix 2 in H.Wald, *A Study in the Analysis of stationary Time Series*, 2nd edn.Almqvist and Wiksell,1954.

4.最普通的振动由无规扰动所引发的持续运动产生。大部分乐器的振动就属于此类。对于吹管乐,扰动产生在气流吹入处,对于弦乐,则产生在琴弦的摩擦处,这些扰动都是无规扰动;无规扰动激励出乐器的自由振动,而自由振动可以持续一些时间,但会逐步减弱直至发生下一次扰动。其结果是在大部分时间内乐音的衰减为自由振动,而引发乐音的扰动乃是无规重复发生的。尤尔认为太阳黑子的活动就属于此类受扰振动;由地球转动所致的某些振动也是如此。

受扰振动的一般方程形如

$$u_r - a_1 u_{r-1} + a_2 u_{r-2} = \pm\tau \tag{16}$$

若扰动 t 不存在,(16)式可视为线性差分方程;;令

$$u_r \propto \mathrm{e}^{-\alpha r} \tag{17}$$

有

$$\mathrm{e}^{-2\alpha} - a_1 \mathrm{e}^{-\alpha} + a_2 = 0 \tag{18}$$

我们主要对上述方程的复数根感兴趣;记

$$\mathrm{e}^{-\alpha} = k\mathrm{e}^{i\nu}$$

作代入替换并将实部和虚部分开后就有

$$a_1 = 2k\cos\nu, \tag{19}$$

$$a_2 = k^2 \tag{20}$$

对于发生衰减的运动,若取$-\frac{1}{2}\pi < v < \frac{1}{2}\pi$,则有 $0 < k < 1$。

其最大似然取下述形式

$$\frac{1}{(2\pi\tau^2)^{(n-2)/2}} \exp\left[-S\,\frac{(u_r - a_1 u_{r-1} + a_2 u_{r-2})^2}{2\tau^2}\right] \tag{21}$$

而在一个没有系统增长的长程时间数据系列中(这种时间序列称为平稳时间序列),上式的和近似等于

$$n[(1 + a_1^2 + a_2^2)\overline{u_r^2} - 2(a_1 + a_1 a_2)\overline{u_r u_{r-1}} + 2a_2\,\overline{u_r u_{r-1}}] \tag{22}$$

其中,a_1, a_2 因而 k 及 n,均可估计出来。

这里会出现两种复杂情况。首先,受扰振动一般方程假设 t 完全是 u_r,

u_{r-1}, u_{r-2}回归方程间的扰动，受扰振动一般方程的残差相互独立。但观测误差通常总会存在，不同 u_r 间的观测误差一般也相互独立。这些观测误差对不同 u_r, u_{r-1}, u_{r-2}的贡献一般并不独立，它们会对 Su_r^2 有系统的正值贡献，但不影响 $Su_r u_{r-1}$ 及 $Su_r u_{r-2}$。可能的结论是（尽管证明会很复杂），受扰振动的衰减被高估，而周期却被高估。在分析太阳黑子数目时尤尔发现，采用他的回归方法，将得到比用通常方法所得太阳黑子活动周期短些的此类周期，而人们一般认为用通常方法所得太阳黑子活动周期更准确些。在一个人造的时间序列中，若不引入观测误差的影响，采用尤尔的回归方法得到的太阳黑子活动周期，就和通常所用方法得到的太阳黑子活动周期吻合良好。可能的观测误差可以作为这两种方法差别的解释。

其次，由 t 表示的扰动其本身可能存在相关。在讨论组内相关时，我们曾得到过一个启示。若扰动本身存在相关，则通常将相邻扰动视作相互独立会导致对（该序列观测值）标准差的低估，利用更长些的时间序列可以对此进行显著性检验。因此，我们可盼在较长时间区间上使用（观测值的）平均值时，所得受扰振动的周期就会更准确些。若基础振动周期为 T，利用 $T/4$ 作受扰振动的周期估计就不理想，因为这时相应的主效应将会相互抵消掉；而将周期选做 $T/6$ 会使人满意。

肯德尔（M.G.Kendell）已用多个例子表明，直接对这种时间序列应用调和分析效果会很差。

直接对观测误差应用严格的调和分析，需将 u_r 视为已知（给定标准差 σ 的）ξ_r 的估计，并视所用回归方程对诸 ξ_r 成立。这样即可得到如下的条件方程

$$\xi_r - u_r = \pm\sigma \tag{23}$$

$$\xi_r - a_1\xi_{r-1} + a_2\xi_{r-2} = \pm\tau \tag{24}$$

其最大似然函数的指数因子为

$$-S\,\frac{(\xi_r - a_1\xi_{r-1} + a_2\xi_{r-2})^2}{2\tau^2} - S\,\frac{(u_r - \xi_r)}{2\sigma^2} \tag{25}$$

对此似然函数作关于 ξ_r 的积分，可以得到 u_r 的全部概率分布。对 ξ_r 的估计依赖至少 5 个 ξ_r 值，也依赖 σ 及 τ；无论如何做这种估计的计算量都很大。我也曾遇到过一个类似的两相关时间序列的（有关参数）估计问题，

为此我还发明了一个粗略算法[①]。沃克和杨格(A. M. Walker and A. Young)也给出另外一个算法[②]。

在回归方程中再引入一个一项关系到一个新参数,根据 5.0 介绍的近似理论,该项的相关性可通过显著性检验进行检测。

这种模型值得做一个较详细的阐述。先考虑当 $r=-1$ 和 0 之间时引起的位移 τ;$r\leqslant -1$ 时没有位移。设关于 ξ_1 的方程不受 τ 的影响,τ 的影响,只在 ξ_0 中出现。于是,对于 $r\geqslant 0$,

$$\xi_r=\tau k^r\frac{\sin(r+1)\nu}{\sin\nu} \tag{26}$$

而对于一般的 τ

$$\xi_r=\sum_{m=-\infty}^{r}\tau_m k^{r-m}\frac{\sin(r-m+1)\nu}{\sin\nu} \tag{27}$$

$$E\xi_r\xi_{r+p}=\frac{\overline{r_m^2}}{2\sin\nu}\sum k^{2(r-m)+p}\{\cos p\nu-\cos(2r-2m+p+2)\nu\}\quad (p\geqslant 0) \tag{28}$$

求和($\overline{r_m^2}$ 现由 τ^2 代替)得到

$$\frac{\tau^2}{2\sin^2\nu}k\nu\frac{(1+k^2)\cos p\nu-\cos(p+2)\nu-k^2\cos(p-2)\nu}{(1-k^2)(1-2k^2\cos 2\nu+k^4)} \tag{29}$$

对于 $p=0$,我们有

$$Ex_r^2=E\xi_r^2+\sigma^2=\frac{\tau^2(1+k^2)}{(1-k^2)(1-2k^2\cos 2\nu+k^4)} \tag{30}$$

其他的 $Ex_r x_{r+p}$ 等于(29)式。

估计 s,τ,k 及 v 这四个参数需要四个方程,令这四个方程等于相应的观测均值即可得到这四个参数的估计。在其完全似然函数中,任何 ξ_r 都与其他四个(ξ_r)有联系。由这些结果出发,可对高阶的 p 求出其各自的期望值;若这些期望值大得出乎意料,则就可以怀疑 τ_m 之间出现了相关。关于各种不确定性的估计如 4.3 节那样,可通过估计均值乘积的期望得到。无论如何这种解法都并不容易。沃克(A.M.Walker)对这些方法作过详尽讨论[③]。

---

① 见 *M.N.R.A.S.*100,1940,139—55.

② 同上.115,1955,443—59;117,1957,119—41.

③ 见 *Biometrika*,47,1960,33—43.

自相关

带扰动的回归类型已被做过广泛研究,俄国学者的贡献尤其突出。我们首先考虑分布函数 F,且有 $F'(x)=f(x)$,并考虑积分

$$I(\tau)=\int_{-\infty}^{\infty} f(t)f(t+\tau)\mathrm{d}t \tag{1}$$

可以利用特殊函数将其表示如下,(对于可微的 F)我们有

$$\varphi(\omega)=\int_{-\infty}^{\infty} f(t)\mathrm{e}^{i\omega t}\,\mathrm{d}t,\ f(t)=\frac{1}{2\pi}\int_{-\infty}^{\infty}\varphi(\omega)e^{i\omega t}\,\mathrm{d}\omega \tag{2}$$

从而

$$\begin{aligned}I(\tau)&=\frac{1}{2\pi}\int_{-\infty}^{\infty}\mathrm{d}t f(t+\tau)\int_{-\infty}^{\infty}\varphi(\omega)\mathrm{e}^{-i\omega t}\,\mathrm{d}\omega\\&=\frac{1}{2\pi}\int_{-\infty}^{\infty}\varphi(\omega)\mathrm{d}\omega\int_{-\infty}^{\infty}f(t+r)\mathrm{e}^{-i\omega(t+\tau)+i\omega\tau}\,\mathrm{d}(t+\tau)\\&=\frac{1}{2\pi}\int_{-\infty}^{\infty}\varphi(\omega)\varphi(-\omega)\mathrm{e}^{i\omega\tau}\,\mathrm{d}\omega\end{aligned} \tag{3}$$

因此,$\varphi(\omega)\varphi(-\omega)$ 即为 $I(\tau)$ 的傅立叶变换。这结果属于辛钦(Khinchin)。对于实 f,$\varphi(\omega)$ 及 $\varphi(-\omega)$ 为共轭复(conjugate complex)。

$f(t)$ 也可以是一个测量量。若 $f(t)$ 在不同观测值序列间有一随机变量,则如果 $Ef^2(t)$ 独立于 t,则该过程可定义为平稳过程;亦即,该过程被认为是由随机扰动产生的,因此虽有衰减存在,但其总振幅可以保持。取 $Ef(t)=0$,可定义自相关函数(或更确切些,协方差函数)如下

$$I(\tau)=\lim_{X\to\infty}\frac{1}{X}\int_{-X}^{X}f(t)f(t+\tau)\mathrm{d}t \tag{4}$$

对于具有渐增性的这种函数,考虑 f 的复值一般是有益的,记

$$I(\tau)=\lim_{X\to\infty}\frac{1}{X}\int_{-X}^{X}f(t)f^*(t+\tau)\mathrm{d}t \tag{5}$$

带星号的 f 表示相应的复共轭。这样表示的原因在于,若

$$f(t)=C\mathrm{e}^{i\omega t}=(A+iB)(\cos\omega t+\sin\omega t) \tag{6}$$

令 $\tau=0$，应有

$$f^2(t)=(A^2-B^2+2iAB)(\cos 2\omega t+i\sin 2\omega t) \tag{7}$$

$$f(t)f^*(t)=A^2+B^2 \tag{8}$$

于是，$Ef^2(t)$依赖于 t；而 Eff^* 不依赖于 t（它等于振幅的平方）。同样地，

$$f(t)f^*(t+\tau)=(A^2+B^2)(\cos\omega t+i\sin\omega t) \tag{9}$$

它独立于与 t。

对更一般的 f，$f(t)$与 $f(t+\tau)$通常可随 t 的变大及 $I(\tau)\to 0$ 而接近独立。

以上论证结果现在就可以应用。除当$|t|>X$ 时 f 会取 0 外，$f(t)$与 $f(t)$之间的关系为互不相关；我们有

$$\begin{aligned} I(\tau) &= \lim \frac{1}{2\pi X}\int_{-\infty}^{\infty} \mathrm{d}t f^*(t+\tau)\int_{-\infty}^{\infty}\varphi(\omega)\mathrm{e}^{-i\omega t}\,\mathrm{d}\omega \\ &= \lim \frac{1}{2\pi X}\int_{-\infty}^{\infty}\varphi(\omega)\mathrm{d}\omega\int_{-\infty}^{\infty} f^*(t+\tau)\mathrm{e}^{-i\omega(t+\tau)+i\omega\tau}\,\mathrm{d}(t+\tau) \\ &= \lim \frac{1}{2\pi X}\int_{-\infty}^{\infty}\varphi(\omega)\varphi^*(\omega)\mathrm{e}^{i\omega\tau}\,\mathrm{d}\omega \end{aligned} \tag{10}$$

一种可能的随机噪声形式为，$f(t)$为区间 $\delta\xi$ 上独立扰动 $m_\xi\sqrt{\delta\xi}$ 的结果（每个这种扰动均以指数衰减）；于是

$$f(t)=\sum_{\xi=-X}^{t} m_\xi\sqrt{\delta\xi}\,\mathrm{e}^{-\lambda(t-\xi)} \tag{11}$$

我们得到

$$\varphi(\omega)=\sum_{\xi=-X}^{t} m_\xi\sqrt{\delta\xi}\,\frac{\mathrm{e}^{i\omega\xi}}{\lambda-i\omega}$$

$$Ef(t)f(t+\tau)=\sum_{\xi=-X}^{t} m_\xi^2\delta\xi\,\mathrm{e}^{-\lambda(2t+\tau-2\xi)}\approx\overline{m^2}\,\mathrm{e}^{-\lambda\tau}/2\lambda\quad(\tau\geqslant 0) \tag{12}$$

若 $\tau<0$，τ 必须用$|\tau|$代替，且有

$$I=\frac{\overline{m^2}}{2\lambda}\mathrm{e}^{-\lambda|\tau|} \tag{13}$$

(上述结果在假定“独立 m_ξ 乘积的加总值远小于 m^2”时得到。若采用均方收敛概念,这一点可以得到更严格的处理。)但

$$E\{\varphi(\omega)\varphi^*(\omega)\} = \sum_{\xi=-X}^{X} \frac{m_\xi^2 \delta\xi}{\lambda^2+\omega^2} = \frac{2X\overline{m^2}}{\lambda^2+\omega^2} \tag{14}$$

I 的傅立叶变换为

$$\frac{\overline{m^2}}{\omega^2+\lambda^2} \tag{15}$$

在使用傅立叶变换于随机过程的估计问题时,上式提出了一个严重警告。为了根据观测值估出 λ,我们必须首先进行插值,再对至少两个 ω 值求积分以算出 $|\varphi^2|$。即使如此,也只使用了部分观测值信息。极大似然估计则只需 Sx_r^2 及 Sx_rx_{r+1},且能使用全部观测值信息。自然,做极大似然估计依赖于(有关)基础分布的正确性,但用傅立叶变换(作相应的估计)也须依赖(有关)基础分布的正确性。

自相关的一般理论具有广泛应用。关于流体动力学的扰动方式的描述就用到了自相关理论①。

亚戈洛姆(A.M.Yaglom)给出了自相关的一般理论②,特别地,他对自相关理论作了一种最重要的推广工作(参见他的书 78—81 页)。若有作为 t 的 n 个变量,例如 $\xi_1(t),\xi_2(t),\cdots,\xi_n(t)$,我们可以考虑它们之间的互相关

$$B_{jk}(t,s)\equiv E\xi_j(t)\xi_k^*(s) \tag{16}$$

若它们仅依赖差 $t-s$,就说 ξ_r 处于平稳态;而相应的相关矩阵可写为

$$\boldsymbol{B}(t,s)=\boldsymbol{B}(t-s) \tag{17}$$

显然,这是关于一个变量平稳随机过程的推广。

很明显,

$$B_{jk}(t,s)=\{B_{kj}(s,t)\}^* \tag{18}$$

---

① 见 G.K.Batchelor, *The Theory of Homogeneous Turbulence*, Cambridge University Press, 1963.

② 见 *Stationary Random Functions*. Translated by R. A. Silverman. Prentice — Hall, 1962.

而在平稳状态下，

$$\boldsymbol{B}(\tau)=\{\widetilde{\boldsymbol{B}}(-\tau)\}^{*}=\boldsymbol{B}^{+}(-t) \tag{19}$$

（所用符号参见 *MMP*，第4章）。同样地

$$\boldsymbol{B}(\tau)=\int e^{i\omega\tau}\,d\boldsymbol{F} \tag{20}$$

其中的 F 可称为随机过程的谱分布函数。于是

$$\boldsymbol{B}^{*}(\tau)=\int e^{-i\omega\tau}\,d\boldsymbol{F}^{*} \tag{21}$$

$$\boldsymbol{B}^{*}(-\tau)=\int e^{i\omega\tau}\,d\boldsymbol{F}^{*} \tag{22}$$

$$\boldsymbol{B}^{+}(-t)=\int e^{i\omega\tau}\,d\boldsymbol{F}^{+} \tag{23}$$

因此，比较(19)、(20)两式可知

$$\boldsymbol{F}=\boldsymbol{F}^{+}$$

所以，$\boldsymbol{F}$ 乃是埃尔米特矩阵。我很感谢丹尼尔斯教授(Professor H.E. Daniels)补足了亚戈洛姆简要证明的细节。

这一结果在统计力学、特别是量子力学中的重要性，怎么强调都不过分，尽管亚戈洛姆本人对此没有特别言明。埃尔米特矩阵在其中扮演了重要角色，通常对这些埃尔米特矩阵的出现并没有十分清楚的解释。虽然兰德(A.Landé)提供了一种解释[①]，但上述结果清楚表明埃尔米特矩阵是任何平稳随机过程的必要组成部分，而且表述得相当直接。

---

① 见 *New Foundations of Quantum Mechanics*，Cambridge University Press，1965.

索 引

C

D

E

F

G

H

J

K

L

M

N

O

P

Q

R

S

T

W

X

Y

Z

图书在版编目(CIP)数据

概率论(第3版)/(英)杰弗里著;龚凤乾译.—厦门:厦门大学出版社,2014.7
(学术经典译丛)
ISBN 978-7-5615-4840-0

Ⅰ.①概… Ⅱ.①杰…②龚… Ⅲ.①概率论 Ⅳ.①O211

中国版本图书馆CIP数据核字(2013)第279179号

著作权合同登记号:图字 13-2014-003

厦门大学出版社出版发行
(地址:厦门市软件园二期望海路39号 邮编:361008)
http://www.xmupress.com
xmup @ xmupress.com
厦门市明亮彩印有限公司印刷
2014年7月第1版 2014年7月第1次印刷
开本:720×970 1/16 印张:32.5 插页:1
字数:550千字 印数:1～2 000册
定价:80.00元
本书如有印装质量问题请直接寄承印厂调换